통신시스템 기초 원리

한 학기용 교재로 구성된 이 책은 통신시스템의 물리적이고 공학적인 원리를 읽기 쉽고 빨리 이해할 수 있도록 편집하였다. 수학적 접근 방식을 정확하고 간결하게 설명하였다. 신호와 시스템 그리고 랜덤 과정에 대한 배경 지식부터 시작하여, 핵심 주제인 진폭변조(AM), 주파수변조(FM), 펄스변조 및 잡음 이론들을 살펴본다.

본 교재의 특징은 다음과 같다.

- 다양한 예제와 실전문제, 복습문제 들을 통해 개념을 강화하고 학생들이 스스로 문제를 해결할 수 있도록 지원한다.
- 핵심 사항을 쉽게 확인할 수 있도록 주요 용어 및 공식을 강조하여 제시하였다.
- MATLAB을 사용한 연습 및 예제 문제들을 제공하고, MATLAB 초심자를 위해 기본 개요를 부록에 수록하였다.
- 각 장 마지막 절은 대부분 실제로 사용되는 응용 부분으로, 학생들이 통신 장치 및 설계 개념을 적용할 수 있도록 방법을 제시한다.

새뮤얼 아그보(Samuel O. Agbo)는 캘리포니아 폴리테크닉 주립대학의 교수로서, 전공은 통신, 광통신, 전자공학 분야이며, 현재 IEEE 통신 소사이어티(IEEE Communications Society)와 광자학 소사이어티(IEEE Photonics Society)의 회원이다.

매튜 사디쿠(Matthew N. O. Sadiku)는 프레리뷰 A&M 대학의 교수이다. 전기공학 분야에의 공헌으로 맥그로힐/제이콥 밀먼 어워드를 수상하였고(2000년), 텍사스 A&M 대학의 리젠트 프로페서 어워드도 수상하였다(2012~2013년). 70권 이상의 저서들과 많은 논문들의 저자이며, IEEE에 등록된 전문 엔지니어이고 펠로우 회원이다.

Principles of Modern Communication Systems

SAMUEL O. AGBO
California Polytechnic State University
MATTHEW N. O. SADIKU
Prairie View A&M University

PRINCIPLES OF **MODERN COMMUNICATION SYSTEMS**

by Samuel O. Agbo, Matthew N. O. Sadiku

통신시스템 기초 원리

장은영 · 고봉진 · 김봉환 · 오용선 · 정하봉 옮김

PRINCIPLES OF MODERN COMMUNICATION SYSTEMS

SAMUEL O. AGBO • MATTHEW N. O. SADIKU

한티미디어

역자 소개

장은영	공주대학교	전자공학과	1장, 2장
고봉진	창원대학교	전자공학과	4장, 7장(7.5–7.8)
김봉환	대구가톨릭대학교	전자전자공학부	2장(2.5–2.10), 5장
오용선	목원대학교	정보통신공학과	3장, 7장(7.1–7.4)
정하봉	홍익대학교	전기전자공학과	6장, 8장

통신시스템 기초 원리

발행일 2020년 03월 02일 초판 1쇄
지은이 Samuel O. Agbo · Matthew N. O. Sadiku
옮긴이 장은영 · 고봉진 · 김봉환 · 오용선 · 정하봉
펴낸이 김준호
펴낸곳 한티미디어 | 서울시 마포구 동교로 23길 67 Y빌딩 3층
등 록 제15-571호 2006년 5월 15일
전 화 02) 332-7993~4 | **팩 스** 02) 332-7995
ISBN 978-89-6421-396-4 (93560)
가 격 30,000원

마케팅 노호근 박재인 최상욱 김원국 | **관 리** 김지영 문지희
편 집 김은수 유채원
내 지 디자인드림 | **표 지** 유채원

이 책에 대한 의견이나 잘못된 내용에 대한 수정정보는 한티미디어 홈페이지나 이메일로 알려주십시오.
독자님의 의견을 충분히 반영하도록 늘 노력하겠습니다.

홈페이지 www.hanteemedia.co.kr | **이메일** hantee@hanteemedia.co.kr

---

머리말

우리는 정보화 시대에 살고 있다. 뉴스, 날씨, 스포츠, 쇼핑, 금융, 사업 재고 및 다른 여러 정보원들로부터 동시다발적으로 통신시스템을 통해 정보를 제공받는다. 통신 분야는 전기공학에서 가장 빠르게 성장하는 분야이며, 이 때문에 통신시스템에 관한 강좌는 대부분의 공학을 가르치는 교과 과정에서 중요한 부분을 차지한다.

통신시스템에 관한 대부분의 교재는 두 학기용으로 구성되지만, 다양하게 발전한 전기공학 전공에서 통신시스템에 대해 두 학기 과정으로 교과를 운영할 여지는 거의 없다. 본 교재는 전기 및 컴퓨터 공학 전공의 4학년 학생들을 대상으로 통신시스템에 관해 3시간 한 학기용으로 구성되었으며, 선수 과목으로 공업수학(미적분 및 미분방정식 포함)과 전자회로나 전기회로 해석 과목들을 권장한다.

이 책은 전기나 컴퓨터 공학 전공 학생들이 통신시스템에 대해 다른 교재들보다 명확하고 흥미롭게 이해하기 쉬운 방식으로 구성되었으며, 다음과 같은 특징을 갖는다.

- 학생들이 과목을 편하고 친근하게 느낄 수 있도록 몇 가지 특징을 포함시켰다. 각 장을 '역사 속 인물' 또는 '기술 노트'로 열고, 첫 번째 절은 개요로 시작하여 그 장의 목표를 설명하고 현재의 장과 이전의 장을 연결시킨다. 각 장의 마지막은 핵심적인 내용 요약과 공식이 정리된 장말 요약으로 끝낸다.
- 모든 원리들을 단계별로 간단하고 논리적으로 제시하며, 장황한 설명을 줄이고 너무 세밀한 설명은 자제하여, 전반적인 개념 파악과 이해가 쉽도록 한다.
- 중요한 용어나 공식은 박스 안에 표시하였고, 문제의 요점을 명확하게 이해할 수 있도록 핵심 용어들을 정의하고 강조하였다.
- 모든 절의 마지막에는 풀이가 제공되는 예제 문제들이 있다. 완전한 풀이 방법이 제공되는 예제들을 통해 학생들은 스스로 문제를 해결할 수 있는 확신과 근거를 갖게 된다.
- 각각의 예제 다음에는 정답이 있는 실전문제를 수록하여 학생들이 스스로 학습할 수 있는 기회를 제공한다. 예제와 실전문제를 단계별로 풀게 되면, 각 장의 말미에 있는 익힘문제들을 교재 말미에 있는 해답의 도움 없이 풀 수 있게 된다. 실전문제를 통해 앞의 예제를 이해시키고, 다음 절로 넘어가기 전에 학습 내용을 재확인시킨다.

- 각 장의 마지막 절에서는 해당 장에서 서술한 개념이 적용되는 실제 분야에 대해 살펴본다. 실제로 발생하는 문제들이나 사용 장치들에 대해 하나 또는 두 개의 주제로 다루어, 서술된 개념들이 실제 상황에서 어떻게 적용되는지를 학습자들이 알게 된다.
- 각 장의 말미에는 10개의 복습문제들이 객관식 선택형 문제들로 정답과 함께 주어진다. 복습문제들은 뒤이어 주어지는 익힘문제들에서 다루지 못할 수 있는 작은 핵심들을 확인시키면서, 해당 장의 내용을 잘 이해할 수 있도록 도움을 주는 자가 테스트 장치의 역할을 한다.

미국공학교육인증원(Accreditation Board for Engineering and Technology, ABET)의 컴퓨터 도구 통합에 대한 요구 사항을 고려하여, 학생들이 익숙하게 MATLAB을 사용하도록 장려하고 있으며, 전기공학 교육 과정에서 표준 소프트웨어 패키지로 MATLAB이 사용되고 있다. 부록 B에 MATLAB을 소개하고, 교재 전반에 걸쳐 사용한다.

원고 전체를 살펴보고 오류를 지적해 주신 Siew Koay 박사께 감사드리며, 프레리뷰 A&M 대학교의 Pamela H. Obiomon 박사(학과장)와 Kendall T. Harris 박사(학장)께도 특별한 감사를 드린다.

Samuel Agbo and Matthew N. O. Sadiku

역자 서문

30년 동안 배움과 가르침 속에서 한결같이 걱정하다가 길을 찾은 것 같았습니다. 통신공학의 바른 길을 쉽고 알뜰하게 알려 줄 수 있는 길라잡이를!

2019년 한티미디어 김준호 대표이사님과 박재인 부장님의 소개로 본 교재의 원서인 Cambridge University Press의 Principles of Modern Communication Systems(ISBN 9781107107922)를 처음 접하고 나서의 느낌이었습니다. 한 학기용 통신공학 교재 선택에 고민하다가, 열 권의 통신공학 원서 번역 후, 나름대로의 교재를 만들기로 결심했습니다. 1999년도 9월이었습니다.

그 후 열 번째 원서가 본 교재인 듯싶습니다. 8개의 장으로 구성되었고, 6개 장(1~5장, 7장)이 아날로그 통신에 관련됩니다. 디지털 통신에 관련된 부분은 3개의 장(5장, 6장, 8장)이 존재합니다. 한 학기용 아날로그 통신 공학용 교재로 적합하며, 디지털 통신 공학 교재까지 확장시키려면 부족한 듯 보입니다. 혼자의 힘으로는 부족했습니다.

통신공학을 전공하신 네 분의 교수님들과 힘을 합쳤습니다. 각각의 교수님들이 힘들이신 부분은 다음과 같습니다. 1장과 2장 처음 일부(2.1~2.4)는 제가 확인했습니다. 2장 나머지 일부(2.5~2.10)와 5장은 대구가톨릭대학교의 김봉환 교수님께서, 3장과 7장 처음 일부(7.1~7.4)는 목원대학교의 오용선 교수님께서, 4장과 7장 나머지 일부(7.5~7.8)는 국립 창원대학교 고봉진 교수님께서, 6장과 8장은 홍익대학교 정하봉 교수님께서 맡아 주셨습니다.

끝까지 편집부터 오타 수정까지 한 권의 교재가 생명을 얻기까지 산고의 고통을 감내하신 편집부 김은수 팀장님 외 여러분들의 노고에 거듭 감사드립니다.

2019년 12월 역자 대표 장은영

SI 접두사들과 변환 계수들

Power	Prefix	Symbol
10^{18}	Exa	E
10^{15}	Peta	P
10^{12}	Tera	T
10^{9}	Giga	G
10^{6}	Mega	M
10^{3}	kilo	k
10^{2}	hecto	h
10^{1}	deka	da
10^{-1}	deci	d
10^{-2}	centi	c
10^{-3}	milli	m
10^{-6}	micro	μ
10^{-9}	nano	n
10^{-12}	pico	p
10^{-15}	femto	f
10^{-18}	atto	a

Unit	Symbol	Conversion
Micron	μm	10^{-6} m
Mil	mil	10^{-3} in = 25.4 μm

차례

1 서론

2 신호와 시스템

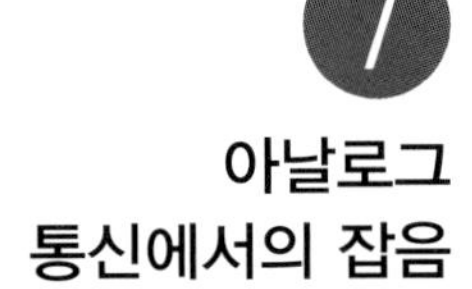

아날로그 통신에서의 잡음

1 서론

세상의 어떤 것도 인내를 대신할 수 있는 것은 없다.
재능을 가진 실패자는 흔하다.
결과가 없는 천재가 있다는 것은 누구나 아는 사실이다.
세상은 교육받은 포기자로 가득 차 있다.
지속성과 결단력만이 전지전능하다.

캘빈 쿨리지

역사 속 인물

사무엘 F. B. 모스(Samuel F. B. Morse, 1791~1872) 미국 화가인 모스는 최초로 실용적이고 상용화된 통신시스템의 일례인 전신(telegraph)을 발명하였다.

모스는 매사추세츠주 찰스타운에서 태어나 예일 칼리지(현재의 예일대)와 런던의 왕립예술학교에서 예술가가 되기 위해 공부했다. 1832년에 그는 유럽에서 돌아오는 배에서 전자 전신의 기본 개념을 고안했다. 그는 1836년까지 동작모델을 만들고 1838년에 특허를 신청했다. 1843년 미국 의회는 볼티모어와 워싱턴 DC 사이에 실험적으로 전신 라인을 구축하기 위해 모스에게 3만 달러를 후원했다. 1844년 5월 24일 그는 "하나님께서 무엇을 만드셨는가!"라는 유명한 첫 번째 메시지를 보냈다. 철도를 따라 설치된 전신은 철도보다 더 빨리 미국 전역으로 퍼졌고, 1854년까지 23,000마일의 전신선이 운영되었다. 점(dot)과 바(dash)로 구성된 문자코드 및 숫자코드를 개발하여 전신으로 메시지를 보냈다. 일부 변경이 있었지만 이런 모스부호는 전 세계적으로 표준이 되었다. 전신기의 발전은 전화기 발명을 이끌었다.

클로드 엘우드 섀넌(Claude Elwood Shannon, 1916~2001) 미국 수학자이자 엔지니어인 섀넌은 정보 이론의 창시자이다. 오늘날 컴퓨터로 처리되는 정보 단위를 설명하는 데 사용되는 '비트'라는 용어는 1940년대 섀넌의 연구에서 나온 것이다.

미시간주 페토스키에서 태어난 섀넌은 어린 나이부터 공학과 수학을 좋아했다. 그는 1940년 매사추세츠 공과대학에서 수학박사 학위를 취득했고, 벨전화연구소의 직원으로 15년을 보냈다. 부울 대수와 전화 교환 회로 사이의 유사성을 발견했으며, 정보를 일련의 1과 0으로 나타내고 온-오프 스위치를 사용하여 정보를 처리할 수 있다고 생각했다. 섀넌의 수학적, 공학적 연구 업적 중에서 통신의 수학적 이론은 최고의 업적이었다.

다양한 관심과 능력으로 유명했으며, 체스게임, 미로찾기, 저글링, 마음읽기 등의 기계를 설계하고 제작했다. 이러한 활동은 섀넌이 유용성보다는 호기심에 더 동기가 있었음을 보여 준다. 그의 생애 동안 미국의 국립과학메달(1966), IEEE명예메달(1966), 골든플레이트상(1967), 교토상(1985) 등 12개 이상의 명예 학위와 함께 수많은 상들을 수상했다.

1.1 개요

태초부터 인간은 통신의 필요성을 느껴 왔고, 이러한 요구를 충족시키기 위해 드럼, 양 뿔, 교회 종, 서적, 신문, 신호등, 광 신호 및 전신기와 같은 여러 장치가 발명되었다. (교회는 요즘에도 종을 사용한다.) 현대에는 라디오, 텔레비전, 전화, 컴퓨터 망을 사용하여 통신하며, 실제로 정보 시대에 살면서, 많은 종류와 분량의 정보들이 넘치고 있다. 뉴스, 날씨, 스포츠, 쇼핑, 금융, 다양한 비즈니스 및 여러 정보원들로부터 바로 이용할 수 있는 정보가 만들어지고, 다양한 통신시스템들에 의해 이를 사용한다.

> **통신시스템**(communication system)은 채널(전파 매체)을 통해 정보원(송신기)에서 목적지(수신기)로 정보를 전달하는 장치이다.

통신시스템의 흔한 예로 일반 전화망, 휴대전화, 라디오, 케이블 TV, 위성 TV, 팩스 및 레이더가 있으며, 경찰 및 소방서, 항공기 및 다양한 기업에서 사용하는 이동 무전기가 또 다른 예이다.

통신분야는 매우 흥미로운 전기공학 분야이며, 최근 통신 기술을 컴퓨터 기술과 융합하여 더욱 다양하게 근거리 통신망(LAN), 대도시 통신망(MAN) 및 광대역 통신망 (B-ISDN)과 같은 디지털 데이터 통신망으로 발전했다. 예를 들어, 인터넷('정보 초고속도로')을 통해 학생, 교육자, 기업인 등 많은 사람들이 전 세계 컴퓨터에서 이메일을 주고받으며, 원격 데이터베이스에 로그온하고 파일을 전송할 수 있다. 인터넷은 바다의 해일처럼 전 세계를 급습하고 있으며 사람들이 비즈니스를 수행하고 소통하고 정보를 얻는 방식을 크게 변화시키고 있다. 이 추세는 계속될 것이며, 점점 더 많은 정부 기관, 학계 및 기업이 더 빠르고 정확한 정보 전송을 요구하고 있고, 이러한 요구를 충족시키기 위해 통신 기술자들의 인적 수요가 급증하고 있다.

이러한 정보는 어떻게 생성, 처리, 저장, 전송되는가? 이 질문이 이 교재에서 다루려는 주제이다. 이 장에서는 통신에 관련된 몇 가지 기본 개념을 소개한다. 이러한 개념에는 통신시스템의 구성요소, 잡음, 주파수 할당과 지정 및 채널 용량이 포함된다. 먼저, 통신시스템의 역사적 발전을 간단히 살펴본다.

1.2 통신의 역사

통신시스템 발전과 관련된 주요 사건을 표 1.1에 요약하였다. 이러한 역사적 개요는 두 가지를 알려주는데, 첫째는 현재에 이르기까지 무엇이 있었는지를 알려주며, 둘째는 이 교재의 내용을 학습해야 할 동기를 부여한다는 것이다.

전기 통신 시대는 1838년 새뮤얼 F. B. 모스의 전신 발명으로 시작되었다. 1874년 알렉산더 그레이엄 벨이 발명한 전화가 1880년에 일반적으로 사용 가능하게 될 때까지는 전신이 표준 통신수단이었다. 1980년대 이후, 전화망의 통신 링크는 점차 대용량 광섬유로 대체되었다. 이로 인해 북미지역에서는 동기식 광통신망(Synchronous Optical Network, SONET) 그리고 세계 다른 지역에서는 동기 디지털 계층(Synchronous Digital Hierarchy, SDH)으로 알려진 표준 신호 체계가 확립되었다. 아마도 가장 흥미로운 통신 시대는 음성, 데이터 및 비디오의 통합 서비스가 제공되는 종합정보통신망(Integrated Services Digital Networks, ISDN)의 도입이다.

1.3 통신 과정

통신시스템의 기본 목표는, 두 당사자 간에 정보를 교환하는 것이다. 즉, 통신시스템은 정보를 한 지점에서 다른 지점으로 전송하도록 설계된다. 그림 1.1은 통신시스템의 주요 구성요소를 나타내며, 다음에 설명하는 정보원, 송신기, 채널, 수신기 및 정보 사용자가 구성요소이다.

1.3.1 정보원

정보원(information source)은 전송할 정보를 생성한다. 네 가지 주요 정보원으로 음성, 텔레비전, 팩스 및 컴퓨터가 있으며, 정보원에서 생성된 정보는 음성, 데이터 및 비디오의 세 가지 종류로 분류할 수 있다.

- 오디오/음성: 라디오를 들을 때 보통 들을 수 있는 음파에 해당하는 음향 형태의 정보이며,

표 1.1 통신 발전의 주요 사건

연도	사건
1838	쿡(William F. Cooke)과 휘트스톤(Charles Wheatstone)이 전신기를 제작
1844	모스(Samuel F. B. Morse)가 볼티모어와 워싱턴 DC 간 전신 전송에 성공
1858	최초로 대서양 횡단 케이블을 설치하였으나 26일 후에 실패
1864	맥스웰(James C. Maxwell)이 전자기파를 예측
1874	벨(Alexander G. Bell)이 전화를 발명
1887	에디슨(Thomas Edison)이 영화 카메라를 특허 출원
1888	헤르츠(Heinrich Hertz)가 맥스웰의 예측을 검증하여 최초의 전자기파를 생성
1897	브라운(Ferdinand Braun)이 음극선관을 개발
1900	마르코니(Guglielmo Marconi)가 최초로 대서양 횡단 무선 신호를 전송
1905	페센던(Reginald Fessenden)이 라디오로 음악을 전송
1906	드 포레스트(Lee de Forest)가 진공관 삼극관을 발명
1918	암스트롱(Edwin H. Armstrong)이 슈퍼헤테로다인 수신기를 발명
1920	펜실베이니아주 피츠버그에 있는 라디오방송국 KDKA에서 최초로 방송
1923	즈러시킨(Vladimir K. Zworykin)이 '아이코노스코프'라는 TV 진공관을 발명
1928	판즈워스(Philo T. Farnsworth)가 최초로 전자 TV를 시연
1933	암스트롱(Edwin H. Armstrong)이 주파수변조(FM)를 발명
1934	미국연방통신위원회(FCC) 설립
1947	브래튼(Walter H. Brattain), 바딘(John Bardeen), 쇼클리(William Shockley)가 벨연구소에서 트랜지스터를 발명
1953	최초로 대서양 횡단 전화 케이블 설치
1957	소련(USSR)이 최초로 인공위성 스푸트니크 I을 발사
1962	최초의 능동위성 텔스타(Telstar) I이 유럽과 미국 간 신호를 전달
1968	케이블 TV 시스템 개발
1972	모토롤라가 휴대전화를 FCC에서 시연
1976	PC(개인용 컴퓨터) 개발
1980년대	광섬유 기술 개발

표 1.1 계속

연도	사건
1984	종합정보통신망(ISDN)이 CCITT에 의해 승인됨
1995	인터넷과 월드와이드웹(WWW)이 대중화됨
2001	위성 라디오 방송 시작
2003	스카이프(Skype) 인터넷 전화가 시작됨
2004	스페이스쉽원(SpaceShipOne)이 100 km 이상의 고도에 도달
2012	4세대(4G) 이동통신 방식 도입

음성은 가장 일반적인 형태의 정보이다. 최근 모바일 앱이 도입되면서 데이터 통신이 음성 통신을 앞질렀다.

- 데이터: 컴퓨터에서 생성된 정보 형태로, 거의 항상 이진 형식 0과 1로 표시되는 디지털 정보이다. 이러한 종류의 정보는 버스트 특성을 가지는데, 즉 정보가 한쪽에서 다른 쪽으로 전달될 때 데이터와 데이터 사이에 시간적 공백이 존재하고, 해석될 때까지 데이터 자체는 의미가 없다. 예를 들어, 1234.56은 데이터이고 "Joe owes me $1234.56"은 정보이다.
- 비디오: 정지된 화상 사진 또는 움직이는 영상을 전자적으로 표현한 것이다. 텔레비전 방송에서 보는 내용은 비디오이고, 듣는 내용은 오디오이다.

정보원은 아날로그 또는 디지털로도 분류할 수 있다. 아날로그 정보원은 연속적인 전기적 신호 파형을 만든다. 아날로그 정보원의 전형적인 예로는 마이크를 사용하는 사람이 될 수 있다. 전화망의 대부분은 아날로그이다. 디지털 정보원은 일련의 데이터 심볼을 출력으로 생성한다.

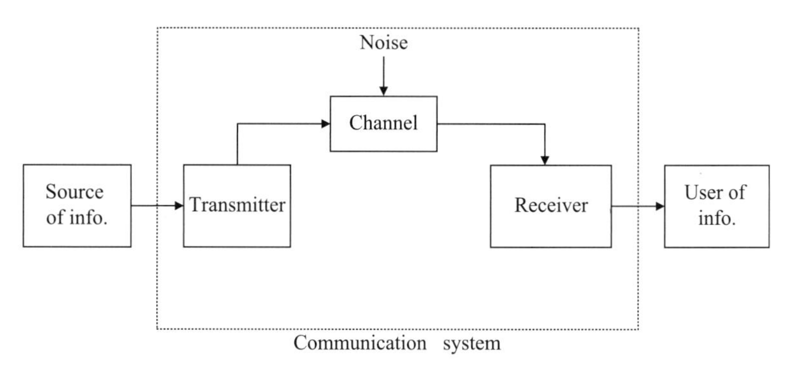

그림 1.1 통신시스템 구성요소.

우리가 전화번호로 전화를 걸거나 팩스를 보내거나 MAC 기기를 사용하거나 신용카드를 사용하는 것이 디지털 정보원이 된다. 정보원의 형태가 통신시스템의 유형을 나타내 준다.

> **아날로그(또는 디지털) 통신시스템**은 아날로그(또는 디지털) 정보원에서 원하는 수신기로 정보를 전송하는 시스템이다.

1.3.2 송신기

정보원에서 생성된 정보는 대부분 전기적인 상태가 아니기 때문에 직접 전송하는 데 적합하지 않다. 송신기(transmitter)를 사용하여 전자기적인 신호를 만들기 위해 부호화하고 변조하는 과정을 거친다. 변조 방식은 요구조건에 따라 진폭변조(amplitude modulation, AM), 주파수변조(frequency modulation, FM), 펄스변조(pulse modulation), 또는 여러 방식들을 조합할 수 있다.

1.3.3 채널

> **채널**은 전기 신호가 흐르는 경로이다.

채널(channel)은 전기 신호가 흐르는 경로이며, 전파 매체가 된다. 유선 및 무선 매체로 분류할 있으며, 유선 채널의 전형적인 예는 전화선에 사용되는 연선, 컴퓨터 네트워크에 사용되는 동축케이블, 도파관 및 광섬유가 있다. 무선 채널의 예는 진공, 대기/공기 및 해상이 있다.

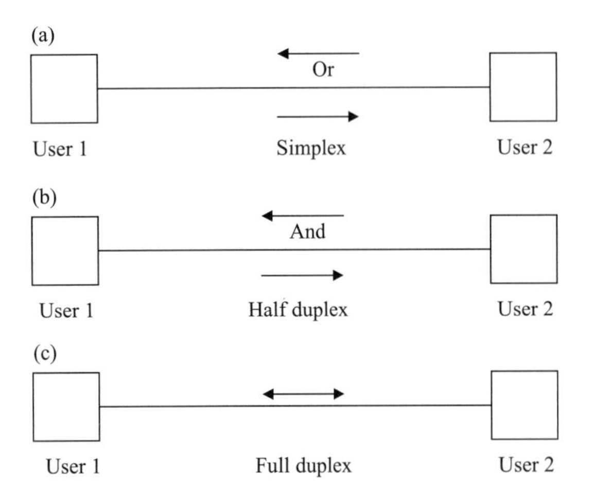

그림 1.2 채널 동작 모드.

채널[1]을 특징짓는 또 다른 일반적인 방법은 전송 모드이다. 그림 1.2와 같이 전송 모드에는 단방향(simplex), 반이중(half duplex), 전이중(full duplex)의 세 가지 유형이 있다.

- 단방향 시스템(simplex system)은 한 방향으로만 정보를 전송할 수 있다. 한쪽은 송신할 수는 있지만 수신할 수 없고, 다른 쪽은 송신할 수 없고 수신만 한다. 단방향 시스템의 예로 라디오 방송, TV 및 전관 방송 시스템(public address system)이 있다.
- 반이중 시스템(half duplex system)은 양방향으로 정보를 보낼 수 있지만 동시에는 할 수 없으며, 사용자가 교대로 전송해야 한다. 먼저 송신자가 수신자에게 전송한 다음 수신자가 송신자에게 전송하여 교대로 전송이 이루어진다. 이것은 오늘날 데이터 통신에 사용되는 가장 일반적인 전송 모드이다. 다른 예로는 시민 밴드(citizen-band, CB)용 무선기가 있다.
- 전이중 시스템(full duplex system)은 동시에 양방향으로 전송할 수 있다. 전이중 시스템의 예로는 전화 시스템과 많은 컴퓨터 시스템이 있다.

1.3.4 잡음

신호는 정보원에서 정보의 사용자에게 흐르기 때문에 신호에 잡음이 발생하는 것은 불가피하다. 잡음(noise)은 통신시스템에 중요한 영향을 준다.[2] 잡음은 일반적으로 랜덤 특성을 가지며, 원치 않는 에너지로 전송시스템에 항상 존재한다. 그림 1.1은 채널을 방해하는 잡음의 상태를 단순화하여 나타낸 것이다. 잡음은 통신시스템의 어느 지점에서나 신호를 방해할 수 있으며, 일반적으로 가장 큰 영향을 미치는 위치는 신호의 크기가 작아지는 수신기의 입력부 등이 된다.

1.3.5 수신기

수신기(receiver)는 전송된 신호를 수신하여, 증폭하고, 복조 및 복호화하며, 이를 사용자가 받아들일 수 있는 적합한 형태로 변환한다. 복조 및 복호화는 송신기에서 이루어진 변조 및 부호화에 대응하는 반대 순서의 처리 과정이며, 이 책의 후반부에서 다루어진다.

1.3.6 정보 사용자

정보 사용자는 수신기를 사용하여 신호를 받게 된다. 통신기술자는 송신기와 수신기를 설계하

---

[1] '채널'이라는 용어는 송신하는 데 할당되는 특정한 주파수 범위를 의미하기도 한다.

[2] 실제로, 통신시스템 이론은 두 부분으로 나눌 수 있다: (1) 시스템의 작동 방식의 개요, (2) 잡음이 있을 때의 성능 확인(B. P. Lathi).

고 제어하지만, 정보원이나 채널 및 사용자를 제어할 수는 없다.

1.4 주파수 할당

무선통신에서 통신 규칙을 준수하고 신호 간섭을 최소화하기 위해, 주파수 관리기관이 주파수를 할당한다. 국제적 수준의 주파수 할당 및 기술 표준은 스위스 제네바에 본사를 둔 국제전기통신연합(International Telecommunication Union, ITU)의 3개 부문 중 하나인 ITU-T에서 제정한다(www.itu.int/ITU-T 참조). ITU는 유엔의 전문기구이며, 각 회원국은 공동 합의된 주파수 할당 및 표준을 준수하고, 각 국가는 주파수 스펙트럼 및 기술 규정의 사용에 대해 권리를 가진다.

미국에서는 FCC(Federal Communications Commission)가 특정 목적의 사용자에게 주파수를 할당하고 사용허가를 발급한다(www.fcc.gov 참조). FCC는 특정 주파수 대역을 통해 전송할 수 있는 정보의 종류를 결정한다. 표 1.2는 미국의 여러 응용분야에서 할당된 주파수 스펙트럼을 보여 주며, 그 일부를 그림 1.3에 나타냈다.

관습적으로 일부 대역은 주파수 f(헤르츠) 대신 파장 λ(미터)으로 표시되며, 주파수와 파장의 관계는 다음과 같다.

$$\lambda = \frac{c}{f} \tag{1.1}$$

여기서 $c = 3 \times 10^8$ m/s는 진공에서 빛의 속도이다.

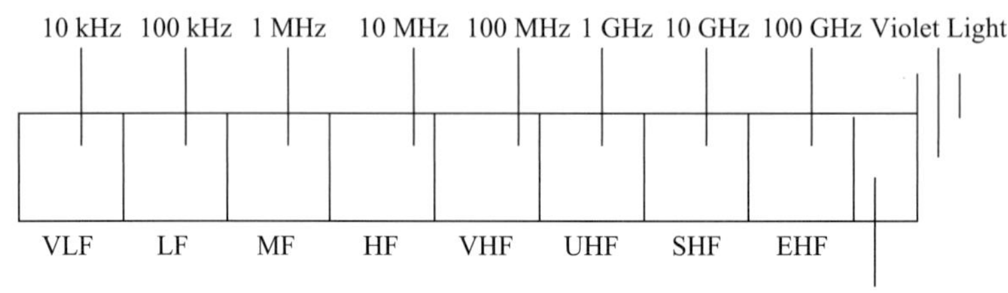

그림 1.3 주파수 대역.

일반적인 주파수 범위:

오디오 주파수	– 15 Hz에서 20 kHz
무선 주파수	– 3 kHz에서 300 GHz
마이크로파 주파수	– 3~30.0 GHz
광학 주파수	– 100 THz 범위

접두사 k, M, T 등을 이해하는 데 도움이 되도록 SI 접두사와 공통 변환 계수를 차례 앞의 'SI 접두사들과 변환 계수들'에 수록하였다. 이 책 전체에서 다루는 단위 및 접두사는 국제단위계(SI)를 사용한다.

1.5 정보 용량

통신시스템의 성능은 전송되는 정보의 품질로 판단된다. 정보의 품질은 채널 대역폭과 신호대잡음비(signal-to-noise ratio)로 결정된다.

정보를 전송하려면 대역폭이 필요하고, 더 많은 정보를 더 빠른 속도로 전송하려면 더 많은 대역폭이 필요하다. 모든 통신시스템은 신호 변동률을 제어하는 대역폭 B(Hz)가 제한된다.

채널 **대역폭**(Hz)은 합리적인 신뢰도를 가지고 정보를 전송할 수 있는 주파수 범위이다.

예를 들어, 음악은 0~20 kHz의 주파수 범위가 사용되므로, 음악 신호를 신뢰도 있게 전송하기 위한 통신시스템은 최소한 20 kHz 대역폭을 가져야 한다.

잡음은 통신시스템의 성능을 제한하는 중요한 사항이다. 통신에서 잡음은 피할 수 없으며, 잡음의 영향은 정보신호 전력과 잡음의 전력 비율로 측정하여 S/N으로 표시한다. S/N이 클수록 통신이 가능한 거리는 길어진다.

신호와 잡음 전력비를 사용하여 1948년 클로드 섀넌은 가우스 잡음이 있는 연속 아날로그 통신 채널에서 정보 전송속도 R(b/s)은 채널 용량 C(b/s)를 초과할 수 없다고 설명했다. 여기서 채널 용량 C는 다음[3]과 같다.

$$\boxed{C = B\log_2\left(1+\frac{S}{N}\right)} \tag{1.2}$$

[3] 여기서 $\log_2 x = \dfrac{\ln x}{\ln 2}$이다.

표 1.2 주파수대역의 표시 및 응용분야

Designation	Frequency band	Typical Applications
Extremely low frequency (ELF)	0 to 3 kHz	전력 전송
Very low frequency (VLF)	3 to 30 kHz	잠수함 통신
Low frequency (LF)	30 to 300 kHz	무선 항행
Medium frequency (MF)	300 to 3000 kHz	AM 라디오 방송
High frequency (HF)	3 to 30 MHz	단파 라디오 방송
Very high frequency (VHF)	30 to 300 MHz	VHF TV 채널 2-13, FM 라디오
Ultra-high frequency (UHF)	300 to 3000 MHz	UHF TV 채널 14-70, PCS
L	500 to 1500 MHz	GPS, 경찰서, 소방서
Superhigh frequencies (SHF)	3 to 30.0 GHz	마이크로파, 위성통신
C	3600 to 7025 MHz	
X	7.25 to 8.4 GHz	
Ku	10.7 to 14.5 GHz	
Ka	17.3 to 31.0 GHz	
R	26.5 to 40 GHz	
Q	33 to 56 GHz	
V	40 to 75 GHz	
W	75 to 110 GHz	
Extremely high frequencies (EHF)	30.0 o 300 GHz	밀리미터파, 레이더
Infrared radiation	300 GHz to 810 THz	
Visible light	430 to 750 THz	
Ultraviolet radiation	1.62 to 30 PHz	
X-rays	30 PHz to 30 EHz	
Gamma rays	30 to 3000 EHz	

PCS – personal communication services, 셀룰러 서비스의 일종.
GPS – global positioning system.

B는 채널 대역폭(Hz), S는 신호 전력, N은 잡음 전력이다. 이것을 섀넌-하틀리 정리(Shannon-Hartley theorem)라고 한다. 정보 전송률 R이 채널 용량 C보다 작으면($R < C$) 오류확률이 낮아지며, $R > C$인 경우에는 오류확률은 1에 가까워 신뢰할 수 있는 전송이 불가능하다.

이 정리는 두 가지 중요한 점을 설명한다. 첫째, 정보가 전송될 수 있는 최대 속도(채널의 이론 상한치)를 알려 준다. 실용적인 통신시스템을 설계할 때 이를 달성하도록 노력해야 하며, 통신 속도의 상한치는 전화 채널과 광섬유, 그리고 현재 무선에도 적용된다. 둘째, 대역폭과 S/N 사이의 절충 관계를 제공한다. 채널 용량 C가 정해지면, 대역폭 B를 증가시켜 S/N을 감소시킬 수 있다. 식 (1.2)는 잡음이 없는 채널($N = 0$)에서 채널 용량이 무한함을 나타내나, 이는 불가능하다. 따라서 최소한의 잡음이 존재하는 상태에서 유한한 채널 용량을 계산한다.

신호대잡음비는 대부분 데시벨(dB)로 표현하는데, 전력 비율에 대해 밑수가 10인 상용로그 값으로 계산한다. 전력 P_2 대 전력 P_1의 비 G_{dB}는 다음 식과 같다.

$$G_{dB} = 10\log_{10}G = 10\log_{10}\frac{P_2}{P_1} \tag{1.3}$$

G_{dB}로부터 전력 비율 G를 계산할 수 있다.

$$G = 10^{G_{dB}/10} \tag{1.4}$$

데시벨 단위는 로그 연산 특성 때문에 10의 지수승에 해당되는 큰 값을 지수만의 간단한 값으로 표현한다.

데시벨은 또한 기준을 미리 정해 상대 전력값을 표현할 수도 있다. dBW는 1 W를 기준으로 하고, dBm은 1 mW를 기준으로 할 때의 상대dB 값이다.

$$\begin{aligned} P\,(\text{in dBW}) &= 10\log_{10}P\,(\text{in W}) \\ P\,(\text{in dBm}) &= 10\log_{10}P\,(\text{in mW}) \end{aligned} \tag{1.5}$$

그러므로 다음과 같이 표시된다.

$$\begin{aligned} 0.1\text{ W} &= -10\text{ dBW} = 20\text{ dBm} \\ 1\text{ W} &= 0\text{ dBW} = 30\text{ dBm} \\ 10\text{ W} &= 10\text{ dBW} \end{aligned}$$

예제 1.1

300 μW 광출력 전력을 dBm으로 나타내라.

풀이

$$P\ (\mathrm{dBm}) = 10\log_{10}\left(\frac{P(\mathrm{W})}{1\ \mathrm{mW}}\right) = 10\log_{10}\left(\frac{300\times10^{-6}\ \mathrm{W}}{1\times10^{-3}\ \mathrm{W}}\right) = -5.23\ \mathrm{dBm}$$

실전문제 1.1

10 mW를 dBW 및 dBm 단위로 표현하라.

정답: −20 dBW, 10 dBm

예제 1.2

전화선은 S/N 45 dB인 300~3400 Hz의 주파수를 전송한다.

(a) 회선 용량을 계산하라.

(b) 대역폭이 동일할 때 채널 용량이 10% 증가하면 S/N은 어떻게 되나?

풀이

(a) $B = 3400 - 300 = 3100$ Hz,

$$45\ \mathrm{dB} = 10\log_{10} S/N \rightarrow S/N = 10^{45/10} = 31{,}623$$

$$C = B\log_2(1+S/N) = 3100\log_2(1+31,623) = 46.341\ \mathrm{kbps}$$

여기서 1 kbps = 1000 bit/s이다.

(b) $C = (1 + 10\%)\times 46{,}341 = 50{,}975$

$$\frac{C}{B} = \frac{50,975}{3{,}100} = 16.444 = \log_2(1+S/N) \rightarrow 1+\frac{S}{N} = 2^{16.444} = 89{,}127$$

또는 89,126이고, 이를 데시벨로 표시하면

$$10\log_{10} 89{,}126 = 49.5\ \mathrm{dB}$$

실전문제 1.2

신호대잡음비가 20 dB일 때 용량이 20 kbps인 채널을 지원하는 데 필요한 대역폭은 얼마인가?

정답: 3003.8 Hz

장말 요약

1. 통신시스템은 송신기, 채널 및 수신기로 구성된다.
2. 잡음은 원하지 않는 신호로 원하는 정보 신호를 손상시킨다.
3. 대역폭은 신호가 차지하는 주파수 범위이다.
4. 데시벨(dB)은 상대적인 전력 비율이다. 전력 P_1에 대한 전력 P_2는 다음과 같이 정의된다.

$$\text{dB} = 10 \log_{10} \frac{P_2}{P_1}$$

5. 섀넌-하틀리 정리(Shannon–Hartley theorem)는 채널을 통해 정보를 안정적으로 전송할 수 있는 최대 속도를 알려 준다. 채널 용량 C는 다음 식과 같이 대역폭과 관련된다.

$$C = B \log_2 \left(1 + \frac{S}{N}\right)$$

여기서 S/N은 신호대잡음비(signal-to-noise ratio)이다.

복습문제

1.1 다음 중 처음으로 발명된 통신 장치는 무엇인가?

(a) 라디오 (b) TV (c) 전신 (d) 전화

1.2 케이블 TV에서 어떤 유형의 정보가 생성되나?

(a) 오디오 (b) 비디오 (c) 데이터

1.3 전화 시스템의 전송 모드는?

(a) 단방향 (b) 반이중 (c) 전이중 (d) 에코-플렉스

1.4 AM 라디오 방송(540~1630 kHz)에 해당되는 주파수 대역은?

(a) LF (b) MF (c) HF (d) VHF

1.5 마이크로웨이브는 어느 주파수 대역인가?

(a) L대역 (b) X대역 (c) UHF (d) SHF

1.6 광통신 주파수는 10^{14} Hz 범위의 주파수와 10^{-6} m의 파장을 갖는다.

(a) 참 (b) 거짓

1.7 1000을 dB로 변환하면?

(a) 10 dB (b) 30 dB (c) 50 dB (d) 100 dB

1.8 20 dB의 전력 비율은?

(a) 20,000 (b) 200 (c) 100 (d) 10

1.9 100 W의 전력은 50 dBm 또는 20 dBW와 같다.

(a) 참 (b) 거짓

1.10 정해진 채널 용량의 경우, 정보를 전송하기 위해 광대역을 사용하는 것이 유리하다.

(a) 참 (b) 거짓

정답: 1.1 c, 1.2 a, b, 1.3 c, 1.4 b, 1.5 d, 1.6 a, 1.7 b, 1.8 c, 1.9 a, 1.10 a

익힘문제

1.1 단방향, 반이중 및 전이중 전송 모드를 설명하라. 각각의 예를 제시하라.

1.2 잡음이란 무엇인가? 잡음이 신호에 영향을 줄 수 있는 곳은 대부분 어디인가?

1.3 다음 숫자를 dB로 표현하라.

(a) 0.036 (b) 42 (c) 508 (d) 3×10^5

1.4 다음 데시벨을 숫자로 변환하라.

(a) −140 dB (b) −3 dB (c) 20 dB (d) 42 dB

1.5 다음을 와트(W)로 변환하라.

(a) −3 dBm (b) −12 dBW (c) 65 dBm (d) 35 dBW

1.6 다음 전력을 dB 및 dBm으로 표현하라.

(a) 4 mW (b) 0.36 W (c) 2 W (d) 110 W

1.7 1 pW 기준 레벨을 사용하는 경우 전력 레벨은 dBrn으로 표시된다.

(a) 다음을 dBrn으로 나타내라: 0 dBm, −1.5 dBm, −60 dBm.

(b) 일반적으로 dBrn = dBm + 90임을 보여라.

1.8 채널이 신호대잡음비 25 dB로 4 MHz와 6 MHz 사이의 주파수로만 전송한다. 채널 용량은 얼마인가? 이 채널을 사용하여 50,000개 ASCII 문자 정보를 전송하는 데 얼마나 걸리나? 각 문자는 8비트라고 가정한다.

1.9 (a) 신호 전력 250 W, 잡음 전력 20 W, 대역폭 3 MHz일 때 채널 용량은 얼마인가?

(b) S/N비가 2배로 증가하고, 대역폭이 3배 감소할 때 채널 용량은 얼마인가?

1.10 S/N이 500일 때 25 kbps의 채널 용량에 필요한 대역폭을 계산하라.

1.11 채널 용량이 36,000 bps이고 S/N이 30 dB인 채널의 대역폭을 계산하라.

2 신호와 시스템

아는 것만으로는 충분하지 않다. 적용할 줄 알아야 한다. 의지만 가지고는 충분하지 않다. 행동으로 옮겨야 한다.

요한 볼프강 폰 괴테

역사 속 인물

장 바티스트 조제프 푸리에(Jean-Baptiste Joseph Fourier, 1768~1830) 푸리에는 프랑스의 수학자로, 처음으로 그의 이름을 딴 급수 전개 및 변환(이 장에서 다루는) 방법을 발표했다. 당시 푸리에의 결과는 학계에서 잘 받아들여지지 않았고, 그의 연구는 논문으로도 발표할 수 없었다.

프랑스의 오세르에서 재단사의 아들로 태어났으나 8살 때 고아가 되었다. 베네딕트 수도사들이 운영하는 지방 군사대학에 다녔고 그곳에서 사제 교육을 받기로 결심했다. 학생으로서 그는 곧 두각을 나타냈고, 특히 수학을 잘했으며, 14살 때 베주(Bézout)의 수학 법정(Cours de Mathématiques) 6권에 대한 공부를 마쳤다. 그때까지 종교적인 삶을 따라야 할지 아니면 수학 공부를 계속해야 할지에 대한 갈등이 있었다. 그러나 1793년 정치에 관여하고 지역혁명위원회에 가입하면서 또 다른 갈등 요소가 추가되었다.

그는 동시대의 대부분의 사람들처럼 프랑스 혁명 시기의 정치에 관심이 있었고, 정치 참여로 두 번이나 죽을 뻔했다. 1798년 나폴레옹의 군대에 입대하여 과학 고문으로 이집트 공격에 참가했으며, 카이로에서 카이로과학연구소의 설립에 참여하였다. 1801년 프랑스로 귀국한 후 에콜 폴리테크니크 분석학 교수직을 다시 맡게 되었고, 재직 기간에 열전달에 관한 중요한 수학적 연구를 진행하였다. 1822년에 열해석 이론(Théorie Analytique de la Chaleur)을 발표했고, 1826년 프랑스 아카데미 회원이 되었으며, 1827년 라플라스의 뒤를 이어 에콜 폴리테크니크 학장이 되었다.

정치인으로서 흔치 않은 성공을 거두었으나, 그의 명성은 주로 과학과 수학 분야에의 독창적인 공헌에서 나타난다. 그러나 당시 그의 열이론은 여전히 논란을 불러일으켰었고, 문제가 없는 삶은 아니었다.

하인리히 루돌프 헤르츠(Heinrich Rudolf Hertz, 1857~1894) 헤르츠는 독일의 실험물리학자로, 전자파가 빛과 같은 기본 법칙을 따른다는 것을 증명했다.

헤르츠는 독일 함부르크의 부유한 집안에서 태어났다. 베를린대학에 다녔고, 그곳에서 1880년 저명한 물리학자인 헤르만 본 헬름홀츠의 지도 하에 박사 학위를 받았다. 카를스루에대학에서 물리학 교수가 되었고, 그곳에서 전자파에 대한 연구를 시작했다. 전자파의 존재는 1873년 영국의 과학자 제임스 클러크 맥스웰의 수학 방정식으로 예측되었고, 헤르츠에 의해 전자파가 성공적으로 생성되고 검출되었다. 빛이 전자기파의 한 형태라는 사실을 최초로 규명했으나, 실용적인 사용까지는 이르지 못했다. 맥스웰의 이론을 수학적으로 단순화시킨 헤르츠의 설명이 널리 사용되었으며, 1887년 처음으로 분자 구조에서 전자의 광전 효과를 확인했다. 37세의 젊은 나이에 패혈증으로 사망했지만, 전자파의 발견은 무선 전신, 라디오, 텔레비전, 레이더 등 많은 무선 통신시스템 발전의 기초가 되었으며, 그의 업적을 기려 주파수의 단위로 그의 이름인 헤르츠(Hz)를 사용하고 있다.

2.1 개요

통신이론은 통신시스템에 적용되는 수학적 모델 및 사용되는 기술들을 포함한다. 통신시스템의 목적은 메시지(message; 정보[information])를 전달하는 것으로, 대부분 전기적 신호(signal)의 형태로 이루어진다. 즉, 신호는 정보를 나타내는 수단인 반면, 시스템은 신호를 처리하는 수단이다. 신호는 반드시 시간의 함수는 아니지만, 이 교재에서는 시간에 따라 변화하는 신호만을 다룬다. 일반적으로

> **신호**는 물리적인 양을 나타내는 시간(time)의 함수이다.

신호는 정보를 설명하거나 부호화하는 파형(waveform)이다. 즉, 신호는 정보를 전달하는 함수이며, 신호의 예로는 정현파(sine) 또는 여현파(cosine) 신호, 음향 또는 라디오 신호, 영상 또는 화상 신호, 음성 신호, 지진 신호나 레이더 신호 등이 있다. 예를 들어, 가족의 말소리는 듣는 상대편이 어떤 식으로든 반응하게 만드는 신호다. 신호는 전압 파형 $v(t)$, 전류 파형 $i(t)$ 등의 변수 형태가 된다.

신호는 크게 결정론적 신호와 랜덤한 신호로 구분할 수 있다. 결정론적(랜덤하지 않은) 신호는 시간에 따라 모든 값이 정확히 알려지는 값을 가지며, 그러한 신호의 예로는 사인파, 사각파, 펄스파 등이 있다. 랜덤한(확률 통계적) 신호는 임의의 순간에 정해진 값이 아니라 신호의 통계적 특성인 평균값, 분산 등으로 표현되는 신호이며, 잡음 신호가 그 예이다. 이 장에서는 결정론적 신호만 다루며, 랜덤한 신호는 6장에서 살펴본다.

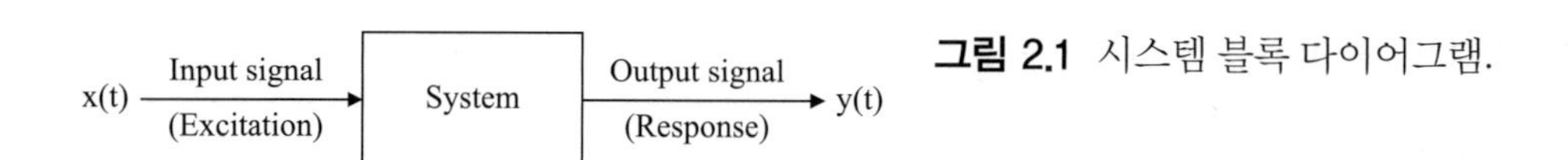

그림 2.1 시스템 블록 다이어그램.

결정론적 신호는 시간과 주파수의 2가지 영역에서 설명된다. 주파수영역에서 주기적 신호는 푸리에급수를 기반으로 선 스펙트럼(line spectrum)으로 해석되고, 비주기적 신호는 푸리에변환을 통해서 연속 스펙트럼(continuous spectrum)으로 분석된다. 이러한 신호의 스펙트럼 분석은 통신시스템을 연구하는 데 필수적인 수학적인 도구가 되며, 실험실에서는 스펙트럼 분석기를 사용하여 확인된다.

시스템(system)이라는 용어는 정치, 교육, 경제, 공학 등의 분야에서 광범위하게 사용된다. 이 책에서는 시스템을 주어진 임무를 수행하기 위하여 여러 요소들을 결합한 것으로 정의한다. 그러면 신호를 조작하고 변경하여 전송할 수 있는 장치를 시스템이라고 간주할 수 있다. 실제로 여러 개의 입력과 출력 변수들 사이의 관계를 규정하는 수학적 관계식들의 완전집합(complete set)이 하나의 시스템을 구성한다.

> **시스템**은 신호들(여러 입력들)을 처리하여 새로운 또 다른 신호들(여러 출력들)을 생성하는 물리적 실체에 대한 수학적 모델이다.

그림 2.1은 시스템의 블록 다이어그램을 나타내며, 시스템의 예로는 필터, 카메라, 자동차 점화 시스템, 항공기 제어 시스템, CD 플레이어, 레이더, 음파탐지기, 컴퓨터(하드웨어) 및 컴퓨터 프로그램(소프트웨어) 등이 있다.

이 장은 신호와 시스템의 개념부터 시작한다. 그런 다음 독자가 신호를 어느 정도 알고 있다는 가정 하에 푸리에급수와 푸리에변환을 이용한 신호의 스펙트럼 분석을 다룬다. 이 장에서 배운 개념을 통신시스템의 중요한 구성요소인 필터(filter)에 적용한다. 마지막으로 MATLAB을 사용하여 이 장에서 다루는 몇 가지 신호 분석 문제를 풀어 본다.

2.2 신호의 분류

앞서 설명한 바와 같이, 정보를 전달하는 데 사용되는 신호(signal)는 전압, 전류(또는 전자파)와 같은 전기량으로 표시된다. 통신이나 다른 응용분야에서 이러한 변수들이 가지는 중요성 때문에 기술자들은 수학적인 시간함수로 부르기보다는 신호라고 부르는 것을 선호한다. 표

표 2.1 일반적인 신호 함수 정의표

신호 명칭	정의
정현파 신호	$f(t) = A\cos t$
단위계단함수	$u(t) = \begin{cases} 1, & t \geq 0 \\ 0, & \text{otherwise} \end{cases}$
단위램프함수	$r(t) = \begin{cases} t, & t \geq 0 \\ 0, & \text{otherwise} \end{cases}$
임펄스(델타) 함수	$\delta(t) = 0, \quad t \neq 0$
지수함수	$f(t) = e^{-at}$
직사각형펄스	$\Pi\left(\frac{t}{\tau}\right) = \begin{cases} 1, & -\tau/2 < t < \tau/2 \\ 0, & \text{otherwise} \end{cases}$
삼각펄스	$\Delta\left(\frac{t}{\tau}\right) = \begin{cases} 1 - \frac{\lvert t \rvert}{\tau}, & -\tau < t < \tau \\ 0, & \text{otherwise} \end{cases}$
싱크함수	$\text{sinc}(t) = \frac{\sin t}{t}$
부호함수	$\text{sgn}(t) = \begin{cases} 1, & t > 0 \\ -1, & t < 0 \end{cases}$
가우스함수	$g(t) = e^{-t^2/2\sigma^2}$

2.1은 많이 사용되는 신호의 명칭과 수학적 정의를 나타낸 것이다.

같은 사물을 보는 방법이 하나가 아니듯이 신호도 예외가 아니다. 신호들은 앞의 결정론적/임의적 구분 외에 다음과 같이 구분할 수도 있다.

- 연속 또는 이산(불연속): 독립변수인 시간 t가 연속이라면(t의 모든 값에 대해, 즉 t의 연속적인 값에 대해 정의된 경우), 이에 대응하는 신호 $x(t)$를 연속시간신호(continuous-time signal)라고 부른다. 독립변수가 불연속적인 $t = nT$에서만 정의되면, 신호 $x(t)$는 이산시간신호(discrete-time signal)이다. 여기서 T는 정해진 값이고 n은 정수 집합이다(즉, $n = 0, \pm 1, \pm 2, \pm 3, \cdots$). 그림 2.2는 연속과 이산 신호의 예를 나타낸 것이다.
- 아날로그 또는 디지털: 연속/이산의 용어는 시간(수평축)에 따른 신호의 특성을 설명하지만, 아날로그 및 디지털 용어는 신호 진폭(수직축)의 변화 성질을 설명한다. 디지털신호(digital signal)는 진폭을 표시할 때 0과 1과 같이 제한된 개수의 값들만 가지나, 아날로그신호(analog

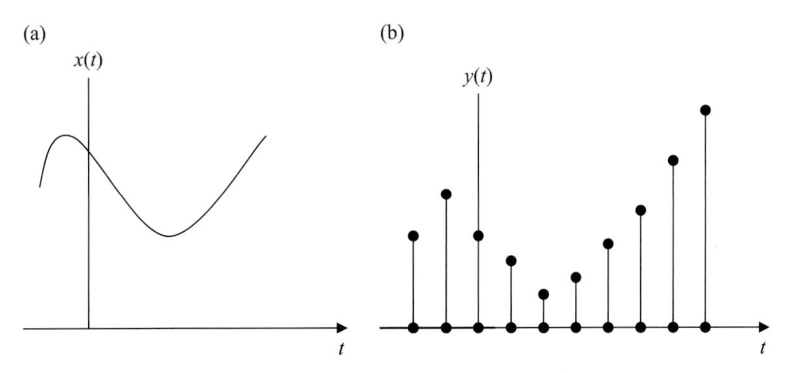

그림 2.2 (a) 연속(시간)신호, (b) 이산(시간)신호.

signal)는 어떤 값이라도 진폭이 될 수 있다.

- 주기적 또는 비주기적: 신호 $x(t)$가 일정한 양(+)의 실숫값 T에 대해 다음 식을 만족하면 주기적 신호(periodic signal)라고 한다.

$$x(t) = x(t+T) \tag{2.1}$$

식 (2.1)을 만족시키는 작은 양의 실숫값 T를 $x(t)$의 주기(period)라 하고, 임의의 T에 대해서 식 (2.1)을 만족시킬 수 없는 신호를 비주기적 신호(aperiodic signal 또는 nonperiodic signal)라 한다. 주기적 신호의 예는 정현파 함수(사인 또는 코사인 함수)이고, 비주기 함수의 예는 지수 및 특이 함수(단위계단함수, 임펄스함수 등)이다. 주기적 함수는 과학이나 공학, 특히 통신공학 분야에서 많이 사용된다. 주기적 신호 $x(t)$의 평균 또는 평균값 X_{ave}는 다음 식과 같다.

$$X_{\text{ave}} = \frac{1}{T}\int_0^T x(t)dt \tag{2.2}$$

- 에너지 또는 전력: $x(t)$가 저항 R에 나타나는 전압신호라고 하면, 생성된 전류는 $i(t) = x(t)/R$이고, 소비된 순간 전력은 $R \cdot i^2(t) = x^2(t)/R$이다. 신호 $x(t)$가 전압 또는 전류인지 알 수 없기 때문에, 관습적으로 $R = 1\ \Omega$으로 가정하여 계산한 정규화된 전력을 사용한다. 따라서 신호 $x(t)$의 순간 전력을 $x^2(t)$로 표현하고, 시간간격 $2T$ 동안 신호의 전체 에너지는 다음 식과 같다.

$$E = \lim_{T\to\infty} \int_{-T}^{T} |x(t)|^2 dt = \int_{-\infty}^{\infty} |x(t)|^2 dt \tag{2.3}$$

여기서 $x(t)$가 복소수 신호인 경우에는 크기의 제곱값이 사용된다. 전력은 에너지의 시간 평균이므로 신호의 평균 전력은 다음 식과 같다.

$$P = \lim_{T\to\infty} \frac{1}{2T} \int_{-T}^{T} |x(t)|^2 dt \tag{2.4}$$

신호의 전체 에너지 E가 다음 조건을 만족할 때 그 신호를 에너지신호(energy signal)라고 한다.

$$0 < E < \infty \tag{2.5}$$

마찬가지로, 신호의 평균 전력이 다음 조건을 만족하면 그 신호를 전력신호(power signal)라고 한다.

$$0 < P < \infty \tag{2.6}$$

따라서 에너지신호는 유한한 전력과 0이 아닌 에너지($P = 0, 0 < E < \infty$)를 가지며, 전력신호는 에너지는 유한하고 0이 아닌 전력($0 < P < \infty, E = 0$)을 가진다. 결정론적이고 비주기적 신호는 에너지신호이고, 랜덤하고 주기적인 신호는 전력신호이다. 식 (2.3)과 (2.4)에서 에너지신호는 평균 전력이 0이지만, 전력신호는 에너지가 무한하다. 즉, 유한 에너지를 갖는 신호는 평균 전력이 0이고, 유한 전력을 갖는 신호는 무한 에너지를 갖는다. 따라서 에너지신호와 전력신호는 상호배타적이다. 신호가 전력신호이면 에너지신호가 될 수 없고, 그 반대도 마찬가지이다. 물론, 신호가 에너지나 전력 신호가 아닐 수도 있다. 그러므로,

> $x(t)$가 유한 에너지($0 < E < \infty$)인 경우, $P = 0$인 에너지신호이다.
> $x(t)$가 유한 전력($0 < P < \infty$)인 경우, $E = 0$인 전력신호이다.
> $x(t)$가 앞의 어떤 특성도 만족하지 않으면, 에너지나 전력 신호 둘 다 아니다.

예제 2.1

다음 신호가 전력신호임을 설명하라.

$$x(t) = \begin{cases} 10, & t \geq 0 \\ 0, & t < 0 \end{cases}$$

풀이

식 (2.4)에서

$$P = \lim_{T\to\infty} \frac{1}{2T} \int_{-T}^{T} x^2(t)dt = \lim_{T\to\infty} \frac{1}{2T} \int_{0}^{T} 100\, dt = \lim_{T\to\infty} \frac{1}{2T}(100T) = 50$$

또한 식 (2.3)에서 에너지 $E = \infty$이다. 따라서 에너지 E는 무한하지만 전력 P는 유한하므로, $x(t)$는 전력신호이다.

실전문제 2.1

신호 $y(t) = 2\cos(\pi t)$가 전력신호임을 설명하라.

정답: 예제 문제와 같은 방식으로 증명

2.3 신호의 연산

앞에서 신호를 분류하는 여러 가지 방법을 살펴보았으므로, 이제부터 신호에 대한 몇 가지 중요한 연산들에 대해 살펴보자. 이러한 연산들에는 시간 이동 연산, 시간 비율변화 연산, 시간 반전 연산 등이 포함된다.

- 시간 이동 연산(shifting operation): 신호 $x(t-a)$는 신호 $x(t)$가 시간 이동된 결과를 나타낸다. a가 양수($a > 0$)인 경우에 신호는 그림 2.3(a)처럼 지연되며(오른쪽으로 이동), a가 음수($a < 0$)이면 그림 2.3(b)와 같이 신호가 앞당겨진다(왼쪽으로 이동).

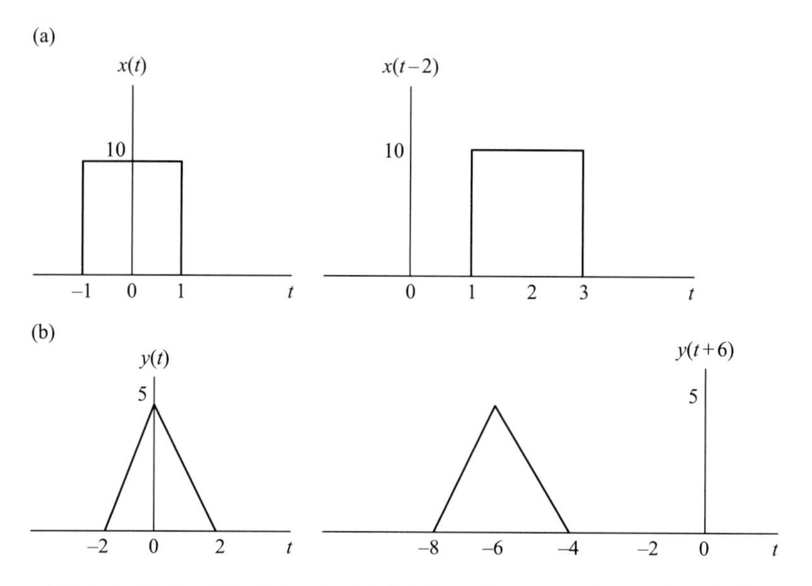

그림 2.3 시간 이동 연산. (a) $x(t)$가 2초 지연, (b) $y(t)$가 6초 앞당겨짐.

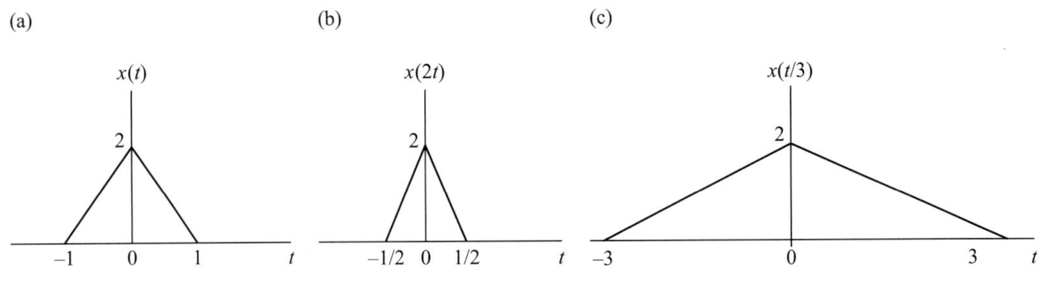

그림 2.4 시간 비율변화 연산.

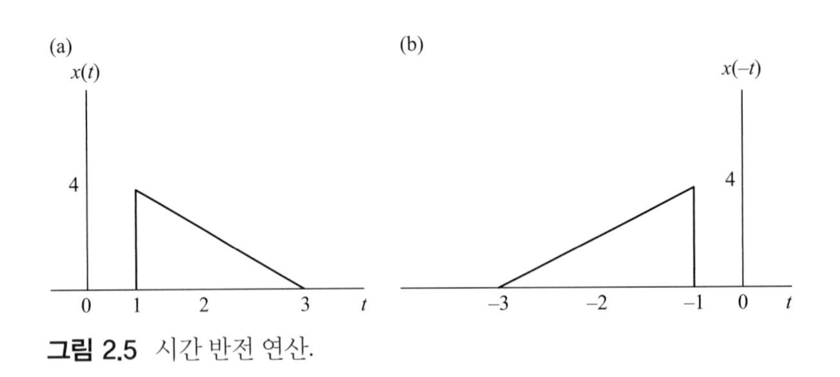

그림 2.5 시간 반전 연산.

- 시간 비율변화 연산(scaling operation): 신호 $x(at)$는 신호 $x(t)$가 시간 비율 a로 변화된 결과이다. $|a| > 1$이면, 신호 $x(at)$는 $x(t)$보다 좁은 시간간격에 존재하므로 압축된다. $|a| < 1$이면, 신호 $x(at)$는 신호 $x(t)$보다 넓은 시간간격에 존재하므로 팽창된다. 예를 들면, 그림 2.4(a)에 주어진 신호 $x(t)$에 대해 $x(2t)$와 $x(t/3)$가 각각 그림 2.4(b)와 (c)처럼 시간축에 대해 압축되고 팽창된 형태로 표시된다. $x(t)$를 테이프 레코더의 저장된 신호라고 하면, $x(2t)$는 2배 빠르게 재생되는 신호이고, $x(t/3)$는 1/3배 느리게 재생되는 신호이다.
- 시간 반전 연산(inverting operation): 신호 $x(-t)$는 $t=0$에서 신호 $x(t)$가 시간 반전된 결과이다. 즉, $x(-t)$는 세로축에 대해 $x(t)$의 거울 대칭된 결과이다. 예를 들어, $x(t)$가 테이프가 앞으로 전진하면서 재생할 때에 나타나는 신호라면, $x(-t)$는 거꾸로 재생할 때의 신호이다. 시간 반전 $(-x)$는 시간 비율 계수가 $a=-1$인 특별한 경우이므로, 그림 2.5와 같이 t를 $-t$로 바꾸면, $x(t)$를 시간 반전시킨 것이 된다.

예제 2.2

다음 식과 같고, 그림 2.6으로 표시되는 신호가 주어질 때, (a) $x(-t+4)$, (b) $x(2t-1)$ 경우에 대해 신호식을 쓰고 그 파형을 그려라.

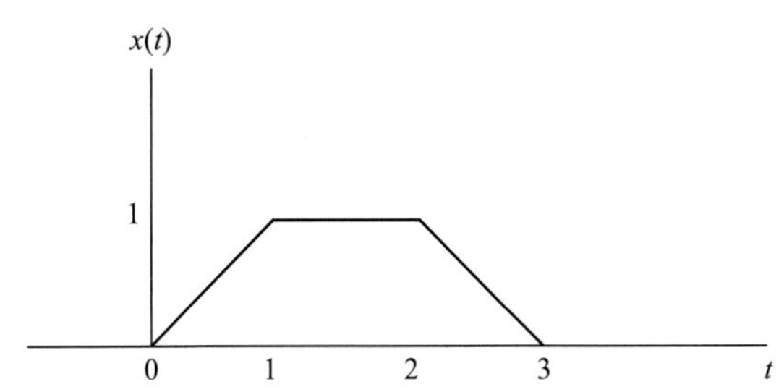

그림 2.6 예제 2.2의 그림.

$$x(t) = \begin{cases} t, & 0 \le t \le 1 \\ 1, & 1 \le t \le 2 \\ -t+3, & 2 \le t \le 3 \end{cases}$$

풀이

각각에 해당되는 신호 결과는 아래의 두 가지 방법을 사용하여 신호 $x(t)$로부터 얻을 수 있다.

(a) 방법 1(그래프적 방법): $x(-t+4)$는 시간 반전과 시간 이동 연산을 함께 결합하여 사용한다. $x(-t+4) = x(-[t-4])$이므로, 먼저 $x(t)$를 시간 반전시켜 그림 2.7(a)와 같이 $x(-t)$를 얻고, $x(-t)$를 오른쪽으로 4초 이동하여 그림 2.7(b)와 같이 $x(-t+4)$를 구한다.
방법 2(분석적 방법): $x(t)$에서 t를 $-t+4$로 바꾸어 $x(t)$로부터 $x(-t+4)$를 다음과 같이 얻는다.

$$x(-t+4) = \begin{cases} -t+4, & 0 \le -t+4 \le 1 \\ 1, & 1 \le -t+4 \le 2 \\ -(-t+4)+3, & 2 \le -t+4 \le 3 \end{cases}$$

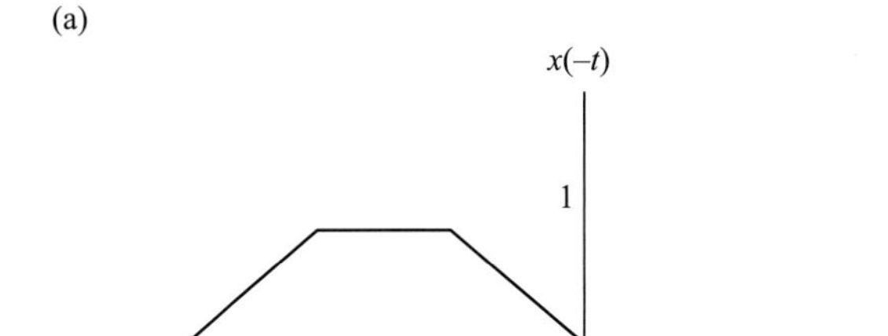

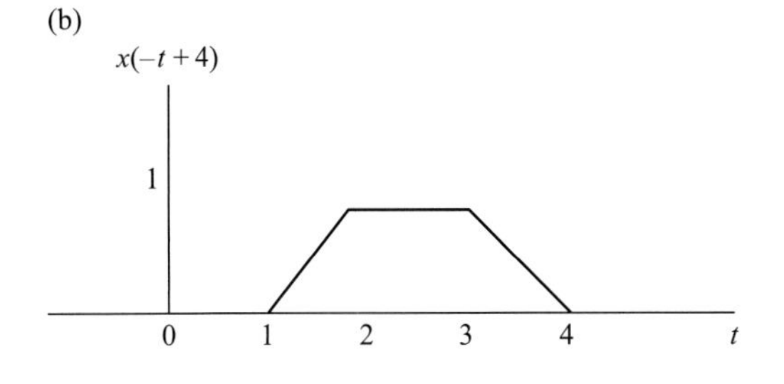

그림 2.7 예제 2.2의 그림.

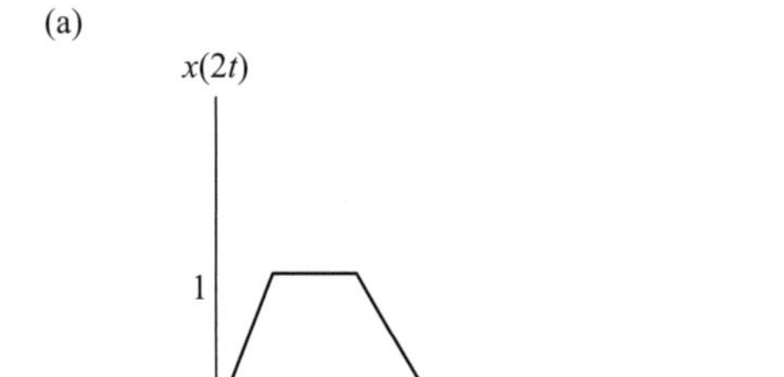

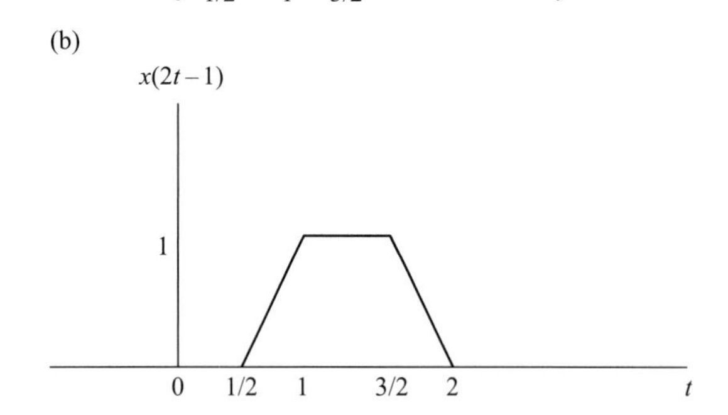

그림 2.8 예제 2.2의 그림.

부등식 $0 \le -t+4 \to t \le 4$ 및 $-t+4 \le 1 \to 3 \le t$이므로 $0 \le -t+4 \le 1 \to 3 \le t \le 4$이며, 다른 구간별 부등식들도 같은 방법으로 처리하고 구간을 순서대로 정리하면 다음 식을 얻는다.

$$x(-t+4) = \begin{cases} -t+4, & 3 \le t \le 4 \\ 1, & 2 \le t \le 3 \\ t-1, & 1 \le t \le 2 \end{cases} = \begin{cases} t-1, & 1 \le t \le 2 \\ 1, & 2 \le t \le 3 \\ 4-t & 3 \le t \le 4 \end{cases}$$

그림 2.7(b)는 앞의 결과를 정리한 결과이다.

(b) 방법 1(그래프적 방법): $x(2t-1)$는 시간 비율 연산과 시간 이동 연산을 함께 결합하여 사용한다. $x(2t-1) = x(2[t-1/2])$이므로, 먼저 $x(t)$를 시간 비율 연산시켜 그림 2.8(a)와 같이 $x(2t)$를 얻고, $x(2t)$를 오른쪽으로 1/2초 이동하여 그림 2.8(b)와 같이 $x(2t-1)$를 구한다.

방법 2(분석적 방법): $x(t)$에서 t를 $2t-1$로 바꾸어 $x(2t-1)$를 다음 식과 같이 변환시키고, 그림 2.8(b)의 결과를 얻는다.

$$x(2t-1) = \begin{cases} 2t-1, & 0 \le 2t-1 \le 1 \\ 1, & 1 \le 2t-1 \le 2 \\ -(2t-1)+3, & 2 \le 2t-1 \le 3 \end{cases} = \begin{cases} 2t-1, & 1/2 \le t \le 1 \\ 1, & 1 \le t \le 3/2 \\ 4-2t, & 3/2 \le t \le 2 \end{cases}$$

실전문제 2.2

다음 식과 같고, 그림 2.9로 표시되는 신호가 주어질 때, (a) $y(2-t)$, (b) $y(1+t/3)$ 경우에 대해

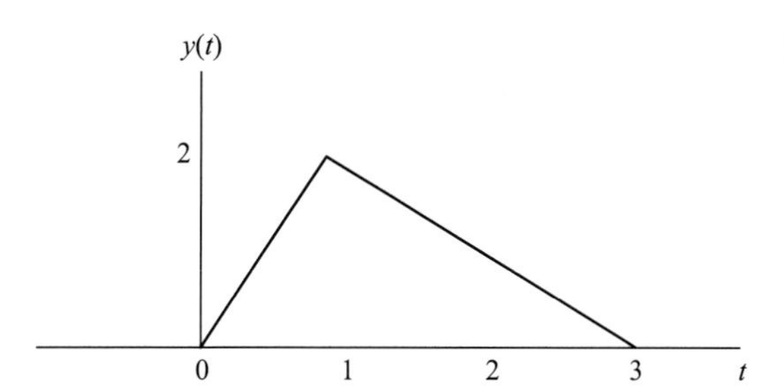

그림 2.9 실전문제 2.2의 그림.

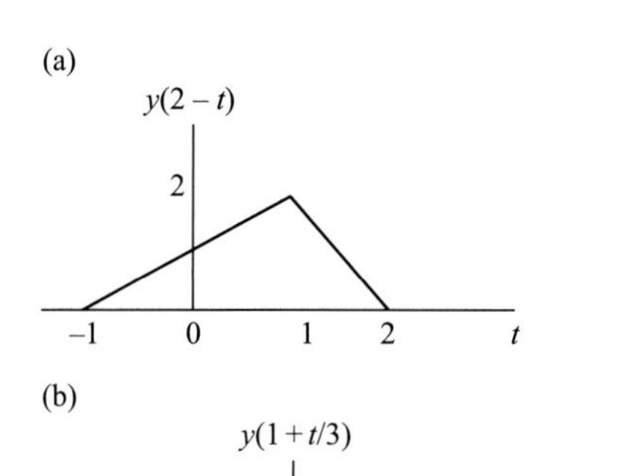

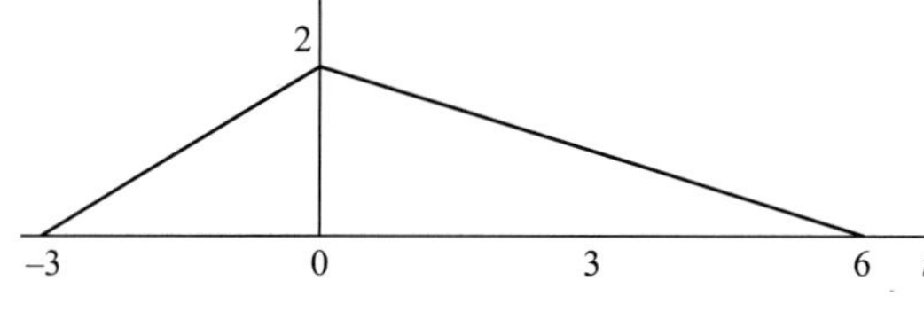

그림 2.10 (계산 결과)

신호식을 쓰고 그 파형을 그려라.

$$y(t) = \begin{cases} 2t, & 0 \le t \le 1 \\ 3-t, & 1 \le t \le 3 \end{cases}$$

정답: (a) $y(2-t) = \begin{cases} 1+t, & -1 \le t \le 1 \\ 4-2t, & 1 \le t \le 2 \end{cases}$

(b) $y(1+t/3) = \begin{cases} 2+2t/3, & -3 \le t \le 0 \\ 2-t/3, & 0 \le t \le 6 \end{cases}$

(a), (b)의 계산 결과 파형은 그림 2.10과 같다.

2.4 시스템의 분류

앞에서 살펴본 바와 같이, 시스템은 입력신호 $x(t)$(자극이라고 함)와 출력신호 $y(t)$(응답이라고 함)의 관계를 나타낸다. 입력-출력 관계를 다음 식과 같이 쓸 수 있다.

$$y(t) = f[x(t)] \tag{2.7}$$

이러한 관계를 가지고 시스템을 다음과 같이 분류할 수 있다.

- 선형 또는 비선형: 시스템 출력이 입력에 따라 직선적으로 비례할 때, 그 시스템은 선형시스템(linear system)이고, 그렇지 않으면 비선형시스템(nonlinear system)이다. 선형시스템은 중첩원리가 적용된다. $y_1(t)$가 $x_1(t)$의 응답이고, $y_2(t)$가 $x_2(t)$의 응답일 때, 시스템이 다음 2가지 조건을 만족하면 선형이다.
  (1) $x_1(t)+x_2(t)$의 응답이 $y_1(t)+y_2(t)$;
  (2) 상수 a에 대해 $a*x_1(t)$의 응답이 $a*y_1(t)$이다.

  저항, 커패시터, 인덕터 등의 선형 소자로 이루어진 전기회로망은 선형시스템이고, 다이오드나 트랜지스터와 같은 비선형 소자로 구성된 전자회로망은 비선형시스템이다.
- 연속 또는 이산: 시스템의 입력과 출력 신호가 시간연속적일 때 연속시간시스템(continuous-time system)이고, 입력과 출력 신호가 시간축에서 불연속일 때 이산시간시스템(discrete-time system)이다.
- 시변 또는 시불변: 시스템의 입력-출력 관계가 시간에 따라 변하지 않으면 시불변시스템(time-invariant system) 또는 시간고정시스템(time-fixed system)이라 하고, 시간에 따라 변하면 시변시스템(time-varying system)이라 한다. 즉, 시불변시스템에서 입력신호가 시간 이동되면 출력신호도 이에 따라 시간 이동으로 나타나 다음 식으로 표시된다.

$$y(t-\tau) = f[x(t-\tau)] \tag{2.8}$$

  시스템이 식 (2.8)을 만족하지 않으면 시변시스템이다. 예를 들어, 시스템의 입력과 출력관계가 다음 식과 같다고 하자.

$$y(t) = Ax(t) + B \tag{2.9}$$

  A와 B가 시간에 따라 변하지 않는 시간독립적이라면 시불변시스템이고, A와 B가 시간에 따라 달라지면 시변시스템이다.
- 인과 또는 비인과: $t<0$에서 신호값이 0이면 인과 신호이다. 원인이 있어야 결과가 있는 인과시스템(causal system)은 입력신호(자극)가 가해지기 전에는 출력신호(응답)가 나타나지 않는 시스템이다. 인과시스템은 물리적으로 실현 가능하며 무예측시스템(nonanticipatory system)이라고도 한다. 비인과시스템(noncausal system)은 출력(응답)이 입력의 미래값에 따라 달라지는 시스템으로, 물리적으로 실현할 수 없다. 실제에는 존재하지 않지만 시간 지연을 사용하

여 수학적으로는 모델링된다. 예를 들어, $y(t) = f[x(t-1)]$로 설명되는 시스템은 인과시스템이지만, $y(t) = f[x(t+1)]$로 기술된 시스템은 비인과시스템이다.

- 아날로그 또는 디지털: 시스템으로 들어오는 신호에 따라 시스템이 아날로그인지 디지털인지 결정된다. 아날로그시스템(analog system)에는 아날로그신호가 입력신호로 들어오고, 디지털시스템(digital system)에는 일련의 숫자 형식에 대응되는 디지털신호가 입력된다. 아날로그시스템의 예로는 아날로그 스위치, 아날로그 필터, 아날로그 휴대전화 시스템이 있고, 디지털시스템의 대표적인 예로는 디지털 컴퓨터, 디지털 필터, DAT(디지털 오디오 테이프) 시스템이 있다.

2.5 푸리에급수의 삼각함수표시

프랑스 물리학자인 장 바티스트 푸리에(Jean-Baptiste Fourier, 1768~1830)의 이름을 따서 명명한 푸리에 기법은 과학자와 엔지니어에게 중요한 도구이다. 신호의 푸리에 표현(푸리에급수와 푸리에변환)은 적어도 다음의 두 가지 이유로 통신시스템 분석에서 중요한 역할을 한다. 첫째, 통신 엔지니어의 주요 관심사인 대역폭과 같은 주파수영역의 매개변수를 이용하여 신호의 특성을 분석하는 데 도움을 준다. 둘째, 직접적인 물리적 해석을 제공한다. 이 절에서는 푸리에급수를 다루고 이 장의 후반부에서 푸리에변환을 다룬다.

푸리에급수는 정현파를 사용하여 주기함수를 정확하게 표현할 수 있게 해 준다. 주기 T를 갖는 임의의 실제 주기함수 $f(t)$는 ω_0 정수배인 사인 또는 코사인 함수들의 무한합으로 표현될 수 있다. 따라서 $f(t)$는 다음과 같이 표현될 수 있다.

$$f(t) = \underbrace{a_0}_{\text{dc}} + \underbrace{\sum_{n=1}^{\infty} (a_n \cos n\omega_0 t + b_n \sin n\omega_0 t)}_{\text{ac}} \tag{2.10}$$

여기서

$$\omega_0 = \frac{2\pi}{T} \tag{2.11}$$

인데, ω_0는 초당 라디안 단위로 표현되는 기본주파수이다. 식 (2.10)은 직교좌표형식 푸리에급수(quadrature Fourier series)로 불리고, 정현파 $\sin n\omega_0 t$ 또는 $\cos n\omega_0 t$를 $f(t)$의 n번째 고조파라고 한다. n이 홀수이면 홀수 고조파이고 n이 짝수이면 짝수 고조파이다. 상수 a_n과 b_n은 푸리에계수이고 계수 a_0은 dc 성분 또는 $f(t)$의 평균값이며(정현파의 평균값은 0임을 기억하라), 계수 a_n

과 $b_n(n \neq 0)$은 ac 성분인 정현파의 진폭을 의미한다. 그러므로

> 주기함수 $f(t)$의 **푸리에급수**는 $f(t)$를 dc 성분과 고조파들의 무한급수로 표현되는 ac 성분으로 나누어서 표현하는 기법이다.

식 (2.10)과 같은 푸리에급수로 표현될 수 있는 함수들 중에는 식 (2.10)의 무한급수가 수렴하거나 수렴하지 않는 것들이 있을 수 있기 때문에, 이 함수는 특정 요구사항들을 충족하여야 한다. 수렴하는 푸리에급수를 얻기 위한 함수 $f(t)$의 조건은 다음과 같다.

(1) $f(t)$는 어디에서나 단일 값을 갖는다.
(2) $f(t)$는 임의의 한 주기에서 유한한 수의 유한 불연속성을 갖는다.
(3) $f(t)$는 임의의 한 주기에서 유한한 수의 최댓값과 최솟값을 갖는다.
(4) 적분 $\int_{t_0}^{t_0+T} |f(t)|dt$ 는 임의의 t_o에 대하여 유한하다.

이러한 조건을 디리클레 조건(Dirichlet condition)이라고 하며, 이것들은 필요조건은 아니지만 푸리에급수가 존재하기 위한 충분조건이다. 다행스럽게도 모든 실제 주기함수는 이러한 조건을 따른다. 푸리에급수를 구하는 데 있어 푸리에계수 a_0, a_n 및 b_n을 결정하는 것이 중요하다. 푸리에 해석으로 알려진 이러한 계수들을 결정하는 과정에는 다음과 같은 적분을 계산하는 과정이 포함된다.

$$a_0 = \frac{1}{T}\int_0^T f(t)dt \tag{2.12a}$$

$$a_n = \frac{2}{T}\int_0^T f(t)\cos n\omega_0 t\, dt \tag{2.12b}$$

$$b_n = \frac{2}{T}\int_0^T f(t)\sin n\omega_0 t\, dt \tag{2.12c}$$

식 (2.12a)의 dc 성분은 신호 $f(t)$의 평균값이다. 식 (2.12)에서 한 주기에 대한 적분을 하기 위하여 편의상 간격 $0 < t < T$를 선택한다. 구간 $-T/2 < t < T/2$ 또는 $t_0 - T/2 < t < t_0 + T/2$ (t_0는 상수)를 대신 선택해도 적분은 동일하다. 부록 A에서 제공되는 일부 삼각 적분은 푸리에 해석에 매우 유용하다. 코사인은 우함수이므로 우함수인 주기함수의 푸리에급수는 dc항과 코사인항만($b_n = 0$) 가지게 된다. 마찬가지로 기함수인 주기함수의 푸리에급수 전개에는 사인항만($a_0 = 0, a_n = 0$) 가지게 된다. 표 2.2는 일반적인 주기신호들에 대한 푸리에급수들을 보여 준다.

식 (2.10)의 다른 형태로 다음과 같은 진폭-위상 형태의 식으로 나타낼 수 있다.

표 2.2 일반적인 신호들의 푸리에급수

신호	푸리에급수
1. 구형파	$f(t)=\frac{4A}{\pi}\sum_{n=1}^{\infty}\frac{1}{2n-1}\sin(2n-1)\omega_0 t$
2. 직사각형 펄스열	$f(t)=\frac{A\tau}{T}+\frac{2A}{T}\sum_{n=1}^{\infty}\frac{1}{n}\sin\frac{n\pi\tau}{T}\cos n\omega_0 t$
3. 톱니파	$f(t)=\frac{A}{2}-\frac{A}{\pi}\sum_{n=1}^{\infty}\frac{\sin n\omega_0 t}{n}$
4. 삼각파	$f(t)=\frac{A}{2}-\frac{4A}{\pi^2}\sum_{n=1}^{\infty}\frac{\cos(2n-1)\omega_0 t}{(2n-1)^2}$
5. 반파정류 정현파	$f(t)=\frac{A}{\pi}+\frac{A}{2}\sin\omega_0 t-\frac{4A}{\pi}\sum_{n=1}^{\infty}\frac{\cos 2n\omega_0 t}{4n^2-1}$
6. 전파정류 정현파	$f(t)=\frac{2A}{\pi}-\frac{4A}{\pi}\sum_{n=1}^{\infty}\frac{\sin n\omega_0 t}{4n^2-1}$

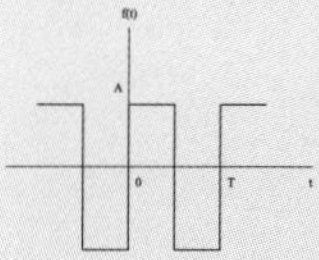

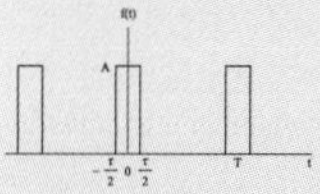

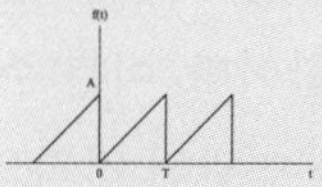

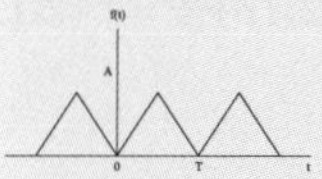

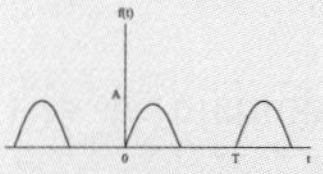

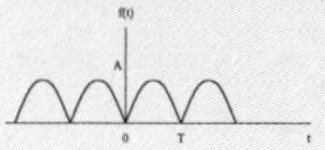

$$f(t)=A_0+\sum_{n=1}^{\infty}A_n\cos(n\omega_0 t+\varphi_n) \tag{2.13}$$

여기서

$$A_0=a_0,\quad A_n=\sqrt{a_n^2+b_n^2},\quad \varphi_n=-\tan^{-1}\frac{b_n}{a_n} \tag{2.14}$$

이다. 계수 A_n 대 $n\omega_0$의 그래프를 $f(t)$의 진폭 스펙트럼이라고 하고, 반면에 위상 ϕ_n 대 $n\omega_0$의 그래프는 $f(t)$의 위상 스펙트럼이라고 한다. 진폭과 위상 스펙트럼 모두는 $f(t)$의 주파수 스펙트럼 또는 선 스펙트럼을 형성한다. 식 (2.13)은 극좌표형식 푸리에급수(polar Fourier series)라고도 한다. 이와 같이 푸리에급수를 삼각함수로 표시하는 경우에는 직교좌표나 극좌표를 이용한다.

신호 $f(t)$의 평균 전력은 다음과 같이 정의된다.

$$P = \frac{1}{T}\int_0^T f^2(t)dt \tag{2.15}$$

식 (2.10)의 $f(t)$의 푸리에급수 전개를 식 (2.15)에 대입하면

$$P = a_0^2 + \frac{1}{2}\sum_{n=1}^{\infty}\left(a_n^2 + b_n^2\right) \tag{2.16}$$

가 되어, 주기신호의 평균 전력이 푸리에계수의 제곱의 합이라는 것을 쉽게 알 수 있다. 즉, 전체 평균 전력은 dc 성분의 전력과 개별 고조파 성분들이 갖는 전력의 합이다. 이는 주기신호가 전력신호이고, 이 신호에 대한 푸리에급수 전개의 모든 구성요소들과 연관된 각각의 개별 전력들이 총 전력에 기여하는 전력신호라는 사실도 확인시켜 준다.

극좌표형식 푸리에급수를 사용하여도 동일한 결과를 얻는다. 식 (2.13)을 식 (2.15)에 대입하거나 또는 식 (2.14)를 식 (2.16)에 대입하면

$$P = A_0^2 + \frac{1}{2}\sum_{n=1}^{\infty} A_n^2 \tag{2.17}$$

을 얻는다. 따라서 신호 전력은 식 (2.15)를 이용하는 시간영역(time domain)과 식 (2.16)이나 식 (2.17)을 이용하는 주파수영역(frequency domain)에서 찾을 수 있다. 이것을 파스발의 정리(Parseval's theorem)라고 한다.

$$P = \frac{1}{T}\int_0^T f^2(t)dt = a_0^2 + \frac{1}{2}\sum_{n=1}^{\infty}\left(a_n^2 + b_n^2\right) = A_0^2 + \frac{1}{2}\sum_{n=1}^{\infty} A_n^2 \tag{2.18}$$

예제 2.3

그림 2.11에 나와 있는 주기 임펄스열의 푸리에급수를 구하고, 진폭과 위상 스펙트럼도 구하라.

풀이

주기열은 다음과 같이 쓸 수 있다.

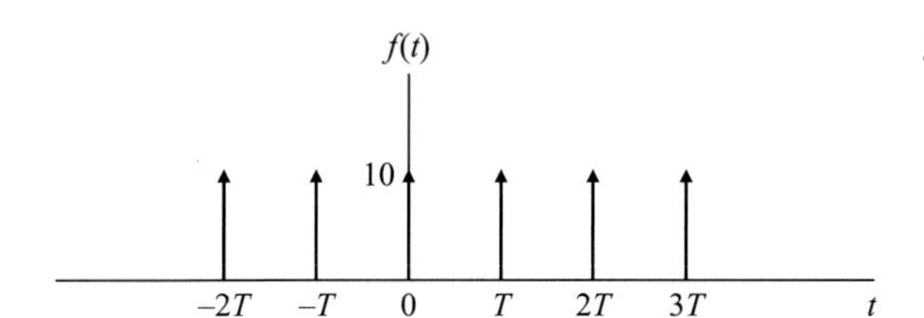

그림 2.11 예제 2.3의 그림.

$$f(t) = 10 \sum_{n=-\infty}^{\infty} \delta(t - nT)$$

위 식에 임펄스함수의 표본화 속성을 사용하면 각각의 계수들을 구할 수 있다.

$$a_0 = \frac{1}{T}\int_0^T 10\delta(t)dt = \frac{10}{T}$$

$$a_n = \frac{2}{T}\int_0^T 10\delta(t)\cos n\omega_0\, dt = \frac{20}{T}$$

$$b_n = \frac{2}{T}\int_0^T 10\delta(t)\sin n\omega_0\, dt = 0$$

임펄스함수가 우함수이기 때문에 $b_n = 0$이 된다. 식 (2.14)로부터,

$$A_0 = \frac{10}{T}, \quad A_n = \frac{20}{T}, \quad \varphi_n = 0$$

이므로 식 (2.13)은

$$f(t) = \frac{10}{T}\left[1 + 2\sum_{n=1}^{\infty} \cos n\omega_0 t\right], \quad \omega_0 = \frac{2\pi}{T}$$

이 된다. 위에서 φ_n은 0이므로 위상 스펙트럼은 모든 곳에서 0이다. 그러나 진폭 스펙트럼 An은 아래의 그림 2.12와 같다.

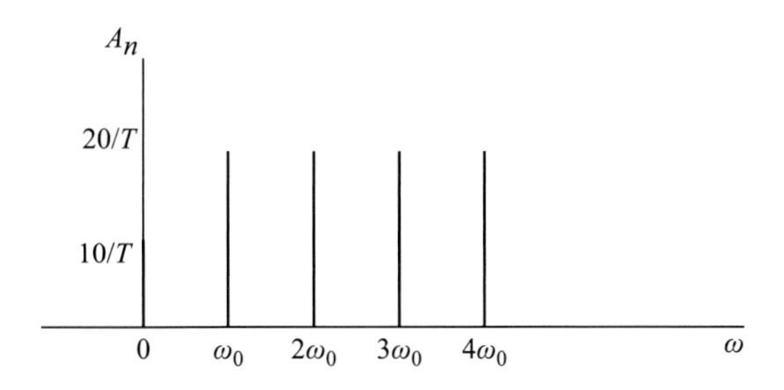

그림 2.12 예제 2.3의 그림. 그림 2.11의 임펄스열에 대한 진폭 스펙트럼.

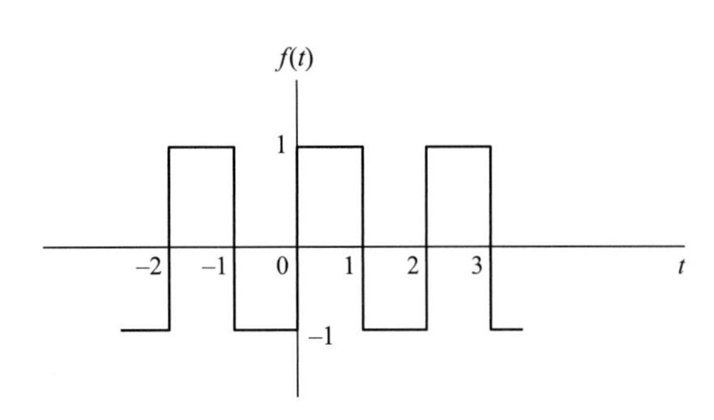

그림 2.13 실전문제 2.3의 그림.

실전문제 2.3

그림 2.13의 구형파에 대한 푸리에급수를 전개하고, 진폭과 위상 스펙트럼을 구하라.

정답: $f(t) = \dfrac{4}{\pi}\displaystyle\sum_{k=1}^{\infty}\dfrac{1}{n}\ \sin 2n\pi t, n = 2k-1$. 진폭과 위상 스펙트럼은 그림 2.14를 참조하라.

예제 2.4

그림 2.15의 톱니파형에 대한 푸리에급수를 구하고 진폭과 위상 스펙트럼을 그려라.

풀이

위의 파형은 다음의 함수로 표현할 수 있다.

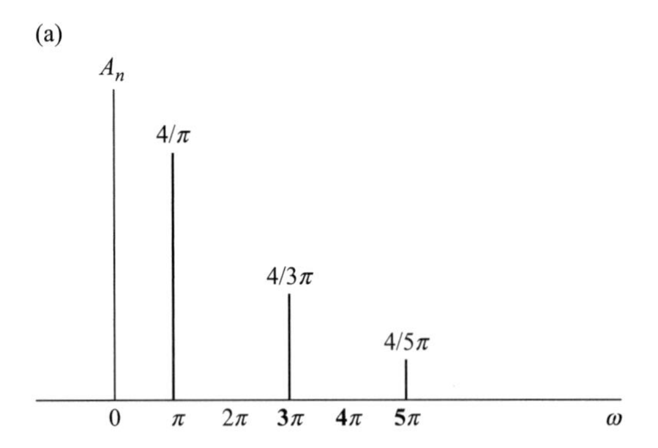

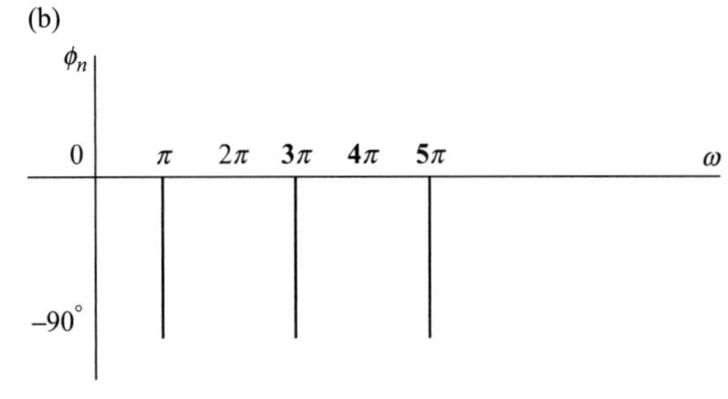

그림 2.14 실전문제 2.3의 그림. 그림 2.13의 함수에 대한 진폭과 위상 스펙트럼.

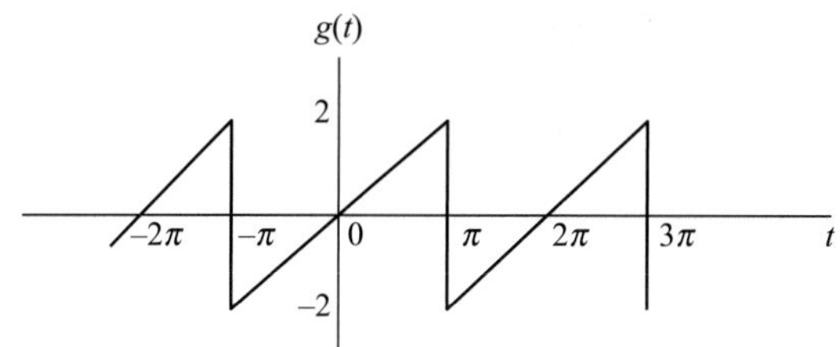

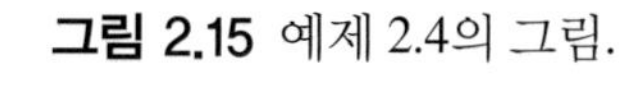
그림 2.15 예제 2.4의 그림.

$$g(t) = \frac{2}{\pi}t, \qquad -\pi < t < \pi$$

위 식에서 $g(-t) = -g(t)$이므로 홀수대칭이어서 $a_0 = a_n = 0$이 된다. 함수의 주기는 $T = 2\pi$이므로 $\omega_0 = 2\pi/T = 1$이다.

$$b_n = \frac{2}{T}\int_{-T/2}^{T/2} g(t)\sin n\omega_o t\,dt = \frac{2}{2\pi}\int_{-\pi}^{\pi}\frac{2}{\pi}t\sin nt\,dt = \frac{4}{\pi^2}\int_0^{\pi} t\sin nt\,dt \tag{2.4.1}$$

여기서는 $g(t)$의 대칭성을 이용하여 0에서 π의 구간에서 적분하고 2를 곱하였다. 또한 부록 A에 있는

$$\int t\sin at\,dt = \frac{1}{a^2}\sin at - \frac{t}{a}\cos at \tag{2.4.2}$$

이 공식을 식 (2.4.1)에 적용하면

$$b_n = \frac{4}{\pi^2}\int_0^{\pi} t\sin nt\,dt = \frac{4}{\pi^2}\left[\frac{1}{n^2}\sin nt - \frac{t}{n}\cos nt\right]_0^{\pi} = \frac{4}{\pi^2}\left(0 - \frac{\pi}{n}\cos\pi n - 0 + 0\right) = -\frac{4}{\pi n}\cos\pi n$$

가 되는데, $\cos n\pi = (-1)^n$이므로 $g(t)$의 푸리에급수 전개는 다음과 같이 사인항만 갖는다.

$$g(t) = \frac{4}{\pi}\sum_{n=1}^{\infty}\frac{(-1)^{n+1}}{n}\sin nt$$

위 식에서 $A_n = b_n$이고 $\varphi_n = -90^\circ + \alpha$이므로 α는 $(-1)^{n+1}$이다. 따라서 n이 홀수가 되면 $\alpha = 0^\circ$이고 n이 짝수이면 $\alpha = 180^\circ$이다.

$$\varphi_n = \begin{cases} -90^\circ, & n = \text{홀수} \\ 90^\circ, & n = \text{짝수} \end{cases}$$

진폭과 위상 스펙트럼은 그림 2.16에 나타내었다.

실전문제 2.4

그림 2.17의 주기함수에 대한 푸리에급수를 구하고 진폭과 위상 스펙트럼을 스케치하라.

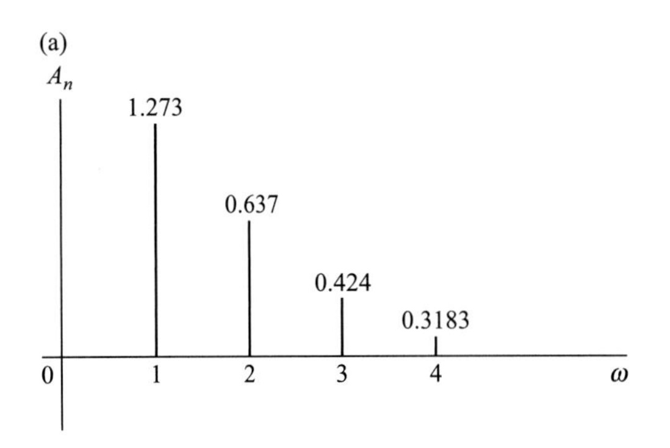

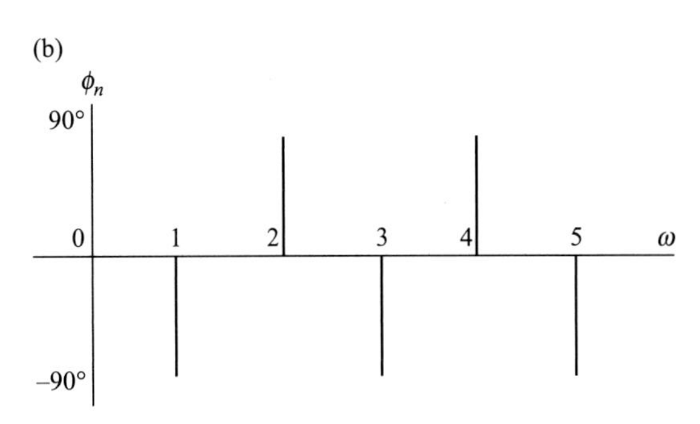

그림 2.16 예제 2.4의 그림.

정답: $h(t) = 2 - \frac{16}{\pi^2}\sum_{k=1}^{\infty}\frac{1}{n^2}\cos\ n\pi t,\ n = 2k-1$. 위상 스펙트럼은 0이고 진폭 스펙트럼은 그림 2.18에 나와 있다.

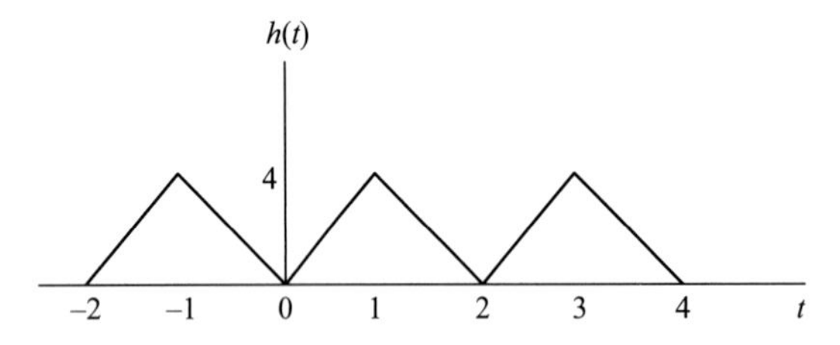

그림 2.17 실전문제 2.4의 그림.

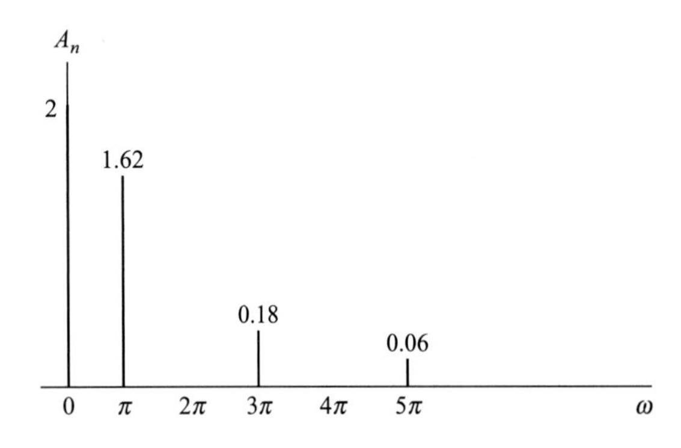

그림 2.18 실전문제 2.4의 정답(척도는 고려치 않음).

2.6 푸리에급수의 지수함수표시

주파수 $n\omega_0$의 정현파를 지수함수 $e^{jn\omega_0 t}$와 $-e^{jn\omega_0 t}$로 표현할 수 있다는 것을 이미 배웠기 때문에 직관적으로 식 (2.10)과 식 (2.13)의 푸리에급수의 삼각함수표시도 지수함수 형식으로 표현될 수 있다고 추측할 수 있다. 복소 대수법이 필요 없는 푸리에급수의 삼각함수표시가 더 편리하지만 지수함수 형식도 다음의 두 가지 이유로 유용하게 사용된다. 첫째, 이 형식은 보다 더 간결하고 다음 절에서 설명하는 푸리에변환을 쉽게 유도할 수 있다. 둘째, 푸리에급수의 삼각함수표시는 단측 스펙트럼을 생성하는 반면 푸리에급수의 지수함수표시는 다음에서 볼 수 있듯이 양측 스펙트럼을 생성하므로 사용이 보다 편리해서 대부분의 경우에 선호된다.

주기 T 및 주파수 $\omega = 2\pi/T$의 주기신호 $f(t)$는 다음과 같이 푸리에급수의 지수함수표시로 표현된다.

$$f(t) = \sum_{n=-\infty}^{\infty} C_n e^{jn\omega_0 t} \tag{2.19}$$

여기서 복소 계수는 다음과 같이 주어진다.

$$C_n = \frac{1}{T}\int_0^T f(t)e^{-jn\omega_0 t}dt = |C_n|\angle\phi_n \tag{2.20}$$

위 식에서 $|C_n|$과 ϕ_n은 C_n의 크기와 위상을 나타낸다. C_n 대 $n\omega_0$의 크기와 위상을 나타낸 그래프를 복소 진폭 스펙트럼 및 복소 위상 스펙트럼이라고 하고, 또는 간단히 $f(t)$의 지수 스펙트럼이라고 한다. 그러나 위의 식을 사용하고자 하면 다음에 주의하여야 한다.

(1) 식 (2.20)은 $n = 0$일 때 식 (2.12a)와 같아지기 때문에 C_0은 $f(t)$의 dc 값에 해당한다.

(2) 나타나는 주파수는 $\pm\omega_0$(기본주파수)와 기본주파수의 정수배인 $\pm n\omega_0$(고조파)이다. 음수 주파수의 존재는 단위시간당 반복횟수라는 일반적인 주파수 개념과 모순되나, 음의 지수항 $e^{-jn\omega_0 t}$가 존재하기 때문에 음의 주파수가 식에 있게 된다. 각 지수항은 양과 음이 쌍으로 함께 존재한다는 것을 명심하라. 위 식에서 양수 부분은 실제 신호를 나타내지 못하지만 여기에 음수 보완이 추가되면 두 부분이 함께 실제 신호를 만들어 낸다.

(3) 푸리에급수의 지수함수표시와 삼각함수표시에 있어 각 계수들은 다음과 같은 관계를 가진다.

$$a_n - jb_n = A_n\angle\varphi_n = 2C_n = 2|C_n|\angle\phi_n \tag{2.21}$$

위 식에 따라 푸리에급수의 삼각함수표시에서 푸리에급수의 지수함수표시를 얻을 수 있게 되고, 그 역도 성립한다.

푸리에급수의 삼각함수표시와 마찬가지로 푸리에급수의 지수함수표시를 전개하여 신호 $f(t)$의 평균 전력 P를 얻을 수 있다. 식 (2.19)를 식 (2.15)에 대입하면

$$P = \frac{1}{T}\int_0^T f^2(t)dt = \frac{1}{T}\int_0^T f(t)\left[\sum_{n=-\infty}^{\infty} C_n e^{jn\omega_0 t}\right]dt$$

위 식에서 합과 적분의 순서를 바꾸면

$$P = \sum_{n=-\infty}^{\infty} C_n\left[\frac{1}{T}\int_0^T f(t)e^{jn\omega_0 t}dt\right] = \sum_{n=-\infty}^{\infty} C_n C_n^* = \sum_{n=-\infty}^{\infty}|C_n|^2 \tag{2.22}$$

이 되는데, 여기서 C_n^*은 C_n의 공액 복소수(complex conjugate)이다. 따라서 우리는 다음과 같은 다른 형태의 파스발 정리를 얻는다.

$$P = \frac{1}{T}\int_0^T f^2(t)dt = \sum_{n=-\infty}^{\infty}|C_n|^2 \tag{2.23}$$

위 식이 파스발 정리를 더 간결하게 표현하는 또 다른 방법이다. 신호 $f(t)$의 전력 스펙트럼은 $\sum_{n=-\infty}^{\infty}|C_n|^2$이 되는데, 이 스펙트럼은 총 전력이 dc 성분과 고조파 성분 간의 분배 방식을 보여준다.

예제 2.5

예제 2.3의 주기 임펄스열의 푸리에급수의 지수함수표시를 구하라.

풀이

주기열은 다음과 같이 쓸 수 있다.

$$f(t) = 10\sum_{n=-\infty}^{\infty}\delta(t-nT)$$

임펄스함수의 표본화 속성을 사용하면

$$C_n = \frac{1}{T}\int_0^T 10\delta(t)e^{-jn\omega_0 t}dt = \frac{10}{T}$$

이 되므로, 푸리에급수는

$$f(t) = \frac{10}{T}\sum_{n=-\infty}^{\infty} e^{jn\omega_0 t}, \quad \omega_0 = \frac{2\pi}{T}$$

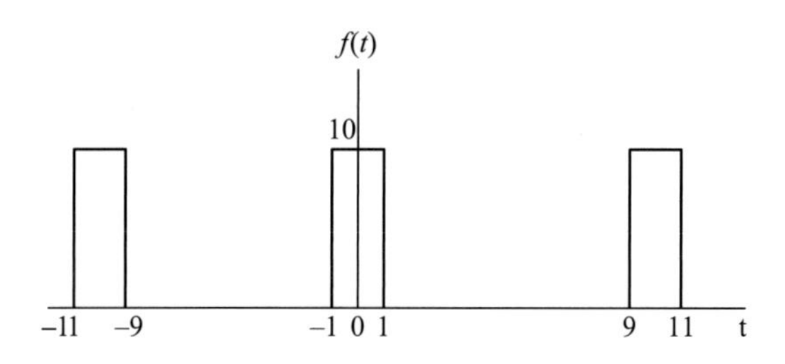

그림 2.19 실전문제 2.5의 직사각형 펄스열.

이 된다.

실전문제 2.5

그림 2.19에 표시된 직사각형 펄스열에 대하여 푸리에급수의 지수함수표시의 전개를 구하라.

정답: $f(t) = 2\sum_{n=-\infty}^{\infty} \frac{\sin\lambda}{\lambda} e^{j\lambda t}, \quad \lambda = \frac{n\pi}{5}$

예제 2.6

아래의 주기함수에 대해 푸리에급수의 지수함수표시의 전개를 구하라.

$$f(t) = e^t,\ 0 < t < 2\pi \text{ 이고 } f(t+2\pi) = f(t)$$

풀이

$T = 2\pi, \omega = 2\pi/T = 1$이므로,

$$C_n = \frac{1}{T}\int_0^T f(t)e^{-jn\omega_0 t}dt = \frac{1}{2\pi}\int_0^{2\pi} e^t e^{-jnt}dt = \frac{1}{2\pi}\left[\frac{1}{1-jn}e^{(1-jn)t}\right]_0^{2\pi} = \frac{1}{2\pi(1-jn)}\left[e^{2\pi}e^{-j2n\pi} - 1\right]$$

오일러 공식을 이용하면,

$$e^{-j2n\pi} = \cos 2n\pi - j\sin 2n\pi = 1 - j0 = 1$$

이 되므로, 아래와 같이 계수 C_n을 얻을 수 있다.

$$C_n = \frac{e^{2\pi} - 1}{2\pi(1-jn)} = \frac{85}{1-jn}$$

따라서 복잡한 푸리에급수는

$$f(t) = \sum_{n=-\infty}^{\infty} \frac{85}{1-jn}$$

가 된다. 지수 스펙트럼을 그리기 위해 C_n의 크기와 위상을 구하면

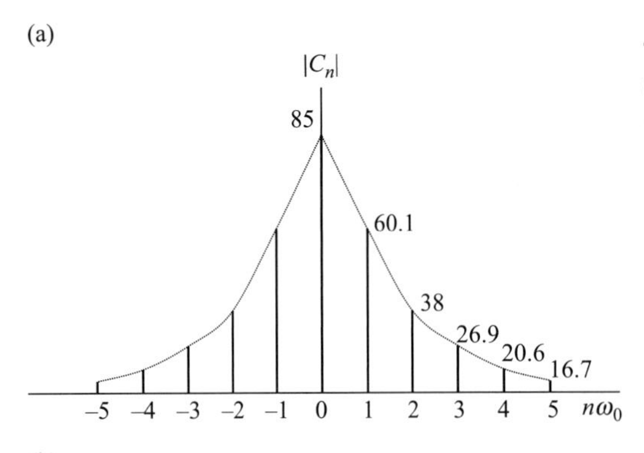

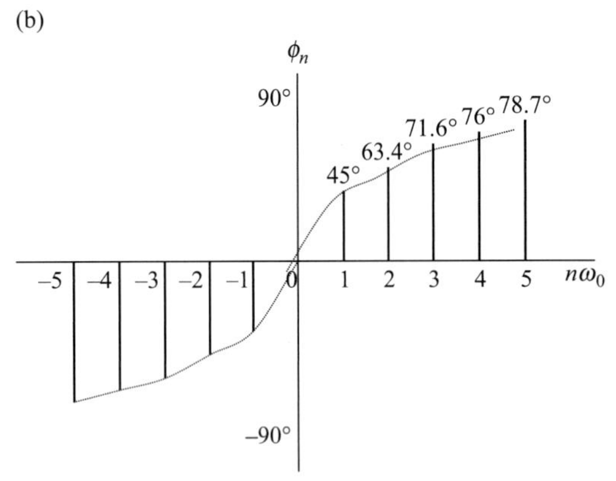

그림 2.20 예제 2.6의 그림. (a) 진폭 스펙트럼, (b) 위상 스펙트럼.

$$|C_n| = \frac{85}{\sqrt{1+n^2}}, \qquad \phi_n = \tan^{-1} n$$

이 된다. 여기에 음수값과 양수값 n을 삽입하면 그림 2.20과 같이 C_n 대 $n\omega_0 = n$의 진폭과 위상 도표를 얻을 수 있다.

실전문제 2.6

주기함수 $f(t) = t$이고, $-1 < t < 1$에서 $f(t+2n) = f(t)$인 푸리에급수의 지수함수표시의 전개를 하고, 지수 스펙트럼을 그려라.

정답: $f(t) = \sum_{\substack{n=-\infty \\ n\neq 0}}^{\infty} \frac{j(-1)^n}{n\pi} e^{jn\pi t}$. 지수 스펙트럼은 그림 2.21에 나타내었다.

예제 2.7

그림 2.22의 주기신호에 대한 전력을 구하고 전력 스펙트럼을 보여라.

풀이

$T = 4$이기 때문에 $\omega = 2\pi/T = \pi/2$이다. 따라서 평균 전력은

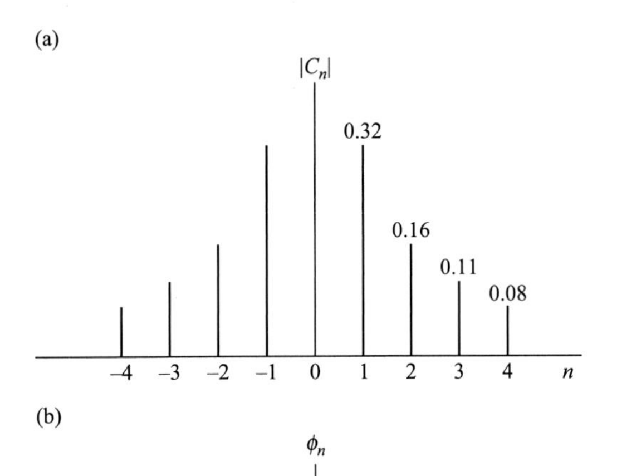

그림 2.21 실전문제 2.6의 그림. (a) 진폭 스펙트럼, (b) 위상 스펙트럼.

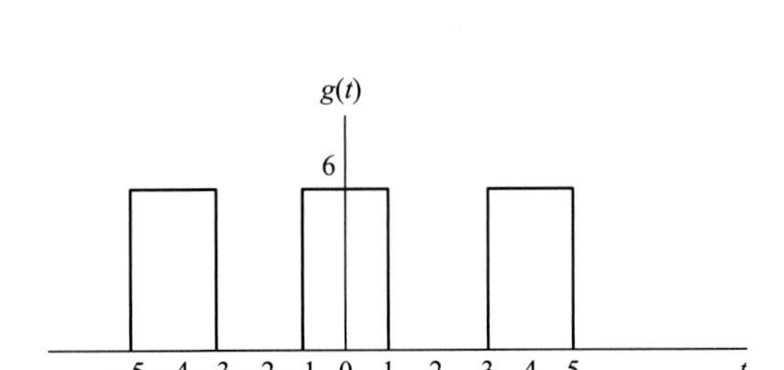

그림 2.22 예제 2.7의 그림.

$$P=\frac{1}{T}\int_{-T/2}^{T/2} g^2(t)dt=\frac{1}{4}\int_{-1}^{1} 6^2 dt=\frac{36(2)}{4}=18\text{ W}$$

이고

$$C_n=\frac{1}{T}\int_0^T f(t)e^{-jn\omega_0 t}dt=\frac{1}{4}\int_{-1}^{1} 6e^{-jn\pi t/2}dt=\frac{6}{4}\left[\frac{2}{-j\pi n}e^{-j\pi nt/2}\right]_{-1}^{1}=\frac{6}{(-2j\pi n)}\left[e^{-jn\pi/2}-e^{jn\pi/2}\right]$$

이다. 그러나

$$\sin x=\frac{e^x-e^{-x}}{2j}$$

을 이용하면,

$$C_n=\frac{6}{n\pi}\sin(n\pi/2)=3\text{ sinc }(n\pi/2)$$

표 2.3 예제 2.7의 푸리에급수의 지수함수표시의 계수

n	0	1	2	3	4	5
C_n	3	1.91	0	−0.636	0	0.382

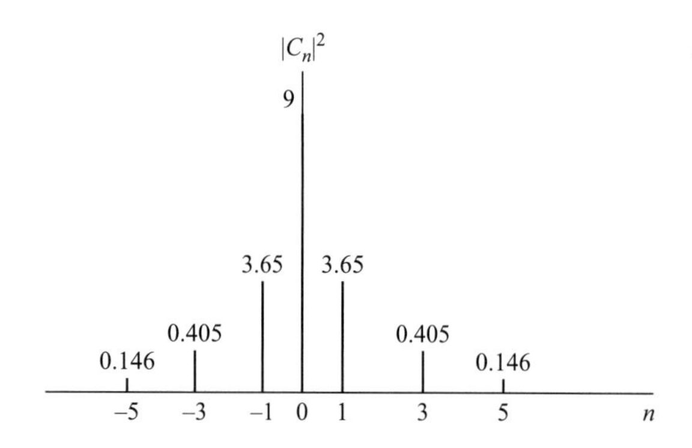

그림 2.23 예제 2.7; 그림 2.22의 신호에 대한 전력 스펙트럼.

을 얻을 수 있다. 여기서 sinc함수는 $\text{sinc}\,(x) = \dfrac{\sin x}{x}$ 로 정의된다. 표 2.3은 $n = 0, 1, 2, 3, 4, 5$에 대한 C_n의 값을 보여 준다. 파스발의 정리를 사용하여 전력값을 구하면 다음과 같다.

$$P = \sum_{n=-\infty}^{\infty} |C_n|^2 = C_0^2 + 2\sum_{n=1}^{\infty}|C_n|^2 = 3^2 + 2\left(1.91^2 + 0^2 + (-0.6366)^2 + 0^2 + 0.382^2 + \cdots\right)$$
$$= 17.4 \text{ W}$$

계산 결과를 보면, 적분 계산값 18 W보다 3.35% 작다. 그러나 더 많은 항을 취하여 더하면 보다 더 높은 정확도를 얻을 수 있다. 전력 스펙트럼은 그림 2.23에서와 같이 $|C_n|^2$ 대 n의 그래프이다.

실전문제 2.7

그림 2.24의 주기신호에 대한 전력을 구하고 전력 스펙트럼을 스케치하라.

정답: 0.5 W; 전력 스펙트럼은 그림 2.25를 참조하라.

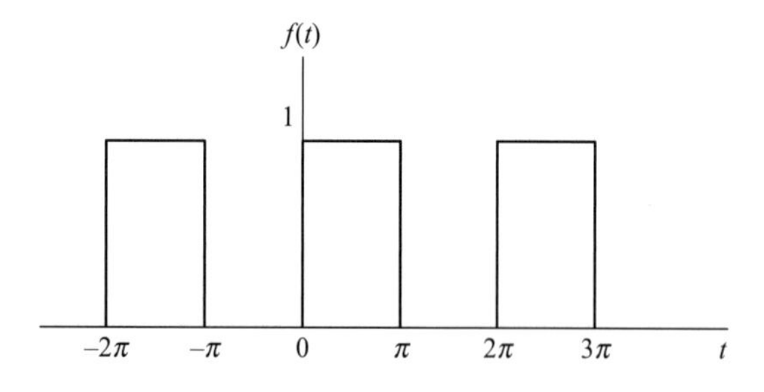

그림 2.24 실전문제 2.7의 그림.

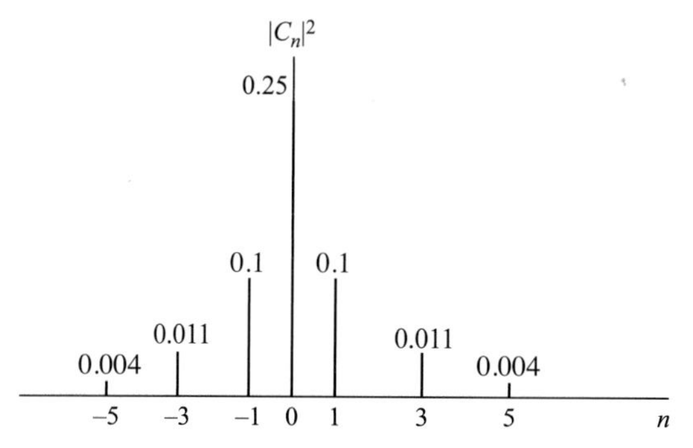

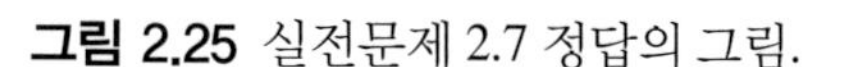
그림 2.25 실전문제 2.7 정답의 그림.

2.7 푸리에변환

실제로 관심이 있는 신호들은 비주기 에너지신호인 반면에, 푸리에급수 해석은 주기 전력신호에 한정되기 때문에 응용분야가 제한적이다.

그러나 푸리에급수는 식 자체의 중요성을 배제하더라도 많은 응용분야에서 푸리에변환의 기초를 제공한다. 푸리에변환(Fourier transform)은, 곧 설명하겠지만 극한에서 복소 푸리에급수의 일반화라고 할 수 있다. 푸리에변환은 통신시스템과 거의 모든 과학 및 공학 분야에서 가장 널리 사용되는 도구이다. 신호처리, 선형시스템, 전자기, 이미지분석, 필터링, 분광학, 단층촬영, 부분미분방정식, 양자역학 및 광학과 같은 다양한 분야에서 광범위한 응용분야를 찾을 수 있다.

푸리에급수에서 푸리에변환으로 전환하기 위해서는, 하나의 주기신호를 가정하고 그것의 주기가 무한대인 경우를 상정하여야 한다. 식 (2.19)의 지수함수형 푸리에급수를 다시 써 보면,

$$f(t) = \sum_{n=-\infty}^{\infty} c_n e^{jn\omega_0 t} \tag{2.25}$$

이고, 여기서 복소 계수

$$c_n = \frac{1}{T}\int_{-T/2}^{T/2} f(t)e^{-jn\omega_0 t}\,dt \tag{2.26}$$

이다. 인접 고조파 사이의 간격은

$$\Delta\omega = (n+1)\omega_0 - n\omega_0 = \omega_0 = \frac{2\pi}{T} \tag{2.27}$$

이므로, 식 (2.26)을 식 (2.25)에 대입하여

$$
\begin{aligned}
f(t) &= \sum_{n=-\infty}^{\infty}\left[\frac{1}{T}\int_{-T/2}^{T/2} f(t)e^{-jn\omega_0 t}dt\right]e^{jn\omega_0 t} \\
&= \sum_{n=-\infty}^{\infty}\left[\frac{\Delta\omega}{2\pi}\int_{-T/2}^{T/2} f(t)e^{-jn\omega_0 t}dt\right]e^{jn\omega_0 t} \\
&= \frac{1}{2\pi}\sum_{n=-\infty}^{\infty}\left[\int_{-T/2}^{T/2} f(t)e^{-jn\omega_0 t}dt\right]\Delta\omega e^{jn\omega_0 t}
\end{aligned}
\tag{2.28}
$$

이 된다. $T\to\infty$로 두면, 스펙트럼 주파수 선들은 점점 가까워지므로 $\Delta\omega$는 미분 주파수인 증분 $d\omega$가 되어, 이들의 합은 적분이 되며, 고조파 주파수 $n\omega_0$는 주파수 ω의 값을 취하게 된다. 따라서 식 (2.28)은

$$
f(t) = \frac{1}{2\pi}\int_{-\infty}^{\infty}\left[\int_{-\infty}^{\infty} f(t)e^{-j\omega t}dt\right]e^{j\omega t}d\omega \tag{2.29}
$$

이 되는데, 이 식의 내부 적분(시간에 대한 적분)을 $f(t)$의 푸리에변환이라고 부르며 $F(\omega)$로 표시한다.

$$
F(\omega) = \mathcal{F}[f(t)] = \int_{-\infty}^{\infty} f(t)e^{-j\omega t}dt \tag{2.30}
$$

여기서 $\mathcal{F}$는 푸리에변환 연산자이다.

신호 $f(t)$의 **푸리에변환**은 $-\infty$에서 $+\infty$까지의 간격에 걸친 $f(t)$와 $e^{-j\omega t}$의 곱에 대한 적분이다.

$F(\omega)$는 시간영역에서 주파수영역으로의 $f(t)$의 적분 변환이며 일반적으로 복소함수이다. $F(\omega)$는 $f(t)$의 스펙트럼으로 알려져 있다. 크기 $|F(\omega)|$ 대 ω의 그래프를 진폭 스펙트럼이라고 하며, 위상 $\angle F(\omega)$ 대 ω의 그래프를 위상 스펙트럼이라고 한다. 신호가 실제 값이면 크기 스펙트럼은 짝수 즉 $|F(\omega)| = |F(-\omega)|$ 이고, 위상 스펙트럼은 홀수 즉 $\angle F(\omega) = -\angle F(-\omega)$가 된다. 진폭과 위상 스펙트럼 모두는 푸리에변환의 물리적 해석을 제공한다.

$F(\omega)$를 가지고 식 (2.30)을 다음과 같이 표현할 수 있는데, 이것을 역푸리에변환이라고 한다.

$$
f(t) = \mathcal{F}^{-1}[F(\omega)] = \frac{1}{2\pi}\int_{-\infty}^{\infty} F(\omega)e^{j\omega t}d\omega \tag{2.31}
$$

신호 $f(t)$와 변환 $F(\omega)$는 푸리에변환쌍을 형성하고, 그들 간의 관계는 다음과 같다.

$$f(t) \quad \Leftrightarrow \quad F(\omega) \tag{2.32}$$

여기서는 신호를 소문자로 표시하고 그 변환을 대문자로 표시하기로 한다.

푸리에변환은 푸리에급수에서 나온 것이므로 존재 조건은 푸리에급수의 조건, 즉 디리클레 조건을 따른다. 구체적으로, 푸리에변환 $F(\omega)$는 식 (2.30)의 푸리에적분이 수렴할 때(적분값이 존재할 때) 존재한다. 디리클레 조건은 다음과 같다.

1. $f(t)$는 경계가 있다;
2. $f(t)$는 유한한 값의 최댓값과 최솟값을 갖는다;
3. $f(t)$는 유한한 수의 불연속성을 갖는다;
4. $f(t)$는 적분 가능하다. 즉,

$$\int_{-\infty}^{\infty} |f(t)| dt < \infty \tag{2.33}$$

이 성립한다. 이것들이 푸리에변환을 존재하게 하는 $f(t)$의 충분조건이다. 예를 들어, $tu(t)$(램프함수)와, $f(t) = e^t$, $t \geq 0$과 같은 함수는 위의 조건을 만족하지 않기 때문에 푸리에변환을 할 수 없다. 그러나 전력이나 에너지 신호들은 어떠한 신호들이라도 푸리에변환을 할 수 있다.

$F(\omega)$는 복소함수이므로 $j\omega$를 s로 일시적으로 바꾼 다음, 풀이 마지막 단계에서 s를 $j\omega$로 다시 대입하면 복소 대수를 피할 수 있다.

예제 2.8

다음 함수의 푸리에변환을 구하라: (a) $\delta(t)$, (b) $e^{j\omega_0 t}$, (c) $\sin \omega_0 t$, (d) $e^{-at}u(t)$.

풀이

(a) 임펄스함수의 경우는 임펄스함수의 천이 특성(shifting property)을 적용하면

$$F(\omega) = \mathcal{F}[\delta(t)] = \int_{-\infty}^{\infty} \delta(t) e^{-j\omega t} dt = e^{-j\omega t}\Big|_{t-0} = 1 \tag{2.8.1}$$

이 된다. 따라서

$$\mathcal{F}[\delta(t)] = 1 \tag{2.8.2}$$

이므로, 이것은 임펄스함수의 스펙트럼의 크기가 일정하다는 것을 보여 준다. 즉, 모든 주파수가 임펄스함수에서는 동일하게 표시된다.

(b) 식 (2.8.2)에서

$$\delta(t) = \mathcal{F}^{-1}[1]$$

식 (2.31)의 역푸리에변환 공식을 사용하면

$$\delta(t) = \mathcal{F}^{-1}[1] = \frac{1}{2\pi}\int_{-\infty}^{\infty} 1e^{j\omega t}d\omega$$

또는

$$\int_{-\infty}^{\infty} e^{j\omega t}d\omega = 2\pi\delta(t) \tag{2.8.3}$$

이 된다. 이 식에서 변수 t와 ω를 교환하면

$$\int_{-\infty}^{\infty} e^{j\omega t}dt = 2\pi\delta(\omega) \tag{2.8.4}$$

이다. 이 결과를 사용하면 주어진 함수의 푸리에변환은

$$\mathcal{F}\left[e^{j\omega_0 t}\right] = \int_{-\infty}^{\infty} e^{j\omega_0 t}e^{-j\omega t}dt = \int_{-\infty}^{\infty} e^{j(\omega_0-\omega)t}dt = 2\pi\delta(\omega_0 - \omega)$$

이 되는데, 임펄스함수는 우함수이므로 $\delta(\omega_0 - \omega) = \delta(\omega - \omega_0)$이다.

$$\mathcal{F}\left[e^{j\omega_0 t}\right] = 2\pi\delta(\omega - \omega_0) \tag{2.8.5}$$

위 식에서 단순히 ω_0의 부호를 바꾸면 쉽게 다음을 얻을 수 있다.

$$\mathcal{F}\left[e^{-j\omega_0 t}\right] = 2\pi\delta(\omega + \omega_0) \tag{2.8.6}$$

또한, $\omega_0 = 0$을 두면

$$\mathcal{F}[1] = 2\pi\delta(\omega) \tag{2.8.7}$$

를 얻을 수 있다.

(c) 식 (2.8.5)와 (2.8.6)의 결과를 사용하여

$$\begin{aligned}\mathcal{F}[\sin\omega_0 t] &= \mathcal{F}\left[\frac{e^{j\omega_0 t} - e^{-j\omega_0 t}}{2j}\right] \\ &= \frac{1}{2j}\mathcal{F}\left[e^{j\omega_0 t}\right] - \frac{1}{2j}\mathcal{F}\left[e^{-j\omega_0 t}\right] \\ &= j\pi[\delta(\omega + \omega_0) - \delta(\omega - \omega_0)]\end{aligned} \tag{2.8.8}$$

(d) $x(t) = e^{-at}u(t) = \begin{cases} e^{-at}, & t > 0 \\ 0, & t < 0 \end{cases}$ 이라고 두면, 다음 식을 얻을 수 있다.

$$\begin{aligned} X(\omega) &= \int_{-\infty}^{\infty} x(t)e^{-j\omega t}dt = \int_{0}^{\infty} e^{-at}e^{-j\omega t}dt = \int_{0}^{\infty} e^{-(a+j\omega)t}dt \\ \mathcal{L}[e^{-at}u(t)] &= X(\omega) = \frac{-1}{a+j\omega}e^{-(a+j\omega)t}\Big|_{0}^{\infty} = \frac{1}{a+j\omega} \end{aligned} \tag{2.8.9}$$

실전문제 2.8

다음 함수의 푸리에변환을 구하라: (a) 구형펄스 $\Pi(t/\tau)$, (b) $\delta(t+3)$, (c) $2\cos\omega_0 t$.

정답: (a) $\frac{2}{\omega}\sin\frac{\omega\tau}{2} = \tau\sin c\frac{\omega\tau}{2}$, (b) $e^{j3\omega}$, (c) $2\pi[\delta(\omega+\omega_0) - \delta(\omega-\omega_0)]$

예제 2.9

그림 2.26에 표시된 신호의 푸리에변환을 구하라.

풀이

$$\begin{aligned} X(\omega) &= \int_{-\infty}^{\infty} x(t)e^{-j\omega t}dt = \int_{-1}^{0}(-A)e^{-j\omega t}dt + \int_{0}^{1} Ae^{-j\omega t}dt \\ &= \frac{A}{j\omega} \quad e^{-j\omega t}\Big|_{-1}^{0} - \frac{A}{j\omega}e^{-j\omega t}\Big|_{0}^{1} \\ &= \frac{-jA}{\omega}\left(1 - e^{j\omega} - e^{-j\omega} + 1\right) \\ &= \frac{-j2A}{\omega}(1 - \cos\omega) \end{aligned}$$

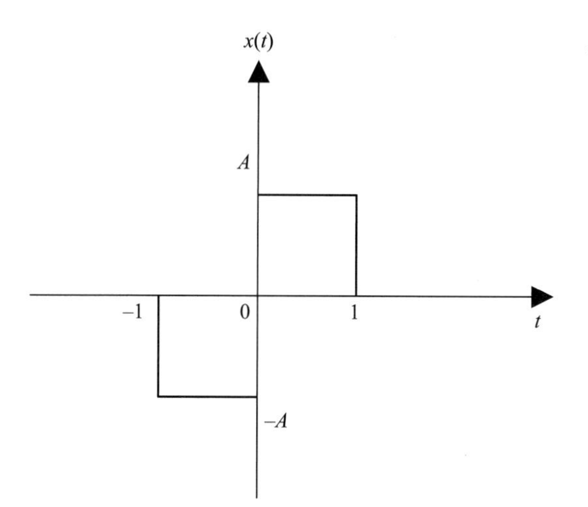

그림 2.26 예제 2.9의 그림.

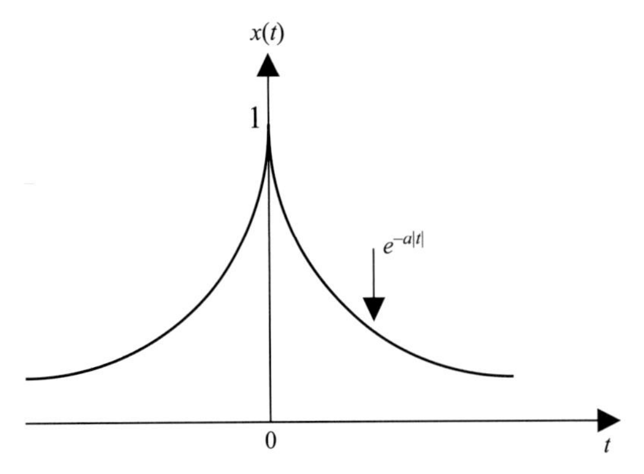

그림 2.27 예제 2.10의 그림.

실전문제 2.9

다음과 같이 정의된 삼각펄스의 푸리에변환을 구하라.

$$\Lambda(t/\tau) = \begin{cases} 1 - \dfrac{|t|}{\tau}, & |t| \le \tau \\ 0, & |t| > \tau \end{cases}$$

정답: $\tau \sin c^2(\omega\tau/2)$

예제 2.10

그림 2.27에 표시된 양측 지수펄스의 푸리에변환을 구하고 변환을 스케치하라.

풀이

$$f(t) = e^{-a|t|} = \begin{cases} e^{at}, & t < 0 \\ e^{-at}. & t > 0 \end{cases}$$

이므로, 푸리에변환은

$$\begin{aligned} F(\omega) &= \int_{-\infty}^{\infty} f(t)e^{-j\omega t}dt = \int_{-\infty}^{0} e^{at}e^{-j\omega t}dt + \int_{0}^{\infty} e^{-at}e^{-j\omega t}dt \\ &= \frac{1}{a - j\omega} + \frac{1}{a + j\omega} \\ &= \frac{2a}{a^2 + \omega^2} \end{aligned}$$

이 경우 $F(\omega)$는 실숫값이며 변환된 그래프는 그림 2.28과 같다.

실전문제 2.10

그림 2.29에 표시된 부호함수(signum function)의 푸리에변환을 구하고 $|F(\omega)|$를 그려라.

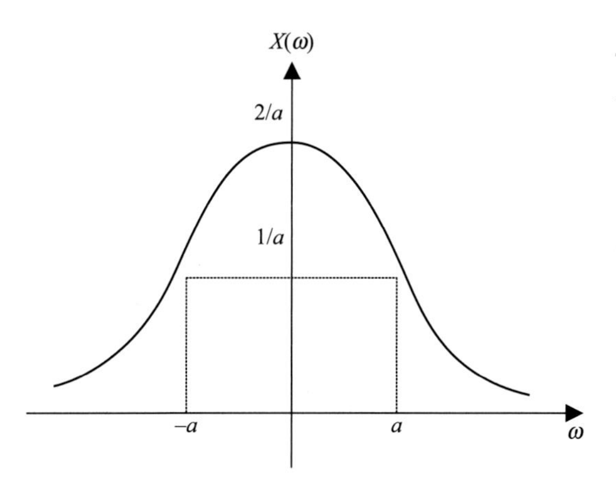

그림 2.28 예제 2.10 풀이의 그림.
그림 2.27의 $x(t)$에 대한 푸리에변환.

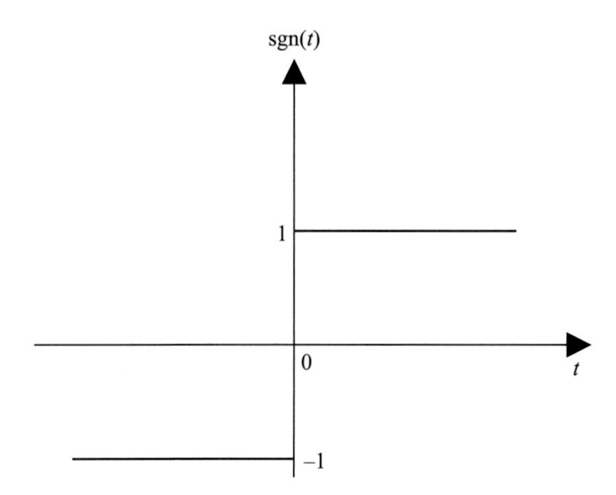

그림 2.29 실전문제 2.10의 부호함수.

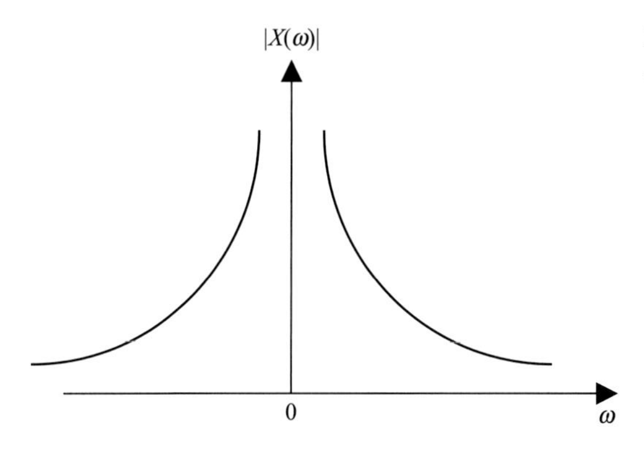

그림 2.30 그림 2.29의 신호에 대한 푸리에변환.

$$f(t) = \mathrm{sgn}(t) = \begin{cases} 1, & t > 0 \\ -1, & t < 0 \end{cases}$$

정답: $\dfrac{2}{j\omega} \cdot |F(\omega)|$ 의 그래프는 그림 2.30에 표시하였다.

2.8 푸리에변환의 특성

이 절에서는 푸리에변환의 중요한 특성들을 살펴보고 간단한 함수의 변환에서부터 복잡한 함수의 변환을 찾는 데 이러한 특성들이 어떻게 사용되는지를 학습한다. 각각의 특성에 대하여 먼저 정의하고 유도한 후, 예제를 통해 이해도를 높이는 형태로 설명하기로 한다.

2.8.1 선형성

적분은 선형 연산자이므로 선형성은 라플라스변환과 마찬가지로 푸리에변환에도 적용된다. $F_1(\omega)$, $F_2(\omega)$가 각각 $f_1(t)$, $f_2(t)$의 푸리에변환인 경우,

$$\boxed{\mathcal{F}[a_1f_1(t)+a_2f_2(t)]=a_1F_1(\omega)+a_2F_2(\omega)} \tag{2.34}$$

이 된다. 여기서 a_1과 a_2는 상수이다. 이 특성은 개별 함수를 선형조합한 후의 푸리에변환이나 개별 함수 각각을 푸리에변환한 후에 합한 것이 동일하다는 것을 의미한다. 정의에 따라,

$$\begin{aligned}\mathcal{F}[a_1f_1(t)+a_2f_2(t)] &= \int_{-\infty}^{\infty}[a_1f_1(t)+a_2f_2(t)]e^{-j\omega t}dt \\ &= \int_{-\infty}^{\infty}a_1f_1(t)e^{-j\omega t}dt+\int_{-\infty}^{\infty}a_2f_2(t)e^{-j\omega t}dt \\ &= a_1F_1(\omega)+a_2F_2(\omega)\end{aligned} \tag{2.35}$$

이것은 신호들의 임의의 수에 대한 선형 조합으로 확장될 수 있다.

예를 들어, $\cos\omega_0 t=\frac{1}{2}(e^{j\omega_0 t}+e^{-j\omega_0 t})$이다. 선형 특성을 사용하면,

$$\begin{aligned}\mathcal{F}[\cos\omega_0 t] &= \frac{1}{2}\left[\mathcal{F}\left(e^{j\omega_0 t}\right)+\mathcal{F}\left(e^{-j\omega_0 t}\right)\right] \\ &= \pi[\delta(\omega-\omega_0)+\delta(\omega+\omega_0)]\end{aligned} \tag{2.36}$$

이 된다. 위 식은 예제 2.8의 식 (2.8.5)와 (2.8.6)을 적용하였다.

2.8.2 시간 비율변화

$F(\omega)=\mathcal{F}[f(t)]$이라고 하고 a를 실수 상수로 두면,

$$\boxed{\mathcal{F}[f(at)]=\frac{1}{|a|}F\left(\frac{\omega}{a}\right)} \tag{2.37}$$

가 되어 새로운 주파수 ω/a가 생긴다. 식 (2.37)은 어떤 한 도메인의 확장은 다른 도메인의 축

소를 유도하게 된다는 것을(그 역도 마찬가지이다) 의미한다. 시간 비율변화 특성을 유도해 보자. 먼저 정의에 따라,

$$\mathcal{F}[f(at)] = \int_{-\infty}^{\infty} f(at)e^{-j\omega t}dt$$

에서 $\lambda = at, d\lambda = adt$로 두면

$$\mathcal{F}[f(at)] = \int_{-\infty}^{\infty} f(\lambda)e^{-j\omega\lambda/a}\frac{d\lambda}{a} = \frac{1}{a}F\left(\frac{\omega}{a}\right) \tag{2.38}$$

되고, 위 식에서 $a = -1$이면 식 (2.37)은 다음과 같은 식이 되는데,

$$\mathcal{F}[f(-t)] = F(-\omega) = F^*(\omega) \tag{2.39}$$

여기서 별표는 공액 복소수를 나타낸다. 이것을 시간 반전이라고 한다.

예를 들어, 실전문제 2.8의 직사각형펄스의 푸리에변환은 다음과 같다.

$$\mathcal{F}[p(t)] = A\tau \sin c\frac{\omega\tau}{2} \tag{2.40}$$

식 (2.37)을 사용하면,

$$\mathcal{F}[p(2t)] = \frac{A\tau}{2} \sin c\frac{\omega\tau}{4} \tag{2.41}$$

이 된다. 따라서 주파수 비율변화 특성은 다음과 같이 표현할 수 있다.

$$\frac{1}{|a|}\mathcal{F}[f(t/a)] = F(a\omega) \tag{2.42}$$

2.8.3 시간이동

$F(\omega) = \mathcal{F}[f(t)]$이고 t_o가 상수이면,

$$\boxed{\mathcal{F}[f(t - t_o)] = e^{-j\omega t_o}F(\omega)} \tag{2.43}$$

가 되는데, 이것은 시간영역에서의 지연 또는 시간이동이 주파수영역에서는 위상변이를 가져온다는 것을 의미한다. 이동된 신호의 푸리에변환을 찾기 위해서는, 원래 신호의 푸리에변환에 $e^{-j\omega t_o}$를 곱해야 한다. 즉, 시간이동의 영향은 위상만 받게 되어 크기는 변하지 않는다. 이 특성을 유도하기 위하여 정의를 이용하면,

$$\mathcal{F}[f(t - t_o)] = \int_{-\infty}^{\infty} f(t - t_o)e^{-j\omega t}dt \tag{2.44}$$

이 된다. $\lambda = t - t_o, d\lambda = dt, t = \lambda + t_o$라고 두면,

$$\begin{aligned}\mathcal{F}[f(t-t_o)] &= \int_{-\infty}^{\infty} f(\lambda)e^{-j\omega(\lambda+t_o)}d\lambda \\ &= e^{-j\omega t_o}\int_{-\infty}^{\infty} f(\lambda)e^{-j\omega\lambda}d\lambda = e^{-j\omega t_o}X(\omega)\end{aligned} \tag{2.45}$$

이 되고, 같은 방법을 $t + t_o$에 적용하면,

$$\mathcal{F}[f(t+t_o)] = e^{j\omega t_o}F(\omega)$$

이 된다. 예를 들어 예제 2.8(d)를

$$\mathcal{F}[e^{-at}u(t)] = \frac{1}{a+j\omega} \tag{2.46}$$

상기 공식을 이용하여 풀면, $x(t) = e^{-a(t-3)}u(t-3)$의 변환은 다음과 같다.

$$\mathcal{F}\left[e^{-a(t-3)}u(t-3)\right] = \frac{e^{-j3\omega}}{a+j\omega} \tag{2.47}$$

2.8.4 주파수편이

이 특성은 시간이동 특성의 이중성을 보여 준다. 이 특성은 $X(\omega) = \mathcal{F}[x(t)]$이고 ω_0이 일정하다고 하면,

$$\boxed{\mathcal{F}[f(t)e^{j\omega_0 t}] = F(\omega - \omega_0)} \tag{2.48}$$

라는 것을 의미하는데, 이것은 주파수영역에서의 이동이 시간영역에서의 위상이동과 동일하다는 것을 보여 준다. 이 특성을 유도하기 위하여 정의를 이용하면,

$$\begin{aligned}\mathcal{F}[f(t)e^{j\omega_0 t}] &= \int_{-\infty}^{\infty} f(t)e^{j\omega_0 t}e^{-j\omega t}dt \\ &= \int_{-\infty}^{\infty} f(t)e^{-j(\omega-\omega_0)t}dt = F(\omega-\omega_0)\end{aligned} \tag{2.49}$$

이 된다. 예를 들어, $\cos\omega_0 t = \frac{1}{2}(e^{j\omega_0 t} + e^{-j\omega_0 t})$에 식 (2.48)의 특성을 적용하면,

$$\begin{aligned}\mathcal{F}[f(t)\cos\omega_0 t] &= \frac{1}{2}\mathcal{F}\left[f(t)e^{j\omega_0 t}\right] + \frac{1}{2}\mathcal{F}\left[f(t)e^{-j\omega_0 t}\right] \\ &= \frac{1}{2}F(\omega-\omega_0) + \frac{1}{2}F(\omega+\omega_0)\end{aligned} \tag{2.50}$$

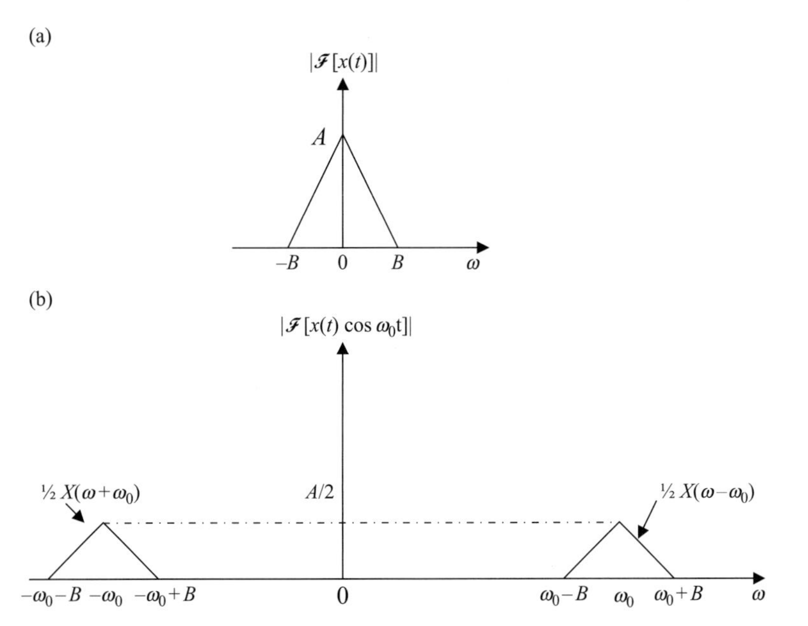

그림 2.31 진폭 스펙트럼. (a) 신호 $f(t)$, (b) $x(t)$에 $\cos\omega_0 t$가 곱해진 변조신호.

이 되는데, 위의 결과는 변조에서 중요하게 사용된다. 예를 들어, $f(t)$의 진폭 스펙트럼이 그림 2.31(a)에 표시된 것과 같으면 $f(t)\cos\omega_0 t$의 해당 진폭 스펙트럼은 그림 2.31(b)와 같다.

2.8.5 시간 미분

$F(\omega)=\mathcal{F}[f(t)]$이면, 시간 미분의 특성은 다음과 같다.

$$\boxed{\mathcal{F}[f'(t)]=j\omega F(\omega)} \tag{2.51}$$

이것은 $f(t)$의 미분의 변환이 그것의 푸리에변환 $F(\omega)$에 $j\omega$를 곱한 것과 같다는 것을 의미한다. 특성을 유도하기 위하여 역푸리에변환 정의를 이용하면,

$$f(t)=\mathcal{F}^{-1}[F(\omega)]=\frac{1}{2\pi}\int_{-\infty}^{\infty}F(\omega)e^{j\omega t}d\omega \tag{2.52}$$

위 식에서 t에 대하여 양측에 미분을 취하면

$$\frac{df(t)}{dt}=\frac{j\omega}{2\pi}\int_{-\infty}^{\infty}F(\omega)e^{j\omega t}d\omega=j\omega\mathcal{F}^{-1}[F(\omega)]$$

이 되고, 이 식은 다음과 같이 나타낼 수 있다.

$$\mathcal{F}[f'(t)] = j\omega F(\omega) \tag{2.53}$$

$f(t)$의 n번째 도함수에 대한 푸리에변환은 식 (2.51)을 n번 반복 적용하면 되므로,

$$\mathcal{F}\left[f^{(n)}(t)\right] = (j\omega)^n F(\omega) \tag{2.54}$$

됨을 쉽게 알 수 있다. 예를 들어, $f(t) = e^{-at}u(t)$이면

$$f'(t) = -ae^{-at}u(t) + \delta(t) = -af(t) + \delta(t) \tag{2.55}$$

이 되고, 여기서 $\delta(t)$는 $t = 0$에서의 불연속성을 나타낸다. 첫 번째 항과 마지막 항의 푸리에변환을 취하면

$$j\omega F(\omega) = -aF(\omega) + 1 \quad \Rightarrow \quad F(\omega) = \frac{1}{a + j\omega} \tag{2.56}$$

되는데, 이것은 예제 2.8(d)에서 얻은 결과와 일치한다.

2.8.6 주파수 미분

이 특성은 $F(\omega) = \mathcal{F}[f(t)]$이면, 주파수 미분이 다음과 같다는 것을 의미한다.

$$\boxed{\mathcal{F}[(-jt)^n f(t)] = \frac{d^n}{d\omega^n}F(\omega)} \tag{2.57}$$

이 특성은 t의 거듭제곱으로 곱하기라고도 한다. 푸리에변환의 기본 정의를 사용하여 이 특성을 다음과 같이 유도할 수 있다.

$$\begin{aligned} \frac{d^n}{d\omega^n}F(\omega) &= \frac{d^n}{d\omega^n}\left(\int_{-\infty}^{\infty} f(t)e^{-j\omega t}dt\right) = \int_{-\infty}^{\infty} f(t)\frac{d^n}{d\omega^n}e^{-j\omega t}dt \\ &= \int_{-\infty}^{\infty} f(t)(-jt)^n e^{-j\omega t}dt = \int_{-\infty}^{\infty} (-jt)^n f(t)e^{-j\omega t}dt \\ &= \mathcal{F}((-jt)^n f(t)) \end{aligned} \tag{2.58}$$

예를 들어, 실전문제 2.8에서

$$\mathcal{F}[\Pi(t/\tau)] = \tau \sin c\frac{\omega\tau}{2} \tag{2.59}$$

$n = 1$로 두면,

$$\begin{aligned}\mathcal{F}[-jt\Pi(t/\tau)] &= \frac{d}{d\omega}\tau \sin c\frac{\omega\tau}{2} = \tau\frac{d}{d\omega}\left(\frac{\sin\omega\tau/2}{\omega\tau/2}\right) \\ &= \tau\frac{\omega\tau/2[\tau/2\cos(\omega\tau/2)] - \tau/2\sin(\omega\tau/2)}{(\omega\tau/2)^2} \\ &= \frac{\omega\tau/2\cos(\omega\tau/2) - \sin(\omega\tau/2)}{\omega^2/2}\end{aligned} \tag{2.60}$$

이 된다.

2.8.7 시간 적분

이 특성은 $F(\omega) = \mathcal{F}[f(t)]$이면

$$\boxed{\mathcal{F}\left[\int_{-\infty}^{t} f(t)dt\right] = \frac{F(\omega)}{j\omega} + \pi F(0)\delta(\omega)} \tag{2.61}$$

이라는 것을 의미한다. 이것은 $x(t)$의 적분의 변환이 $j\omega$로 $x(t)$의 푸리에변환을 나눈 항과 dc 성분인 $X(0)$을 반영하는 임펄스항과의 합이라는 사실을 알려준다. 식 (2.30)에서 ω를 0으로 바꾸면,

$$F(0) = \int_{-\infty}^{\infty} f(t)dt \tag{2.62}$$

이 되어, 모든 시간에 걸친 $x(t)$의 적분을 제거하면 dc 성분이 0이라는 것을 나타낸다. 식 (2.61)의 시간 적분 속성은 나중에 컨볼루션 속성을 설명할 때 증명하기로 한다.

예를 들어 예제 2.8(a)로부터 $F[\delta(t)] = 1$이고, 임펄스함수를 적분하면 단위계단함수 $u(t)$가 된다는 것을 알 수 있다. 식 (2.61)을 적용하면 다음의 식을 얻을 수 있다.

$$\mathcal{F}[u(t)] = \mathcal{F}\left[\int_{-\infty}^{t} \delta(t)dt\right] = \frac{1}{j\omega} + \pi\delta(\omega) \tag{2.63}$$

2.8.8 쌍대성

쌍대성 특성은 아래 식과 같이 $F(\omega)$가 $f(t)$의 푸리에변환이면 $F(t)$의 푸리에변환은 $2\pi f(-\omega)$이라는 것이다.

$$\mathcal{F}[f(t)] = F(\omega) \quad \Rightarrow \quad \mathcal{F}[F(t)] = 2\pi f(-\omega) \tag{2.64}$$

이것은 푸리에변환쌍이 대칭이라는 사실을 나타낸다. 이 특성을 유도하기 위하여 식 (2.31)을

다시 써 보자.

$$f(t) = \mathfrak{F}^{-1}[F(\omega)] = \frac{1}{2\pi}\int_{-\infty}^{\infty} F(\omega)e^{j\omega t}d\omega \tag{2.65}$$

이 식은 다음과 같이 바꿀 수 있다.

$$2\pi f(t) = \int_{-\infty}^{\infty} F(\omega)e^{j\omega t}d\omega \tag{2.66}$$

여기서 t를 $-t$로 바꾸면,

$$2\pi f(-t) = \int_{-\infty}^{\infty} F(\omega)e^{-j\omega t}d\omega \tag{2.67}$$

가 되고, t와 ω를 서로 교환하면,

$$2\pi f(-\omega) = \int_{-\infty}^{\infty} F(t)e^{-j\omega t}dt = \mathfrak{F}[F(t)] \tag{2.68}$$

을 얻는다.

예를 들어, $f(t) = e^{-|t|}$이면 푸리에변환 $F(\omega)$는

$$F(\omega) = \frac{2}{\omega^2 + 1} \tag{2.69}$$

이다. 쌍대성 특성에 대해, $F(t) = \dfrac{2}{t^2+1}$ 의 푸리에변환은,

$$2\pi f(-\omega) = 2\pi f(\omega) = 2\pi e^{-|\omega|} \tag{2.70}$$

이 된다. 그림 2.32는 쌍대성 특성의 다른 예를 보여 준다. 그림 2.32(a)와 같이 $f(t) = \delta(t)$이면 $F(\omega) = 1$이 되고, $F(t) = 1$의 푸리에변환은 그림 2.32(b)와 같이 $2\pi f(\omega)$이다.

2.8.9 컨볼루션

$x(t)$, $h(t)$가 두 신호인 경우, 컨볼루션 $y(t)$는 다음의 컨볼루션 적분에 의해 구해진다.

$$y(t) = h(t) * x(t) = \int_{-\infty}^{\infty} h(\tau)x(t-\tau)d\tau \tag{2.71}$$

$X(\omega)$, $H(\omega)$, $Y(\omega)$가 $x(t)$, $h(t)$, $y(t)$의 푸리에변환인 경우

$$Y(\omega) = \mathfrak{F}[h(t) * x(t)] = H(\omega)X(\omega) \tag{2.72}$$

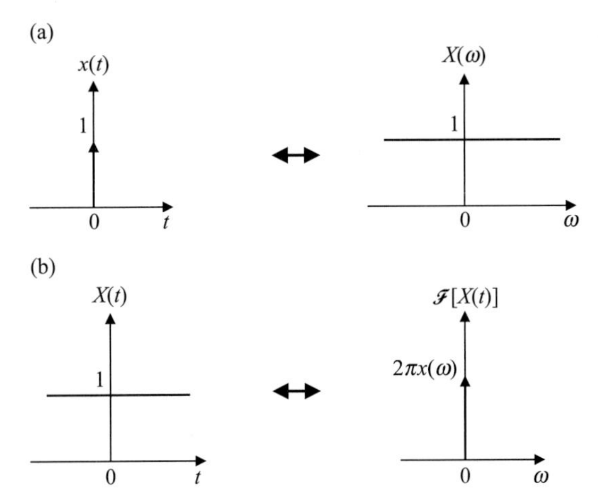

그림 2.32 푸리에변환의 쌍대성을 보여 주는 전형적인 예시. (a) 임펄스의 변환, (b) 단위 dc 레벨의 변환.

이 되는데, 이것은 시간영역 신호들의 컨볼루션이 그 신호들의 푸리에변환을 곱한 것과 같다는 것을 의미한다.

컨볼루션 특성을 유도하기 위하여, 식 (2.71)의 양변에 푸리에변환을 취하면

$$Y(\omega) = \int_{-\infty}^{\infty} \left[\int_{-\infty}^{\infty} h(\tau) x(t-\tau) d\tau \right] e^{-j\omega t} dt \tag{2.73}$$

을 얻을 수 있다. 여기서 $h(\tau)$가 t에 의존하지 않기 때문에 $h(\tau)$를 밖으로 빼내고 적분 순서를 변경하면,

$$Y(\omega) = \int_{-\infty}^{\infty} h(\tau) \left[\int_{-\infty}^{\infty} x(t-\tau) e^{-j\omega t} dt \right] d\tau$$

이 된다. 이 식에서 $\lambda = t - \tau$로 두면, $t = \lambda + \tau$와 $dt = d\lambda$가 되어 다음과 같이 내부 적분을 간단하게 할 수 있다.

$$\begin{aligned} Y(\omega) &= \int_{-\infty}^{\infty} h(\tau) \left[\int_{-\infty}^{\infty} x(\lambda) e^{-j\omega(\lambda+\tau)} d\lambda \right] d\tau \\ &= \int_{-\infty}^{\infty} h(\tau) e^{-j\omega\tau} d\tau \int_{-\infty}^{\infty} x(\lambda) e^{-j\omega\lambda} d\lambda = H(\omega) X(\omega) \end{aligned} \tag{2.74}$$

푸리에변환의 이러한 특성은 표 2.4에 나열되어 있다. 일부 공통함수의 변환쌍이 표 2.5에 나와 있다.

표 2.4 푸리에변환의 특성

특성	f(t)	F(ω)
선형성	$a_1 f_1(t) + a_2 f_2(t)$	$a_1 F_1(\omega) + a_2 F_2(\omega)$
비율변화	$f(at)$	$\frac{1}{\lvert a \rvert} F\left(\frac{\omega}{a}\right)$
시간이동	$f(t-a)u(t-a)$	$e^{-j\omega a} F(\omega)$
주파수이동	$e^{j\omega_o t} f(t)$	$F(\omega - \omega_o)$
변조	$\cos(\omega_o t) f(t)$	$\frac{1}{2}[F(\omega + \omega_o) + F(\omega - \omega_o)]$
시간 미분	$\frac{df}{dt}$	$j\omega F(\omega)$
	$\frac{d^n f}{dt^n}$	$(j\omega)^n F(\omega)$
시간 적분	$\int_{-\infty}^{t} f(t) dt$	$\frac{F(\omega)}{j\omega} + \pi F(0) \delta(\omega)$
주파수 미분	$t^n f(t)$	$(j)^n \frac{d^n}{d\omega^n} F(\omega)$
시간 역전	$f(-t)$	$F(-\omega)$ or $F^*(\omega)$
쌍대성	$F(t)$	$2\pi f(-\omega)$
시간 컨볼루션	$f_1(t) * f_2(t)$	$F_1(\omega) F_2(\omega)$
주파수 컨볼루션	$f_1(t) f_2(t)$	$\frac{1}{2\pi} F_1(\omega) * F_2(\omega)$

예제 2.11

신호 $f(t)$는 다음의 푸리에변환을 갖는다.

$$F(\omega) = \frac{5(1 + j\omega)}{8 - \omega^2 + 6j\omega}$$

아래의 식들에 대하여 $f(t)$는 구하지 말고 해당하는 푸리에변환을 구하라.

(a) $f(t-3)$

(b) $f(4t)$

(c) $e^{-j2t} f(t)$

(d) $f(-2t)$

표 2.5 푸리에변환쌍

$f(t)$	$F(\omega)$	전력 혹은 에너지 신호
$\delta(t)$	1	전력
1	$2\pi\delta(\omega)$	전력
$u(t)$	$\pi\delta(\omega)+\frac{1}{j\omega}$	전력
$u(t+\tau)-u(t-\tau)$	$2\,\frac{\sin\omega\tau}{\omega}$	에너지
$\lvert t\rvert$	$\frac{-2}{\omega^2}$	해당 없음
$\text{sgn}(t)$	$\frac{2}{j\omega}$	전력
$e^{-at}u(t)$	$\frac{1}{a+j\omega}$	에너지
$e^{at}u(-t)$	$\frac{1}{a-j\omega}$	에너지
$t^n e^{-at}u(t)$	$\frac{n!}{(a+j\omega)^{n+1}}$	해당 없음
$e^{-a\lvert t\rvert}$	$\frac{2a}{a^2+\omega^2}$	에너지
$e^{j\omega_o t}$	$2\pi\delta(\omega-\omega_o)$	전력
$\sin\omega_o t$	$j\pi[\delta(\omega+\omega_o)-\delta(\omega-\omega_o)]$	전력
$\cos\omega_o t$	$\pi[\delta(\omega+\omega_o)+\delta(\omega-\omega_o)]$	전력
$e^{-at}\sin\omega_o tu(t)$	$\frac{\omega_o}{(a+j\omega)^2+\omega_o^2}$	에너지
$e^{-at}\cos\omega_o tu(t)$	$\frac{a+j\omega}{(a+j\omega)^2+\omega_o^2}$	에너지
$\Pi\left(\frac{t}{\tau}\right)=\begin{cases}1, & \lvert t\rvert<\tau/2\\ 0, & \lvert t\rvert>\tau/2\end{cases}$	$\tau\,\text{sinc}\left(\frac{\omega\tau}{2}\right)$	에너지
$\Delta\left(\frac{t}{\tau}\right)=\begin{cases}1-\lvert t\rvert/\tau, & \lvert t\rvert<\tau\\ 0, & \lvert t\rvert>\tau\end{cases}$	$\tau\,\text{sinc}^2\left(\frac{\omega\tau}{2}\right)$	에너지
$e^{-a^2t^2}$	$e^{-\omega^2/4a^2}$	에너지
$\sum_{n=-\infty}^{\infty} f(t-nT)$	$\omega_o\sum_{n=-\infty}^{\infty} F(n\omega_o)(\omega-n\omega_o),\ \omega_o=\frac{2\pi}{T}$	전력
$\sum_{n=-\infty}^{\infty}\delta(t-nT)$	$\omega_o\sum_{n=-\infty}^{\infty}\delta(\omega-n\omega_o),\ \omega_o=\frac{2\pi}{T}$	전력

풀이

각각의 식에 대해 적절한 성질을 적용하여 해를 구하면 된다.

(a) $\mathcal{F}[f(t-3)] = e^{-j\omega 3}F(\omega) = \dfrac{5(1+j\omega)e^{-j\omega 3}}{8-\omega^2+j6\omega}$

(b) $\mathcal{F}[f(4t)] = \frac{1}{4}F\left(\frac{\omega}{4}\right) = \dfrac{\frac{5}{4}(1+j\omega/4)}{8-\omega^2/16+j6\omega/4} = \dfrac{5(4+j\omega)}{128-\omega^2+j24\omega}$

(c) $\mathcal{F}[e^{-j2t}f(t)] = F(\omega+2) = \dfrac{5[1+j(\omega+2)]}{8-(\omega+2)^2+6j(\omega+2)} = \dfrac{5(1+j\omega+j2)}{4-\omega^2-4\omega+6j\omega+j12}$

(d) $\mathcal{F}[f(-2t)] = \frac{1}{2}F\left(\frac{\omega}{-2}\right) = \dfrac{\frac{5}{2}(1-j\omega/2)}{8-\frac{\omega^2}{4}-\frac{6j\omega}{2}} = \dfrac{5(2-j\omega)}{32-\omega^2-12j\omega}$

실전문제 2.11

신호 $f(t)$는 다음의 푸리에변환을 갖는다.

$$F(\omega) = \frac{9}{9+\omega^2}$$

다음 신호들에 대한 푸리에변환을 구하라.

(a) $y(t) = f(2t-1)$

(b) $z(t) = df(2t)/dt$

(c) $h(t) = \int_{-\infty}^{t} f(\lambda)d\lambda$

정답: (a) $\dfrac{18e^{-j\omega/2}}{36+\omega^2}$, (b) $\dfrac{18j\omega}{36+\omega^2}$, (c) $\pi\delta(\omega) + \dfrac{9}{j\omega(9+\omega^2)}$

예제 2.12

그림 2.33에서 신호의 푸리에변환을 구하라.

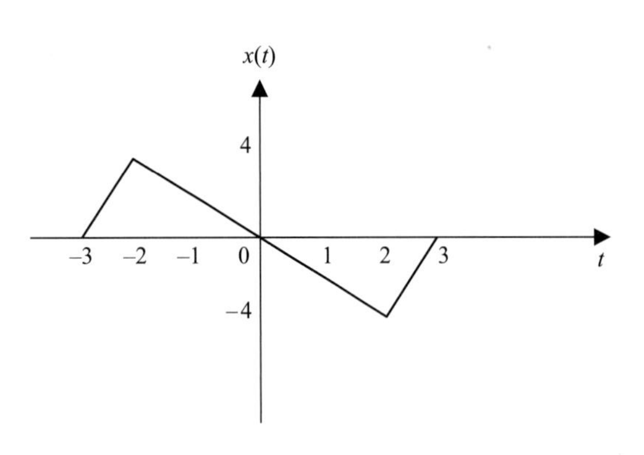

그림 2.33 예제 2.12의 그림.

(a)

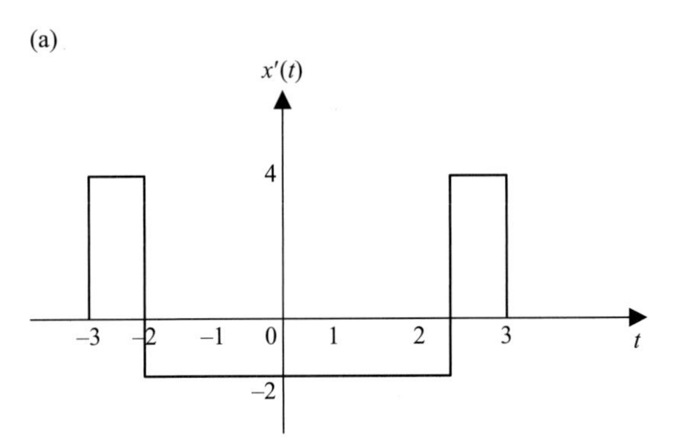

(b)

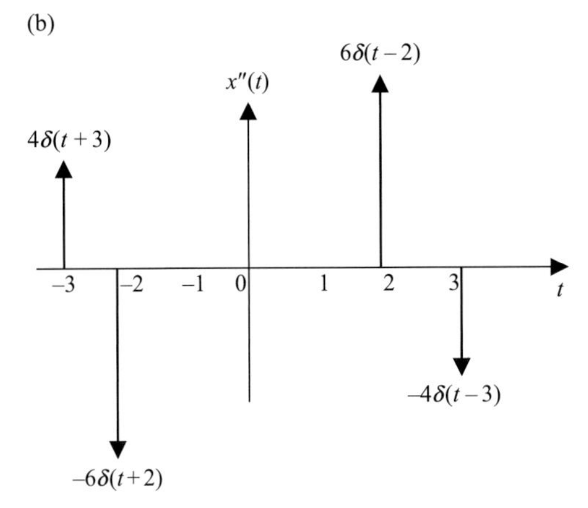

그림 2.34 예제 2.12 풀이의 그림. (a) $x(t)$의 일차도함수, (b) $x(t)$의 이차도함수.

풀이

$f(t)$의 푸리에변환은 식 (2.30)을 사용하여 직접 찾을 수 있지만, 미분 특성을 사용하는 것이 훨씬 쉽다. $g(t)$의 일차도함수를 취하면 그림 2.34(a)의 신호가 생성된다. 이차도함수 값을 취하면 그림 2.34(b)의 신호를 얻을 수 있다.

$$f''(t) = 4\delta(t+3) - 6\delta(t+2) + 6\delta(t-2) - 4\delta(t-3)$$

이것의 각 항에 푸리에변환을 취하면,

$$\begin{aligned}(j\omega)^2 F(\omega) &= 4e^{j3\omega} - 6e^{j2\omega} + 6e^{-j2\omega} - 4e^{-j3\omega} \\ -\omega^2 F(\omega) &= 4(e^{j3\omega} - e^{-j3\omega}) + 6(e^{j2\omega} - e^{-j2\omega}) \\ &= j8\sin 3\omega - j12\sin 2\omega \\ F(\omega) &= \frac{j}{\omega^2}(12\sin 2\omega - 8\sin 3\omega)\end{aligned}$$

을 얻을 수 있다.

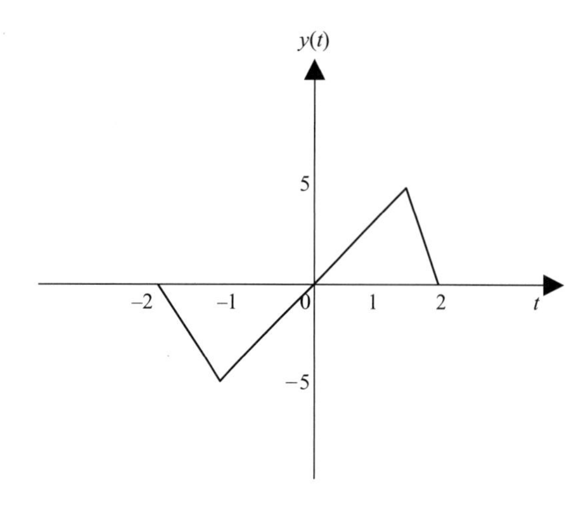

그림 2.35 실전문제 2.12의 그림.

실전문제 2.12

그림 2.35에 그려진 함수의 푸리에변환을 구하라.

정답: $Y(\omega)=\dfrac{j10}{\omega^2}(\sin 2\omega - 2\sin\omega)$

예제 2.13

다음의 역푸리에변환을 구하라.

(a) $G(\omega)=\dfrac{10j\omega}{(-j\omega+2)(j\omega+3)}$

(b) $Y(\omega)=\dfrac{\delta(\omega)}{(j\omega+1)(j\omega+2)}$

풀이

(a) 복소 대수를 피하기 위해 $s=j\omega$라고 두고 부분분수를 사용하여

$$G(s)=\frac{10s}{(2-s)(3+s)}=\frac{-10s}{(s-2)(s+3)}=\frac{A}{s-2}+\frac{B}{s+3},\quad s=j\omega$$

$$A=(s-2)G(s)\Big|_{s=2}=\frac{-10(2)}{2+3}=-4$$

$$B=(s+3)G(s)\Big|_{s=-3}=\frac{-10(-3)}{-3-2}=-6$$

$$G(\omega)=\frac{-4}{j\omega-2}-\frac{6}{j\omega+3}$$

로 변경시킨 후, 각 항에 대하여 역푸리에변환을 취하면 다음의 해를 얻을 수 있다.

$$g(t) = -4e^{2t}u(-t) - 6e^{-3t}u(t)$$

(b) 델타함수이므로 식 (2.31)을 사용하여 역변환을 구한다.

$$y(t) = \frac{1}{2\pi}\int_{-\infty}^{\infty} \frac{\delta(\omega)e^{j\omega t}d\omega}{(2+j\omega)(j\omega+1)} = \frac{1}{2\pi}\frac{e^{j\omega t}}{(2+j\omega)(j\omega+1)}\Bigg|_{\omega=0} = \frac{1}{2\pi}\frac{1}{2} = \frac{1}{4\pi}$$

여기서는 천이 특성이 적용되었다.

실전문제 2.13

다음의 역푸리에변환을 구하라.

(a) $F(\omega) = \dfrac{e^{-j2\omega}}{1+j\omega}$

(b) $G(\omega) = \dfrac{\pi\delta(\omega)}{(5+j\omega)(2+j\omega)}$

정답: (a) $f(t) = e^{-(t-2)}u(t-2)$, (b) $g(t) = 0.05$

2.9 응용: 필터

통신분야에서 푸리에 해석은 여러 영역에서 응용되고 있다. 이러한 응용에는 필터링, 표본화 및 진폭변조가 포함되나, 이 절에서는 필터링만을 다루기로 한다. 필터링은 원하지 않는 신호(잡음)에서 원하는 신호를 분리하는 과정이다. 물리, 생물학, 천문학, 경제학 및 금융 이외에도 전자, 통신 및 신호처리와 같은 많은 엔지니어링 분야에서도 사용되는 범용 도구가 바로 필터링이다. 통신시스템은 특히 광범위한 필터 적용을 필요로 한다.

필터링을 수행할 수 있는 장치 또는 시스템을 필터라고 한다.

필터는 입력신호의 특정 주파수만을 통과시키고 다른 주파수를 차단하거나 감쇠시키는 회로 또는 시스템이다.

실제 응용분야에서 필터는 80년 이상 사용되고 있다. 필터 기술은 이퀄라이저, 임피던스 매칭 네트워크, 변압기, 네트워크 형성(shaping network), 전력분배기, 감쇠기 및 방향성 커플러와 같은 관련영역에서 이용되고 있고 실무 엔지니어에게 혁신과 실험기회를 지속적으로 제공하고 있다.

선형시스템으로서의 필터는 입력 $x(t)$, 출력 $y(t)$ 및 임펄스응답 $h(t)$의 세 가지 함수를 갖는다. 이 세 가지는 다음 식과 같이 컨볼루션 적분(convolution integral)으로 서로 연결되어 있다.

$$y(t) = h(t) * x(t) = \int_0^{\infty} x(\lambda)h(t-\lambda)d\lambda \tag{2.75}$$

$$\text{또는} \quad Y(\omega) = \mathcal{F}[h(t) * x(t)] = H(\omega)X(\omega) \tag{2.76}$$

필터의 전달함수는

$$H(\omega) = \frac{Y(\omega)}{X(\omega)} = |H(\omega)|\angle\theta \tag{2.77}$$

이다. 여기서 $|H(\omega)|$는 H의 크기(진폭응답이라고 함)이고 H는 일반적으로 복소수이기 때문에 θ는 H의 위상이다.

필터링 장치로서의 필터는 차단대역과 통과대역으로 특징지어진다. 필터의 통과대역은 필터가 감쇠를 거의 또는 전혀 받지 않고 통과시키는 주파수 범위이며, 차단대역은 필터가 통과시키지 않는 주파수 범위이다(감쇠 또는 제거).

그림 2.36과 같이 네 가지 유형의 필터가 있다.

1. 저역통과 필터는 그림 2.36(a)에 이상적으로 표시된 것처럼 저주파를 통과시키고 고주파는 차단한다.

$$|H(\omega)| = \begin{cases} 1, & -B \le \omega \le B \\ 0, & \text{otherwise} \end{cases} \tag{2.78}$$

2. 고역통과 필터는 그림 2.36(b)에 이상적으로 표시된 것처럼 고주파를 통과시키고 저주파는 차단한다.

$$|H(\omega)| = \begin{cases} 0, & -B \le \omega \le B \\ 1, & \text{otherwise} \end{cases} \tag{2.79}$$

3. 대역통과 필터는 그림 2.36(c)에 이상적으로 표시된 것처럼 주파수 대역 내의 주파수들을 통과시키고 대역 외부의 주파수는 차단하거나 감쇠시킨다.

$$|H(\omega)| = \begin{cases} 1, & B_1 \le |\omega| \le B_2 \\ 0, & \text{otherwise} \end{cases} \tag{2.80}$$

4. 대역차단 필터는 그림 2.36(d)에 이상적으로 표시된 것처럼 주파수 대역 외부의 주파수들을

통과시키고 대역 내 주파수를 차단하거나 감쇠시킨다.

$$|H(\omega)| = \begin{cases} 0 & B_1 \le |\omega| \le B_2 \\ 1, & \text{otherwise} \end{cases} \tag{2.81}$$

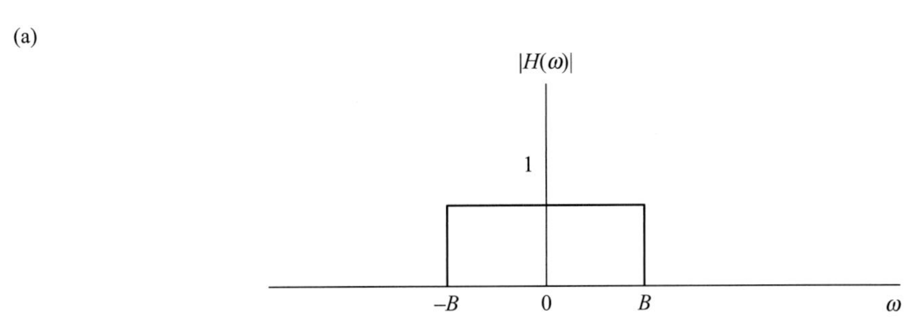

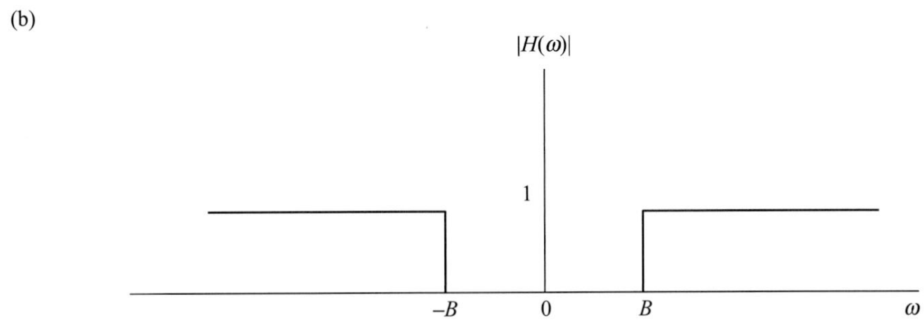

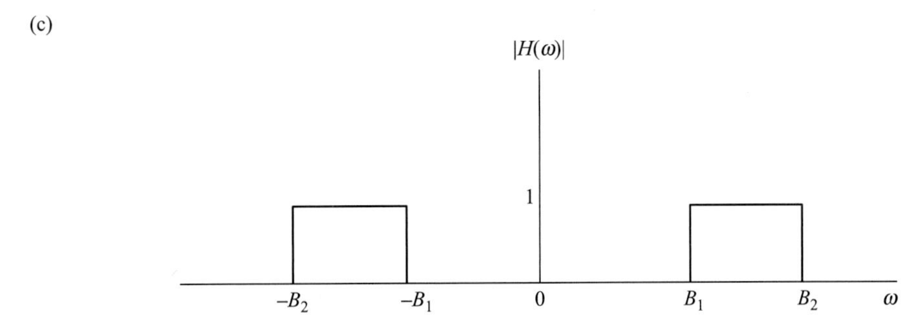

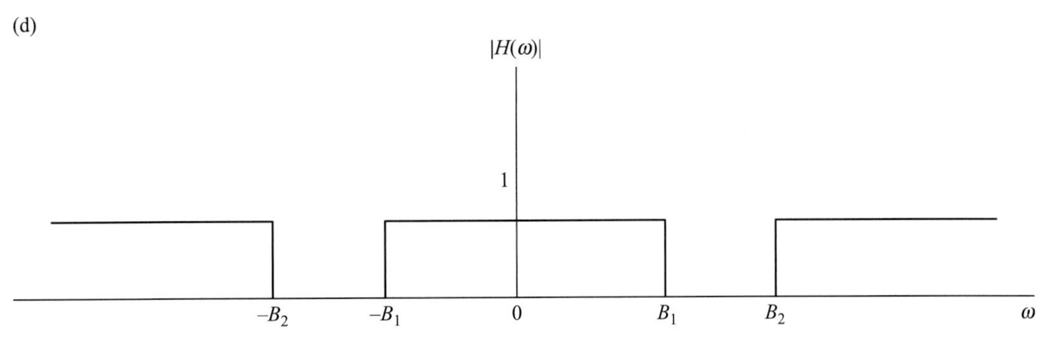

그림 2.36 4가지 유형의 이상적인 필터들의 주파수응답. (a) 저역통과 필터, (b) 고역통과 필터, (c) 대역통과 필터, (d) 대역차단 필터.

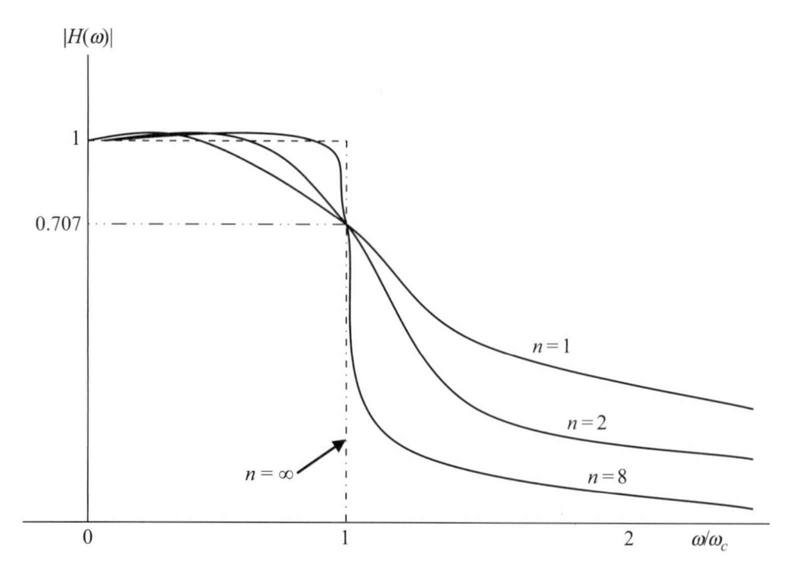

그림 2.37 버터워스 필터의 진폭응답.

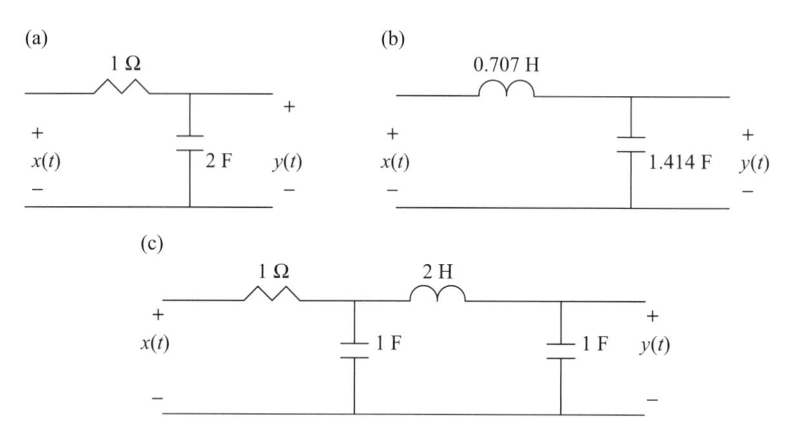

그림 2.38 차단주파수 $\omega_c = 1$을 갖는 버터워스 필터의 전형적인 *RLC* 회로 구성. (a) 1차, (b) 2차, (c) 3차.

필터는 원하는 주파수 범위 내에서 완벽하게 평탄한 응답을 가지며 해당 범위 밖의 응답이 없는 경우 이상적이라고 한다. 식 (2.78)~(2.81) 및 그림 2.38은 전달함수의 크기가 통과대역에서는 $|H(\omega)| = 1$이고 차단대역에서 $|H(\omega)| = 0$인 이상적인 필터의 경우를 나타내고 있다. 불행히도 저항, 인덕터 및 커패시터와 같은 실제 소자를 가지고 이상적인 필터를 만들 수가 없다. 이것은 이상적인 필터의 역푸리에변환을 이용해 증명할 수 있다. 이 증명에 의하면 증명 과정에서 인과관계를 가지지 않는 임펄스응답 $h(t)$를 얻게 되므로 물리적으로 구현이 불가능하다는 것을 알게 된다. 이러한 이유로 이상적인 필터를 실현 불가능한 필터라고 한다. 물리적으로 실

현 가능한 필터는 진폭응답 $|H(\omega)|$이 그림 2.38에서와 같이 통과대역과 차단대역 사이에서 급격한 전환 없이 점진적으로 변하는 것들이다. 그러나 이상적인 필터에 가까운 특성을 갖는 실현 가능한 필터가 존재하기도 한다.

실제로 실현 가능한 모든 필터 유형을 다루려면 한 권의 책이 필요하지만, 이상적인 필터의 동작에 근접하면서도 제작 가능한 필터를 만들 수 있는 방법에 대한 통찰력을 제공해 줄 수 있는 표준 필터 유형에 대해서만 설명하기로 한다. 필터의 표준 유형에는 버터워스(Butterworth), 체비셰프(Chebyshev), 타원(elliptic) 및 베셀(Bessel) 등의 4가지 필터가 포함된다. 여기서는 가장 단순한 필터 유형에 속하는 버터워스 저역통과 필터만을 다룬다. 주파수 변환을 이용하면 어떤 저역통과 필터라도 고역통과, 대역통과 및 대역차단 필터를 구성할 수 있으므로 저역통과 필터만을 다루어도 된다.

버터워스 필터는 특정 설계사양을 충족시키기 위하여 일반적으로 사용되는 필터이다. 이러한 특성들은 쉽게 사용할 수 있도록 대개 표로 표시된다. 이 특성들은 주파수응답 $H(\omega)$의 크기의 제곱이라는 사실을 특징으로 한다.

$$|H(\omega)|^2 = \frac{1}{1 + \left(\frac{\omega}{\omega_c}\right)^{2n}} \tag{2.82}$$

여기서 n은 필터의 차수 또는 식 (2.82)의 전달함수를 기술하는 데 사용되는 미분방정식의 차수이다. n은 또한 필터를 구현하는 데 필요한 저장 소자(인덕터와 커패시터)의 개수를 의미한다. 매개변수 $\omega_c = 2\pi f_c$는 차단주파수(cutoff frequency)이다. 이것은 주파수응답의 크기가 dc에서의 값의 $1/\sqrt{2}$ 배인 주파수, 즉 $|H(\omega_c)| = |H(0)|/\sqrt{2}$ 인 주파수를 말한다. 다시 말해 ω_c는 보드 선도(Bode plot)에서 3 dB씩 줄어드는 주파수 $|H(\omega)|$의 dB이다. 그림 2.37은 여러 n

표 2.6 버터워스 다항식의 계수

n	a_0	a_1	a_2	a_3	a_4	a_5	a_6
1	1						
2	1	1.414	1				
3	1	2	2	1			
4	1	2.613	3.414	2.613	1		
5	1	3.236	5.236	5.236	3.236	1	
6	1	3.864	7.464	9.141	7.464	3.864	1

값들에 대한 $|H(\omega)|$값을 보여 준다. 도표에서 버터워스 특성이 $n \to \infty$일 때 이상적인 필터의 특성에 근접함을 알 수 있다. 버터워스 필터는 $|H(\omega)|$의 첫 번째 $2n-1$의 도함수가 주어진 n에 대해 원점(dc 또는 $\omega = 0$)에서 0이기 때문에 최대 평탄 주파수 응답(maximally flat frequency response)(가장 평탄한 곡선)을 갖는 것으로 알려져 있다.

식 (2.82)는 버터워스 필터의 응답 크기를 구체적으로 알려주지만 필터를 구성하거나 실현하는 방법을 제공하지는 않는다. 이를 위해서는 다음의 전달함수가 필요하다.

$$H(s) = \frac{K}{(s-p_0)(s-p_1)(s-p_2)\ldots(s-p_n)} \tag{2.83}$$

여기서 $s = j\omega$이고, $p_0 \sim p_n$은 필터의 극점이며 K는 상수이다. 버터워스 전달함수의 분모를 식 (2.83)과 같이 인수분해된 형태로 가지기보다는 인수를 곱하여 다음을 얻을 수 있다.

$$H(s) = \frac{K}{a_0 s^n + a_1\omega_c s^{n-1} + a_2\omega_c^2 s^{n-2} + \cdots + a_{n-1}\omega_c^{n-1}s + a_n\omega_c^n} \tag{2.84}$$

계수 $a_0 \sim a_n$은 버터워스 다항식의 계수 또는 $H(s)$의 분모로 알려져 있는데, 표 2.6은 $n = 1$에서 $n = 6$까지의 계수들을 보여 준다. 상수 K는 $H(s = 0) = 1$, 즉 dc이득이 1이 되도록 하는 값이다.

그림 2.38은 1차, 2차 및 3차 버터워스 필터의 전형적인 구현을 보여 준다. 1차 버터워스 필터는 RC 저역통과 필터와 동일하나 이상적인 필터에 근접하는 충분한 근사치를 얻지 못한다는 것을 주목하라. 더 많은 저장 소자를 추가함으로써 차수 n이 증가하게 되고 그에 따라 근사치가 향상되어 통과대역에서 주파수응답이 충분히 평탄하게 된다.

버터워스 필터의 차수를 결정하기 위하여 δ가 최소 감쇠값을 가지는 $\omega = \omega_s$에서 차단대역이 시작하도록 설정한다. 식 (2.82)로부터

$$\delta^2 = \frac{1}{1 + \left(\frac{\omega_s}{\omega_c}\right)^{2n}} \quad \to \quad \left(\frac{\omega_s}{\omega_c}\right)^{2n} \geq \frac{1}{\delta^2} - 1$$

을 얻을 수 있고, 양쪽에 로그를 취하면

$$n \geq \frac{\log_{10}\left(\frac{1}{\delta^2} - 1\right)}{2\log_{10}\left(\frac{\omega_s}{\omega_c}\right)} \tag{2.85}$$

이 된다. 예를 들어, 만일 $\delta = 0.001$인 경우 차단대역이 최소 $20\log_{10}(0.001) = -60$ dB이 되어야 하므로 차단대역은 $\omega = \omega_s = 3\omega_c$에서 시작되어야 한다.

$$n \geq \frac{\log_{10}(999999)}{2\log_{10}(3)} = 6.288$$

위 식에서 n은 정수여야 하므로 $n = 7$ 이상을 선택하여야 한다.

예제 2.14

버터워스 필터가 $\omega = 3\omega_c$에서 -40 dB의 이득을 갖도록 설계되었다. 필터의 차수와 전달함수를 구하라.

풀이

$$-40 \text{ dB} = 20 \log_{10}|H| \ \rightarrow \ |H| = 10^{-40/20} = 0.01$$

이고, 식 (2.82)에서

$$|H(\omega)|^2 = \frac{1}{1+\left(\frac{\omega}{\omega_c}\right)^{2n}} = (0.01)^2 \quad \rightarrow \quad 1 + 3^{2n} = 1000$$

또는 $3^{2n} = 999$이다.

이 식의 양변에 로그를 취하면

$$2n \log_{10} 3 = \log_{10} 999 \quad \rightarrow \quad n \approx 3.1434$$

이 되는데, n은 정수여야 하므로 4차 필터가 필요하다. 식 (2.84)부터 $n = 4$일 때의 식은

$$H(s) = \frac{K}{a_0 s^4 + a_1\omega_c s^3 + a_2\omega_c^2 s^2 + a_3\omega_c^3 s + a_4\omega_c^4}$$

가 되고, 표 2.6에서 버터워스 필터의 계수를 얻을 수 있다. $a_4 = 1$이므로

$$H(0) = 1 = K/\omega_c^4 \quad \rightarrow \quad K = \omega_c^4$$

다음의 결과를 얻을 수 있다.

$$H(s) = \frac{\omega_c^4}{s^4 + 2.613\omega_c s^3 + 3.414\omega_c^2 s^2 + 2.613\omega_c^3 s + \omega_c^4}$$

실전문제 2.14

3차 버터워스 필터가 50 MHz에서 -20 dB의 이득을 갖도록 설계된 경우 필터 차단 주파수와 해당 전달함수를 구하라.

정답: 10.81 MHz, $H(s) = \dfrac{\omega_c^3}{s^3 + 2\omega_c s^2 + 2\omega_c^2 s + \omega_c^3}$, $\omega_c = 6.791 \times 10^7$ rad/s

예제 2.15

그림 2.39의 회로는 차단주파수가 10 rad/s인 2차 버터워스 필터로 설계되어야 한다. $R = 1\ \Omega$이라고 가정할 때의 L과 C를 구하라.

풀이

그림 2.39의 회로는 2개의 저장 소자를 가지고 있기 때문에 2차이다. 전류 분배를 사용하여

$$I_o = \frac{1/sC}{1/sC + R + sL} I = \frac{I}{1 + sC(R + sL)}$$

$$V = I_o R = \frac{RI}{1 + sRC + s^2LC}$$

전류와 전압을 구하면 회로의 전달함수는

$$H(s) = \frac{V(s)}{I(s)} = \frac{R}{1 + sRC + s^2LC} = \frac{R/LC}{s^2 + sR/L + 1/LC} \tag{2.15.1}$$

이 된다. 식 (2.84)와 표 2.6을 이용하면 2차 버터워스 필터의 전달함수는 다음과 같다.

$$H(s) = \frac{K}{s^2 + 1.414\omega_c s + \omega_c^2} \tag{2.15.2}$$

식 (2.15.1)과 (2.15.2)를 비교하면,

$$K = R/LC, \quad \omega_c^2 = 1/LC, \quad 1.414\omega_c = R/L$$

이므로, $R = 1\ \Omega$이고 $\omega_c = 10$ rad/s인 경우의 L, C는 다음과 같이 구해진다.

$$L = \frac{R}{1.414\omega_c} = \frac{1}{14.14} = 70.72 \text{ mH}$$

$$C = \frac{1}{\omega_c^2 L} = \frac{14.14}{100} = 141.4 \text{ mF}$$

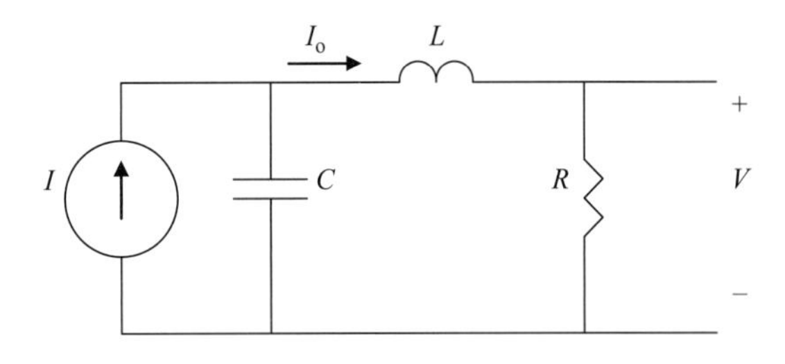

그림 2.39 예제 2.15의 그림.

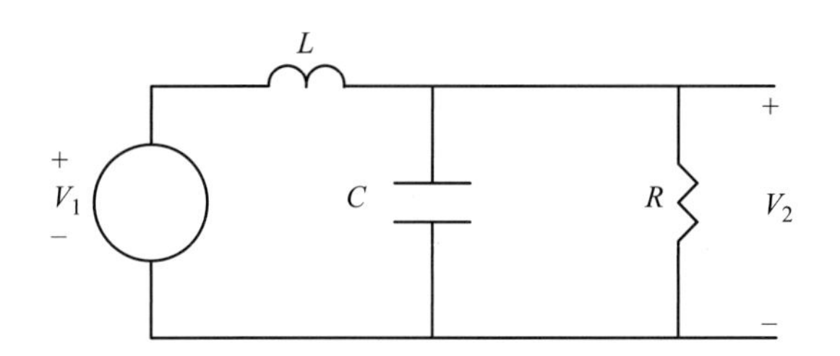

그림 2.40 실전문제 2.15의 그림.

실전문제 2.15

$R = 1\ \Omega$, $\omega_c = 100$ rad/s인 그림 2.40의 *RLC* 회로에서 버터워스 주파수응답이 $H = V_2/V_1$이 되는 L과 C를 구하라.

정답: $L = 1.414$ H, $C = 7.07$ mF

2.10 MATLAB을 사용한 계산

이 책 전체에서 사용되는 소프트웨어 패키지인 MATLAB은 신호 분석에 특히 유용하다. 초보자는 부록 B의 MATLAB 개요를 참조하기 바란다. 이 절에서는 MATLAB 소프트웨어를 사용하여 이 장에서 수행한 대부분의 작업을 수치적으로 수행하는 방법을 보여 준다. 이러한 작업에는 도식, 푸리에해석 및 필터링이 포함된다. MATLAB에는 이산고속푸리에변환(FFT)을 위한 **fft** 명령어가 있다.

2.10.1 신호 그리기

MATLAB 명령어 **plot**을 사용하여 $x(t)$를 그릴 수 있다. 예를 들어

$$x(t) = 2e^{-t} + 4\cos(3t - \pi/6), \qquad 1 < t < 2$$

위 식을 그리려 한다면 다음의 MATLAB 스크립트를 사용하면 된다.

```
» t=1:0.001:2;
» x=2*exp(-t) + 4*cos(3*t - pi/6);
» plot(t,x)
```

여기서 증분 또는 단계크기를 0.001로 하였다. MATLAB에서 t와 x는 벡터로 취급하므로 이것들을 그리기 위해서는 크기가 반드시 같아야 한다. MATLAB에는 푸리에변환 $F(\omega)$를 구하기

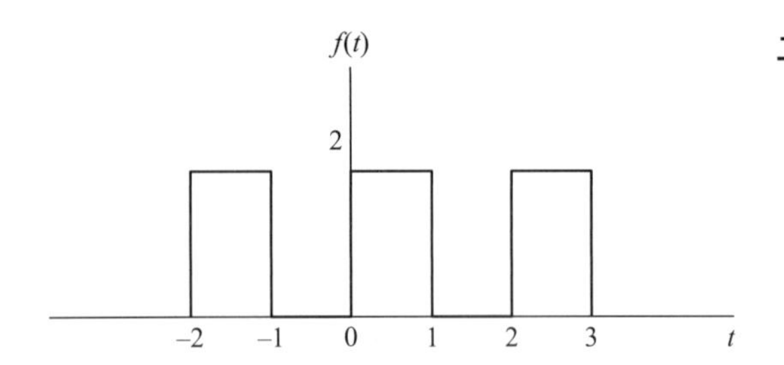

그림 2.41 직사각형 펄스열.

위한 명령어는 없지만 일단 $F(\omega)$를 구하면 **plot** 명령어를 사용하여 $F(\omega)$를 그릴 수 있다.

2.10.2 푸리에급수

MATLAB은 신호의 푸리에급수를 전개하기 위한 명령어를 제공하지 않는다. 그러나 푸리에급수 전개를 계산해 내면, MATLAB을 사용하여 유한한 수의 고조파를 그리거나 푸리에급수의 부분합이 신호에 정확하게 접근하는지를 확인할 수 있다. 그림 2.41의 직사각형 펄스열을 가지고 위의 내용을 설명해 보자. 표 2.2의 첫 번째 항목의 신호와 해당 신호를 비교해 보면, 그림 2.41의 신호는 표의 신호에서 진폭의 위치만 상승한 것뿐이라는 것을 알 수 있다. 즉, 위 신호는 $A=1$이고 $T=2$ 또는 $\omega = 2\pi/T=\pi$인 표의 신호에 대해 A만큼 위로 이동한 것이다. 따라서 푸리에급수 전개는 dc 값이 A인

$$f(t) = 1 + \frac{4}{\pi}\sum_{n=1}^{\infty}\frac{1}{k}\sin k\pi t, \qquad k = 2n-1 \tag{2.86}$$

이 된다. 푸리에급수는 실제 적용의 경우 무한히 계산을 할 수가 없으므로 어느 선에서 계산을 종료하여야 한다. 컴퓨터를 이용하더라도 상기의 이유로 부분합만이 가능하다는 것을 명심하여야 한다. 고조파를 $n=1$에서 $n=N$(여기서는 $N=5$)까지 합산하여 구간 $-2<t<2$에서 $f(t)$를 그리기 위해서는 식 (2.87)을 사용하여 부분합(또는 절단된 급수)을 생성하여야 하는데 이를 하기 위한 MATLAB 스크립트는 아래와 같다.

$$f_N(t) = 1 + \frac{4}{\pi}\sum_{n=1}^{N}\frac{1}{k}\sin k\pi t, \qquad k = 2n-1 \tag{2.87}$$

```
N=5;
t=-2:0.001:2;
  f0=1.0; % dc component
  fN=f0*ones(size(t));
  for n=1:N
```

```
  k=2*n-1;
  mag=4/pi;
  arg=k*pi*t;
  fN = fN + mag* sin(arg)/k;
end
plot(t,fN)
```

그림 2.42는 $N=5$일 때를 그린 것이다. N의 값을 $N=20$으로 늘리면 그림 2.43과 같이 그려진다. 부분합은 실제 값 $f(t)$의 위아래에서 진동하고 있음을 알 수 있다. 불연속점 부근($t=0, \pm 1, \pm 2, \cdots$)에서 오버슈트 및 감쇠진동이 발생한다. 실제로, $f(t)$를 근사화할 경우에 사용되는 항의 수에 관계없이 피크값의 약 9%의 오버슈트가 항상 발생하게 되는데, 이를 깁스 현상(Gibbs phenomenon)이라고 한다.

지수함수형 푸리에급수에 대한 부분합의 계산도 수행할 수 있다. 그림 2.41과 동일한 직사각형 펄스열의 경우, 절단된 급수는 다음과 같이 표시할 수 있다.

$$f_N(t) = 1 + \sum_{\substack{n=-N \\ n\neq 0}}^{N} C_n e^{jn\omega_o t}, \qquad \omega_o = \pi, \qquad C_n = \frac{j}{n\pi}\left[e^{-jn\pi} - 1\right] \tag{2.88}$$

프로그래밍을 쉽게 하기 위해 다음과 같이 식을 수정한다.

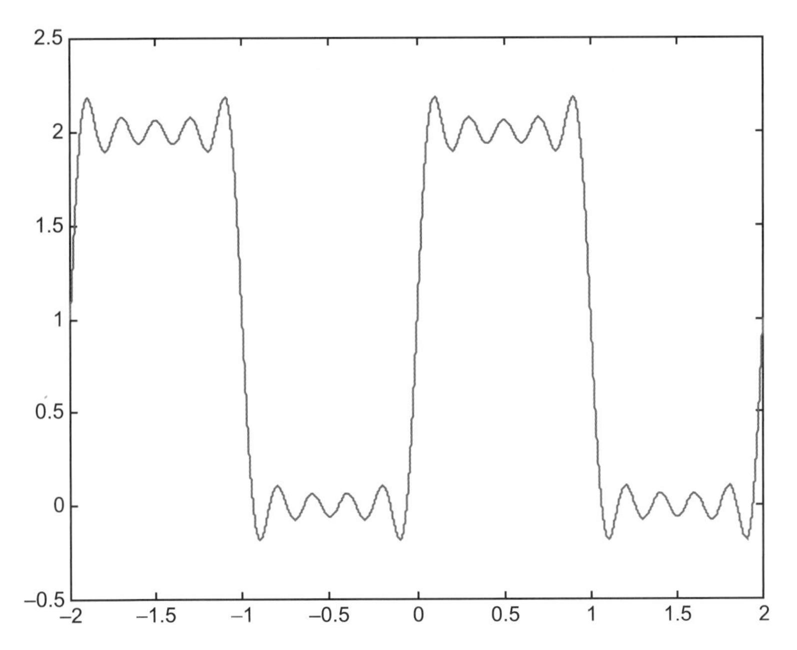

그림 2.42 $N=5$일 때의 부분합 $f_N(t)$의 그래프.

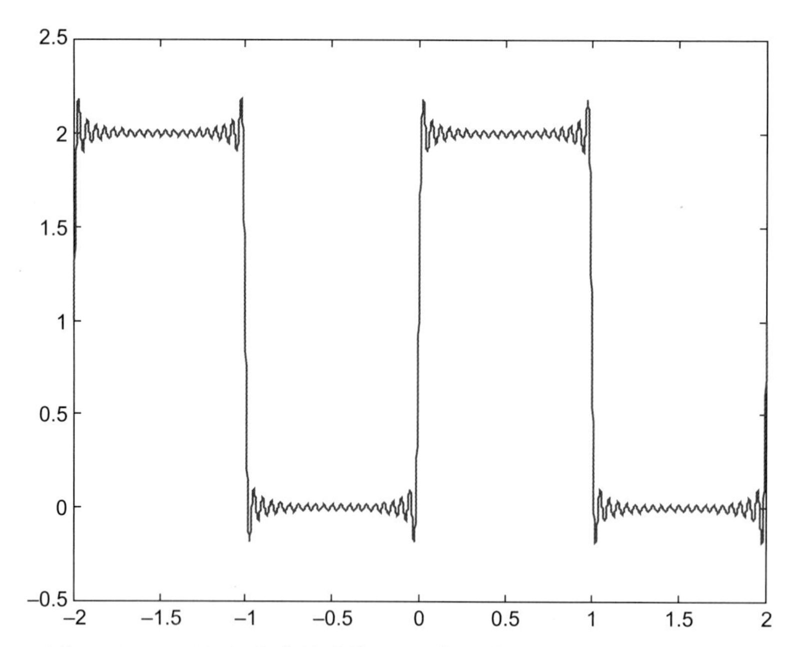

그림 2.43 $N=20$일 때의 부분합 $f_N(t)$의 그래프.

$$f_N(t) = 1 + \sum_{n=1}^{N} C_n e^{jn\pi t} + \sum_{n=1}^{N} C_{-n} e^{-jn\pi t} \tag{2.89}$$

여기서 C_{-n}은 C_n의 공액 복소수이다. 식 (2.89)에서 부분합을 계산하는 스크립트는 다음과 같다. $N=5$와 $N=20$인 경우의 결과를 보면 앞의 그림 2.42와 그림 2.43과 유사한 그래프를 얻을 수 있다.

```
N=20;
t=-2:0.001:2;
 f0=1.0; % dc component
 fN=f0*ones(size(t));
 for n=1:N
   mag1= j*(exp(-j*n*pi) -1)/(pi*n);
   mag2= conj(mag1);
   arg=n*pi*t;
   fN = fN + mag1*exp(j*arg) + mag2*exp(-j*arg);
end
plot(t,fN)
```

2.10.3 필터처리

2.9절에서 필터의 전달함수의 극점을 찾아야 하는 경우가 있다는 것을 학습하였다. MATLAB에서는 **roots** 명령어를 사용하여 다항식의 근을 찾을 수 있다. 예를 들어, 시스템의 전달함수가 다음과 같을 때,

$$H(s) = \frac{s+4}{s^3+6s^2+11s+6} \tag{2.90}$$

다음과 같이 입력하면, $H(s)$의 극점 또는 $s^3+6s^2+11s+6=0$의 근을 찾을 수 있다.

```
» roots([1 6 11 6])
```

또는

```
» den = [1 6 11 6]; % denominator of H(s)
» roots(den)
```

어느 방법을 사용하든 근 -1, -2, -3을 얻는다. $H(s)$를 인수분해 형태로 표현하면 다음과 같다.

$$H(s) = \frac{s+4}{(s+1)(s+2)(s+3)}$$

명령어 **buttap**을 사용하면 n차 버터워스 필터의 영점과 극점을 찾을 수 있다. 예를 들어, 다음 MATLAB 문장들은 4차 버터워스 필터의 크기 주파수 응답을 그려 준다. 응답 그래프는 그림 2.44에 나타내었다.

```
» [z,p,k]=buttap(4); % returns the zeros, poles, and constant k of the 4th-order
Butterworth filter
» num=k*poly(z); % forms the numerator
» den=poly(p); % forms the denominator
» [mag,phase,w]=bode(num,den); % returns magnitude, phase (in degrees), and fre-
quency vector w (automatically)
» plot(w,mag) % plots the magnitude verse w
» title('Magnitude of the frequency response')
» xlabel('Omega')
» ylabel('Magnitude')
```

크기를 표시하는 데 선형 스케일을 사용하는 대신 로그 스케일(dB)을 사용하려면 **plot**(w,mag) 문을 다음과 같이 바꾸어 쓰면 된다.

```
» semilogx(w,20*log10(abs(mag)))
```

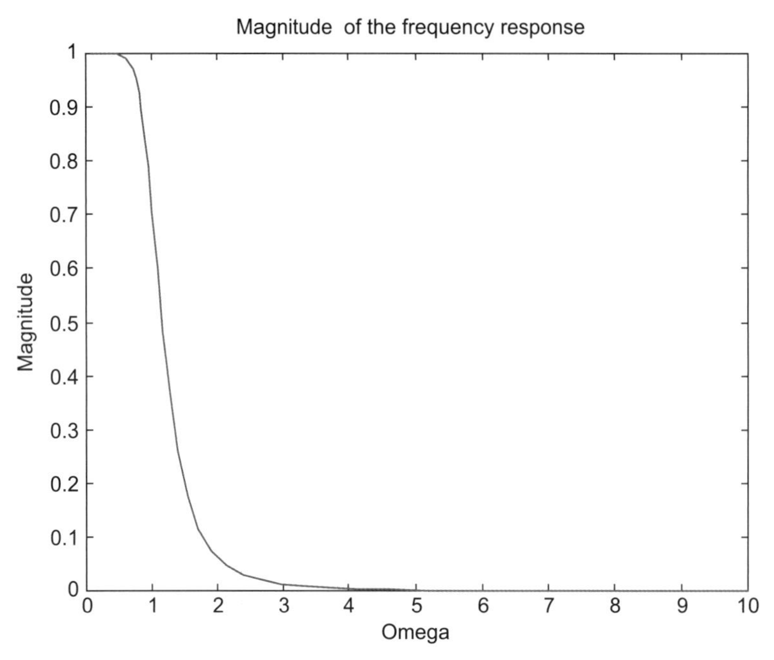

그림 2.44 3차 버터워스 필터의 주파수응답의 크기 보드 선도.

장말 요약

1. 신호는 메시지나 정보를 표현하는 시변함수이다. 신호는 연속 또는 불연속, 아날로그 또는 디지털, 주기 또는 비주기, 에너지 또는 전력으로 분류할 수 있다.
2. 시스템은 입력 $x(t)$와 출력 $y(t)$ 간의 함수 관계를 가진다. 시스템은 선형 또는 비선형, 연속 또는 불연속, 시변 또는 시불변, 인과 또는 비인과, 아날로그 또는 디지털로 분류된다.
3. 스펙트럼 분석은 통신시스템을 연구하기 위한 아주 귀중한 수학적 도구이다. 주기신호에는 푸리에급수를 사용하고 비주기신호에는 푸리에변환을 사용하여 주파수영역에서 신호를 설명할 수 있도록 해 준다.
4. 주기함수의 푸리에급수는 기본주파수의 고조파들을 합한 것이다. 디리클레 조건을 만족하는 주기함수는 그 어떤 것이라도 다음 세 가지 형식 중 하나로 푸리에급수를 표현할 수 있다.

$$f(t) = \underbrace{a_0}_{\text{dc}} + \underbrace{\sum_{n=1}^{\infty} (a_n \cos n \quad + b_n \sin n\omega_0)}_{\text{ac}} \qquad \text{(직교좌표 형식)}$$

$$a_0 = \frac{1}{T}\int_0^T f(t)dt, \;\; a_n = \frac{1}{T}\int_0^T f(t)\cos n\omega_0 t\, dt$$

$$b_n = \frac{1}{T}\int_0^T f(t)\sin n\omega_0 t\, dt$$

$$f(t) = A_0 + \sum_{n=1}^{\infty} A_n \cos(n\omega_0 + \varphi_n) \qquad \text{(진폭-위상 형식)}$$

$$A_0 = a_0, \quad A_n = \sqrt{a_n^2 + b_n^2}, \quad \varphi_n = -\tan^{-1}\frac{b_n}{a_n}$$

$$f(t) = \sum_{n=-\infty}^{\infty} C_n e^{jn\omega_0 t} \qquad \text{(지수함수 형식)}$$

$$C_n = \frac{1}{T}\int_0^T f(t)e^{-jn\omega_0 t}dt = |C_n|\angle\phi_n$$

5. 주기신호에 대한 파스발 정리는 신호의 총 평균 전력이 고조파 성분들의 평균 전력의 합이다.

$$P = \frac{1}{T}\int_0^T f^2(t)dt = \sum_{n=-\infty}^{\infty} |c_n|^2$$

6. 푸리에변환 $F(\omega)$는 $f(t)$의 주파수영역 표현이다.

$$F(\omega) = \int_{-\infty}^{\infty} f(t)e^{-j\omega t}dt$$

7. 역푸리에변환은 다음 식과 같다.

$$f(t) = \frac{1}{2\pi}\int_{-\infty}^{\infty} F(\omega)e^{j\omega t}d\omega$$

8. 중요한 푸리에변환 특성과 쌍은 표 2.4와 2.5에 요약되어 있다.
9. 에너지신호의 파스발 정리는 다음 식과 같다.

$$E = \int_{-\infty}^{\infty} f^2(t)dt = \frac{1}{2\pi}\int_{-\infty}^{\infty} |F(\omega)|^2 d\omega$$

10. 필터는 신호에서 원하지 않는 주파수 성분을 제거하는 데 사용되는 장치이다. 차단되는 주파수 대역에 따라 저역통과, 고역통과, 대역통과 및 대역차단 필터로 분류된다.
11. 이상적인 필터는 통과대역 내에서 입력의 모든 주파수 성분을 통과시키고 통과대역 외부의 모든 주파수 성분을 완전히 차단한다.
12. 버터워스 필터는 다른 특성들과의 절충을 통해서 이상적인 필터의 일부 특성들을 근사화시켜 주는 표준 또는 프로토타입 필터이다.
13. MATLAB은 신호 분석을 위한 강력한 도구이다. 이 장에서는 그래프를 그리고 푸리에급수의 부분합을 구하고 필터를 설계하는 데 사용되었다.

복습문제

2.1 신호는 전력신호와 에너지신호가 둘 다 될 수 있다.

(a) 참 (b) 거짓

2.2 시스템의 입력 $x(t)$ 및 출력 $y(t)$가 $y(t) = 10x(t-2)$인 경우, 어떤 시스템인가?

(a) 시변 (b) 시불변 (c) 인과 (d) 비인과

2.3 파스발의 정리는 평균 전력의 중첩을 의미한다.

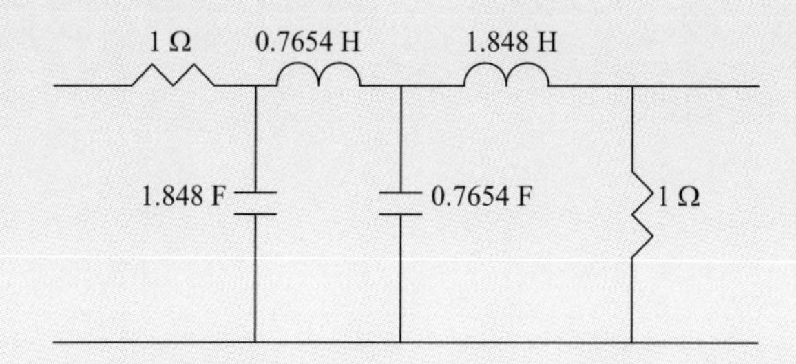

그림 2.45 복습문제 2.10의 그림.

(a) 참 (b) 거짓

2.4 다음 중 전력신호가 아닌 것은?

(a) 3 (b) $u(t)$ (c) $\cos 5t$ (d) $e^{-2|t|}$

2.5 다음 중 에너지신호인 것은?

(a) 10 (b) $\sin 4tu(t)$ (c) $\delta(t)$ (d) $e^{-2t}u(t)$

2.6 $x(t)$가 $10 + 8\cos t + 4\cos 3t + 2\cos 5t + \cdots$인 경우, 여섯 번째 고조파의 주파수는?

(a) 12 (b) 11 (c) 9 (d) 6

2.7 다음 함수 중 푸리에변환이 없는 함수는 무엇인가?

(a) $e^t u(-t)$ (b) $te^t u(t)$ (c) $1/t$ (d) $|t|u(t)$

2.8 $\delta(\omega)$의 역푸리에변환은?

(a) $\delta(t)$ (b) $u(t)$ (c) 1 (d) $1/2\pi$

2.9 이 장에서는 어떤 종류의 버터워스 필터에 대해 설명하였는가?

(a) 저역통과 (b) 고역통과 (c) 대역통과 (d) 대역차단

2.10 그림 2.45에 표시된 버터워스 필터의 차수는 얼마인가?

(a) 3 (b) 4 (c) 5 (d) 6

정답: 2.1 (b), 2.2 (b)(c), 2.3 (a), 2.4 (d), 2.5 (b)(d), 2.6 (d), 2.7 (c), 2.8 (d), 2.9 (a), 2.10 (b)

익힘문제

2.2절 신호의 분류 및 2.3절 신호의 연산

2.1 다음 용어 각각을 정의하라.

(a) 아날로그신호

(b) 디지털신호

(c) 연속시간신호

(d) 이산시간신호

2.2 다음 각 용어에 대하여 간단히 설명하라.

(a) 주기신호

(b) 비주기신호

(c) 전력신호

(d) 에너지신호

2.3 다음 신호들을 스케치하라.

(a) $x_1(t) = 3u(t-1) - u(t-2)$

(b) $x_2(t) = 2\Pi(10t)$

(c) $x_3(t) = 5\Delta(t/4)$

2.4 다음 각 신호를 스케치하라.

(a) $y_1(t) = 2\ \text{sinc}(\pi t/3)$

(b) $y_2(t) = \Delta(t) - \Pi(t-2)$

(c) $y_3(t) = 4\ \text{sgn}(t+2)$

2.5 그림 2.46의 $x(t)$를 보고 다음 신호를 스케치하라.

(a) $x_1(t) = x(-t)$

(b) $x_2(t) = x(2+t)$

(c) $x_3(t) = 2x(t) + 1$

(d) $x_4(t) = x(2t)$

(e) $x_5(t) = x(t/4)$

2.6 다음 신호가 전력 또는 에너지 신호인지 아닌지를 결정하라.

(a) $x(t) = e^{-t}$(지수)

(b) $y(t) = r(t) = tu(t)$(램프)

(c) $z(t) = \Delta(t)$(삼각펄스)

2.7 실험실에서 전력신호를 생성할 수 있을지 아닌지를 설명하라.

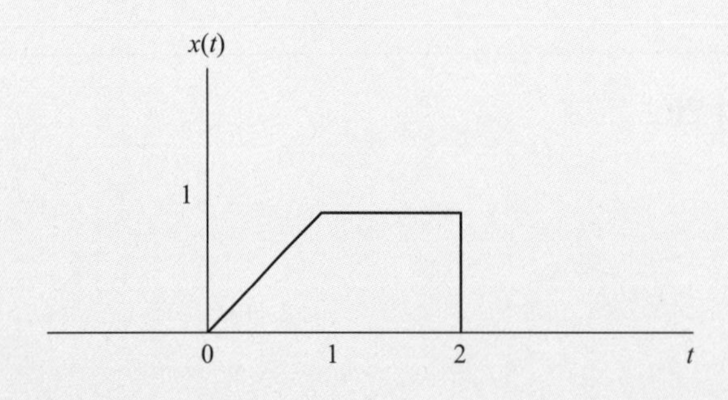

그림 2.46 익힘문제 2.5의 그림.

2.8 $f(t)$가 평균 전력 P의 전력신호인 경우 $g(t) = af(bt + c)$의 평균 전력을 구하라. 여기서 a, b, c는 상수이다.

2.4절 시스템의 분류

2.9 다음 용어에 대해 간단히 설명하라.

(a) 선형 시스템

(b) 비선형 시스템

(c) 연속시간 시스템

(d) 이산시간 시스템

2.10 다음 용어를 정의하라.

(a) 시변 시스템

(b) 시불변 시스템

(c) 인과 시스템

(d) 비인과 시스템

(e) 아날로그 시스템

(f) 디지털 시스템

2.11 아래 설명된 각 시스템에서 $x(t)$는 입력신호이고 $y(t)$는 출력이다. 각 시스템이 선형인지 비선형인지 설명하라.

(a) $y(t) = 10 + 2x(t)$

(b) $y(t) = x(t) + 2x^2(t)$

(c) $y(t) = 3tx(t)$

2.12 아래 시스템들이 선형인지 비선형인지 구분하라.

(a) $\int_{-\infty}^{\infty} x(4\lambda)\,d\lambda$

(b) $y(t) = \ln\,[x(t)]$

(c) $y(t) = \sin\,(t)\,x(t)$

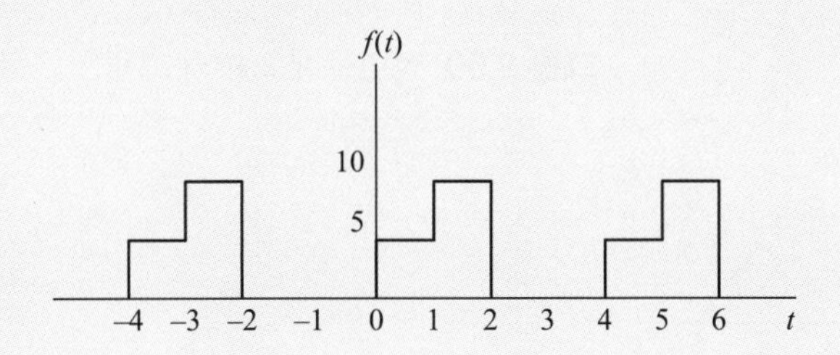

그림 2.47 익힘문제 2.13의 그림.

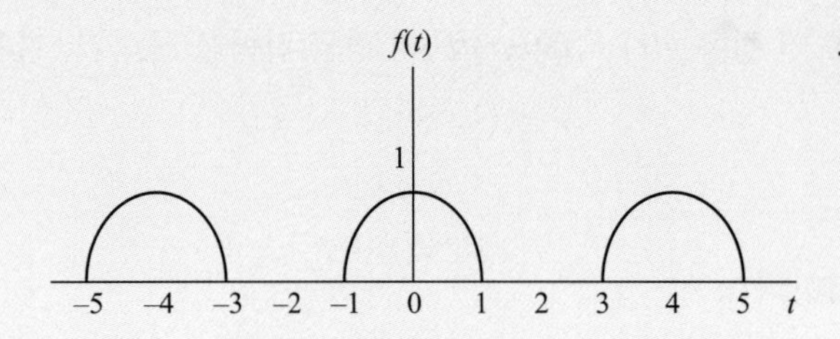

그림 2.48 익힘문제 2.14의 그림.

2.5절 푸리에급수의 삼각함수표시

2.13 그림 2.47의 신호에 대해 푸리에급수를 전개하라.

2.14 그림 2.48에 나와 있는 반파정류 코사인함수의 푸리에급수를 구하라.

2.15 그림 2.49의 주기신호에 대한 푸리에급수를 구하라.

2.16 그림 2.50의 신호에 대해 삼각함수형 푸리에급수를 구하라. 처음 세 개의 0이 아닌 고조파를 사용하여 $t = 2$에서 $f(t)$를 구하라.

2.17 다음의 주기신호에 대한 크기와 위상 스펙트럼을 그려라.

$$f(t) = 4 + 2\cos(t + 15°) - 0.5\cos(3t + 20°) + 0.25\sin(5t + 25°)$$

2.18 아래의 신호에 대하여 진폭 및 위상 스펙트럼의 첫 다섯 항을 그려라.

$$f(t) = \sum_{\substack{n=1 \\ n=\text{odd}}}^{\infty} \left(\frac{20}{n^2\pi^2} \cos 2nt - \frac{3}{n\pi} \sin 2nt \right)$$

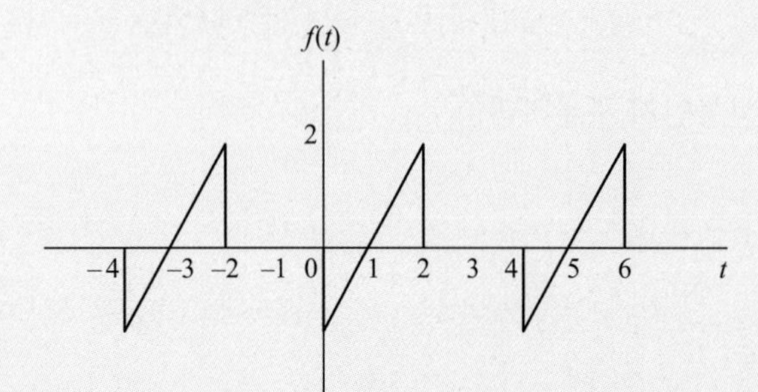

그림 2.49 익힘문제 2.15의 그림.

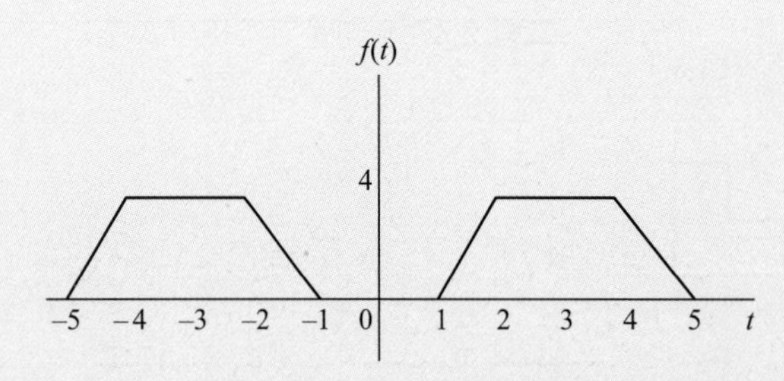

그림 2.50 익힘문제 2.16의 그림.

2.19 진폭변조(AM) 파형이 아래와 같을 때,

$$f(t) = [40 - 20\sin(2\pi t + \pi/6)]\cos 5\pi t$$

$f(t)$를 다음과 같이 나타낼 수 있음을 보여라.

$$f(t) = a_1\cos(\omega_1 t + \theta_1) + a_2\cos(\omega_2 t + \theta_2) + a_3\cos(\omega_3 t + \theta_3)$$

$a_1, a_2, a_3, \omega_1, \omega_2, \omega_3, \theta_1, \theta_2, \theta_3$ 들을 구하라.

2.20 다음의 구간이 결정된 신호의 푸리에급수를 전개하라.

$$f(t) = \begin{cases} 4t, & 0 < t < 1 \\ 4, & 1 < t < 3 \\ 8 - 4t, & 3 < t < 4 \end{cases}$$

2.21 주기신호 $f(t) = 2t/\pi,\ -\pi/2 < t < \pi/2,\ f(t \pm \pi) = f(t)$에 대하여

(a) 푸리에급수를 전개하라.

(b) 처음 네 개의 고조파를 포함하고 있는 전력의 일부를 구하라.

2.6절 푸리에급수의 지수함수표시

2.22 $f(t) = t^2,\ -\pi < t < \pi,\ f(t + 2\pi n) = f(t)$에 대한 지수함수형 푸리에급수를 구하라.

2.23 그림 2.51의 사각펄스의 경우 지수함수형 푸리에급수를 구하라.

2.24 그림 2.52에서 잘린 톱니파형에 대한 지수함수형 푸리에급수를 구하라.

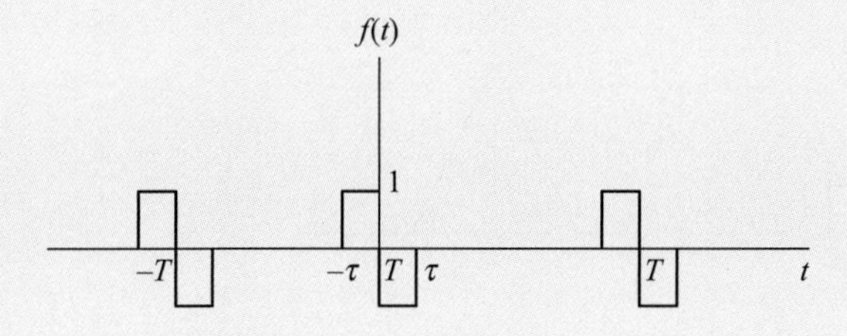

그림 2.51 익힘문제 2.23의 그림.

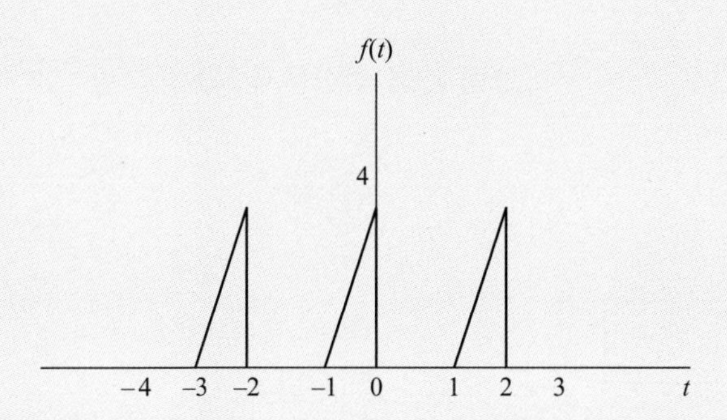

그림 2.52 익힘문제 2.24의 그림.

2.25 주기신호가 아래와 같을 때,

$$f(t) = \sum_{n=\infty}^{\infty} C_n e^{jn\omega_0 t}$$

다음 각 신호에 대한 계수 C_n을 구하라.

(a) $g(t) = f(t-2)$

(b) $h(t) = 2\dfrac{df(t)}{dt}$

(c) $y(t) = \dfrac{d^2 f}{dt^2} - \dfrac{df}{dt}$

2.7절과 2.8절 푸리에변환과 그 특성

2.26 다음 신호의 푸리에변환을 구하라.

(a) $x(t) = e^{-t}\sin \pi t$

(b) $y(t) = \dfrac{1}{3}[\delta(t+1/3) + \delta(t-1/3)]$

(c) $z(t) = e^{-t}\,\mathrm{sgn}(t)$

2.27 그림 2.53의 신호에 대한 푸리에변환을 구하라.

2.28 그림 2.54에서 신호의 푸리에변환을 구하라.

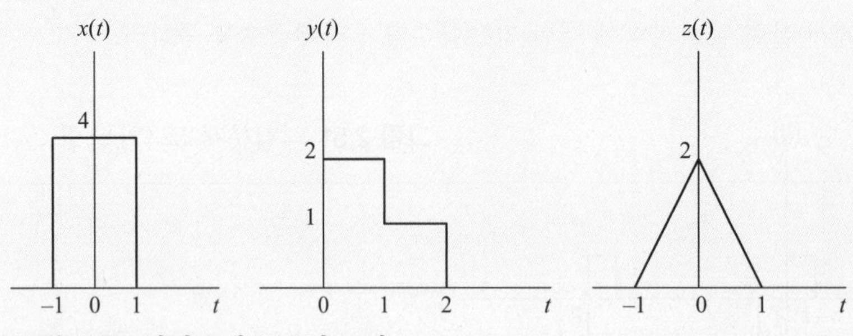

그림 2.53 익힘문제 2.27의 그림.

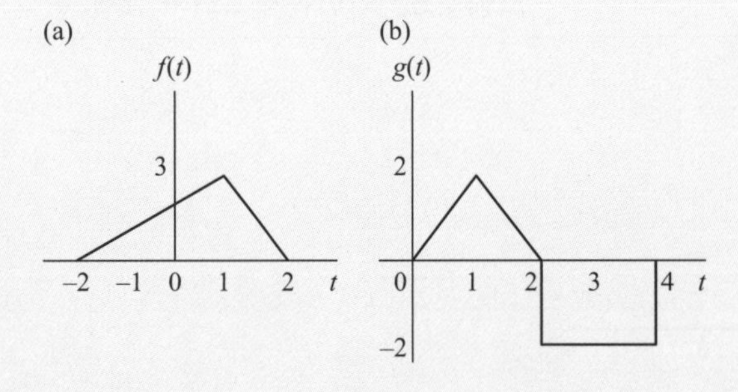

그림 2.54 익힘문제 2.28의 그림.

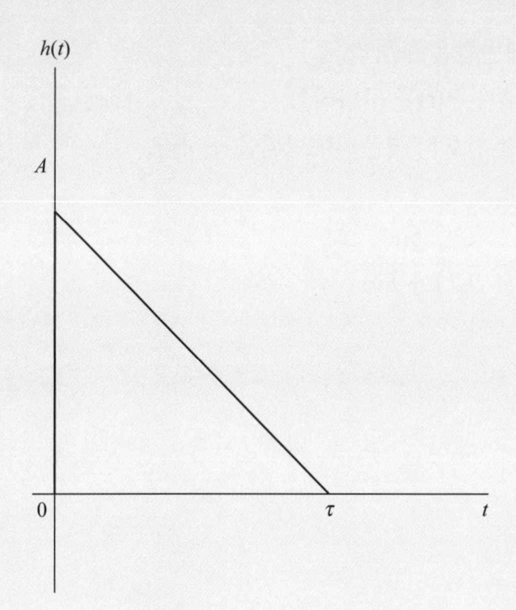

그림 2.55 익힘문제 2.29의 그림.

2.29 그림 2.55의 톱니펄스에 대한 푸리에변환을 구하라.

2.30 다음 신호들의 푸리에변환을 구하라.

(a) $f(t) = (1 + m\cos\alpha t)\cos\beta t, \quad -\infty < t < \infty$

(b) $g(t) = \begin{cases} \sin t, & 0 < t < \pi \\ 0, & \text{otherwise} \end{cases}$

2.31 다음 펄스의 푸리에변환을 구하라.

$$p(t) = \begin{cases} \cos \pi t/\tau, & |t| < \tau/2 \\ 0, & \text{otherwise} \end{cases}$$

2.32 진폭의 위치가 위쪽으로 이동한 코사인펄스가 다음과 같을 때,

$$r(t) = 10(1 + \cos \pi t)\Pi(t/2)$$

(a) $r(t)$를 스케치하라.

(b) $r(t)$의 푸리에변환을 구하라.

2.33 다음의 역푸리에변환을 구하라.

(a) $F_1(\omega) = \cos\ (\pi\omega/4)$

(b) $F_2(\omega) = \dfrac{e^{-j\omega 2}}{4 + j\omega}$

(c) $F_3(\omega) = \dfrac{\omega^2 + 2}{\omega^4 + 3\omega^2 + 2}$

2.34 그림 2.56에서 스펙트럼의 역푸리에변환을 구하라.

2.35 그림 2.57에 나와 있는 $F(\omega)$에 해당하는 $f(t)$를 구하라.

2.36 그림 2.58에 표시된 스펙트럼을 가진 신호의 역푸리에변환을 구하라.

2.37 $g(t)$의 푸리에변환이 아래와 같을 때,

$$G(\omega) = \frac{20}{(1 + j\omega)}$$

다음의 푸리에변환을 구하라.

(a) $g(-2t)$

(b) $(1+t)g(1+t)u(1+t)$

(c) $t\dfrac{dg(t)}{dt}$

(d) $g(t)\cos \pi t$

2.38 $x(t)$의 푸리에변환은 다음과 같다.

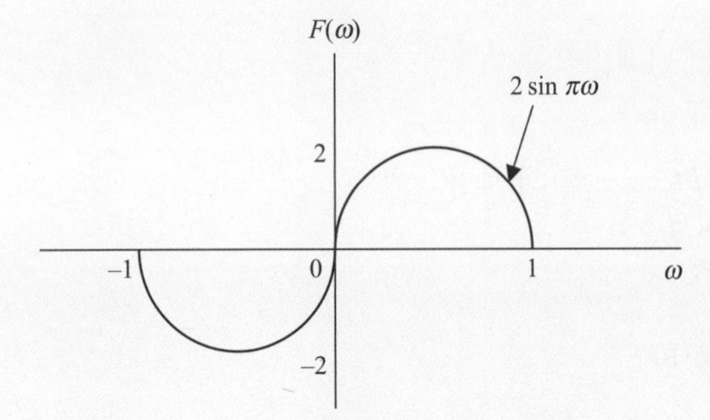

그림 2.56 익힘문제 2.34의 그림.

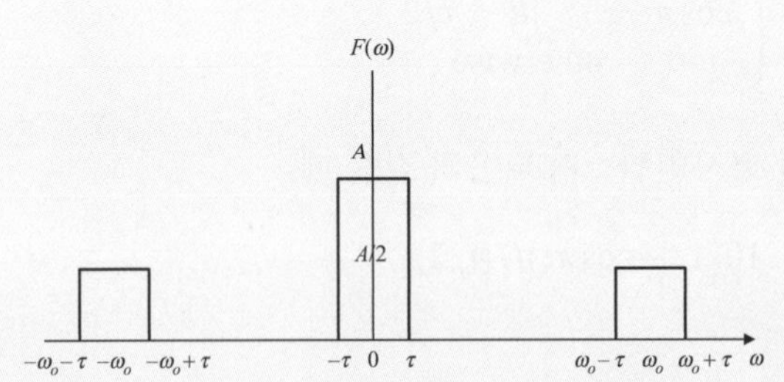

그림 2.57 익힘문제 2.35의 그림.

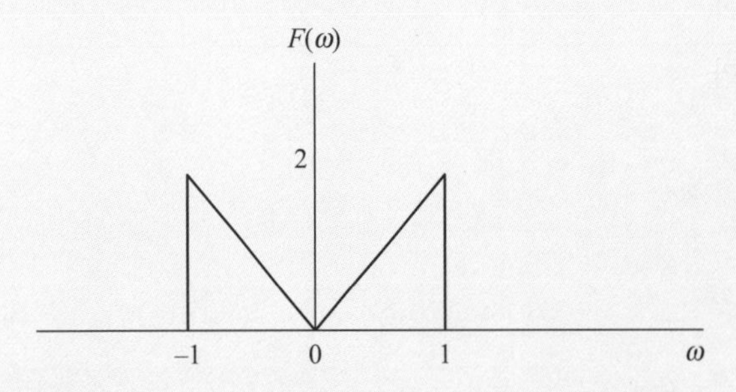

그림 2.58 익힘문제 2.36의 그림.

$$X(\omega) = \frac{4 + j\omega}{-\omega^2 + j2\omega + 3}$$

아래 신호들의 푸리에변환을 구하라.

(a) $x(t)\, e^{-j2t}$

(b) $x(t) \sin \pi(t-1)$

(c) $x(t) * d(t-2)$

(d) $\int_{-\infty}^{t} x(\tau)d\tau$

2.39 파스발의 정리를 사용하여 다음 적분을 구하라.

(a) $\int_{-\infty}^{\infty} \frac{\sin^2 t}{t^2} dt$

(b) $\int_{-\infty}^{\infty} \frac{1}{(t^2+4)^4} dt$

2.40 파스발의 정리를 사용하여 다음 신호의 에너지를 구하라.

(a) $x(t) = e^{-3t}u(t)$

(b) $y(t) = \Pi(t/4)$

2.41 $f(t) = 5\,\Pi(t/2)$이고 $g(t) = f(t+2) + f(t-2)$일 때, $G(\omega)$를 구하라.

2.9절 응용: 필터

2.42 그림 2.59의 회로에 대한 주파수응답 $V_o(\omega)/V_i(\omega)$를 구하라. 회로는 어떤 유형의 이상적인 필터를 나타내고 있는가?

2.43 저역통과 필터의 전달함수는 다음과 같다.

$$H(\omega) = \begin{cases} 1, & |\omega| \le B \\ 0, & \text{otherwise} \end{cases}$$

신호 $x(t) = 10e^{-100\pi t}u(t)$가 필터에 인가되면 $x(t)$ 에너지의 1/3만 통과시키는 B값(rad/s)을 구하라.

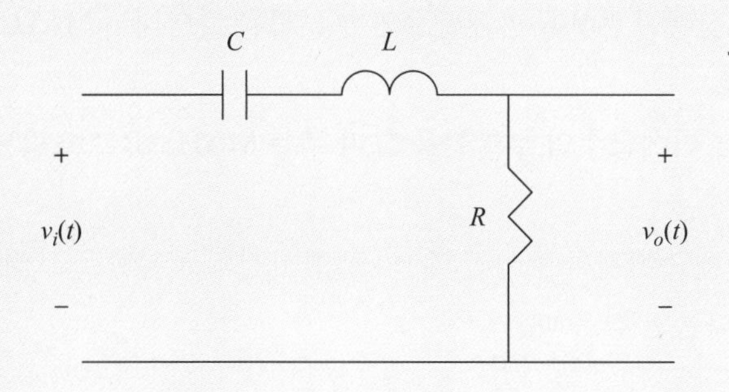

그림 2.59 익힘문제 2.42의 그림.

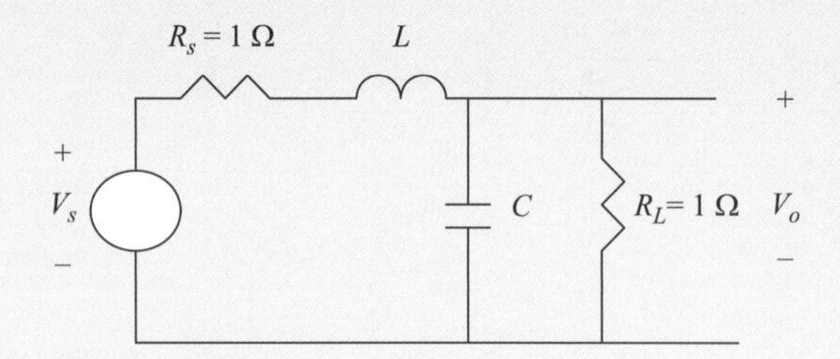

그림 2.60 익힘문제 2.46의 그림.

2.44 $\omega_c = 1$ rad/s인 3차 버터워스 필터의 임펄스응답 $h(t)$를 구하라.

2.45 다음에서 $H(s)$를 구하라.

$$|H(\omega)|^2 = \frac{1}{1+\omega^6}$$

2.46 그림 2.60에서 $R = 1\ \Omega$이고 $\omega_c = 10$ rad/s인 RLC 회로가 주어지면 $H = V_o/V_s$인 버터워스 주파수응답을 생성하는 L과 C를 구하라.

2.10절 MATLAB을 사용한 계산

2.47 MATLAB을 사용하여 다음 신호들을 그려라.

(a) $x(t) = t^2 - 2t + 3,\ -2 < t < 2$

(b) $y(t) = 4\cos(2\pi t - 12^\circ) + 3\sin 2\pi t,\ -\pi < t < \pi$

(c) $z(t) = 10(1 - e^{-2t}),\ 0 < t < 5$

2.48 MATLAB을 사용하여 다음 신호들을 그려라.

(a) $|F(\omega)| = \dfrac{1}{\sqrt{4+\omega^2}},\ -5 < \omega < 5$

(b) $G(\omega) = 10\,\mathrm{sinc}^2(5\omega),\ -10 < \omega < 10$

2.49 MATLAB을 사용하여 크기와 위상을 그려라.

$$F(\omega) = 10je^{-j\pi\omega}\frac{\sin \pi\omega}{1-\omega^2}$$

범위는 $-5 < \omega < 5$.

2.50 익힘문제 2.13의 신호에 대한 삼각함수형 푸리에급수의 부분합을 나타내는 MATLAB 스크립트를 작성하라($N = 15$임).

2.51 익힘문제 2.14의 삼각함수형 푸리에급수의 부분합을 그려 주는 MATLAB 스크립트를 작성하라($N = 25$임).

2.52 MATLAB을 사용하여 익힘문제 2.20에서 주어진 $f(t)$의 31항까지의 부분합을 그려라.

2.53 5차 버터워스 필터의 응답이 다음과 같을 때,

$$H(s) = \frac{1}{s^5 + 3.236s^4 + 5.236s^3 + 5.236s^2 + 3.236s + 1}$$

MATLAB을 사용하여 $H(s)$의 극점을 구하라.

2.54 MATLAB을 사용하여 6차 버터워스 필터의 크기 주파수 응답을 세미로그 스케일로 그려라.

3 진폭변조

가파른 언덕을 오르기 위해서는 처음에 천천히 시작할 필요가 있다.

윌리엄 셰익스피어

역사 속 인물

사무엘 F. B. 모스(Samuel F. B. Morse, 1791~1872) 모스는 현대적 통신의 편리함이 없는 세상에서 태어났다. 즉, 전화도, 라디오도, 텔레비전이나 인터넷 같은 통신의 이기들이 전혀 없었다. 지금은 상상조차 할 수 없는 일이겠지만, 그것이 그리 오래된 일도 아니다. 1830년대 초, 가장 빠른 통신 수단은 철도나 마차 등에 의해 운영되는 우편이었다. 미국 동부 해안에서 서부 해안으로 편지 한 통을 보내기 위해서는 몇 주 정도의 시간이 필요했었다. 이러한 우편 시스템은 바퀴, 필기, 종이, 펜, 프린팅, 기관차 엔진 등의 발명을 포함하여 인간의 사고가 빠르게 진보하는 원동력이 되었다. 1838년, 사무엘 모스는 실용적인 전신 시스템을 성공적으로 발표하기에 이르렀다. 오늘날 대륙 간 메시지 전송이 분 단위로 이루어지고 있지만, 그 당시 전신 시스템은 거의 마술로 인식되었다. 또한, 이 마술에 더하여 여러 가지 발명품과 개선이 이루어졌으니, 그들 중에는 필름카메라, 무선전신기, 전자증폭관, 축음기 등도 있었다.

알렉산더 그레이엄 벨(Alexander Graham Bell, 1847~1922) 벨은 1876년에 전화를 발명하여 특허를 받았다. 이는 양방향 대화는 물론 음악, 음향 등 온갖 소리를 전송하는 환상적인 장치였다. 통신은 폭주했고, 라디오, 텔레비전, 컴퓨터 등 발군의 발명품이 이어졌다. 이전의 기술들이 빠르게 구식이 되고, 이들을 대치하는 새롭고 월등한 혁신품들이 나왔다. 21세기를 향해 가면서 통신기술은 매우 빠르게 발전하였다. 인터넷, HDTV, 스마트폰 등이 그 증거다. 현대 전자통신은 이제 개인적인 생활뿐 아니라 우리 사회를 위해서도 필수불가결한 존재가 되었다. 우리 세대는 최첨단 정보화 사회를 구가하고 있다.

통신의 원리를 공부하는 학생으로서 우리는 어떤 자세로 공부해야 할까? 통신은 응용과학의 매우 가치 있고 흥미로운 분야다. 통신의 원리는 인간의 필요에 부응하는 강력한 수단을 제공할 뿐만 아니라 현대의 기술들을 가능케 하는 원천이라 할 수 있다. 통신분야에서의 경력은 매우 가치 있는 일이다. 이 분야에서의 미래 발전 가능성은 오로지 그 기초 원리를 마스터한 사람에게만 주어지는 특권이다. 당신은 미래 이 분야의 거인으로 성장할 수 있다. 단, 인생에 있어서 우리 각자에게 요구되는 것은 바로 '최선을 다해야 한다'는 것임을 기억하라.

3.1 개요

통신시스템은 정보를 포함하는 신호(메시지신호)를 거리에 따라 전송하는 데 사용된다. 메시지신호의 예로는 마이크나 비디오카메라 등의 변환기(transducer)로부터 나오는 전기신호를 들 수 있다. 대부분의 메시지신호는 기저대역 신호(baseband signal)이다.

> **기저대역 신호**는 0부터 신호의 대역폭까지의 주파수 영역을 차지하는 저역신호(low-pass signal)를 말한다.

기저대역 통신(baseband communication)은 기저대역 신호의 전송을 의미한다. 이는 심각한 통신의 한계를 초래할 수밖에 없다. 스펙트럼이 서로 겹치기 때문에 주어진 통신 매체를 통하여 오로지 하나의 기저대역 신호만을 전송할 수 있다. 특히 무선 통신에 있어서 기저대역 신호는 사용할 수 없다. 무선 채널을 통하여 10 kHz의 오디오신호를 방송한다고 생각해 보자. 보통 안테나의 효율은 그 길이가 $\lambda/2$(반파장)일 때 최대가 되고, 길이의 감소에 따라 효율이 떨어져 실용적인 안테나의 최소 길이는 $\lambda/10$로 알려져 있다. 여기서 λ는 전자파의 파장(wavelength)을 나타내며, 주파수 f와 속도 c(광속) 사이에 다음과 같은 관계식이 성립한다.

$$c = \lambda f = 3 \times 10^8 \text{ m/s} \tag{3.1}$$

위의 공식에 따르면, 10 kHz의 마이크 신호는 30 km의 파장에 대응되며, 안테나의 길이는 최소 3 km가 된다. 이는 실현 불가능한 것이다. 이와 같은 기저대역 통신의 심각한 한계는 변조(modulation)라는 기술을 이용하여 쉽게 극복될 수 있다.

> **변조**는 메시지신호의 스펙트럼을 높은 주파수대역으로 천이시켜, (1) 통신 미디어를 통한 효율적인 전송을 실현할 뿐 아니라, (2) 하나의 미디어에 여러 신호들을 동시에 전송할 수 있도록 해 주는 신호의 변환 과정을 말한다.

10 kHz의 마이크 신호를 다시 생각해 보자. 이 신호를 1 MHz를 중심으로 하는 주파수대역으로 천이시켰다고 하자. 요구되는 $\lambda/10$ 안테나의 길이는 30 m가 되고, 이는 방송국 안테나 타워 정도로 실현할 수 있는 크기라 할 것이다. 이때, 상대적으로 높은 주파수의 1 MHz 신호를 반송파(carrier)라 하고, 10 kHz의 마이크 신호를 메시지신호 혹은 변조신호(modulating signal)라 하며, 반송파에 메시지 신호가 실려 결합되어 있는 신호를 변조된 신호(modulated signal)라 한다.

각각 10 kHz의 대역폭을 갖는 세 개의 메시지신호 m_1, m_2, m_3가 있다. 이들을 각각 1 MHz,

1.02 MHz, 1.04 MHz의 반송파로 변조하였다면, 변조된 신호들은 서로 겹치지 않는 이웃한 주파수대역을 차지하게 될 것이다. 이들 각각은 해당 대역만을 통과시키는 필터(filter)와 수신기에 의하여 원하는 메시지신호를 임의로 복원할 수 있다. 따라서 변조는 동일한 통신 채널을 통하여 동시에 여러 메시지신호를 전송할 수 있도록 해 준다.

변조는 반송파의 파라미터를 메시지신호에 의하여 변화시킴으로써 이루어진다. 또한 변조방식은 반송파와 메시지신호 사이에 존재하는 대응관계에 의하여 결정된다. 반송파로는 보통 정현파(sinusoid)가 사용되지만 꼭 그런 것만은 아니다. 효과적인 전송을 위하여 보통 높은 주파수의 반송파를 사용하며, 반송파의 파라미터에는 진폭(amplitude), 주파수(frequency), 위상(phase) 등이 있는데, 이들 중 하나가 메시지신호에 있는 정보를 전달하게 된다. 우리는 이러한 과정을 반송파 변조(carrier modulation)라 부른다. 변조가 전송하고자 하는 신호를 채널의 특성에 맞게 변환시키는 매우 적절한 과정이지만, 일반적으로 변조된 신호는 인간이 인지할 수 없는 높은 주파수대역의 신호이므로, 수신기는 이를 다시 인간이 인지할 수 있는 신호로 변환시켜야 할 것이다. 복조(demodulation)는 변조의 역동작으로서, 수신기에 수신된 신호를 다시 원래의 형태로 되돌리는 과정이다.

통신시스템은 그 전송되는 신호가 아날로그신호냐 디지털신호냐에 따라 크게 아날로그 통신시스템과 디지털 통신시스템으로 구분된다. 아날로그 통신기술에는 진폭변조, 주파수 변조, 위상 변조가 포함된다. 이러한 이름들은 각각 반송파의 어떤 파라미터(진폭, 주파수, 위상)를 변조하느냐에 따라 붙여진다. 이 장에서는 진폭변조에 대하여 공부한다. 여러 가지 진폭변조의 형태와 방식, 그리고 그들을 실현하는 기술과 그 응용 등에 대하여 공부할 것이다.

3.2 진폭변조(AM)

진폭변조에서는 반송파의 진폭이 메시지신호에 대하여 선형적으로 변화한다. 반송파의 주파수는 기저대역 메시지신호 $m(t)$의 주파수에 비하여 매우 높다. 정현 반송파 $c(t) = A_c \cos(\omega_c t + \theta)$에 대하여 생각해 보자. 진폭변조에 있어서는 반송파의 세 가지 파라미터 중 오직 진폭 A_c만이 변화한다. 또한 위상이 일정한 경우 $\theta = 0$으로 둘 수 있으므로, 반송파는 좀 더 간단한 식 $c(t) = A_c \cos \omega_c t$로 표현할 수 있다. 진폭변조된 신호는 다음과 같이 주어진다.

$$\phi_{AM}(t) = [A_c + m(t)] \cos \omega_c t = A_c \cos \omega_c t + m(t) \cos \omega_c t \tag{3.2}$$

그림 3.1은 진폭변조 방식을 나타낸다. 그림 3.1(a)는 기저대역 메시지신호를, 그림 3.1(b)는 높은 주파수의 정현 반송파를 보여 준다. 메시지신호에 따라 반송파의 진폭이 선형적으로 변화

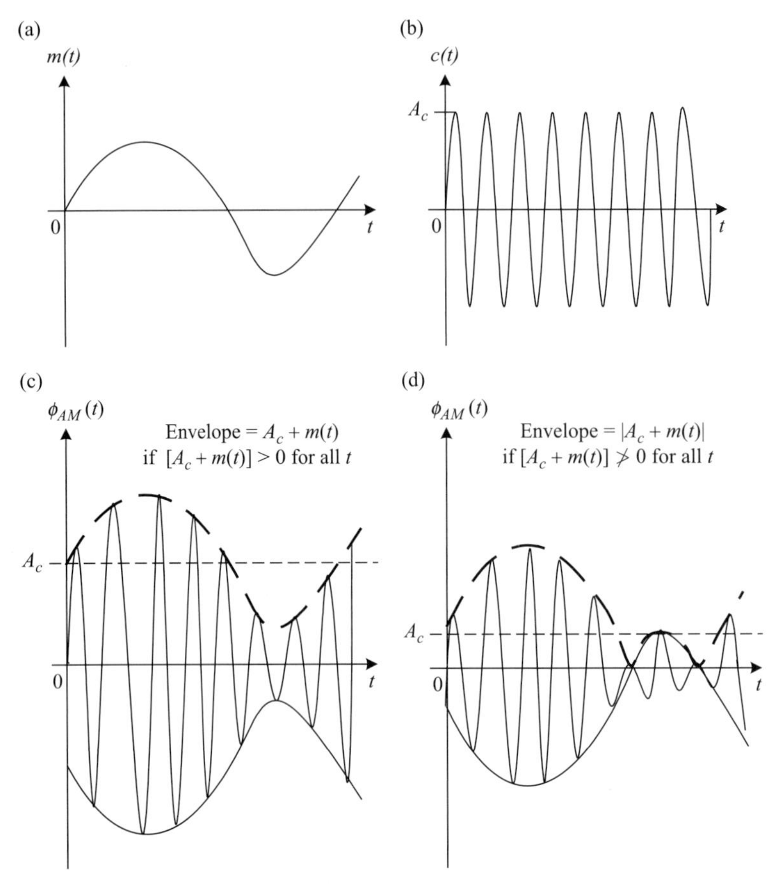

그림 3.1 진폭변조. (a) 기저대역 메시지신호, (b) 정현 반송파, (c) 포락선 왜곡이 없는 진폭변조 파형, (d) 포락선이 왜곡된 진폭변조 파형.

된 진폭변조 신호는 그림 3.1(c), (d)에 나타내었다. 반송파의 진폭이 메시지신호의 진폭보다 크거나 같은 경우 $A_c + m(t)$는 음이 아니며, 이것이 진폭변조의 일반적인 경우로서 그림 3.1(c)에 보인다. 이때, 진폭변조 신호의 포락선(envelope) $E(t) = A_c + m(t)$는 메시지신호의 정확한 복제(replica)이다. 만일 반송파의 진폭이 메시지신호의 진폭보다 작다면, $A_c + m(t)$는 양, 음의 값을 모두 가질 수 있다. 그 결과를 그림 3.1(d)에 보였으며, 이때의 포락선 $E(t) = |A_c + m(t)|$는 신호 $A_c + m(t)$의 정류신호(rectified signal)로 나타난다. 이는 메시지신호의 정확한 복제가 아닌 왜곡된 형태이며, 이를 반송파의 과변조(over-modulation)라 부른다. 진폭변조에 있어서, 과변조나 그 결과로 나타나는 포락선 왜곡(envelope distortion)은 모두 바람직하지 않은 현상이다.

> **복조**는 변조의 역과정을 말한다. 복조를 통하여, 변조된 신호로부터 원래의 메시지신호를 복원한다.

송신기에서 변조가 수행되었다면, 수신기에서는 원래의 메시지신호를 복원하기 위한 복조(demodulation) 혹은 검파(detection)가 필요하다. 진폭변조에 있어서 복조는 포락선 검파(envelope detection)라 불리는 과정 즉 변조된 신호로부터 그 포락선을 얻어 내는 방식으로 쉽게 이루어진다. 포락선 검파는 다른 방식에 비하여 매우 간단하고 저렴한 비용으로 실현할 수 있기 때문에 진폭변조에 대한 복조 방식으로 널리 사용된다. 단, 포락선 검파는 변조 과정에서 포락선의 왜곡이 발생하지 않아야만 사용 가능하기 때문에, 포락선 $E(t)$는 다음과 같은 관계식을 만족하여야 한다.

$$E(t) = [A_c + m(t)] \geq 0 \text{ for all } t \tag{3.3}$$

위의 조건은 다음과 같은 변조지수(modulation index)로도 표현될 수 있다.

> **변조지수** μ는 메시지신호 최댓값과 반송파 진폭의 비로 정의된다.

메시지신호의 최댓값을 m_p라 하면, 변조지수는

$$\boxed{\mu = \frac{m_p}{A_c}} \tag{3.4}$$

로 주어진다. 또한 변조지수는 퍼센트(%)로 표현될 수 있다. $m_p = A_c$ 즉 $\mu = 1$일 때, 우리는 100% 변조라 부른다. 과변조(over-modulation) 혹은 포락선 왜곡이 발생한 경우 변조지수는 $\mu > 1$이 된다. 변조지수 μ에 의하여 포락선 검파의 조건을 표현하면

$$0 \leq \mu \leq 1 \tag{3.5}$$

와 같이 나타난다. $\mu = 1$인 경우, 위 조건을 수학적으로 만족하지만 이러한 상태는 반드시 회피되어야 한다. 잘 알려진 바와 같이 잡음(noise)은 모든 통신시스템에 있어서 필연적으로 발생한다. 따라서, $\mu = 1$인 상태에서 잡음이 변조된 신호의 최댓값을 증가시킨다면, 이는 메시지신호와 반송파에 의한 것을 초과하게 될 것이므로 과변조가 발생하게 된다. 동일한 이유 때문에 변조지수의 값이 100%에 근접하는 것도 피해야 한다.

톤 변조(tone modulation)

톤 변조는 메시지신호가 단일 주파수의 정현파인 경우를 말한다. 그러므로 톤 변조는 정보를 전송하는 과정은 아니지만 통신시스템의 해석에 있어 매우 가치 있는 수단을 제공한다. 진폭변조에 있어서, 메시지신호가 크기 A_m, 주파수 ω_m인 정현파 즉 $m(t) = A_m \cos \omega_m t$라고 가정하여 보자. 크기 A_m은 앞에서 정의된 메시지신호의 최댓값 m_p와 같으므로 변조지수는 $\mu = m_p/A_c = A_m/A_c$으로 주어진다. 따라서 식 (3.2)로 주어진 진폭변조 신호는 다음과 같이 표현된다.

$$\phi_{AM}(t) = [A_c + A_m \cos \omega_m t] \cos \omega_c t = A_c \left[1 + \frac{A_m}{A_c} \cos \omega_m t\right] \cos \omega_c t$$

여기서 A_m/A_c를 μ로 바꾸면

$$\phi_{AM}(t) = A_c[1 + \mu \cos \omega_m t] \cos \omega_c t \tag{3.6}$$

로 주어진다.

예제 3.1

진폭변조에 있어서, 반송파가 $c(t) = 10 \cos \omega_c t$로, 메시지신호가 $m(t) = A_m \cos \omega_m t$로 주어진다. 여기서 $\omega_c \gg \omega_m$이다. 메시지신호의 크기가 다음과 같을 때 변조지수를 구하고, 포락선 검파를 위한 조건을 만족하는지 말하고, 그 변조된 파형을 스케치하라.

(a) $A_m = 5$, (b) $A_m = 10$, (c) $A_m = 15$

풀이

(a) $\mu = \frac{A_m}{A_c} = \frac{5}{10} = 0.5$ or (μ=50%) : 포락선 검파를 위한 조건을 만족한다.

(b) $\mu = \frac{A_m}{A_c} = \frac{10}{10} = 1$ or (μ=100%) : 포락선 검파를 위한 조건을 간신히 만족한다.

(c) $\mu = \frac{A_m}{A_c} = \frac{15}{10} = 1.5$ or (μ=150%) : 포락선 검파를 위한 조건을 만족하지 못한다.

그리고 각 변조지수에 대응하는 파형은 그림 3.2와 같이 나타난다.

실전문제 3.1

진폭변조 파형에 있어서, 반송파가 $c(t) = 5 \cos \omega_c t$로 주어지고, 메시지신호는 그림 3.3과 같이 주어졌다. 반송파의 주파수는 그림 3.3의 삼각파(triangular wave)의 주파수에 비하여 매우 높다고 가정할 때, $m_p = 3$, $m_p = 5$, $m_p = 7$에 대하여 각각 변조지수를 구하고, 그 변조된 파형을 스케치하라.

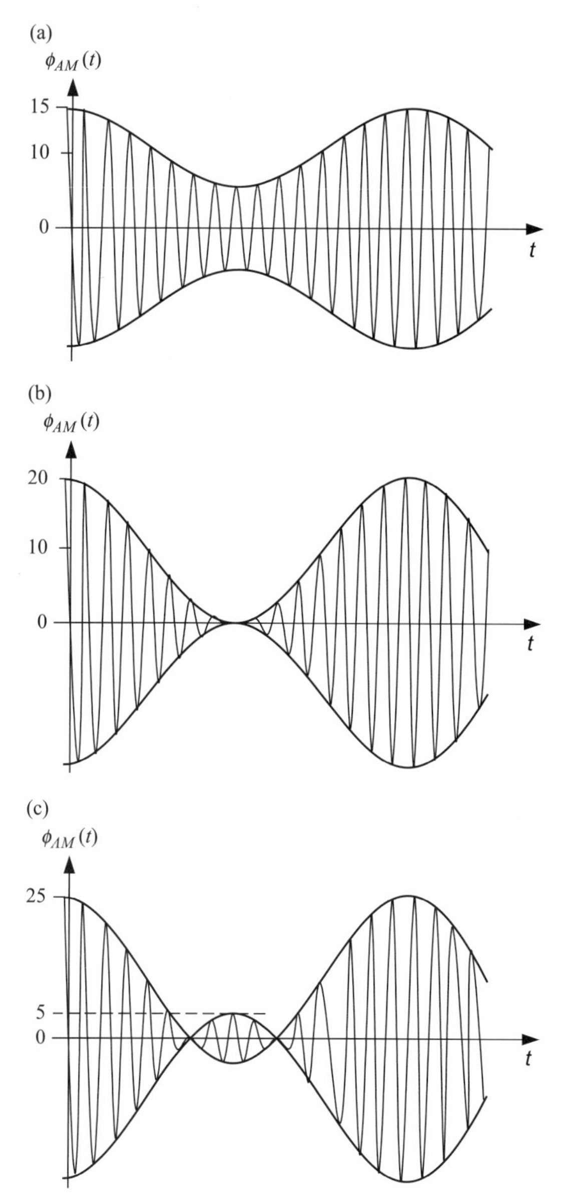

그림 3.2 서로 다른 변조지수에 따른 예제 3.1의 파형. (a) 변조지수가 0.5인 경우, (b) 변조지수가 1인 경우, (c) 변조지수가 1.5인 경우.

정답: 변조지수는 각각 $\mu = 0.6, \mu = 1, \mu = 1.4$이다. 또한, 변조지수에 따른 포락선 검파 요구조건에 대해서는 각각 '만족', '간신히 만족', '불만족'이다. 변조된 파형의 스케치는 그림 3.2에 나타낸 것과 유사하지만, 그 포락선의 모양이 정현파가 아닌 삼각파로 나타나게 될 것이다.

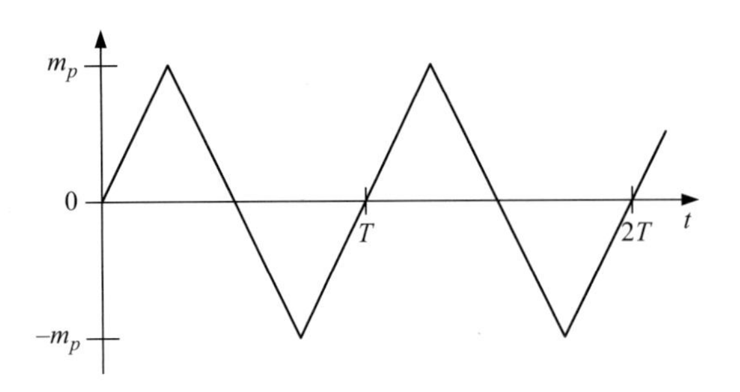

그림 3.3 실전문제 3.1의 변조신호 (modulating signal).

예제 3.2

톤 변조에 의한 AM 파형이 오실로스코프(oscilloscope)에 그림 3.4와 같이 나타났다. 변조지수를 구하고, 이 변조된 신호에 대한 식을 구하라.

풀이

반송파는 'sine함수'이다. 왜냐하면 $t=0$에서 영점(zero crossing)을 가지며 전체적으로 정현파의 모양을 나타내기 때문이다. 또한, AM 파형의 포락선이 정현파이며 $t=0$에서 그 평균값을 가지므로 메시지신호도 'sine함수'이다. sine파는 cosine파를 90도 위상천이 함으로써 얻을 수 있고, 그 역도 성립한다. 따라서 주어진 AM 파형은 다음과 같이 표현할 수 있다.

$$\phi_{AM}(t) = [A_c + A_m \sin \omega_m t] \sin \omega_c t \tag{3.7}$$

시간에 따라 변화하는 반송파의 진폭을 $A(t)$라 하고, 그 최댓값과 최솟값을 각각 $A_{\max}$, $A_{\min}$이라 두면

$$A_{\max} = A_c + A_m \tag{3.8}$$

$$A_{\min} = A_c - A_m \tag{3.9}$$

를 얻을 수 있다. 두 식 (3.8)과 (3.9)를 연립하여 풀고, 그 결과를 이용하여 변조지수를 구하면 다음과 같다.

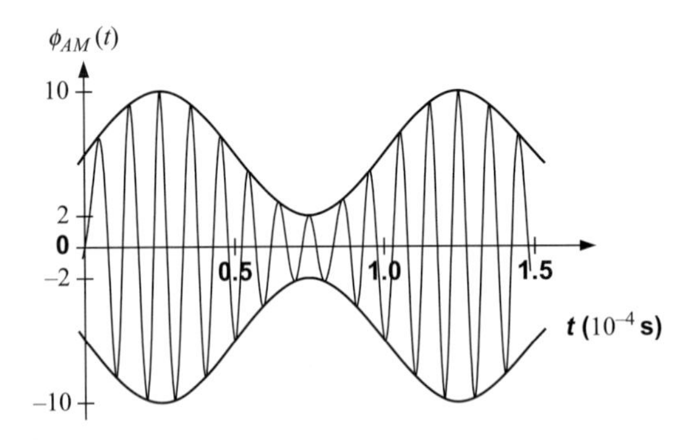

그림 3.4 예제 3.2의 오실로스코프에 나타난 AM 파형.

$$A_c = \frac{1}{2}[A_{\max} + A_{\min}] \tag{3.10}$$

$$A_m = \frac{1}{2}[A_{\max} - A_{\min}] \tag{3.11}$$

$$\mu = \frac{A_m}{A_c} = \frac{A_{\max} - A_{\min}}{A_{\max} + A_{\min}} \tag{3.12}$$

주어진 파형으로부터 $A_{\max} = 10, A_{\min} = 2$이므로 구하는 변조지수와 AM 파형의 식은

$$\mu = \frac{A_{\max} - A_{\min}}{A_{\max} + A_{\min}} = \frac{10-2}{10+2} \approx 0.667$$

$$A_c = \frac{1}{2}[A_{\max} + A_{\min}] = 6$$

$$A_m = \frac{1}{2}[A_{\max} - A_{\min}] = 4$$

$$\therefore\ \phi_{AM}(t) = [6 + 4\sin\omega_m t]\sin\omega_c t$$

와 같이 계산된다.

실전문제 3.2

오실로스코프에 나타난 톤 변조 AM 파형의 포락선이 최댓값 13, 최솟값 3을 갖는다. 반송파는 cosine파인 반면 메시지신호는 sine파이다. 변조지수를 구하고 AM 파형의 식을 써라.

정답:

$\mu = 0.625$

$$\phi_{AM}(t) = [8 + 5\sin\omega_m t]\cos(\omega_c t)$$

3.2.1 진폭변조된 신호의 스펙트럼

메시지신호 $m(t)$와 AM 신호 $\phi_{AM}(t) = A_c \cos\omega_c t + m(t)\cos\omega_c t$를 다시 고려하여 보자. $M(\omega)$를 $m(t)$의 푸리에변환(Fourier transform)이라 하면, AM 신호의 푸리에변환은

$$\boxed{\Phi_{AM}(\omega) = \frac{1}{2}[M(\omega+\omega_c) + M(\omega-\omega_c)] + \pi A_c[\delta(\omega+\omega_c) + \delta(\omega-\omega_c)]} \tag{3.13}$$

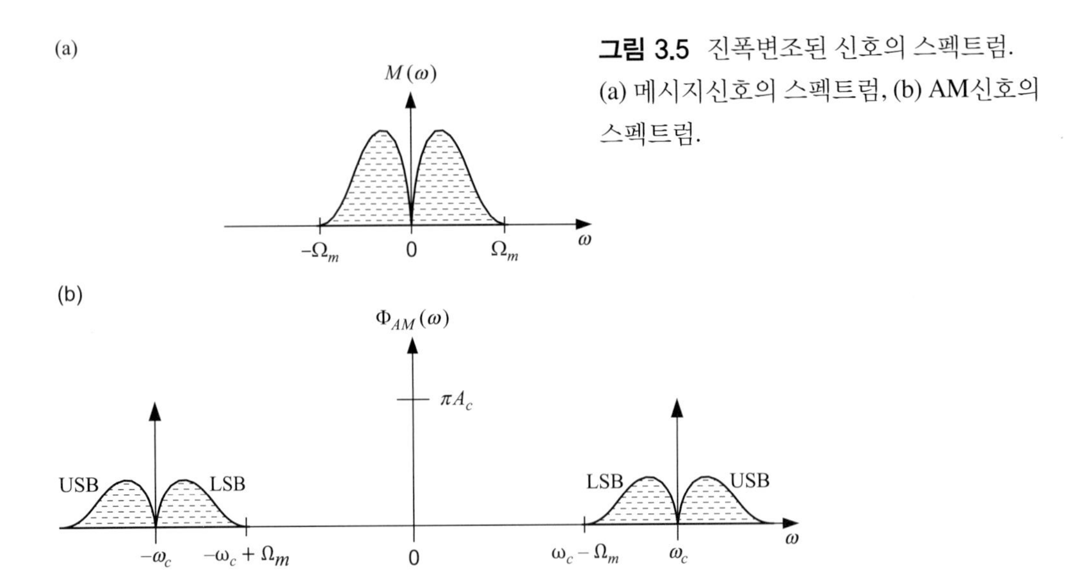

그림 3.5 진폭변조된 신호의 스펙트럼. (a) 메시지신호의 스펙트럼, (b) AM신호의 스펙트럼.

과 같이 주어진다. 그림 3.5에 $M(\omega)$와 $\Phi_{AM}(\omega)$를 비교하여 도시하였다. AM 신호의 스펙트럼 $\Phi_{AM}(\omega)$에는 메시지신호의 스펙트럼 $M(\omega)$의 복제(replica)가 각각 1/2로 곱해져서 $\pm\omega_c$만큼 좌·우로 천이되어 존재한다. 또한, 반송파의 주파수 영역 표현인 두 개의 임펄스함수(impulse function)가 각각 πA_c로 곱해져서 $\pm\omega_c$에 포함되어 있다. $M(\omega)$의 복제는 ω_c를 중심으로 상측파대(upper sideband, USB)와 하측파대(lower sideband, LSB)로 구성되어 있다. $\Phi_{AM}(\omega)$의 대역폭은 $M(\omega)$의 대역폭의 두 배이다. 이 때문에 AM은 양측파대 플러스 반송파 시스템으로 알려져 있다. 각 측파대는 메시지신호를 복원하는 데 필요한 모든 정보를 함유하고 있다.

$M(\omega)$의 대역폭은 $\Omega_m = 2\pi B$ rad/sec이다. 여기서 B는 Hz 단위로 표시한 대역폭이다. 이는 각 측파대의 대역폭과 동일하다. AM 스펙트럼을 조사하여 보면, 변조된 신호로부터 메시지신호가 왜곡 없이 복원되기 위해서는 하측파대(LSB)의 양(+)주파수 부분과 음(−)주파수 부분이 원점에서 겹치지 않아야 한다. 이는 $\omega_c - \Omega_m \geq 0$ 즉 $f_c - B \geq 0$라는 조건을 말한다. 여기서 f_c는 Hz 단위의 반송파 주파수를 표시한다. 다시 말해서, 진폭변조에 있어서

반송파 주파수의 최솟값은 B Hz, 즉 $f_c \geq B$라는 것이다.

안테나의 높은 방사효율 혹은 채널의 특성에 대한 우수한 적응을 위해서는 반송파의 주파수는 위에 언급한 최소 조건에 비하여 훨씬 높아야 한다. 상업용 AM 방송을 생각하여 보자. 각 AM 채널은 10 kHz의 대역폭을 갖는다. AM 신호의 대역폭은 메시지신호의 두 배이므로, 메시지신호의 대역폭은 5 kHz이다. AM 채널들은 550~1600 kHz 사이에서 10 kHz씩 떨어져서 설정된다. 그러므로 1000 kHz에서 운영되는 AM 방송국은 그 반송파 주파수가 메시지신호 대역폭의 200배에 달한다.

양측파대 AM 시스템은 대역폭 측면에서 매우 비효율적이다. 왜냐하면 메시지신호에 포함된 정보를 전송하는 데는 오직 한쪽 측파대로 충분하기 때문이다. 다음에서 확인할 수 있겠지만, 양측파대 AM 시스템은 전송 전력(transmitted power) 측면에서도 비효율적이다. 왜냐하면 이는 측파대와 함께 매우 큰 반송파를 전송하는데, 이 반송파에는 정보가 전혀 포함되지 않기 때문이다.

3.2.2 진폭변조의 전력효율

진폭변조된 신호 $\phi_{AM}(t) = A_c \cos \omega_c t + m(t) \cos \omega_c t$를 생각하자. $A_c \cos \omega_c t$는 반송파이고, $m(t) \cos \omega_c t$는 측파대를 나타낸다. 반송파의 전력은 $P_c = A_c^2/2$이다. 측파대 전력을 P_s, 메시지신호의 전력을 P_m이라 하면

$$P_s = \lim_{T\to\infty} \frac{1}{T} \int_{-T/2}^{T/2} m^2(t) \cos^2 \omega_c t \, dt = \frac{1}{2} \lim_{T\to\infty} \frac{1}{T} \int_{-T/2}^{T/2} m^2(t)[1 + \cos 2\omega_c t] dt$$

와 같이 계산되고, 위 적분 중

$$\int_{-T/2}^{T/2} m^2(t) \cos 2\omega_c t \, dt = 0$$

이므로 측파대 전력은

$$P_s = \frac{1}{2} \lim_{T\to\infty} \frac{1}{T} \int_{-T/2}^{T/2} m^2(t) dt \tag{3.14}$$

로 주어진다. 이 식은 측파대 전력이 메시지신호 전력의 1/2임을 나타내므로

$$P_s = \frac{1}{2} P_m \tag{3.15}$$

이다. AM에 있어서 정보를 함유하는 부분의 전력 즉 유용한 전력은 측파대 전력이다. 변조기술의 전력과 관련한 효율성 지표를 전력효율(power efficiency)이라 하고 η로 표시한다.

> 변조된 신호의 **전력효율**은 정보를 함유하는 부분의 전력이 총 전력에서 차지하는 비율 혹은 백분율(percentage)을 말한다.

그러므로 전력효율은

$$\eta = \frac{\text{useful power}}{\text{total power}} = \frac{\text{sideband power}}{\text{total power}}$$

즉,

$$\eta = \frac{P_s}{P_c + P_s} = \frac{\frac{1}{2}P_m}{P_c + \frac{1}{2}P_m} \tag{3.16}$$

와 같이 계산된다. 여기서 $P_c = A_c^2/2$이므로

$$\boxed{\eta = \frac{P_m}{A_c^2 + P_m}} \tag{3.17}$$

로 주어진다.

톤 변조 즉 $m(t) = A_m \cos\omega_m t = \mu A_c \cos\omega_m t$인 경우에 대하여 계산하여 보자.

$$P_m = \frac{A_m^2}{2} = \frac{(\mu A_c)^2}{2} \tag{3.18}$$

이므로 전력효율은

$$\eta = \frac{A_m^2}{2A_c^2 + A_m^2} = \frac{\mu^2}{2 + \mu^2} \tag{3.19}$$

와 같이 계산된다.

앞의 식으로부터, 톤 변조의 전력효율 η는 그 최댓값이 1/3이며, 이는 변조지수가 최대일 때 즉 $\mu = 1$일 때 나타난다. 이때에는 포락선 검파의 조건을 '간신히 만족'하는 상태이다.

예제 3.3

진폭변조된 신호에 대하여 변조지수가 $\mu = 0.5$로 주어졌다. 변조신호(modulating signal)가 다음과 같을 때 전력효율 η를 구하라.

(a) 정현파, (b) 그림 3.6의 삼각파

풀이

(a) 톤 변조의 경우이므로 전력효율은 다음과 같이 계산된다.

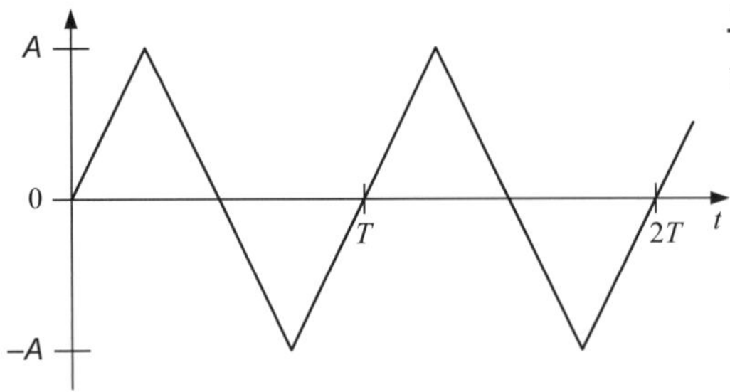

그림 3.6 예제 3.3의 변조신호(실전문제 3.3의 변조신호로도 사용됨).

$$\eta = \frac{\mu^2}{2+\mu^2} = \frac{0.5^2}{2+0.5^2} \approx 0.111 \text{ 또는 } 11.1\%$$

(b) 삼각파 신호의 대칭성을 이용하면, 그 전력 P_m은 1/4-주기만을 적분하여 다음과 같이 계산할 수 있다.

$$m(t) = \frac{A}{T/4}t = \frac{4A}{T}t, \quad 0 \le t \le \frac{T}{4}$$

$$P_m = \frac{4}{T}\int_0^{T/4} m^2(t)dt = \frac{4}{T}\int_0^{T/4} \frac{16A^2}{T^2}t^2 dt = \left[\frac{64A^2}{3T^3}t^3\right]_0^{T/4} = \frac{64A^2}{3T^3}\left(\frac{T}{4}\right)^3 = \frac{A^2}{3}$$

$\mu = 0.5$이므로 반송파의 진폭은 $A_c = 2A$이다. 따라서 전력효율은 다음과 같이 계산된다.

$$\eta = \frac{P_m}{A_c^2 + P_m} = \frac{\frac{A^2}{3}}{(2A)^2 + \frac{A^2}{3}} = \frac{\frac{1}{3}}{4+\frac{1}{3}} \approx 0.0769 \text{ 또는 } 7.69\%$$

실전문제 3.3

변조지수 $\mu = 0.25$일 때, 메시지신호가 다음과 같이 주어진다면 AM 신호의 전력효율 η는 얼마인가?

(a) 정현파, (b) 그림 3.6의 삼각파

정답:

(a) $\eta \approx 0.0303$ 또는 3.03%

(b) $\eta \approx 0.02041$ 또는 2.041%

전력효율이 열악하다는 것은 AM 시스템의 심각한 단점이다. 앞의 예제와 실전문제에서는 AM의 전력효율이 메시지신호의 형태에 따라 변하며, 변조지수 μ가 감소함에 따라 점차 낮아지는 것을 보았다. 전형적인 오디오신호는 두드러진 피크들이 매우 드물게 나타나고 대부분의 시간 동안에는 낮은 진폭을 유지한다. 높은 피크에서의 과변조를 회피하기 위하여 평균 변조지수를 낮게 유지하는데, 이는 이러한 전력효율의 문제를 더욱 악화시킨다. AM 시스템에 있어서, 과변조의 위험을 회피하면서도 평균 변조지수와 전력효율을 증가시키는 한 가지 방법은, 변조에 들어가기 전에 오디오 메시지신호를 피크제한기(peak-limiter)에 통과시켜 미리 두드러진 피크를 제거하는 것이다.

3.2.3 AM신호의 생성

비선형(nonlinear), 스위칭(switching) AM 변조기들을 이 절에서 논의한다. 그림 3.7(a)에 비선형, 스위칭 AM 변조기의 동작원리를 도시하였다. 반송파와 변조신호의 합이 변조기의 비선형 소자 혹은 스위칭 소자를 통과한다. 대역통과 필터(bandpass filter, BPF)는 비선형 혹은 스위칭 소자의 출력으로부터 AM 신호의 기초 성분을 걸러 낸다. 그림 3.7(b)는 비선형, 스위칭 AM 변조기로 동작할 수 있는 회로를 보여 준다. 다이오드(diode)의 입력전압은 반송파와 변조신호의 합이다. 이때, 다이오드는 비선형 소자 혹은 스위칭 소자로 동작하는데, 입력전압이 다이오드의 한계전압(turn-on voltage) V_{on}보다 작으면 비선형 소자로, 월등히 크면 스위칭 소자로 동작한다.

비선형 AM 변조기

그림 3.7(b)의 다이오드를 생각해 보자. 다이오드의 입력전압은 $v_D(t) = m(t) + A_c \cos \omega_c t$로 주어진다. $v_D(t)$가 다이오드의 한계전압 V_{on}보다 작을 때, 다이오드의 전류-전압(I-V) 관계는 비선형이다. 결국 다이오드 전류 $i_D(t)$와 저항 R에 의한 전압강하 $x(t)$는 입력전압 $v_D(t)$의 비선형 함수로 주어진다. 이 비선형함수들의 전개에 있어 처음 두 항만 유효하고 나머지 항들을 무시한다면

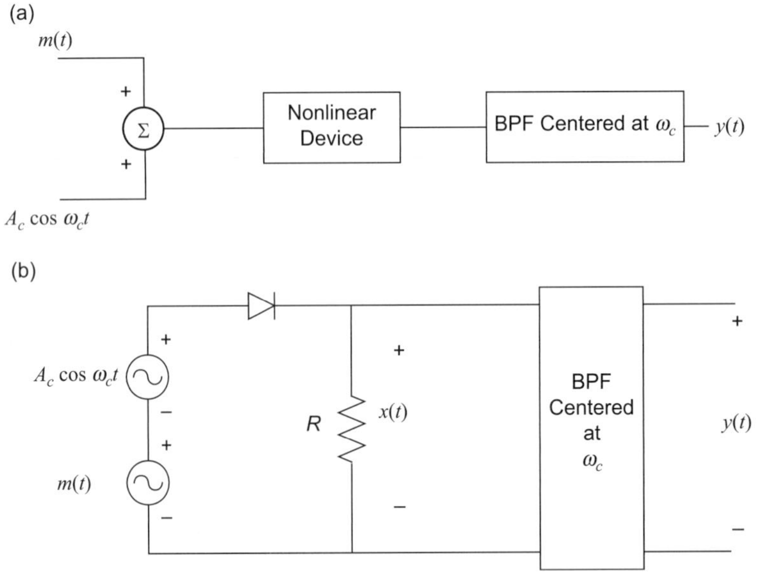

그림 3.7 비선형 혹은 스위칭 AM 생성기. (a) 구성도, (b) 다이오드를 비선형 소자로 채택한 AM 생성기 회로.

$$i_D(t) = b_1 v_D(t) + b_2 v_D^2(t) \tag{3.20}$$

$$\begin{aligned} x(t) &= i_D(t)R = b_1 R v_D(t) + b_2 R v_D^2(t) \\ &= a_1 v_D(t) + a_2 v_D^2(t) \end{aligned} \tag{3.21}$$

와 같이 나타낼 수 있으며, 여기서 b_1, b_2, a_1, a_2는 모두 상수이다. 이제 주어진 입력전압을 대입하면 전압강하 $x(t)$는 다음과 같이 표현된다.

$$\begin{aligned} x(t) &= a_1[m(t) + A_c \cos \omega_c t] + a_2[m(t) + A_c \cos \omega_c t]^2 \\ &= a_1 m(t) + a_2 m^2(t) + a_2 A_c^2 \cos^2 \omega_c t + A_c[a_1 + 2a_2 m(t)] \cos \omega_c t \end{aligned}$$

전압강하 $x(t)$는 대역통과 필터(BPF)의 입력이므로 그 입출력을 다음과 같이 정리할 수 있다.

$$x(t) = a_1 m(t) + a_2 m^2(t) + \frac{a_2 A_c^2}{2}[\cos 2\omega_c t + 1] + A_c a_1 \left[1 + \frac{2a_2 m(t)}{a_1}\right] \cos \omega_c t \tag{3.22}$$

$$y(t) = \phi_{AM}(t) = A_c a_1 \left[1 + \frac{2a_2 m(t)}{a_1}\right] \cos \omega_c t \tag{3.23}$$

따라서 포락선 검파를 위해서는 $\frac{2a_2 |m(t)|}{a_1} < 1$를 만족하여야 한다.

스위칭 AM 변조기

앞에서 적시한 바와 같이, 그림 3.7(b)의 다이오드 입력전압은 $v_D(t) = m(t) + A_c \cos \omega_c t$이다. 만일 $v_D(t)$가 다이오드를 완전히 'ON'상태로 하거나($|v_D(t)| \gg V_{on}$), 혹은 완전히 'OFF'상태로 할 수 있다면($|v_D(t)| \le 0$), 회로는 스위칭 변조기로 동작한다. AM에 있어서 반송파의 진폭은 메시지신호의 진폭보다 커야하므로, 'ON'상태($|v_D(t)| \gg V_{on}$) 조건은 큰 진폭의 반송파($A_c \gg V_{on}$)를 사용함으로써 만족시킬 수 있다. 다시 말해서, 반송파의 양의 반주기 동안에는 다이오드가 완전 'ON'상태가 되고, 음의 반주기 동안에는 완전 'OFF'상태가 되도록 하는 것이다. 결국 반송파의 양의 반주기 동안에는 $x(t) = v_D(t)$, 음의 반주기 동안에는 $x(t) = 0$으로 만드는 것이다. 이것은 전압강하 $x(t)$를 $v_D(t)$와 그림 3.8의 펄스열 $p(t)$를 곱한 함수로 하는 것과 동

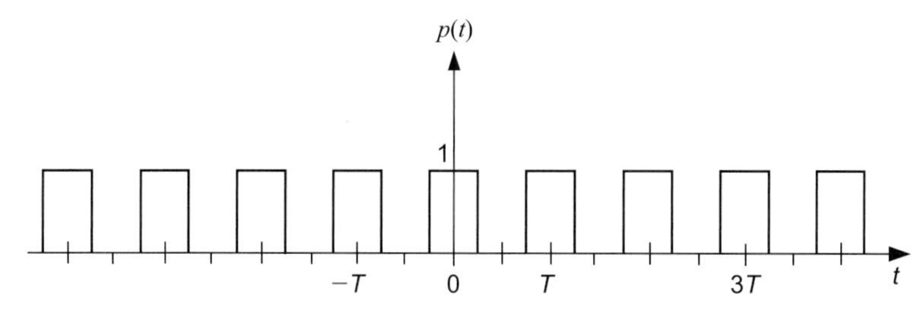

그림 3.8 스위칭 펄스열.

일하다.

그러므로 $x(t) = [m(t) + A_c \cos \omega_c t]p(t)$이다. 여기서 $p(t)$는 제2장 표 2.2의 '구형파 펄스열'과 유사한 주기신호로서, $A = 1, \tau = T/2, \omega_0 = \omega_c = 2\pi/T$라 두어 그 푸리에급수 표현을 얻을 수 있다. 또한, $\sin(n\pi\tau/T) = \sin(n\pi/2)$는 n이 짝수일 때 모두 0이므로 $p(t)$에 대한 푸리에급수는 오직 n의 홀수항만을 포함하여

$$p(t) = \frac{1}{2} + \frac{2}{\pi}\left[\cos\omega_c t - \frac{1}{3}\cos 3\omega_c t + \frac{1}{5}\cos 5\omega_c t - \cdots\right] \tag{3.24}$$

와 같이 전개되며, 따라서

$$\begin{aligned} x(t) &= [m(t) + A_c\cos\omega_c t]\left[\frac{1}{2} + \frac{2}{\pi}\left(\cos\omega_c t - \frac{1}{3}\cos 3\omega_c t + \frac{1}{5}\cos 5\omega_c t - \cdots\right)\right] \\ &= \frac{1}{2}\left[A_c\cos\omega_c t + \frac{4}{\pi}m(t)\cos\omega_c t\right] + \text{other terms not centered at } \omega_c \end{aligned} \tag{3.25}$$

로 계산된다. 여기서 'other terms'에는 직류 성분과 변조신호 및 높은 고조파에 의한 변조 성분 등이 포함된다. 이들은 ω_c에 중심을 갖는 대역통과 필터(BPF)에 의하여 차단되어, 출력에서 다음과 같이 진폭변조된 신호를 얻는다.

$$y(t) = \phi_{AM}(t) = \frac{1}{2}\left[A_c\cos\omega_c t + \frac{4}{\pi}m(t)\cos\omega_c t\right] \tag{3.26}$$

3.2.4 AM 신호의 복조

진폭변조의 매우 큰 장점은 비동기형(non-coherent) 복조가 가능하다는 것이다.

> **동기형**(coherent or synchronous) **복조**(demodulation or detection)는 변조된 신호로부터 메시지신호를 복원하는 하나의 방법으로, 송신측이 사용했던 것과 동일한 주파수와 위상을 갖는 반송파를 수신측에서도 필요로 하는 경우를 말한다.

AM 신호의 복조에 동기형을 사용할 수도 있으나, 그 복잡성과 고비용 때문에 거의 사용하지 않는다. 일반적으로 AM 신호의 복조에는 다음과 같은 두 가지 비동기형 검파기가 채택된다. 하나는 포락선 검파기(envelope detector)이며, 다른 하나는 정류검파기(rectifier detector)이다.

AM 포락선 검파기

포락선 검파기와 그 동작원리가 그림 3.9에 도시되어 있다. 그림 3.9(a) 회로의 입력전압은 AM

신호 $v_i(t) = [A_c + m(t)] \cos \omega_c t$이다. 만일 저항 R 우측의 회로 부분이 없다면, 저항 R에는 AM 파형의 반파정류된(half-wave rectified) 형태가 걸리게 될 것이다. 이 신호는 커패시터 C에 의하여 부드러운 곡선으로 변한다. 커패시터 C가 다이오드 및 저항 R과 함께 입력신호를 스무딩(smoothing)하는 과정은 이러하다. 입력전압 $v_i(t)$의 양(+)의 반주기 동안에는 그 피크값까지 C에 충전된다. 이때, 충전 시정수(time constant)는 $r_D C$인데, r_D는 다이오드의 순방향 저항으로 매우 작은 값이다. 따라서 충전 시정수 $r_D C$도 매우 작은 값이므로 충전은 거의 입력전압의 궤적을 따라 피크값까지 이루어진다. 이제 $v_i(t)$가 커패시터 전압 $v_c(t)$ 아래로 내려가면, 다이오드는 'OFF'되고, 커패시터는 R을 통하여 방전을 시작하게 된다. 이때, 방전 시정수는 RC인데, 우리는 이 시정수의 크기를 적절히 선택하여 방전 곡선이 다음 피크값에 근접하도록 조정하는 것이다. 이렇게 함으로써, 커패시터 전압이 $v_c(t) \approx |A_c + m(t)|$를 만족하여 거의 입력신호의 포락선을 제공할 수 있도록 한다. 보통 이 포락선은 그림 3.9(b)에 나타낸 것보다 더 부드러운 곡선으로 나타난다. 왜냐하면 반송파는 메시지신호에 비하여 그림보다 훨씬 높은 주파수를 사용하기 때문이다. 그림 3.9(c)에 나타낸 바와 같이, 이 포락선은 메시지신호와 직류 성분(A_c)이 더해진 것이다. 커패시터 C의 우측에 있는 C_1, R_1은 직류차단 소자(dc-blocking device)로서 $v_c(t)$에서 직류 성분을 제거한다. AM 신호의 과변조로 그 포락선이 왜곡되는 경우가 아니라면, 출력신호 $v_o(t)$는 메시지신호 $m(t)$의 좋은 근사치가 될 것이다.

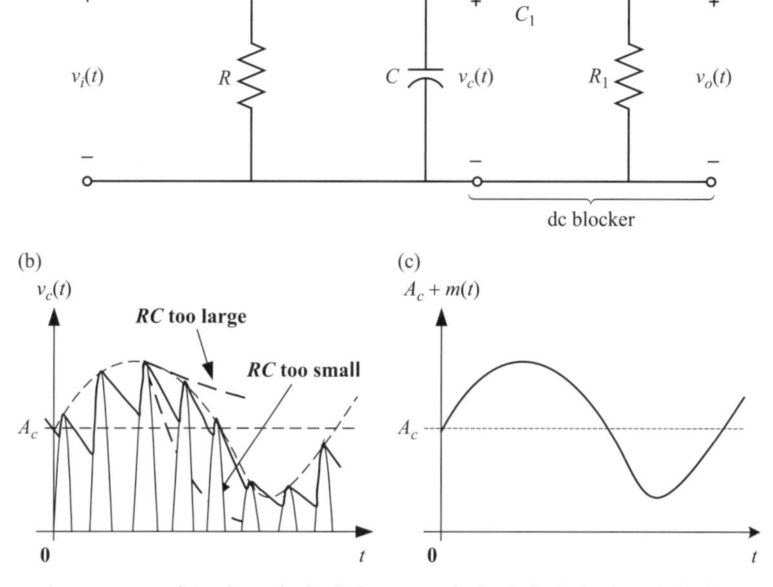

그림 3.9 AM 신호의 포락선 검파. (a) 포락선 검파기와 직류차단기, (b) 커패시터에 걸리는 전압, (c) 요구되는 포락선.

AM 신호의 반송파 주파수를 f_c, 메시지신호의 대역폭을 B라 하자. 부드러운 포락선을 얻기 위해서는 시정수 RC가 반송파의 주기에 비하여 매우 커야 할 것이다. 그렇지 않으면, 커패시터의 방전 곡선이 다음에 오는 피크보다 낮은 곳으로 내려가 왜곡이 발생할 것이다. 즉, $RC \gg 1/f_c$이어야 한다. 또한, 시정수 RC는 지나치게 크지 않아야 한다. 그렇지 않으면, 포락선의 크기가 감소할 때 방전 곡선이 다음에 오는 피크를 놓치는 경우가 발생하여 더욱 큰 왜곡이 나타날 수 있다. 즉, $RC \ll 1/B$이어야 한다. 따라서 시정수는 $1/f_c \ll RC \ll 1/B$의 범위 내에서 선택되어야 한다. 즉,

$$B \ll \frac{1}{RC} \ll f_c \tag{3.27}$$

위 식으로 주어진 시정수 RC의 범위는 매우 용이하게 성취될 수 있다. 왜냐하면 AM에서 메시지신호의 대역폭은 $B = 5$ kHz이며, 반송파 주파수 f_c는 550~1600 kHz이므로 주어진 범위에는 매우 큰 선택의 여지가 있다. AM의 포락선을 잘 추적하는 시정수 RC의 최적 선택 중 하나는 상한과 하한의 기하평균인

$$RC = \sqrt{\frac{1}{Bf_c}} \tag{3.28}$$

로 정하는 것이다.

예제 3.4

상업용 AM 라디오의 포락선 검파기에 $\phi_{AM}(t) = [10 + 4\sin(10\pi \times 10^3 t)]\cos(9.1\pi \times 10^5 t)$가 인가되었다. 포락선 검파기는 10 nF의 완곡 커패시터(smoothing capacitor)를 사용한다. AM 신호의 포락선을 추적하기에 적절한 병렬 저항 R의 크기를 정하라.

풀이

메시지신호의 대역폭은 $B = 10\pi \times 10^3/2\pi = 5$ kHz, 반송파 주파수는 $f_c = 9.1\pi \times 10^5/2\pi = 455$ kHz이므로

$$B \ll \frac{1}{RC} \ll f_c \Rightarrow 0.5 \times 10^4 \ll \frac{1}{RC} \ll 455 \times 10^3$$

시정수 RC의 최적값으로 상한과 하한의 기하평균을 택하면 다음과 같이 계산된다.

$$\frac{1}{RC} = \sqrt{Bf_c} = 10^3\sqrt{5 \times 455} \approx 4.77 \times 10^4$$

$$\therefore\ R = \frac{1}{C(4.77 \times 10^4)} = \frac{1}{10 \times 10^{-9}(4.77 \times 10^4)} \approx 2.096\ \text{k}\Omega$$

실전문제 3.4

AM 신호 $\phi_{AM}(t) = [5 + 2\sin(8\pi \times 10^3 t)]\cos(10^6 \pi t)$가 포락선 검파기에 인가되었다. 이 AM 신호의 포락선을 잘 추적할 수 있도록 5 nF의 완곡 커패시터(smoothing capacitor)에 병렬연결된 저항의 최적값을 구하라.

정답: $R = 4.472\ \text{k}\Omega$

AM 정류검파기

AM 정류검파기가 그림 3.10에 도시되어 있다. 회로의 입력신호는 AM 신호이다. 그림 3.10(b)와 같은 반파정류된(half-wave rectified) 신호 $v_R(t)$가 저역통과 필터(low-pass filter)에 인가된다. 반송파의 양(+)의 반주기 동안에는 $v_R(t) = v_i(t)$이고, 음(−)의 반주기 동안에는 $v_R(t) = 0$이므로 $v_R(t) = v_i(t)p(t)$라 쓸 수 있고, 여기서 $p(t)$는 식 (3.24)와 그림 3.8에 주어진 '구형파 펄스열'이다. 따라서 그림 3.10(b)에 그려진 $v_R(t)$는 다음과 같이 표현할 수 있다.

$$v_R(t) = v_i(t)p(t) = [(A_c + m(t))\cos\omega_c t]p(t)$$

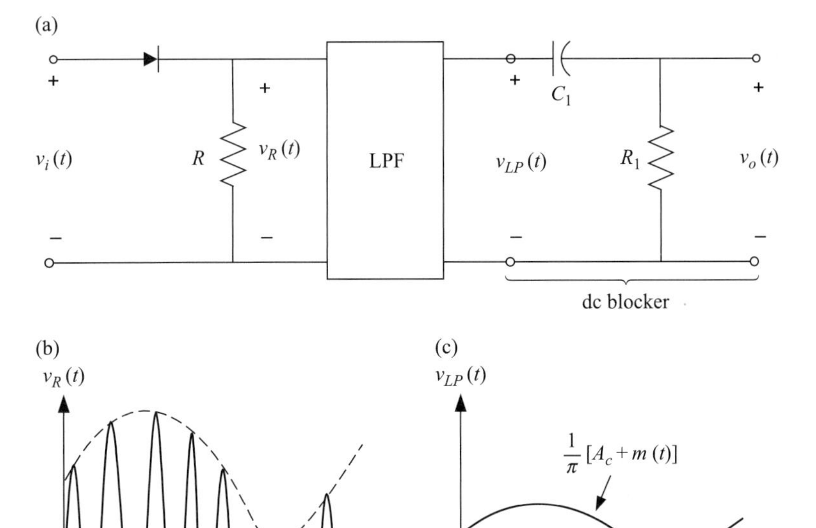

그림 3.10 AM 신호의 정류검파. (a) 정류검파기와 직류차단기, (b) 정류된 AM 신호, (c) 저역통과 필터의 출력.

$$= [A_c + m(t)] \cos \omega_c t \left\{ \frac{1}{2} + \frac{2}{\pi} \left(\cos \omega_c t - \frac{1}{3} \cos 3\omega_c t + \frac{1}{5} \cos 5\omega_c t - \cdots \right) \right\}$$

$$= [A_c + m(t)] \left\{ \frac{1}{\pi} + \frac{1}{2} \cos \omega_c t + \frac{1}{\pi} \cos 2\omega_c t + \text{higher frequency terms} \right\}$$

따라서 저역통과 필터(LPF)의 출력은 $[A_c + m(t)]/\pi$이다. 이 신호의 직류 성분은 R_1, C_1으로 이루어진 직류차단기에 의하여 제거되어 회로의 최종 출력은 $v_o(t) = m(t)/\pi$이다. 이는 복조된 신호로서 메시지신호의 복제(replica)이다. '구형파 펄스열' $p(t)$는 반송파와 그 고조파를 포함하고 있으므로, 이 기술은 수신된 AM 신호의 반송파를 복조에 활용하는 방식이라 할 수 있다. 수신기 자체에서 반송파를 생성시킬 필요는 없지만, 그 효과에 있어서는 하나의 동기형 복조기술이라 할 수 있다.

3.3 양측파대 반송파억압(DSB-SC) 진폭변조

DSB-SC(double sideband–suppressed carrier)에서는 변조된 신호가 반송파 성분을 포함하지 않는다. 따라서 이 방식은 100%의 전력효율을 갖는다. DSB-SC 변조의 원리와 개념을 그림 3.11에 도시하였다. 그림 3.11(a)는 DSB-SC 변조의 구성도인데, 변조된 신호 $\phi_{DSB}(t)$가 반송파 $A_c \cos(\omega_c t + \theta_c)$와 메시지신호 $m(t)$의 곱으로 주어짐을 보여 주고 있다. 표현을 간단하게 하기 위하여, 반송파의 진폭을 나타내는 상수 A_c는 '1'로, 반송파의 위상을 나타내는 상수 θ_c는 '0'으로 두기로 한다. 그러면, 반송파는 간단하게 $\cos \omega_c t$가 되고, 이에 따라 변조된 신호와 그 스펙트럼은 각각 다음과 같이 표현된다.

$$\boxed{\phi_{DSB}(t) \quad = \quad m(t) \cos \omega_c t} \tag{3.29}$$

$$\boxed{\Phi_{DSB}(\omega) \quad = \quad \frac{1}{2}[M(\omega - \omega_c) + M(\omega + \omega_c)]} \tag{3.30}$$

변조된 신호의 파형은 그림 3.11(c)에, 그 스펙트럼은 그림 3.11(e)에 보인다. DSB-SC 스펙트럼은 상측파대(upper sideband)와 하측파대(lower sideband)로 구성된다. AM과 마찬가지로 대역폭은 $2\Omega_m = 4\pi B$이며, 이는 메시지신호 대역폭의 두 배에 해당한다. 그러나 AM 스펙트럼과 다른 점은 $\pm\omega_c$ 위치에 반송파 임펄스를 포함하지 않는다는 점이다.

DSB-SC 신호의 동기 복조

DSB-SC 신호의 복조는 $\pm\omega_c$에 위치해 있던 측파대들을 다시 원점으로 천이시키는 일이다. 천

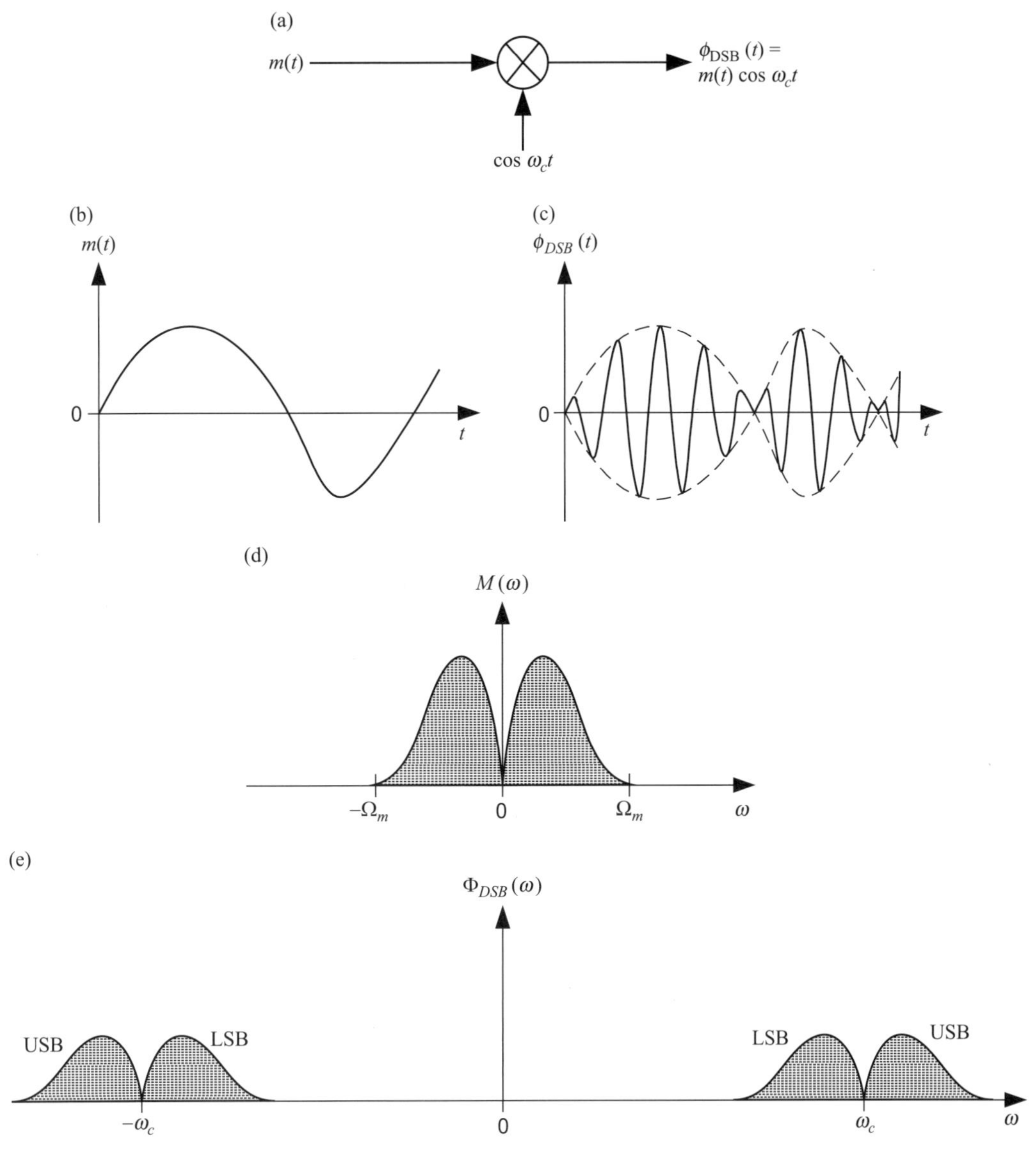

그림 3.11 DSB-SC 변조. (a) 구성도, (b) 메시지신호, (c) DSB-SC 파형, (d) 메시지신호 스펙트럼, (e) DSB-SC 스펙트럼.

이가 끝나면 그 결과를 저역통과 필터(LPF)에 통과시킨다. 이러한 과정을 그림 3.12(a)의 구성도에 나타내었다. 앞으로의 수학적 표현을 간단하게 하기 위하여, 복조기의 국부반송파(local carrier)에 진폭 '2'를 곱하였고, 주파수와 위상은 변조에서 사용한 것과 동일하다. 그러므로 이를 동기 검파기(coherent or synchronous detector)라 부른다. 신호 $x(t)$와 그 스펙트럼 $X(\omega)$는 다음과 같이 주어진다.

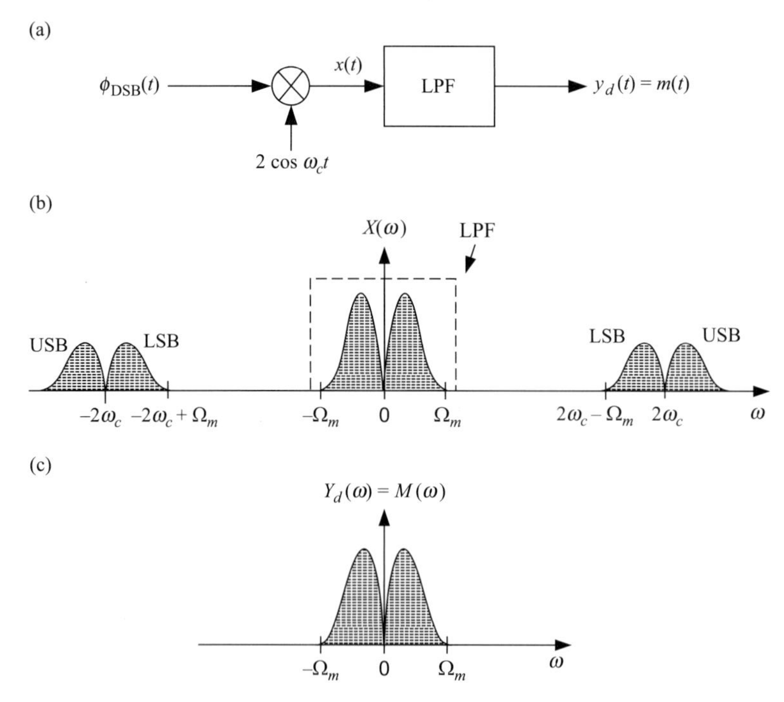

그림 3.12 DSB-SC 신호의 동기 복조. (a) 복조기의 구성도, (b) 저역통과 필터 이전의 스펙트럼, (c) 복원된 메시지신호의 스펙트럼.

$$x(t) = 2m(t)\cos^2\omega_c t = m(t) + m(t)\cos 2\omega_c t \tag{3.31}$$

$$\therefore\ X(\omega) = M(\omega) + \frac{1}{2}[M(\omega - 2\omega_c) + M(\omega + 2\omega_c)] \tag{3.32}$$

그림 3.12(b)는 스펙트럼 $X(\omega)$를, (c)는 저역통과 필터의 출력, 즉 검파기의 출력 스펙트럼인 $Y_d(\omega) = M(\omega)$를 보여 준다. 이 메시지가 $\pm 2\omega_c$에 중심을 둔 복제(replica)의 하측파대와 겹치지 않기 위해서는 Ω_m이 $2\omega_c - \Omega_m$을 초과하지 않아야 한다. 따라서 DSB-SC 신호로부터 메시지신호를 성공적으로 복원하기 위해서는 $\omega_c \geq \Omega_m$이 성립하여야 한다.

예제 3.5

그림 3.11(a)의 DSB-SC 변조기에 있어서, 반송파가 $A_c \cos\omega_c t$이고 메시지신호가 $m(t) = A_m \cos\omega_m t$일 때, $\Phi_{DSB}(\omega)$를 구하고 스케치하라.

풀이

$$\phi_{DSB}(t) = A_c A_m \cos\omega_c t \cos\omega_m t$$

$$= \frac{A_c A_m}{2}[\cos(\omega_c - \omega_m)t + \cos(\omega_c + \omega_m)t]$$

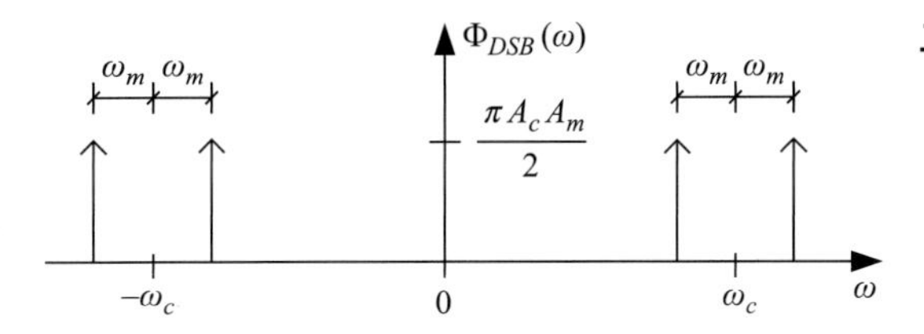

그림 3.13 예제 3.5의 DSB 스펙트럼.

이 식의 푸리에변환을 취하면

$$\Phi_{DSB}(\omega) = \frac{\pi A_c A_m}{2}[\delta(\omega - \omega_c + \omega_m) + \delta(\omega + \omega_c - \omega_m) + \delta(\omega - \omega_c - \omega_m) + \delta(\omega + \omega_c + \omega_m)]$$

와 같이 계산된다. 이 스펙트럼을 스케치하면 그림 3.13과 같다. $\pm(\omega_c + \omega_m)$에 상측파대를 표시하는 두 개의 임펄스, $\pm(\omega_c - \omega_m)$에 하측파대를 표시하는 두 개의 임펄스로 구성되는 스펙트럼이다. 스펙트럼에 반송파 성분이 존재하지 않음을 확인하라.

실전문제 3.5

그림 3.11(a)의 DSB-SC 변조기에 있어서, 반송파가 $\cos \omega_c t$이고 메시지신호가 $m(t) = 6 \cos \omega_m t + 4 \sin 2\omega_m t$이다. 여기서 $\omega_c \gg \omega_m$일 때, 변조된 신호의 상측파대 $\Phi_U(\omega)$와 하측파대 $\Phi_L(\omega)$를 구하라.

정답:

$$\Phi_U(\omega) = 3\pi[\delta(\omega + \omega_c + \omega_m) + \delta(\omega - \omega_c - \omega_m)] + j2\pi[\delta(\omega + \omega_c + 2\omega_m) - \delta(\omega - \omega_c - 2\omega_m)]$$

$$\Phi_L(\omega) = 3\pi[\delta(\omega + \omega_c - \omega_m) + \delta(\omega - \omega_c + \omega_m)] - j2\pi[\delta(\omega + \omega_c - 2\omega_m) - \delta(\omega - \omega_c + 2\omega_m)]$$

예제 3.6

DSB-SC 변조기의 메시지신호가 $m(t) = 8 \cos \omega_m t + 4 \cos 2\omega_m t$이고 반송파가 $\sin \omega_c t$이다. 여기서 $\omega_m = 10\pi \times 10^3$ rad/s, $\omega_c = 40\pi \times 10^3$ rad/s로 주어진다. 변조된 신호가 국부반송파 $\sin \omega_c t$, 대역폭 $15\pi \times 10^3$ rad/s인 저역통과 필터(LPF)로 이루어진 동기 복조기를 통하여 검파될 때, 저역통과 필터의 입력신호 $x(t)$와 복조기의 출력신호 $y_d(t)$를 구하라.

풀이

$$\begin{aligned}\phi_{DSB}(t) &= (8\cos\omega_m t + 4\cos 2\omega_m t)\sin\omega_c t\\ &= 4[\sin(\omega_c+\omega_m)t + \sin(\omega_c-\omega_m)t] + 2[\sin(\omega_c+2\omega_m)t + \sin(\omega_c-2\omega_m)t]\end{aligned}$$

$$\begin{aligned}\therefore\ x(t) &= \phi_{DSB}(t)\sin\omega_c t\\ &= 4[\sin(\omega_c+\omega_m)t + \sin(\omega_c-\omega_m)t]\sin\omega_c t\\ &\quad + 2[\sin(\omega_c+2\omega_m)t + \sin(\omega_c-2\omega_m)t]\sin\omega_c t\\ &= 2[\cos\omega_m t - \cos(2\omega_c+\omega_m)t + \cos\omega_m t - \cos(2\omega_c-\omega_m)t]\\ &\quad + [\cos 2\omega_m t - \cos(2\omega_c+2\omega_m)t + \cos 2\omega_m t - \cos(2\omega_c-2\omega_m)t]\end{aligned}$$

$$\begin{aligned}\Rightarrow x(t) &= 4\cos\omega_m t + 2\cos 2\omega_m t\\ &\quad -2\cos(2\omega_c+\omega_m)t - 2\cos(2\omega_c-\omega_m)t - \cos(2\omega_c+2\omega_m)t - \cos(2\omega_c-2\omega_m)t\end{aligned}$$

여기서 $\omega_c = 4\omega_m$을 대입하고, 저역통과 필터(LPF)의 대역폭 $1.5\omega_m$을 적용하면

$$x(t) = 4\cos\omega_m t + 2\cos 2\omega_m t - 2\cos 9\omega_m t - 2\cos 7\omega_m t - \cos 10\omega_m t - \cos 6\omega_m t$$

와 같이 계산된다. 따라서 최종 출력은

$$y_d(t) = 4\cos\omega_m t$$

로 주어진다. 신호 $x(t)$의 처음 두 항은 복조된 메시지신호를 나타낸다. 그러나 여기에서는 저역통과 필터의 대역폭이 메시지신호의 그것보다 작기 때문에, $2\omega_m$에 해당하는 메시지신호는 필터에 의하여 차단되는 것이다. 그러므로 메시지신호의 적절한 복원을 위해서는 저역통과 필터의 대역폭이 결정적인 역할을 하게 된다.

실전문제 3.6

그림 3.11(a) DSB-SC 변조기의 반송파는 $\cos\omega_c t$, 메시지신호는 $m(t) = 4\cos\omega_m t + 2\sin 3\omega_m t$로 주어진다. 여기서 $\omega_m = 5\pi\times 10^3$ rad/s, $\omega_c = 2\pi\times 10^4$ rad/s이다. 변조된 신호가 그림 3.12(a)에 도시된 복조기의 입력으로 인가되었다. 여기서 국부반송파는 $2\cos\omega_c t$이고 저역통과 필터(LPF)의 대역폭은 20 kHz라고 한다. 그림 3.12(a)의 신호 $x(t)$와 $y_d(t)$를 구하라.

정답:

$$x(t) = 4\cos\omega_m t + 2\cos 7\omega_m t + 2\cos 9\omega_m t + 2\sin 3\omega_m t - \sin 5\omega_m t + \sin 11\omega_m t$$

저역통과 필터의 대역폭은 $8\omega_m$에 해당하므로

$$y_d(t) = 4\cos\omega_m t + 2\sin 3\omega_m t - \sin 5\omega_m t + 2\cos 7\omega_m t$$

와 같이 나타난다. 여기에서는 저역통과 필터의 대역폭이 메시지신호의 그것보다 크므로 원래의 메시지신호에 없던 $5\omega_m$, $7\omega_m$ 등의 주파수 성분이 복조기 출력으로 나타난다. 다시 한 번 강조하건대, 동기 복조에 있어서 메시지신호를 적절하게 복원하기 위해서는 저역통과 필터의 대역폭을 매우 신중하게 설정하여야 한다.

3.3.1 DSB-SC 변조기

그림 3.11과 그림 3.12에 도시된 DSB-SC 변조기와 복조기는 간단하게 그 개념을 설명하기 위한 구성도이다. 실제로 신호의 곱을 얻기 위한 회로는 상당히 복잡하게 구현된다. 더욱이 수신기에서 송신기의 반송파와 완전히 동기를 이루는 국부반송파를 얻어 내기 위한 회로는 더욱더 복잡하다. 결국 DSB-SC 변조 방식을 상업용 라디오 방송에 적용하기에는 너무 복잡하고 고비용을 요한다는 것이다. 따라서 DSB-SC는 소량의 수신기가 필요한 소위 점대점 통신(point-to-point communication)에 흔히 적용되는데, 그 높은 전력효율 특성이 원거리 전송을 위하여 자주 활용되곤 한다.

곱셈형 DSB-SC 변조기

곱셈형 변조기는 전자적으로 신호의 아날로그 곱셈을 실현한다. 일례로, 집적회로(integrated circuit, IC)로 구현된 변환컨덕턴스(transconductance) 곱셈기를 들 수 있다. 하나의 입력신호는 그 변환컨덕턴스에 비례하는 이득을 갖는 차동증폭기(differential amplifier)에 인가된다. 다른 하나의 입력신호는 전압-전류(voltage-to-current) 변환기에 인가되는데, 그 출력전류가 차동증폭기의 변환컨덕턴스를 결정한다. 이에 따라 차동증폭기의 출력은 두 입력신호의 곱에 비례한다. 아날로그 집적회로(IC) AD534로 구현한 곱셈형 변조기를 그림 3.14(a)에 도시하였다. 이 IC의 각 입력의 최댓값은 10 V이다. 두 입력신호를 $X_1 = m(t)$, $Y_1 = \cos \omega_c t$라 두자. 이때 출력신호는 $v_o(t) = (1/10)X_1Y_1$로 주어지는데, 이는 출력이 공급되는 전압 $\pm V_{cc}$보다 낮게 유지되도록 한다. 보통 공급전압은 ± 15 V 정도이다. 입력신호가 모두 0일 때, 가능한 부품의 부정합으로 인하여 0이 아닌 출력전압을 얻을 수도 있다. 그림에서 보는 바와 같이, 이러한 오류는 단자 Y_2에 조정 가능한 ± 30 mV 범위의 전압을 인가하여 조정함으로써 없앨 수 있다.

곱셈형 변조기의 다른 예로는 그림 3.14(b)에 제시한 로그형 곱셈변조기(logarithmic product modulator)를 들 수 있다. 이는 두 개의 로그증폭기(log amplifier)와 덧셈증폭기(summing amplifier) 그리고 출력으로 역로그증폭기(antilog amplifier)를 사용한다. 두 개의 입력신호로 $m(t)$, $\cos \omega_c t$가 인가되면, 신호의 흐름에 따라 계산되어 출력은 변조된 신호 $m(t)$ cos

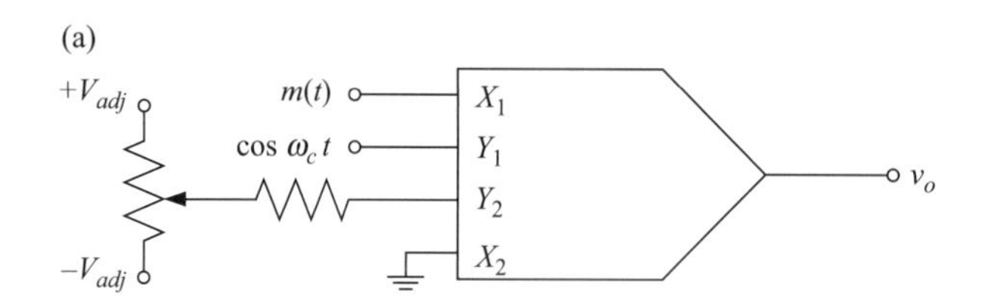

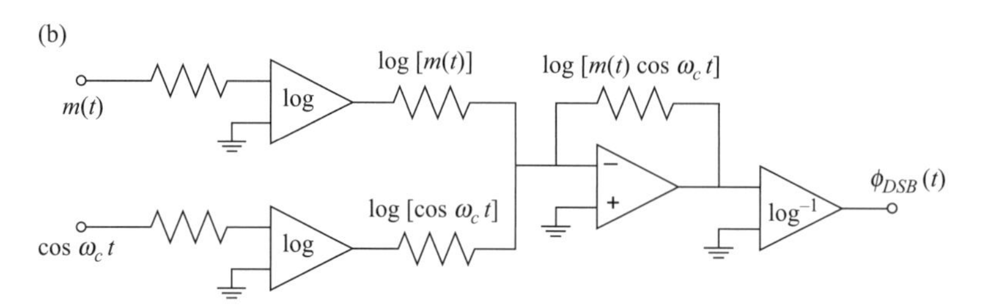

그림 3.14 곱셈형 DSB-SC 변조기. (a) 변환컨덕턴스 변조기, (b) 로그-역로그 변조기.

$\omega_c t$로 주어지게 될 것이다.

비선형 DSB-SC 변조기

비선형 DSB-SC 변조기(nonlinear DSB-SC modulator)를 실현하기 위하여 두 개의 비선형 AM 변조기가 사용될 수 있다. 그림 3.7에서 보인 비선형 AM 변조기 두 개를 이용하여 그림 3.15와 같이 DSB-SC 변조기를 실현할 수 있다. 하나의 AM 변조기 입력으로는 $m(t)$와 $A_c\cos\omega_c t$가, 다른 하나의 AM 변조기 입력으로는 $-m(t)$와 $A_c\cos\omega_c t$가 각각 인가된다. 식 (3.22)를 적용하여 풀면 $x_1(t)$, $x_2(t)$ 및 $x(t)$는 다음과 같이 계산된다.

$$x_1(t) = a_1m(t) + a_2m^2(t) + \frac{a_2A_c^2}{2}[\cos 2\omega_c t + 1] + A_ca_1\left[1 + \frac{2a_2m(t)}{a_1}\right]\cos\omega_c t$$

$$x_2(t) = -a_1m(t) + a_2m^2(t) + \frac{a_2A_c^2}{2}[\cos 2\omega_c t + 1] + A_ca_1\left[1 - \frac{2a_2m(t)}{a_1}\right]\cos\omega_c t \quad (3.33)$$

$$\therefore\ x(t) = x_1(t) - x_2(t) = 2a_1m(t) + 4A_ca_2m(t)\cos\omega_c t$$

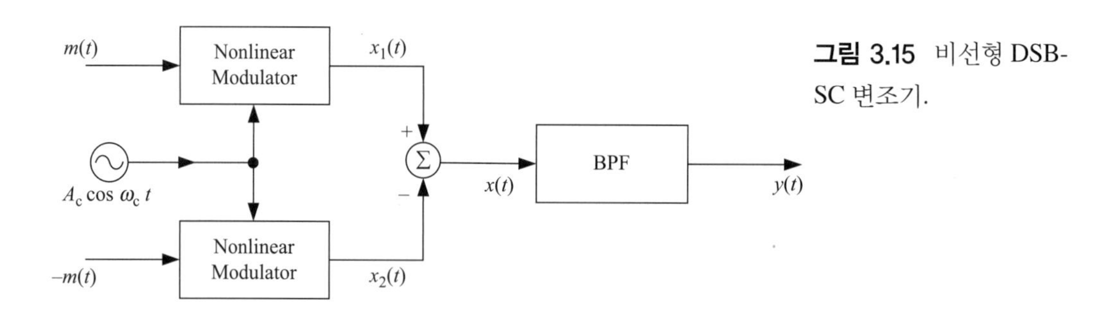

그림 3.15 비선형 DSB-SC 변조기.

이 신호 $x(t)$가 대역통과 필터(BPF)를 거치면, 그 출력으로 다음과 같은 DSB-SC 신호를 얻을 수 있다.

$$y(t) = \phi_{DSB}(t) = 4A_c a_2 m(t) \cos \omega_c t \tag{3.34}$$

대역통과 필터의 입력 $x(t)$에는 반송파 성분이 포함되지 않음을 확인하라. 이러한 의미에서, 이 변조기는 반송파에 대하여 '평형'을 이룬다고 말한다.

> **평형변조기**(balanced modulator)는 여파되기 이전의 신호에 반송파 성분이나 메시지신호 성분을 포함하지 않는 변조기를 말한다. 여파 이전의 신호가 반송파 성분을 포함하지 않는 경우 반송파에 대하여 평형이라 하고, 만일 반송파와 메시지신호 성분이 둘 다 포함되지 않는다면, 그 변조기는 **이중평형 변조기**(double balanced modulator)라 한다.

그렇다면 변조기의 평형상태는 왜 중요한가? 만일 위에 설명한 변조기가 반송파에 대하여 평형이 아니라고 가정하면, ω_c에 중심을 두고 있는 대역통과 필터(BPF)의 입력에 해당 주파수를 갖는 반송파 성분이 존재하게 되며, 이에 따라 필터는 반송파를 차단할 수 없어 필터의 출력은 DSB-SC 신호가 아닌 AM 신호로 주어질 것이다. 일반적으로, 반송파 억압 시스템의 변조기가 평형을 이룰수록 여파가 용이해지며 요구되는 변조를 성공적으로 실현할 수 있다.

스위칭 DSB-SC 변조기

스위칭 소자로 다이오드를 채택한 세 가지 스위칭 변조기를 여기서 다룬다. 앞에서 설명한 바와 같이, 반송파의 진폭이 다이오드의 한계전압(turn-on voltage) V_{on}보다 매우 크면, 다이오드는 스위칭 소자로 동작한다.

직렬브리지(series-bridge) 변조기

직렬브리지 변조기를 그림 3.16(a)에 나타내었다. 반송파 $\cos \omega_c t$가 점 a에서 양(+)일 때, 모든 다이오드는 'ON'상태가 된다. 이때, $V_d = V_b$이므로 $x(t) = m(t)$가 된다. 반송파의 음(−)의 반주기 동안에는 모든 다이오드가 'OFF'상태이며, 이때 $x(t) = 0$이 된다. 그러므로 대역통과 필터(BPF)의 입력신호는 $x(t) = m(t)p(t)$라 쓸 수 있으며, 여기서 $p(t)$는 그림 3.16(c)와 같은 구형파를 나타낸다. 이 구형파의 기본주파수는 반송파 $\cos \omega_c t$와 동일하다. 바로 다음에 논의할 병렬브리지(shunt-bridge) 변조기에 있어서도 대역통과 필터(BPF)의 입력신호는 $x(t) = m(t)p(t)$로 동일하게 주어짐을 알 수 있다. 그러므로 이후의 논의는 병렬브리지 변조기의 동작까지 설명한 후에 진행하기로 한다.

병렬브리지(shunt-bridge) 변조기

병렬브리지 변조기를 그림 3.16(b)에 도시하였다. 반송파 $\cos\omega_c t$가 점 a에서 양(+)일 때, 모든 다이오드는 'ON'상태가 된다. 이때, 점 b와 점 d는 연결된 상태이므로 $x(t)=0$이 된다. 반송파의 음(−)의 반주기 동안에는 모든 다이오드가 'OFF'상태이며, 점 b와 점 d는 분리된 상태이다.

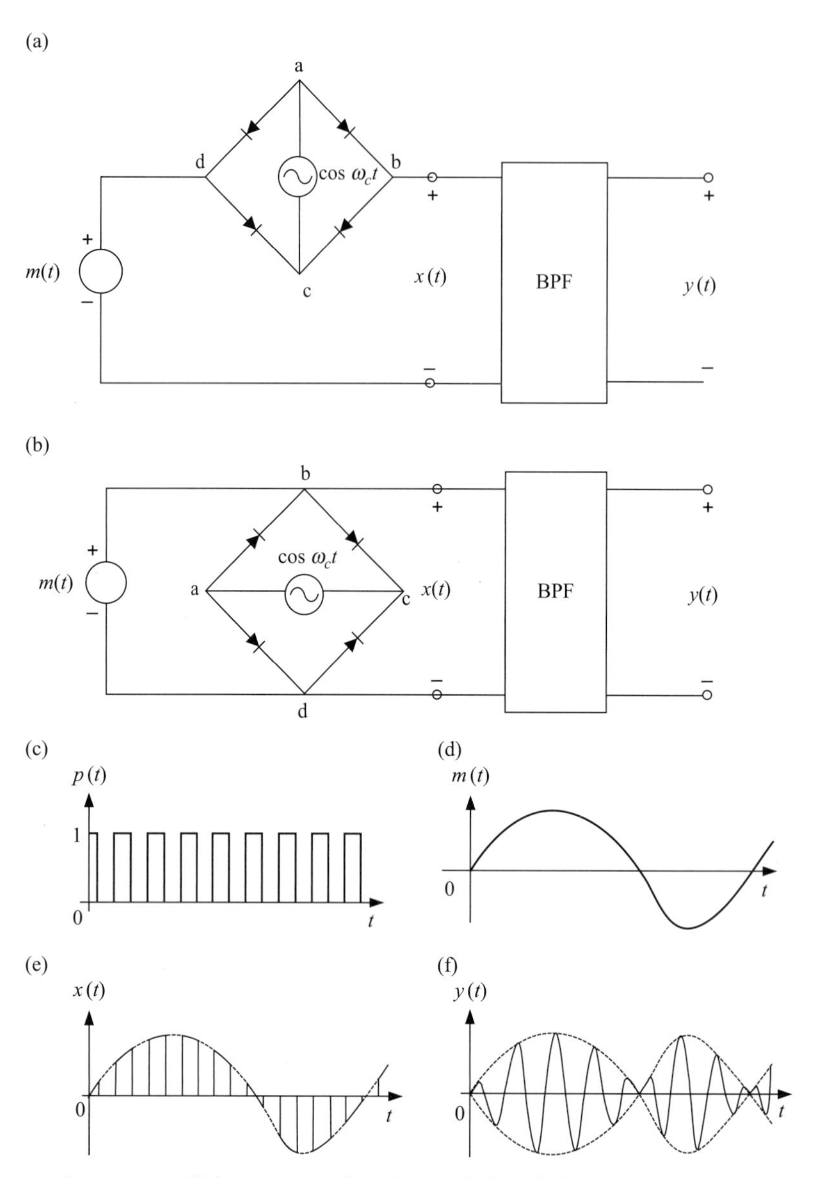

그림 3.16 스위칭 DSB-SC 변조기. (a) 직렬브리지(series-bridge) 변조기, (b) 병렬브리지(shunt-bridge) 변조기, (c) 스위칭 펄스열, (d) 메시지신호, (e) 펄스열과 메시지신호의 곱, (f) DSB-SC 변조된 출력신호.

따라서 이때 $x(t)=m(t)$가 된다. 그러므로 대역통과 필터(BPF)의 입력신호는 $x(t)=m(t)p(t)$로 직렬브리지 변조기에서와 동일하다. 이제 이후의 동작과 분석은 두 변조기(직렬, 병렬)에 동일하게 적용되는 것이다.

식 (3.24)에 주어진 $p(t)$의 표현을 이용하면

$$\begin{aligned} x(t) &= m(t)\left\{\frac{1}{2}+\frac{2}{\pi}\left[\cos\omega_c t-\frac{1}{3}\cos 3\omega_c t+\frac{1}{5}\cos 5\omega_c t-\cdots\right]\right\} \\ &= \frac{1}{2}m(t)+\frac{2}{\pi}\left[m(t)\cos\omega_c t-\frac{1}{3}m(t)\cos 3\omega_c t+\frac{1}{5}m(t)\cos 5\omega_c t-\cdots\right] \end{aligned} \tag{3.35}$$

를 얻을 수 있다. 필터의 입력신호인 $x(t)$에는 메시지신호 성분은 포함되어 있으나 반송파 성분은 포함되어 있지 않다. 따라서 두 변조기는 반송파에 대하여 '평형'을 이룬다. 그림 3.16에 신호 $p(t), m(t), x(t), y(t)$의 파형을 그려 놓았다. ω_c에 중심을 갖는 대역통과 필터(BPF)의 출력은 다음과 같은 DSB-SC 신호로 나타난다.

$$y(t)=\phi_{DSB}(t)=\frac{2}{\pi}m(t)\cos\omega_c t \tag{3.36}$$

링(ring) 변조기

링 변조기를 그림 3.17(a)에 도시하였다. 중앙탭 변압기(center-tapped transformer)들은 모두 1:1 변압비(transformation ratio)를 갖는다고 가정한다. 스위칭 신호는 반송파와 동일한 기본주파수를 갖는 주기신호여야 하지만 반드시 정현파일 필요는 없다. 여기에서는 그림 3.17(b)와 같은 주기적 구형파 $p_1(t)$가 정현파 대신 채택되었다. 점 a에서 펄스의 진폭이 양(+)일 때, 다이오드 D_1, D_2는 'ON'상태, 다이오드 D_3, D_4는 'OFF'상태이므로 $x(t)=m(t)$가 된다. 반대로 주기적 펄스의 진폭이 음(−)인 반주기 동안에는 다이오드 D_1, D_2가 'OFF'상태, 다이오드 D_3, D_4가 'ON'상태이므로, 출력 변압기 측에 흐르는 전류의 방향이 반대로 되어 $x(t)=-m(t)$가 된다. 결과적으로 대역통과 필터(BPF)의 입력신호는 $x(t)=m(t)p_1(t)$로 표현된다. 앞에서 사용되었던 펄스열 $p(t)$는 'Unipolar'형이고, 현재의 펄스열 $p_1(t)$는 'Bipolar'형임을 확인하라. 우리는 이미 펄스열 $p(t)$에 관한 푸리에급수(식 3.24)를 알고 있으므로, $p_1(t)$를 $p(t)$로 나타냄으로써 다음과 같이 $p_1(t)$의 푸리에급수를 얻을 수 있다.

$$\begin{aligned} p_1(t) &= 2\left[p(t)-\frac{1}{2}\right]=2p(t)-1 \\ &= 2\left\{\frac{1}{2}+\frac{2}{\pi}\left[\cos\omega_c t-\frac{1}{3}\cos 3\omega_c t+\frac{1}{5}\cos 5\omega_c t-\cdots\right]\right\}-1 \end{aligned}$$

$$\therefore\ p_1(t)=\frac{4}{\pi}\left[\cos\omega_c t-\frac{1}{3}\cos 3\omega_c t+\frac{1}{5}\cos 5\omega_c t-\cdots\right] \tag{3.37}$$

따라서 대역통과 필터(BPF)의 입력신호 $x(t)=m(t)p_1(t)$는

$$x(t)=\frac{4}{\pi}\left[m(t)\cos\omega_c t-\frac{1}{3}m(t)\cos 3\omega_c t+\frac{1}{5}m(t)\cos 5\omega_c t-\cdots\right] \tag{3.38}$$

로 주어진다. 이 신호가 ω_c에 중심을 갖는 대역통과 필터(BPF)를 거치면 그 출력은

$$y(t)=\phi_{DSB}(t)=\frac{4}{\pi}m(t)\cos\omega_c t \tag{3.39}$$

와 같은 DSB-SC 신호로 나타난다.

그림 3.17에 신호 $p_1(t), m(t), x(t), y(t)$의 파형을 나타내었다. 대역통과 필터(BPF)의 입력신호 $x(t)$는 반송파 성분과 메시지신호 성분을 포함하지 않는다. 따라서 링 변조기는 이중평형 변조기(double balanced modulator)임을 알 수 있다.

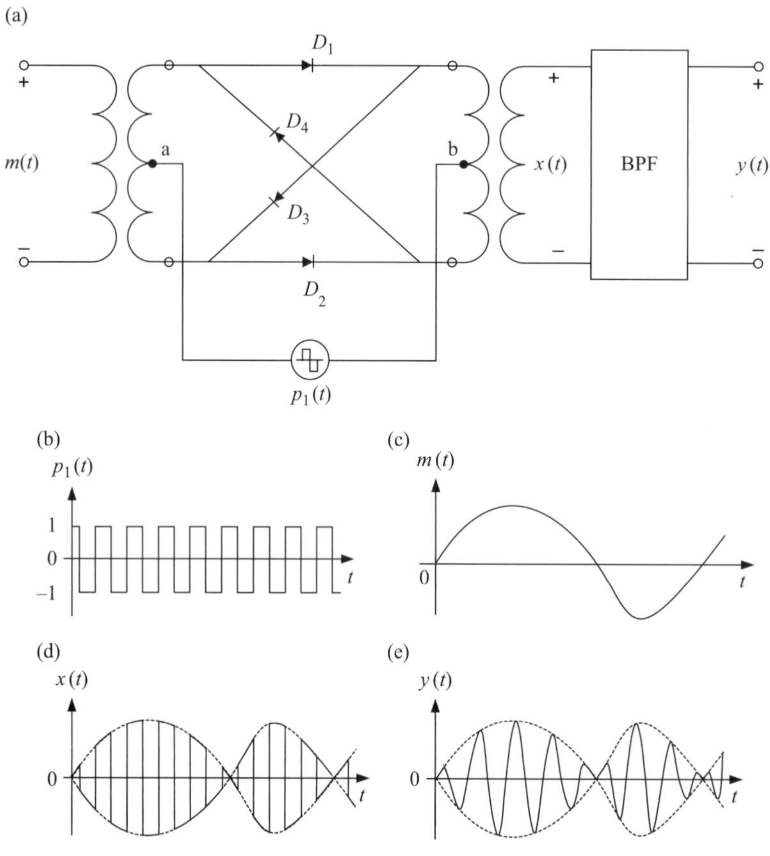

그림 3.17 (a) 링(ring) 변조기, (b) 스위칭 펄스열, (c) 메시지신호, (d) 펄스열과 메시지신호의 곱, (e) DSB-SC 변조된 출력신호.

3.3.2 주파수 혼합기

주파수 혼합(frequency mixing)은 변조된 신호의 반송파 주파수를 새로운 반송파 주파수로 변화시키는 과정으로, 주파수 변환(frequency conversion) 혹은 헤테로다이닝(heterodyning)이라 부르기도 한다. 이는 라디오 수신기에서 매우 중요한 역할을 하는데, 임의의 채널의 반송파들을 중간주파수(intermediate carrier frequency)로 변환하여 그 수신기에 정합시키는 데 활용된다. 중간주파수에 정합되어 있는 복조기는 이를 통하여 임의의 수신채널을 검파할 수 있게 되는 것이다.

주파수 혼합기의 동작원리를 그림 3.18(a)에 그 구성도로 나타내었다. 입력 측의 변조된 신호가 $\phi(t) = m(t)\cos\omega_c t$이고, 원하는 중간주파 출력이 $\phi_I(t) = m(t)\cos\omega_I t$라 가정하면, 국부발진기(local oscillator) 신호는 $2\cos\omega_{LO}t$로 한다. 여기서 $\omega_{LO} = \omega_c - \omega_I$ 혹은 $\omega_{LO} = \omega_c + \omega_I$로 선택한다. 그러면 곱셈기의 출력은 $x(t) = 2\phi(t)\cos\omega_{LO}t = 2\,m(t)\cos\omega_{LO}t\,\cos\omega_c t$이다.

만일 $\omega_{LO} = \omega_c - \omega_I$이면, $x(t) = m(t)\,[\cos(\omega_c + \omega_I - \omega_c)t + \cos(\omega_c - \omega_I + \omega_c)t]$와 같이 나타나고, 따라서

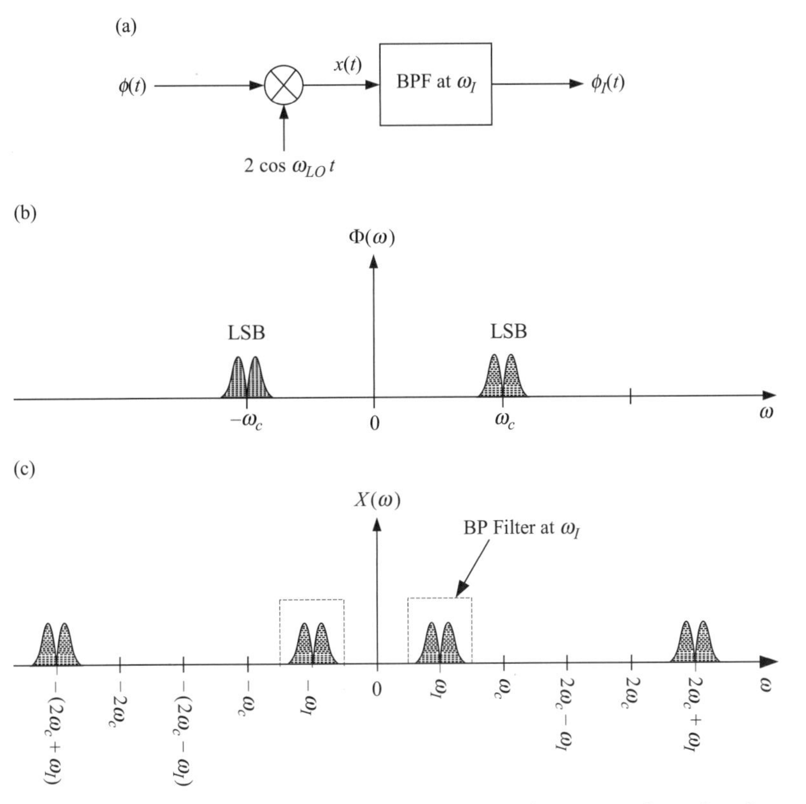

그림 3.18 주파수 천이. (a) 구성도, (b) 변조된 신호(input)의 스펙트럼, (c) 변조된 신호와 국부발진 신호의 곱의 스펙트럼.

$$x(t) = m(t)\cos\omega_I t + m(t)\cos(2\omega_c - \omega_I)t \tag{3.40}$$

로 계산된다. 만일 $\omega_{LO} = \omega_c + \omega_I$이면, $x(t) = m(t)[\cos(\omega_c - \omega_I - \omega_c)t + \cos(\omega_c + \omega_I + \omega_c)t]$가 되고, cosine함수는 우함수이므로 $\cos(-\omega_I t) = \cos\omega_I t$가 성립한다. 따라서

$$x(t) = m(t)\cos\omega_I t + m(t)\cos(2\omega_c + \omega_I)t \tag{3.41}$$

와 같이 계산된다. 두 경우 모두 $x(t)$는 두 개의 변조된 신호로 구성된다. 그 하나는 중간주파수 ω_I에 중심을 갖고, 다른 하나는 더욱 높은 주파수인 $2\omega_c - \omega_I$ 혹은 $2\omega_c + \omega_I$에 중심을 갖는다. 따라서 ω_I에 중심을 갖는 대역통과 필터(BPF)의 출력은 우리가 원하는 중간주파수로 변조된 신호가 되는 것이다. 보통, '슈퍼헤테로다이닝' 혼합기에서는 $\omega_{LO} = \omega_c + \omega_I$를, '헤테로다이닝' 혼합기에서는 $\omega_{LO} = \omega_c - \omega_I$를 주로 사용한다. 아래의 예제 3.8에서는 슈퍼헤테로다이닝이 주파수변환 국부발진기의 튜닝 범위를 크게 좁힐 수 있음을 보인다. 결과적으로 라디오 수신기에는 슈퍼헤테로다이닝을 사용하는 것이 매우 유리함을 알 수 있다. 이는 튜닝 범위가 커짐에 따라 그 부품이나 회로의 실현도 어려워지기 때문이다. 그림 3.18(c)에 슈퍼헤테로다이닝 주파수 혼합기의 스펙트럼을 도시하였다.

예제 3.7

그림 3.18(a) 주파수 변환기의 대역통과 필터(BPF)가 $\omega_{LO} - \omega_c$에 중심을 갖고, ω_I가 언제나 ω_c보다 클 때, ω_{LO}와 ω_c 사이의 관계를 유도하라.

풀이

대역통과 필터가 $\omega_{LO} - \omega_c$에 중심을 가지므로 $\omega_I = \omega_{LO} - \omega_c$이다.
또한, $\omega_I > \omega_c$가 성립하므로 $\omega_I = \omega_c + x$라 둘 수 있다. 여기서 x는 임의의 작은 수이다.
그러면 $\omega_I = \omega_{LO} - \omega_c = \omega_c + x \Rightarrow \omega_{LO} = 2\omega_c + x$이다.
따라서 ω_{LO}와 ω_c 사이에는 $\omega_{LO} > 2\omega_c$가 성립한다.

실전문제 3.7

그림 3.18(a) 주파수 변환기의 대역통과 필터(BPF)가 $\omega_{LO} - \omega_c$에 중심을 갖고, ω_I가 언제나 ω_c보다 작을 때, ω_{LO}와 ω_c 사이의 관계를 유도하라.

정답: $\omega_{LO} < 2\omega_c$

예제 3.8

주파수 변환기의 출력신호가 500 kHz의 반송파 주파수를 가지며, AM 입력신호의 반송파 주파수가 600~1700 kHz 범위에서 동작한다. 국부발진기의 주파수가 다음과 같이 주어질 때, 그 튜닝비(tuning ratio) $f_{LO,\max}/f_{LO,\min}$을 구하라.

(a) $f_I = f_{LO} - f_c$ (b) $f_I = f_c - f_{LO}$

풀이

(a) $f_I = f_{LO} - f_c \Rightarrow f_{LO} = f_c + f_I \Rightarrow$ ※ superheterodyning

$$\therefore \frac{f_{LO,\max}}{f_{LO,\min}} = \frac{f_{c,\max} + f_I}{f_{c,\min} + f_I} = \frac{1700 + 500}{600 + 500} = 2$$

(b) $f_I = f_c - f_{LO} \Rightarrow f_{LO} = f_c - f_I \Rightarrow$ ※ heterodyning

$$\therefore \frac{f_{LO,\max}}{f_{LO,\min}} = \frac{f_{c,\max} - f_I}{f_{c,\min} - f_I} = \frac{1700 - 500}{600 - 500} = 12$$

실전문제 3.8

주파수 변환기의 출력신호가 425 kHz의 반송파 주파수를 가지며, 입력신호의 반송파 주파수가 500~1500 kHz 범위에서 동작할 때, 위 예제 3.8을 반복하라.

정답: (a) $\frac{f_{LO,\max}}{f_{LO,\min}} \approx 2.081$. (b) $\frac{f_{LO,\max}}{f_{LO,\min}} \approx 14.33$.

3.4 QAM(Qadrature Amplitude Modulation)

앞에서 논의했던 DSB-SC나 AM은 둘 다 주파수대역을 낭비하는 방식이다. 그들은 메시지신호 대역폭의 두 배를 사용한다. QAM은 하나의 DSB-SC 대역폭에 두 개의 DSB-SC 신호를 전송함으로써 이러한 단점을 극복한다. 두 변조된 신호 사이에서 발생하는 간섭은 동일한 주파수와 서로 직교하는(orthogonal) 위상을 갖는 두 반송파를 사용함으로써 방지된다. 그림 3.19에 QAM의 변조기와 복조기를 구성도로 나타내었다. 반송파 $\cos \omega_c t$를 사용하는 채널을 In-phase 채널(I-channel), 반송파 $\cos(\omega_c t - 90°) = \sin \omega_c t$를 사용하는 채널을 Qaudrature 채널(Q-channel)이라고 한다. QAM 신호는 그림 3.19(a)의 변조기 구성도로부터 쉽게 얻을 수 있다.

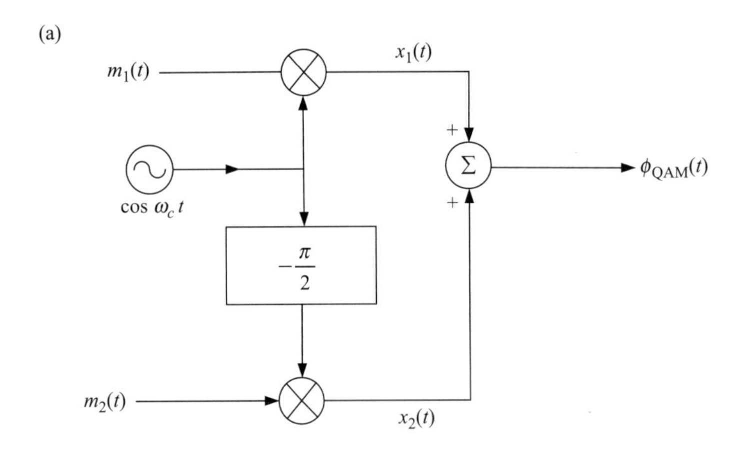

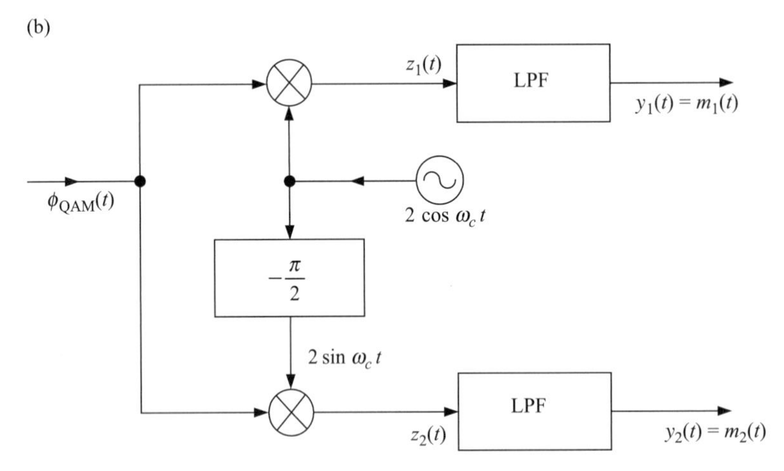

그림 3.19 QAM(quadrature amplitude modulation). (a) QAM 변조기 구성도, (b) QAM 복조기 구성도.

$$\boxed{\phi_{QAM}(t) \quad = \quad m_1(t)\cos\omega_c t + m_2(t)\sin\omega_c t} \tag{3.42}$$

송신기와 수신기에서 채택하고 있는 반송파는 서로 동기를 이룬다. 즉, 주파수는 ω_c로, 위상각은 0으로 맞춰져 있다. 다시 말해서 QAM 수신기는 동기 검파를 채택하고 있다. 그림 3.19(b)의 복조기에서 신호 $z_1(t)$와 $z_2(t)$는 다음과 같이 계산된다.

$$\begin{aligned} z_1(t) &= 2\cos\omega_c t\left[\phi_{QAM}(t)\right] = 2\cos\omega_c t[m_1(t)\cos\omega_c t + m_2(t)\sin\omega_c t] \\ &= 2m_1(t)\cos^2\omega_c t + 2m_2(t)\sin\omega_c t\cos\omega_c t \\ &= m_1(t) + m_1(t)\cos 2\omega_c t + m_2(t)\sin 2\omega_c t \end{aligned}$$

$$\begin{aligned} z_2(t) &= 2\sin\omega_c t\left[\phi_{QAM}(t)\right] = 2\sin\omega_c t[m_1(t)\cos\omega_c t + m_2(t)\sin\omega_c t] \\ &= 2m_2(t)\sin^2\omega_c t + 2m_1(t)\sin\omega_c t\cos\omega_c t \\ &= m_2(t) - m_2(t)\cos 2\omega_c t + m_1(t)\sin 2\omega_c t \end{aligned}$$

신호 $z_1(t)$와 $z_2(t)$가 저역통과 필터(LPF)를 통과하면, ***I***-채널과 ***Q***-채널의 출력은 각각 $y_1(t)=m_1(t)$, $y_2(t)=m_2(t)$로 주어져 원래의 메시지신호를 복원한다. 그러나 불행히도 동기 검파를 근간으로 하는 QAM 수신기의 국부발진기가 주파수 오차나 위상 오차를 갖는다면 이는 심각한 문제를 발생시킨다. 아래 예제를 통해 밝히겠지만, 이러한 문제는 DSB-SC보다 QAM의 경우 더욱 심각해진다. 국부발진기의 위상, 주파수 오차는 DSB-SC, QAM 수신기에서 신호 감쇠와 왜곡을 일으키지만, 특히 QAM 수신기에 있어서는 동일 채널 간섭(co-channel interference)을 추가로 발생시킨다.

QAM의 ***I***-채널, ***Q***-채널처럼 동일한 대역폭을 공유하고 있는 채널을 **동일 채널**(co-channel)이라 부른다. 이들 동일 채널 사이에 일어나는 간섭을 특별히 **동일 채널 간섭**(co-channel interference)이라 한다.

예제 3.9

송신기의 반송파가 $\cos\omega_c t$일 때, DSB-SC 수신기 및 QAM 수신기의 국부발진기 신호가 $2\cos(\omega_c t+\alpha)$라면, 각 수신기의 복조된 신호는 어떻게 나타날지 그 정확한 수식을 유도하라. 또한, 이와 같이 국부발진기에 주어진 위상 오차가 DSB-SC 및 QAM의 검파에 미치는 영향을 비교하라.

풀이

그림 3.12(a)의 DSB-SC 수신기에 대하여

$$\begin{aligned} x(t) &= 2\cos(\omega_c t+\alpha)\phi_{DSB}(t) = 2m(t)\cos\omega_c t\cos(\omega_c t+\alpha) \\ &= m(t)\cos\alpha + m(t)\cos(2\omega_c t+\alpha) \end{aligned}$$

로 계산된다. 이 신호가 저역통과 필터(LPF)를 통과하면 $2\omega_c$에 중심을 둔 신호는 차단되어, 출력신호는

$$y(t) = m(t)\cos\alpha \tag{3.43}$$

가 된다. 그림 3.19(b)의 QAM 수신기에 대해서는 신호 $z_1(t)$, $z_2(t)$가 다음과 같이 계산된다.

$$\begin{aligned} z_1(t) &= 2\cos(\omega_c t+\alpha)\,\phi_{QAM}(t) = 2\cos(\omega_c t+\alpha)[m_1(t)\cos\omega_c t + m_2(t)\sin\omega_c t] \\ &= 2m_1(t)\cos\omega_c t\cos(\omega_c t+\alpha) + 2m_2(t)\sin\omega_c t\cos(\omega_c t+\alpha) \\ &= m_1(t)\cos\alpha + m_1(t)\cos(2\omega_c t+\alpha) - m_2(t)\sin\alpha + m_2(t)\sin(2\omega_c t+\alpha) \end{aligned}$$

$$\begin{aligned} z_2(t) &= 2\sin(\omega_c t+\alpha)\,\phi_{QAM}(t) = 2\sin(\omega_c t+\alpha)[m_1(t)\cos\omega_c t + m_2(t)\sin\omega_c t] \\ &= 2m_1(t)\cos\omega_c t\sin(\omega_c t+\alpha) + 2m_2(t)\sin\omega_c t\sin(\omega_c t+\alpha) \\ &= m_1(t)\sin\alpha + m_1(t)\sin(2\omega_c t+\alpha) + m_2(t)\cos\alpha - m_2(t)\cos(2\omega_c t+\alpha) \end{aligned}$$

이 신호들이 각각 저역통과 필터(LPF)를 통과하면 $2\omega_c$에 중심을 둔 신호들은 차단되어

$$y_1(t) = m_1(t)\cos\alpha - m_2(t)\sin\alpha \tag{3.44}$$

$$y_2(t) = m_2(t)\cos\alpha + m_1(t)\sin\alpha \tag{3.45}$$

와 같은 출력신호들을 얻을 수 있다. DSB-SC 수신기의 복조된 신호와 같이, QAM 수신기 출력신호의 첫 항은 메시지신호에 $\cos\alpha$라는 감쇠요소를 곱한 값으로 주어진다. 그러나 QAM 수신기 출력신호의 두 번째 항은 다른 채널의 메시지신호 성분을 나타낸다. 이것이 동일 채널 간섭을 표현하는 것이다.

실전문제 3.9

송신기의 반송파가 $\cos\omega_c t$일 때, DSB-SC 수신기 및 QAM 수신기의 국부발진기 신호가 $2\cos(\omega_c t + 10^\circ)$로 작은 위상 오차를 갖는다. 각 수신기의 출력신호를 유도하라.

정답:

DSB-SC 수신기 출력: $y(t) \approx 0.985\, m(t)$

QAM 수신기 출력: $y_1(t) \approx 0.985\, m_1(t) - 0.174\, m_2(t)$

$y_2(t) \approx 0.985\, m_2(t) + 0.174\, m_1(t)$

예제 3.10

DSB-SC 수신기 및 QAM 수신기의 국부발진기 신호가 작은 주파수 오차를 갖는다고 할 때, 각 수신기 출력신호를 유도하여 비교하라. 송신기의 반송파는 $\cos\omega_c t$, 수신기의 국부발진기 신호는 $2\cos(\omega_c + \Delta\omega)t$로 하라.

풀이

DSB-SC 수신기에 있어서 저역통과 필터(LPF)의 입력신호는 다음과 같이 주어진다.

$$x(t) = \phi_{DSB}(t)[2\cos(\omega_c + \Delta\omega)t] = 2m(t)\cos\omega_c t\cos(\omega_c + \Delta\omega)t$$
$$= m(t)\cos\Delta\omega t + m(t)\cos(2\omega_c + \Delta\omega)t$$

이제 저역통과 필터(LPF)는 $2\,\omega_c$에 중심을 둔 성분을 차단하므로, 복조기의 출력신호는

$$y(t) = m(t)\cos\Delta\omega t \tag{3.46}$$

이 된다. QAM 수신기에 있어서 두 저역통과 필터(LPF)의 입력은 다음과 같이 계산된다.

$$z_1(t) = 2\cos(\omega_c + \Delta\omega)t\left[\phi_{QAM}(t)\right] = 2\cos(\omega_c + \Delta\omega)t[m_1(t)\cos\omega_c t + m_2(t)\sin\omega_c t]$$
$$= 2m_1(t)\cos\omega_c t\cos(\omega_c + \Delta\omega)t + 2m_2(t)\sin\omega_c t\cos(\omega_c + \Delta\omega)t$$
$$= m_1(t)\cos\Delta\omega t + m_1(t)\cos(2\omega_c + \Delta\omega)t - m_2(t)\sin\Delta\omega t + m_2(t)\sin(2\omega_c + \Delta\omega)t$$

$$z_2(t) = 2\sin(\omega_c + \Delta\omega)t\left[\phi_{QAM}(t)\right] = 2\sin(\omega_c + \Delta\omega)t[m_1(t)\cos\omega_c t + m_2(t)\sin\omega_c t]$$
$$= 2m_1(t)\cos\omega_c t\sin(\omega_c + \Delta\omega)t + 2m_2(t)\sin\omega_c t\sin(\omega_c + \Delta\omega)t$$
$$= m_1(t)\sin\Delta\omega t + m_1(t)\sin(2\omega_c + \Delta\omega)t + m_2(t)\cos\Delta\omega t - m_2(t)\cos(2\omega_c + \Delta\omega)t$$

이제 각각 저역통과 필터(LPF)를 통과하면, 두 채널의 출력신호는 다음과 같이 나타난다.

$$y_1(t) = m_1(t)\cos\Delta\omega t - m_2(t)\sin\Delta\omega t \tag{3.47}$$

$$y_2(t) = m_2(t)\cos\Delta\omega t + m_1(t)\sin\Delta\omega t \tag{3.48}$$

QAM 수신기의 두 출력신호의 첫 항은 DSB-SC 수신기의 출력과 유사하다. 복조된 신호들은 메시지신호와 매우 낮은 주파수의 정현파가 곱해진 것과 같다. 따라서 그 결과로 나타나는 왜곡은 매우 느리게 정현파의 모양을 따라가는 감쇠가 될 것이다. $\cos\Delta\omega t$가 0이 되는 점에서는 복원된 신호가 완전히 없어지며(nulled out), 바로 그때 동일 채널 간섭 신호는 $\sin\Delta\omega t$에 비례하므로 최대(maximum)가 된다.

실전문제 3.10

QAM 수신기의 국부발진기 신호가 위상 오차와 주파수 오차를 동시에 갖는다. 송신기의 반송파는 $\cos\omega_c t$, 수신기의 국부발진기 신호는 $2\cos[(\omega_c + \Delta\omega)t + \alpha]$라 할 때, ***I***-채널과 ***Q***-채널의 복조된 출력신호를 유도하라.

정답:

$$y_1(t) = m_1(t)\cos(\Delta\omega t + \alpha) - m_2(t)\sin(\Delta\omega t + \alpha)$$

$$y_2(t) = m_2(t)\cos(\Delta\omega t + \alpha) + m_1(t)\sin(\Delta\omega t + \alpha)$$

3.5 단측파대(SSB) 진폭변조

앞에서 지적한 바와 같이, 양측파대 시스템의 한쪽 측파대에는 메시지신호의 모든 정보가 포함되어 있다. 따라서 각 측파대는 메시지신호를 복원하기에 충분한 것이다. 단측파대(single sideband, SSB) 진폭변조는 오직 한쪽 측파대만을 전송함으로써 대역폭의 낭비를 없앤다. 그림 3.20에 SSB AM의 주파수영역 스펙트럼을 도시하였다. 그림 3.20(c)의 상측파대 SSB 스펙트럼 $\Phi_{USB}(\omega)$는 그림 3.20(b)의 DSB-SC 스펙트럼을 고역통과 필터(HPF)에 통과시킴으로써 얻을 수 있다. 한편, 그림 3.20(d)에 주어진 하측파대 SSB 스펙트럼 $\Phi_{LSB}(\omega)$는 $\Phi_{DSB}(\omega)$를 저역통과 필터(LPF)에 통과시켜 얻는다. 그림 3.20(e)에 주어진 스펙트럼 $\Phi_{H}(\omega)$는 DSB 스펙트럼에 수학적 연산을 가함으로써 얻을 수 있다. 상측파대 SSB 스펙트럼 $\Phi_{USB}(\omega)$와 하측파대 SSB 스펙트럼 $\Phi_{LSB}(\omega)$는 $\Phi_{DSB}(\omega)$와 $\Phi_{H}(\omega)$의 선형조합(linear combination)으로 생성된다. 이러한 계산의 최종 목표는 상측파대 SSB와 하측파대 SSB의 시간영역 표현을 유도하는 데 있다.

3.5.1 힐버트변환(Hilbert Transform)과 SSB의 시간영역 표현

힐버트변환은 SSB의 시간영역 표현을 유도하는 데 있어서 결정적 역할을 한다. 스펙트럼 $\Phi_{H}(\omega)$가 힐버트변환의 도입에 매우 유용하다. 그림 3.20(b)와 (e)에 그려진 $\Phi_{DSB}(\omega)$와 $\Phi_{H}(\omega)$는 각각 다음과 같이 표현할 수 있다.

$$\Phi_{DSB}(\omega) = \frac{1}{2}[M(\omega + \omega_c) + M(\omega - \omega_c)]$$

$$\Phi_{H}(\omega) = \frac{1}{2}M(\omega + \omega_c)\,\mathrm{sgn}\,(\omega + \omega_c) - \frac{1}{2}M(\omega - \omega_c)\,\mathrm{sgn}\,(\omega - \omega_c)$$

여기서 $\mathrm{sgn}(\omega + \omega_c)$, $\mathrm{sgn}(\omega - \omega_c)$는 signum함수의 주파수 천이된 형태이다. 또한, signum함수 $\mathrm{sgn}(\omega)$는 $\omega > 0$일 때 $+1$, $\omega < 0$일 때 -1의 값을 갖는 특별한 함수임을 기억하라. 상측파대 $\Phi_{USB}(\omega)$와 하측파대 $\Phi_{LSB}(\omega)$는 $\Phi_{DSB}(\omega)$와 $\Phi_{H}(\omega)$를 결합하여 다음과 같이 쓸 수 있다.

$$\Phi_{USB}(\omega) = [\Phi_{DSB}(\omega) - \Phi_{H}(\omega)] \tag{3.49}$$

$$\Phi_{LSB}(\omega) = [\Phi_{DSB}(\omega) + \Phi_{H}(\omega)] \tag{3.50}$$

여기서 $\Phi_{H}(\omega)$는 정확히 어떤 스펙트럼인가? 시간영역 signum함수의 푸리에변환쌍은 실전문제 2.10에서 구한 바와 같이 $\mathrm{sgn}(t) \Leftrightarrow 2/j\omega$로 주어진다. 푸리에변환의 쌍대성(duality)을 적용하고 signum함수가 기함수임을 이용하면

$$\frac{2}{jt} \Leftrightarrow 2\pi\,\mathrm{sgn}(-\omega) = -2\pi\,\mathrm{sgn}(\omega)$$

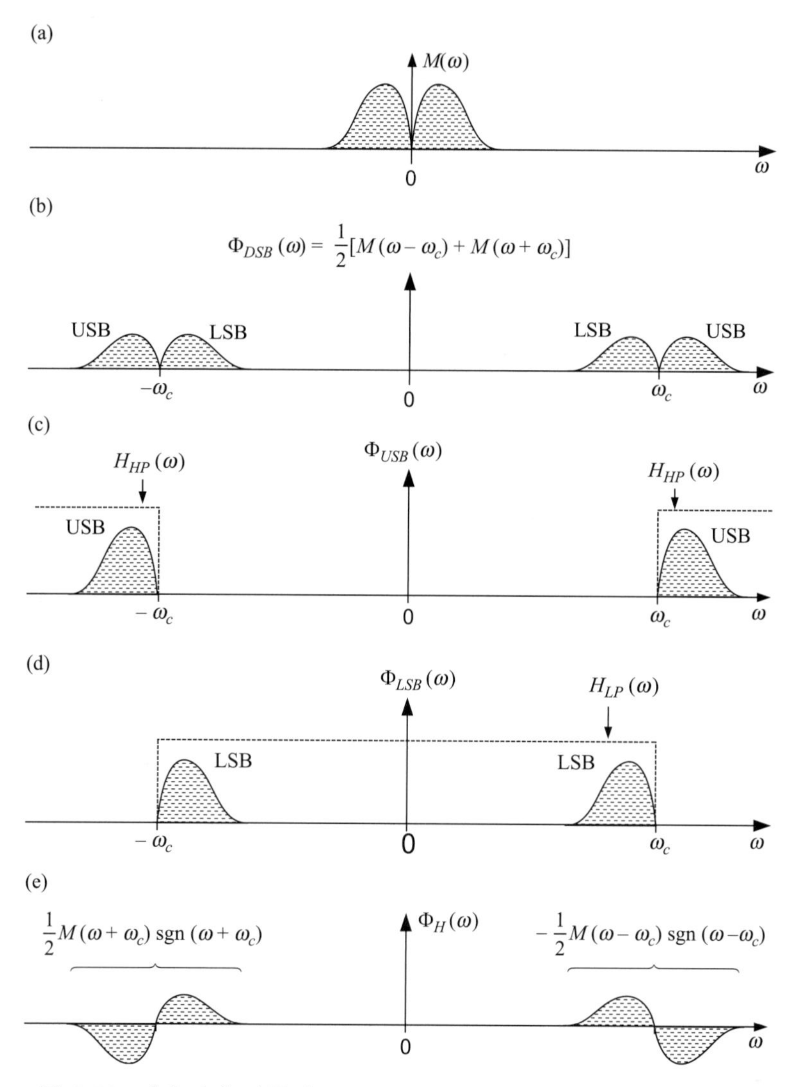

그림 3.20 단측파대 진폭변조(single sideband amplitude modulation, SSB AM). (a) 메시지신호 스펙트럼, (b) DSB-SC 스펙트럼, (c) 상측파대 SSB 스펙트럼, (d) 하측파대 SSB 스펙트럼, (e) $\Phi_H(\omega)$.

$$\therefore \quad \frac{1}{\pi t} \;\Leftrightarrow\; -j\,\mathrm{sgn}(\omega) = \begin{cases} j, & \omega < 0 \\ -j, & \omega > 0 \end{cases} \tag{3.51}$$

와 같은 푸리에변환쌍을 얻을 수 있다. 이 식은 양(+)의 주파수에 대하여 -90°, 음(−)의 주파수에 대하여 $+90^\circ$ 위상차를 주는 위상천이 필터(phase-shift filter)의 전달함수로서, 메시지신호의 스펙트럼 $M(\omega)$를 이 필터에 통과시키면 출력에서 $-jM(\omega)\,\mathrm{sgn}\,(\omega)$를 얻는다. 이러한 동작을 힐버트변환 혹은 직교여파라 한다.

힐버트변환(Hilbert transformation) 혹은 **직교여파**(quadrature filtering)는 입력신호의 크기 스펙트럼은 그대로 유지시키며, 양(+)의 주파수 스펙트럼에는 $-90°$, 음(−)의 주파수 스펙트럼에는 $+90°$ 위상천이를 일으키는 일종의 전대역통과(all-pass) 여파를 말한다.

$m_h(t)$와 $M_h(\omega)$를 각각 시간영역과 주파수영역에서 $m(t)$의 힐버트변환을 표시한다고 할 때,

$$\boxed{m(t) * \frac{1}{\pi t} = m_h(t) \Leftrightarrow M_h(\omega) = -jM(\omega)\text{sgn}(\omega)} \tag{3.52}$$

와 같이 나타낼 수 있다. 따라서 $m(t)$의 힐버트변환은 시간영역 컨볼루션으로

$$\boxed{m_h(t) = \frac{1}{\pi}\int_{-\infty}^{\infty} \frac{m(\lambda)}{t-\lambda}d\lambda} \tag{3.53}$$

로 정의된다. 주파수영역에서 역힐버트변환(inverse Hilbert transformation)은 $M_h(\omega)$로부터 $M(\omega)$를 얻어 내는 과정으로, $M_h(\omega)$에 j sgn (ω)를 곱해 줌으로써 다음과 같이 유도할 수 있다.

$$M_h(\omega)[\,j\,\text{sgn}(\omega)] = \{M(\omega)[-j\,\text{sgn}(\omega)]\}[\,j\,\text{sgn}(\omega)] = M(\omega) \tag{3.54}$$

반대로 시간영역에서 역힐버트변환을 수행하기 위해서는 $m_h(t)$에 $F^{-1}[j\text{ sgn }(\omega)] = -1/\pi t$를 컨볼루션하여

$$\boxed{m(t) = -\frac{1}{\pi}\int_{-\infty}^{\infty} \frac{m_h(\lambda)}{t-\lambda}d\lambda} \tag{3.55}$$

와 같이 계산할 수 있다.

이제 우리는 힐버트변환의 개념을 얻었으므로, 그림 3.20(e)의 $\Phi_H(\omega)$의 시간영역 함수를 얻어 내고, 궁극적으로 SSB 신호의 시간영역 표현을 유도해 낼 시점에 와 있다. 식 (3.51)로부터 푸리에변환쌍

$$-\frac{1}{j\pi t} \Leftrightarrow \text{sgn}(\omega)$$

를 얻을 수 있고, 여기에 주파수천이 성질을 적용하면

$$-\frac{1}{j\pi t}e^{j\omega_c t} \Leftrightarrow \text{sgn}(\omega-\omega_c), \quad -\frac{1}{j\pi t}e^{-j\omega_c t} \Leftrightarrow \text{sgn}(\omega+\omega_c)$$

를 얻는다. 그러므로

$$m_h(t)e^{j\omega_c t} = \left[\frac{1}{\pi t} * m(t)\right]e^{j\omega_c t} \Leftrightarrow -jM(\omega-\omega_c)\text{sgn}(\omega-\omega_c) = M_h(\omega-\omega_c)$$

$$m_h(t)e^{-j\omega_c t} = \left[\frac{1}{\pi t} * m(t)\right]e^{-j\omega_c t} \Leftrightarrow -jM(\omega+\omega_c)\mathrm{sgn}(\omega+\omega_c) = M_h(\omega+\omega_c)$$

와 같이 계산할 수 있다.

앞의 그림 3.20에서 이미 확인한 바와 같이, $\Phi_H(\omega)$는

$$\Phi_H(\omega) = \frac{1}{2}[M(\omega+\omega_c)]\mathrm{sgn}(\omega+\omega_c) - \frac{1}{2}[M(\omega-\omega_c)]\mathrm{sgn}(\omega-\omega_c)$$

로 주어지므로, $\Phi_H(\omega)$의 주파수영역 및 시간영역 표현은 다음과 같이 정리된다.

$$\Phi_H(\omega) = \frac{1}{j2}[M_h(\omega-\omega_c) - M_h(\omega+\omega_c)] \tag{3.56}$$

$$\phi_h(t) = \frac{1}{j2}m_h(t)\left[e^{+j\omega_c t} - e^{-j\omega_c t}\right] = m_h(t)\sin\omega_c t \tag{3.57}$$

이제 식 (3.49)와 식 (3.50)으로 주어진 SSB 스펙트럼에 대한 시간영역 표현은

$$\phi_{USB}(t) = m(t)\cos\omega_c t - m_h(t)\sin\omega_c t \tag{3.58}$$

$$\phi_{LSB}(t) = m(t)\cos\omega_c t + m_h(t)\sin\omega_c t \tag{3.59}$$

로 정리된다. 위의 두 식은 SSB 신호를 표현하는 하나의 식으로 다음과 같이 쓸 수 있으며,

$$\boxed{\phi_{SSB}(t) \quad = \quad m(t)\cos\omega_c t \mp m_h(t)\sin\omega_c t} \tag{3.60}$$

여기서 '−'부호는 상측파대형(USB version)에, '+'부호는 하측파대형(LSB version)에 각각 적용된다.

예제 3.11

톤(tone) 변조 SSB에 있어서, 반송파는 $\cos\omega_c t$이고, 메시지신호는 $m(t) = A_m\cos\omega_m t$이다.

(a) 상측파대형, 하측파대형 SSB 신호의 시간영역 표현을 구하고 그들을 스케치하라.

(b) 상측파대형, 하측파대형 SSB 신호의 스펙트럼을 구하고 그들을 스케치하라.

풀이

(a) $m_h(t)$는 $m(t)$에 -90°의 위상차를 줌으로써 얻을 수 있다. 따라서

$$m_h(t) = A_m\cos(\omega_m t - 90^\circ) = A_m\sin\omega_m t$$

$$\phi_{SSB}(t) = m(t)\cos\omega_c t \mp m_h(t)\sin\omega_c t = A_m\cos\omega_m t\cos\omega_c t \mp A_m\sin\omega_m t\sin\omega_c t$$

와 같이 주어진다. 이 식을 좀 더 정리하여 측파대가 명백히 드러나도록 하면 다음과 같다.

$$\phi_{SSB}(t) = \frac{A_m}{2}\{[\cos(\omega_c - \omega_m)t + \cos(\omega_c + \omega_m)t] \mp [\cos(\omega_c - \omega_m)t - \cos(\omega_c + \omega_m)t]\}$$

상측파대형에 대하여 '−'부호를, 하측파대형에 대하여 '+'부호를 적용하면

$$\phi_{USB}(t) = \frac{A_m}{2}\{2\cos(\omega_c + \omega_m)t\} = A_m \cos(\omega_c + \omega_m)t$$

$$\phi_{LSB}(t) = \frac{A_m}{2}\{2\cos(\omega_c - \omega_m)t\} = A_m \cos(\omega_c - \omega_m)t$$

와 같이 정리된다. 이들을 그림 3.21(a), (b)에 각각 스케치하였다. 톤 변조 SSB 신호파형은 일정한 진폭을 갖는 서로 다른 주파수의 정현파임을 확인하라. 이것은 시간에 따라 진폭이 변화하는 톤 변조 AM 및 톤 변조 DSB-SC와 구별되는 점이다.

(b) 위에서 구한 $\phi_{USB}(t)$와 $\phi_{LSB}(t)$를 푸리에변환 하면

$$\Phi_{USB}(\omega) = A_m\pi[\delta(\omega - \omega_c - \omega_m) + \delta(\omega + \omega_c + \omega_m)]$$

$$\Phi_{LSB}(\omega) = A_m\pi[\delta(\omega - \omega_c + \omega_m) + \delta(\omega + \omega_c - \omega_m)]$$

와 같이 계산되고, 이들을 스케치하면 그림 3.21(c), (d)와 같이 나타난다.

실전문제 3.11

멀티톤(multi-tone) 변조 SSB에 있어서, 메시지신호가 $m(t) = 5\cos\omega_m t + 3\sin 2\omega_m t$이고, 반송파는 $4\cos\omega_c t$이다. 상측파대형, 하측파대형 SSB 신호의 시간영역 표현을 구하고, 그들의 스펙트럼을 스케치하라.

정답:

$$\phi_{USB}(t) = 20\cos(\omega_c + \omega_m)t + 12\sin(\omega_c + 2\omega_m)t$$

$$\phi_{LSB}(t) = 20\cos(\omega_c - \omega_m)t - 12\sin(\omega_c - 2\omega_m)t$$

이들의 스펙트럼은 그림 3.21(c), (d)와 유사하다. 그러나 각각 두 개씩 임펄스가 존재하는 대신, $\Phi_{USB}(\omega)$에는 $\pm(\omega_c + \omega_m)$, $\pm(\omega_c + 2\omega_m)$에 네 개의 임펄스가 존재하며, $\Phi_{LSB}(\omega)$에는 $\pm(\omega_c - \omega_m)$, $\pm(\omega_c - 2\omega_m)$에 네 개의 임펄스가 각각 존재한다.

3.5.2 SSB AM 신호의 생성

그림 3.20에 나타낸 SSB 신호의 생성은 다분히 개념적인 것으로서 실용적으로 활용되기는 어

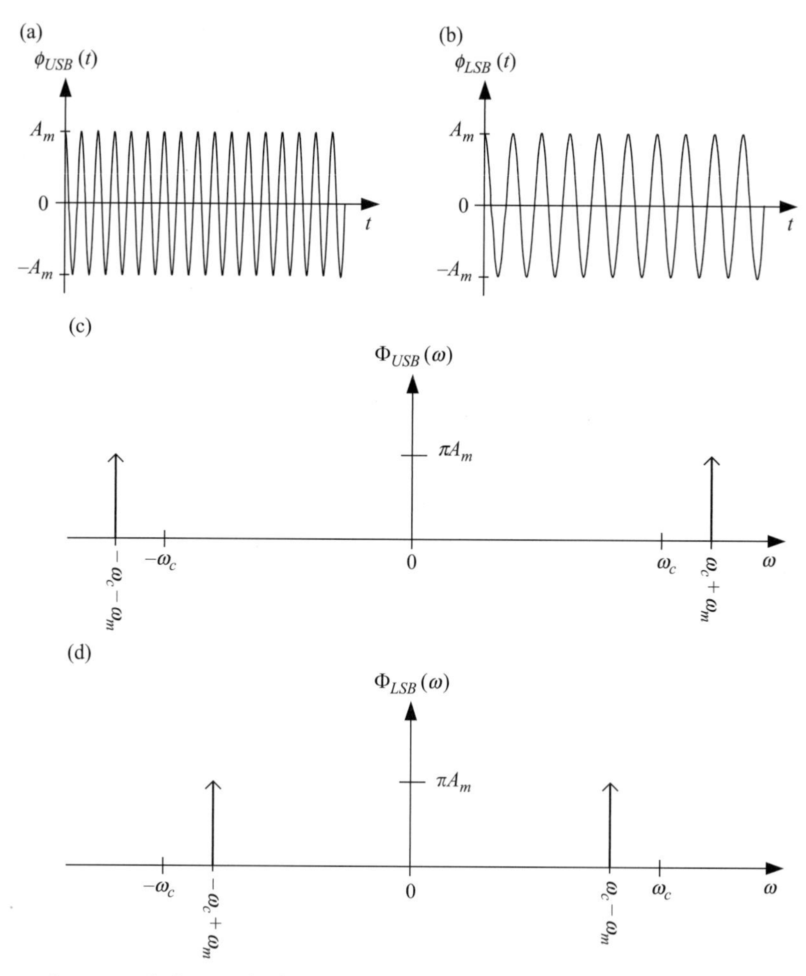

그림 3.21 예제 3.11의 파형과 스펙트럼. (a) 상측파대 신호파형, (b) 하측파대 신호파형, (c) 상측파대 스펙트럼, (d) 하측파대 스펙트럼.

렵다. 특히 이상적인 필터는 그 차단주파수에서 원하지 않는 측파대에 무한대 감쇠를 주는 것으로 실제적으로 실현 불가능하다. 만일 메시지신호의 스펙트럼이 그림 3.22(a)와 같이 직류갭밴드(dc gap-band)를 갖는다면, 주파수차동(frequency-discrimination) 방식을 사용할 수 있다. 반면, 위상차동(phase-discrimination) 방식은 위에서 유도한 SSB 신호의 시간영역 표현인 식 (3.60)을 그대로 이용하며, 이는 메시지신호의 직류갭밴드 유무에 상관없이 사용할 수 있다.

SSB 신호를 생성하는 주파수차동 방식

주파수차동(frequency-discrimination) 혹은 선택적 여파(selective filtering) 방식이 그림 3.22에 도시되어 있다. 이 방식은 오디오신호와 같이 직류갭밴드(dc gap-band)를 갖는 메시지신호

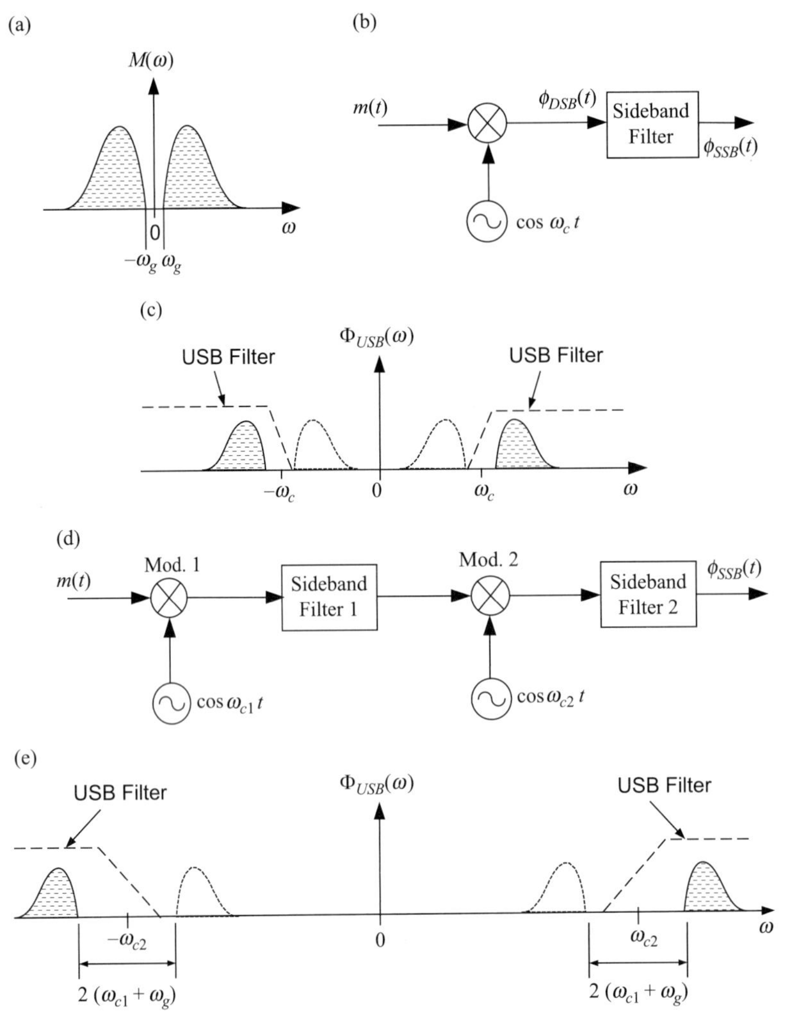

그림 3.22 SSB 신호를 생성하는 주파수차동 방식. (a) 직류갭밴드를 갖는 메시지신호 스펙트럼, (b) 1-단계 생성을 위한 구성도, (c) 1-단계 생성에서 얻어진 USB 스펙트럼, (d) 2-단계 생성을 위한 구성도, (e) 2-단계 생성에서 얻어진 USB 스펙트럼.

에 사용된다. 이 직류갭밴드는 경사차단 필터(gradual cut-off filter)를 사용할 수 있게 해 준다. DSB 변조기 다음에 있는 측파대 필터가 USB 필터냐 혹은 LSB 필터냐에 따라 해당 측파대만을 포함하는 SSB 신호가 된다. 그림 3.22에 나타난 것은 USB 생성 과정이다. 메시지신호에 $\omega_g = 2\pi f_g$의 직류갭밴드가 존재한다면, DSB 신호는 필터의 차단주파수에서 $2\omega_g = 4\pi f_g$ 의 갭밴드를 갖게 된다. 음성신호(voice signal)의 경우 f_g는 약 300 Hz이다. 원하지 않는 측파대로부터의 간섭을 최소화하기 위하여, 해당 DSB 갭밴드 $2f_g = 600$ Hz 내에서 적어도 40 dB의 감쇠를 실현하여야 한다. 또한, 원하지 않는 측파대에 대하여 충분히 억압하기 위해서는 $2f_g$가 반송파 주파수 f_c의 1%보다 작지 않아야 한다. 이러한 전제조건을 만족한다면, SSB는 그림 3.22(b), (c)에 주어진 '1-단계 변조'과정으로 생성될 수 있다. 만일 반송파 주파수가 $2f_g$에 비하여 너무 높아 이러한 전제조건을 만족하지 못한다면, 그림 3.22(d), (e)에 그려진 '2-단계 변조'과정이 적용된다. '2-단계 변조'과정에서는, 우리가 원하는 반송파 주파수 ω_{c2}에 비하여 비교적 낮은 중간 반송파 ω_{c1}이 처음에 사용되어 중간 형태의 SSB 신호를 생성한다. ω_{c1}은 $2\omega_g$에 비하여 그리 높지 않으므로 원하지 않는 측파대에 대한 효과적인 억압이 가능하다. 한편, 이 첫 번째 변조 단계에서 ω_{c1}은 메시지신호의 대역폭 Ω_m보다는 반드시 높아, 원점 근처에서 신호의 하측파대와 겹치는 현상을 방지하여야 한다. 두 번째 변조 단계에서는, DSB 신호가 ω_{c2}에서 갭밴드 $2(\omega_{c1}+\omega_g)$를 갖는다. ω_{c1}의 좋은 선택은 $2(\omega_{c1}+\omega_g) \geq 0.01\omega_{c2}$와 $\omega_{c1}-\Omega_m \geq \omega_g$를 만족하도록 정하는 것이다.

예제 3.12

SSB 신호를 생성하는 '2-단계' 주파수차동 방식에 있어서, 원하는 반송파 주파수는 $f_{c2}=1$ MHz, 메시지신호의 대역폭은 $B=5$ kHz, 직류갭밴드는 $f_g=300$ Hz이다. 중간 반송파 주파수 f_{c1}이 B를 적어도 f_g만큼 초과하면서 kHz 단위에 근접하는 값으로 선택되었다면, f_{c2}에서의 갭밴드 폭은 얼마인가?

풀이

f_{c2}에서 충분한 갭밴드를 확보하기 위해서는

$$2(f_{c1}+f_g) \geq 0.01f_{c2} \Rightarrow f_{c1} \geq 0.005f_{c2}-f_g = 0.005\times 10^6 - 300 = 4.7\ \text{kHz}$$

이고, 원점 근처에서 하측파대와의 간섭을 회피하기 위해서는

$$f_{c1} \geq B+f_g = (5+0.3)\ \text{kHz} = 5.3\ \text{kHz}$$

와 같이 주어진다. 위의 두 부등식을 모두 만족하는 것은 $f_{c1} \geq 5.3$ kHz이며, 이를 만족하면서 kHz 단위에 근접하는 값은 $f_{c1}=6$ kHz이다. 따라서 f_{c2}에서의 갭밴드는 $2(f_{c1}+f_g)=12.6$ kHz로 계산된다.

실전문제 3.12

$f_{c2}=900$ kHz, $B=3$ kHz, $f_g=350$ Hz일 때, 위 예제 3.12를 반복하라.

정답: f_{c2}에서의 갭밴드는 10.7 kHz로 계산된다.

SSB 신호를 생성하는 위상차동 방식

위상차동(phase-discrimination) 방식을 그림 3.23에 구성도로 나타내었다. 이는 SSB 신호에 대한 시간영역 표현을 그대로 실현시키는 과정이다. 위쪽 동위상 선로(in-phase path)에서는 DSB-SC 신호 $\phi_{DSB}(t) = m(t)\cos\omega_c t$를 생성하고, 아래쪽 직교위상 선로(quadrature-phase path)에서는 $\phi_h(t) = m_h(t)\sin\omega_c t$를 생성한다. 그 다음에 덧셈기(혹은 뺄셈기)가 $\phi_{DSB}(t)$와 $\phi_h(t)$를 결합하여 원하는 대로 상측파대 SSB 혹은 하측파대 SSB 신호를 생성한다. 정현파 $\cos\omega_c t$에 대한 힐버트변환(혹은 $-\pi/2$ 위상천이)은 $\sin\omega_c t$로 비교적 쉽지만, 전형적인 메시지신호의 위상을 스펙트럼 전 대역에 걸쳐 $-\pi/2$만큼 천이시키는 것은 그리 용이한 일이 아니다. 그 어려움을 다소 완화시키기 위하여, $-\pi/2$ 위상기를 α와 β로 분리하여 적용하는 방식이 있다. 이때, $\alpha - \beta = -90^\circ$이며, 그림 3.23(b)에 이 방식을 도시하였다.

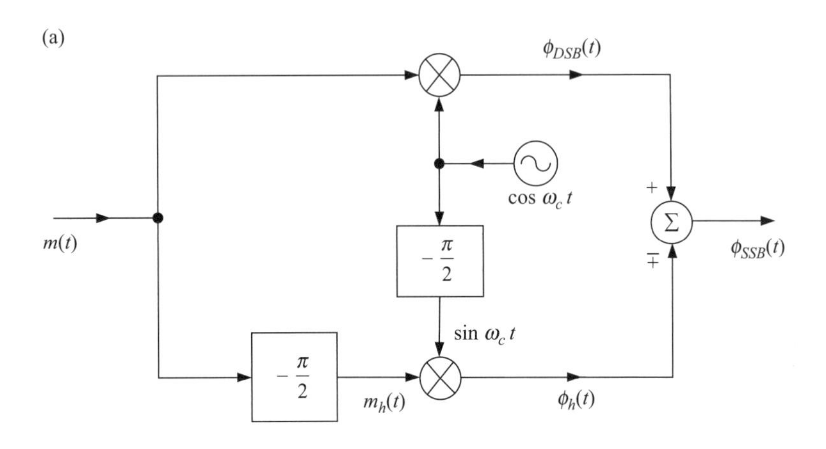

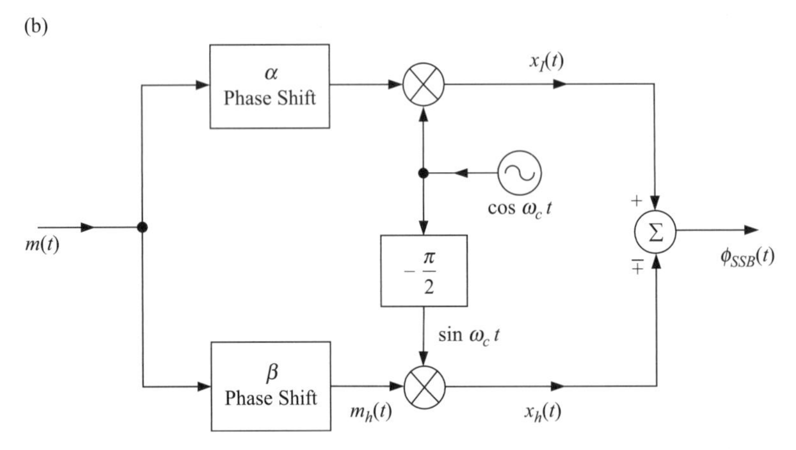

그림 3.23 SSB 신호를 생성하는 위상차동 방식. (a) 기본적인 구성도, (b) 위상천이를 두 선로로 분리하여 적용한 구성도.

예제 3.13

그림 3.23(a)의 SSB 신호를 생성하는 위상차동 방식에서 반송파가 $2\cos\omega_c t$로 주어졌다. 메시지신호가 $m(t)=A_1\cos\omega_1 t+A_2\sin\omega_2 t$일 때, $\phi_{USB}(t)$와 $\phi_{LSB}(t)$를 구하라.

풀이

$$m_h(t) = A_1\cos(\omega_1 t-90^\circ)+A_2\sin(\omega_2 t-90^\circ) = A_1\sin\omega_1 t - A_2\cos\omega_2 t$$

$$\begin{aligned}\phi_{SSB}(t) &= 2m(t)\cos\omega_c t \mp 2m_h(t)\sin\omega_c t\\ &= 2[A_1\cos\omega_1 t + A_2\sin\omega_2 t]\cos\omega_c t \mp 2[A_1\sin\omega_1 t - A_2\cos\omega_2 t]\sin\omega_c t\end{aligned}$$

와 같이 나타난다. 따라서

$$\begin{aligned}\phi_{USB}(t) &= 2[A_1\cos\omega_1 t + A_2\sin\omega_2 t]\cos\omega_c t - 2[A_1\sin\omega_1 t - A_2\cos\omega_2 t]\sin\omega_c t\\ &= 2A_1[\cos\omega_c t\cos\omega_1 t - \sin\omega_c t\sin\omega_1 t] + 2A_2[\cos\omega_c t\sin\omega_2 t + \sin\omega_c t\cos\omega_2 t]\\ &= 2A_1\cos(\omega_c+\omega_1)t + 2A_2\sin(\omega_c+\omega_2)t\end{aligned}$$

$$\begin{aligned}\phi_{LSB}(t) &= 2[A_1\cos\omega_1 t + A_2\sin\omega_2 t]\cos\omega_c t + 2[A_1\sin\omega_1 t - A_2\cos\omega_2 t]\sin\omega_c t\\ &= 2A_1[\cos\omega_c t\cos\omega_1 t + \sin\omega_c t\sin\omega_1 t] + 2A_2[\cos\omega_c t\sin\omega_2 t - \sin\omega_c t\cos\omega_2 t]\\ &= 2A_1\cos(\omega_c-\omega_1)t - 2A_2\sin(\omega_c-\omega_2)t\end{aligned}$$

실전문제 3.13

반송파가 $3\sin\omega_c t$로, 메시지신호가 $m(t)=4\sin\omega_1 t-2\cos\omega_2 t$로 주어질 때, 위 예제 3.13을 반복하라.

정답:

$$\phi_{USB}(t) = -12\cos(\omega_c+\omega_1)t - 6\sin(\omega_c+\omega_2)t$$
$$\phi_{LSB}(t) = 12\cos(\omega_c-\omega_1)t - 6\sin(\omega_c-\omega_2)t$$

3.5.3 SSB AM 신호의 복조

SSB 신호를 포함하여 어떠한 형태의 변조 방식에 대해서도 '동기 복조'는 가능하다. AM에서와 같이 '포락선 검파'가 가능한 경우에는 그것을 채택하는 것이 좋을 것이다. 왜냐하면 '포락선 검파'는 '동기 복조'에 비하여 매우 저렴하기 때문이다. 수신기에서 복조하기 전에 SSB 신호에 반송파를 크게 더함으로써 포락선 검파를 가능하게 할 수 있다. 아래에서 SSB에 대한 동기 복조와 SSB+반송파에 대한 포락선 검파에 대하여 논의한다.

SSB의 동기 복조

그림 3.24(a)의 구성도에서 보는 바와 같이, SSB의 동기 복조는 개념적으로 간단하다. 이는, SSB 신호를 국부발진 신호 2 cos $\omega_c t$에 곱하여 저역통과 필터(LPF)에 인가하는 과정이다. 이때, 국부발진 신호는 수신된 신호의 반송파와 동기되어 있어야 한다. SSB 신호와 반송파의 곱은

$$\begin{aligned} x(t) &= 2\phi_{SSB}(t)\cos\omega_c t = 2[m(t)\cos\omega_c t \mp m_h(t)\sin\omega_c t]\cos\omega_c t \\ &= m(t) + [m(t)\cos 2\omega_c t \mp m_h(t)\sin 2\omega_c t] \end{aligned}$$

와 같이 계산된다. 따라서 신호 $x(t)$가 저역통과 필터(LPF)를 통과하면, 복조기의 출력은 $y(t) = m(t)$로 주어짐을 쉽게 알 수 있다. 그림 3.24(b)~(d)에 이 복조 과정을 주파수영역에서 상

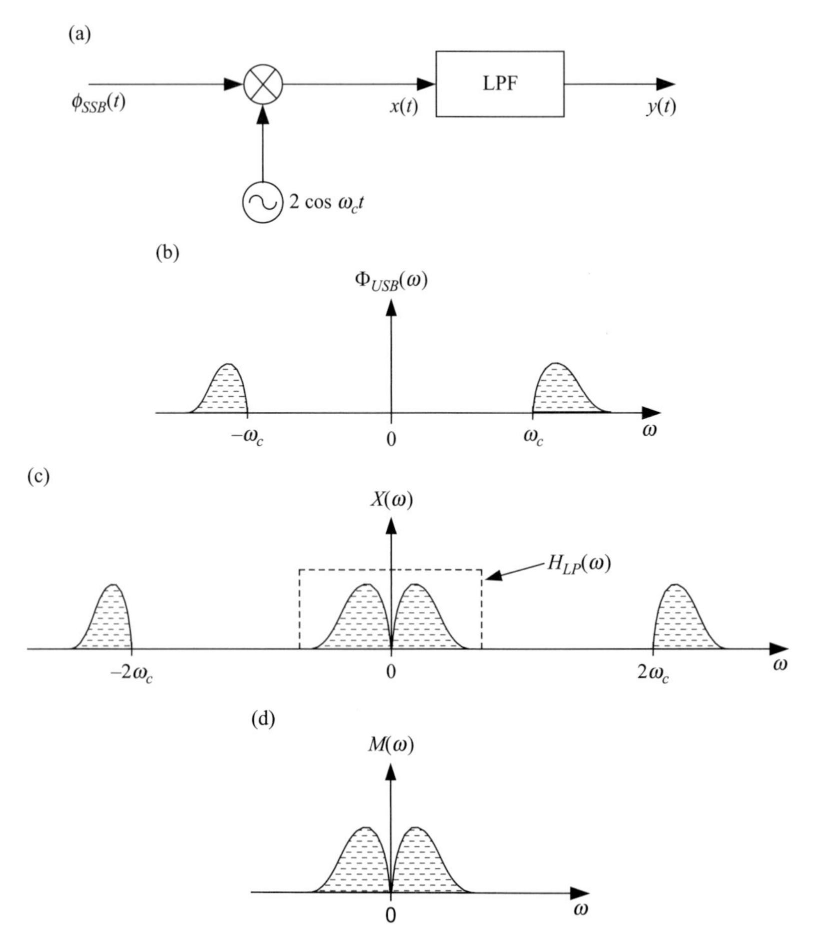

그림 3.24 SSB의 동기 복조. (a) 복조기 구성도, (b) USB 스펙트럼, (c) 신호 $x(t)$의 스펙트럼, (d) 복조된 출력신호의 스펙트럼.

측파대를 중심으로 나타내었다.

SSB의 동기 복조에서 주파수 오차와 위상 오차

아래 예제들에서는 SSB의 동기 복조에 있어서 주파수 오차와 위상 오차의 영향을 분석한다. 또한 첫 예제를 마친 후, SSB에서의 오류 영향과 DSB-SC에서의 오류 영향을 비교분석한다.

예제 3.14

그림 3.24의 SSB 동기 복조에 있어서, 국부반송파가 $\Delta\omega$만큼의 주파수 오차를 포함하여 $2\cos(\omega_c + \Delta\omega)t$로 주어졌다. 상측파대 SSB를 사용한다고 가정할 때, 복조기의 출력을 구하라.

풀이

USB 신호와 국부반송파의 곱은 다음과 같이 주어진다.

$$\begin{aligned} x(t) &= \phi_{USB}(t)[2\cos(\omega_c + \Delta\omega)t] = 2[m(t)\cos\omega_c t - m_h(t)\sin\omega_c t]\cos(\omega_c + \Delta\omega)t \\ &= m(t)[\cos\Delta\omega t + \cos(2\omega_c + \Delta\omega)t] + m_h(t)[\sin\Delta\omega t - \sin(2\omega_c + \Delta\omega)t] \end{aligned}$$

이것이 저역통과 필터(LPF)를 통과하면, 복조기의 출력은

$$y(t) = m(t)\cos\Delta\omega t + m_h(t)\sin\Delta\omega t \tag{3.61}$$

로 주어진다.

실전문제 3.14

예제 3.14와 동일한 주파수 오차를 갖는 동기 복조기를 하측파대 SSB AM에 적용하였을 때, 복조기의 출력을 구하라.

정답: $y(t) = m(t)\cos\Delta\omega t - m_h(t)\sin\Delta\omega t$

위의 예제와 실전문제의 정답은 SSB 검파에 관한 흥미로운 한 가지 사실을 보여 주고 있다. 즉, 상측파대 SSB의 복조기 출력은 하측파대 SSB 신호와 유사하고, 하측파대 SSB의 복조기 출력은 상측파대 SSB 신호와 유사함을 확인할 수 있다. 그러나 주파수 오차 $\Delta\omega$가 너무 작으면 유효한 반송파 주파수가 될 수 없으므로 복조기의 출력은 SSB 신호가 아닌 기저대역(baseband) 신호라고 볼 수 있다. 그림 3.25(a)는 복조기가 지향하는 오류 없는 메시지신호의 스펙트럼을 보여 주고 있다. 위의 예제 및 실전문제의 정답과 연계하여, 그림 3.25(b)에는 LSB형

에 $\Delta\omega$ 혹은 USB형에 $-\Delta\omega$의 주파수 오차가 있을 때 복조된 신호의 스펙트럼을 나타내었다. 이것은 명백히 메시지신호의 스펙트럼을 작은 주파수 $\Delta\omega$만큼 상위천이(up-shift)한 형태이다.

원래 SSB 시스템에 적용되는 오디오신호는 약 300 Hz 정도의 직류갭밴드(dc gap-band)를 가지고 있으나, 논의를 간단히 하기 위하여 그림 3.25(a)에 그려진 메시지신호의 스펙트럼에는 갭밴드를 두지 않았다. 반송파의 주파수 오차는 그 주파수 오차의 크기만큼 갭밴드를 넓히거나 혹은 좁히는 효과가 있다. 이는 복조된 메시지신호를 상위(up) 혹은 하위(down)로 조금씩 천이하도록 하는데, 그 방향은 주파수 오차의 대수적 부호(+, −)에 따른다. 작은 주파수의 변화는 복조된 신호에 있어서 작은 음색의 변화로 나타난다. 대부분의 오디오신호는 5 Hz 이하

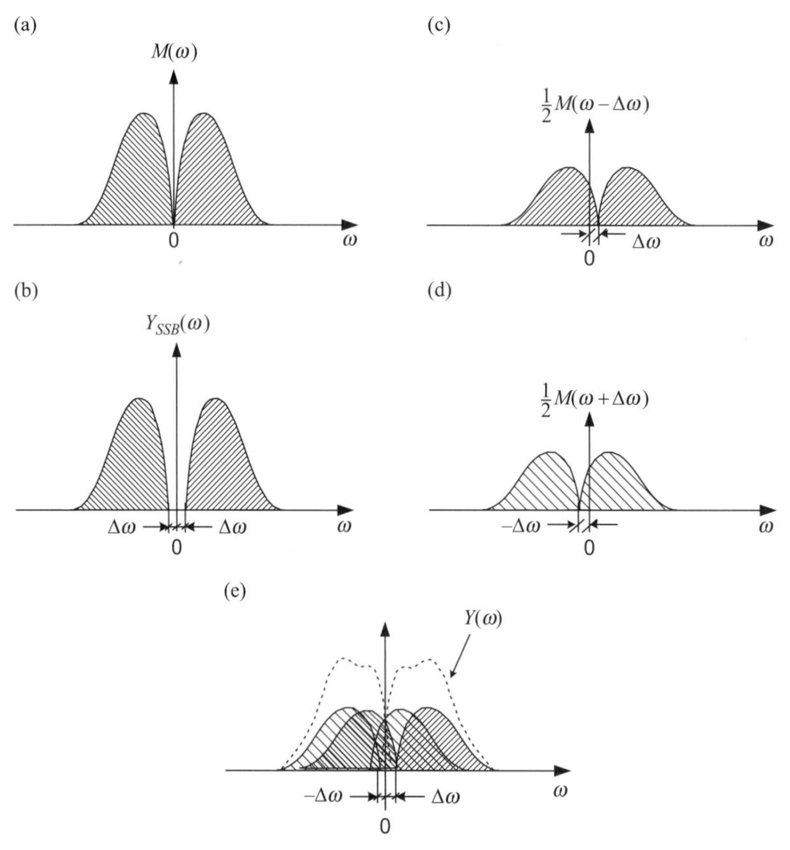

그림 3.25 SSB와 DSB의 동기 검파에서 국부반송파의 주파수 오차에 대한 스펙트럼 분석. (a) 메시지신호 스펙트럼, (b) SSB 검파기 출력: 양(+)의 주파수 오차를 갖는 LSB 혹은 음(−)의 주파수 오차를 갖는 USB, (c) 주파수 오차에 의한 DSB 검파기 출력의 우천이(right-shift) 부분, (d) 주파수 오차에 의한 DSB 검파기 출력의 좌천이(left-shift) 부분, (e) 국부반송파의 작은 주파수 오차에 의한 DSB 검파기 출력의 간섭과 왜곡.

의 주파수 오차를 허용하고 있으나, 대부분의 상업용 통신시스템은 최대 주파수 오차를 2 Hz로 제한하고 있다. 이러한 작은 음색의 변화는 인간의 귀로 감지하기 어려우며, 일반적인 수신기의 국부반송파는 송신기의 반송파에 '몇 분의 1' Hz까지 쉽게 정합시킬 수 있다. 따라서 SSB 동기 복조에 있어서 주파수 오차는 그리 심각한 문제가 아니다.

SSB와 DSB-SC의 동기 복조에 있어서 주파수 오차의 효과를 비교해 보기 위하여, 예제 3.10에서 구한 DSB-SC 복조기 출력의 스펙트럼을 그림 3.25(c)~(e)에 나타내었다. 복조기의 출력신호는 $y(t) = m(t) \cos \Delta\omega t$이며, 그 스펙트럼은 $Y(\omega) = 1/2[M(\omega - \Delta\omega) + M(\omega + \Delta\omega)]$로 주어진다. 여기서 $1/2\, M(\omega - \Delta\omega)$는 $\omega = \Delta\omega$에 중심을 두며, $1/2\, M(\omega + \Delta\omega)$는 $\omega = -\Delta\omega$에 중심을 둔다. 이들은 각각 그림 3.25(c)와 (d)에 도시되었다. 이 두 스펙트럼을 동시에 그려 상호간의 겹침과 간섭을 나타낸 것이 그림 3.25(e)이다. 두 스펙트럼의 합 $Y(\omega)$는 그림에서 점선으로 표시되어 있는데, 메시지신호의 왜곡된 형태로 나타남을 볼 수 있다. 따라서 수신기 국부반송파의 주파수 오차는 DSB-SC 동기 복조에서 SSB에 비하여 좀 더 심각한 문제를 발생시킨다.

예제 3.15

상측파대 SSB의 동기 복조에 있어서, 국부반송파가 α만큼의 위상 오차를 포함하여 $2 \cos(\omega_c t + \alpha)$로 주어질 때, 복조기의 출력을 구하라.

풀이

$$\begin{aligned} x(t) &= \phi_{USB}(t)[2\cos(\omega_c t + \alpha)] = 2[m(t)\cos\omega_c t - m_h(t)\sin\omega_c t]\cos(\omega_c t + \alpha) \\ &= m(t)[\cos\alpha + \cos(2\omega_c t + \alpha)] + m_h(t)[\sin\alpha - \sin(2\omega_c t + \alpha)] \end{aligned}$$

저역통과 필터(LPF)를 통과하면, 복조기의 출력은

$$y(t) = m(t)\cos\alpha + m_h(t)\sin\alpha \tag{3.62}$$

로 주어진다.

실전문제 3.15

예제 3.15와 동일한 위상 오차를 갖는 동기 복조기를 하측파대 SSB AM에 적용하였을 때, 복조기의 출력을 구하라.

정답: $y(t) = m(t)\cos\alpha - m_h(t)\sin\alpha$

SSB 동기 복조기의 국부반송파에 위상 오차가 존재함으로써 나타나는 효과를 좀 더 정확히 분석하기 위하여, 예제 3.15의 복조기 출력에 대한 주파수영역 표현을 생각해 보자.

$$Y(\omega) = M(\omega)\cos\alpha + M_h(\omega)\sin\alpha = [M(\omega)\cos\alpha - j\,\mathrm{sgn}(\omega)M(\omega)\sin\alpha]$$

$$\text{i.e.} \quad Y(\omega) = \begin{cases} M(\omega)[\cos\alpha - j\sin\alpha] = M(\omega)e^{-j\alpha}, & \omega > 0 \\ M(\omega)[\cos\alpha + j\sin\alpha] = M(\omega)e^{j\alpha}, & \omega < 0 \end{cases} \tag{3.63}$$

이 식은, SSB 복조기의 국부반송파에 위상 오차 α가 존재하면, 그 복조 출력에 α만큼의 위상 천이를 일으킨다는 사실을 말해 준다. 이는 오디오신호의 통신에 있어서 그리 심각한 문제는 아니다. 왜냐하면 인간의 귀는 위상 왜곡에 대하여 그리 민감하지 않기 때문이다. 그러나 비디오신호에 있어서는 위상 왜곡이 상당히 심각한 문제가 된다.

예제 3.9에서, DSB-SC 동기 복조기의 국부반송파에 위상 오차 α가 존재하면 그 복조 출력이 $y(t) = m(t)\cos\alpha$로 주어짐을 보았다. 이는 복조된 메시지신호가 $\cos\alpha$를 인수로 감쇠함을 나타낸다. 이 효과는 α가 커지거나 시간에 따라 변화할 때 심각한 문제가 될 수 있다. 특히, 극단적으로 $\cos\alpha$가 0이 되는 경우, 복조된 신호도 0이 될 것이므로 매우 심각하다. 따라서 국부반송파의 위상 오차는 DSB-SC 동기 복조에서 SSB에 비하여 더욱 심각한 문제를 일으킨다.

SSB+반송파의 포락선 검파

SSB 신호에 반송파 $A_c\cos\omega_c t$가 더해지면, 다음과 같은 SSB+반송파 신호가 된다.

$$\begin{aligned}\phi_{SSB+C}(t) &= A_c\cos\omega_c t + m(t)\cos\omega_c t \mp m_h(t)\sin\omega_c t \\ &= [A_c + m(t)]\cos\omega_c t \mp m_h(t)\sin\omega_c t = E(t)\cos[\omega_c t + \theta(t)]\end{aligned}$$

여기서 $E(t)$는 SSB+반송파 신호의 포락선을, $\theta(t)$는 SSB+반송파 신호의 위상을 나타낸다. 위상은 포락선 검파와는 상관없는 양이므로 아래의 해석에서 무시한다. SSB+반송파 신호의 포락선은 다음과 같이 계산된다.

$$E(t) = \left\{[A_c + m(t)]^2 + m_h^2(t)\right\}^{1/2} = \left[A_c^2 + 2A_c m(t) + m^2(t) + m_h^2(t)\right]^{1/2}$$

한편, $m(t)$와 $m_h(t)$는 동일한 진폭을 가지므로 $A_c \gg |m(t)| \Rightarrow A_c \gg |m_h(t)|$ 이 성립하며, 위 관계식의 세 번째, 네 번째 항은 무시할 수 있다. 이 경우 포락선의 식은

$$E(t) \approx \left[A_c^2 + 2A_c m(t)\right]^{1/2} = A_c\left[1 + \frac{2m(t)}{A_c}\right]^{1/2}$$

로 쓸 수 있다. 여기에 이항전개식(binomial expansion)을 적용하면

$$E(t) \approx A_c + m(t) - \frac{1}{2}\frac{m^2(t)}{A_c} + \cdots \tag{3.64}$$

와 같이 전개된다. 여기서 $A_c \gg |m(t)|$이므로 세 번째 항부터 높은 차수의 항들은 무시할 수 있을 정도로 작다. 따라서 포락선은 다음과 같이 근사화된다.

$$E(t) \approx A_c + m(t) \tag{3.65}$$

위의 분석은 SSB+반송파 신호의 포락선 검파를 위해서는, 더해지는 반송파의 크기가 메시지 신호에 비하여 매우 크다는 전제 하에 이루어진다. AM의 포락선 검파에 있어서도 반송파의 크기가 메시지신호를 초과해야 한다는 사실을 상기하라. SSB+반송파 신호의 전력효율은 AM 신호보다도 열악해진다. 전송신호의 전력 낭비를 피하기 위해서는 수신기에서 포락선 검파를 실시하기 이전에 국부반송파를 크게 생성하여 SSB 신호에 삽입시키는 방식이 권장된다. 이와 같은 해석은 동기반송파를 전제로 한다. 그러므로 SSB 동기 검파에서도 그랬듯이, SSB+반송파 신호의 포락선 검파에 있어서도 국부반송파의 위상 혹은 주파수 오류는 그리 문제가 되지 아니한다. 명백히, SSB+반송파 신호에 대한 간단하고 저렴한 포락선 검파는 큰 장점을 가진다.

예제 3.16

SSB+반송파 신호에서 반송파가 $A_c \cos \omega_c t$이고 메시지신호가 $2 \cos \omega_m t$이다. 포락선 검파기의 출력에서, 원하는 메시지신호의 진폭에 비하여 왜곡의 제2고조파가 최소 26 dB 떨어지는 효과를 얻으려면, 반송파의 진폭은 얼마로 해야 하는가?

풀이

먼저, 26 dB를 감쇠율로 계산하면

$$26 \text{ dB} = -20 \log_{10} \alpha \ \Rightarrow\ \alpha = 10^{-26/20} = 10^{-1.3} \approx \frac{1}{20} \quad ※\text{attenuation factor}$$

이다. 식 (3.64)로부터 원하는 메시지신호의 진폭은 $|m(t)| = |2 \cos \omega_m t| = 2$이며, 제2고조파의 진폭은

$$\left| -\frac{1}{2}\frac{m^2(t)}{A_c} \right| = \left| \frac{4 \cos^2 \omega_m t}{2A_c} \right| = \frac{2}{A_c}$$

로 주어진다. 그러므로 여기에 필요한 반송파의 진폭은 다음과 같이 계산된다.

$$\frac{2/A_c}{2} = \frac{1}{A_c} \le \frac{1}{20} \Rightarrow A_c \ge 20$$

실전문제 3.16

반송파가 $A_c \cos \omega_c t$이고 메시지신호가 $2 \sin \omega_m t$이다. 포락선 검파기의 출력에서, 원하는 메시지신호의 진폭에 비하여 왜곡의 제2고조파가 최소 20 dB 떨어지는 효과를 얻으려 한다. 위 예제 3.16을 반복하라.

정답: $A_c \geq 10$

예제 3.17

AM과 SSB+반송파 신호의 톤(tone) 변조에 있어서, 메시지신호가 $2 \cos \omega_m t$이고, 반송파가 $A_c \cos \omega_c t$이다. 이때, AM에 대해서는 $A_c = 5$, SSB+반송파에 대해서는 $A_c = 25$를 적용하기로 한다. 각각의 변조된 신호에 있어서 전력효율은 얼마인가?

풀이

AM에 대하여,

$$\mu = \frac{A_m}{A_c} = \frac{2}{5} = 0.4$$

$$\therefore \ \eta_{AM} = \frac{\mu^2}{2+\mu^2} \approx 0.074 = 7.4\%$$

SSB+반송파에 대하여,

$$P_m = \frac{A_m^2}{2} = \frac{2^2}{2} = 2: \ \text{메시지신호의 전력}$$

$$P_c = \frac{A_c^2}{2} = \frac{25^2}{2} = 312.5: \ \text{반송파의 전력}$$

한편, 변조된 신호는 $\phi_{SSB+C}(t) = A_c \cos \omega_c t + m(t) \cos \omega_c t \mp m_h(t) \sin \omega_c t$로 주어지므로, 이 관계식의 첫째 항은 반송파이고, 둘째 항과 셋째 항의 전력은 각각 $P_m/2$으로 주어진다. 따라서 유효전력은

$$P_s = 2 \times \frac{P_m}{2} = P_m = 2: \ \text{유효전력}$$

로 주어진다. 따라서 전력효율은 다음과 같이 계산된다.

$$\eta_{SSB+C} = \frac{P_s}{P_c + P_s} = \frac{2}{312.5+2} \approx 0.00636 = 0.636\%$$

실전문제 3.17

AM 변조기의 반송파는 2 cos $\omega_c t$이고, SSB+반송파 변조기의 반송파는 10 cos $\omega_c t$이다. 두 변조기의 메시지신호는 똑같이 sin $\omega_m t$일 때, 변조된 AM 및 SSB+반송파 신호의 전력효율을 각각 구하라.

정답: $\eta_{AM} \approx 0.111 = 11.1\%$

$\eta_{SSB+C} \approx 0.0099 = 0.99\%$

3.6 잔류측파대(VSB) 진폭변조

잔류측파대 시스템은 한쪽 측파대와 원하지 않는 측파대의 일부(vestige)를 전송한다. 보통 VSB(vestigial sideband)의 대역폭은 SSB보다 약 25% 정도 넓다. VSB는 큰 대역폭을 가지면서도 직류갭밴드(dc gap-band)가 없는 신호, 예를 들면 기저대역 디지털신호나 비디오신호 등의 메시지신호에 특히 적합하다. 이러한 형태의 신호에 대하여 SSB는 선택의 여지가 없으므로, VSB가 소요 대역폭의 경제성을 제공할 수 있다.

그림 3.26에 잔류측파대 변조에 대하여 나타내었다. 그림 3.26(b)의 구성도에 보인 바와 같이, VSB 신호는 DSB-SC 신호를 VSB 필터에 통과시킴으로써 얻는다. 이때, VSB 필터는 SSB 필터와는 달리 그 실현이 용이한 경사형 차단(gradual cut-off) 필터임을 확인하라. 상측파대 VSB 필터와 그 결과로 나타나는 VSB 스펙트럼을 그림 3.26(c)에, 하측파대 필터와 그 결과로 나타나는 스펙트럼을 그림 3.26(d)에 각각 도시하였다. 원하지 않는 측파대의 잔류(vestige)를 포함하는 양은 원하는 측파대의 해당 부분을 감쇠시키는 양과 균형을 이루고 있음을 확인하라.

메시지신호가 $m(t) = \cos \omega_m t$라 하자. 이 신호는 DSB-SC 스펙트럼에서 $\omega_c \pm \omega_m$에 임펄스로 표시되는데, 이들은 VSB 필터의 roll-off 밴드에 위치하게 된다. VSB 필터는 그 통과대역(passband)에서 이득이 1이며, 임펄스가 놓이는 위치에서의 이득을 각각 $H(\omega_c - \omega_m) = a$, $H(\omega_c + \omega_m) = b$라 하면, 필터의 주파수응답은 $H(\omega_c - \omega_m) + H(\omega_c + \omega_m) = a + b = 1$을 만족해야 한다. 즉, 원하지 않는 잔류측파대에 놓인 임펄스의 이득(gain)이 원하는 측파대에 놓인 임펄스의 감쇠(attenuation)를 정확히 보상함으로써 그 합이 1이 되어야 한다는 것이다. 이러한 조건은 $H(\omega_c)$가 크기응답은 갖되, 위상응답은 0인 경우, 즉 $H(\omega_c) = |H(\omega_c)| e^{j0} = |H(\omega_c)|$ 인 경우에 한하여 성립한다. 실제로 그림 3.26의 VSB 필터는 오직 크기응답만으로 주어진다. 위

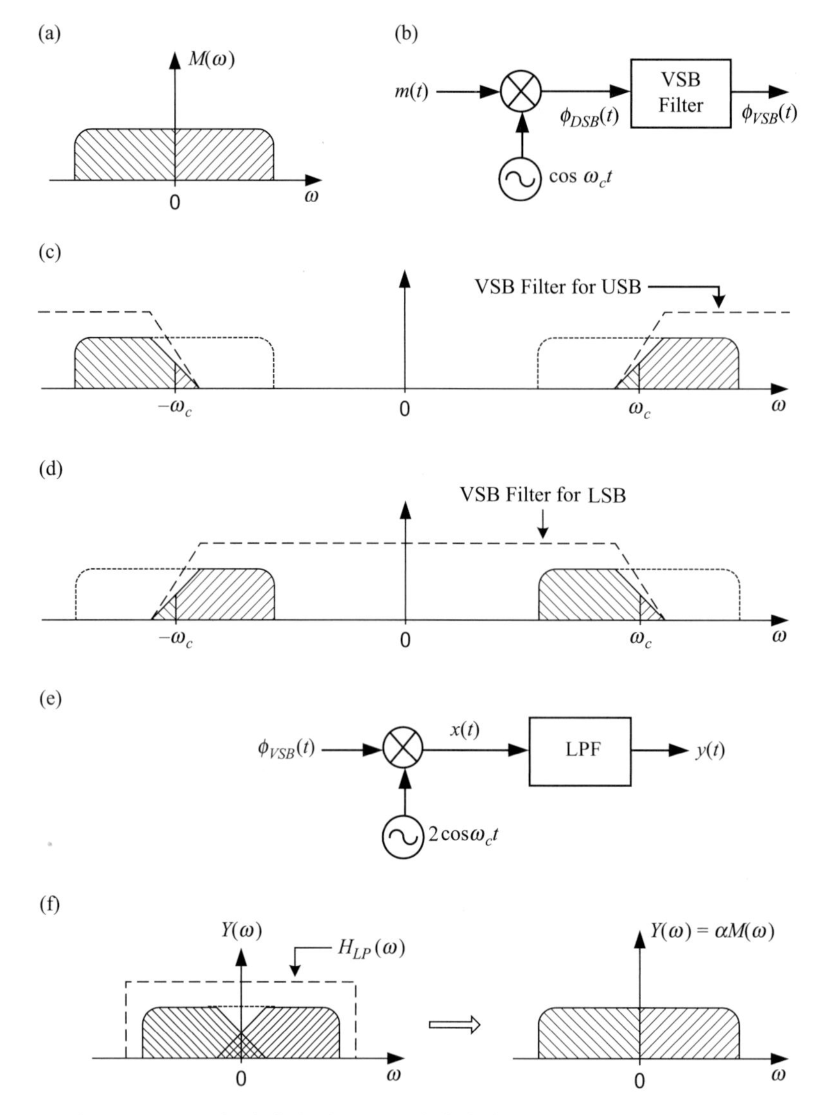

그림 3.26 VSB의 생성과 복조. (a) 메시지신호 스펙트럼, (b) VSB 신호 생성을 위한 구성도, (c) 상측파대 VSB, (d) 하측파대 VSB, (e) VSB의 동기 복조, (f) 복조된 신호의 스펙트럼.

의 조건은 DSB 신호의 대역폭 내에서 $\omega_c \pm \nu$에 위치하는 임의의 주파수 성분에 대하여 성립한다. 따라서 메시지 대역폭 B Hz에 대하여 VSB 필터의 요구조건은

$$\boxed{|H(\omega_c-\nu)|+|H(\omega_c+\nu)|=1, \quad |\nu|\le 2\pi B} \tag{3.66}$$

으로 표현된다. 만일 VSB 필터가 0-위상 필터라면, 위의 요구조건은 다음 식과 동일하다.

$$H(\omega_c - v) + H(\omega_c + v) = 1, \quad |v| \le 2\pi B \tag{3.67}$$

임의의 대역통과 필터(BPF)가 ω_c 근처에서 위 요구조건을 만족하는 경사형 차단(gradual cut-off) 특성을 갖는다면 VSB 필터로 충분할 것이다.

예제 3.18

그림 3.26(b)의 변조기가 상측파대 VSB 신호를 생성시키기 위하여 사용되었다. 이때, VSB 필터의 주파수응답 $H_U(\omega)$는 양(+)의 주파수에 대하여 그림 3.27(a)와 같다. 반송파가 $\cos \omega_c t$, 메시지신호가 $m(t) = \cos \omega_m t$로 주어진다. 여기서 $\omega_c = 10^6$ rad/s, $\omega_m = 2 \times 10^4$ rad/s이다. 원하는 측파대와 원하지 않는 측파대로 구성된 VSB 신호 $\phi_{VSB}(t)$를 유도하라. 이때, 동위상(in-phase) 및 직교위상(quadrature-phase) 성분을 지적하라.

풀이

먼저, DSB-SC 신호는

$$\phi_{DSB}(t) = \cos \omega_m t \cos \omega_c t = \frac{1}{2}[\cos(\omega_c - \omega_m)t + \cos(\omega_c + \omega_m)t]$$

$$\omega_c - \omega_m = 10^6 - 2 \times 10^4 = 0.98 \times 10^6; \quad \omega_c + \omega_m = 10^6 + 2 \times 10^4 = 1.02 \times 10^6$$

로 주어진다. 또한, 그림 3.27(a) VSB 필터로부터

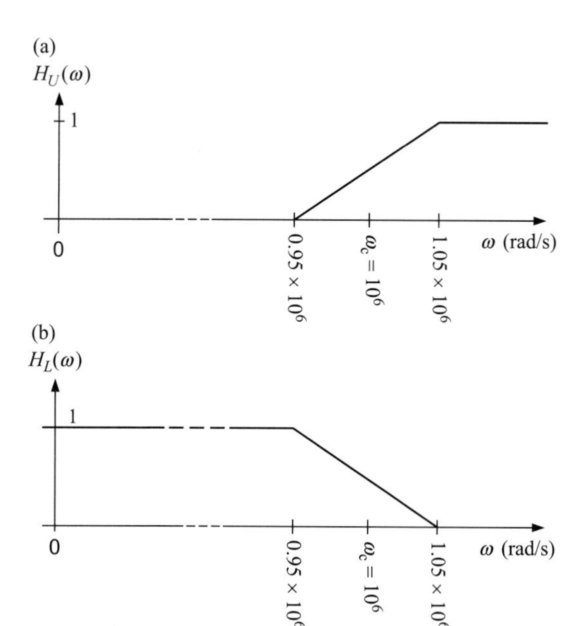

그림 3.27 VSB (shaping) 필터의 주파수응답. (a) 예제 3.18, (b) 실전문제 3.18.

$$H_U(\omega_c - \omega_m) = H_U(0.98 \times 10^6) = 0.3; \quad H_U(\omega_c + \omega_m) = H_U(1.02 \times 10^6) = 0.7$$

와 같은 값을 얻을 수 있으므로, VSB 필터의 출력은

$$\phi_{VSB}(t) = \frac{1}{2}[0.3 \cos(\omega_c - \omega_m)t + 0.7 \cos(\omega_c + \omega_m)t]$$

로 주어진다. 이 식은 원하지 않는 잔류측파대의 이득이 0.3, 원하는 측파대의 이득(실질적으로 감쇠)이 0.7임을 보여 주며, 두 이득을 더하면 정확히 1이 된다. 계속해서, 동위상 성분과 직교위상 성분을 얻기 위하여 cosine함수를 전개하면

$$\begin{aligned}\phi_{VSB}(t) &= \frac{1}{2}[0.3(\cos\omega_c t \cos\omega_m t + \sin\omega_c t \sin\omega_m t)] \\ &+ \frac{1}{2}[0.7(\cos\omega_c t \cos\omega_m t - \sin\omega_c t \sin\omega_m t)]\end{aligned}$$

와 같이 계산되며, 이를 정리하여 다음과 같은 VSB 신호를 얻는다.

$$\therefore \ \phi_{VSB}(t) = \frac{1}{2}[\cos\omega_m t \cos\omega_c t - 0.4 \sin\omega_m t \sin\omega_c t] \tag{3.68}$$

여기서 동위상(in-phase) 성분은 $1/2[\cos\omega_m t]$, 직교위상 성분은 $-0.2 \sin\omega_m t$이다.

실전문제 3.18

예제 3.18의 반송파와 메시지신호를 그대로 주고, 단지 VSB 필터만을 그림 3.27(b)와 같은 하측파대 형태로 바꾸었을 때, 예제 3.18을 반복하라.

정답:

$$\phi_{VSB}(t) = \frac{1}{2}[\cos\omega_m t \cos\omega_c t + 0.4 \sin\omega_m t \sin\omega_c t] \tag{3.69}$$

여기서 동위상(in-phase) 성분은 $1/2[\cos\omega_m t]$, 직교위상 성분은 $0.2 \sin\omega_m t$이다.

VSB 신호의 시간영역 표현

앞의 예제와 실전문제를 통하여 얻은 VSB 신호 $\phi_{VSB}(t)$와 앞 절에서 유도했던 SSB 신호 $\phi_{SSB}(t) = m(t)\cos\omega_c t \mp m_h(t)\sin\omega_c t$는 상당히 유사한 형태를 갖는다. 이러한 유사성은 결코 우연한 일이 아니다. SSB와 VSB는 모두 그 스펙트럼이 중심주파수에 대하여 비대칭을 이루는 대역통과 신호에 속한다. 일반적으로 이런 형태의 신호는 다음의 식으로 표현할 수 있다.

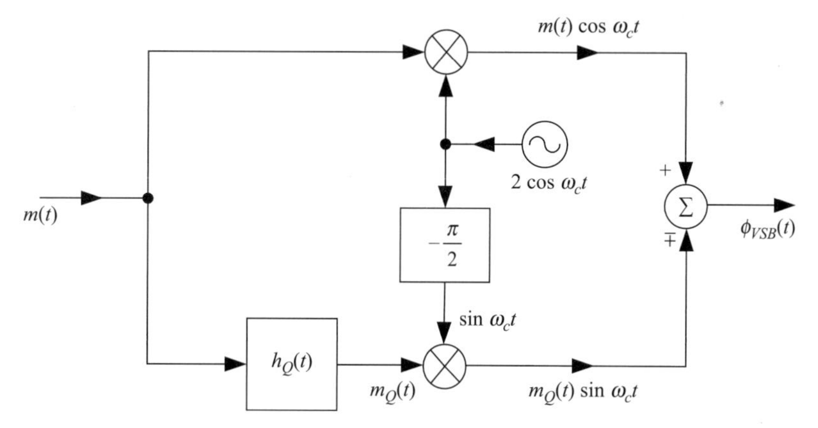

그림 3.28 VSB 신호를 생성시키는 위상차동 방식.

$$\boxed{\phi_{BP}(t) \quad = \quad m_I(t)\cos\omega_c t \mp m_Q(t)\sin\omega_c t} \tag{3.70}$$

여기서 $m_I(t)$는 메시지신호의 동위상(in-phase) 성분, $m_Q(t)$는 직교위상(quadrature) 성분이다. 앞의 예제 3.18, 실전문제 3.18에서 유도했던 결과를 하나의 식으로 결합하면

$$\phi_{VSB}(t) = \frac{1}{2}[\cos\omega_m t\cos\omega_c t \mp 0.4\sin\omega_m t\sin\omega_c t] \tag{3.71}$$

을 얻을 수 있다. 여기서 상수 1/2은 VSB 생성을 위한 선택적 여파 방식(selective filtering method)에 의하여 발생한 것으로, 이 방식만이 우리가 사용할 수 있는 유일한 것은 아니다. 또한, 이 상수 1/2은 증폭기 이득을 2로 함으로써, 필요하면 언제든지 1로 교환할 수 있는 것이다. 식 (3.70)과 식 (3.71)에서 '−'부호는 USB 형태를, '+'부호는 LSB 형태를 나타낸다. SSB를 위해서는 $m_I(t) = m(t)$, $m_Q(t) = m_h(t)$로 하면 되고, 식 (3.71)의 VSB를 위해서는 $m_I(t) = m(t) = \cos\omega_m t$, $m_Q(t) = 0.4\sin\omega_m t$가 적용되었다. 보통 $m_Q(t)$는 VSB 필터의 차단 특성에 의하여 정해진다. 일반적으로 VSB의 시간영역 표현은 다음과 같이 쓸 수 있다.

$$\boxed{\phi_{VSB}(t) \quad = \quad m(t)\cos\omega_c t \mp m_Q(t)\sin\omega_c t} \tag{3.72}$$

위의 시간영역 표현을 기반으로, VSB 신호를 생성시키는 위상차동(phase-discrimination) 방식을 그림 3.28에 구성도로 나타내었다. 여기서 $h_Q(t)$는 $m(t)$로부터 $m_Q(t)$를 생성시키는 저역통과 특성을 갖는다. 이의 전달함수는 VSB 필터 $H(\omega)$를 ω_c만큼 아래로 천이시킴으로써 얻을 수 있다.

예제 3.19 멀티톤(multi-tone) VSB 변조

그림 3.26(b)의 변조기가 VSB 신호를 생성시키기 위하여 사용되었다. VSB 필터의 주파수응답 $H_U(\omega)$는 양(+)의 주파수에 대하여 그림 3.27(a)와 같다. 반송파가 $\cos \omega_c t$, 메시지신호가 $m(t) = 4\cos\omega_m t + 2\cos 2\omega_m t$로 주어진다. 여기서 $\omega_c = 10^6$ rad/s, $\omega_m = 2\times 10^4$ rad/s이다. 동위상(in-phase) 및 직교위상(quadrature-phase) 성분으로 이루어진 VSB 신호의 시간영역 표현을 유도하라. 또한, $m_I(t)$와 $m_Q(t)$를 지적하라.

풀이

먼저, DSB-SC 신호는

$$\begin{aligned}\phi_{DSB}(t) &= m(t)\cos\omega_c t = [4\cos\omega_m t + 2\cos 2\omega_m t]\cos\omega_c t \\ &= 2\cos(\omega_c - \omega_m)t + 2\cos(\omega_c + \omega_m)t + \cos(\omega_c - 2\omega_m)t + \cos(\omega_c + 2\omega_m)t\end{aligned}$$

$$\omega_c - \omega_m = 10^6 - 2\times 10^4 = 0.98\times 10^6;\ \ \omega_c + \omega_m = 10^6 + 2\times 10^4 = 1.02\times 10^6$$

$$\omega_c - 2\omega_m = 10^6 - 4\times 10^4 = 0.96\times 10^6;\ \ \omega_c + 2\omega_m = 10^6 + 4\times 10^4 = 1.04\times 10^6$$

로 주어진다. 또한, 그림 3.27(a) VSB 필터로부터

$$H_U(\omega_c - \omega_m) = 0.3;\ H_U(\omega_c + \omega_m) = 0.7;\ H_U(\omega_c - 2\omega_m) = 0.1;\ H_U(\omega_c + 2\omega_m) = 0.9$$

와 같은 값을 얻을 수 있으며, 그림 3.27(a)의 $H_U(\omega)$는 하나의 크기응답이므로 그 위치에서의 이득을 나타낸다. 따라서 다음과 같이 계산되며,

$$\begin{aligned}H_U(\omega)\phi_{DSB}(t) &= (0.3)2\cos(\omega_c - \omega_m)t + (0.7)2\cos(\omega_c + \omega_m)t \\ &\quad + (0.1)\cos(\omega_c - 2\omega_m)t + (0.9)\cos(\omega_c + 2\omega_m)t\end{aligned}$$

이는 VSB 필터의 출력을 나타내므로, 구하는 VSB 신호는 다음과 같이 유도된다.

$$\begin{aligned}\phi_{VSB}(t) &= 0.6[\cos\omega_m t\cos\omega_c t + \sin\omega_m t\sin\omega_c t] + 1.4[\cos\omega_m t\cos\omega_c t - \sin\omega_m t\sin\omega_c t] \\ &\quad + 0.1[\cos 2\omega_m t\cos\omega_c t + \sin 2\omega_m t\sin\omega_c t] + 0.9[\cos 2\omega_m t\cos\omega_c t - \sin 2\omega_m t\sin\omega_c t] \\ &= 2\cos\omega_m t\cos\omega_c t - 0.8\sin\omega_m t\sin\omega_c t + \cos 2\omega_m t\cos\omega_c t - 0.8\sin 2\omega_m t\sin\omega_c t \\ &= [2\cos\omega_m t + \cos 2\omega_m t]\cos\omega_c t - 0.8[\sin\omega_m t + \sin 2\omega_m t]\sin\omega_c t\end{aligned}$$

따라서

$$m_I(t) = 2\cos\omega_m t + \cos 2\omega_m t;\qquad m_Q(t) = 0.8[\sin\omega_m t + \sin 2\omega_m t]$$

로 주어진다.

실전문제 3.19 멀티톤(multi-tone) VSB 변조

그림 3.26(b)의 변조기가 하측파대 VSB 신호를 생성하기 위하여, 필터의 주파수응답을 그림 3.27(b)의 $H_L(\omega)$를 사용하였다. 반송파가 $\cos \omega_c t$, 메시지신호가 $m(t) = 6 \cos \omega_1 t + 4 \cos 2\omega_2 t$로 주어진다. 여기서 $\omega_c = 10^6$ rad/s, $\omega_1 = 10^4$ rad/s, $\omega_2 = 3 \times 10^4$ rad/s이다. 동위상(in-phase) 및 직교위상(quadrature-phase) 성분으로 이루어진 VSB 신호의 시간영역 표현을 유도하라. 또한, $m_I(t)$와 $m_Q(t)$를 지적하라.

정답:

$$\phi_{VSB}(t) = [3\cos\omega_1 t + 2\cos 2\omega_2 t]\cos\omega_c t + [0.6\sin\omega_1 t + 2\sin 2\omega_2 t]\sin\omega_c t$$

$$m_I(t) = 3\cos\omega_1 t + 2\cos 2\omega_2 t; \quad m_Q(t) = 0.6\sin\omega_1 t + 2\sin 2\omega_2 t$$

VSB의 동기 복조

그림 3.26(e)에 VSB의 동기 복조를 구성도로 나타내었다. 이 구성도에서 신호 $x(t)$는 다음과 같이 주어진다.

$$\begin{aligned} x(t) &= \phi_{VSB}(t)[2\cos\omega_c t] = \left[m(t)\cos\omega_c t + m_Q(t)\sin\omega_c t\right]2\cos\omega_c t \\ &= 2m(t)\cos^2\omega_c t + 2m_Q(t)\sin\omega_c t\cos\omega_c t \\ &= m(t) + m(t)\cos 2\omega_c t + m_Q(t)\sin 2\omega_c t \end{aligned}$$

이제, 신호 $x(t)$가 저역통과 필터(LPF)를 통과하면 복조기의 출력은 $y(t) = m(t)$로 주어지므로 메시지신호를 복원한다.

VSB+반송파의 포락선 검파

VSB 신호에 반송파를 더함으로써 포락선 검파가 가능하다. SSB와 VSB의 시간영역 표현이 매우 유사하기 때문에, 앞에서 SSB+반송파의 포락선 검파 과정을 유도했던 것과 거의 같은 과정이 전개될 것이므로 상세한 전개는 생략하겠다. VSB의 대역폭은 AM과 SSB의 중간 정도이므로 더해지는 반송파의 진폭도 AM과 SSB의 중간 정도로 하면 된다. 결국, VSB+반송파의 전력효율은 SSB+반송파보다는 높고 AM보다는 낮다.

기술적 노트: 흑백TV로부터 HDTV(high-definition TV)로의 진화

흑백TV로부터 HDTV로 진화된 과정은 통신기술의 혁신적 발전과 급속한 진보를 보여 주는 매우 좋은 예이다. 1925년 Philo Farnsworth의 특허는 전자적 흑백TV에 관한 것으로 이전의 기계적 TV를 위한 노력들에 비하여 매우 뛰어난 업적이었다. 이는 몇 년에 걸쳐 새롭게 개발되고, 정제되고, 또한 상업화를 이루었다. 1953년에는 NTSC(National Television System Committee)가 RCA/NBC에 의하여 개발된 컬러TV시스템(흑백TV 호환)을 US 표준으로 받아들였다. CBS가 호환되지 않는 컬러TV를 개발한 것은 이보다 2년 전이었다. 1981년 일본은 HDTV의 일종인 'MUSE'를 발표하기에 이르렀다. 그러나 이 시스템은 이전의 컬러TV와 호환되지 않는 단점 때문에 널리 수용되지는 못하였다. 1996년 ATSC(Advanced Television Systems Committee)는 여러 가지 편리한 특성과 호환성을 갖는 HDTV 표준을 제정하였다.

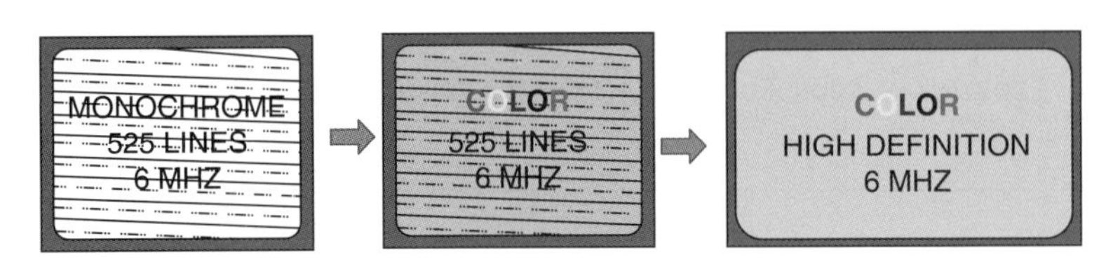

TV의 진화 단계

흑백TV는 결국 가로세로 비율 4:3, 스캐닝 라인 '525*i*'로 표준화되었다. 상하로는 1초에 30 프레임을 스캐닝하며, 한 프레임은 525 라인으로 이루어진다. 각 프레임은 두 개의 필드로 구성되는데, 525 라인 중 먼저 짝수 라인으로 이루는 필드를 스캐닝하고, 그 다음으로 홀수 라인으로 이루는 필드를 스캐닝한다. 이와 같이 두 필드의 라인들을 공간적으로 교차 스캐닝 함으로써 완전한 프레임 525 라인을 형성하는 것이다. '525*i*'의 '*i*'는 바로 스캐닝 순서를 교차(interlace)시킴을 의미한다. 세로방향의 해상도도 525 라인이다. 따라서 가로방향의 해상도는 스크린 폭의 75%를 기준으로 하는데, 이는 스크린의 가로세로 비율에 기인한다. 결국 가로, 세로 방향의 해상도는 모두 525 라인이며, 이에 따라 스크린의 해상도는 $525 \times 525 = 275{,}625$ pixel이다. 초당 30 프레임으로 환산하면 약 8.27×10^6 data pulse/sec에 해당하며, 이는 대역폭 4.135 MHz, 근사적으로 4.2 MHz가 된다. TV는 그 변조 방식으로 VSB를 채택하고 있다. 한쪽 측파대에 4.2 MHz를 할당하기 위하여, 잔류측파대는 1.25 MHz, FM 오디오신호에 0.5 MHz를 할당하므로, FCC(Federal Communication Commission)는 TV 신호를 위하여 6 MHz 대역폭을 허용하고 있다.

컬러TV가 흑백TV와 호환된다는 것은, 컬러TV 방송을 흑백TV로는 흑백화면으로, 컬러TV로는 컬러화면으로 각각 수신할 수 있음을 의미한다. 컬러TV는 '적(red)', '녹(green)', '청(blue)'의 세 가지 영상으로부터 컬러영상을 생성한다. 이들 각각은 프레임당 525 ×525 pixel을 수반한다. 그러므로 컬러TV는 흑백TV에 비하여 세 배의 대역폭을 요구할 것으로 예상할 수 있을 것이다. 그러나 컬러TV는 물론 HDTV까지 대역폭은 흑백TV와 동일한 6 MHz를 사용한다. 이것이 어떻게 가능한가? 첫째로, 컬러TV에서 어떻게 대역 압축이 실현되는지 살펴보자.

적(red), 녹(green), 청(blue)의 영상신호를 각각 $m_r(t)$, $m_g(t)$, $m_b(t)$라 하자. 이 신호들은 선형 결합 혹은 선형 독립인 또 다른 세 가지 신호로 변환시켜 다음과 같이 나타낼 수 있다.

$$m_Y(t) = 0.3m_r(t) + 0.59m_g(t) + 0.11m_b(t)$$

$$m_I(t) = 0.6m_r(t) - 0.28m_g(t) + 0.32m_b(t)$$

$$m_Q(t) = 0.21m_r(t) - 0.52m_g(t) + 0.31m_b(t)$$

이 변환은 매우 교묘하고 독창적이다. $m_Y(t)$는 휘도(luminance) 신호로 흑백TV의 영상을 만들고, $m_I(t)$와 $m_Q(t)$는 채도(chrominance) 혹은 컬러(color)를 만든다. 컬러TV에서는 이 세 가지 신호 $m_Y(t)$, $m_I(t)$, $m_Q(t)$를 결합하여 컬러영상을 만든다. 휘도신호는 흑백TV에서 4.2 MHz 대역폭이 할당된다. 채도신호의 대역폭은 영상인식의 손실 없이 감소시킬 수 있다. 왜냐하면 인간의 눈은 휘도에 비하여 낮은 해상도의 컬러를 더 잘 인식하기 때문이다. 그러므로 $m_I(t)$에 1.6 MHz, $m_Q(t)$에 0.6 MHz 정도만 할당하여 사용한다.

채도신호 $m_I(t)$와 $m_Q(t)$는 주파수 f_{cc} = 3.583 MHz(약 3.6 MHz)인 컬러 부반송파(subcarrier)를 사용하는 직교진폭변조(quadrature amplitude modulation, QAM) 방식으로 변조된다. 이때, $m_I(t)$는 동위상 채널(in-phase channel)의 입력으로, $m_Q(t)$는 직교위상 채널(quadrature channel)의 입력으로 사용된다. 두 QAM 채널의 합은 2~5.2 MHz의 주파수를 갖는다. 이는 하위차단(low cut-off) 주파수 2 MHz와 상위차단(high cut-off) 주파수 5.2 MHz인 대역통과 필터(BPF)를 통과하게 된다. 따라서, 이 대역통과 필터(BPF)의 출력은 변조된 $m_Q(t)$ 신호와 $m_I(t)$의 하측파대 VSB 신호를 포함한다. 또한, 이 대역통과 신호가 기저대역 휘도신호와 더해지는(multiplexed) 것이다. 오디오신호는 반송파 주파수 f_a = 4.5 MHz로 FM 변조되어 기저대역 휘도신호에 다중된다. 이렇게 합성된 비디오신호가 TV 반송파 주파수 f_c로 VSB 변조되어 다음 그림과 같은 스펙트럼을 형성한다.

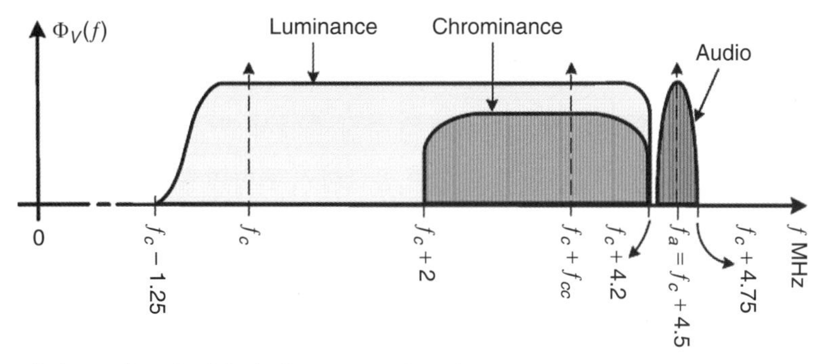

컬러TV 신호의 상측파대 VSB 스펙트럼

위 그림으로 주어진 상측파대 VSB TV 신호의 스펙트럼을 자세히 살펴보면, 채도신호와 휘도신호의 스펙트럼이 서로 겹치는 대역을 차지하고 있음을 알 수 있다. 이들은 왜 서로 간에 간섭을 일으키지 않을까? 상세한 분석에 의하면, 두 신호는 스캐닝의 주기성에 기인하는 주기적인 갭(gap)을 갖는 이산적 스펙트럼을 갖는다. 컬러 부반송파(subcarrier)는 채도신호 스펙트럼이 휘도신호 스펙트럼의 갭(gap) 안에 놓이도록 설계된다.

HDTV의 우수성은 월등히 높은 해상도와 원천 디지털시스템의 아날로그시스템에 대한 장점으로부터 나온다고 할 수 있다. HDTV는 하나의 디지털시스템으로서 잡음의 영향을 훨씬 덜 받는다. 또한 그 높은 해상도 때문에, HDTV의 디스플레이는 월등한 영상품질을 유지하면서도 훨씬 크게 제작될 수 있다. 화면의 가로세로 비율은 16:9로 시각의 폭을 넓혔으며, 작은 변환기 박스에 의하여 기존의 아날로그TV 수신기로도 선명도가 낮은 영상을 수신할 수 있다. HDTV의 해상도는 720*p*, 1080*i*, 혹은 1080*p* 등으로 설정할 수 있다. 여기서 '*p*'는 교차스캐닝(interlaced)이 아닌 순차스캐닝(progressive or sequential)임을 나타낸다. 순차스캐닝은 아날로그TV의 영상 깜빡임(flicker) 문제를 해결한다. 해상도 '1080*p*'는 프레임당 1920 × 1080 pixel을 갖는다. 이는 아날로그TV에 비하여 7배 이상의 해상도를 표시하지만, HDTV는 6 MHz의 동일한 대역폭을 갖는다. 여기서 다시 의문이 생긴다. 이것이 어떻게 가능할까? 그 정답은 데이터 압축(data compression)에 있다. 디지털신호는 아날로그신호에 비하여 훨씬 효율적으로 압축된다. 컴퓨터상에서 수 Mbyte에 이르는 JPEG 이미지가 수십 Kbyte 정도로 압축되어 보통 이메일의 첨부파일로 부착되는 것을 많이 경험하였을 것이다. 비슷한 방법으로, 비디오데이터도 MPEG-2 같은 동영상 알고리듬을 이용하여 압축할 수 있다. 이때, 압축률은 상당히 높아, MPEG-2의 경우 약 55:1까지 성취할 수 있다.

3.7 동기 검파를 위한 반송파 획득

반송파 억압 시스템의 동기 검파에 있어서, 위상 혹은 주파수 오류에 의하여 발생하는 문제들은 수신기에서 반송파 획득(carrier acquisition)의 필요성을 제기한다. 이는 송신기에서 사용했던 반송파와 동일한 주파수와 위상을 갖는 반송파를 수신 측에서 얻어 내고자 하는 것이다. 송신기와 수신기에서 매우 안정되고 유사한 주파수를 공급하기 위하여 수정편(quartz crystal) 발진기 등이 사용될 수 있다. 그러나 극히 작은 크기의 수정편을 필요로 하는 높은 주파수의 반송파일수록 주파수 매칭(matching)은 어려워진다. 또한 이 방식은 주파수 오차를 최소화할 수는 있으나, 위상 오차에 대해서는 그렇게 하지 못한다. 따라서 이 방식은 DSB-SC보다는 SSB의 동기 복조에 채택될 수 있다. 특히 메시지가 오디오신호인 경우에 적절하다. 왜냐하면 오디오

신호를 다루는 SSB는 DSB-SC에 비하여 국부반송파의 주파수 및 위상 오류에 덜 민감하기 때문이다.

수신 측에서 국부반송파의 위상 및 주파수 오류를 최소화하거나 제거하기 위해서는 다음과 같은 방식들이 이용될 수 있다. 파일럿 반송파(pilot carrier)를 변조된 신호와 함께 전송하고, 이를 수신된 신호로부터 획득하거나 국부반송파를 수신된 반송파에 동기화하는 방법 등은 PLL과 연계하여 흔히 사용된다. PLL(phase-lock loop)은 반송파의 동기화에 다양한 방식을 제공한다. 이 방식은 다음 장에서 상세히 논의할 예정인데, 주파수변조 신호의 복조에 널리 쓰이기 때문이다. 수신 측에서 동기화된 반송파를 획득하는 세 가지 방법을 아래에서 논의한다.

파일럿 반송파(pilot carrier)

이 방식에서는, 측파대에 비하여 매우 작은 진폭을 갖는 반송파(pilot carrier)를 변조된 신호와 함께 전송한다. 파일럿 반송파는 그 진폭이 매우 작기 때문에 변조된 신호의 전력효율에 미치는 영향은 무시할 수 있을 정도이다. 그림 3.29에서 보는 바와 같이 파일럿 반송파는 반송파 주파수에 중심을 갖는 협대역통과 필터(narrow BPF)를 이용하여 수신신호로부터 얻을 수 있다. 이렇게 획득된 반송파는 증폭기를 통하여 증폭한 후 곧바로 동기 검파에 사용될 수 있다. 그러나 대부분의 경우, 획득된 반송파를 먼저 PLL에 통과시켜 동기화를 이룬 후, 이 PLL의 출력을 동기 검파의 국부반송파로 활용한다. 그림 3.29에서 PLL을 점선으로 표시한 것은 이 블록이 생략될 수 있음을 뜻한다.

신호제곱기(signal squaring)

반송파 획득을 위한 신호제곱기 방식을 그림 3.30에 나타내었다. 입력신호를 DSB-SC 신호 $\phi_{DSB}(t)$라 하면, 제곱기의 출력은 다음과 같이 주어진다.

$$x(t) = [m(t)\cos\omega_c t]^2 = \frac{1}{2}m^2(t) + \frac{1}{2}m^2(t)\cos 2\omega_c t$$

이 신호가 협대역통과 필터(narrow BPF)의 입력으로 작용하므로, 그 출력은

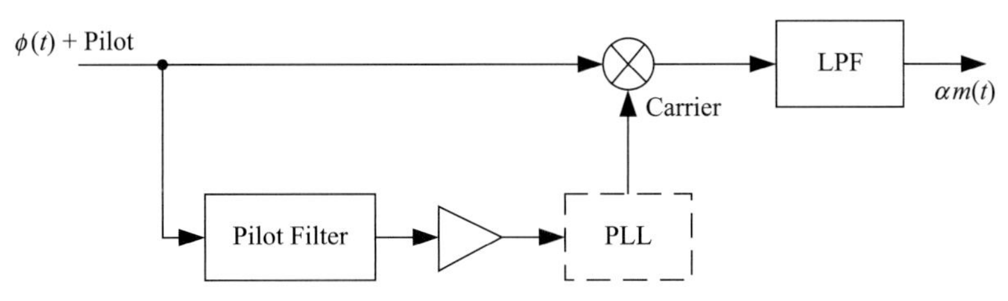

그림 3.29 동기 검파에서의 파일럿 반송파(pilot carrier) 활용.

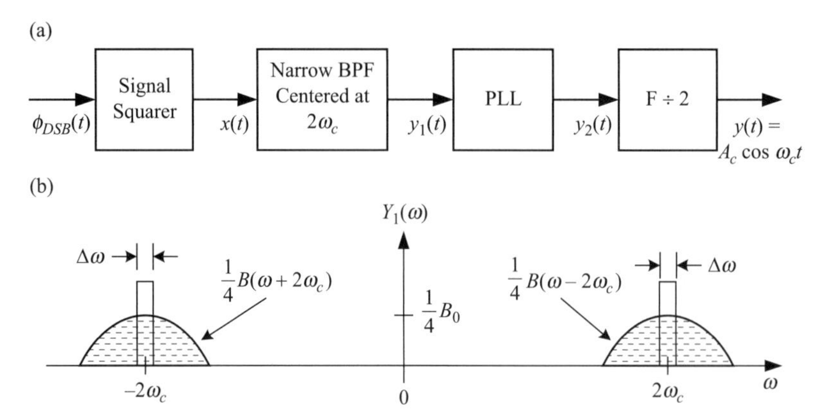

그림 3.30 신호제곱기에 의한 DSB-SC 반송파 획득. (a) 구성도, (b) 신호의 제곱에 대한 스펙트럼.

$$y_1(t) = \frac{1}{2}m^2(t)\cos 2\omega_c t$$

로 나타난다.

여기서 $m^2(t) \Leftrightarrow B(\omega)$라 하면

$$\frac{1}{2}m^2(t)\cos 2\omega_c t \quad \Leftrightarrow \quad \frac{1}{4}[B(\omega - 2\omega_c) + B(\omega + 2\omega_c)]$$

로 주어진다. 우변의 스펙트럼을 그림 3.30(b)에 도시하였다. 협대역통과 필터(narrow BPF)의 대역폭 $\Delta\omega$가 충분히 작다면, 그 내부에서 $B(\omega - 2\omega_c)$, $B(\omega + 2\omega_c)$의 값은 각각 상수에 근접한다. 이 상수를 B_0라 두면, 필터의 출력 스펙트럼은

$$Y_1(\omega) \approx \frac{B_0\Delta\omega}{4}[\delta(\omega - 2\omega_c) + \delta(\omega + 2\omega_c)]$$

로 근사화된다. 여기서

$$\frac{B_0\,\Delta\omega}{4} = \frac{2\pi\,\Delta f\,B_0}{4} = \pi\left[\frac{\Delta f\,B_0}{2}\right]$$

이며, 이때 $\beta = \Delta f\,B_0/2$라 두면, β는 상수이고, $Y_1(\omega)$ 및 $y_1(t)$는 각각 다음과 같이 표현된다.

$$Y_1(\omega) \approx \pi\beta[\delta(\omega - 2\omega_c) + \delta(\omega + 2\omega_c)] \tag{3.73}$$

$$y_1(t) \approx \beta\cos 2\omega_c t \tag{3.74}$$

마지막 두 방정식은 협대역통과 필터(narrow BPF)의 출력이 근사적으로 반송파 주파수의 두

배인 정현파임을 보여 준다. 이러한 신호 $y_1(t)$가 PLL의 입력으로 들어가면, 그 출력에서 주파수 $2\omega_c$인 순수한 정현파가 생성된다. 이 정현파가 2:1 주파수분할기(frequency divider)를 통과하면, 그 출력에서 우리가 원하는 동기화된 반송파 $y(t)=A_c \cos \omega_c t$를 얻는다.

신호제곱기는 입력신호의 부호(+, −)를 제거한다. 다시 말해서, 복원된 반송파의 부호는 정확하거나 혹은 반대이다. 부호가 반대인 경우, 원래의 반송파에 π rad의 위상차를 주며, 복조된 신호의 극성을 반대로 만든다. 이것은 아날로그 기저대역 신호에 거의 영향을 주지 않는다. 왜냐하면 인간의 귀는 위상차에 대하여 민감하지 않기 때문이다. 그러나 양극성(bipolar) 디지털신호에 대해서는 위상의 모호성이 치명적인 영향을 주게 되므로, 이러한 경우 신호제곱기를 직접 적용할 수 없다.

Costas Loop

코스타스 루프(Costas loop)는 DSB-SC 신호의 복조를 위한 국부반송파 동기화에 특히 편리한 PLL(phase-lock loop)의 한 형태이다. 그림 3.31에 코스타스 루프의 구성도를 도시하였다. 위쪽 채널을 동위상(in-phase) 채널이라 하고, 아래쪽 채널을 직교위상(quadrature) 채널이라 한다. 각 채널의 입력은 동일한 DSB-SC 신호이다. 각 채널의 국부반송파는 서로 직교하는 위상을 갖는다. 국부발진기에서 생성된 반송파와 수신된 신호의 반송파 사이에 존재하는 위상 오차를 $\alpha_e=\alpha_i-\alpha_o$라 하자. 여기서 α_i는 수신된 반송파의 위상이며, α_o는 국부반송파의 위상이다. 주어진 구성도로부터, ***I***-채널과 ***Q***-채널의 출력은 $y_I(t)=m(t)\cos\alpha_e$, $y_Q(t)=-m(t)\sin\alpha_e$로 주어진다. 이들의 곱은 $z_1(t)=-m^2(t)\sin\alpha_e\cos\alpha_e=-[1/2]\,m^2(t)\sin 2\alpha_e$로, 협대역 저역통과 필터(narrow band LPF)의 입력이 된다. 여기서 협대역 필터의 통과대역은 매우 좁으므로, 그 내

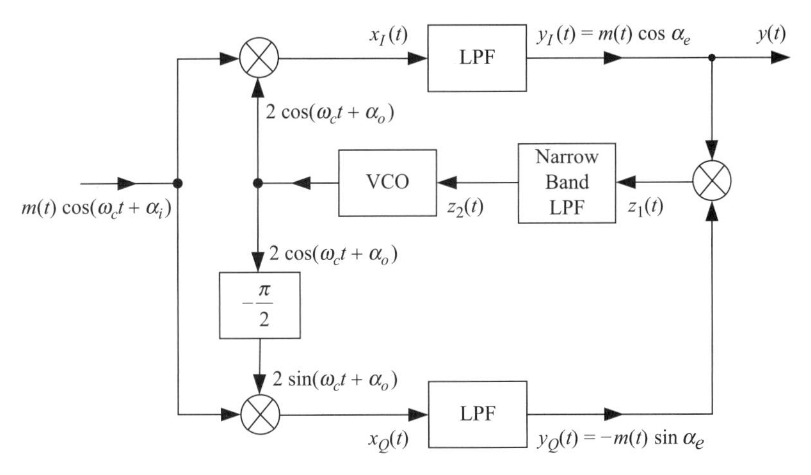

그림 3.31 DSB-SC 복조를 위한 동기반송파를 생성하는 Costas PLL.

부에서 스펙트럼의 크기는 상수로 근사화된다. 따라서 필터의 출력은 $z_2(t) \approx \gamma \sin 2\alpha_e$($\gamma$는 상수)로 주어지며, 이 신호가 전압제어발진기(voltage-controlled oscillator, VCO)의 입력이 된다.

전압제어발진기(VCO)는 외부 입력전압에 의하여 주파수가 조절되는 발진기를 말한다.

국부반송파로 작용하고 있는 VCO의 출력이 정확히 수신된 반송파와 일치하는 경우에는 $\alpha_e = 0$이고, $z_2(t) = 0$, $y_Q(t) = 0$이 되며, 복조기 출력은 $y_I(t) = m(t)$로 주어진다. 수신된 반송파와 국부반송파가 정확히 일치하지 않는 경우에는 α_e, $z_2(t)$, $y_Q(t)$ 등이 0이 아닌 값을 갖게 되고, 이에 따라 $y_I(t)$는 $m(t)$의 근삿값으로 나타난다. 이러한 경우, $z_2(t) \cong \gamma \sin 2\alpha_e$가 작용하여 VCO의 주파수를 변화시킴으로써 그 위상이 수신된 반송파의 위상에 더욱 근접하도록 조정한다.

예제 3.20

그림 3.30의 신호제곱회로(signal squaring circuit)의 입력으로 SSB(single sideband) 신호가 인가되었다. 출력신호 $y(t)$를 유도하라. 또한, 신호제곱 방식이 SSB의 동기 복조를 위한 국부반송파 동기화에 적절한가를 결정하라.

풀이

먼저, SSB 신호는 다음과 같이 표현할 수 있다.

$$\phi_{SSB}(t) = m(t)\cos\omega_c t \mp m_h(t)\sin\omega_c t = E(t)\cos[\omega_c t + \psi(t)]$$

여기서 신호의 포락선(envelope)과 위상(phase)은

$$E(t) = [m^2(t) + m_h^2(t)]^{1/2}, \quad \psi(t) = \tan^{-1}\left[\frac{\pm m_h(t)}{m(t)}\right]$$

로 주어진다. 따라서 제곱기의 출력은 다음과 같이 계산된다.

$$\begin{aligned} x(t) &= \phi_{SSB}^2(t) = E^2(t)\cos^2[\omega_c t + \psi(t)] \\ &= \frac{1}{2}E^2(t)\{1 + \cos[2\omega_c t + 2\psi(t)]\} \end{aligned} \tag{3.75}$$

이제 협대역통과 필터(narrow BPF)의 출력은

$$y_1(t) = [1/2]E^2(t)\cos[2\omega_c t + 2\psi(t)] \approx \beta\cos[2\omega_c t + 2\psi(t)]$$

와 같이 근사화된다. 이 신호가 PLL에 의하여 정제된 정현파가 되고, 다시 2:1 주파수분할을 거치면

$$y(t) = A\cos[\omega_c t + \psi(t)] \tag{3.76}$$

와 같은 신호를 얻는다. 위 출력신호의 $\psi(t)$는 시간에 따라 변화하는 위상을 표시하므로, 수신된 반송파 $\cos\omega_c t$와 위상동기를 이룰 수 없다. 결국, 신호제곱 방식은 SSB의 동기 복조를 위한 국부반송파 동기화에 적절하지 않다.

실전문제 3.20

그림 3.31 코스타스 루프(Costas loop)의 입력으로 SSB 신호가 들어올 때, VCO 입력 $z_2(t)$를 유도하라. 또한, 코스타스 루프가 SSB의 동기 복조를 위한 국부반송파 동기화에 적절한가를 결정하라.

정답: $z_2(t) = \gamma\sin[2\alpha_e + 2\theta(t)]$. 이 신호의 시변위상(time-varying phase) $\theta(t)$ 때문에 위상동기를 이룰 수 없다. 따라서 코스타스 루프도 SSB의 동기 복조를 위한 국부반송파 동기화에 적절하지 않다.

위의 예제와 실전문제의 결과를 보면, 신호제곱기 방식과 Costas Loop 방식은 SSB의 반송파 복원에 알맞지 않다. 또한, VSB는 SSB와 시간영역 표현이 매우 유사하므로, 위의 예제와 실전문제를 VSB에 대하여 풀더라도 거의 동일한 과정이 반복되어 같은 결과를 얻게 된다. 따라서 신호제곱기 방식과 Costas loop는 SSB나 VSB의 반송파 복원에는 사용될 수 없다.

3.8 주파수분할다중화(FDM)

다중화(multiplexing)는 여러 신호들을 합성하여 상호간의 간섭 없이 하나의 전송로를 통하여 전송하는 기술이다. 전송된 후에는, 합성된 신호가 원래의 개별 신호로 분리 혹은 역다중화(demultiplexing)되어야 한다. 신호는 서로 'orthogonal'할 때(시간, 주파수, 위상이 서로 겹치지 않을 때) 상호간에 간섭을 일으키지 않는다. 주파수분할다중화(frequency-division multiplexing, FDM)에서는 신호들의 스펙트럼이 서로 겹치지 않게 함으로써 'orthogonality'를 성취한다.

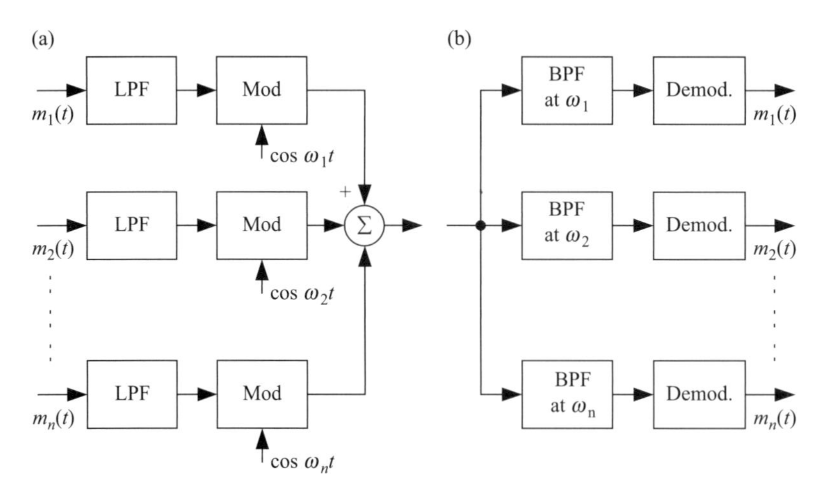

그림 3.32 주파수분할다중화(FDM). (a) 다중화기(multiplexer), (b) 역다중화기(demultiplexer).

그림 3.32에 주파수분할다중화의 원리를 구성도로 나타내었다. 그림 3.32(a)의 다중화기에서는 n 개의 메시지신호가 주파수분할다중화 되어 합성신호를 이룬다. 각각의 메시지신호는 변조 이전에 저역통과 필터(LPF)에 통과시킴으로써 대역을 한정하고, 각각의 변조기가 할당된 주파수대역으로 해당 메시지신호를 천이시킨다. 반송파 주파수는 각 신호에 인가된 대역폭보다 크거나 같은 양만큼 순차적으로 증가된다. 그러므로 다중화된 신호는 주파수영역에서 겹치지 아니한다. 그림 3.32(b)의 역다중화는 대역통과 필터(BPF)를 이용하여 각 신호를 분리함으로써 이루어진다. 전형적인 AM, DSB-SC, SSB, VSB, 그리고 주파수변조(FM), 위상변조(PM) 등이 모두 주파수분할다중화 될 수 있다. 이들 중 SSB는 그 대역폭의 경제성으로 인하여 가장 흔히 FDM 방식에 채택된다.

FDM 신호는 유선선로, 무선선로, 광섬유선로 등을 통하여 전송될 수 있다. 무선 전송의 경우, FDM 신호는 송신기에서 무선주파수로 변조되어 사용된다. 이때, 수신기에서는 무선주파수 신호로부터 FDM 신호를 복원하기 위한 복조가 우선 실시된다. 복조 후에는, 그림 3.32(b)와 같은 역다중화 과정이 진행된다.

전화시스템에서의 FDM

전화시스템은 FDM의 중요한 응용분야이다. 전형적인 음성신호는 300 Hz에서 3.1 kHz의 주파수 범위를 차지한다. 북아메리카의 FDM 전화시스템에서는, 각 음성채널이 3.1 kHz로 대역이 제한되고 대역폭은 4 kHz씩 할당되어 있다. 따라서 다중화된 음성채널 사이에 존재하는 보호대역(guard band)은 900 Hz이다. 북아메리카 FDM 전화시스템에서 사용하는 다중화 레벨(level) 중 몇 가지를 그림 3.33에 도시하였다. 이 그림에서 보여 주는 다중화 레벨들은 모두 하측파대

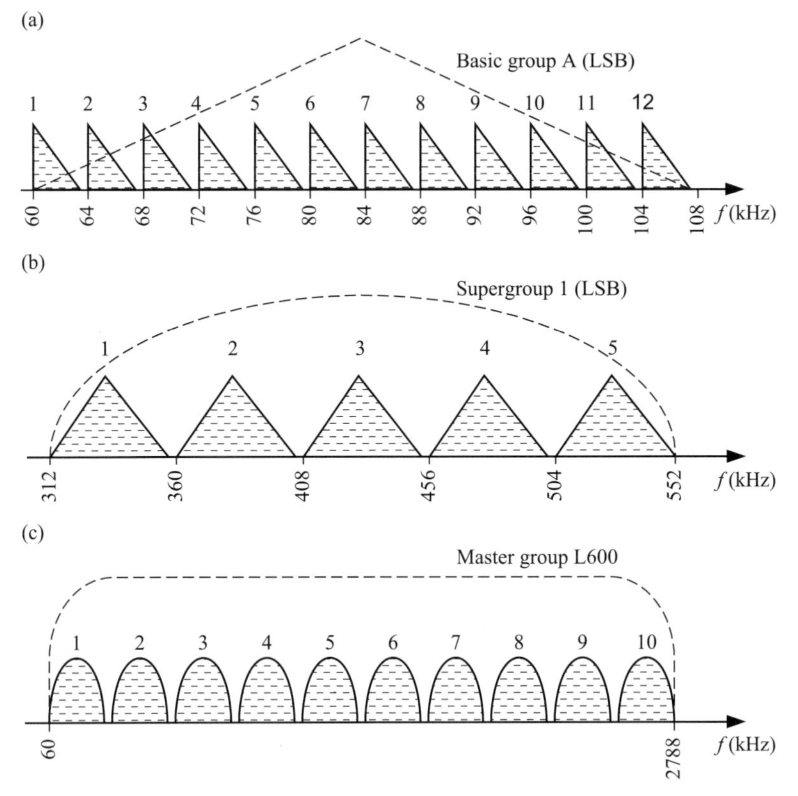

그림 3.33 북아메리카 FDM 전화시스템의 몇 가지 다중화 레벨. (a) 12 채널로 구성되는 기초그룹, (b) 5 개의 기초그룹으로 구성되는 슈퍼그룹, (c) 10 개의 슈퍼그룹으로 구성되는 마스터그룹.

SSB를 채택하고 있으나, 실제로는 상측파대 SSB도 사용되고 있다. 다중화의 첫 번째 레벨은 12 개의 LSB 음성채널로 구성되고 주파수대역 60~108 kHz를 점유하는 기초그룹(basic group)을 형성한다. 두 번째 레벨은 5 개의 '기초그룹'으로 구성되어 총 60 개의 음성채널을 보유하고 주파수대역 312~552 kHz를 점유하는 슈퍼그룹(supergroup)이다. 세 번째 레벨은 10 개의 '슈퍼그룹'으로 구성되어 총 600 개의 음성채널을 보유하는 마스터그룹(master group)이다. '마스터그룹'은 주파수대역 60~2788 kHz를 점유하고 있다.

3.9 응용: 슈퍼헤테로다인 AM 수신기

슈퍼헤테로다인 AM 수신기(superheterodyne AM receiver)는 상업용 AM 대역 550~1600 kHz에 있는 10 kHz 대역폭의 105 개 라디오 채널을 수신할 수 있는 뛰어난 시스템이다. 이는 많은

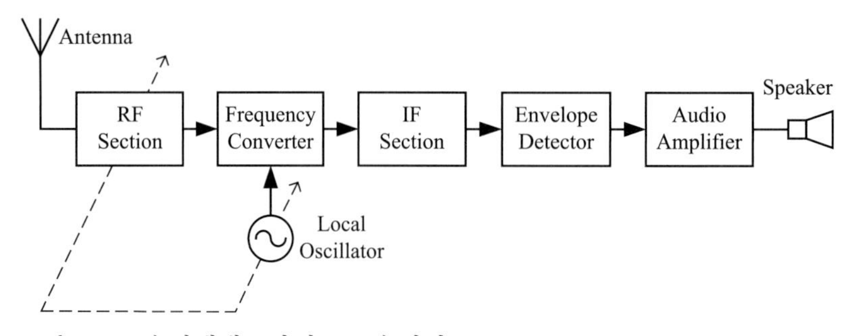

그림 3.34 슈퍼헤테로다인 AM 수신기.

전자공학의 원리들을 이용함은 물론, 이 장에서 논의한 여러 기술들을 채택하고 있다. 슈퍼헤테로다인 수신기의 구성도가 그림 3.34에 그려져 있다. 안테나로부터 시작하여, 무선주파수 튜너(tuner), 주파수 변환기, 국부발진기, 중간주파수(IF) 섹션, 포락선 검파기, 오디오 증폭기 등으로 구성되어 있다.

무선주파수(radio frequency, RF) 튜너는 안테나에 도달한 여러 AM 채널 중 원하는 채널만을 증폭함으로써 선택한다. 이는 주파수 조정이 가능한 필터와 증폭기로 구성된다. 주파수 선정(tuning)은 보통 *RLC* 회로에 의하여 이루어지는데, 이 회로의 공진주파수 응답은 낮은 이득과 열악한 주파수 선택도를 나타낸다. 따라서 요구되는 이득의 대부분은 IF 섹션에서 이루어지며, 주변 채널에 대한 억압(suppression)도 이 섹션에서 수행된다.

RF 섹션이 반송파 주파수 f_c인 AM 채널에 동조되어 있다고 가정하자. 3.3절에서 설명한 바와 같이, 주파수 변환기(frequency converter or mixer)의 출력은 반송파 주파수 f_c와 국부발진 주파수 f_{LO}의 합 또는 차의 주파수를 갖는 AM 신호가 된다. 중간주파수 f_{IF}는 보통 f_{LO}와 f_c의 차(difference)를 선택하는데, IF 섹션은 높은 이득을 갖는 증폭기와 바로 이 중간주파수 $f_{IF} = f_{LO} - f_c = 455$ kHz에 중심을 두고 10 kHz 대역폭의 가파른 차단 특성을 갖는 필터로 구성된다. 또한 IF 섹션은 주변 채널들에 대한 충분한 억압도 제공한다. 오디오 증폭기는 복조된 신호에 대하여 추가로 필요한 이득을 제공한다고 할 수 있다.

RF 튜너는 국부발진기와 연동으로 동조되는데, 언제나 국부발진 주파수가 반송파 주파수를 중간주파수(455 kHz)만큼 초과하도록 조절된다. 앞에서 지적한 것처럼, 주파수 변환을 헤테로다이닝(heterodyning)이라 부르기도 한다. 특히, 국부발진 주파수가 입력신호의 반송파 주파수보다 큰 경우 슈퍼헤테로다이닝(superheterodyning)이라 한다. 슈퍼헤테로다이닝이 일반 헤테로다이닝에 비하여 더욱 선호되는 것은 튜닝비(tuning ratio) $f_{LO,\,\max}/f_{LO,\,\min}$에 따른 것인데, 두 방식에 대한 튜닝비는 다음과 같이 계산된다.

$$\text{슈퍼헤테로다이닝: } \frac{f_{LO,\max}}{f_{LO,\min}} = \frac{f_{c,\max} + f_{IF}}{f_{c,\min} + f_{IF}} = \frac{(1600 + 455)\text{ kHz}}{(550 + 455)\text{ kHz}} \approx 2 \tag{3.77}$$

$$\text{헤테로다이닝: } \frac{f_{LO,\max}}{f_{LO,\min}} = \frac{f_{c,\max} - f_{IF}}{f_{c,\min} - f_{IF}} = \frac{(1600 - 455)\text{ kHz}}{(550 - 455)\text{ kHz}} \approx 12 \tag{3.78}$$

이러한 튜닝의 범위가 RF 튜너와 국부발진기에 있는 가변콘덴서(variable capacitor)를 연동하여 조정함으로써 정해진다고 가정하여 보자. 가변콘덴서의 용량을 넓은 범위에서 조절할 수 있도록 설계하는 것은 매우 어렵고 비용도 많이 든다. 식 (3.77)과 (3.78)을 비교해 보면, 훨씬 좁은 튜닝 범위를 갖는 슈퍼헤테로다이닝이 매우 유리하다 할 것이다.

슈퍼헤테로다인 수신기는 이미지채널(image channel)이라는 또 다른 중요한 문제를 극복할 수 있다. f_{IF}는 국부발진 주파수 f_{LO}와 반송파 주파수 f_c의 차(difference)로 주어진다. 이는 반송파와 국부발진 주파수 중 어떤 것이 크냐에 상관없이 일정한 455 kHz로 고정된다. 슈퍼헤테로다이닝에서는 반송파 주파수가 $f_c = f_{LO} - f_{IF}$로 주어지지만, 또 다른 상황에서의 반송파 주파수로 $f_c' = f_{LO} + f_{IF} = f_c + 2f_{IF}$를 생각할 수 있을 것이다. 이 역시 차 주파수로 중간주파수를 얻은 결과, 즉 $f_c' - f_{LO} = f_{IF}$의 다른 표현일 뿐이다. 수신기가 반송파 주파수 f_c를 갖는 채널에 동조되어 있다고 생각해 보자. 만일 반송파 주파수 f_c'을 갖는 이미지채널도 주파수 변환기의 입력에 주어졌다고 하면, 그 출력에서 두 채널이 동시에 f_{IF}를 반송파 주파수로 갖는 AM 신호로 나타나게 되고, 이들은 모두 IF 섹션에 도달하게 될 것이다. 이러한 이미지채널은 명백히 우리가 선택한 채널과 간섭을 일으키게 될 것이다. 그러나 다행히도, 이러한 이미지채널은 RF 필터에 의하여 충분히 억압된다. 왜냐하면 f_c에 중심을 두고 10 kHz의 대역폭을 갖는 선택 채널과 f_c'에 중심을 두고 있는 이미지채널과는 $f_c' - f_c = 2f_{IF} = 910$ kHz라는 엄청난 차이로 분리되어 있기 때문이다. 앞에서 지적한 바와 같이, IF 섹션이 주변 채널을 충분히 억압하는 것처럼, RF 섹션은 이미지채널에 대한 충분한 억압을 제공한다. 다음 장에서 논의될 예정이지만, 이 슈퍼헤테로다이닝 기술은 주파수변조 및 위상변조 신호의 수신기에도 똑같이 적용될 수 있다.

장말 요약

1. 변조는 통신 미디어를 통하여 효율적인 신호 전송을 가능케 한다. 또한, 동일한 통신선로를 통하여 다중 채널을 동시에 전송할 수 있게 해 준다.
2. 진폭변조(AM)는 변조의 한 형태로, 반송파의 진폭을 메시지신호에 비례하도록 변화시킨다. 이는 이러한 방식으로 운용되는 변조의 한 특수한 형태를 가리키는 명칭으로도 사용된다. 즉, 상업용 AM 방송에서 채택하는 변조 형태를 말한다.
3. 상업용 AM의 반송파 주파수는 550~1600 kHz 범위에서 10 kHz 간격으로 설정된다. 각 AM 채널은 10 kHz의 대역폭을 갖는다.
4. 메시지신호가 $m(t)$이고, 반송파가 $A_c \cos \omega_c t$일 때, AM의 파형과 그 스펙트럼은 각각 다음과 같이 주어진다.

$$\phi_{AM}(t) = A_c \cos \omega_c t + m(t) \cos \omega_c t$$

$$\Phi_{AM}(\omega) = \frac{1}{2}[M(\omega + \omega_c) + M(\omega - \omega_c)] + \pi A_c[\delta(\omega + \omega_c) + \delta(\omega - \omega_c)]$$

5. AM 신호의 변조지수는 $\mu = m_p/A_c$이다. 여기서 m_p는 메시지신호 $m(t)$의 최댓값이다. 포락선 검파가 가능하려면 $\mu \le 1$이어야 한다.
6. AM 신호에서 메시지를 포함하는 부분 혹은 측파대라 불리는 $m(t) \cos \omega_c t$의 전력은 $P_s = 1/2[P_m]$이며, 여기서 P_m은 $m(t)$의 전력이다.
7. AM의 전력효율은 다음과 같이 주어진다.

$$\eta = \frac{\text{Sideband Power}}{\text{Total Power}} = \frac{P_s}{P_c + P_s} = \frac{P_m}{A_c^2 + P_m}$$

8. AM 톤(tone) 변조에 있어서, 전력효율은 다음과 같이 계산된다.

$$\eta = \frac{\mu^2}{2 + \mu^2}$$

9. $(A_c + m_p) < V_{on}$이면 다이오드를 비선형 소자로 사용하는 비선형 변조기이며, $A_c \gg V_{on}$이면 다이오드를 스위치로 사용하는 스위칭 변조기로 동작한다.
10. 포락선 검파는 간단하고 저렴하므로 AM 검파에 있어서 동기 검파보다 선호된다. 포락선 검파기의 RC 시정수는

$$B \ll \frac{1}{RC} \ll f_c$$

를 만족해야 하며, 그 최적값은 $RC = \sqrt{1/(Bf_c)}$ 로 주어진다.

11. DSB-SC는 시간영역 및 주파수영역에서 각각 다음과 같이 주어진다.

$$\phi_{DSB}(t) = m(t) \cos \omega_c t \Leftrightarrow \Phi_{DSB}(\omega) = \frac{1}{2}[M(\omega - \omega_c) + M(\omega + \omega_c)]$$

12. 비선형, 직렬브리지, 병렬브리지 DSB-SC 변조기는 평형변조기이다. 링 변조기는 이중 평형 변조기이다.

13. QAM은 하나의 DSB-SC 채널 대역폭에 두 채널을 전송한다. 이때 사용되는 두 반송파는 서로 직교하는 동일 주파수의 정현파로, 각각 동위상 채널, 직교위상 채널이라 부른다. QAM 신호는 $\phi_{QAM}(t) = m_1(t) \cos \omega_c t + m_2(t) \sin \omega_c t$로 주어지며, QAM의 동기 검파에 있어서 수신기의 국부반송파에 주파수 혹은 위상 오류가 존재하면 심각한 문제를 발생시킨다.

14. SSB는 많은 장점을 가진다. 이는 AM이나 DSB-SC의 절반에 해당하는 대역폭을 사용한다. 수신기 국부반송파의 주파수 혹은 위상 오류는 그 동기 검파에 큰 영향을 미치지 않는다. 또한, SSB+반송파 신호는 포락선 검파가 가능하다.

15. 힐버트변환(Hilbert transformation)은 신호의 스펙트럼에 $-j\text{sgn}(\omega)$의 위상천이를 일으킨다. 시간영역 및 주파수영역에서 힐버트변환은 다음과 같이 표현된다.

$$m_h(t) = m(t) * \frac{1}{\pi t} \Leftrightarrow M_h(\omega) = -jM(\omega)\text{sgn}(\omega)$$

16. SSB의 시간영역 방정식은 $\phi_{SSB}(t) = m(t) \cos \omega_c t \mp m_h(t) \sin \omega_c t$로 표현되며, 여기서 '$-$' 부호는 USB를, '$+$'부호는 LSB를 나타낸다.

17. VSB는 직류갭밴드(dc gap-band)가 없는 메시지신호에 사용된다. 이러한 신호에는 기저대역 디지털신호나 비디오신호 등이 있다. 이는 SSB와 유사한 장점을 가지나, 점유 대역폭 등에서 SSB보다 불리하다.

18. VSB의 시간영역 방정식은 $\phi_{VSB}(t) = m_I(t) \cos \omega_c t \mp m_Q(t) \sin \omega_c t$로 표현되며, 여기서 '$-$'부호는 USB를, '$+$'부호는 LSB를 나타낸다.

19. 수신기에서 국부반송파의 동기화를 이루는 방식에는 파일럿 반송파(pilot carrier), 신호 제곱기(signal squaring), 코스타스 루프(Costas loop) 등이 있다.

복습문제

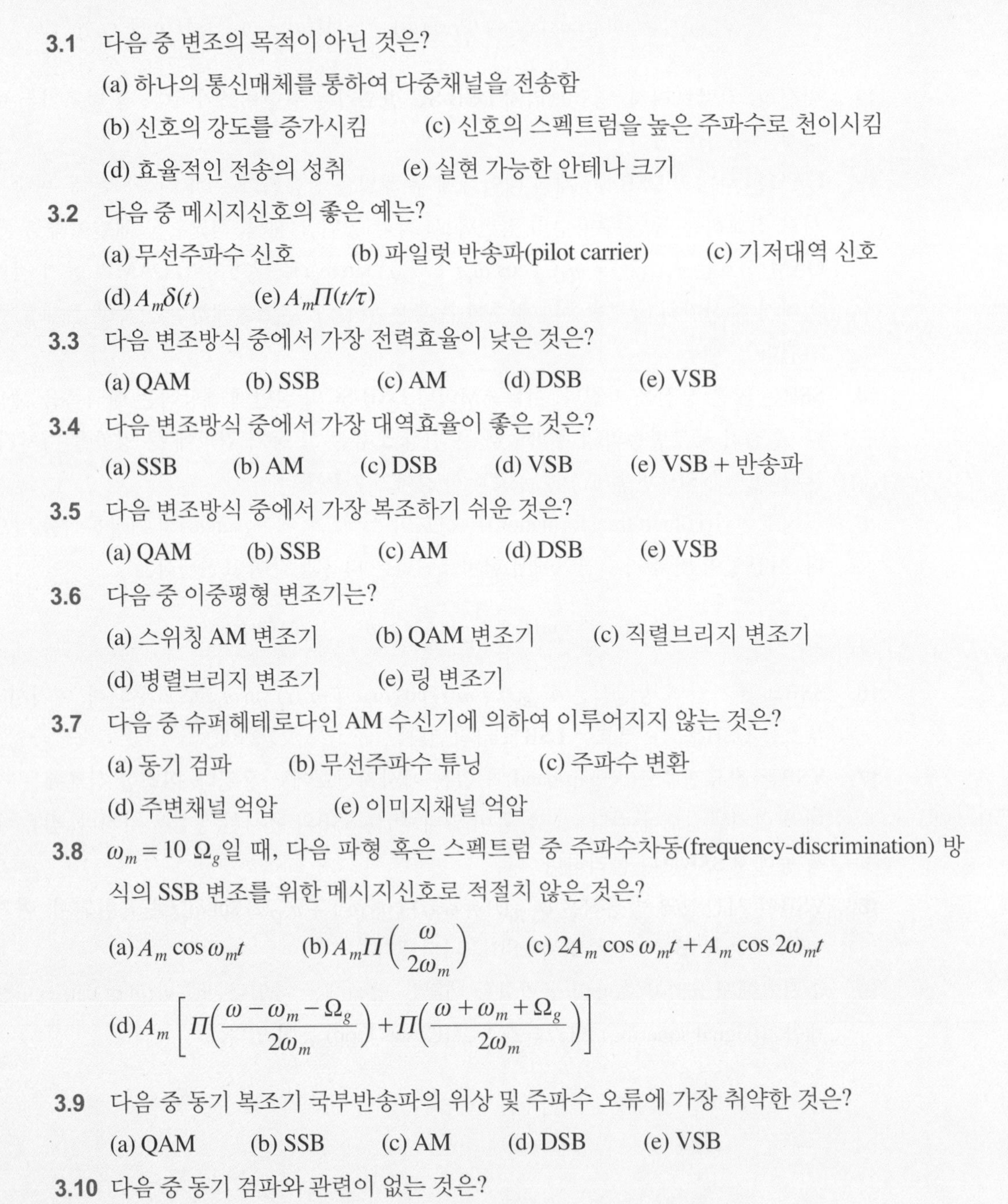

3.1 다음 중 변조의 목적이 아닌 것은?

(a) 하나의 통신매체를 통하여 다중채널을 전송함

(b) 신호의 강도를 증가시킴 (c) 신호의 스펙트럼을 높은 주파수로 천이시킴

(d) 효율적인 전송의 성취 (e) 실현 가능한 안테나 크기

3.2 다음 중 메시지신호의 좋은 예는?

(a) 무선주파수 신호 (b) 파일럿 반송파(pilot carrier) (c) 기저대역 신호

(d) $A_m \delta(t)$ (e) $A_m \Pi(t/\tau)$

3.3 다음 변조방식 중에서 가장 전력효율이 낮은 것은?

(a) QAM (b) SSB (c) AM (d) DSB (e) VSB

3.4 다음 변조방식 중에서 가장 대역효율이 좋은 것은?

(a) SSB (b) AM (c) DSB (d) VSB (e) VSB + 반송파

3.5 다음 변조방식 중에서 가장 복조하기 쉬운 것은?

(a) QAM (b) SSB (c) AM (d) DSB (e) VSB

3.6 다음 중 이중평형 변조기는?

(a) 스위칭 AM 변조기 (b) QAM 변조기 (c) 직렬브리지 변조기

(d) 병렬브리지 변조기 (e) 링 변조기

3.7 다음 중 슈퍼헤테로다인 AM 수신기에 의하여 이루어지지 않는 것은?

(a) 동기 검파 (b) 무선주파수 튜닝 (c) 주파수 변환

(d) 주변채널 억압 (e) 이미지채널 억압

3.8 $\omega_m = 10\ \Omega_g$일 때, 다음 파형 혹은 스펙트럼 중 주파수차동(frequency-discrimination) 방식의 SSB 변조를 위한 메시지신호로 적절치 않은 것은?

(a) $A_m \cos \omega_m t$ (b) $A_m \Pi\left(\frac{\omega}{2\omega_m}\right)$ (c) $2A_m \cos \omega_m t + A_m \cos 2\omega_m t$

(d) $A_m \left[\Pi\left(\frac{\omega - \omega_m - \Omega_g}{2\omega_m}\right) + \Pi\left(\frac{\omega + \omega_m + \Omega_g}{2\omega_m}\right)\right]$

3.9 다음 중 동기 복조기 국부반송파의 위상 및 주파수 오류에 가장 취약한 것은?

(a) QAM (b) SSB (c) AM (d) DSB (e) VSB

3.10 다음 중 동기 검파와 관련이 없는 것은?

(a) 신호제곱(signal squaring) (b) 파일럿 반송파(pilot carrier)

(c) 주파수분할다중화(FDM) (d) 국부발진기(local oscillator)
(e) 코스타스 루프(Costas loop)

정답: 3.1 (b), 3.2 (c), 3.3 (c), 3.4 (a), 3.5 (c), 3.6 (e), 3.7 (a), 3.8 (b), 3.9 (a), 3.10 (c)

익힘문제

3.1절 개요

3.1 메시지신호의 대역폭이 30 kHz이다. 효과적인 전파는 안테나의 길이가 적어도 신호 파장의 1/10 이상일 때 가능하다. 다음과 같은 경우에 효과적인 전파를 위한 안테나의 최소 길이는 얼마인가?
(a) 변조의 도움 없이 방송하는 경우
(b) 메시지신호 대역폭의 100배 주파수를 갖는 정현파로 진폭변조한 후 방송하는 경우

3.2 전형적인 AM 방송의 반송파 주파수는 550~1600 kHz 범위이다. 효과적인 전파는 안테나의 길이가 적어도 신호 파장의 1/10 이상일 때 일어난다. AM 방송 주파수의 양끝에서 무선 안테나를 탑재하는 마스트(mast)의 높이는 최소한 얼마인가?

3.2절 진폭변조

3.3 진폭변조 신호에서 반송파가 $10 \cos \omega_c t$, 메시지신호가 $A_m \cos \omega_m t$로 주어졌다. $A_m = 4$, $A_m = 10, A_m = 20$일 때, 각각 변조지수를 구하고 파형을 스케치하라.

3.4 진폭변조된 신호가 $\phi_{AM}(t) = 4[\alpha + 2 \sin \omega_m t] \cos \omega_c t, \omega_m \ll \omega_c$로 주어진다. α의 값이 다음과 같을 때, AM 신호의 전력효율을 구하라.
(a) $\alpha = 10$ (b) $\alpha = 5$

3.5 진폭변조 신호에서 반송파가 $4 \sin \omega_c t$이고, 메시지신호는 그림 3.3의 삼각파로 주어진다. 삼각파의 최댓값이 다음과 같을 때, 변조지수와 전력효율을 구하라.
(a) $m_p = 2$ (b) $m_p = 4$

3.6 그림 3.35(a)는 오실로스코프에 나타난 진폭변조 신호의 파형이다. 반송파와 메시지신호는 모두 정현파이다. 이 신호의 변조지수와 전력효율을 구하라.

3.7 그림 3.35(b)는 오실로스코프의 화면에 나타난 진폭변조 신호의 파형이다. 반송파는 정현파이고, 메시지신호는 주기적인 삼각파이다. 이 신호의 변조지수와 전력효율을 구하라.

3.8 AM 신호가 $\phi_{AM}(t) = 4[5 + 3 \cos (2\pi \times 10^4 t)] \cos (\pi \times 10^5 t)$ volt로 주어진다. 이 AM 신호

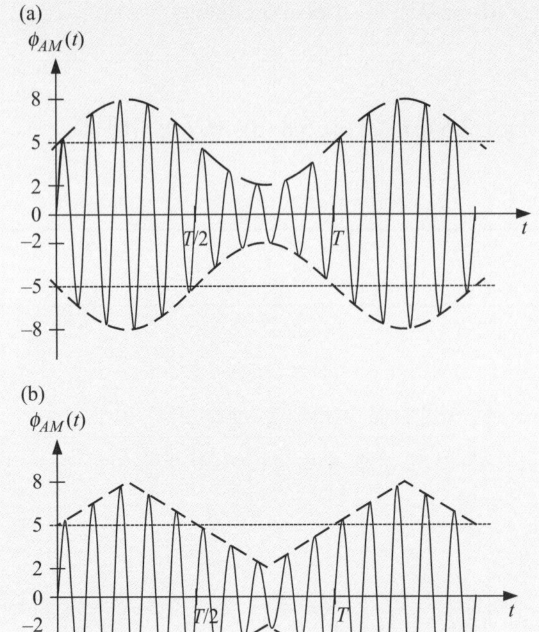

그림 3.35 익힘문제 3.6 및 3.7을 위한 파형.

가 10 Ω의 등가 부하저항에 소모하는 총 전력을 구하라.

3.9 메시지신호가 $m(t) = 4\cos\omega_m t + 3\sin 2\omega_m t$로 주어지는 멀티톤(multi-tone) AM 신호를 생각하자. 반송파가 $10\cos\omega_c t$, $\omega_c \gg \omega_m$일 때, 이 AM 신호는 포락선 검파를 위한 조건을 충족하는가? 또한, 이 AM 신호의 전력효율을 구하라.

3.10 멀티톤 AM 변조에 있어서, 메시지신호가 $m(t) = 4\cos\omega_m t + 2\cos 2\omega_m t$로 주어지고, 반송파는 $c(t) = 5\cos\omega_c t$, $\omega_c \gg \omega_m$을 사용하였다. 이 AM 신호는 포락선 검파를 위한 조건을 충족하는가? 또한, 변조된 신호의 스펙트럼 $\Phi_{AM}(\omega)$을 구하고 스케치하라.

3.11 그림 3.36의 비선형 AM 변조기에 있어서 $R = 1\ \Omega$이다. 다이오드의 입력전압 v_D는 다이오드 한계전압(turn-on voltage) V_{on}보다 작으며, 다이오드 전류는 $i_D = \beta(4v_D + v_D^2)$으로 주어진다. 반송파는 $A_c\cos\omega_c t$, 직류 성분을 포함한 메시지신호는 $\alpha + m(t)$이다. 또한, 메시지신호의 대역폭은 B Hz이고 $\omega_c \gg 2\pi B$가 성립한다. 대역통과 필터(BPF)가 ω_c에 중심을 둔다고 할 때, 출력신호 $y(t)$를 유도하라.

3.12 그림 3.36에서 반송파 $A_c\cos\omega_c t$의 진폭은 $A_c = 20$ V이며, 다이오드의 한계전압(turn-on voltage)은 $V_{on} = 0.7$ V로 주어진다. 직류 성분을 포함한 메시지신호가 $m(t) - \lambda$이며, 메시지신호의 대역폭은 B Hz이고 $\omega_c \gg 2\pi B$가 성립한다. 이때, AM 변조기의 출력신호

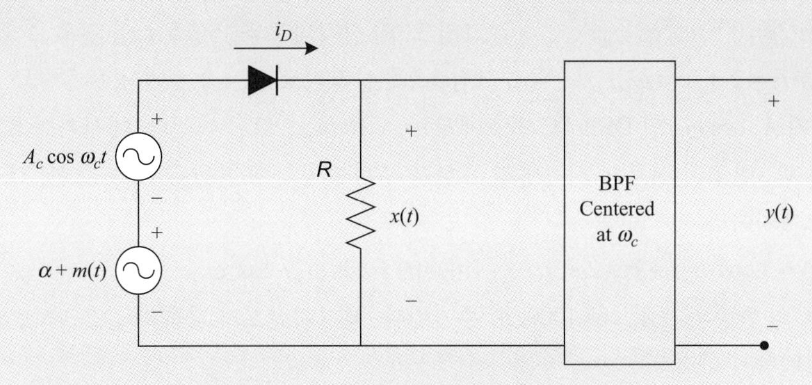

그림 3.36 익힘문제 3.11 및 3.12를 위한 AM 생성기.

$y(t)$를 유도하라.

3.13 포락선 검파기의 입력으로 반송파 주파수 500 kHz인 AM 신호가 인가된다. 포락선 검파기의 스무딩 커패시터(smoothing capacitor)는 $C = 20$ nF를 사용한다. 메시지신호의 대역폭이 5 kHz로 주어질 때, AM 신호의 포락선을 잘 추적할 수 있도록 스무딩 커패시터와 병렬로 연결할 저항 R의 값을 구하라. 또한, 다음과 같은 변조지수를 갖는 톤 변조에 있어서, 사용될 수 있는 저항 R의 최댓값은 얼마인가? (a) $\mu = 0.5$ (b) $\mu = 0.95$

3.14 반송파를 550~1600 kHz 범위에서 사용하는 상업용 AM 방송신호에 대하여 직접 복조하는 포락선 검파기가 있다. 이 포락선 검파기는 헤테로다이닝을 사용하지 않으며, 스무딩 커패시터는 가변콘덴서를 사용하고, 그에 병렬연결된 저항은 $R = 5$ kΩ이다. 소자의 값을 가능한 최댓값과 최솟값의 기하평균으로 정한다고 가정할 때, 전체 AM 대역의 모든 가능한 채널을 복조할 수 있도록 하기 위한 가변콘덴서 값의 최대와 최소를 구하라.

3.15 포락선 검파기의 스무딩 커패시터와 병렬 저항은 신호의 스무딩(smoothing) 혹은 저역통과여파(low-pass filtering)를 수행한다. 따라서 포락선 검파기와 정류검파기는 근본적으로 동일한 회로라고 생각할 수도 있다. AM 신호에 있어서, 반송파 주파수가 1 MHz, 메시지신호의 대역폭이 10 kHz로 주어진다. RC 시정수(time-constant)가 AM의 포락선을 잘 추적하도록 설정되었을 때, 포락선 검파기에 채택된 LPF의 대역폭과 정류검파기에 채택된 LPF의 대역폭을 비교함으로써, 이 두 검파기가 근본적으로 동일한 회로인지 혹은 상이한 회로인지 밝혀라.

3.3절 양측파대 반송파억압(DSB-SC) 진폭변조

3.16 DSB-SC의 반송파가 $A_c \cos \omega_c t$이며, 반송파의 주파수는 메시지신호의 대역폭에 비하여 매우 크다. 메시지신호가 다음과 같을 때, 변조된 신호의 파형을 스케치하라.

(a) (i) $m(t)=0.5\,A_c \cos \omega_m t$ (ii) 그림 3.3의 삼각파로 $m_p=0.5\,A_c$인 경우

(b) (i) $m(t)=2\,A_c \cos \omega_m t$ (ii) 그림 3.3의 삼각파로 $m_p=2\,A_c$인 경우

3.17 반송파가 $A_c \cos \omega_c t$인 DSB-SC 변조에서 $\omega_c = 10\,\omega_m$으로 주어진다. 메시지신호가 다음과 같을 때, 변조된 신호의 시간영역 표현과 주파수영역 표현을 구하라. 또한, 각 스펙트럼을 스케치하라.

(a) $m(t)=3 \cos \omega_m t + \cos 2\omega_m t$ (b) $m(t)=\cos \omega_m t \cos^2 \omega_m t$

3.18 DSB-SC의 반송파가 $A_c \cos 1000t$로 주어진다. 메시지신호가 다음과 같을 때, 변조된 신호의 전력을 구하라.

(a) $m(t)=4 \cos 100t - \sin 200t$ (b) $m(t)=2[\sin 200t(1+\sin 100t)]$

3.19 DSB-SC 변조기의 반송파 입력으로 $A_c \cos \omega_c t$, 메시지 입력으로 구형펄스 $m(t)=\Pi(t/\tau)$가 인가되었다. 여기서 $\omega_c \gg 2\pi/\tau$이다.

(a) 변조된 신호의 스펙트럼 $\Phi_{DSB}(\omega)$를 구하고 스케치하라.

(b) 변조된 신호의 에너지를 구하라.

3.20 DSB-SC 변조기의 반송파 입력으로 $2 \cos \omega_c t$, 메시지 입력으로 삼각펄스 $m(t)=\Delta(t/\tau)$가 인가되었다. 여기서 $\omega_c \gg 2\pi/\tau$이다.

(a) 변조된 신호의 스펙트럼 $\Phi_{DSB}(\omega)$를 구하고 스케치하라.

(b) 변조된 신호의 에너지를 구하라.

3.21 반송파가 $2 \cos \omega_c t$인 DSB-SC 변조기를 생각하자. 메시지신호가 다음과 같이 주어질 때, 변조된 신호의 스펙트럼 $\Phi_{DSB}(\omega)$를 구하라. 각 경우에 대하여, 반송파 주파수는 메시지 신호의 대역폭에 비하여 매우 크다.

(a) $m(t)=\Pi\left(\dfrac{t+5}{2}\right)+\Pi\left(\dfrac{t-5}{2}\right)$ (b) $m(t)=\sin c\left(\dfrac{Wt}{2}\right)$

3.22 그림 3.37(a)는 DSB-SC 변조된 신호의 스펙트럼 $\Phi_{DSB}(\omega)$를 나타낸다.

(a) 이 신호의 에너지스펙트럼밀도(energy spectral density, ESD) $\Psi_\phi(\omega)$와 자기상관함수 (autocorrelation function) $R_\phi(\tau)$를 구하라.

(b) 반송파를 $A \cos 100t$라 할 때, 메시지신호 $m(t)$를 구하라.

3.23 그림 3.37(b)는 DSB-SC 변조기의 입력 메시지신호 스펙트럼 $M(\omega)$를 나타낸다. 반송파를 $\cos \omega_c t$, $\omega_c \gg \omega_0$라 할 때,

(a) 변조된 신호의 시간영역 표현 $\phi_{DSB}(t)$를 구하라.

(b) 변조된 신호의 에너지 E_ϕ를 구하라.

3.24 반송파 주파수 150 kHz로 동작하는 DSB-SC 변조기를 설계하고자 한다. 그러나 현재 가용한 것은 10 kHz 대역폭을 가진 메시지신호 $m(t)$와 $A_c \cos 1000\pi t$를 출력으로 하는 정

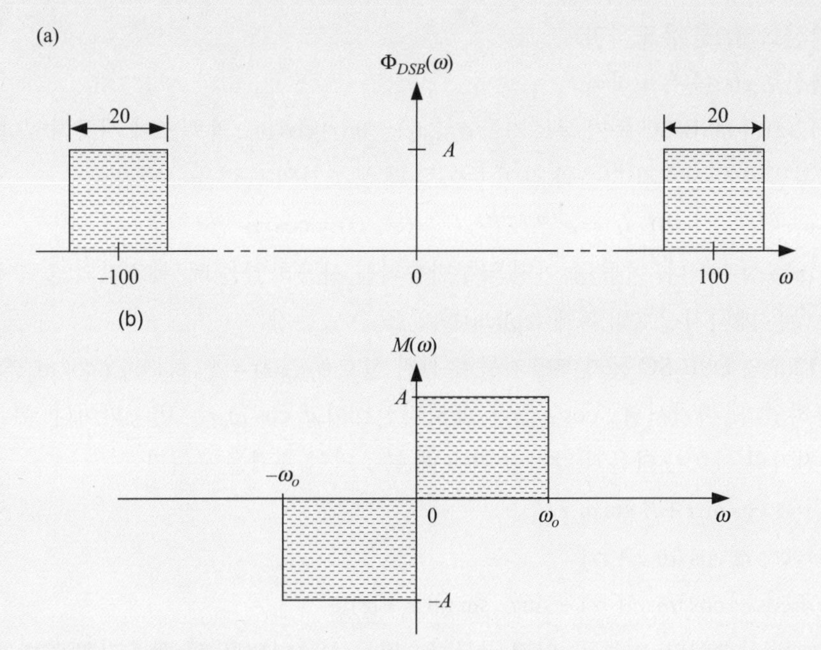

그림 3.37 익힘문제 3.22 및 3.23을 위한 스펙트럼.

현파 발진기, 다이오드 박스, 그리고 유니버설 필터(통과대역에 대하여 이득 1을 주는 LPF, BPF, HPF 등으로 쓸 수 있는 다용도 필터) 등이다.

(a) 설계된 시스템의 구성도를 그리되, 필터의 형태와 그 통과대역을 적시하라.

(b) 출력 DSB-SC 신호를 유도하라.

3.25 그림 3.38에서 $A_c \gg |m(t)|$, $A_c \gg V_{on}$라고 가정한다. 여기서 V_{on}은 다이오드의 한계전압이다. 다이오드는 모두 동일하며, 각 다이오드의 순방향 저항 R_f는 회로에 걸려 있는 저항 R에 비하여 무시할 수 있을 정도로 작다. $m(t)$의 대역폭이 ω_m이고 $\omega_c \gg \omega_m$일 때, 출력신호 $y(t)$를 유도하라.

3.26 그림 3.38에서 $|A_c| + |m(t)| < V_{on}$라고 가정한다. 여기서 V_{on}은 다이오드의 한계전압이다. 저항을 $R = 1\ \Omega$이라 하고, 다이오드 입력전압이 $v_D = A_c \cos \omega_c t + m(t)$로 주어질 때 다이오드 전류는 $i_D = 0.1(5v_D + v_D^2)$와 같이 계산된다.

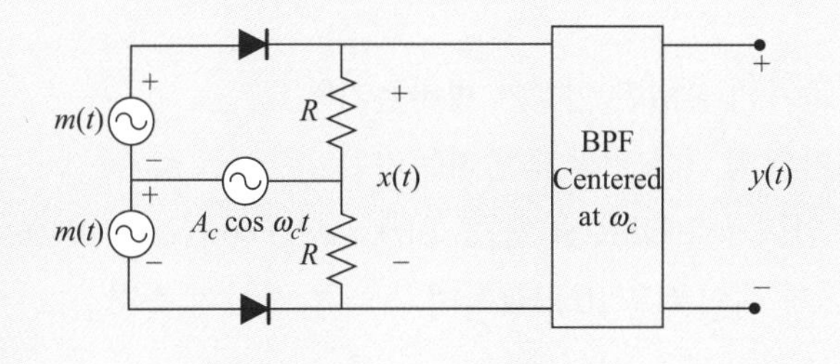

그림 3.38 익힘문제 3.25 및 3.26을 위한 회로도.

(a) 입력신호 $x(t)$를 유도하라.

(b) 출력신호 $y(t)$를 유도하라.

3.27 그림 3.12(a)의 DSB-SC 동기 복조기를 $\phi_{DSB}(t) = m(t)\cos\omega_c t$의 복조에 사용하였다. 복조기의 국부발진기 신호가 다음과 같이 주어질 때 복조기의 출력을 구하라.

(a) $c(t) = e^{j\omega_c t}$ (b) $c(t) = e^{j(\omega_c t + \alpha)}$ (c) $c(t) = \cos\alpha\, e^{j(\omega_c t + \alpha)}$

여기서 α는 상수이다. 이들 중 어떤 국부반송파를 사용하였을 때, 복조기의 출력에서 왜곡되지 않은 메시지신호의 복제(replica)를 얻을 수 있는가?

3.28 그림 3.12(a)의 DSB-SC 동기 복조기를 수신된 신호 $\phi_{DSB}(t) = A_m\cos\omega_m t\cos\omega_c t$의 복조에 사용하였다. 여기서 $A_m\cos\omega_m t$는 메시지신호이고 $\cos\omega_c t$는 반송파이다. 복조기의 국부발진기의 신호가 다음과 같이 주어질 때 복조기의 출력을 구하라.

(a) $c(t) = \alpha\cos\omega_c t + \beta\sin\omega_c t$

(b) $c(t) = \cos\alpha\cos(\omega_c t + \alpha)$

(c) $c(t) = \cos\alpha\cos(\omega_c t + \alpha) + \sin\alpha\sin(\omega_c t + \alpha)$

여기서 α는 상수이다. 이들 중 어떤 국부반송파를 사용하였을 때, 복조기의 출력에서 왜곡되지 않은 메시지신호의 복제(replica)를 얻을 수 있는가?

3.29 그림 3.12(a)의 DSB-SC 동기 복조기를 수신된 신호 $\phi_{DSB}(t) = m(t)\cos 2\pi f_c t$의 복조에 사용하였다. 여기서 메시지신호 $m(t)$의 대역폭은 $B = 10$ kHz이고, $f_c \gg B$이다. 저역통과 필터(LPF)의 대역폭은 12 kHz이고, 국부반송파는 $c(t) = 2\cos 2\pi(f_c + \Delta f)t$로 주어진다. 여기서 $\Delta f = 10$ Hz이다.

(a) 복조기의 출력신호를 구하라.

(b) 다음과 같은 경우에 대하여 복조된 신호의 스펙트럼을 스케치하라.

(i) 메시지신호 스펙트럼이 그림 3.12(c)와 같이 직류갭밴드(dc gap-band)가 없는 경우

(ii) 메시지신호 스펙트럼이 그림 3.22(a)와 같이 200 Hz의 직류갭밴드(dc gap-band)를 갖는 경우

3.30 진폭변조된 신호 $\phi_{AM}(t) = A_c[1 + m(t)]\cos(\omega_c t + \theta)$를 복조하여 메시지신호 $m(t)$를 얻기 위하여 그림 3.12(a)의 동기 복조기를 사용하였다. 이때, 복조기의 국부발진기가 주파수 및 위상 오류를 포함하여 $c(t) = \cos[(\omega_c + \Delta\omega)t + \alpha]$로 주어졌다.

(a) 복조기의 출력을 구하라.

(b) 주파수 오차가 0이라면 복조기의 출력은 어떻게 변하는가?

(c) 위상 오차가 0이라면 복조기의 출력은 어떻게 변하는가?

3.31 그림 3.18(a) 주파수변환기의 입력으로 DSB-SC 신호 $\phi(t) = m(t)\cos(2\pi \times 10^5 t)$가 인가되었다. 이때, 메시지신호 $m(t)$의 대역폭은 10 kHz이며, 국부발진기의 출력신호는 2 cos

$(1.2\pi \times 10^5 t) + 4\cos(2.8\pi \times 10^5 t)$로 주어진다.

(a) 각 DSB-SC 신호가 공존하는 곱의 신호 $x(t)$를 유도하라.

(b) 대역통과 필터(BPF)의 출력은 $x(t)$의 성분 중 진폭이 가장 큰 것을 선택한다고 가정할 때 출력신호를 구하고, 이상적인 필터를 가정하여 상 · 하위 차단주파수 f_H 및 f_L을 정하라.

3.32 그림 3.18(a) 주파수변환기의 구성도에 있어서, 입력신호는 두 개의 DSB-SC 신호가 더해진 신호 $m_1(t)\cos(4\pi \times 10^4 t) + m_2(t)\cos(10\pi \times 10^4 t)$로 주어진다. 이때, 두 메시지신호 $m_1(t)$와 $m_2(t)$의 대역폭은 각각 5 kHz이며, 국부발진기로부터 나오는 반송파는 $\cos(16\pi \times 10^4 t)$일 때, 각 DSB-SC 신호가 공존하는 곱의 신호 $x(t)$를 유도하라. 이로부터 각 DSB-SC 신호들을 구하라.

3.4절 QAM(quadrature amplitude modulation)

3.33 QAM 변조기의 입력신호가 $m_1(t) = A_1\cos(8\pi \times 10^3 t)$, $m_2(t) = A_2\cos(12\pi \times 10^3 t)$로 주어진다. 이때, 반송파는 $2\sin(2\pi \times 10^5 t)$이다.

(a) 변조된 신호 $\phi_{QAM}(t)$를 구하라.

(b) 신호 $\phi_{QAM}(t)$를 국부반송파가 $2\sin(2\pi \times 10^5 t + \alpha)$인 QAM 복조기의 입력으로 인가하였다. 이때 채널-1의 복조된 신호를 구하라.

3.34 QAM 신호 $\phi_{QAM}(t) = m_1(t)\cos\omega_c t + m_2(t)\sin\omega_c t$가 QAM 복조기에 입력되었다. 복조기의 국부반송파는 두 정현파의 합 $c(t) = \cos(\omega_c t + \alpha) + \sin(\omega_c t + \alpha)$일 때, 복조기의 두 채널에서 얻어지는 출력신호를 구하라.

3.35 국부반송파가 $c(t) = e^{j\omega_c t}$로 주어지는 QAM 복조기가 있다. 이 복조기의 입력으로 QAM 신호 $\phi_{QAM}(t) = m_1(t)\cos\omega_c t + m_2(t)\sin\omega_c t$가 인가되었다.

(a) 복조기의 두 채널에 나타나는 출력신호를 구하라.

(b) 국부반송파에 위상 오차가 발생하여 $c(t) = e^{j(\omega_c t + \alpha)}$로 주어졌을 때, 복조기의 두 채널에 나타나는 출력신호를 구하라.

3.5절 단측파대(SSB) 진폭변조

3.36 어떤 변조기의 입력 메시지신호가 $m(t) = 5\cos\omega_m t$, 반송파는 $10\cos\omega_c t$로 각각 주어지며, $\omega_c \gg \omega_m$이다. 수행되는 변조의 형태가 다음과 같을 때, 변조된 신호를 구하라.

(a) 전형적인 진폭변조 (b) DSB-SC 진폭변조

(c) 상측파대 SSB 진폭변조 (d) 하측파대 SSB 진폭변조

3.37 반송파가 $A_c\cos\omega_c t$인 단측파대 시스템을 생각하자. 메시지신호가 다음과 같을 때, 상측파대 SSB 신호의 시간영역 표현을 유도하라. 단, $\omega_c = 10\,\omega_m$이다.

(a) $m(t) = A_m \sin \omega_m t$ (b) $m(t) = A_1 \sin \omega_m t + A_2 \cos 3\omega_m t$

3.38 단측파대 시스템에 있어서, 반송파는 $2 \cos \omega_c t$, 메시지신호는 $10 \sin \omega_m t$이며 $\omega_c = 10 \omega_m$이다.

(a) 상측파대 SSB 신호와 하측파대 SSB 신호의 시간영역 표현을 구하고 스케치하라.

(b) 위 (a)의 신호의 스펙트럼을 구하고 스케치하라.

3.39 멀티톤(multi-tone) 변조를 수행하는 단측파대 변조기에서, 반송파가 $\cos \omega_c t$, 메시지신호가 $8 \sin \omega_m t + 4 \cos 2\omega_m t$로 주어지며, $\omega_c = 10 \omega_m$이라 한다. SSB 신호의 상측파대 형태와 하측파대 형태를 구하라.

3.40 그림 3.23(a)의 위상차동(phase-discrimination) 방식 SSB 변조기에서, 반송파가 $A_c \sin \omega_c t$로 주어지고, 메시지신호는 멀티톤(multi-tone) 정현파 $A_1 \sin \omega_1 t + A_2 \sin \omega_2 t$로 주어진다. SSB 신호의 상측파대 형태와 하측파대 형태를 구하라.

3.41 $\phi_{SSB}(t) = m(t) \cos \omega_c t + m_h(t) \sin \omega_c t$로 주어지는 단측파대 신호가 주파수 및 위상 오류를 갖는 국부반송파 $2 \cos [(\omega_c + \Delta\omega)t + \alpha]$를 사용하는 동기 복조기에 인가되었다.

(a) 복조기의 출력신호를 유도하라.

(b) 다음의 경우에 출력신호는 어떻게 변화되는가?

(i) 주파수 오차가 0인 경우 (ii) 위상 오차가 0인 경우

3.42 반송파 $\cos \omega_c t$, 메시지신호 $2 \cos \omega_m t$인 톤(tone) 변조 SSB 신호에 반송파 $24 \cos \omega_c t$ 를 더하여, SSB+반송파로서 포락선 검파를 가능케 하려고 한다. 요구되는 신호의 진폭에 비하여 제2고조파 왜곡의 억압 정도를 dB로 나타내라.

3.43 단측파대 신호가 $\phi_{SSB}(t) = 2 \cos (\omega_c - \omega_m)t$로 주어졌다. 여기서 ω_c는 반송파 주파수이고 ω_m은 메시지신호 주파수이다. 이 신호에 반송파 $A_c \cos \omega_c t$를 더하여, SSB+반송파로서 포락선 검파를 가능케 하려고 한다.

(a) 메시지신호 $m(t)$를 구하라.

(b) 메시지신호에 대한 제2고조파 왜곡의 억압을 최소한 30 dB로 하려면, 더해 주는 반송파의 진폭 A_c를 얼마로 해야 하는가?

3.44 포락선 검파를 가능케 하는 변조 방식으로, AM 신호 $\phi_{AM}(t) = 4[1 + m(t)] \cos \omega_c t$와 SSB+반송파 신호 $\phi_{SSB+C}(t) = A_c \cos \omega_c t + m(t) \cos \omega_c t + m_h(t) \sin \omega_c t$를 생각하자. 여기서 메시지신호는 모두 $m(t) = 2 \cos \omega_m t$로 주어진다.

(a) AM 신호의 전력효율 η_{AM}을 구하라.

(b) 더해 주는 반송파의 진폭이 다음과 같을 때 전력효율 η_{SSB+C}를 구하라.

(i) $A_c = 4$ (ii) $A_c = 20$

3.6절 잔류측파대(VSB) 진폭변조

3.45 그림 3.39(a)의 VSB 변조기는 상측파대 VSB 신호를 생성한다. 이 신호를 위한 VSB 필터의 주파수응답은 그림 3.39(b)의 $H_U(\omega)$로 주어진다. 메시지신호가 $m(t) = 4 \cos \omega_m t$, 반송파가 $\cos \omega_c t$, $\omega_c = 10^6$ rad/s, $\omega_m = 0.4 \times 10^5$ rad/s일 때, VSB 신호를 구하고, 그 스펙트럼을 스케치하라.

3.46 그림 3.39(a)의 변조기가 상측파대 VSB 신호를 생성하기 위하여 사용되었다. 이때, VSB 형성(shaping) 필터의 주파수응답은 그림 3.39(b)의 $H_U(\omega)$와 같이 주어진다. 메시지신호 $m(t) = 2 \sin \omega_m t + \cos 3\omega_m t$, 반송파 $\cos \omega_c t$, $\omega_c = 10^6$ rad/s, $\omega_m = 0.1 \times 10^5$ rad/s일 때, 생성되는 VSB 신호를 동위상(in-phase) 성분과 직교위상(quadrature) 성분으로 표현하라.

3.47 그림 3.39(a)의 VSB 변조기가 하측파대 VSB 신호를 생성하기 위하여 사용되었다. 이때, VSB 필터의 주파수응답은 그림 3.40의 $H_L(\omega)$와 같다. 메시지신호가 $m(t) = 2 \cos \omega_m t$, 반송파가 $\cos \omega_c t$, $\omega_c = 5 \times 10^5$ rad/s, $\omega_m = 0.2 \times 10^5$ rad/s일 때, VSB 신호를 구하고, 그 스펙트럼을 스케치하라.

3.48 그림 3.39(a)의 VSB 변조기가 VSB 신호를 생성하기 위하여 사용되었다. VSB 형성 필터의 주파수응답은 그림 3.40의 $H_L(\omega)$와 같다. 메시지신호가 $m(t) = 4 \cos \omega_m t + 2 \sin 3\omega_m t$, 반송파가 $\cos \omega_c t$, $\omega_c = 5 \times 10^5$ rad/s, $\omega_m = 10^4$ rad/s일 때, 생성되는 VSB 신호를 동위상(in-phase) 성분과 직교위상(quadrature) 성분으로 표현하라.

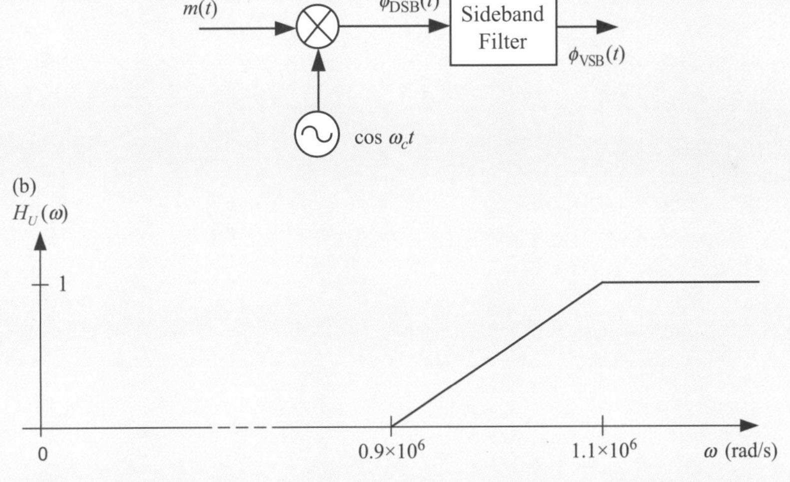

그림 3.39 익힘문제 3.45 및 3.46을 위한 구성도와 주파수응답. (a) VSB 변조기, (b) 상측파대 VSB 필터.

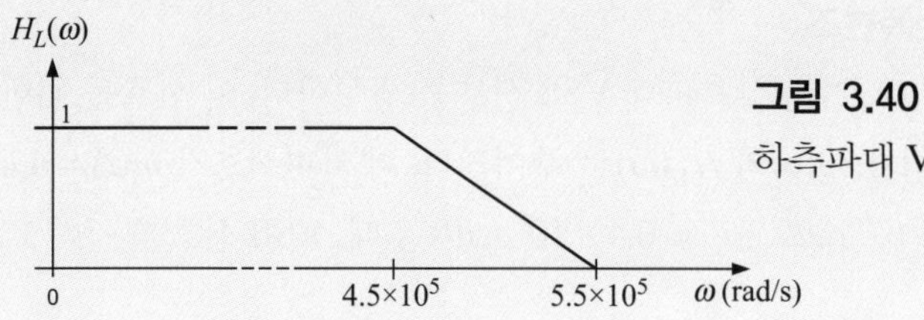

그림 3.40 익힘문제 3.47 및 3.48을 위한 하측파대 VSB 형성 필터.

4 각도변조

우리가 아는 것은 그리 많지 않다. 오히려 우리가 모르는 것은 헤아릴 수 없이 많다.

라플라스

역사 속 인물

리 드 포레스트(Lee De Forest, 1873~1961) 포레스트는 300개 이상의 국내외 특허를 받은 미국의 발명가로서 그가 발명한 발명품들은 라디오, 레이더, 전화, 전자공학, 영화산업의 근간이 되는 것이었다. 13세 때 그는 은도금을 위한 장치를 포함하여 많은 도구를 발명하였다. 예일대학에서 1899년 박사 학위를 받은 후 그는 주로 무선통신 및 전자공학 분야에서 일하였으며 이전에 '무선(wireless)'이라고 불렸던 단어 대신에 '라디오(radio)'라는 단어를 최초로 사용하였다. 그는 1902년에 드 포레스트 무선전신회사(De Forest Wireless Telegraph Company)와 1907년에 드 포레스트 무선전화회사(De Forest Radio Telephone Company)를 설립하였으며 평생을 통신의 발전을 위해 바쳤다.

1907년, 드 포레스트는 그의 가장 중요한 발명품인 오디언 튜브(audion tube)에 대한 특허를 냈다. 이것은 트랜지스터의 전신인 3극 가스 충전 전자 증폭기 튜브(나중에 3극관[triode]이라고도 함)였다. 하지만 나중에 3극관이 진공관으로서 더 잘 작동한다는 것이 발견되었다. 3극관에 의한 신호 증폭은 라디오, 레이더, 전화 및 전자제품에 큰 도움이 되었고, 3극관을 다단으로 연결함으로써 신호 강도를 크게 증폭시킬 수 있었다. 드 포레스트는 1912년의 실험실 노트에 3극관 출력의 일부분을 입력단에 공급함으로써 잡음을 방출하는 자체 재생을 얻을 수 있다고 기록하였다. 그러나 그는 이 발견을 정현파 발진기로 사용할 수 있다는 것을 인지하지 못하여 이에 관한 기술을 제시하거나 특허를 신청하지 않았다. 이와는 별개로 3극관을 이용하여 암스트롱(Edwin H. Armstrong)은 재생 피드백 발진기를 개발하여 1913년에 특허를 출원하여 1914년에 특허를 받았다. 포레스트는 1915년에 재생 회로에 대한 특허를 신청했으며 암스트롱의 특허에 대한 우선권을 주장했다. 1934년까지의 긴 소송 끝에 드 포레스트는 마침내 대법원에서 결국 이겼지만, 무선 산업계에서는 판결이 잘못되었다고 판단하고 암스트롱의 발명으로 인정하였다.

드 포레스트의 다음으로 중요한 발명품은 1921년 그가 특허를 낸 포노필름(phonofilm)인데 이는 영상신호 옆에 오디오신호를 기록하는 영화필름이다. 할리우드 영화계는 유성영화와 관련된 발명품을 팔려는 그의 노력을 방해하였지만 결국 1927년 이후 그의 포노필름을 채택했다.

수많은 발명을 했음에도 불구하고 그는 가난한 사업가였다. 그가 세운 회사 25개가 파산하였으며 그가 참여한 많은 소송도 이러한 파산의 한 원인이었다. 결국, 그는 마지못해 주요 통신회사에 아주 저렴한 가격으로 특허를 판매했고, 이 회사들은 그 특허들로 인해 엄청난 이익을 챙겼다. 이로부터 배울 수 있는 교훈은, 엔지니어라 할지라도 적어도 한 과목 이상의 비즈니스 관련 일반 교육과정을 수강하는 것이 바람직하다는 것이다.

4.1 개요

앞 장에서의 진폭변조와 마찬가지로, 각도변조(angle modulation)는 아날로그 변조의 한 형태이다. 진폭변조에서는 반송파의 진폭이 메시지신호에 따라 선형적으로 변한다. 각도변조에서는 반송파의 주파수를 변화시켜 주파수변조를, 반송파의 위상을 변화시켜 위상변조를 얻는다. 그리고 반송파의 주파수와 위상의 조합으로 일반화된 각도변조를 구현한다. 이 장에서는 각도변조로서 널리 사용되는 주파수변조(frequency modulation, FM) 및 위상변조(phase modulation, PM)에 대해 중점적으로 설명한다.

> **주파수변조**(FM)는 메시지신호 진폭에 따라 반송파의 주파수를 선형적으로 변화시킴으로써, **위상변조**(PM)는 메시지신호 진폭에 따라 반송파의 위상을 선형적으로 변화시킴으로써 만들어진다.

FM과 PM은 각도변조의 특별한 경우다. 진폭변조에 비해 각도변조의 중요한 장점은 더 나은 잡음 억압 특성이다. 이것이 상업용 FM 라디오가 상업용 AM 라디오보다 잡음이 적은 이유이다. 이 우수한 잡음 억압능력은 AM 신호에 비해 각도변조 신호의 대역폭을 크게 함으로써 얻을 수 있다.

4.2 주파수, 위상 및 각도 변조

순간 주파수(instantaneous frequency)와 총 순간 위상(total instantaneous phase)의 개념은 FM과 PM의 핵심 개념이다. 주파수변조를 위해서는 반송파 주파수가 메시지신호 진폭에 따라 선형적으로 변해야 하고, 총 위상각도 이에 따라 변한다. 유사하게, 위상변조를 위해서는 반송파의 위상각이 메시지신호 진폭에 따라 선형적으로 변해야 하고, 반송파 주파수도 이에 따라 변한다.

메시지신호 $m(t)$와 정현 반송파 $A_c \cos(\omega_c t + \theta_o) = A_c \cos \theta_i(t)$를 고려해 보자. 여기서, $\theta_i(t) = \omega_c t + \theta_o$이고 $\theta_i(t)$는 진폭이 A_c이고 주파수가 ω_c인 정현 반송파의 총 순간 위상이다. 여기서, 일정한 위상각 θ_o는 0이라 해도 일반성을 잃지 않는다. 위상변조를 얻기 위해 전체 위상은 위상 편이 상수가 k_p인 메시지신호에 비례하여 변화한다. 여기서 k_p의 단위는 [radian/$m(t)$의 단위진폭]이다. 순간 주파수 $\omega_i(t)$에 대한 총 순간 위상 $\theta_i(t)$와 위상변조 신호 $\phi_{PM}(t)$는 다음과 같이 각각 주어진다.

$$\theta_i(t) = \omega_c t + k_p m(t) \tag{4.1}$$

$$\omega_i(t) = \frac{d\theta_i(t)}{dt} = \omega_c + k_p m'(t) \tag{4.2}$$

그리고

$$\boxed{\phi_{PM}(t) = A_c \cos\left(\omega_c t + k_p m(t)\right)} \tag{4.3}$$

주파수변조를 위해 반송파 주파수는 주파수 편이 상수 k_f [Hz/$m(t)$의 단위진폭]인 메시지신호 $m(t)$에 비례하여 변한다. 순간 주파수 $\omega_i(t)$, 순간 위상 $\theta_i(t)$ 및 FM 신호는 다음과 같다.

$$\omega_i(t) = \omega_c + k_f m(t) \tag{4.4}$$

$$\theta_i(t) = \int_{-\infty}^{t} \left[\omega_c + k_f m(\lambda)\right] d\lambda = \omega_c t + k_f \int_{-\infty}^{t} m(\lambda) d\lambda \tag{4.5}$$

그리고

$$\boxed{\phi_{FM}(t) = A_c \cos\left[\omega_c t + k_f \int_{-\infty}^{t} m(\lambda) d\lambda\right]} \tag{4.6}$$

식 (4.3)과 (4.6)에서 변조된 신호의 총 순간 각도는 메시지신호 $m(t)$의 선형함수이다. 일반적으로 각도변조의 경우, 이 각도는 $m(t)$의 다양한 함수로 구할 수 있다. 위상각은 입력신호 $m(t)$, 임펄스응답 $h(t)$ 및 출력신호 $\gamma(t)$를 갖는 시스템의 출력으로 간주될 수 있다. 시스템이 선형 시불변(linear time-invariant)인 경우, 위상각은 다음과 같다.

$$\gamma(t) = m(t) * h(t) = \int_{-\infty}^{t} m(\lambda) h(t-\lambda) d\lambda \tag{4.7}$$

여기서, PM인 경우 $k = k_p$, FM인 경우 $k = k_f$이고, 각도변조의 일반화된 표현식은 다음과 같다.

$$\phi_A(t) = A_c \cos[\omega_c t + k\gamma(t)] = A_c \cos\left[\omega_c t + k\int_{-\infty}^{t} m(\lambda)h(t-\lambda)d\lambda\right] \tag{4.8}$$

앞서 언급했듯이 FM과 PM은 각도변조의 특별한 경우다. 일반화된 각도변조에 대한 앞의 방정식에서 임펄스 반응이 $h(t)=\delta(t)$라면 $m(t)*h(t)=m(t)*\delta(t)=m(t)$가 되어 식 (4.3)의 PM 표현식이 구현된다. 그러나 만약 임펄스응답이 $h(t)=u(t)$라면 $m(t)*h(t)=m(t)*u(t)=\int_{-\infty}^{t} m(\lambda) d\lambda$가 되어 식 (4.6)의 FM 표현식이 구해진다.

주파수변조와 위상변조 간의 유사성

식 (4.6)에서 메시지신호 $m(t)$가 그의 미분인 $m'(t)$로 대체되면, PM 신호가 발생한다. 따라서, PM 신호는 변조신호가 $m(t)$가 아닌 $m'(t)$인 FM 신호로 볼 수 있다. 결과적으로 위상변조는 식 (4.2)와 같이 위상변조기(phase modulator)의 변조신호로 메시지신호 $m(t)$를 직접 사용하거나, 먼저 메시지신호를 미분하고 그 미분인 $m'(t)$를 주파수변조기에 대한 변조신호로 사용함으로써 얻을 수 있다. 이러한 PM 발생 방법은 그림 4.1(a)에 나와 있다.

FM 신호에 대해 2가지 발생방법을 유사하게 추론할 수 있다. 식 (4.3)에서 메시지신호 $m(t)$가 그것의 적분 $\int_{-\infty}^{t} m(\lambda)d\lambda$으로 대체되면, FM 신호가 발생한다. 따라서, FM 신호는 변조신호

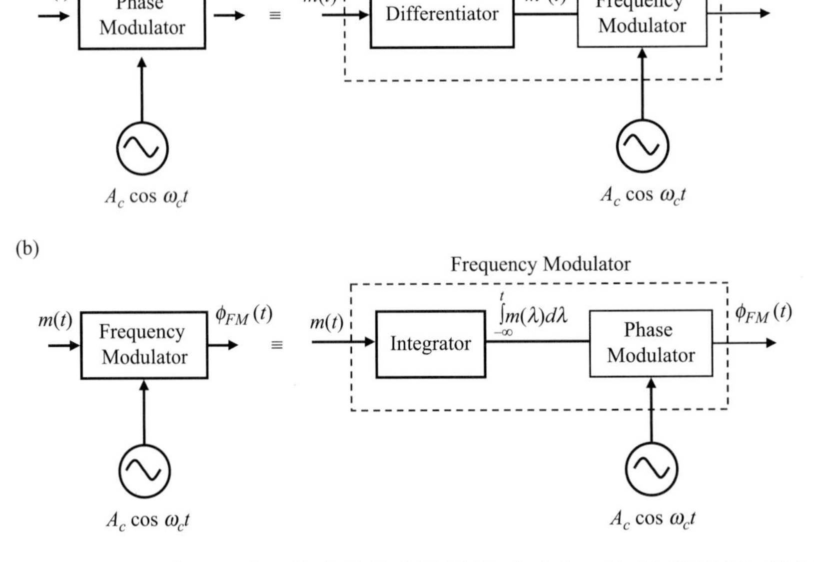

그림 4.1 PM과 FM 신호의 발생에 대한 블록 다이어그램. (a) PM 또는 FM 변조기를 이용한 PM 신호 발생, (b) FM 또는 PM 변조기를 이용한 FM 신호 발생.

$m(t)$가 아닌 $\int_{-\infty}^{t} m(\lambda)d\lambda$인 PM 신호로 간주할 수 있다.

결과적으로, 주파수변조는 식 (4.6)에서와 같이 주파수변조기(frequency modulator)에 대한 변조신호로서 메시지신호 $m(t)$를 직접 사용하거나, 또는 먼저 메시지신호를 적분하고 이 적분 $\int_{-\infty}^{t} m(\lambda)d\lambda$를 위상변조기에 대한 변조신호로 사용함으로써 구현할 수 있다. 이러한 FM을 발생하는 두 가지 방법이 그림 4.1(b)에 나타나 있다.

FM과 PM 파형

반송파 진폭이 시간에 따라 변하는 AM과는 달리, 식 (4.3), (4.6) 및 (4.7)은 각도 변조된 신호의 경우 반송파의 진폭이 일정하다는 것을 보여 준다. 식 (4.2)는 PM의 경우 순간 주파수가 $m'(t)$의 진폭에 대해 선형적으로 변하는 반면, 식 (4.4)는 FM의 경우 순간 주파수가 $m(t)$의 진폭에 대해 선형적으로 변화함을 나타낸다. 따라서 FM과 PM 파형의 주요 차이점은 순간 주파수 변화의 차이에 있다. 이들의 파형은 다음 두 예제에서 다룬다. 예제 4.1은 동일한 반송파와 메시지신호를 사용하는 AM, FM 및 PM 파형의 비교에 대한 것이다.

예제 4.1

반송파는 $c(t) = 10\cos(2\pi \times 10^7 t)$이고 메시지신호는 $m(t) = 5\cos(2\pi \times 10^4 t)$인 톤변조 신호가 있다. 만약, 변조 유형이 (a) AM, (b) $k_f = 4\pi \times 10^4$인 FM, (c) $k_p = 2$인 PM 신호라면 각각의 변조된 신호의 파형을 나타내라.

풀이

(a) AM 신호는 다음과 같이 주어진다.

$$\begin{aligned}\phi_{AM}(t) &= [A_c + A_m \cos\omega_m t]\cos\omega_c t = \left[10 + 5\cos\left(2\pi \times 10^4 t\right)\right]\cos\left(2\pi \times 10^7 t\right)\\ &= E(t)\cos\left(2\pi \times 10^7 t\right)\end{aligned}$$

포락선 $E(t)$는 최솟값 $E_{\min} = 10 - 5 = 5$와 최댓값 $E_{\max} = 10 + 5 = 15$이다. 메시지신호와 반송파는 그림 4.2(a)와 (b)에, AM 파형은 그림 4.2(c)에 각각 나타내었다.

(b) FM 신호의 경우, 순간 반송파 주파수는 다음과 같이 주어진다.

$$f_i = \frac{\omega_i}{2\pi} = \frac{1}{2\pi}\left[\omega_c + k_f m(t)\right] = f_c + \frac{k_f}{2\pi}m(t)$$

$$f_{i,\max} = f_c + \frac{k_f}{2\pi}[m(t)]_{\max} = 10^7 + \frac{4\pi \times 10^4}{2\pi} \times 5 = 10.1 \text{ MHz}$$

$$f_{i,\min} = f_c + \frac{k_f}{2\pi}[m(t)]_{\min} = 10^7 + \frac{4\pi \times 10^4}{2\pi} \times (-5) = 9.9 \text{ MHz}$$

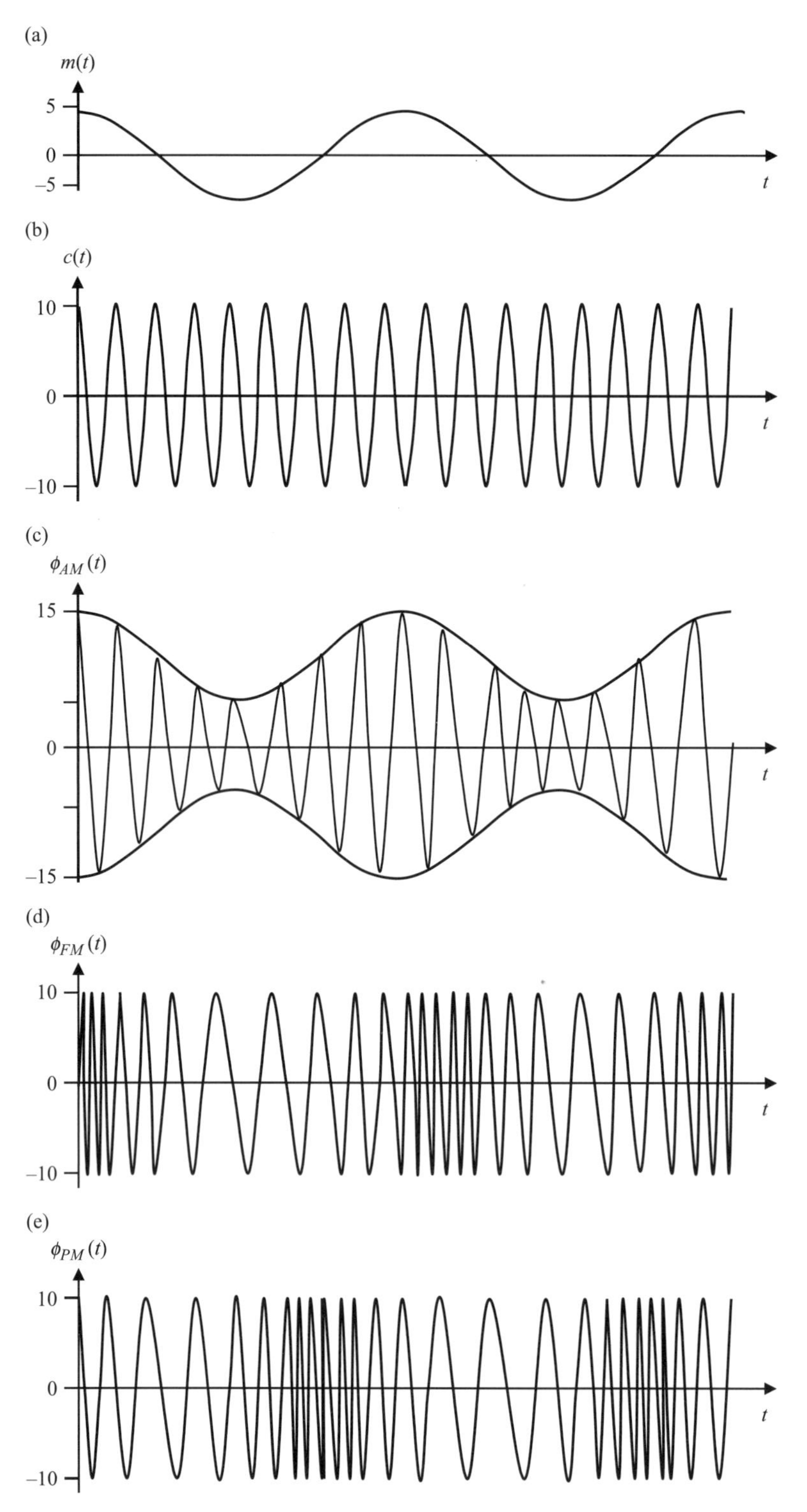

그림 4.2 예제 4.1에 대한 파형. (a) 메시지신호, (b) 반송파, (c) AM 파형, (d) FM 파형, (e) PM 파형.

FM 파형은 그림 4.2(d)에 나타내었다.

(c) PM 신호의 경우, 순간 반송파 주파수는 다음과 같이 주어진다.

$$f_i = \frac{\omega_i}{2\pi} = \frac{1}{2\pi}\left[\omega_c + k_p m'(t)\right] = f_c + \frac{k_p}{2\pi} m'(t)$$

$$m'(t) = -5 \times 2\pi \times 10^4 \sin\left(2\pi \times 10^4 t\right) = 10^5 \pi \sin\left(2\pi \times 10^4 t\right)$$

$$f_{i,\max} = f_c + \frac{k_p}{2\pi}[m'(t)]_{\max} = 10^7 + \frac{2}{2\pi} \times 10^5 \pi = 10.1\ \text{MHz}$$

$$f_{i,\min} = f_c + \frac{k_p}{2\pi}[m'(t)]_{\min} = 10^7 + \frac{2}{2\pi} \times \left(-10^5 \pi\right) = 9.9\ \text{MHz}$$

PM 파형은 그림 4.2(e)에 나타내었다. 그림에서 FM과 PM 파형 사이의 유사성에 유의하라. 둘 다 순간 주파수는 변하고 진폭은 일정한 코사인 파형이다. 그러나 $f_{i,\max}$와 $f_{i,\min}$은 FM의 경우에는 $m(t)$의 최댓값과 최솟값에서, 그리고 PM의 경우는 $m'(t)$의 최댓값과 최솟값에서 발생한다.

실전문제 4.1

어떤 변조기의 반송파가 $5\cos(10^8 \pi t)$이고 입력 메시지신호는 $10\cos(4\pi \times 10^4 t)$이다. 최대 및 최소 순간 반송파 주파수를 구하고, 변조 형태가 (a) $k_f = 10\pi^5$인 주파수변조 및 (b) $k_p = 2$인 위상변조인 경우의 변조된 신호 파형을 나타내라.

정답:

(a) FM 신호인 경우 $f_{i,\max} = 50.5$ MHz, $f_{i,\min} = 49.5$ MHz

(b) PM 신호인 경우 $f_{i,\max} = 50.4$ MHz, $f_{i,\min} = 49.6$ MHz

각각의 진폭과 순간 주파수의 차이를 제외하면 파형은 그림 4.2(d)와 (e)의 파형과 비슷하다.

예제 4.2

만약 $k_f = 10^6\pi$, $k_p = \pi/2$이고, 반송파가 진폭 A_c, 주파수가 $f_c = 100$ MHz인 정현파인 경우, 그림 4.3(a)에 표시된 변조신호에 대한 FM 및 PM 파형을 나타내라.

풀이

(a) FM 신호인 경우

$$f_i = f_c + \frac{k_f}{2\pi} m(t) = 10^8 + \frac{10^6 \pi}{2\pi} m(t)$$

$$f_{i,\max} = 10^8 + \frac{10^6 \pi}{2\pi}[m(t)]_{\max} = 10^8 + \frac{10^6 \pi}{2\pi}(1) = 100.5\ \text{MHz}$$

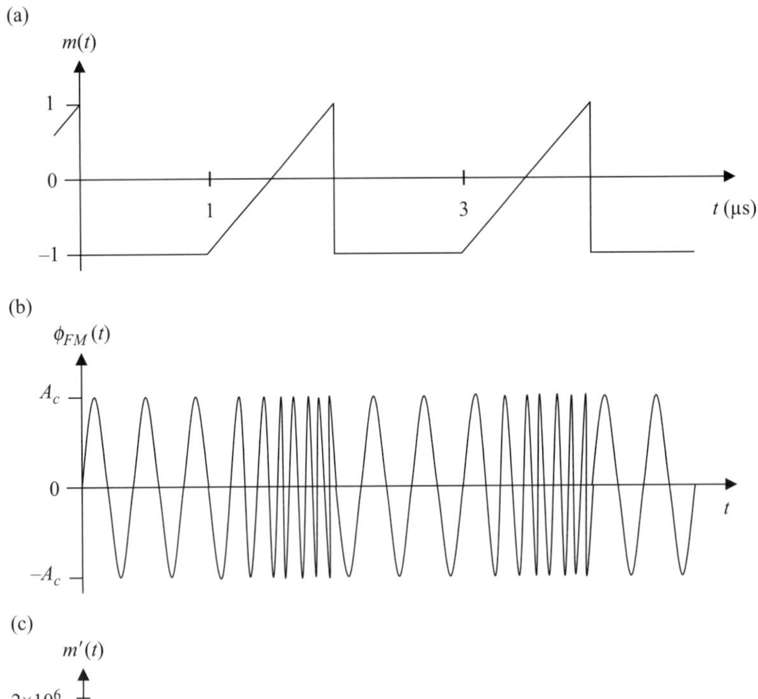

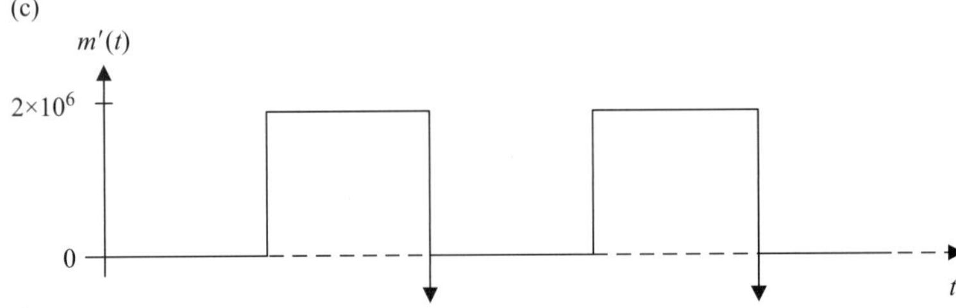

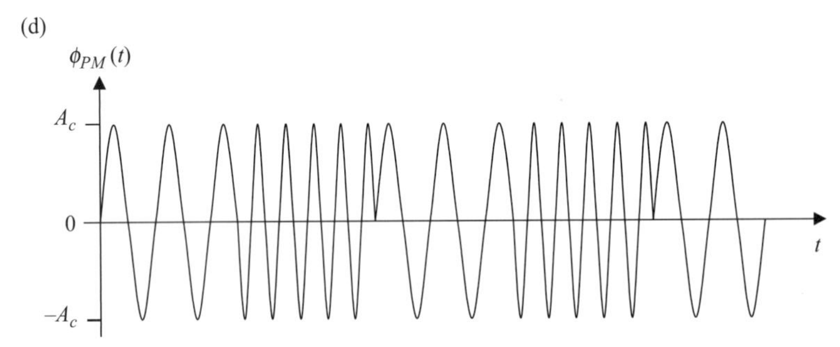

그림 4.3 예제 4.2의 파형. (a) 변조신호, (b) FM 신호 파형, (c) 변조신호의 미분, (d) PM 신호 파형.

$$f_{i,\min} = 10^8 + \frac{10^6\pi}{2\pi}[m(t)]_{\min} = 10^8 + \frac{10^6\pi}{2\pi}(-1) = 99.5 \text{ MHz}$$

FM 파형은 그림 4.3(b)에 나타내었다.

(b) PM 신호인 경우, $m'(t)$는 그림 4.3(c)에 나타내었다.

$m(t)$의 진폭이 -1의 상숫값을 유지하면 $[m'(t)]_{\min} = 0$이다.

$[m'(t)]_{\max} = m(t)$의 기울기 $= 2 \times 10^6$, $m(t)$가 -1부터 1까지 선형적으로 변화 시.

$$f_i = f_c + \frac{1}{2\pi} k_p m'(t) = 10^8 + \frac{1}{2\pi}\frac{\pi}{2} m'(t)$$

$$f_{i,\max} = 10^8 + \frac{1}{2\pi}\frac{\pi}{2}\left[2 \times 10^6\right] = 100.5 \text{ MHz}$$

(a)

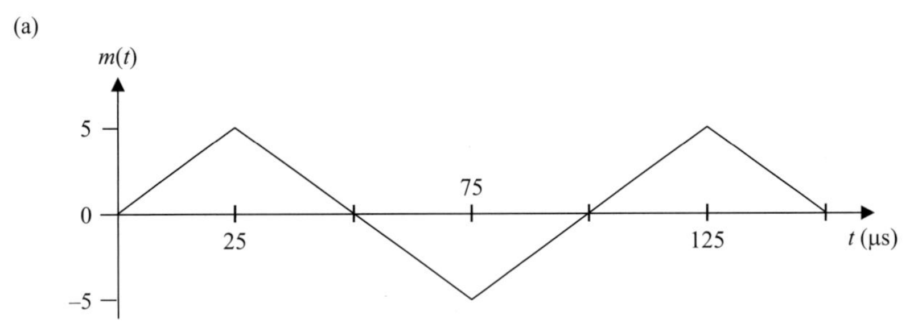

(b)

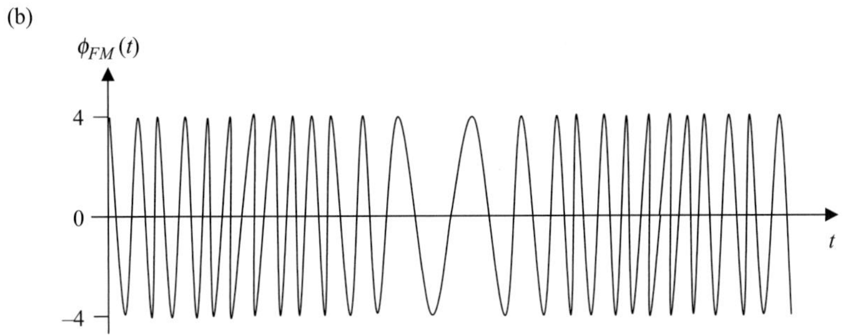

(c)

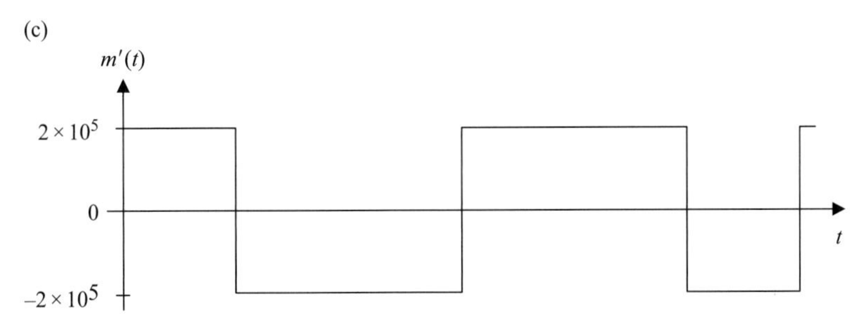

(d)

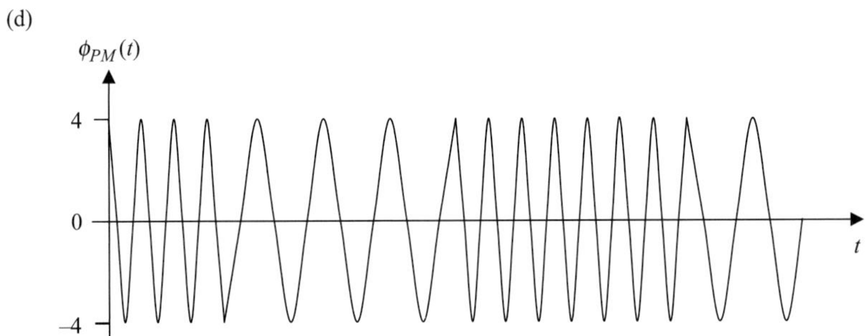

그림 4.4 실전문제 4.2에서의 파형. (a) 변조신호, (b) FM 신호 파형, (c) 변조신호의 1차 미분, (d) PM 신호 파형.

$$f_{i,\min} = f_c + \frac{1}{2\pi}\frac{\pi}{2}(0) = f_c = 100 \text{ MHz}$$

f_i는 $m'(t)$의 반주기에서 100 MHz이고 나머지 반주기에서 100.5 MHz이다. $m(t)$가 1에서 -1로 총 -2의 변화가 생기는 불연속점에서 $m'(t)$의 진폭은 임펄스가 된다. 이 임펄스는 $-2k_p = -2(\pi/2) = -\pi$의 변화를 가져오고 이로 인해 $m(t)$의 불연속점에서 반송파의 위상은 반전된다. 일반적으로 $m'(t)$의 임펄스로 인해 반송파의 위상은 변한다.

실전문제 4.2

변조기의 입력 반송파가 $4\cos(1.8\pi \times 10^8 t)$이고, 입력 메시지신호가 그림 4.4(a)의 삼각파 신호이다. 최대 및 최소 순간 반송파 주파수를 찾아라. 그리고 만약 변조 형태가 (a) $k_f = 8\pi \times 10^4$인 FM, (b) $k_p = 2\pi$인 PM일 때 변조된 신호 파형을 나타내라.

정답:

(a) FM 신호일 때 $f_{i,\max} = 90.2$ MHz, $f_{i,\min} = 89.8$ MHz

(b) PM 신호일 때 $f_{i,\max} = 90.2$ MHz, $f_{i,\min} = 89.8$ MHz

FM과 PM 파형은 그림 4.4(b)와 (d)에 각각 나타내었다.

4.3 각도 변조된 신호의 대역폭과 스펙트럼

식 (4.8)에서 일반화된 각도변조식은 $\phi_A(t) = A_c \cos[\omega_c t = k\gamma(t)]$이다. 여기서, $\gamma(t) = m(t) * h(t) = \int_{-\infty}^{t} m(\lambda)h(t-\lambda)d\lambda$이고, PM의 경우 $h(t) = \delta(t)$, FM의 경우 $h(t) = u(t)$이다. 정현파 반송파 대신에 복소 반송파 $A_c e^{j\omega_c t}$를 가정한다면 일반화된 각도변조의 표현식은 다음과 같다.

$$\tilde{\phi}_A(t) = A_c e^{j[\omega_c t + k\gamma(t)]} = A_c e^{j\omega_c t} e^{jk\gamma(t)} \tag{4.9}$$

PM의 경우 k 대신에 k_p로, FM의 경우 k 대신에 k_f로 바꾸면 PM과 FM의 표현식은 다음과 같이 각각 구해진다.

$$\phi_{PM}(t) = \text{Re}[\tilde{\phi}_A(t)] = \text{Re}\left[A_c e^{j\omega_c t} e^{jk_p\gamma(t)}\right]; \text{for } \gamma(t) = m(t) * \delta(t) = m(t) \tag{4.10}$$

$$\phi_{FM}(t) = \text{Re}[\tilde{\phi}_A(t)] = \text{Re}\left[A_c e^{j\omega_c t} e^{jk_f\gamma(t)}\right]; \quad \text{for } \gamma(t) = \int_{-\infty}^{t} m(\lambda)d\lambda \tag{4.11}$$

$e^{jk_f\gamma(t)}$를 멱급수로 전개하면 FM 신호는 다음과 같이 표현된다.

$$\begin{aligned}\phi_{FM}(t) &= \mathrm{Re}\left[A_c e^{j\omega_c t}\sum_{n=0}^{\infty}\frac{j^n k_f^n \gamma^n(t)}{n!}\right] \\ &= \mathrm{Re}\left[A_c e^{j\omega_c t}\left(1 + jk_f\gamma(t) - \frac{k_f^2\gamma^2(t)}{2!} - \frac{jk_f^3\gamma^3(t)}{3!} + \cdots\right)\right]\end{aligned} \tag{4.12}$$

식 (4.12)의 실수부만 취하면 FM 신호는 다음 식과 같다.

$$\phi_{FM}(t) = A_c\left[\cos\omega_c t - k_f\gamma(t)\sin\omega_c t - \frac{k_f^2\gamma^2(t)}{2!}\cos\omega_c t + \frac{k_f^3\gamma^3(t)}{3!}\sin\omega_c t + \cdots\right] \tag{4.13}$$

$\gamma^n(t)$의 푸리에변환은 $\gamma(t)$의 푸리에변환의 n차 컨볼루션(convolution)이다. 만약 $m(t)$의 대역폭을 B Hz라 한다면 $m(t)$와 $\gamma(t) = \int_{-\infty}^{t} m(\lambda)d\lambda$는 같은 대역폭을 가지므로 $\gamma^n(t)$는 nB Hz의 대역폭을 갖는다. $n \to \infty$일 때, $\gamma^n(t)$의 대역폭은 무한대가 된다. 따라서 FM의 이론적 대역폭은 무한하다! 하지만 식 (4.13)의 멱급수 전개에서 n이 매우 크면 n번째 항의 크기는 무시할 만큼 작아진다. 멱급수에서 무시할 수 없을 정도의 항인 n의 가장 큰 값을 N이라 하면 순간 주파수 편이는 변조되지 않은 반송파 주파수에 대해 대칭이기 때문에 FM은 양측파대 시스템이 되어 FM 신호의 유효 대역폭은 $2NB$ Hz로 유한하게 된다. PM에 대해서도 비슷하게 유도해 보면 이론적으로 무한대의 대역폭을 가지지만 유효 대역폭은 역시 $2NB$ Hz와 같이 멱급수 전개에서 무시할 수 없는 값을 가지는 항의 수에 의해 결정된다. N과 유효 대역폭은 어떻게 결정되는가에 대해서는 다음의 협대역 각도변조에 대한 논의를 통해 알아보자.

4.3.1 협대역 각도변조

주파수 편이 상수 k_f가 $|k_f\gamma(t)| \ll 1$로 작다면 식 (4.13)에서 세 번째 이상의 항은 작아서 무시할 수 있으므로 FM 신호는 다음과 같이 근사된다.

$$\phi_{FM}(t) \cong A_c\cos\omega_c t - A_c k_f\gamma(t)\sin\omega_c t \tag{4.14}$$

$$\boxed{\phi_{FM}(t) \cong A_c\cos\omega_c t - A_c k_f\left(\int_{-\infty}^{t} m(\lambda)d\lambda\right)\sin\omega_c t} \tag{4.15}$$

PM의 경우, $\gamma(t) = m(t) * \delta(t) = m(t)$이고 $|k_p\gamma(t)| = |k_p m(t)| \ll 1$의 조건으로 인해 PM 신호는 다음과 같이 근사된다.

$$\boxed{\phi_{PM}(t) \cong A_c\cos\omega_c t - A_c k_p m(t)\sin\omega_c t} \tag{4.16}$$

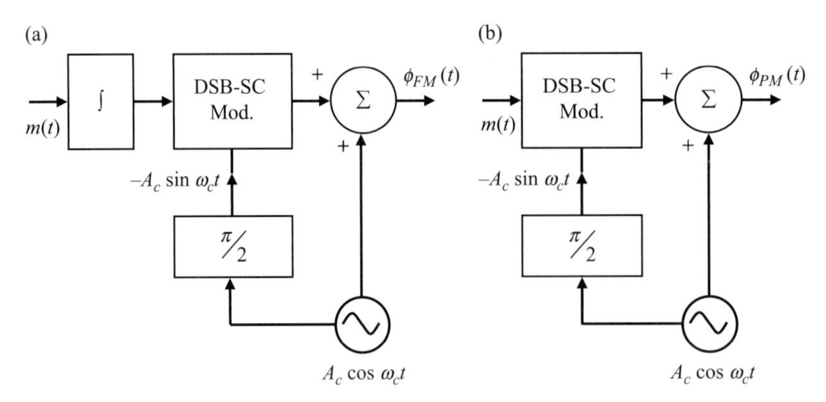

그림 4.5 협대역 FM과 협대역 PM의 발생. (a) 협대역 FM, (b) 협대역 PM.

앞의 FM과 PM에 대한 식 (4.15)와 (4.16)을 진폭변조된 신호 $\phi_{AM}(t) = A_c \cos \omega_c t + m(t) \sin \omega_c t$와 비교해 보면, 두 식에서 첫 번째 항은 반송파이고, 두 번째 항은 양측파대 진폭변조 신호이다. 따라서 메시지신호의 대역폭이 B라면, FM과 PM 신호의 대역폭은 $2B$이다. 두 식 (4.15)와 (4.16)은 각각 협대역 FM(narrow band FM, NBFM)과 협대역 PM(narrow band PM, NBPM)을 나타낸다. 멱급수에서의 유효 고차항을 많이 가지는 FM과 PM은 매우 넓은 대역폭을 가지며 협대역에 비해 광대역 FM(wide band FM, WBFM)과 광대역 PM(wide band PM, WBPM)으로 불린다. 식 (4.15)와 (4.16)은 협대역 FM과 협대역 PM 신호를 DSB-SC 변조기와 반송파를 이용하여 만들 수 있음을 나타내고 있다. 그림 4.5는 협대역 FM과 협대역 PM의 발생에 대한 블록 다이어그램이다.

메시지신호 $m(t)$와 그의 1차 미분의 최댓값을 m_p와 m'_p로 표기한다. 무변조 반송파 주파수로부터의 순간 반송파 주파수의 최대 주파수 편이를 $\Delta\omega$ 또는 Δf로 표기하고 이를 주파수 편이(frequency deviation)라 부른다. FM의 경우 $\Delta\omega = k_f m_p$ $(\Delta f = \frac{1}{2\pi} k_f m_p)$이고, PM의 경우 $\Delta\omega = k_p m'_p$ $(\Delta f = \frac{1}{2\pi} k_p m'_p)$이다. 메시지신호의 대역폭에 대한 주파수 편이의 비를 주파수 편이율(frequency deviation ratio)이라 부르고 β로 표시하며 다음과 같이 주어진다.

$$\beta = \frac{\Delta f}{B} = \frac{\Delta\omega}{2\pi B}$$

β는 각도변조에서의 변조지수(modulation index)라고도 한다. β값은 협대역과 광대역 각도변조의 차이를 구별하기 위한 기초를 제공한다. $\beta \ll 1$이면 협대역이고, 반면에 $\beta \gg 1$이면 광대역이다. 또한 $\Delta f \ll \beta$이면 협대역이고, $\Delta f \gg \beta$이면 광대역 각도변조이다. 전형적인 변조지수 값은 NBFM의 경우 $\beta \le 0.3$이고, WBFM의 경우 $\beta \ge 5$이다. NBFM은 AM과 거의 동일한 대역폭과 성능을 가진다. 상업용 FM은 WBFM이며 잡음에 대한 성능 향상을 위해 더 넓은 대역폭

을 사용한다. 상업용으로 사용하지 않음에도 불구하고 NBFM을 다루는 이유는, 나중에 살펴보겠지만, WBFM보다는 만들기가 쉬우며 WBFM의 발생을 위한 초기 단계에서 사용할 수 있기 때문이다.

톤변조를 사용하는 NBFM과 NBPM

메시지신호를 $m(t)=A_m \cos \omega_m t$, $m_p=A_m$, $\omega_m=2\pi B$, 그리고 $\beta=\dfrac{k_f m_p}{\omega_m}=\dfrac{k_f A_m}{\omega_m}$라 하면 식 (4.15)에서의 $k_f\int_{-\infty}^{t} m(\lambda)d\lambda$의 적분식은 $k_f\int_{-\infty}^{t} A_m \cos \omega_m\lambda \, d\lambda=\dfrac{k_f A_m}{\omega_m}\sin \omega_m t$가 된다. 따라서 식 (4.15)는 다음과 같이 다시 쓸 수 있다.

$$\phi_{FM}(t) \cong A_c \cos \omega_c t - A_c \frac{k_f A_m}{\omega_m} \sin \omega_m t \sin \omega_c t \tag{4.17}$$

또는 아래와 같이 나타낼 수 있다.

$$\boxed{\phi_{FM}(t) \cong A_c \cos \omega_c t - \beta A_c \sin \omega_m t \sin \omega_c t} \tag{4.18}$$

위의 식에서 측파대를 더 잘 보기 위해 다시 수식을 풀면 다음과 같다.

$$\phi_{FM}(t) \cong A_c \cos \omega_c t + \frac{1}{2}\beta A_c \cos(\omega_c+\omega_m)t - \frac{1}{2}\beta A_c \cos(\omega_c-\omega_m)t \tag{4.19}$$

식 (4.19)는 NBFM과 AM 간의 유사성을 보여 준다. 수식의 두 번째 항은 상측파대를, 세 번째 항은 하측파대를 나타낸다. 이 식으로부터 톤변조를 가지는 NBFM에 대한 스펙트럼을 쉽게 그릴 수 있다. 아래 예에서 보다시피, 톤변조를 사용하는 NBPM에 대한 유도는 식 (4.18) 및 식 (4.19)와 비슷한 식이 된다.

예제 4.3

식 (4.16)에서 시작하여 식 (4.19)에서처럼 PM과 AM의 유사성을 보이고 상측파대와 하측파대를 나타내는 톤변조를 사용하는 협대역 PM에 대한 표현식을 유도하라.

풀이

FM의 경우, 메시지신호를 $m(t)=A_m \cos \omega_m t$라 하면 식 (4.16)은 다음과 같다.

$$\phi_{PM}(t) \cong A_c \cos \omega_c t - A_c A_m k_p \cos \omega_m t \sin \omega_c t$$

$$m'(t) = -\omega_m A_m \sin \omega_m t \;\Rightarrow\; m_p' = \omega_m A_m$$

주파수 편이는 $\Delta\omega = \omega_m A_m k_p$이고, 변조지수는 $\beta = \dfrac{\Delta\omega}{\omega_m} = A_m k_p$이다.

따라서 PM 신호는 다음과 같이 쓸 수 있다.

$$\boxed{\phi_{PM}(t) \cong A_c \cos \omega_c t - \beta A_c \cos \omega_m t \sin \omega_c t} \tag{4.20}$$

주파수의 합과 차의 항으로 식 (4.20)의 마지막 항을 다시 쓰면 다음과 같이 된다.

$$\phi_{PM}(t) \cong A_c \cos \omega_c t - \frac{1}{2}\beta A_c \sin(\omega_c + \omega_m)t - \frac{1}{2}\beta A_c \sin(\omega_c - \omega_m)t \tag{4.21}$$

실전문제 4.3

FM 변조기에 대한 입력신호가 $m(t) = 8\cos(4\pi \times 10^4 t)$, $k_f = 5\pi \times 10^2$이고, 반송파는 $16\cos(2\pi \times 10^8 t)$이다. 변조된 신호가 NBFM인지 확인한 후, 그의 진폭 스펙트럼에 대한 표현식을 구하라.

정답: $\beta = 0.1 < 0.3 \Rightarrow$ 협대역 주파수변조.

$$\begin{aligned}\Phi_{FM}(\omega) = {} & 16\pi[\delta(\omega + \omega_c) + \delta(\omega - \omega_c)] + 0.8\pi[\delta(\omega + \omega_c + \omega_m) + \delta(\omega - \omega_c - \omega_m)] \\ & - 0.8\pi[\delta(\omega + \omega_c - \omega_m) + \delta(\omega - \omega_c + \omega_m)]\end{aligned}$$

여기서, $\omega_c = 2\pi \times 10^8$ rad/s이고 $\omega_m = 4\pi \times 10^4$ rad/s이다.

예제 4.4

변조기의 입력 메시지 신호가 $m(t) = 4\cos(2\pi \times 10^4 t)$이고, 반송파는 $10\cos(10^8 \pi t)$이다. 만약 주파수변조에서 $k_f = 10^3\pi$일 때, 변조된 신호가 NBFM임을 확인한 후, 진폭 스펙트럼에 대한 표현식을 구하고 이를 그림으로 나타내라.

풀이

$k_f = 10^3\pi$인 FM에서,

$$\beta = k_f \frac{A_m}{\omega_m} = 10^3\pi\left[\frac{4}{2\pi \times 10^4}\right] = 0.2;\ \beta < 0.3 \Rightarrow \text{협대역 FM}$$

$$A_c = 10,\ \frac{1}{2}\beta A_c = \frac{1}{2}(0.2)(10) = 1$$

따라서 식 (4.19)로부터

$$\phi_{FM}(t) = 10\cos \omega_c t + \cos(\omega_c + \omega_m)t - \cos(\omega_c - \omega_m)t$$

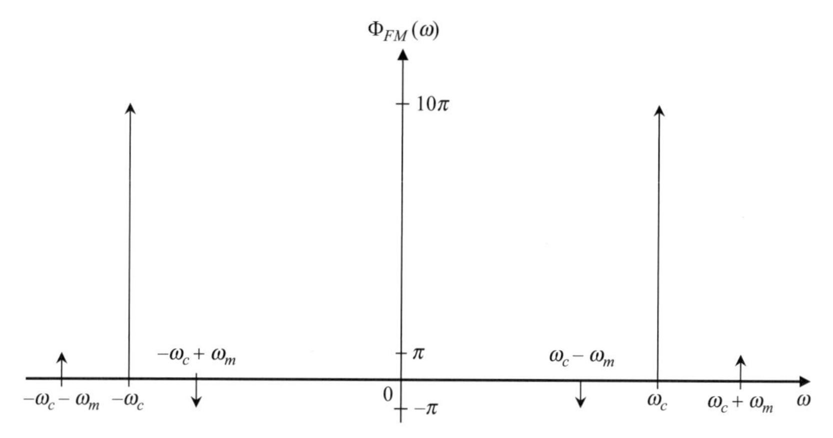

그림 4.6 예제 4.4의 협대역 FM 신호의 진폭 스펙트럼.

스펙트럼에 대한 표현식은 다음과 같다.

$$\begin{aligned}\Phi_{FM}(\omega) = 10\pi[\delta(\omega+\omega_c)+\delta(\omega-\omega_c)] + \pi[\delta(\omega+\omega_c+\omega_m)+\delta(\omega-\omega_c-\omega_m)] \\ -\pi[\delta(\omega+\omega_c-\omega_m)+\delta(\omega-\omega_c+\omega_m)]\end{aligned}$$

여기서, $\omega_c = 10\pi^8$ rad/s이고 $\omega_m = 2\pi \times 10^4$ rad/s이다.

진폭 스펙트럼은 그림 4.6에 나타내었다. 그림에서 하측파대 성분이 음의 부호인 것을 제외하면 AM 스펙트럼과 유사함을 알 수 있다.

실전문제 4.4

예제 4.4에서와 같은 반송파와 메시지에 대해 $k_p = 0.05$인 위상변조를 할 때, 변조된 신호가 협대역 PM인지 확인하고 이의 스펙트럼에 대한 표현식을 구하라.

정답: $\beta = 0.2 < 0.3 \Rightarrow$ 협대역 위상변조.

$$\begin{aligned}\Phi_{PM}(\omega) = 10\pi[\delta(\omega+\omega_c)+\delta(\omega-\omega_c)] - j\pi[\delta(\omega+\omega_c+\omega_m)-\delta(\omega-\omega_c-\omega_m)] \\ -j\pi[\delta(\omega+\omega_c-\omega_m)-\delta(\omega-\omega_c+\omega_m)]\end{aligned}$$

여기서, $\omega_c = 10\pi^8$ rad/s이고 $\omega_m = 2\pi \times 10^4$ rad/s 이다.

4.3.2 광대역 각도변조

$k_f\gamma(t)$가 임의의 값을 가질 경우, 식 (4.11)의 FM 신호와 $m(t) = A_m \cos \omega_m t$인 톤변조에 대해 다

시 고려해 보면 $k_f\gamma(t) = \frac{k_f A_m}{\omega}\sin\omega_c t = \beta\sin\omega_c t$이므로 식 (4.11)은 다음과 같이 나타낼 수 있다.

$$\phi_{FM}(t) = \mathrm{Re}\left[A_c e^{j\omega_c t} e^{j\beta\sin\omega_m t}\right] \tag{4.22}$$

마지막 식의 $e^{j\beta\sin\omega_m t}$는 $2\pi/\omega_m$의 주기를 갖는 주기신호이다. 따라서 이는 다음 식과 같이 지수 형태의 푸리에급수로 전개할 수 있다.

$$e^{j\beta\sin\omega_m t} = \sum_{n=-\infty}^{\infty} C_n e^{jn\omega_m t}$$

$\alpha = \omega_m t$일 때, 푸리에계수 C_n은 다음과 같이 주어진다.

$$C_n = \frac{\omega_m}{2\pi}\int_{-\pi/\omega_m}^{\pi/\omega_m} e^{j\beta\sin\omega_m t} e^{-jn\omega_m t} dt = \frac{1}{2\pi}\int_{-\pi/\omega_m}^{\pi/\omega_m} e^{j(\beta\sin\alpha - n\alpha)} d\alpha \tag{4.23}$$

앞의 계수 C_n은 $J_n(\beta)$으로 표기되는 제1종 n차 베셀함수(Bessel function)이다. 이를 이용하여 $\phi_{FM}(t)$에 대한 방정식은 다음과 같이 다시 쓸 수 있다.

$$\phi_{FM}(t) = \mathrm{Re}\left[A_c \sum_{n=-\infty}^{\infty} J_n(\beta) e^{j(\omega_c t + n\omega_m t)}\right]$$

$$\text{즉, } \phi_{FM}(t) = A_c \sum_{n=-\infty}^{\infty} J_n(\beta)\cos(\omega_c + n\omega_m)t \tag{4.24}$$

식 (4.24)는 $\omega_c \pm n\omega_m$; $n = 1, 2, 3, \cdots$이므로 FM 신호가 ω_c를 중심으로 무한한 양측파대 성분을 가짐을 보여 주며 이는 대역폭이 이론적으로 무한대임을 나타내고 있다. 이 푸리에급수 전개에서 의미있는 계수(의미있는 측파대 성분)의 수가 유효 FM 대역폭을 결정하게 된다.

제1종 베셀함수는 표 4.1에 n과 β에 대한 $J_n(\beta)$값을 나타내었다. 그리고 선택된 β에 대한 $J_n(\beta)$의 그래프를 그림 4.7에 보였다. FM의 스펙트럼은 반송파 주파수를 중심으로 측파대 성분이 반송파의 양쪽으로 대칭으로 나타난다. 톤변조에 대해 고려해 보면, 메시지 주파수 f_m은 메시지신호의 대역폭 B와 같다. 만약, 의미있는 측파대의 최대 수가 $n_{\max} = N$이라면, FM 대역폭은 $B_{FM} = 2Nf_m = 2NB$이다. 표 4.1에서 보다시피 n이 커질수록 측파대 진폭(베셀계수) $J_n(\beta)$이 작아지는 것을 알 수 있다. 무변조된 반송파 진폭을 $A_c = 1$로 정규화하면, FM 신호에 있어서 $J_n(\beta)$이 변조된 반송파의 진폭값이 되고 n값에 따른 베셀계수는 $f_c \pm f_m$, $f_c \pm 2f_m$, $f_c \pm 3f_m$, $\cdots$, $f_c \pm nf_m$에 위치한 측파대 성분들의 진폭값이 된다.

의미있는 측파대의 최대 수를 결정하기 위한 다양한 기준이 존재하며, 이들에 의한 대역폭 추정치가 약간씩 서로 다르다. 여기서 채택한 기준은 가장 널리 사용되는 기준으로 변조된 신

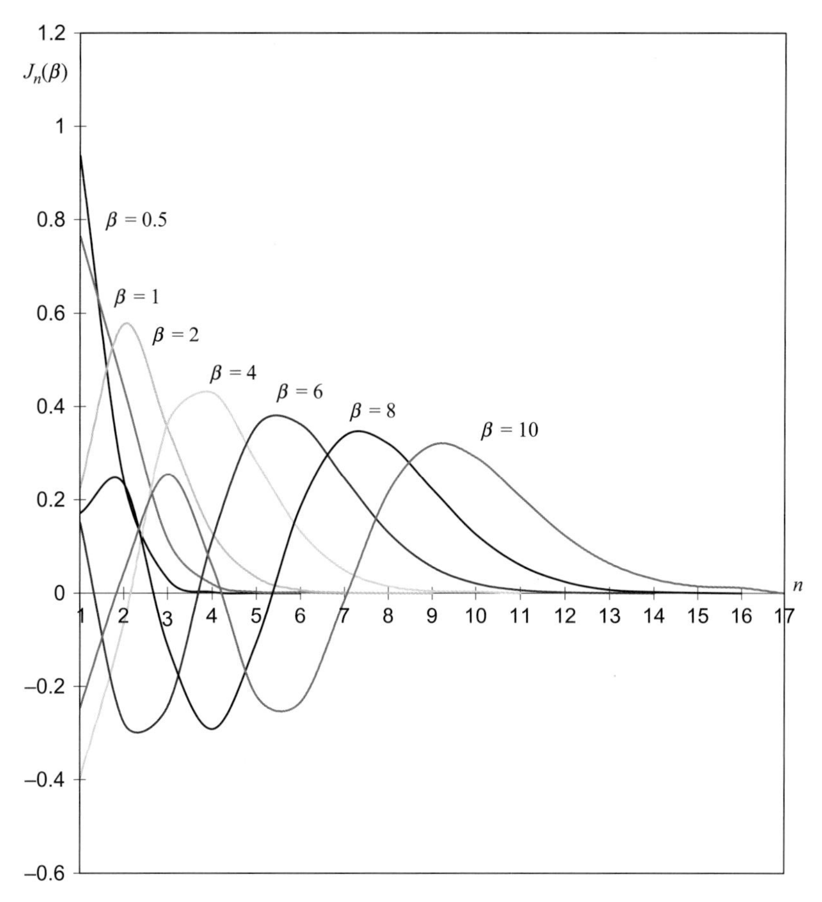

그림 4.7 β의 선택된 값에 대한 n의 함수로서의 제1종 $J_n(\beta)$의 베셀함수.

호의 총 전력의 98%를 포함하는 측파대 수를 결정하는 것을 기반으로 하고 있다. 반송파 진폭이 A_c인 FM의 경우, 변조된 신호의 총 전력은 $P_c = \frac{1}{2} A_c^2$로 주어지는 진폭 반송파의 전력과 같다. N개의 의미있는 측파대의 전력 P_N은 다음 식에서 보듯이 변조된 반송파와 의미있는 측파대 성분들의 전력의 합과 같음을 알 수 있다.

$$P_m = \frac{1}{2} A_c^2 \sum_{n=-N}^{N} J_n^2(\beta) = \left[J_0^2(\beta) + 2 \sum_{n=1}^{N} J_n^2(\beta) \right] P_c \tag{4.25}$$

FM 신호의 정규화된 전력값은 1이고, 정규화된 전력은 식 (4.26)처럼 모든 베셀계수를 각각 자승한 값들의 합이 되며, 이에 대한 수식은 다음과 같다.

$$J_0^2(\beta) + 2 \sum_{n=1}^{\infty} J_n^2(\beta) = 1 \tag{4.26}$$

표 4.1 제1종 $J_n(\beta)$의 베셀함수 표

n/β	0.1	0.2	0.5	1	2	4	6	8	10
0	0.997	0.990	0.9385	0.7652	0.2239	−0.3971	0.1506	0.1717	−0.2459
1	0.050	0.100	0.2423	0.4401	0.5767	−0.0660	−0.2767	0.2346	0.0435
2	0.003	0.005	0.0307	**0.1149**	0.3530	0.3641	−0.2428	−0.1131	0.2546
3			0.0026	0.0196	**0.1290**	0.4302	0.1150	−0.2910	0.0580
4			0.0002	0.0027	0.0340	0.2812	0.3578	−0.1052	−0.2198
5				0.0020	0.0070	**0.1322**	0.3621	0.1859	−0.2338
6					0.0012	0.0492	0.2457	0.3375	−0.0140
7					0.0002	0.0154	**0.1296**	0.3204	0.2170
8						0.0047	0.0565	0.2232	0.3178
9						0.0034	0.0211	**0.1259**	0.2915
10							0.0067	0.0602	0.2069
11							0.0020	0.0246	**0.1231**
12							0.0006	0.0073	0.0640
13								0.0029	0.0304
14								0.001	0.0151
15									0.0118

N개의 의미있는 베셀계수의 자승을 $\hat{P}_N$이라 표시하며 다음과 같이 주어진다.

$$\hat{P}_N = J_0^2(\beta) + 2\sum_{n=1}^{N} J_n^2(\beta) \tag{4.27}$$

N은 $\hat{P}_N \geq 0.98$이 되는 n의 최솟값이고, $P_N = \frac{1}{2}A_c^2\,\hat{P}_N = P_c\hat{P}_N$이다. β의 각 값에 대해 이 기준을 적용하여 의미있는 측파대 수를 결정할 수 있다. 표 4.1에는 1과 10 사이의 선택된 β값에 대한 의미있는 마지막 베셀계수 값이 진하게 표시되어 있다. 만약 β가 정수면, $N = \beta + 1$이고, β가 정수가 아니면 $\beta + 1$은 반올림하여 $N = [\beta + 1]$이 되어 다음으로 큰 정숫값이 된다. 따라서 톤변조를 사용하는 FM에 대한 대역폭은 다음 식과 같다.

$$\boxed{B_{FM} \simeq 2Nf_m = 2\lceil \beta + 1 \rceil f_m} \tag{4.28}$$

일반적인 메시지신호의 경우 $\beta = \Delta f/B$이고, FM 스펙트럼은 이산 스펙트럼이 아니므로 $\beta + 1$은 정수로 반올림해서는 안 된다. FM 신호 대역폭은 다음과 같다.

$$\boxed{B_{FM} \simeq 2(\beta + 1)B = 2(\Delta f + B)} \tag{4.29}$$

앞의 FM 대역폭 추정 공식은 카슨의 법칙(Carson's rule)으로 알려져 있으며 WBFM인 경우 정확한 대역폭을 제공한다. $\beta \ll 1$인 또는 등가적으로 $\Delta f \ll B$인 협대역 FM의 경우, 카슨의 법칙은 앞에서 유도한 $B_{FM} \simeq 2B$로 주어진다. $\beta \gg 1$인 또는 등가적으로 $\Delta f \gg B$인 매우 넓은 대역폭을 가지는 FM의 경우, 카슨의 법칙은 $B_{FM} \simeq 2\beta B = 2\Delta f$로 주어진다.

식 (4.10)에서부터 FM과 같은 과정을 PM에 대해 유도하면 식 (4.29)의 것과 유사한 톤변조 PM의 대역폭에 대한 추정식 (4.30)으로 이어진다.

$$\boxed{B_{PM} \simeq 2Nf_m = 2\lceil \beta + 1 \rceil f_m} \tag{4.30}$$

일반적인 메시지신호에 대한 PM의 대역폭은 다음과 같다.

$$\boxed{B_{PM} \simeq 2(\beta + 1)B = 2(\Delta f + B)} \tag{4.31}$$

대역폭 외에도, 톤 변조된 FM 또는 PM에 대한 이산 스펙트럼을 얻기 위해 식 (4.28) 및 (4.30)을 사용할 수도 있다.

예제 4.5

FM 변조기에 대한 입력 변조 신호가 $A_m \cos 2\pi f_m t$이고, 주파수 편이 상수가 $k_f = 4\pi \times 10^4$ 이다. 다음의 각 조건에 대한 β와 FM 대역폭을 구하고, 양의 주파수에 대한 단위진폭의 무변조 반송파에 대해 정규화된 FM의 진폭 스펙트럼을 그려라.

(a) $A_m = 2$이고 $f_m = 20$ kHz

(b) $A_m = 1$이고 $f_m = 10$ kHz

(c) $A_m = 2$이고 $f_m = 10$ kHz

풀이

(a)
$$\beta = \frac{\Delta f}{f_m} = \frac{1}{2\pi}\frac{k_f A_m}{f_m} = \frac{4\pi \times 10^4 \times 2}{2\pi \times 20 \times 10^3} = 2$$

$$B_{FM} = 2(\beta + 1)f_m = 2(2 + 1)20\text{ kHz} = 120\text{ kHz}$$

표 4.1로부터 변조된 반송파 진폭은 $J_0(2)=0.2239$이다. 의미있는 측파대의 수는 $N=\beta+1=3$이다. 측파대는 $f_c \pm nf_m$에 위치하고 진폭은 $n=1, 2, 3$에 대해 $J_n(\beta)=J_n(2)$의 값은 각각 0.1567, 0.3530, 0.1290이다. 진폭 스펙트럼은 그림 4.8(a)에 나타냈다.

(b)
$$\beta = \frac{1}{2\pi}\frac{k_f A_m}{f_m} = \frac{4\pi \times 10^4 \times 1}{2\pi \times 10 \times 10^3} = 2$$

$$B_{FM} = 2(\beta+1)f_m = 2(2+1)10 \text{ kHz} = 60 \text{ kHz}$$

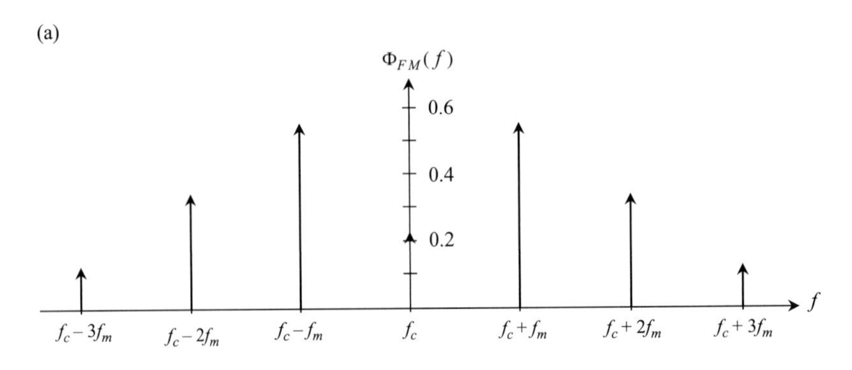

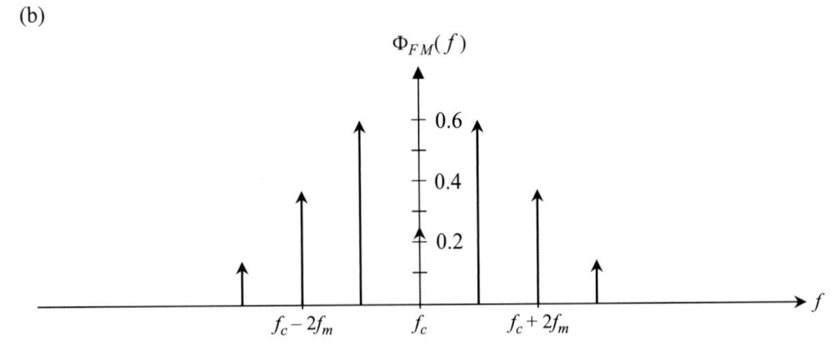

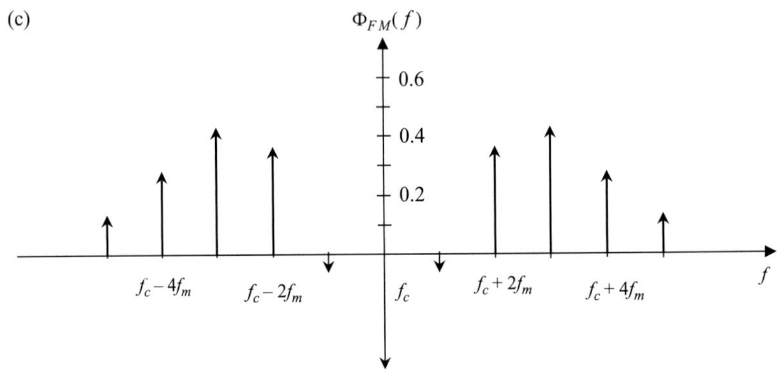

그림 4.8 예제 4.5의 톤변조를 가지는 FM의 스펙트럼 진폭. (a) $\beta=2$, $f_m=20$ kHz, (b) $\beta=2$, $f_m=10$ kHz, (c) $\beta=4$, $f_m=10$ kHz.

(a)에서와 같이 β가 2이므로 의미있는 측파대 수와 그의 진폭 그리고 변조된 반송파 진폭은 (a)와 동일하다. 그러나 f_m은 (a)에서의 해당하는 값의 절반이기 때문에 대역폭과 측파대 간 간격은 (a)에서의 해당 값의 절반이다. 스펙트럼은 그림 4.8(b)에 나타냈다.

(c)
$$\beta = \frac{1}{2\pi}\frac{k_f A_m}{f_m} = \frac{4\pi \times 10^4 \times 2}{2\pi \times 10 \times 10^3} = 4$$

$$B_{FM} = 2(\beta + 1)f_m = 2(4 + 1)10 \text{ kHz} = 100 \text{ kHz}$$

표 4.1로부터, 변조된 반송파 진폭은 $J_0(4) = -0.3971$임을 알 수 있다. 따라서 의미있는 측파대 수는 $N = \beta + 1 = 5$개이다. 그리고 측파대는 $f_c \pm nf_m$에 위치한다. 표 4.1에서 $n = 1, 2, 3, 4, 5$에 대해 측파대 진폭 $J_n(\beta) = J_n(4)$는 각각 $-0.0660, 0.3641, 0.4302, 0.2812, 0.1322$이다. 이에 대한 진폭 스펙트럼은 그림 4.8(c)에 나타냈다. 그림에서 보면, 측파대 사이의 주파수 간격이 (b)에서와 동일하지만, 여기서 β가 더 크기 때문에, 중요한 측파대의 수, 즉 대역폭이 (b)보다 더 큼을 알 수 있다.

실전문제 4.5

변조기에 대한 메시지신호 입력이 $4 \cos (2\pi \times 10^4 t)$이다.

(a) 만약 $k_p = 2$인 위상변조 시, PM 신호의 대역폭을 구하라.
(b) 만약 주파수변조 시, $B_{FM} = B_{PM}$를 만족하는 k_f를 구하라.

정답: (a) $B_{PM} = 180$ kHz
(b) $k_f = 4\pi \times 10^4$

예제 4.6

1 Ω의 저항에 대한 FM 신호는 $A_c \cos [\omega_c t + k_f \int_{-\infty}^{t} m(\lambda)d\lambda]$ V이다. 메시지신호는 $m(t) = 2 \sin 2\pi \times 10^4 t$이고 A_c는 10이다. 다음을 구하라.

(a) FM 신호의 총 전력
(b) $k_f = 2\pi \times 10^4$ 일 때, FM 신호의 반송파로부터 세 번째 측파대까지의 전력
(c) $k_f = 4\pi \times 10^4$ 일 때, FM 신호의 반송파로부터 세 번째 측파대까지의 전력

풀이

(a) 전체 전력은 정진폭을 가지는 정현 반송파의 전력인 P_c이다.

$$P_c = \frac{1}{2}A_c^2 = \frac{10^2}{2} = 50 \text{ W}$$

$$\beta = \frac{1}{2\pi}\frac{k_f A_m}{f_m} = \frac{1}{2\pi}\frac{2\pi \times 10^4 \times 2}{10^4} = 2$$

(b) 식 (4.27)에서 세 개의 가장 의미있는 베셀계수의 정규화된 출력은 다음과 같다.

$$\begin{aligned}\hat{P}_3 &= J_0^2(2) + 2\sum_{n=1}^{3} J_n^2(2) \\ &= (0.2239)^2 + 2\left[(0.5767)^2 + (0.353)^2 + (0.129)^2\right] = 0.9978\end{aligned}$$

따라서 최대 세 개의 의미있는 측파대 전력은

$$P_3 = \hat{P}_3 P_c = 0.9978(50 \text{ W}) = 49.89 \text{ W}$$

(c)

$$\beta = \frac{1}{2\pi}\frac{k_f A_m}{f_m} = \frac{1}{2\pi}\frac{4\pi \times 10^4 \times 2}{10^4} = 4$$

세 개의 가장 의미있는 베셀계수의 정규화 전력은

$$\hat{P}_3 = J_0^2(4) + 2\sum_{n=1}^{3} J_n^2(4)$$

$$\hat{P}_3 = (-0.3971)^2 + 2\left[(-0.066)^2 + (0.3641)^2 + (0.4302)^2\right] = 0.8017$$

$$\therefore \quad P_3 = \hat{P}_3 P_c = 0.8017(50 \text{ W}) = 40.085 \text{ W}$$

이 예제는 β가 증가함에 따라 전력이 더 많은 수의 측파대로 확산된다는 것을 보여 준다. 따라서 유효한 각 측파대들의 전력은 감소한다.

실전문제 4.6

$m(t) = 2 \cos 2\pi \times 10^4 t$이고 A_c가 10일 때, 1 Ω의 저항에 대한 위상변조기의 출력은 $A_c \cos [\omega_c t + k_p m(t)]$ V이다. 다음 조건에 대한 PM 신호의 최대 세 개까지의 측파대 성분의 전력을 구하라.

(a) $k_p = 1$; (b) $k_p = 3$

정답: (a) 49.89 W; (b) 16 W

예제 4.7

(a) 변조기에 대한 메시지신호는 10 cos $(2\pi \times 10^4 t)$이다. 만약 주파수 편이 상수가 $k_f = 10^4\pi$인 주파수변조 시, FM 신호의 대역폭을 구하라.

(b) (a)의 메시지신호를 사용하여 위상변조를 수행하는 경우 FM 및 PM 신호가 동일한 대역폭을 갖도록 위상 편이 상수 k_p를 구하라.

(c) 메시지신호가 10 cos $(2\pi \times 10^4 t)$ + 5 cos $(4\pi \times 10^4 t)$의 멀티톤 신호인 경우, (a)에서와 같이 주파수 편이 상수가 $k_f = 10^4\pi$인 주파수변조 시의 변조된 신호 대역폭을 구하라.

(d) 만약 위상 편이 상수가 $k_p = 0.75$인 위상변조 시, (c) 과정을 반복하라.

풀이

(a)

$$\beta = \frac{1}{2\pi}\frac{k_f A_m}{f_m} = \frac{10^4\pi \times 10}{2\pi \times 10^4} = 5$$

$$B_{FM} = 2(\beta + 1)f_m = 2(5 + 1)10 \text{ kHz} = 120 \text{ kHz}$$

(b) FM과 PM의 대역폭이 같으면, β와 Δf는 같아진다.

FM에 대해서는 $\Delta\omega = k_f m_p = k_f A_m$이지만, PM에 대해서는 $\Delta\omega = k_p m'_p$이다.

메시지신호가 $m(t) = A_m \cos 2\pi f_m t$일 때 이의 미분은

$$m'(t) = \frac{d}{dt}[A_m \cos\omega_m t] = -\omega_m A_m \sin\omega_m t \Rightarrow m'_p = \omega_m A_m$$

따라서 다음과 같이 구해진다.

$$k_f A_m = k_p \omega_m A_m \Rightarrow k_p = \frac{k_f}{\omega_m} = \frac{10^4\pi}{2\pi \times 10^4} = \frac{1}{2}$$

(c) $m(t) = m_1(t) + m_2(t) = 10 \cos(2\pi \times 10^4 t) + 5 \cos(4\pi \times 10^4 t)$이면 $m_1(t) = A_1 \cos\omega_1 t = 10 \cos(2\pi \times 10^4 t) \Rightarrow \omega_1 = 2\pi \times 10^4;\ f_1 = 10$ kHz가 되고, $m_2(t) = A_2 \cos\omega_2 t = 5 \cos(4\pi \times 10^4 t) \Rightarrow \omega_2 = 4\pi \times 10^4;\ f_2 = 20$ kHz가 된다.

$f_1/f_2 = 1/2$ = 유리 분수 $\Rightarrow$ $m(t)$가 주기신호이므로 $m_1(t)$와 $m_2(t)$의 최댓값은 특정 시간일 때 가지며 $m(t)$의 최댓값 $m_p = A_1 + A_2 = 10 + 5 = 15$가 된다.

$$\Delta f = \frac{1}{2\pi}k_f m_p = \frac{1}{2\pi}\left(10^4\pi\right) \times 15 = 75 \text{ kHz}$$

$m(t)$의 대역폭은 f_1과 f_2 중 큰 값이므로 $B = 20$ kHz이다.

$$\therefore\ B_{FM} = 2(\Delta f + B) = 2(75 + 20) \text{ kHz} = 190 \text{ kHz}$$

(d) $$m'(t) = \frac{d}{dt}[+A_2 \cos \omega_2 t] = -[\omega_1 A_1 \sin \omega_1 t + \omega_2 A_2 \sin \omega_2 t]$$

$$m'_p = \omega_1 A_1 + \omega_2 A_2 = \left(2\pi \times 10^4 \times 10\right) + \left(4\pi \times 10^4 \times 5\right) = 4\pi \times 10^5$$

$$\Delta f = \frac{1}{2\pi} k_p m'_p = \frac{1}{2\pi}(0.75) \times 4\pi \times 10^5 = 150 \text{ kHz}$$

메시지신호의 대역폭은 (c)에서와 같이 $B = 20$ kHz로 동일하다.

$$\therefore\ B_{PM} = 2(\Delta f + B) = 2(150 + 20) \text{ kHz} = 340 \text{ kHz}$$

실전문제 4.7

멀티톤 메시지신호가 $8 \cos(2\pi \times 10^4 t) + 4 \cos(10^4 \pi t)$로 주어진다.

(a) $k_f = 10^4\pi$인 FM 변조 시, FM 신호의 대역폭을 결정하라.
(b) $k_p = 0.75$인 PM 변조 시, PM 신호의 대역폭을 결정하라.

정답: (a) $B_{FM} = 140$ kHz
(b) $B_{PM} = 170$ kHz

예제 4.8

(a) k_f와 k_p가 예제 4.7(a)와 (b)의 값을 가지나, 주파수는 변하지 않고 메시지신호의 진폭이 2배가 될 때 FM과 PM의 대역폭을 구하라.
(b) 만약 메시지신호의 진폭이 예제 4.7과 같으나 주파수가 2배가 된다면 (a)의 과정을 반복하라.

풀이

(a) FM 신호의 경우, $\beta = \dfrac{1}{2\pi}\dfrac{k_f A_m}{f_m} = \dfrac{10^4\pi \times 20}{2\pi \times 10^4} = 10$

PM 신호의 경우, $\beta = \dfrac{k_p m'_p}{\omega_m} = \dfrac{k_p \omega_m A_m}{\omega_m} = \dfrac{1}{2} \times 20 = 10$

따라서 $B_{FM} = B_{PM} = 2(\beta + 1) f_m = 2(10 + 1)10$ kHz $= 220$ kHz

메시지신호 진폭을 두 배로 늘리면 FM과 PM 모두에 대해 β가 2배가 되고 그에 따라 대역폭이 증가한다.

(b) FM 신호의 경우, $\beta = \dfrac{1}{2\pi}\dfrac{k_f A_m}{f_m} = \dfrac{10^4\pi \times 10}{2\pi \times 2 \times 10^4} = 2.5$

$$B_{FM} = 2(\beta + 1)f_m = 2(2.5 + 1)20 \text{ kHz} = 140 \text{ kHz}$$

PM 신호의 경우, $\beta = \dfrac{k_p m'_p}{\omega_m} = \dfrac{k_p \omega_m A_m}{\omega_m} = \dfrac{1}{2} \times 10 = 5$

$$B_{PM} = 2(\beta + 1)f_m = 2(5 + 1)20 \text{ kHz} = 240 \text{ kHz}$$

마지막의 두 예제는 메시지신호 대역폭을 늘리면 FM 신호 대역폭은 약간 증가하지만 PM 신호 대역폭은 크게 증가한다는 것을 보여 준다.

실전문제 4.8

만약 $m(t) = 4 \cos (2\pi \times 10^4 t) + 8 \cos (3\pi \times 10^4 t)$라면 다음 변조신호의 대역폭을 구하라.
(a) $k_f = 2\pi \times 10^4$ 인 주파수변조, (b) $k_p = 0.75$인 위상변조

정답: (a) $B_{FM} = 270$ kHz
(b) $B_{PM} = 180$ kHz

대부분의 FM 시스템은 $2 < \beta < 10$ 범위의 주파수 편이율을 가진다. 그러나 대역폭에 대한 카슨의 법칙은 $\beta > 2$인 경우에 대해 FM 대역폭이 다소 좁게 계산된다는 것을 알 수 있다. 장치를 설계하는 경우 FM 대역폭을 좁게 정하는 것은 바람직하지 못하다. 예를 들어, 실제 FM 대역폭보다 좁은 대역폭을 가진 증폭기 또는 필터는 FM 신호를 왜곡하게 된다. 카슨의 법칙보다 보수적인 다음의 대역폭 기준이 종종 장치의 설계에 사용된다.

$$B_{FM} \simeq 2(\beta + 2)B = 2(\Delta f + 2B) \tag{4.32}$$

예제 4.9

상업용 FM의 경우 오디오 메시지 신호의 주파수 범위는 30 Hz에서 15 kHz이며 미국연방통신위원회(FCC)는 75 kHz의 주파수 편이를 허용한다. 카슨의 법칙과 식 (4.32)의 더 보수적인 법칙을 사용하여 상업용 FM의 전송 대역폭을 추정하라.

풀이

$$\beta = \frac{\Delta f}{B} = \frac{75 \text{ kHz}}{15 \text{ kHz}} = 5$$

카슨의 법칙을 사용하면, $B_{FM} = 2(\beta + 1)B = 2(5 + 1)$ 15 kHz = 180 kHz

보수적인 법칙을 사용하면, $B_{FM} = 2(\beta + 2)B = 2(5 + 2)$ 15 kHz = 210 kHz

상용 FM의 대역폭은 200 kHz이다. 위의 예는 카슨의 법칙이 실제 대역폭보다 좁게 계산되는 반면 보수적인 법칙은 대역폭을 더 넓게 계산한 결과를 보인다. 따라서 $\beta > 2$인 경우, 장치를 설계함에 있어 보수적인 법칙에 의한 계산이 바람직하다.

실전문제 4.9

메시지를 다음과 같이 바꾸어 예제 4.9에서의 전송 대역폭을 추정하라.

$$m(t) = 4\cos\left(2\pi \times 10^4 t\right) + 8\cos\left(4\pi \times 10^4 t\right)$$

정답: 카슨의 법칙 사용: $B_{FM} = 240$ kHz

보수적인 법칙 사용: $B_{FM} = 280$ kHz

4.4 FM 신호 발생

광대역 FM은 흔히 간단히 FM이라고 부른다. FM 신호 발생에는 직접방식(direct method)과 암스트롱의 간접방식(Armstrong's indirect method)이라는 두 가지 기본 방식이 사용된다. 직접방식에서는 주파수변조를 메시지신호 진폭에 따라 반송파 주파수를 선형적으로 변경하는 전압제어발진기(voltage-controlled oscillator, VCO)를 사용하여 만든다. 이 방법은 직접적으로 충분한 주파수를 편이시키지만, VCO의 주파수 불안정성이 변조에서의 걸림돌이 된다. 암스트롱의 간접방식에서는 메시지신호를 먼저 좁은 주파수 편이와 낮은 반송파 주파수를 갖는 협대역 FM을 발생시키고, 이를 주파수 체배기(frequency multiplier)와 주파수 변환기를 사용하여 반송파 주파수와 주파수 편이를 원하는 수준으로 올리어 FM 신호를 만든다.

주파수 체배기

주파수 체배기의 블록 다이어그램을 그림 4.9에 나타내었다. 주파수 체배기는 비선형 소자와 원하는 출력 주파수를 중심으로 하는 대역통과 필터로 구성된다. 또한 비선형 소자는 입력과 출력 간의 관계로 정의된다. 비선형 소자에 대한 입력이 $\phi(t)$이고 $a_1, a_2, a_3, \cdots$가 상수라고 가정할 때, 출력 $y(t)$는 다음과 같이 주어진다.

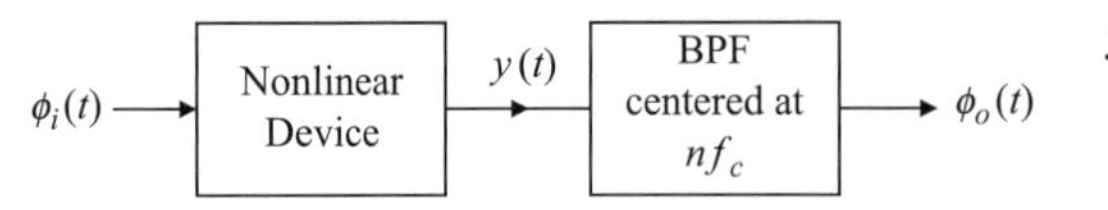

그림 4.9 주파수 체배기의 블록 다이어그램.

$$y(t) = a_1\phi(t) + a_2\phi^2(t) + a_3\phi^3(t) + \cdots + a_n\phi^n(t) \tag{4.33}$$

입력신호가 순간 주파수가 $\omega_i = \omega_c + k_f m(t)$이고, 주파수 편이가 $\Delta\omega = k_f m_p$인 협대역 FM 신호 $\phi_i(t) = A\cos[\omega_c t + k_f \int_0^t m(\lambda)d\lambda]$이면 식 (4.33)의 출력신호의 n번째 항은 반송파 주파수의 n배, 입력 FM 신호의 주파수 편이의 n배가 되는 FM 신호가 된다. 따라서 비선형 소자의 출력이 $n\omega_c$가 중심인 대역통과 필터(BPF)를 통과하면 필터의 출력은 다음 식과 같이 반송파 주파수가 $n\omega_c$인 FM 신호가 된다.

$$\phi_o(t) = \phi_{FM}(t) = A_c \cos\left[n\omega_c t + nk_f \int_0^t m(\lambda)d\lambda\right] \tag{4.34}$$

이의 순간 주파수와 주파수 편이는 각각 다음과 같이 주어진다.

$$n\omega_i = n\omega_c + nk_f m(t) \tag{4.35}$$

$$n\Delta\omega = nk_f m_p \tag{4.36}$$

주파수 체배기는 반송파 주파수, 순간 주파수 및 주파수 편이의 n배의 체배를 변조된 신호의 정보를 왜곡시키지 않고 수행한다. 따라서, 메시지신호는 주파수 체배된 변조신호로부터 충실하게 복원될 수 있다.

4.4.1 광대역 FM 발생을 위한 암스트롱 간접방식

WBFM을 위한 암스트롱의 간접방식은 그림 4.10에 나타내었다. 이 방식에서는 그림 4.5의 블록 다이어그램에서의 주파수 안정성의 장점이 있는 수정 발진기(crystal oscillator)를 사용하여 NBFM을 먼저 발생시킨다. 그런 다음 NBFM은 주파수 체배기, 주파수 변환기 그리고 종속으로 연결된 두 번째 주파수 체배기를 통과한다.

주파수 체배기를 두 부분으로 나누고 이들 사이에 주파수 변환기를 넣어야 하는 이유는 무엇인가? 이 질문에 대답하려면 다음 예를 고려하여야 한다. 반송파 주파수 f_c = 100 MHz 및 주

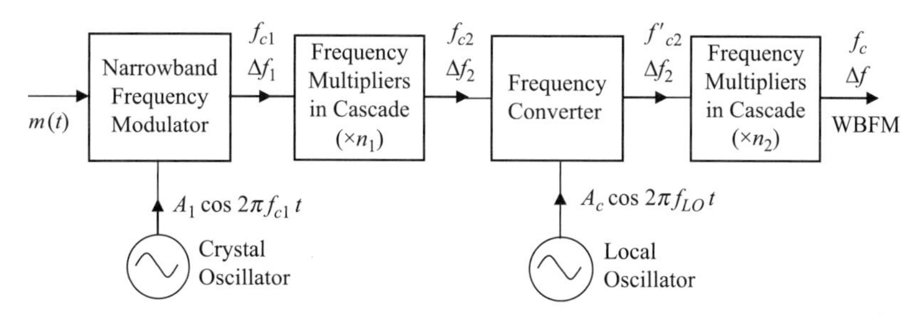

그림 4.10 광대역 FM 신호 발생의 간접방식.

파수 편이 $\Delta f = 75$ kHz를 갖는 상업용 FM을 만들고자 한다. 오디오 메시지 신호의 스펙트럼 범위는 100 Hz에서 15 kHz이다. NBFM의 반송파 주파수는 $f_{c1} = 100$ kHz이며 안정적인 수정 발진기를 쉽게 이용할 수 있다. NBFM 주파수 편이는 $\Delta f_1 = 50$ Hz이다. 결과적으로 최저 변조 신호 주파수에서 최대 주파수 편이 비율이 $\beta_1 = 50$ Hz/100 Hz $= 0.5$가 된다. 변조신호의 중간 및 높은 주파수에서, NBFM에 대해서는 $\beta_1 \ll 1$이다. 따라서 NBFM 반송파 주파수와 주파수 편이는 원하는 WBFM 반송파 주파수 및 주파수 편이를 계산하기 위해 다음 인자로 곱해야 한다.

$$n = \frac{\Delta_f}{\Delta f_1} = \frac{75 \text{ kHz}}{50 \text{ Hz}} = 1500$$

$$n_f = \frac{f_c}{f_{c1}} = \frac{100 \text{ MHz}}{100 \text{ kHz}} = 1000$$

반송파 주파수와 주파수 편이에 대한 배율은 반드시 같아야 한다. 수행되는 실제 체배는 위의 두 가지 중 첫 번째 것이다. n_1과 n_2의 $n = n_1 \times n_2$인 두 단계로 수행된다. 첫 번째 주파수를 체배를 한 결과 반송파 주파수는 $f_{c2} = n_1 f_{c1}$가 되고 주파수 편이는 $\Delta f_2 = n_1 \Delta f_1$이 된다. 주파수 변환기를 사용하면 f_{c2}가 더 낮은 주파수 f'_{c2}로 감소한다. 주파수 안정성을 향상시키기 위해 주파수 변환기는 수정 발진기를 국부 발진기로 사용한다. f'_{c2}는 f_{c2}와 국부 발진기 신호 f_{LO} 주파수 간의 차이이며, 이는 $f'_{c2} = f_{LO} - f_{c2}$ 또는 $f'_{c2} = f_{c2} - f_{LO}$에 의해 주어진다.

이제 두 번째 주파수 체배 단계가 수행되어 $n_2 f'_{c2} = f_{c3} = f_c$ 및 $n_2 \Delta f_2 = \Delta f_3$가 된다.

f_{c3}은 원하는 WBFM 반송파 주파수 f_c와 같고 보통 Δf_3는 원하는 WBFM 주파수 편이인 Δf와 약간 다르다.

작은 배율의 주파수 체배기가 큰 배율의 체배기보다 바람직하다. 식 (4.33)의 비선형 소자 특성을 고려하면, 계수 $a_n; n = 1, 2, 3, \cdots$은 n이 커짐에 따라 매우 작아진다. 따라서 큰 배율의 체배기는 약한 출력신호를 발생시킨다. 이때 출력신호 레벨을 높이기 위해 고이득 증폭기를 사용하면 잡음도 증폭된다. 큰 배율의 체배를 위해서는 작은 배율의 많은 체배기, 즉 가급적이면 주파수 2배수와 3배수의 체배기를 종속연결하여 사용하는 것이 좋다. WBFM에 대한 원하는 주파수 편이는 정확도로 달성하기 어려울 수 있는데, 그 이유는 채택된 체배기의 배율이 원하는 전체 배율인 n과 종종 다르기 때문이다.

$n = n_1 \times n_2 = 1500$의 예에서 $n_1 = 50 = 2 \times 5^2$ 및 $n_2 = 30 = 2 \times 3 \times 5$인 경우 가장 큰 배율은 5이며 $\Delta f = 75$ kHz의 정확한 구현이 이루어진다. 이를 구현할 때 주파수 2배수와 3배수의 체배기만 허용된다고 한다면 적절한 선택은 $n_1 = 48 = 2^4 \times 3$ 및 $n_2 = 32 = 2^5$가 된다. 이 경우 1500이 아니고 $n_1 \times n_2 = 1536$이 된다. 따라서, 주파수 편이는 75 kHz가 아니고 $1536 \times \Delta f_1 = 76.8$

kHz가 된다. 하지만 $n_1 = 48$ 및 $n_2 = 32$를 선택하더라도 75 kHz의 정확한 주파수 편이를 구현하는 것이 가능하며 이를 위해서는 NBFM 변조기에서 $\Delta f_1 = \frac{\Delta f}{1536} = \frac{75000}{1536} = 48.828$ Hz로 변경하면 된다.

예제 4.10

그림 4.10의 블록 다이어그램을 사용하여 WBFM 신호를 발생하는 간접방식에서 오디오 메시지 신호의 스펙트럼 범위가 125 Hz에서 12 kHz이다. NBFM의 경우, 반송파 주파수는 200 kHz이고 주파수 편이율의 최댓값은 1/3이다. WBFM의 경우, 원하는 반송파 주파수는 108 MHz이고 원하는 주파수 편이는 75 kHz이다. 이 경우, 모든 주파수 체배에 대한 최대 체배율은 5이다. 주파수 체배기에 대한 체배율과 주파수 변환기에 대한 국부 발진기 주파수를 선택하여 장치의 설계를 완료하라. 원하는 WBFM의 주파수 편이가 정확히 구현되었는가?

풀이

NBFM의 경우, Δf_1과 β_1의 최댓값은 최소 메시지신호 주파수에 따른다. 따라서

$$\Delta f_1 = \beta_1 \times 125 \text{ Hz} = \frac{1}{3} \times 125 \text{ Hz} = 41.67 \text{ Hz}$$

$$n = n_1 \times n_2 = \frac{\Delta f}{\Delta f_1} = \frac{75 \text{ kHz}}{41.67 \text{ Hz}} = 1800$$

$n_1 = 50 = 2 \times 5^2$이고 $n_2 = 36 = 2^2 \times 3^2$이라고 하면, 이들은 주파수 체배기 1단과 2단에 대한 체배 계수를 나타내는 것이다.

$$\Delta f_3 = n_1 \times n_2 \times \Delta f_1 = 75 \times 10^3 = \Delta f$$

따라서 75 kHz의 원하는 주파수 편이가 정확히 구현된다.

$$f_{c2} = n_1 f_{c1} = 50 \times 200 \text{ kHz} = 10 \text{ MHz}$$

$$f'_{c2} = \frac{f_c}{n_2} = \frac{108 \text{ MHz}}{36} = 3 \text{ MHz}$$

따라서, 주파수 변환기에 대한 국부 발진기의 주파수는 다음과 같다.

$$f_{LO} = f'_{c2} + f_{c2} \text{ 또는 } f_{LO} = f_{c2} - f'_{c2}$$

$$f_{LO} = 13 \text{ MHz 또는 } 7 \text{ MHz}$$

실전문제 4.10

그림 4.10의 WBFM 신호 발생을 위한 간접방식에서 오디오 메시지 신호의 스펙트럼 범위는 100 Hz에서 15 kHz이다. NBFM의 경우, 반송파 주파수는 250 kHz이고 주파수 편이율의 최댓값은 0.25이다. WBFM의 경우, 원하는 반송파 주파수는 96 MHz이고 주파수 편이는 75 kHz이다. 이 방식에서 모든 주파수 체배에 대한 최대 체배율 계수값은 5가 된다. 주파수 체배에 대한 배율과 주파수 변환기에 대한 국부 발진기의 주파수를 선택하여 장치의 설계를 완료하라.

정답: $n_1 = 50 = 2 \times 5^2$, $n_2 = 60 = 2^2 \times 3 \times 5$

$F_{LO} = 14.1$ MHz 또는 10.9 MHz

예제 4.11

주파수 2체배와 3체배기만 허용될 때 예제 4.10을 반복하라. 75 kHz의 원하는 WBFM의 주파수 편이가 실현되지 않으면, 동일한 n_1 및 n_2의 값으로 75 kHz의 WBFM 주파수 편이를 구현하기 위한 새로운 NBFM 주파수 편이 Δf_1을 구하라.

풀이

앞의 예제에서처럼 $\Delta f_1 = 41.67$ Hz이고, $n = 1800$, $n_1 = 48 = 2^4 \times 3$, $n_2 = 36 = 2^2 \times 3^2$이라 하면 이에 따라 주파수 체배기 1단과 2단에 대한 배율을 정한다. $n_1 \times n_2 = 1728$이므로

$$\Delta f_3 = 1728 \times \Delta f_1 = 72 \text{ kHz}$$

가 된다. 따라서 75 kHz의 원하는 주파수 편이가 구현되지 않는다.

$$f_{c2} = n_1 f_{c1} = 48 \times 200 \text{ kHz} = 9.6 \text{ MHz}$$

$$f'_{c2} = \frac{f_c}{n_2} = \frac{108 \text{ MHz}}{36} = 3 \text{ MHz}$$

이므로 주파수 변환기에 따른 국부 발진 주파수는

$$f_{LO} = f'_{c2} + f_{c2} \text{ 또는 } f_{LO} = f_{c2} - f'_{c2}$$

를 이용하여 구할 수 있다. $n_1 = 48$, $n_2 = 36$일 때 75 kHz의 정확한 주파수 편이를 얻으려면 NBFM 주파수 편이는 다음과 같이 바꾸어야 한다.

$$\Delta f_1 = \frac{\Delta f}{n_1 \times n_2} = \frac{75000}{1728} = 43.403 \text{ Hz}$$

실전문제 4.11

2체배와 3체배기만 허용될 때 실전문제 4.10을 다시 구하라. 만약 원하는 WBFM에서 75 kHz의 주파수 편이가 실현되지 않는다면, 같은 체배율이고 주파수 편이가 75 kHz인 WBFM을 구현하기 위해 바꾸어야 하는 NBFM의 주파수 편이 β_1을 구하라.

정답: $n_1 = 64 = 2^6, n_2 = 48 = 2^4 \times 3, \Rightarrow n_1 n_2 = 3072$

$F_{LO} = 18$ MHz 또는 14 MHz; 새로운 주파수 편이 $\beta_1 = 0.242$

예제 4.12

WBFM 신호의 발생을 위한 간접방식을 사용하는 장치에서, NBFM은 반송파 주파수 $f_{c1} = 250$ kHz 및 주파수 편이 $\Delta f_1 = 32.552$ Hz를 갖는다. WBFM의 경우, 원하는 반송파 주파수는 $f_c = 100$ MHz이고 원하는 주파수 편이는 $\Delta f = 75$ kHz이다. 이때 주파수 체배기는 2체배와 3체배기만 사용할 수 있다. 평소처럼 주파수 변환 단계로 분리된 두 단계의 주파수 체배를 구현하는 대신에 모든 주파수 체배를 한 단계에서 구현하고 주파수 변환 단계를 수행한다.

(a) 이 장치를 구현하기 위한 블록 다이어그램을 그려라.
(b) 종속연결된 주파수 체배기의 배율과 주파수 변환기에 대한 국부 발진기의 주파수를 구하여 장치의 설계를 완성하라.
(c) 2단계 주파수 체배를 사용하는 장치와 이 장치의 적합성에 대해 기술하라.

풀이

(a) 그림 4.11에 장치에 대한 블록 다이어그램을 나타냈고, 그림에 각 단계의 주파수 및 주파수 편이에 대해서도 표기하였다.

(b)
$$n = \frac{\Delta f}{\Delta f_1} = \frac{75 \text{ kHz}}{32.552 \text{ Hz}} = 2304.006 \simeq 2304$$

$$n = 2304 = 2^8 \times 3^2$$

주파수 체배기는 8개의 2체배기와 2개의 3체배기의 종속연결로 구성된다.

$$f_{c2} = nf_{c1} = 2304 \times 250 \text{ kHz} = 576 \text{ MHz}$$

$f_{c2} > f_c = 100$ MHz $\Rightarrow f'_{c2} = f_c$의 낮은 값으로의 주파수 변환이 필요하다. f_{LO}를 주파수 변환기에 대한 국부 발진기의 주파수라 하면 다음과 같이 구해진다.

$$f'_{c2} = f_{LO} - f_{c2} \text{ 또는 } f'_{c2} = f_{c2} - f_{LO}$$
$$f_{LO} = f'_{c2} + f_{c2} = 676 \text{ MHz 또는 } f_{LO} = f_{c2} - f'_{c2} = 476 \text{ MHz}$$

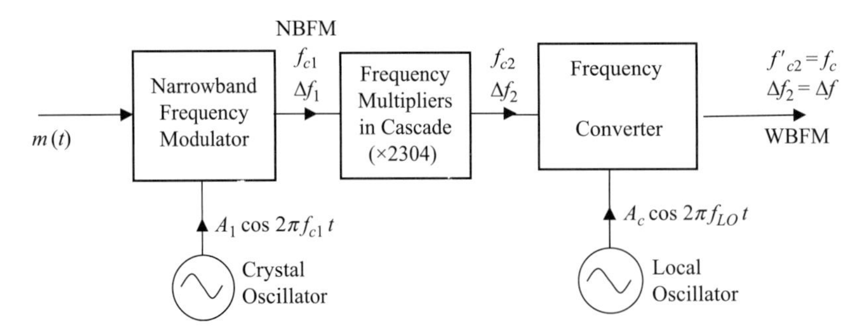

그림 4.11 예제 4.12에 대한 WBFM 신호의 발생.

(c) (b)에서 구한 두 가지의 가능한 수정 발진기 주파수는 매우 높다. 2단계의 체배 시스템에서 필요한 낮은 수정 발진기 주파수에 비해 (b)에서 구한 높은 주파수에서 작동하는 수정 발진기를 찾는 것이 더 어렵다. 따라서 2단계의 체배방식이 바람직하다.

실전문제 4.12

WBFM 신호를 만드는 간접방식에서 NBFM의 반송파 주파수는 $f_{c1} = 245$ kHz이고 주파수 편이는 $\Delta f_1 = 28.5$ Hz이다. WBFM의 경우, 원하는 반송파 주파수는 $f_c = 104$ MHz이고 원하는 주파수 편이는 $\Delta f = 73.872$ kHz이다. 주파수 2체배 및 3체배만 주파수 체배에 사용할 수 있다. 주파수 변환에 의해 분리된 두 단계로 주파수 체배를 구현하는 대신 모든 주파수 체배를 한 단계로 구현한 다음, 그림 4.11과 같이 주파수 변환을 수행한다. 주파수 변환을 위해 종속으로 연결된 주파수 체배기의 배율과 국부 발진기 주파수를 구하여 장치의 설계를 완성하라.

정답: $n = 2592 = 2^5 \times 3^4$; $f_{LO} = 531.04$ MHz 또는 $f_{LO} = 739.04$ MHz

4.4.2 광대역 FM 발생을 위한 직접방식

직접방식의 경우, 광대역 FM은 전압제어발진기(VCO)의 출력신호 주파수를 메시지신호 진폭에 선형으로 변화시켜 만들어진다. 출력신호 주파수의 변화는 일반적으로 고정밀 공진회로에서의 가변 리액턴스에 의해 만들어진다. 가변 리액턴스는 커패시터 또는 인덕터일 수 있으며, 대부분의 경우 일반적으로 버랙터(varactor) 또는 배리캡(varicap)이라고 불리는 가변 커패시터이며 이는 본질적으로 다이오드로서 역바이어스에 의해 동작한다. n과 p 영역에 의해 한정된 다이오드 공핍영역은 실제로 커패시터에서와 같이 2개의 전도성 표면 사이에 끼워진 유전체로서 역바이어스 전압이 증가함에 따라, 공핍영역의 폭은 증가하고, 다이오드의 접합 커패시

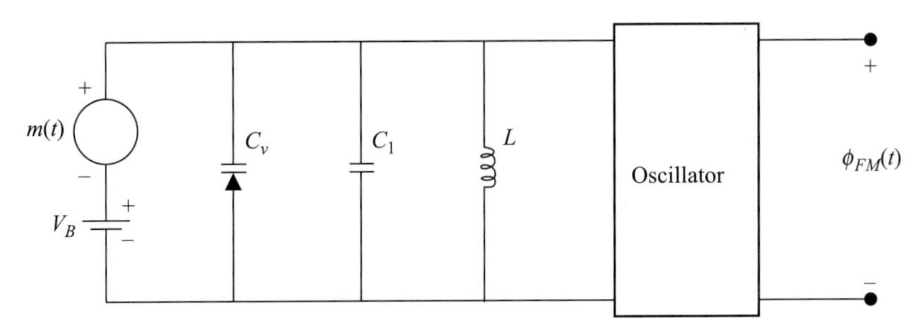

그림 4.12 직접방식에 의한 광대역 FM의 발생.

턴스는 감소한다. 그림 4.12에서 볼 수 있듯이, DC전압 V_B와 메시지신호 $m(t)$의 직렬로 연결되어 버랙터 다이오드 C_v에 인가된다. 전압 V_B는 다이오드가 항상 역바이어스가 되도록 충분히 커야 하며 메시지신호 변동은 C_v 값의 변동을 야기한다. C를 C_v와 C_1으로 인한 총 커패시턴스라 하자. 반송파가 변조되지 않은 경우, C_v의 값은 C_{vo}이며 V_B에 의해서만 결정된다. 따라서, C는 $C_o = C_1 + C_{vo}$의 무변조 값을 갖는다. 총 커패시턴스 C는 메시지신호에 따라 선형적으로 변하고, 다음과 같이 주어진다.

$$C = C_1 + C_v = C_1 + C_{vo} - \alpha m(t)$$

따라서

$$\boxed{C = C_o - \alpha m(t)} \tag{4.37}$$

여기서, α는 상수이다. 순간 반송파 주파수 ω_i는 LC 병렬 공진회로의 공진주파수로서 다음과 같이 주어진다.

$$\omega_i = \frac{1}{\sqrt{LC}} = \frac{1}{\sqrt{L[C_o - \alpha m(t)]}} = \frac{1}{\sqrt{LC_o}}\left[1 - \frac{\alpha m(t)}{C_o}\right]^{-\frac{1}{2}}$$

이항 전개 $(1+x)^n$는 다음 식과 같이 근사화할 수 있다.

$$(1+x)^n \simeq 1 + nx, \quad |x| \ll 1\text{일 때}$$

$\left|\dfrac{\alpha m(t)}{C_o}\right| \ll 1$의 경우, ω_i에 대한 이전의 이항식은 다음 식과 같이 유사하게 근사된다.

$$\omega_i \simeq \frac{1}{\sqrt{LC_o}}\left[1 + \frac{\alpha m(t)}{2C_o}\right]; \quad \text{단, } \left|\frac{\alpha m(t)}{C_o}\right| \ll 1 \tag{4.38}$$

전체 병렬 커패시턴스의 무변조 값에 대한 무변조 반송파 주파수는 다음과 같다.

$$\omega_c = \frac{1}{\sqrt{LC_o}} \tag{4.39}$$

$\omega_{i,\max}$를 만들어진 최대 순간 반송파 주파수, m_p를 메시지신호 $m(t)$의 첨두값이라 하면, ω_i와 $\omega_{i,\max}$는 다음과 같이 ω_c로 표현된다.

$$\omega_i = \omega_c + \frac{\alpha m(t)}{2C_o}\omega_c = \omega_c + k_f m(t)$$

$$\omega_{i,\max} = \omega_c + \frac{\alpha m_p}{2C_o}\omega_c = \omega_c + k_f m_p$$

C_o로부터 커패시턴스의 최대 편이는 $\Delta C = \alpha m_p$이다. 따라서

$$\Delta\omega = \frac{\alpha m_p}{2C_o}\omega_c = \frac{\Delta C}{2C_o}\omega_c = k_f m_p \tag{4.40}$$

$$\boxed{\therefore\ \frac{\Delta C}{2C_o} = \frac{\Delta\omega}{\omega_c} = \frac{\Delta f}{f_c}} \tag{4.41}$$

$\Delta f/f_c$의 값은 대개 매우 작기 때문에, $\Delta C = \alpha m_p$는 식 (4.38)의 근사 및 $m(t)$에 대한 ω_i의 선형 변화에 필요한 C_o에 비해 매우 작다. 직접방식은 일반적으로 WBFM에 대해 충분한 주파수 편이를 만들 수 있으나, 직접방식에 사용되는 전압제어발진기(VCO)는 간접방식에서 사용되는 안정된 수정 발진기와는 달리 충분한 주파수 안정성이 부족하므로, 직접방식은 주파수가 불안정하다는 문제가 있다. 따라서 이를 해결하기 위해 일반적으로 부궤환(negative feedback) 방식을 사용하여 VCO의 출력 주파수를 안정화시킨다.

예제 4.13

그림 4.12의 광대역 FM을 만드는 직접방식은 무변조 반송파 주파수가 25 MHz이고 주파수 편이가 18.75 kHz인 FM 신호를 만드는 데 사용된다. 회로에서 $C_v = 25\ V^{-1/2}$ pF, $C_1 = 30$ pF이고, $L = 1\ \mu$H으로 주어질 때, 다음을 결정하라.

(a) 역바이어스 전압 V_B의 크기

(b) 버랙터 커패시턴스 C_v의 최댓값 및 최솟값

풀이

(a) 변조신호가 인가되지 않은 상태에서, C_v는 무변조 값 C_{vo}이고, VCO 출력 주파수는 무변조 반송파 주파수 $f_c = 25$ MHz이다.

따라서

$$C = C_o = C_1 + C_{vo}$$

$$\omega_c = \frac{1}{\sqrt{LC_o}} = 2\pi f_c$$

$$C_o = \frac{1}{(2\pi f_c)^2 L} = \frac{1}{\left(2\pi \times 25 \times 10^6\right)^2 \times 10^{-6}} = 40.528 \text{ pF}$$

$$\therefore \; C_{vo} = C_o - C_1 = (40.528 - 30) \text{ pF} = 10.528 \text{ pF}$$

$$\text{즉, } C_{vo} = 25 V_B^{-\frac{1}{2}} \text{ pF} = 10.528 \text{ pF}$$

$$\therefore \; V_B = 5.639 \text{ V}$$

(b) 총 커패시턴스의 편이는 가변 커패시터 C_v의 편이 때문이다. 따라서 식 (4.41)로부터 $\Delta C = \Delta C_v$이다.

$$\Delta C = \Delta C_v = 2C_o \frac{\Delta f}{f_c} = 2(40.528)\frac{18.75 \times 10^3}{25 \times 10^6} \text{ pF} = 0.061 \text{ pF}$$

$$C_{v,\max} = C_{vo} + \Delta C_v = (10.528 + 0.061) \text{ pF} = 10.589 \text{ pF}$$

$$C_{v,\min} = C_{vo} - \Delta C_v = (10.528 - 0.061) \text{ pF} = 10.467 \text{ pF}$$

실전문제 4.13

10 MHz의 반송파 주파수를 갖는 FM을 그림 4.12의 직접방식으로 만들고자 한다. $L = 4\ \mu\text{H}$, $C_1 = 50$ pF이고 C_1 및 C_v로 인한 전체 커패시턴스의 최댓값은 63.8 pF이다. 다음을 결정하라.

(a) 단지 역바이어스 전압 V_B만으로 인한 가변 커패시턴스 C_v의 크기 C_{vo}

(b) 최대 주파수 편이

정답: $C_{vo} = 13.326$ pF

$\Delta f = 37.425$ kHz

4.5 각도 변조된 신호의 복조

각도변조 신호의 정보는 순간 주파수 또는 순간 위상에 있다. FM의 복조는 보통 순간 주파수

$\omega_i(t) = \omega_c + k_f m(t)$에 비례하는 출력을 얻는 몇 가지 방법을 기반으로 한다. PM의 경우, 순간 주파수는 적분되어 순간 위상 $\theta_i(t) = \omega_c t + k_p m(t)$가 된다.

복조기는 먼저 각도 변조된 신호를 이의 순간 주파수에 비례하는 진폭신호로 변환함으로써 진폭과 각도가 모두 변조된 신호를 출력하게 된다. 이를 보통 FM/PM-to-AM 변환이라 하며, 이 출력신호는 AM 신호의 복조 과정에서 사용되는 포락선 검파기의 입력으로 들어간다. 이와 다른 검파 방법은 위상고정루프(phase-lock loop, PLL) 방식으로 변조된 신호의 위상을 추정함으로써 메시지신호를 검출하는 피드백 방법으로 이는 다음 절에서 논의한다.

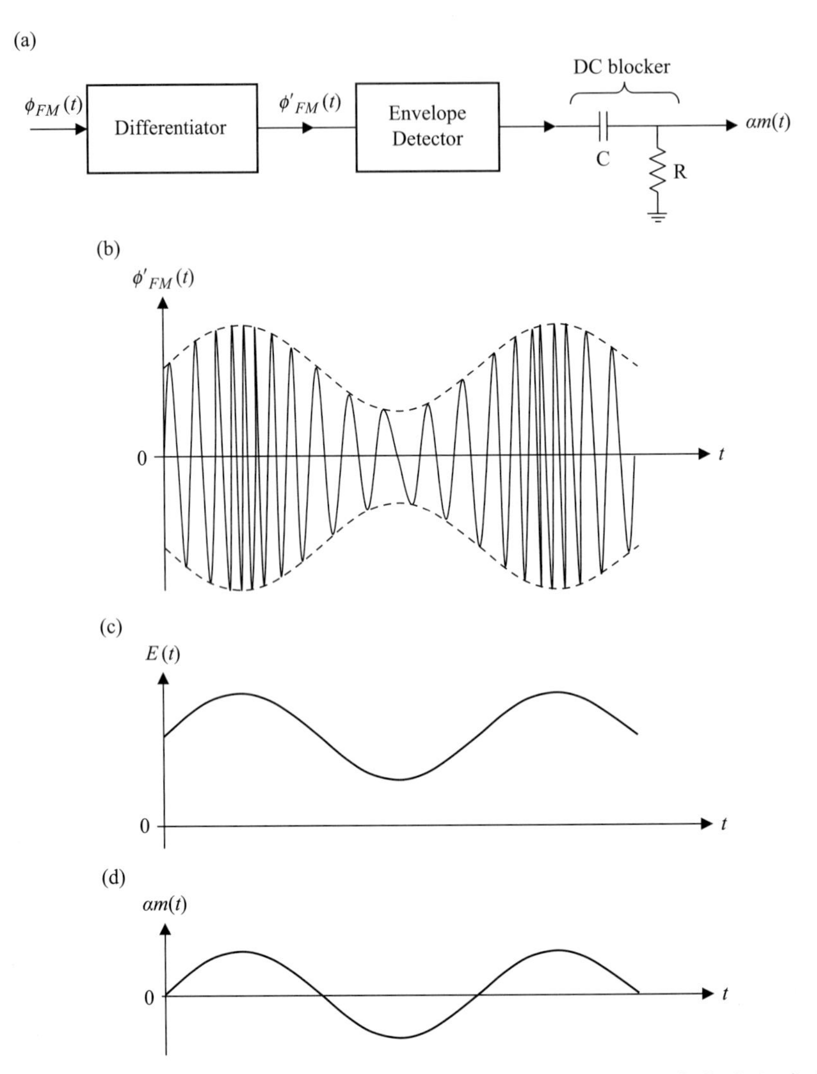

그림 4.13 이상적인 미분기를 사용하는 FM 복조기. (a) 복조기의 블록 다이어그램, (b) FM 신호의 미분, (c) 포락선 검파기 출력, (d) 검파된 메시지신호.

이상적인 미분 복조기

FM-to-AM 변환은 FM 신호의 대역폭에 걸쳐 $|H(\omega)| = a_o + a\omega$의 주파수 특성을 갖는 시스템에 FM 신호를 통과시킴으로써 달성되며 이러한 시스템은 $H(\omega) = j\omega$의 주파수응답을 가진 이상적인 미분기로 매우 간단히 구현할 수 있다. 이상적인 미분기 복조기는 그림 4.13(a)에 나와 있다. 미분기 입력이 FM 신호 $\phi_{FM}(t)$일 때, 그 출력은 다음 식과 같다.

$$\begin{aligned}\phi'_{FM}(t) &= \frac{d}{dt}\left[A_c\left(\cos\omega_c t + k_f\int_{-\infty}^{t} m(\lambda)d\lambda\right)\right] \\ &= -A_c\left[\omega_c + k_f m(t)\right]\sin\left[\omega_c t + k_f\int_{-\infty}^{t} m(\lambda)d\lambda\right]\end{aligned} \tag{4.42}$$

$\phi'_{FM}(t)$은 진폭 변조된 신호와 주파수 변조된 신호 둘 다 된다는 점에 유의하여야 한다. $\phi'_{FM}(t)$가 포락선 검파기를 통과한 후의 출력은 $E(t) = A_c\,[\omega_c + k_f m(t)]$로 주어진다. 주파수 편이 $\Delta\omega = k_f m_p$는 항상 반송파 주파수 ω_c보다 작기 때문에 포락선 왜곡의 위험은 없다. 포락선 검파기 출력이 dc 블로킹 회로를 통과한 후, 메시지신호가 포함된 출력신호 $A_c k_f m(t) = \alpha m(t)$가 만들어진다.

예제 4.14

그림 4.14는 고역통과 필터(high-pass filter)에 이은 포락선 검파기를 보여 준다. 회로에 대한 입력신호는 $\phi_{FM}(t) = A_c\cos[\omega_c t + k_f\int_{-\infty}^{t} m(\lambda)d\lambda)]$로 주어진 FM 신호이다.

(a) 고역통과 필터의 차단 주파수가 FM 신호의 반송파 주파수보다 훨씬 클 경우 포락선 검파기의 출력을 구하라.

(b) $R = 100\ \Omega$이고, FM 반송파 주파수가 100 MHz인 경우, 필터의 차단 주파수가 FM 반송파 주파수의 10배가 되도록 커패시턴스 C의 값을 구하라.

풀이

(a) 필터의 주파수응답은

$$H(j\omega) = \frac{j\omega RC}{1 + j\omega RC} = \frac{j\omega/\omega_H}{1 + j\omega/\omega_H}$$

여기서, $\omega_H = \dfrac{1}{RC}$는 고역통과 필터의 차단 주파수이다.

$\omega \ll \omega_H$에 대해 필터 응답은 다음과 같이 근사된다.

$$H(j\omega) \simeq \frac{j\omega}{\omega_H} = j\omega RC$$

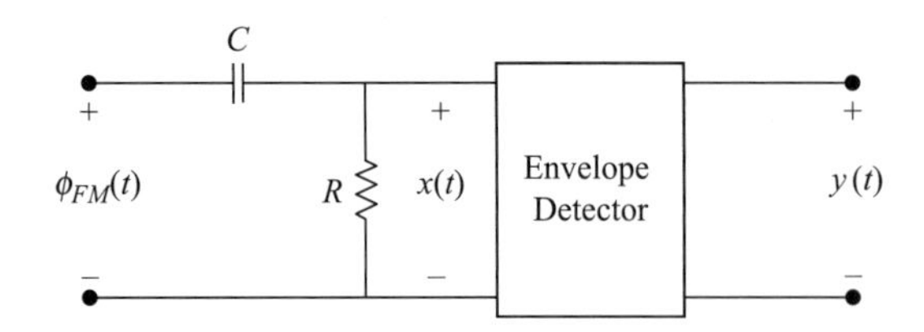

그림 4.14 예제 4.14의 복조기.

주파수영역에서 $j\omega$와의 곱은 미분과 같다. 따라서 $\omega_c \ll \omega_H$이면, 고역통과 필터는 FM 신호에 대해 이상적인 미분기로 동작한다.

고역통과 필터의 출력 $x(t)$는 다음과 같이 주어진다.

$$x(t) = RC\frac{d}{dt}[\phi_{FM}(t)] = RC\frac{d}{dt}\left[A_c\cos\left(\omega_c t + k_f\int_{-\infty}^{t} m(\lambda)d\lambda\right)\right]$$

$$= -RCA_c\left[\omega_c + k_f m(t)\right]\sin\left[\omega_c t + k_f\int_{-\infty}^{t} m(\lambda)d\lambda\right]$$

포락선은 음수가 아니므로 대수 기호가 적용되지 않으며 포락선 검파기 출력은

$$y(t) = A_c\omega_c RC + A_c RCk_f m(t)$$

(b) 고역통과 필터의 차단 주파수는 $f_H = 10f_c = 10^9$ Hz이다.

따라서 $\omega_H = \dfrac{1}{RC} = 2\pi f_H = 2\pi \times 10^9$

$$C = \frac{1}{\omega_H R} = \frac{1}{2\pi \times 10^9 \times 100} = 1.59\ \text{pF}$$

실전문제 4.14

FM 반송파 주파수가 8 MHz이고 고역통과 필터의 차단 주파수가 반송파 주파수의 12배인 경우에 대해 예제 4.14의 (b)를 반복하라.

정답: $C = 16.58$ pF

대역통과 리미터

FM 복조에 있어서 포락선 검파가 잘 작동하도록 하려면 FM 신호의 진폭은 완벽하게 일정해야 한다. 그러나 채널 잡음이나 채널 왜곡과 같은 여러 요소가 FM 신호에 바람직하지 않은 진폭 변화를 일으키고 복조된 신호를 왜곡하게 된다. 따라서 복조 전에 이러한 불필요한 진폭 변동을 FM 신호로부터 제거할 필요가 있으며 이를 위해 대역통과 리미터(bandpass limiter)를 사용

한다.

대역통과 리미터의 블록 다이어그램은 그림 4.15(a)에 나와 있다. 하드 리미터(hard limiter)는 대역통과 필터 앞단에 위치하며 그림 4.15(b)에 나타나 있는 전송 특성을 가진 장치이다. 그림에서 $x(t)$는 입력신호이고 $y(t)$는 출력신호이다. 하드 리미터의 출력은 입력신호가 양수이면 1이지만 입력이 음수이면 출력은 -1이다.

시변 진폭 $A(t)$를 갖는 입력 FM 신호와 출력 신호를 그림 4.15(c)에 나타내었다. 입력 FM 신호는 다음과 같이 주어진다.

$$x(t) = A(t)\cos\left[\omega_c t + k_f \int_{-\infty}^{t} m(\lambda)d\lambda\right] = A(t)\cos[\theta(t)] \tag{4.43}$$

여기서 변조된 신호의 총 각도는

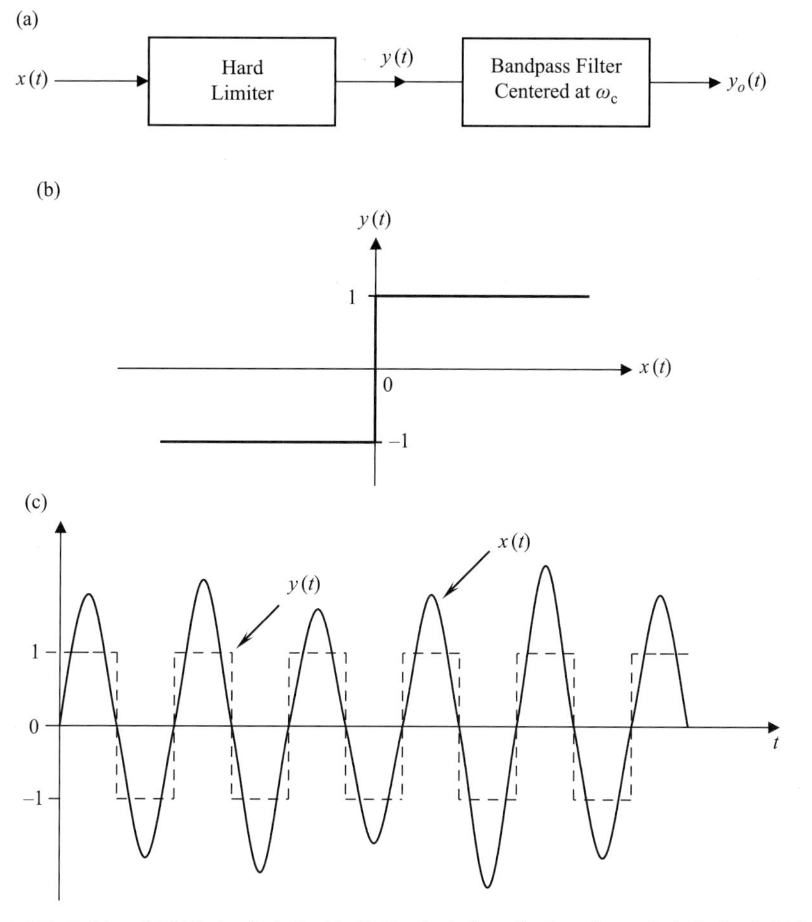

그림 4.15 대역통과 리미터. (a) 블록 다이어그램, (b) 하드 리미터의 전달함수, (c) 하드 리미터의 입력과 출력 파형.

$$\theta(t) = \omega_c t + k_f \int_{-\infty}^{t} m(\lambda) d\lambda \tag{4.44}$$

리미터의 전달함수에 따른 출력은 다음과 같이 나타낼 수 있다.

$$y(t) = \begin{cases} 1, & \cos\theta(t) > 0 \\ -1, & \cos\theta(t) < 0 \end{cases} \tag{4.45}$$

따라서 출력 신호 $y(t)$는 입력 FM 신호와 동일한 0 교차점을 갖는 진폭이 1인 양극성 구형파이므로 주파수가 입력 FM 신호와 동일하다. 상업용 FM은 반송파 주파수 범위가 88~108 MHz이고 주파수 편이가 75 kHz이다. 주파수 편이는 반송파 주파수의 1/1000보다 작으므로 FM 신호는 거의 사인곡선으로 간주할 수 있다. 따라서 $y(t)$는 그림 3.17의 주기적인 구형파 $p_1(t)$와 비슷한 주기적인 구형파이다. 따라서 $y(t)$는 다음 식처럼 식 (3.37)의 $p_1(t)$와 유사하게 푸리에급수로 표현될 수 있다.

$$y(t) = \frac{4}{\pi}\left[\cos\theta(t) - \frac{1}{3}\cos 3\theta(t) + \frac{1}{5}\cos 5\theta(t) - \cdots\right] \tag{4.46}$$

정수 n에 대해서 식 (4.46)의 $n\theta(t)$는 다음과 같다.

$$\cos n\theta(t) = \cos\left[n\omega_c t + nk_f \int_{-\infty}^{t} m(\lambda) d\lambda\right] \tag{4.47}$$

따라서 식 (4.46)은 하드 리미터의 출력에 반송파 주파수 ω_c의 원하는 FM 신호와 고주파의 홀수 고조파 신호가 포함되어 있음을 보여 준다. $y(t)$가 ω_c를 중심으로 하는 대역통과 필터를 통과한 후의 출력신호는 일정 진폭의 FM 신호이다.

$$y_o(t) = \phi_{FM}(t) = \frac{4}{\pi}\cos\left[\omega_c t + k_f \int_{-\infty}^{t} m(\lambda) d\lambda\right] \tag{4.48}$$

시간지연 복조기(time-delay demodulator)

시간지연 미분기 복조기는 시간지연 미분기와 포락선 검파기로 구성된다. 시간지연 미분기는 미분에 대한 이산시간 근사를 구현한다. 그림 4.16에서 볼 수 있듯이 입력신호에서 입력신호의 지연된 성분을 뺀 다음 시간지연의 역수인 이득 상수로 증폭하여 1차 미분에 근사시킨다. 미분기의 입력을 FM 신호 $\phi_{FM}(t)$이라 하고, 시간지연을 τ라 하면 시간 지연된 신호는 $\phi_{FM}(t-\tau)$이다. 시간지연 미분기 출력 $y(t)$는 다음과 같이 주어진다.

$$y(t) = \frac{1}{\tau}[\phi_{FM}(t) - \phi_{FM}(t-\tau)] \tag{4.49}$$

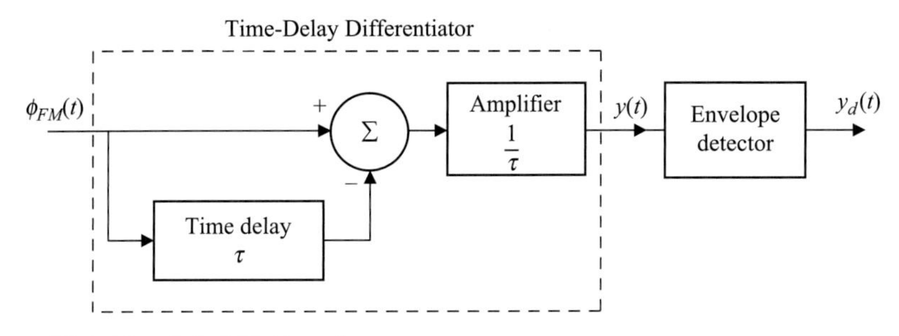

그림 4.16 시간지연 복조기.

$y(t)$에 대해 $\phi_{FM}(t)$의 1차 미분값과 같기 위해서는 τ는 무한히 작아야 한다. 따라서 다음 식과 같이 주어진다.

$$\phi'_{FM}(t) = \lim_{\tau\to 0}[y(t)] = \lim_{\tau\to 0}\left[\frac{1}{\tau}(\phi_{FM}(t) - \phi_{FM}(t-\tau))\right] \tag{4.50}$$

τ가 충분히 작으면, 시간지연 미분기 출력은 1차 미분값에 잘 근사된다. 시간지연은 근사에 필요한 값보다 더 작을 필요는 없다. 더 작으면 증폭기 이득 상수 $1/\tau$가 매우 높아질 수 있기 때문이다. 적절한 근사를 위한 τ의 최댓값은 $T/4$로서, 여기서 T는 FM 신호에 대한 무변조 반송파의 주기이다. 이러한 적절한 τ 값을 적용하면,

$$y(t) \simeq \phi'_{FM}(t) \tag{4.51}$$

앞에서 설명한 바와 같이 $\phi'_{FM}(t)$는 진폭변조 및 주파수변조된 신호이고, 복조는 미분기를 거친 $\phi'_{FM}(t)$를 포락선 검파기에 통과시킴으로써 이루어진다.

예제 4.15

시간지연 복조기의 시간지연 τ가 시간지연 미분기의 출력이 입력의 각도 변조된 신호의 1차 미분에 대해 매우 양호한 근사가 되기 위해 얼마나 작아야 하는지 결정하라.

풀이

그림 4.16에서의 시간지연 미분기의 블록 다이어그램을 참조하여 시간지연 미분기의 출력은 다음과 같이 얻어진다.

$$y(t) = \frac{1}{\tau}[\phi_{FM}(t) - \phi_{FM}(t-\tau)]$$

위 식을 푸리에변환하면

$$Y(j\omega) = \frac{1}{\tau}\left[\Phi_{FM}(j\omega) - e^{-j\omega\tau}\Phi_{FM}(j\omega)\right] = \frac{1}{\tau}\Phi_{FM}(j\omega)\left[1 - e^{-j\omega\tau}\right]$$

$\omega\tau \ll 1$이면, $e^{-j\omega\tau} \simeq 1 - j\omega\tau \Rightarrow (1 - e^{-j\omega\tau}) \simeq j\omega\tau$이므로

$$Y(j\omega) \simeq j\omega\Phi_{FM}(j\omega)$$

따라서 $\omega\tau \ll 1$ 또는 등가적으로 $\tau \ll 1/\omega$일 때, 출력은 $y(t) \simeq \phi'_{FM}(t)$이다.

FM 신호에 대해 ω는 복조되는 신호의 순간 주파수이다.

따라서 조건은 $\tau \ll \dfrac{1}{\omega_c + \Delta\omega} \simeq \dfrac{1}{\omega_c} = \dfrac{1}{2\pi f_c} = \dfrac{T}{2\pi}$가 되며, 여기서 T는 무변조 반송파의 주기이다. 따라서 τ는 매우 좋은 근사가 되기 위해서는 $\dfrac{1}{10}\left[\dfrac{T}{2\pi}\right]$ 이하여야 하지만, 앞에서 언급했듯이 미분기 다음에 너무 높은 증폭기의 이득을 필요로 하지 않는 경우에 합리적인 근사치는 $\tau_{\max} = \dfrac{T}{4}$이다.

실전문제 4.15

시간지연 복조기의 경우, 허용 가능한 최대 시간지연을 $\tau_{\max}$로 표시하고, 매우 양호한 근사를 위해 필요한 시간지연을 τ로 할 때, 다음 각 경우에 대한 $\tau_{\max}$와 τ를 구하라.

(a) 복조되는 신호가 100 MHz의 반송파 주파수를 갖는 상업용 FM인 경우
(b) 복조되는 FM 신호가 500 kHz의 반송파 주파수를 갖는 협대역 FM인 경우

정답: (a) $\tau_{\max} = 2.5$ ns, $\tau = 0.159$ ns
(b) $\tau_{\max} = 0.5$ μs, $\tau = 0.0318$ μs

경사 검파기(slope detector)

그림 4.17(a)에서 볼 수 있듯이, 경사 검파기는 포락선 검파기가 동조회로(tuned circuit)의 다음에 있는 단순한 회로이다. 그림 4.17(b)는 동조회로의 진폭응답 $|H(j\omega)|$이다. 그림에서처럼 동조회로의 진폭응답은 공진주파수의 양측 주파수대역에 걸쳐 거의 선형적인 영역을 가지고 있다. FM 대 AM 변환은 이러한 선형 영역의 가운데 주파수를 FM 신호의 반송파 주파수인 ω_c로 바꿈으로써 구현된다. 이것은 보통 반송파 주파수에서 오른쪽편의 양의 기울기를 가지는 선형 영역을 사용하며, 해당 대역 내에서의 주파수응답은 $|H(j\omega)| \simeq a_o + a\omega$로 표시된다.

경사 검파기는 실용적인 복조기가 아니다. 일반적으로 이러한 선형 영역은 광대역 FM 신호를 복조할 정도로 매우 선형적이거나 충분히 넓지도 않다. 또한, 바이어스 성분인 a_o항은 포

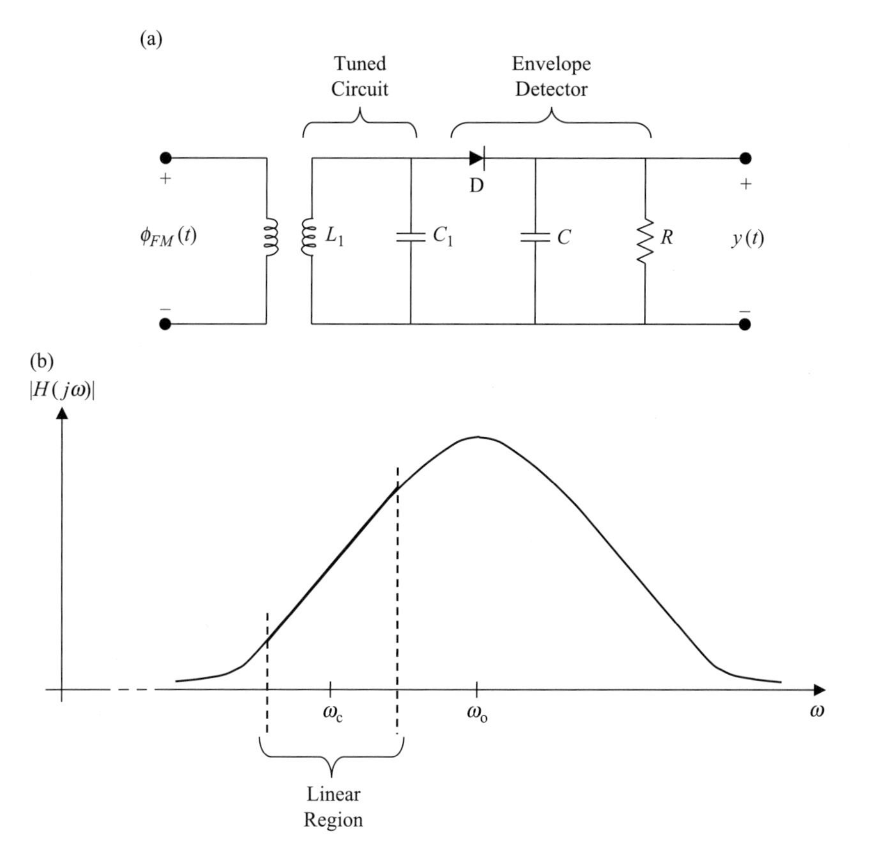

그림 4.17 경사 검파기. (a) 경사 검파기의 회로 구현, (b) 경사 검파기의 진폭응답.

락선 검파기 출력에서 부가적인 dc 성분을 야기한다.

평형 판별기(balanced discriminator)

평형 판별기는 경사 검파기보다 훨씬 우수한 성능을 제공한다. 동작원리는 그림 4.18(a)의 블록 다이어그램에 설명되어 있다. 회로 구현은 그림 4.18(b)에 나타나 있다. 이는 두 개의 경사 검파기로 구성되어 있어 전체 출력은 두 출력 간의 차이이다. $|H_1(j\omega)|$를 상부 경사 검파기 회로의 진폭응답이라 하고, $|H_2(j\omega)|$를 하부 경사 검파기 회로의 진폭응답이라 할 때, 진폭응답과 합성 진폭응답은 그림 4.18(c)에 각각 나타나 있다. 합성 진폭응답 $|H(j\omega)|$는 다음과 같이 주어진다.

$$|H(j\omega)| = |H_1(j\omega)| - |H_2(j\omega)| \tag{4.52}$$

개별 진폭응답의 선형 영역은 $|H_1(j\omega)| \simeq a_o + a_1\omega$ 및 $|H_2(j\omega)| \simeq a_o + a_2\omega$로 표현될 수 있다. 전체 주파수영역 내에서의 합성응답은

$$|H(j\omega)| = [a_o + a_1\omega] - [a_o + a_2\omega] = (a_1 - a_2)\omega \tag{4.53}$$

평형 회로의 진폭응답에는 바이어스 성분이 없다. 경사 검파기의 응답은 순간 주파수 $\omega_i = \omega_c + k_f m(t)$ 비례한다. 하지만 평형 회로의 응답은 ω_c를 중심으로 하여 ω_i와 ω_c 간의 차이인 반송파 주파수 편이에 비례한다.

상부 및 하부 경사 회로의 공진주파수는 각각 ω_1 및 ω_2, 또는 f_1 및 f_2이다. f_1은 f_c보다 높은

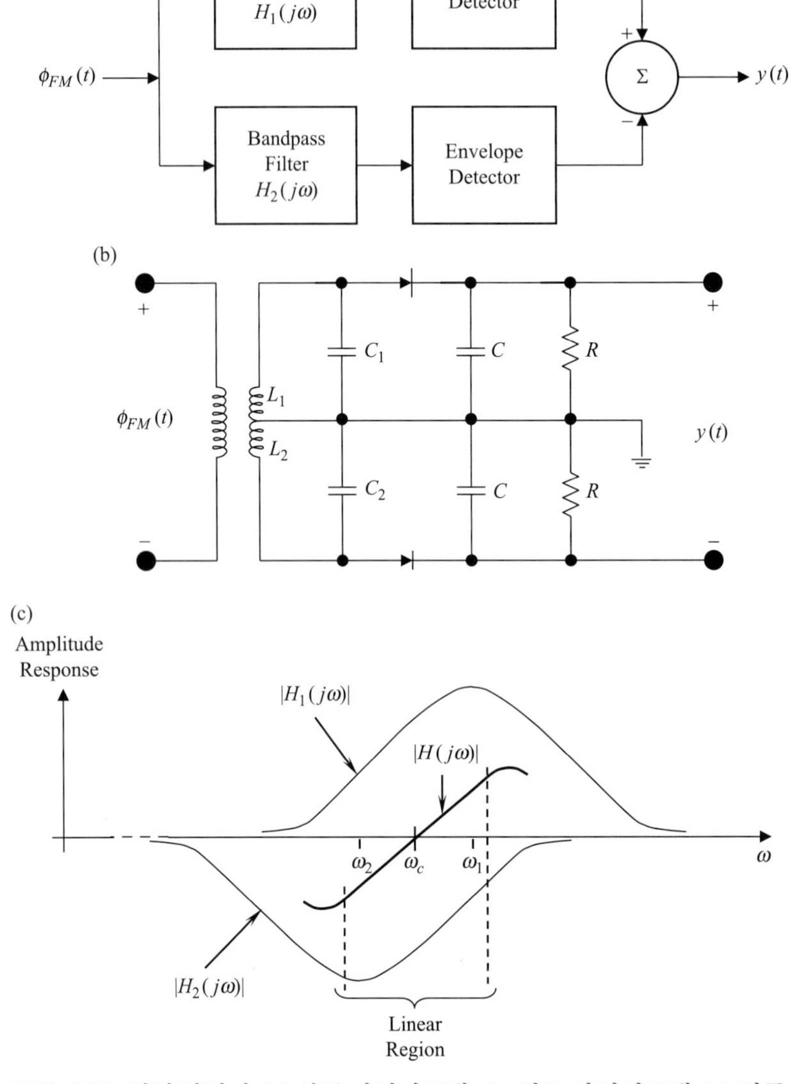

그림 4.18 평형 판별기. (a) 블록 다이어그램, (b) 회로 다이어그램, (c) 진폭응답과 합성 진폭응답.

쪽에 위치하고 f_2는 동일한 주파수만큼 f_c보다 낮은 쪽에 위치한다. 여기서 f_c는 복조될 FM 신호의 반송파 주파수이다. 여기에서, 양쪽의 비선형 공진 곡선은 사용하지 않는다. 결과적으로, 사용 가능한 합성 응답의 선형 영역은 경사 검파기가 한 개일 때의 선형 영역에 비해 확장되어, 광대역 FM의 복조를 가능하게 한다. f_1과 f_2 사이의 주파수 간격이 약 $1.5B$인 경우 충분히 넓은 선형 영역이 얻어지는데 여기서 B는 각 공진회로의 3 dB 대역폭이다. 각 공진회로의 대역폭을 FM 신호 B_{FM}의 대역폭과 동일하게 선택하면 주파수 간격은 $f_1 - f_2 = 1.5B_{FM}$가 된다.

예제 4.16

상부 및 하부 경사 검파기를 포함하는 평형 판별기가 그림 4.19에 나와 있다. 인덕턴스 L_1과 L_2는 각각 20 μH의 전체 (자기 및 상호) 인덕턴스를 갖는다. FM 신호는 10.7 MHz의 중간 반송파 주파수에서 복조되고 $B_{FM} = 200$ kHz의 대역폭을 갖는다. 상부 경사 검파기와 하부 경사 검파기의 공진주파수는 FM 반송파 주파수의 상측과 하측에 동일한 크기의 주파수를 갖는다. 각 경사 검파기의 대역폭은 B_{FM}이고 공진주파수의 간격은 $1.5B_{FM}$이다. 커패시턴스 C_1과 C_2, 그리고 저항 R_1과 R_2를 선택하여 경사 검파기의 설계를 완성하라.

풀이

경사 검파기와 같은 병렬 RLC 회로에 대한 주파수응답은

$$H(j\omega) = \frac{1}{1 + j(\omega C - 1/\omega L)} \tag{4.54}$$

$\omega_o = \dfrac{1}{\sqrt{LC}}$를 공진주파수, $Q = \dfrac{\omega_o}{BW} = \omega_o CR = \dfrac{R}{\omega_o L}$를 큐 인자(quality factor), 그리고 BW를 3 dB 대역폭이라고 하면, 주파수응답은 다음과 같이 다시 쓸 수 있다.

$$H(j\omega) = \frac{1}{1 + jQ(\omega/\omega_o - \omega_o/\omega)} \tag{4.55}$$

상부 경사 회로에 대한 공진주파수는

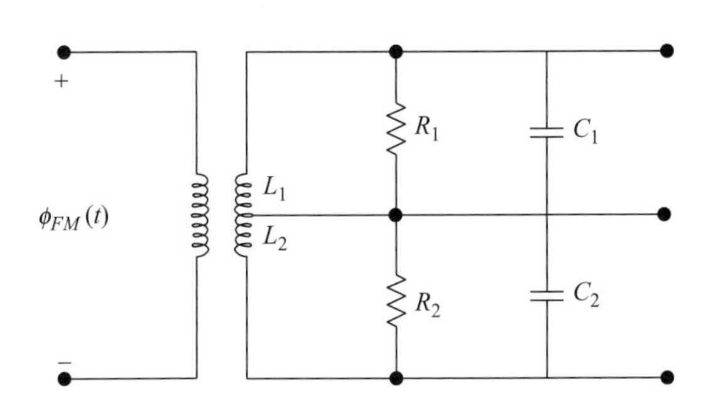

그림 4.19 예제 4.16에 대한 회로: 평형 판별기의 평형 경사 검파기 부분

$$f_1 = f_c + \frac{1}{2}(1.5B_{FM}) = \left[10.7 \times 10^6 + \frac{1}{2}\left(1.5 \times 200 \times 10^3\right)\right] \text{Hz} = 10.85 \text{ MHz}$$

$$C_1 = \frac{1}{\omega_1^2 L} = \frac{1}{\left(2\pi \times 10.85 \times 10^6\right)^2 \times 2 \times 10^{-5}} = 10.76 \text{ pF}$$

$$R_1 = \frac{\omega_1^2 L_1}{BW} = \frac{\omega_1^2 L_1}{2\pi B_{FM}} = \frac{f_1^2 L_1}{B_{FM}} = \frac{\left(10.85 \times 10^6\right)^2 \times 2 \times 10^{-5}}{2 \times 10^5} = 11.77 \text{ k}\Omega$$

하부 경사 회로에 대한 공진주파수는

$$f_2 = f_c - \frac{1}{2}(1.5B_{FM}) = \left[10.7 \times 10^6 - \frac{1}{2}\left(1.5 \times 200 \times 10^3\right)\right] \text{Hz} = 10.55 \text{ MHz}$$

$$C_2 = \frac{1}{\omega_2^2 L_2} = \frac{1}{\left(2\pi \times 10.55 \times 10^6\right)^2 \times 2 \times 10^{-5}} = 11.38 \text{ pF}$$

$$R_2 = \frac{\omega_2^2 L_2}{BW} = \frac{f_2^2 L_2}{B_{FM}} = \frac{\left(10.55 \times 10^6\right)^2 \times 2 \times 10^{-5}}{2 \times 10^5} = 11.13 \text{ k}\Omega$$

실전문제 4.16

12 MHz의 반송파 주파수와 $B_{FM} = 400$ kHz의 대역폭을 가지는 FM 신호에 대해 예제 4.16을 반복하라.

정답: $C_1 = 8.37$ pF, $R_1 = 7.565$ kΩ
$C_2 = 9.25$ pF, $R_2 = 6.845$ kΩ

예제 4.17

예제 4.16에서 $\phi_{PM}(t) = 10 \cos\left[10^7 \pi t + 4 \cos(2\pi \times 10^4)t\right]$로 주어진 PM 신호를 FM 신호 대신에 복조하는 경우, 커패시턴스 C_1과 C_2, 그리고 저항 R_1과 R_2를 선택하여 예제에서의 경사 검파기의 설계를 완료하라. 그리고 예제 4.16의 FM 신호에 비해 주어진 PM 신호에 대한 복조기 출력에 필요한 추가적인 과정에 대해 설명하라.

풀이

주어진 PM 신호는 정보신호가 정현파인 톤변조의 경우이다.

$$k_p m(t) = 4 \cos\left(2\pi \times 10^4\right)t = 4 \cos \omega_m t$$

$$f_m = 10 \text{ kHz}$$

$$f_c = 5 \text{ MHz}$$

$$k_p m'(t) = \frac{d}{dt}[4\cos\omega_m t] = -4\omega_m \sin\omega_m t \Rightarrow \Delta\omega = k_p m'_p = 4\omega_m$$

$$\beta = \frac{\Delta\omega}{\omega_m} = \frac{k_p m'_p}{\omega_m} = \frac{4\omega_m}{\omega_m} = 4$$

$$\therefore\ B_{PM} = 2(\beta+1)f_m = 2(4+1)\times 10\ \text{kHz} = 100\ \text{kHz}$$

상부 경사 회로에 대한 공진주파수는

$$f_1 = f_c + \frac{1}{2}(1.5B_{PM}) = \left[5\times 10^6 + \frac{1}{2}\left(1.5\times 10^5\right)\right]\ \text{Hz} = 5.075\ \text{MHz}$$

$$C_1 = \frac{1}{\omega_1^2 L_1} = \frac{1}{\left(2\pi\times 5.075\times 10^6\right)^2 \times 2\times 10^{-5}} = 49.17\ \text{pF}$$

$$R_1 = \frac{\omega_1^2 L_1}{BW} = \frac{f_1^2 L_1}{B_{FM}} = \frac{\left(5.075\times 10^6\right)^2 \times 2\times 10^{-5}}{10^5} = 5.15\ \text{k}\Omega$$

하부 경사 회로에 대한 공진주파수는

$$f_2 = f_c - \frac{1}{2}(1.5B_{FM}) = \left[5\times 10^6 - \frac{1}{2}\left(1.5\times 10^5\right)\right]\ \text{Hz} = 4.925\ \text{MHz}$$

$$C_2 = \frac{1}{\omega_2^2 L_2} = \frac{1}{\left(2\pi\times 4.925\times 10^6\right)^2 \times 2\times 10^{-5}} = 52.22\ \text{pF}$$

$$R_2 = \frac{\omega_2^2 L_2}{BW} = \frac{f_2^2 L_2}{B_{FM}} = \frac{\left(4.925\times 10^6\right)^2 \times 2\times 10^{-5}}{10^5} = 4.851\ \text{k}\Omega$$

PM 신호의 복조와 dc를 제거한 후의 복조기 출력은 $k_p m'(t)$에 대해 비례하게 되므로 메시지신호 $m(t)$를 얻기 위해서는 이를 통합하여야 한다.

실전문제 4.17

예제 4.16에서의 평형 판별기는 PM 신호 $\phi_{PM}(t) = 8\cos[2\pi\times 10^7 t + 5\cos(3\pi\times 10^4)t]$를 복조하는 데 사용된다. 커패시턴스 C_1과 C_2, 그리고 저항 R_1과 R_2 값을 선택함으로써 예제 4.16에서의 평형 판별기(그림 4.19)에서의 경사 검파기의 설계를 완성하라.

정답: $C_1 = 12.33$ pF, $R_1 = 11.41$ kΩ
$C_2 = 13.013$ pF, $R_2 = 10.81$ kΩ

4.6 피드백 복조기

피드백 복조기(feedback demodulator)는 위상고정루프(phase-lock loop, PLL)를 기반으로 한다. PLL는 입력되는 변조신호의 위상을 지속적으로 추정하기 위해 음의 피드백 원리를 사용한다. 각도변조 신호의 정보는 위상에 포함되어 있으므로, PM의 경우에는 추정된 위상에 복조된 신호가 포함되고 FM의 경우에는 순간 주파수 또는 추정된 위상의 미분에 복조된 신호가 포함된다. 앞 절에서 논의된 포락선 검파에 이은 FM/PM-to-AM 변환을 기반으로 하는 복조 기술은 저잡음 환경에서만 우수한 성능을 발휘한다. 피드백 복조기는 잡음 환경에서 향상된 성능을 제공할 뿐만 아니라 커다란 인덕터를 포함하지 않아서 집적회로로도 쉽게 구현할 수 있어 최신 통신시스템에 널리 사용된다.

4.6.1 위상고정루프

PLL의 작동원리는 그림 4.20(a)의 피드백 시스템에 설명되어 있다. 중요 부분은 전압제어발진기(VCO), 입력되는 각도변조 신호의 위상과 VCO 출력의 위상차의 값을 출력하는 위상 검출기 및 루프 필터이다. 입력신호 $\phi(t)$와 VCO 출력신호 $v(t)$는 다음과 같이 각각 주어진다.

$$\phi(t) = A_c \sin[\omega_c t + \psi_i(t)] \tag{4.56}$$

$$v(t) = A_v \cos[\omega_c t + \psi_v(t)] \tag{4.57}$$

위의 두 식에서 두 신호가 동일한 주파수를 갖지만 일반적으로 주파수와 위상이 다를 수도 있다. VCO 신호는 주파수와 위상 모두에서 들어오는 신호를 추적하지만, 주어진 순간에 추정값이 정확하지 않을 수 있다. 주파수 차이는 총 위상차를 나타내기 때문에 사용 목적을 위해서는 총 위상차만으로도 충분하다. 이를 보기 위해 VCO의 출력과는 주파수 및 위상이 다른 입력신호가 $\phi(t) = A_c \sin[(\omega_c + \Delta\omega)t + \psi_{i0}(t)] = A_c \sin[\omega_c t + \Delta\omega t + \psi_{i0}(t)]$로 주어진다고 가정하자. 만약 $\psi_i(t) = \Delta\omega t + \psi_{i0}(t)$이라면, 입력신호는 식 (4.56)에서와 같이 $\phi(t) = A_c \sin[\omega_c t + \psi_i(t)]$가 된다. 체배기 출력은 다음 식과 같다.

$$\begin{aligned} x(t) &= A_c A_v \sin[\omega_c t + \psi_i(t)] \cos[\omega_c t + \psi_v(t)] \\ &= \frac{1}{2} A_c A_v \sin[2\omega_c t + (\psi_i(t) + \psi_v(t))] + \frac{1}{2} A_c A_v \sin[\psi_i(t) - \psi_v(t)] \end{aligned} \tag{4.58}$$

루프 필터는 이득 상수 k와 식 (4.58)에서 첫 번째 항을 저지하는 저역통과 필터로 구성되었다. 실제로 루프 필터의 출력 $y(t)$은 식 (4.58)에서의 위상 오차와 루프 필터 임펄스응답 $h(t)$의 컨볼루션이고 다음 식과 같다.

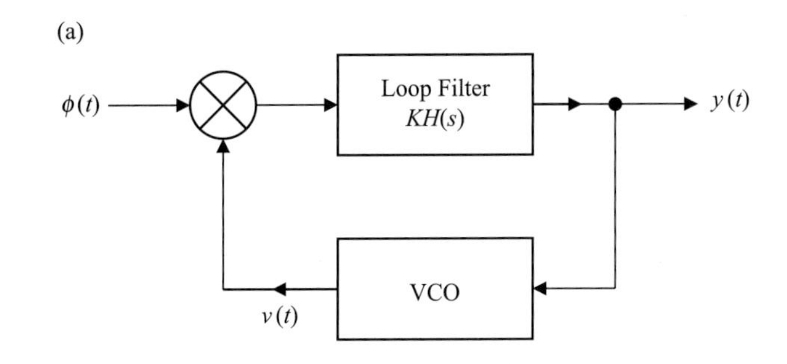

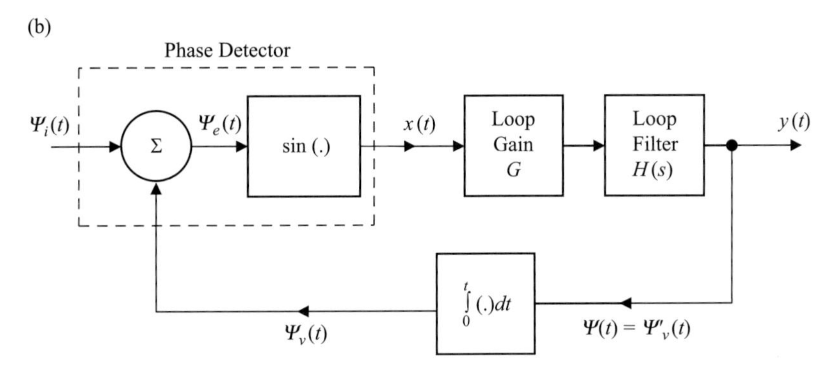

그림 4.20 PLL와 그의 비선형 모델. (a) PLL, (b) PLL에 대한 비선형 모델.

$$
\begin{aligned}
y(t) &= h(t) * \frac{1}{2}kA_cA_v \sin[\psi_i(t) - \psi_v(t)] \\
&= \frac{1}{2}kA_cA_v \int_0^t \sin[\psi_i(\lambda) - \psi_v(\lambda)]h(t-\lambda)d\lambda
\end{aligned}
\tag{4.59}
$$

PLL의 입력신호와 VCO 출력 간의 위상 오차는 다음과 같이 주어진다.

$$\psi_e(t) = \psi_i(t) - \psi_v(t) \tag{4.60}$$

따라서 PLL의 출력은 다음과 같이 쓸 수 있다.

$$y(t) = \frac{1}{2}kA_cA_v \int_0^t \sin[\psi_e(\lambda)]h(t-\lambda)d\lambda \tag{4.61}$$

위의 방정식을 기반으로 PLL는 그림 4.20(b)와 같이 모델링할 수 있다. 이 모델에서 PLL 입력 신호는 입력 FM 신호의 위상각인 $\psi_i(t)$이다. 무변조 반송파 주파수 ω_c를 알면, 위상각은 FM 신호를 식 (4.56)에서와 같이 효과적으로 나타낸다. 마찬가지로, 이 모델에서 VCO의 출력은 위상각 $\psi_v(t)$이며, 이는 식 (4.57)에서와 같이 효과적으로 그 파형을 나타낸다. 위상 검파기는 체배기와 저역필터로 효과적으로 구성된다. 위상 검파기의 입력이 $\psi_i(t)$와 $\psi(t)$일 때, 검파기의 출력은 sin $[\psi_i(t) - \psi(t)]$이다. 사인함수의 비선형성으로 인해 위상 검파기는 비선형 모델(nonlinear model)이 된다. 식 (4.59)의 이득 상수 k는 다음과 같이 주어지는 것에 유의하라.

$$k = k_a k_e \tag{4.62}$$

여기서 k_e는 위상 검파기의 이득 상수, k_a는 전체 루프이득을 원하는 레벨로 설정하기 위해 변경하는 조정 가능한 이득이다. 진폭이 A_c인 입력신호의 경우 전체 루프이득은 다음과 같다.

$$G = \frac{1}{2} k A_v \tag{4.63}$$

VCO에 대한 입력신호인 PLL 출력신호 $y(t)$는 위상 오차 $\psi_e(t)$에 의해 결정된다. VCO 출력의 위상각은 PLL 출력신호 $y(t)$의 적분이다. 따라서

$$y(t) = \frac{d\psi_v(t)}{dt} \tag{4.64}$$

VCO의 위상각과 순간 주파수는 각각 다음과 같이 주어진다.

$$\psi_v(t) = \int_0^t y(\lambda) d\lambda \tag{4.65}$$

$$\omega_v(t) = \omega_c + \frac{d\psi_v(t)}{dt} = \omega_c + y(t) \tag{4.66}$$

VCO 출력은 무변조 반송파 주파수 ω_c로 설정된다. 수신 신호가 주파수 ω_c의 무변조 반송파이고 VCO가 수신 반송파를 완벽하게 추적한다면, $\psi_e(t) = 0$, $y(t) = 0$이고 VCO가 설정값을 유지하게 되어 VCO 출력과 수신 신호의 위상각은 코사인파에 대한 사인파의 상대적인 위상차인 90°를 제외하고는 같아진다. PLL 입력이 FM 신호이고 VCO 출력이 이를 잘 추적하면, $\psi_e(t) \simeq 0$이 되어서 $\psi(t) \simeq \psi_i(t)$가 되는데 이를 루프가 위상잠금되었다고 한다. 따라서 각각의 주파수 편이를 나타내는 위상각의 미분값들은 거의 동일하다. 이는 다음과 같이 표현된다.

$$\frac{d\psi_v(t)}{dt} = y(t) \simeq k_f m(t) = \frac{d\psi_i(t)}{dt} \tag{4.67}$$

이므로

$$y(t) \simeq k_f m(t) \tag{4.68}$$

따라서 PLL의 출력은 복조된 메시지신호이다. PLL에 대한 입력이 PM 신호이고 루프가 위상고정되어 $\psi(t) \simeq \psi_i(t) = k_p m(t)$가 되면, PLL 출력은 $\frac{d\psi_v(t)}{dt} = y(t) \simeq k_p m'(t)$이다. 따라서 PM의

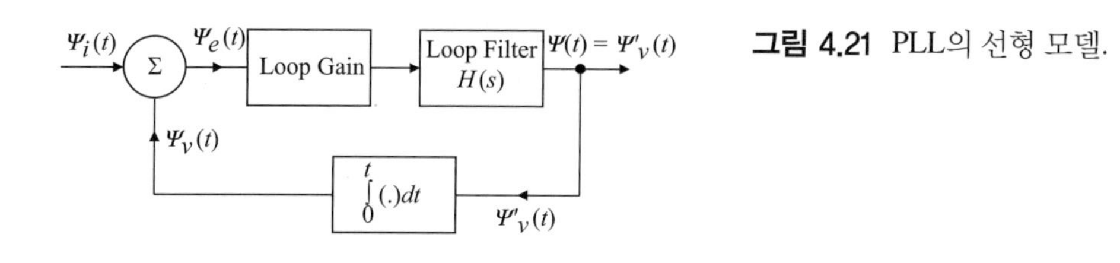

그림 4.21 PLL의 선형 모델.

경우에는 PLL 출력신호 $y(t)$를 적분함으로써 메시지신호가 복구된다.

PLL이 입력신호를 잘 추적하면 위상 오차 $\psi_e(t)$는 매우 적고, $\sin[\psi_e(t)] \simeq \psi_e(t)$가 된다. 따라서 위상 검파기는 이제 선형 장치이며 PLL은 선형 시불변 시스템이다. 그림 4.21은 PLL에 대한 선형 모델을 나타낸 것이다. 다음의 설명에서는 2차 PLL은 선형으로 해석하는 반면, 더 간단한 1차 PLL은 선형 및 비선형 모델로 각각 해석한다.

1차 위상고정루프

PLL의 순서는 루프 필터의 사양에 따라 결정된다. 1차 PLL의 경우 루프 필터의 임펄스응답은 $h(t) = \delta(t)$이고, 라플라스변환 영역에서는 루프 필터는 $H(s) = 1$로 주어진다. 1차 PLL은 먼저 비선형 PLL 모델로 해석되지만 나중에는 선형 모델로 해석된다.

루프 필터의 임펄스응답이 $h(t) = \delta(t)$인 그림 4.20(b)의 비선형 모델을 고려하면 식 (4.59)에서 식 (4.63)까지의 PLL의 출력은 다음과 같이 쓸 수 있다.

$$y(t) = \frac{d\psi_v(t)}{dt} = G\sin[\psi_i(t) - \psi_v(t)] * \delta(t) = G\sin[\psi_i(t) - \psi_v(t)] \tag{4.69}$$

따라서

$$\frac{d\psi_v(t)}{dt} = G\sin[\psi_i(t) - \psi_v(t)] = G\sin\psi_e(t) \tag{4.70}$$

만약 PLL의 입력신호가 ω_c에 대해 $\Delta\omega$의 주파수 오차를 가진다면, 입력신호는 다음과 같다.

$$\phi(t) = A_c\sin[(\omega_c + \Delta\omega)t + \psi_{i0}] = A_c\sin[\omega_c t + (\Delta\omega t + \psi_{i0})] \tag{4.71}$$

이 입력신호의 위상각과 위상 오차는 각각 다음과 같이 주어진다.

$$\psi_i(t) = \Delta\omega t + \psi_{i0} \tag{4.72}$$

$$\frac{d\psi_e(t)}{dt} = \frac{d\psi_i(t)}{dt} - \frac{d\psi_v(t)}{dt} = \Delta\omega - \frac{d\psi_v(t)}{dt} \tag{4.73}$$

$\dfrac{d\psi_v(t)}{dt}$를 식 (4.70)의 우변 값으로 대치하면

$$\boxed{\frac{d\psi_e(t)}{dt} = \Delta\omega - G\sin\psi_e(t)} \tag{4.74}$$

위의 방정식에서 $\psi_e(t)$에 대한 $\frac{d\psi_e(t)}{dt}$의 도면을 그림 4.22에 나타냈다. 함수 대 그의 미분에 대한 도면을 위상변화도(phase-plane plot)라고 한다. 이는 PLL이 위상을 어떻게 고정시키는가를 이해하는 데 매우 유용하다. PLL은 위상평면에서 동작곡선상의 지점에서만 동작이 가능하다. 시간 증분 dt는 항상 양수이므로 $\frac{d\psi_e(t)}{dt}$가 양수일 때마다 $d\psi_e(t)$는 양수이다. 따라서 위상변화도의 양의 반쪽 평면에서 동작점의 변화로 $\psi_e(t)$가 증가하거나 동작점이 오른쪽으로 이동한다. 반대로 하반부 평면에서 $\frac{d\psi_e(t)}{dt}$와 $d\psi_e(t)$는 음수이다. 따라서 동작점의 변화는 $\psi_e(t)$의 감소 또는 동작점을 왼쪽으로 이동시킨다. 주파수 오차 $\frac{d\psi_e(t)}{dt}$가 0일 때, 위상 오차 $\psi_e(t)$가 변화를 멈춘다. 따라서 a, b, c, d와 같이 $\frac{d\psi_e(t)}{dt}=0$인 축을 가로지르는 동작곡선은 시스템의 평형점이다.

이러한 평형점 중 하나에서 동작하는 시스템을 고려하면 작은 움직임으로 인해 동작점이 평형점에서 약간 위치가 변한다. 동작점이 처음에 양의 반쪽 평면으로 이동한 경우에는 앞에서 설명한 대로 오른쪽으로 이동한다. 초기에 하반부 평면으로 이동한 경우에는 왼쪽으로 이동한다. 점 a와 c의 경우, 작은 움직임에 따른 변동은 화살표 방향으로 표시된 대로 초기 평형점으로 동작을 복원하는 경향이 있으며, 점 b와 d의 경우, 작은 움직임으로 인한 변동은 화살표 방향으로 표시된 대로 동작점을 초기 평형점에서 더 멀리 이동시킨다. 따라서 a 및 c는 안정 평형점이고, b 및 d는 불안정 평형점이다.

그림 4.22와 같이 특정 시점에 x지점에서 시스템이 동작한다고 가정하면, 이 동작점에서 주파수 오차는 $\Delta\omega$이고 위상 오차는 ψ_{eo}이다. 이는 평형점이 아니며, 양의 반평면에 있다. 따라서, 동작점은 안정적인 평형점인 c지점에 도달할 때까지 오른쪽으로 움직인다. c지점에서 주파수 오차는 0으로 감소되었으나 위상 오차는 0이 아닌 평형값 ψ_{eq}를 갖는다. 이때 PLL은 위상잠금을 달성했다고 한다. 따라서 위상잠금에서 1차 PLL은 실제로 주파수잠금만 달성하고 일정한

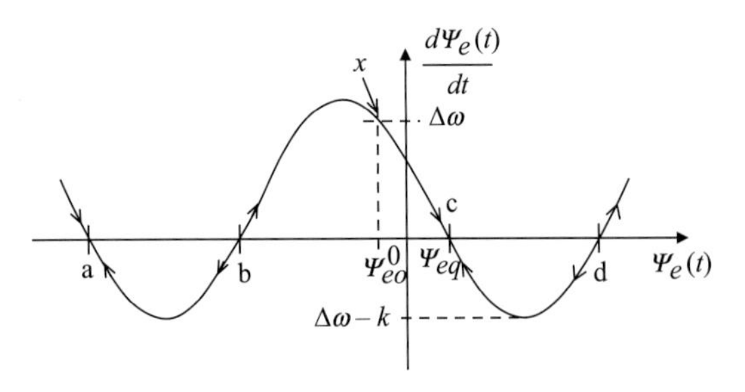

그림 4.22 1차 PLL의 위상변화도.

위상 오차는 유지한다. 평형 동작점은 동작곡선이 $\frac{d\psi_e(t)}{dt}=0$ 축을 교차하는 경우에만 존재한다. 식 (4.74)에서 $\frac{d\psi_e(t)}{dt}=0$으로 설정하면 $\Delta\omega = G \sin \psi_e(t)$가 된다. 따라서 루프가 고정되려면 주파수 오차 $\Delta\omega$가 전체 루프이득 G보다는 작아야 한다.

예제 4.18

1차 위상고정루프는 입력신호에서 $\Delta f=10$ Hz의 주파수 변화가 발생할 때 동작한다.

(a) 평형 위상 오차가 10°가 되도록 루프이득 G를 결정하라.

(b) 결정된 루프이득에 대해, 30 Hz의 스텝 주파수 변화에 해당하는 등가 위상 오차를 구하라.

(c) 해당 루프이득이 위상잠금을 달성할 수 있는 최대 주파수 오차를 구하라.

풀이

(a) $\psi_e(t)$가 위상 오차이고 $\frac{d\psi_e(t)}{dt}$가 주파수 오차이면, $\frac{d\psi_e(t)}{dt}=\Delta\omega - G\sin\psi_e(t)$이다.

위상잠금(또는 평형)에서 $\frac{d\psi_e(t)}{dt}=\Delta\omega - G\sin\psi_e(t)=0$이다.

따라서 위상잠금에서 $G=\frac{\Delta\omega}{\sin\psi_e(t)}$

$$\therefore\ G=\frac{2\pi\Delta f}{\sin\psi_e(t)}=\frac{2\pi\times 10}{\sin 10^o}=361.83$$

(b) 평형에서, $\frac{d\psi_e(t)}{dt}=\Delta\omega - G\sin\psi_e(t)=0$이므로 $\psi_{eq}=\sin^{-1}\left[\frac{\Delta\omega}{G}\right]=\sin^{-1}\left[\frac{2\pi\Delta f}{G}\right]$이고

$$\Delta \mathrm{f}=30\ \mathrm{Hz} \Rightarrow \psi_{eq}=\sin^{-1}\left[\frac{2\pi\Delta f}{G}\right]=\sin^{-1}\left[\frac{2\pi\times 30}{361.83}\right]=31.4^\circ$$

(c) 평형일 때, $\Delta\omega - G\sin\psi_e(t)=0$이므로 $\Delta\omega_{\max}=G$이다. 따라서 최대 주파수 스텝은

$$\Delta f_{\max}=\frac{\Delta\omega_{\max}}{2\pi}=\frac{G}{2\pi}=\frac{361.83}{2\pi}=57.59\ \mathrm{Hz}$$

실전문제 4.18

1차 위상고정루프는 루프이득이 $G=80\pi$이다.

(a) 스텝 주파수가 15 Hz와 30 Hz로 변할 때의 등가 위상 오차를 구하라.

(b) 루프이득이 2배일 때 (a)를 반복하라.

정답: (a) $\psi_{eq} = 22.02^\circ$; $\psi_{eq} = 48.59^\circ$
(b) $\psi_{eq} = 10.81^\circ$; $\psi_{eq} = 22.02^\circ$

2차 위상고정루프

2차 위상고정루프의 경우, 루프 필터는 시간영역에서 다음과 같이 주어진다.

$$\boxed{h(t) = \delta(t) + au(t)} \tag{4.75}$$

그리고 이의 라플라스변환(Laplace transform)은

$$\boxed{H(s) = \frac{s+a}{s}} \tag{4.76}$$

그림 4.21의 선형 PLL 모델의 경우, 입력 Ψ_i에 대한 출력 Ψ의 전달함수는 다음 식과 같다.

$$\boxed{\frac{\Psi_v}{\Psi_i} = \frac{GH(s)}{s + GH(s)}} \tag{4.77}$$

오차 신호는

$$\Psi_e(s) = \Psi_i(s) - \Psi_v(s) = \left[1 - \frac{\Psi_v(s)}{\Psi_i(s)}\right]\Psi_i(s) = \frac{s}{s + GH(s)}\Psi_i(s) \tag{4.78}$$

마지막 방정식에 식 (4.76)의 $H(s)$를 대입하면 다음과 같이 주어진다.

$$\boxed{\frac{\Psi_e(s)}{\Psi_i(s)} = \frac{s^2}{s^2 + Gs + Ga}} \tag{4.79}$$

위의 식은 다음과 같이 다시 쓸 수 있다.

$$\boxed{\frac{\Psi_e(s)}{\Psi_i(s)} = \frac{s^2}{s^2 + 2\xi\omega_o s + \omega_o^2}} \tag{4.80}$$

여기서, ω_o는 무감쇠 고유 주파수(undamped natural frequency)이고, ξ는 시스템에 대한 감쇠지수(damping factor)로서 다음과 같이 각각 주어진다.

$$\omega_o = \sqrt{Ga} \tag{4.81}$$

그리고

$$\xi = \frac{1}{2}\sqrt{\frac{G}{a}} \tag{4.82}$$

PLL에 대한 입력신호가 식 (4.71)에 주어진 것이면, 식 (4.72)에서와 같이 위상각은 $\psi_i(t) = \Delta\omega t + \psi_{i0}$이다. 따라서 이 위상각의 라플라스변환은

$$\Psi_i(s) = \frac{\Delta\omega}{s^2} + \frac{\psi_{io}}{s} \tag{4.83}$$

$\psi_i(s)$를 식 (4.79)에 대입하면,

$$\Psi_e(s) = \frac{s^2}{s^2 + Gs + Ga}\left[\frac{\Delta\omega}{s^2} + \frac{\psi_{io}}{s}\right] \tag{4.84}$$

여기서 흥미로운 질문은 2차 PLL이 PLL 입력신호의 초기 주파수 및/또는 위상 오차를 제거할 수 있느냐는 것이다. 이 질문에 대한 답은 다음과 같이 충분한 시간이 주어진다면 최종값 정리를 사용하여 위상 오차를 구할 수 있다.

$$\psi_e(\infty) = \lim_{s\to 0}[s\Psi_e(s)] = 0 \tag{4.85}$$

식 (4.72)에서 PLL 입력신호의 위상각은 초기 주파수와 위상 오차를 모두 포함한다는 것을 상기하자. 마지막 결과는 위상고정 시 2차 PLL이 주파수 오차와 위상 오차를 모두 제거한다는 것을 보여 준다. 이는 주파수 오차만 제거할 수 있는 1차 PLL에 비해 중요한 장점이다.

예제 4.19

2차 위상고정루프는 200 rad/s의 고유 주파수 및 $\frac{1}{\sqrt{2}}$의 감쇠계수를 가진다. 루프이득 G, 루프 필터 전달함수 $H(s)$, 그리고 임펄스응답 $h(t)$를 구하라.

풀이

입력신호 위상각에 대한 위상 오차의 전달함수는

$$\frac{\Psi_e(s)}{\Psi_i(s)} = \frac{s^2}{s^2 + Gs + Ga} = \frac{s^2}{s^2 + 2\xi\omega_o s + \omega_o^2}$$

$$\omega_o = \sqrt{Ga} \Rightarrow \omega_o^2 = (200)^2 = Ga;\ \ a = \frac{40{,}000}{G}$$

$$\xi = \frac{1}{2}\sqrt{\frac{G}{a}} \Rightarrow \xi^2 = \frac{1}{2} = \frac{G}{4a}$$

a의 값을 대입하면,

$$G = 2a = 2 \times \frac{40,000}{G} \Rightarrow G^2 = 80,000$$

$$\therefore \; G = \sqrt{80,000} = 282.843$$

$$a = \frac{40,000}{G} = 100\sqrt{2}$$

2차 PLL 루프필터는 $H(s) = \frac{s+a}{s}$으로 표현된다.

따라서 $H(s) = \frac{s + 100\sqrt{2}}{s}$

또한 $H(s) = \frac{s+a}{s} = 1 + \frac{a}{s}$이므로

라플라스 역변환을 취하면 $h(t) = \delta(t) + 100\sqrt{2}\,u(t)$가 된다.

실전문제 4.19

2차 PLL의 루프이득은 200이고 루프필터 임펄스응답이 $h(t) = \delta(t) + 100u(t) = \delta(t) + au(t)$이다.

(a) PLL에 대한 고유 주파수와 감쇠지수를 결정하라.

(b) 루프이득이 2배일 때 (a)의 과정을 반복하라.

(c) 만약 임펄스응답의 상수 a는 2배이지만 루프이득은 200 그대로일 때 (a)의 과정을 반복하라.

정답: (a) $\omega_o = 100\sqrt{2}$ rad / s; $\xi = \frac{\sqrt{2}}{2}$

(b) $\omega_o = 200$ rad / s; $\xi = 1$

(c) $\omega_o = 200$ rad / s; $\xi = \frac{1}{2}$

참조: G 또는 a가 2배가 되면 ω_o는 $\sqrt{2}$ 배만큼 증가한다. 그러나 G를 2배하면 ξ는 $\sqrt{2}$ 만큼 증가하지만, a가 2배가 되면 ξ는 $\sqrt{2}$ 만큼 감소한다.

4.6.2 주파수-억압 피드백 복조기(Frequency-Compressive Feedback Demodulator)

주파수-억압 피드백 방식은 그림 4.23의 다이어그램에 나타나 있다. 이는 본질적으로 루프필

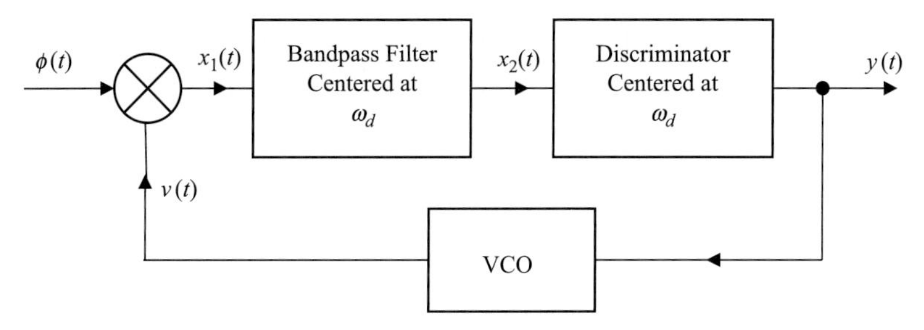

그림 4.23 주파수-억압 피드백 복조기.

터가 앞서 논의된 유형의 대역통과 필터와 이에 종속연결된 주파수 판별기로 대체된 PLL이다. 블록 다이어그램에 표시된 신호를 고려하면 PLL에서와 같이 수신되는 FM 신호는 다음과 같이 주어진다.

$$\phi(t) = A_c \sin[\omega_c t + \psi_i(t)] \tag{4.86}$$

판별기 응답의 중심주파수는 ω_d이고 VCO의 중심주파수 $\omega_c - \omega_d$는 무변조 반송파 주파수 ω_c로부터 ω_d만큼 오프셋된다. 따라서 VCO 출력신호와 체배기 출력은 각각 다음과 같이 주어진다.

$$v(t) = A_v \cos[(\omega_c - \omega_d)t + \psi_v(t)] \tag{4.87}$$

$$x_1(t) = \frac{1}{2}A_c A_v\{\sin[(2\omega_c - \omega_d)t + (\psi_i(t) + \psi_v(t))] + \sin[\omega_d t + \psi_i(t) - \psi_v(t)]\} \tag{4.88}$$

ω_d가 중심인 대역통과 필터는 마지막 방정식에서 $2\omega_c - \omega_d$의 상대적으로 높은 주파수 항을 억압한다. 이는 신호 체배기와 함께 출력 $x_2(t)$가 다음과 같이 주어지는 위상 검파기로 구성된다.

$$x_2(t) = \frac{1}{2}A_c A_v \sin[\omega_d t + \psi_i(t) - \psi_v(t)] \tag{4.89}$$

VCO의 출력신호 $\psi(t)$의 위상각은 복조기 출력신호 $y(t)$의 적분이자 VCO 입력신호이다. VCO 이득 상수는 k 라면, $x_2(t)$의 위상각인 $\psi(t)$와 $\psi_e(t)$는 각각 다음과 같이 주어진다.

$$\psi_v(t) = k_v \int_0^t y(\lambda)d\lambda \tag{4.90}$$

$$\psi_e(t) = \psi_i(t) - \psi_v(t) = \psi_i(t) - k_v \int_0^t y(\lambda)d\lambda \tag{4.91}$$

판별기 출력은 입력신호의 위상각의 미분에 비례한다. 판별기의 이득 상수를 k_d라 하면, 출력신호는 다음과 같이 주어진다.

$$y(t) = k_d \frac{d\psi_e(t)}{dt} = k_d \frac{d}{dt}\left[\psi_i(t) - k_v \int_0^t y(\lambda)d\lambda\right] = k_d \frac{d\psi_i(t)}{dt} - k_d k_v y(t)$$

마지막 방정식을 다시 정렬하고, $\psi_i(t)$의 미분이 입력 FM 신호의 주파수 편이임을 상기하면, 출력은 다음과 같이 복조된 신호로 유도된다.

$$\boxed{y(t) = \frac{k_d}{1 + k_d k_v}\frac{d\psi_i(t)}{dt} = \frac{k_d}{1 + k_d k_v}\left[k_f m(t)\right]} \tag{4.92}$$

이득이 k_d인 판별기에서 미분을 하기 전에 판별기의 입력으로 들어오는 신호는 $\frac{1}{1 + k_d k_v}$ $\psi_i(t) = \frac{1}{1 + k_d k_v} k_f \int_0^t m(\lambda)d\lambda$이다. 이를 수신 FM 신호 $\psi_i(t) = k_f \int_0^t m(\lambda)d\lambda$의 위상각과 비교해 보면, 판별기 입력에서의 FM 신호의 주파수 편이가 원래의 FM 신호의 것보다 $\frac{1}{1 + k_d k_v}$배 감소되었다는 것이 분명하다. 이것이 주파수 억압이다. 충분히 큰 이득의 곱인 $k_d k$를 이용함으로써, 주파수 억압은 판별기 입력에서 광대역 FM을 협대역 FM으로 감소시킬 정도로 높일 수 있다. 이 방식의 중요한 장점은 복조기의 잡음 대역폭의 감소 및 잡음 성능의 개선이다. 또 다른 확실한 장점은 좁은 주파수영역에서의 개선된 선형 응답을 가지는 판별기를 쉽게 얻을 수 있다는 것이다.

예제 4.20

FM 신호는 주파수-억압 피드백 시스템에 의해 복조된다. 변조신호가 $4\cos(10^4\pi t)$이고, $k_f = 8\pi \times 10^4$이다. 판별기 입력에서의 주파수 편이는 10 kHz이다. VCO 이득 상수가 판별기 이득 상수의 두 배가 된다면 두 이득상수 값을 구하라.

풀이

입력 FM 신호에 대해 $\Delta f = \frac{1}{2\pi} k_f A_m = \frac{1}{2\pi}(8\pi \times 10^4) \times 4 = 160 \text{ kHz}$

$$\text{주파수 억압률} = \frac{10 \text{ kHz}}{\Delta f} = \frac{10 \text{ kHz}}{160 \text{ kHz}} = \frac{1}{16} = \frac{1}{1 + k_v k_d}$$

$$k_v = 2k_d \Rightarrow \frac{1}{16} = \frac{1}{1 + 2k_d^2}$$

$$2k_d^2 = 15 \Rightarrow k_d = 2.739$$

$$k_v = 2k_d = 5.477$$

실전문제 4.20

FM 신호는 주파수-억압 피드백 시스템으로 복조된다. FM 신호에 대한 변조신호는 6cos $(10^4\pi t)$이고 $k_f = 10^5\pi$이다. 판별기 입력의 주파수 편이는 15 kHz이다. VCO 이득 상수는 판별기 이득 상수와 같다. 두 이득상수 값을 구하라.

정답: $k_d = k \ = 4.359$

위상고정루프의 다른 응용

입력 반송파/신호의 위상 및 주파수와 일치하는 국부 반송파/신호를 발생하는 위상동기 루프의 기능은 많은 영역에서 중요한 응용분야를 찾을 수 있다. 동기 검파에 사용하기 위해 수신기에서 동기반송파를 획득하기 위한 코스타스 루프(Costas loop)에서의 적용은 3.7절에서 논의하였고, PLL의 다른 두 가지 응용은 아래에서 설명한다.

주파수 체배의 위상고정루프 구현

이 방식에서는 입력신호의 고조파가 발생된다. VCO 출력 주파수는 이러한 고조파 중 하나의 주파수로 설정된다. PLL은 선택된 고조파에 고정되므로, 만약 n번째 고조파가 선택되고 입력신호가 $A_i \cos[\omega_c t + \psi(t)]$이면 PLL 출력신호는 $A_o \cos[n\omega_c t + n\psi(t)]$가 된다.

이 방식은 그림 4.24에 설명되어 있다. 입력신호가 정현파 또는 각도 변조된 신호(대략 정현파)라고 가정하면 리미터는 그림 4.24(b)와 같이 양극성 구형파를 발생한다. 이 파형에는 오직 입력신호 주파수의 홀수 고조파만 포함된다. 구형파가 위상 검파기의 입력으로 사용된다면 만들어지는 주파수는 오직 입력신호 주파수의 홀수 배만이 된다. 짝수 또는 홀수 배의 주파수를 얻으려면 리미터 출력이 펄스 성형 회로를 통과해야만 한다. 이 회로는 그림 4.24(c)에 표시된 좁은 단극 펄스의 파형을 발생한다. 이 파형은 짝수 및 홀수 고조파를 모두 포함하는 그림 4.24(d)의 푸리에급수 스펙트럼을 가지므로 체배기 출력 주파수는 입력신호 주파수의 짝수 또는 홀수 배가 된다. 원하는 출력 주파수가 입력신호 주파수의 홀수 배라면, 펄스 성형 회로는 생략될 수 있다.

주파수 분배 또는 체배의 위상고정루프 구현

이 방식은 주파수 분배 또는 주파수 체배를 수행하는 데 사용될 수 있으며 이에 대해 그림 4.25에 나타내었다. 입력신호 $x(t)$의 주파수가 f_c이고, 시스템에서 원하는 최소 출력 주파수가 $\frac{1}{N}f_c$이라고 가정하면, VCO의 고정 주파수는 $f_v = \frac{1}{N}f_c$로 설정된다. VCO 출력 $p(t)$는 그림 4.24(c)

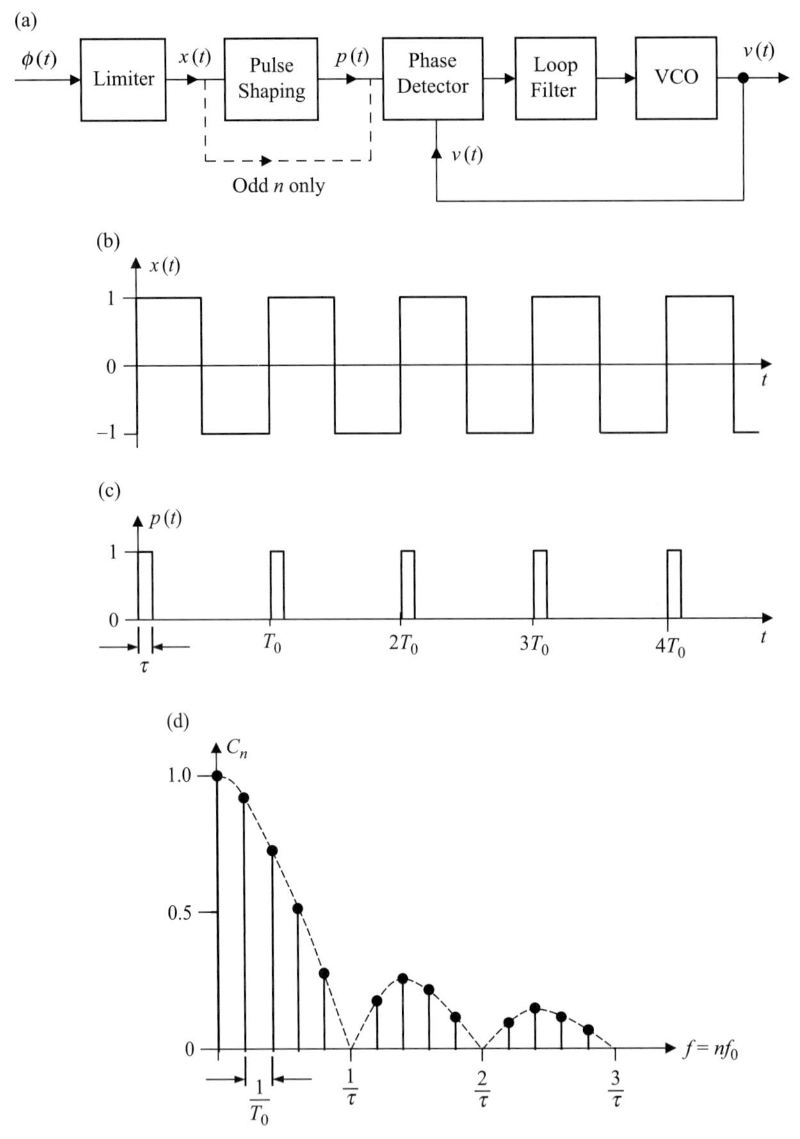

그림 4.24 위상고정루프를 기반으로 한 주파수 체배기. (a) 블록 다이어그램, (b) 리미터의 출력신호, (c) 펄스 성형 회로의 좁은 펄스폭을 가지는 펄스열 출력 $p(t)$, (d) $p(t)$의 푸리에계수.

에 표현된 것과 같은 좁은 펄스폭을 가지는 펄스의 열이다. 이 펄스열은 주파수 nf_v, $n = 1, 2, 3, \cdots$의 고조파로 이루어진 그림 4.24(d)와 같은 스펙트럼을 갖는다. PLL은 $Nf_v = f_c$의 주파수에서의 고조파 성분을 입력신호에 대해 위상을 맞춘다. 협대역 통과 필터는 f_0를 중심으로 한다. 따라서 출력신호는 $f_0 = nf_v = \dfrac{n}{N} f_c$의 주파수를 갖는다.

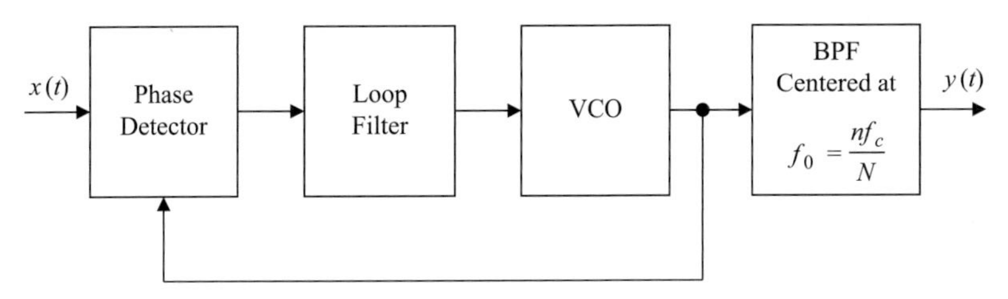

그림 4.25 위상고정루프에 기반한 주파수 분배기/체배기.

시스템의 출력 주파수는 $f_0 = nf_v = \frac{n}{N}f_c$을 중심으로 하는 협대역 필터를 통과한 고조파 주파수이다. 만약 $\frac{n}{N}$이 분수인 경우 시스템은 주파수 분배기가 되지만, 정수인 경우 주파수 체배기로 동작한다. $N = 8$이고, 출력 주파수가 $f_0 = \frac{1}{4}f_c$인 주파수 분배가 요구된다면, $f_0 = \frac{n}{N}f_c = \frac{2}{8}f_c = \frac{1}{4}f_c$이 되도록 n은 2가 되어야 한다. 그러나 만약 출력 주파수 $f_0 = 4f_c$인 주파수 체배를 원한다면 $f_0 = \frac{n}{N}f_c = \frac{32}{8}f_c = 4f_c$가 되기 위해서는 n은 32가 되어야 한다. 각 경우에서 협대역 필터의 통과대역은 원하는 출력 주파수 f_0을 중심에 두어야 한다.

4.7 각도변조에서의 간섭

수신기가 반송주파수 ω_c의 채널에 맞춰져 있다고 한다면, ω_c에 충분히 근접한 어떤 신호도 이 채널에 대한 간섭신호가 된다. 원하는 채널은 변조된 신호 $\phi(t)$이고, 간섭신호는 변조되거나 또는 변조되지 않은 신호라면, 두 신호 모두 무변조 정현파 반송파로 간주함으로써 해석이 매우 단순화된다. 상용 FM은 주파수 편이가 반송파 주파수의 0.1% 미만이기 때문에 대략 정현파로 간주할 수 있다. 변조되지 않은 신호 $\phi(t)$와 간섭신호가 각각 $A_c \cos \omega_c t$와 $A_i \cos (\omega_c + \omega_i) t$로 주어질 때 ω_i는 간섭신호의 주파수와 ω_c 사이의 주파수 차이이다. 수신기 입력에서의 신호는 $x(t) = A_c \cos \omega_c t + A_i \cos (\omega_c + \omega_i)t = [A_c + A_i \cos \omega_i t] \cos \omega_c t - A_i \sin \omega_i t \sin \omega_c t$이다. 따라서

$$x(t) = A(t) \cos [\omega_c t + \psi(t)] \tag{4.93}$$

여기서 $A(t)$는 $x(t)$의 포락선이고, $\psi(t)$는 이의 위상각으로서 다음과 같이 주어진다.

$$\psi(t) = \tan^{-1} \left[\frac{A_i \sin \omega_i t}{A_c + A_i \cos \omega_i t} \right] \tag{4.94}$$

각도변조에서 정보는 위상에 있기 때문에 위상(포락선이 아닌)은 복조기 출력과 관련이 있다. 만약 간섭신호 진폭이 원하는 채널의 반송파 진폭보다 매우 작다면(즉 $A_i \ll A_c$), 앞의 위상각은 다음과 같이 근사된다.

$$\psi(t) \simeq \frac{A_i}{A_c} \sin \omega_i t \tag{4.95}$$

복조기에 적용되는 신호 $x(t) = A(t) \cos [\omega_c t + \psi(t)]$는 $\psi(t)$의 위상각과 $\omega_c t + \psi'(t)$ 의 순간 주파수를 가진다. 만약 변조된 신호 $\phi(t)$가 PM 신호라면, 복조된 출력은

$$\boxed{\text{PM의 경우 } y_d(t) = \psi(t) = \frac{A_i}{A_c} \sin \omega_i t} \tag{4.96}$$

만약 $\phi(t)$가 FM 신호라면, 복조된 출력은 $\psi'(t) = \frac{\omega_i A_i}{A_c} \cos \omega_i t$이다. 따라서

$$\boxed{\text{FM의 경우 } y_d(t) = \psi'(t) = \frac{\omega_i A_i}{A_c} \cos \omega_i t} \tag{4.97}$$

마지막 두 방정식은 PM과 FM 모두 복조기 출력에서 간섭 진폭이 반송파의 진폭에 대해 반비례한다는 것을 보여 준다. 따라서 강한 채널은 약한 간섭을 억제하므로 이를 포획효과(capture effect)라고 한다.

> 높은 전력으로 각도 변조된 채널의 오디오 범위 내에 있는 약한 간섭신호의 경우, 강한 채널은 약한 간섭을 효과적으로 포획한다. 이것을 **포획효과**(capture effect)라고 한다.

각도변조 및 진폭변조에서 간섭의 영향을 비교하기 위해, 원하는 채널이 AM 채널인 경우를 고려해 보자. AM의 경우, 포락선 $A(t)$는 식 (4.93)의 항과 관련된다. 이 포락선과 $A_i \ll A_c$에 대한 근사는 각각 다음과 같이 주어진다.

$$A(t) = \left[(A_c + A_i \cos \omega_i t)^2 + (A_i \sin \omega_i t)^2 \right]^{\frac{1}{2}} \tag{4.98}$$

그리고

$$A(t) \simeq A_c + A_i \cos \omega_i t; \quad \text{단, } A_i \ll A_c \tag{4.99}$$

따라서 간섭이 있는 정현파 형태의 AM 신호의 경우, 복조된 출력신호는 마지막 식으로 주어진 포락선이다. AM 복조기 출력에서의 간섭 진폭은 단순히 A_i이다. 이는 각도변조에서와 같이 A_c

에 반비례하지 않는다. 결과적으로 각도변조는 AM보다 잡음 억제 특성이 훨씬 우수하다. 강력한 AM 채널은 약한 간섭을 억제하거나 포획(capture)할 수 없으므로 AM에는 포획효과가 없다. 각도변조에서 간섭신호의 효과적인 억압효과를 보기 위해서는 간섭신호의 진폭을 원하는 채널 신호의 진폭보다 6 dB 낮추면 된다. 그러나 AM의 경우에는 간섭신호의 진폭이 원하는 채널의 진폭보다 35 dB 이상 낮아야 한다.

그림 4.26(a)는 복조기 출력에서의 간섭 진폭을 PM, FM, AM 주파수의 함수로 나타내었다. FM의 경우 간섭 진폭이 주파수에 따라 선형으로 증가하므로, 낮은 변조신호 주파수에서 간섭이 훨씬 약하다. AM 및 PM의 경우 간섭 진폭은 주파수에 따라 일정하지만, PM 복조기 출력보다 AM 복조기 출력에서 훨씬 더 강하다.

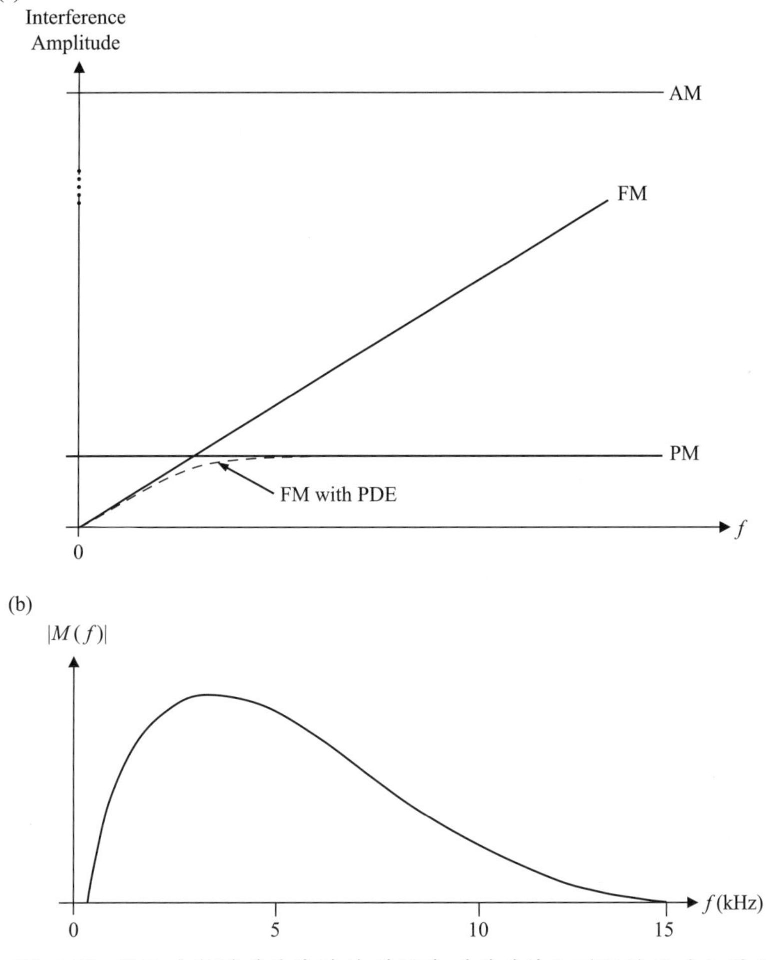

그림 4.26 복조기 출력에서의 간섭 진폭과 메시지신호 진폭의 주파수 함수. (a) 프리엠퍼시스와 디엠퍼시스를 적용한 AM, PM, FM에서의 간섭 진폭, (b) 전형적인 음악 신호에 대한 진폭 스펙트럼.

프리엠퍼시스와 디엠퍼시스

> **프리엠퍼시스**(preemphasis)는 전송 전에 송신기에서의 메시지신호 스펙트럼의 고주파 부분을 증폭시킨다. **디엠퍼시스**(deemphasis)는 수신기 출력에서의 신호와 잡음/간섭이 더해진 스펙트럼의 고주파 부분을 감쇠시킨다.

디엠퍼시스는 수신된 메시지신호에 대한 프리엠퍼시스의 왜곡효과를 복원시킨다. 잡음/간섭은 송신기에서 증폭되지 않고 수신기에서 감쇠되기 때문에 송신기에서의 프리엠퍼시스와 수신기에서의 디엠퍼시스에 의해 신호전력에 대한 잡음전력이 감소하여 수신기 출력에서 신호대 잡음전력비가 증가하는 효과가 있다.

잡음과 간섭은 공통점이 많다. 통신에 방해가 되며, 가장 일반적인 채널 잡음인 백색잡음(white noise)은 주파수영역에서 일정한 전력 스펙트럼을 가진다. 따라서 백색잡음은 모든 주파수의 일정한 진폭을 가지는 정현파(또는 정현파 간섭신호)로 구성되는 것으로 간주할 수 있다. 따라서 앞에서의 간섭에 대한 분석을 채널 잡음에 적용할 수 있다. 그림 4.26(a)는 PM, FM 및 AM에 대한 복조기 출력에서의 주파수의 함수로서 잡음 진폭을 나타낸 것이다.

그림 4.26(b)는 전형적인 메시지신호인 오디오 음악 신호의 진폭 스펙트럼의 예를 보여 준다. 이러한 오디오신호와 부가 잡음(additive noise)으로 구성된 FM 복조기의 출력을 고려하면, 잡음은 신호가 강한 저주파수에서는 약하지만 신호가 약한 고주파에서는 강하므로 잡음은 출력 오디오신호의 고주파 성분에 많은 영향을 준다. PM의 경우, 잡음 진폭이 모든 주파수에서 일정하기 때문에 고주파 출력신호는 FM보다 우수하지만 저주파수 성분은 FM 신호보다 잡음의 영향을 많이 받는다.

프리엠퍼시스 및 디엠퍼시스는 상용 FM에서 사용하고 있으며 다른 방식에 비해 더 나은 잡음 성능을 가지는 방식이다. 실제로, 이 방식은 변조신호의 강한 저주파수 성분을 FM으로 전송하지만, 신호의 약한 고주파 성분을 PM으로 전송한다. 이런 방식으로 상업용 FM은 변조신호의 주파수 범위 내에서 우수한 잡음 성능을 가지는 FM과 PM을 최대한 활용한다. 따라서 상용 FM은 순수한 FM도 아니고 순수한 PM도 아니고 이 두 방식의 조합이다.

프리엠퍼시스는 FM 송신기에서 변조 전에 구현되고, 디엠퍼시스는 수신기에서 복조 후에 구현된다. 프리엠퍼시스는 메시지신호를 프리엠퍼시스 필터 $H_p(j\omega)$에 통과시킴으로써 구현되며, 그의 주파수 크기 응답을 그림 4.27(a)에 나타내었다. 또한 이 필터의 회로는 그림 4.27(b)에 나타내었다. FM 방송에서, 차단(corner) 주파수 ω_1는 일반적으로 2.12 kHz의 고유 주파수이고, 차단 주파수 ω_2는 약 30 kHz의 고유 주파수이며, 이는 15 kHz의 오디오 대역폭을 훨씬 초과하는 주파수이다. 프리엠퍼시스 필터의 주파수에 대한 진폭응답은 다음과 같다.

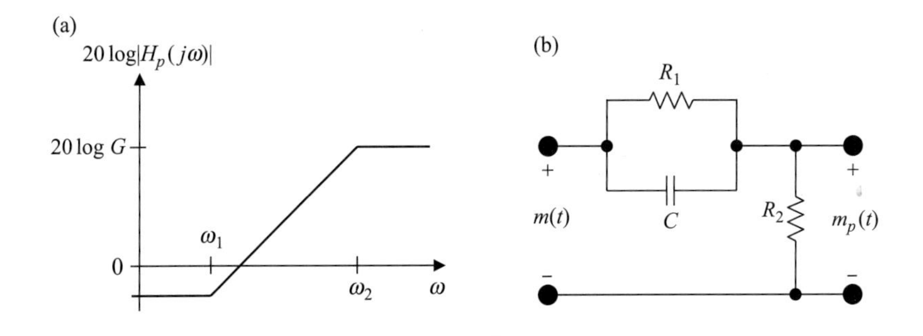

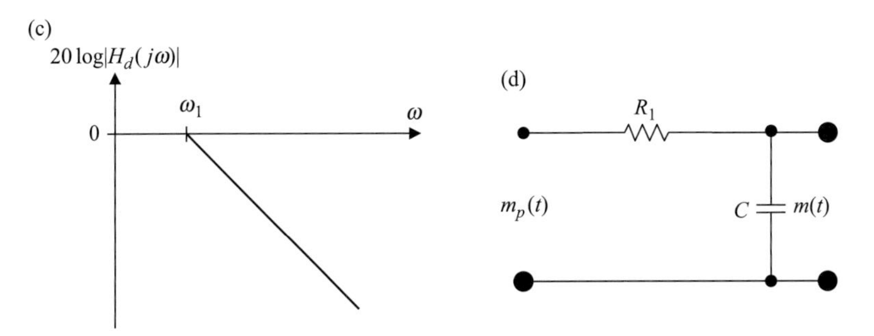

그림 4.27 FM에서의 프리엠퍼시스와 디엠퍼시스. (a) 프리엠퍼시스 필터의 주파수에 대한 진폭응답, (b) 프리엠퍼시스 필터, (c) 디엠퍼시스 필터의 주파수에 대한 진폭응답, (d) 디엠퍼시스 필터.

$$\boxed{H_p(j\omega) = G\left(\frac{\omega_1 + j\omega}{\omega_2 + j\omega}\right)} \tag{4.100}$$

앞의 방정식에서 G는 이득 상수이다. 회로를 분석하면 필터응답은 다음과 같이 회로의 구성요소로 나타낼 수 있다.

$$H_p(j\omega) = \frac{R_2}{R_1 + R_2}\left[\frac{1 + j\omega R_1 C}{1 + \frac{j\omega R_1 R_2 C}{R_1 + R_2}}\right] = \frac{R_2}{R_1 + R_2}\frac{\omega_2}{\omega_1}\left[\frac{\omega_1 + j\omega}{\omega_2 + j\omega}\right] \tag{4.101}$$

여기서 ω_1과 ω_2는 다음과 같이 주어지는 차단 주파수이다.

$$\boxed{\omega_1 = \frac{1}{R_1 C}} \tag{4.102}$$

$$\boxed{\omega_2 = \frac{R_1 + R_2}{R_1 R_2 C}} \tag{4.103}$$

FM 방송에서 시정수(time constant) R_1C는 보통 75 μs이다. $\omega \gg \omega_2$인 경우, 필터응답은

$H_p(j\omega) \simeq G$이다. 따라서 G는 고주파 이득이다. 식 (4.100)과 (4.101)을 비교하면, G는 다음과 같이 주어진다.

$$\boxed{G = \frac{R_2}{R_1 + R_2}\frac{\omega_2}{\omega_1}} \tag{4.104}$$

매우 낮은 주파수와 매우 높은 주파수에 대해 이 필터는 다음과 같이 근사된다.

$$H_p(j\omega) \simeq \begin{cases} \dfrac{R_2}{R_1 + R_2}, & \text{단}, \omega \ll \omega_1 \\ \dfrac{R_2}{R_1 + R_2}\dfrac{\omega_2}{\omega_1}, & \text{단}, \omega \gg \omega_2 \end{cases} \tag{4.105}$$

ω_1과 ω_2 사이에서는 프리엠퍼시스 필터는 대략 다음과 같이 근사된다.

$$H_p(j\omega) \simeq \frac{j\omega}{\omega_1}\frac{R_2}{R_1 + R_2}; \quad \text{단}, \omega_1 < \omega < \omega_2 \tag{4.106}$$

따라서, 2.12 kHz에서 30 kHz의 오디오 주파수 범위에서, 프리엠퍼시스 필터는 본질적으로 미분기로서 동작하여 주파수 변조된 주파수 범위 내에서의 메시지신호를 미분한다. 실제로는 2.12 kHz 이하에서는 주파수변조를 하지만, 2.12 kHz와 메시지신호 대역폭 상한값 사이의 주파수에서는 위상변조를 한다.

주파수에 따라 서로 다른 이득을 적용함으로써 프리엠퍼시스 필터는 메시지신호에 왜곡효과를 준다. 이러한 왜곡은 복조 후 디엠퍼시스 필터로 제거해야 한다. 디엠퍼시스 필터 $H_d(j\omega)$는 그림 4.27(c)에 주파수에 대한 진폭응답을, 그리고 그림 4.27(d)에 회로 구현을 나타내었다. 디엠퍼시스 필터응답은 다음과 같다.

$$\boxed{H_d(j\omega) = \frac{\omega_1}{\omega_1 + j\omega}} \tag{4.107}$$

필터 회로를 분석하면 필터 응답은 다음과 같다.

$$H_d(j\omega) = \frac{1}{1 + j\omega R_1 C} = \frac{\omega_1}{\omega_1 + j\omega} \tag{4.108}$$

여기서,

$$\omega_1 = \frac{1}{R_1 C} \tag{4.109}$$

차단주파수 ω_1은 프리엠퍼시스 및 디엠퍼시스 필터에서 동일하기 때문에, R_1 및 C는 두 필터에서 같은 값을 갖는다. 저주파와 고주파에서 디엠퍼시스 필터는 다음과 같이 근사된다.

$$H_d(j\omega) \simeq \begin{cases} 1, & \text{단}, \omega \ll \omega_1 \\ \dfrac{\omega_1}{j\omega}, & \text{단}, \omega \gg \omega_1 \end{cases} \tag{4.110}$$

오디오 신호 대역 내에서 $H_p(j\omega)H_d(j\omega) \simeq \dfrac{R_2}{R_1+R_2}$이다. 이는 사실상 2.12 kHz 미만에서 충분한 근삿값을 갖지만, 2.12 kHz와 오디오 대역폭 사이에서 정확하지 않다(아래 예제 참조). 따라서, 수신기 출력에서 디엠퍼시스는 프리엠퍼시스로 인한 왜곡을 상쇄시킨다. 디엠퍼시스는 ω_1 이상의 주파수에 대해 복조된 출력에서의 잡음과 신호 진폭을 모두 줄인다. 메시지신호의 경우, 이 감소는 송신기의 프리엠퍼시스로 인한 고주파영역으로의 증폭을 보상한다. 채널에서의 신호를 오염시킨 잡음은 이러한 송신기의 프리엠퍼시스에 의해 증폭되지 않았으므로, 디엠퍼시스가 프리엠퍼시스 이전의 메시지신호를 원래 형태로 복원하는 과정에서 잡음은 크게 줄어든다. 따라서 프리엠퍼시스 및 디엠퍼시스 방식은 잡음 성능을 크게 개선시킨다.

예제 4.21

오디오신호는 30 Hz와 15 kHz 사이의 0이 아닌 스펙트럼 성분을 가지며 이는 프리엠퍼시스 및 디엠퍼시스가 있는 FM의 변조신호로 사용된다. 프리엠퍼시스 및 디엠퍼시스 필터 및 그의 진폭응답이 그림 4.27에 나와 있다. 진폭응답의 차단주파수는 $f_1 = 2.12$ kHz, $f_2 = 30$ kHz이다. 이상적으로 수신기에서의 디엠퍼시스는 송신기에서의 프리엠퍼시스의 효과를 정확하게 상쇄해야 한다. 이를 위해 차단주파수 2.12 kHz 및 오디오신호 대역폭 15 kHz 각각의 주파수에서의 정확한 상쇄에 요구되는 프리엠퍼시스 및 디엠퍼시스 필터 응답 간 곱에 대한 실제 값의 비 ρ를 결정하라.

풀이

프리엠퍼시스 필터와 디엠퍼시스 필터 응답 간 곱은 다음과 같다.

$$H_p(j\omega)H_d(j\omega) = \left[\frac{R_2}{R_1+R_2}\frac{\omega_2}{\omega_1}\left(\frac{\omega_1+j\omega}{\omega_2+j\omega}\right)\right]\left[\frac{\omega_1}{\omega_1+j\omega}\right] = \frac{R_2}{R_1+R_2}\frac{\omega_2}{\omega_2+j\omega}$$

$\omega \ll \omega_1$인 경우, 응답 간 곱에 대한 이상적인 값은 다음과 같다.

$$H_p(j\omega)H_d(j\omega) = \frac{R_2}{R_1+R_2}$$

$\omega = 2\pi f$ 일 때, 응답 크기의 이상적인 곱에 대한 실질적인 비는 다음과 같다.

$$\rho = \left|\frac{\omega_2}{\omega_2+j\omega}\right| = \frac{\omega_2}{\sqrt{\omega_2^2+\omega^2}} = \frac{f_2}{\sqrt{f_2^2+f^2}}$$

$f = f_1$일 때, $\rho = \dfrac{30}{\sqrt{30^2 + 2.12^2}} = 0.9975$ 또는 $\rho\% = 99.75\%$이고, $f = 15$ kHz일 때, $\rho = \dfrac{30}{\sqrt{30^2 + 15^2}} = 0.8944$ 또는 $\rho\% = 89.44\%$이다.

실전문제 4.21

프리엠퍼시스 필터의 상측 차단 주파수를 $f_2 = 15$ kHz로 바꾸어서 예제 4.21을 반복하라. 하측 차단 주파수가 여전히 $f_1 = 2.12$ kHz이고, 오디오신호의 스펙트럼 영역도 여전히 30 Hz에서 15 kHz이다. 결과를 예제 4.21의 것과 비교하여 설명하라.

정답: $f = f_1 = 2.12$ kHz에서, $\rho\% = 99.02\%$
$f = f_2 = 15$ kHz에서, $\rho\% = 70.71\%$

참조: 결과는 예제 4.21의 결과를 크게 벗어난다. 따라서 프리엠퍼시스에 의한 왜곡이 디엠퍼시스에 의해 그렇게 잘 상쇄되지 않는다. 이런 경우, 상측 차단 주파수 f_2가 오디오 대역폭보다 더 높을수록 디엠퍼시스에 의한 프리엠퍼시스 왜곡의 제거효과가 더 좋다. 주파수 f_2가 높을수록 f_1을 초과하는 메시지신호 스펙트럼 위에 프리엠퍼시스 및 디엠퍼시스 필터의 응답이 더 선형에 가깝게 되기 때문이다. 일반적으로 f_2는 오디오 대역폭인 15 kHz의 2배인 30 kHz로 선택한다.

예제 4.22

프리엠퍼시스와 디엠퍼시스에 대한 RC 필터 회로를 설계하라. 프리엠퍼시스 필터는 하측 차단 주파수를 2.122 kHz, 상측 차단 주파수를 30 kHz로 한다. 그리고 30 kΩ 저항 2개를 사용할 수 있으며, 이 저항은 2개의 필터에 있는 3개의 저항 중 2개로 사용한다.

(a) 설계의 다른 구성요소를 지정하라.
(b) 프리엠퍼시스 필터에 대한 고주파 이득과 저주파 이득을 결정하라.

풀이

(a) 프리엠퍼시스와 디엠퍼시스 필터 회로는 그림 4.27에 있다. 프리엠퍼시스 필터의 두 저항은 같지 않기 때문에 2개의 회로에 각각 주어진 저항 R_1을 사용해야 한다.

$$\omega_1 = \frac{1}{R_1 C} \Rightarrow C = \frac{1}{\omega_1 R_1} = \frac{1}{2\pi f_1 R_1} = \frac{1}{2\pi(2.122 \times 10^3)(30 \times 10^3)} = 2.5 \text{ nF}$$

따라서 프리엠퍼시스와 디엠퍼시스 회로에 대한 $C = 2.5$ nF이다.

프리엠퍼시스 회로의 경우, $\omega_2 = \dfrac{R_1 + R_2}{R_1 R_2 C}$

$$\therefore\ R_2 = \frac{R_1}{\omega_2 C R_1 - 1} = \frac{30 \times 10^3}{2\pi \times 30 \times 10^3 \left(2.5 \times 10^{-9}\right)\left(30 \times 10^3\right) - 1} = 2.284\ \text{k}\Omega$$

(b)

$$H_p(j\omega) \simeq \begin{cases} \dfrac{R_2}{R_1 + R_2}, & \omega \ll \omega_1 \\ \dfrac{R_2}{R_1 + R_2}\dfrac{\omega_2}{\omega_1}, & \omega \gg \omega_2 \end{cases}$$

따라서 저주파 이득과 고주파 이득은 각각 다음과 같다.

$$H_p(j0) = \frac{R_2}{R_1 + R_2} = \frac{2.284\ \text{k}\Omega}{(30 + 2.284)\ \text{k}\Omega} = 0.07$$

$$H_p(j\infty) = \frac{R_2}{R_1 + R_2}\frac{\omega_2}{\omega_1} = \frac{2.284\ \text{k}\Omega}{(30 + 2.284)\ \text{k}\Omega}\left(\frac{2\pi \times 30}{2\pi \times 2.212}\right) = 1$$

실전문제 4.22

프리엠퍼시스 필터가 2.122 kHz의 하측 차단 주파수와 30 kHz의 상측 차단 주파수를 갖는 프리엠퍼시스 및 디엠퍼시스의 *RC* 필터 회로를 설계하라. 단, 각 회로에 10 nF 커패시터를 사용해야 한다.

(a) 회로의 각 부품값들을 지정하라.
(b) 프리엠퍼시스 필터에 대한 고주파 이득과 저주파 이득을 결정하라.

정답: (a) $R_1 = 7.05\ \text{k}\Omega$; $R_2 = 570.9\ \Omega$
(b) $H_p(j0) = 0.0707$; $H_p(j\infty) = 1$

4.8 FM 방송

상용 FM 방송은 88~108 MHz 범위의 반송파 주파수를 사용하며, 채널 간격이 200 kHz이고 주파수 편이는 75 kHz이다. 변조신호는 일반적으로 대역폭이 15 kHz인 오디오신호로서 주파수 변조지수(β)는 5이다.

상용 FM 방송은 모노 FM과 스테레오 FM을 모두 포함한다. 모노 FM은 스테레오 FM이 등장하기 전에 잘 확립되었으나, 1961년 미국연방위원회(FCC)의 승인 이후, 스테레오 FM이 곧 우위를 점했다. FCC는 승인 당시 스테레오 FM이 기존의 모노 FM과 호환되어야 한다고 결정했다. 이는 두 개의 (좌우) 오디오 채널을 가진 스테레오 FM은 반드시 200 kHz의 채널 대역폭과 75 kHz의 주파수 편이가 모노 FM과 동일해야 한다는 것을 의미했다. 뿐만 아니라 새로운 스테레오 FM은 이전에 사용했던 모노 FM 수신기에서도 사용할 수 있도록 설계되어야 했다. 따라서 스테레오 FM 송신기와 수신기는 필요에 따라 모노 FM과의 호환이 가능하다. AM 수신기처럼 상용 FM 수신기는 슈퍼헤테로다인 수신기이다. 모노 슈퍼헤테로다인 FM 수신기는 아래에서 설명한다.

슈퍼헤테로다인 FM 수신기(superheterodyne FM receiver)

모노 FM을 위한 슈퍼헤테로다인 수신기의 블록 다이어그램을 그림 4.28에 나타내었다. 스테레오 FM과 함께 사용하기 위해 개조한 일부 수정사항은 나중에 설명한다. 이는 몇 가지 차이점을 제외하고 슈퍼헤테로다인 AM 수신기와 매우 유사하다. 중간주파수(IF)는 AM에서의 455 kHz 대신 10.7 MHz를 사용한다. 복조를 위해 주파수 판별기 또는 위상고정루프를 사용한다. FM 복조기 앞에는 대역통과 리미터가 있으며, 이는 채널에서 발생한 진폭의 변동을 제거한다. FM 복조기 다음에 디엠퍼시스 필터가 있어서 송신기에서 프리엠퍼시스에 의해 발생한 메시지신호의 왜곡을 보정하는 한편 복조된 신호에서 잡음 전력을 감소시킨다. AM 슈퍼헤테로다인 수신기에서와 같이 RF 튜너는 국부발진기와 연결되어 동시에 조정된다. RF 튜너 및 국부발진기의 신호가 믹서에 입력되면 믹서는 선택한 FM 채널의 반송파 주파수를 IF 반송파 주파수로 변환하여 출력한다.

국부발진기의 주파수는 $f_{LO} = f_c + f_{IF}$로 주어지며, 여기서 f_c는 선택한 채널의 반송파 주파

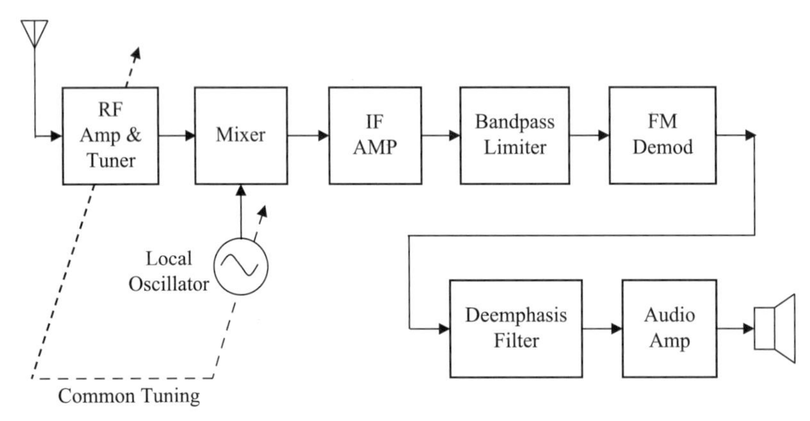

그림 4.28 슈퍼헤테로다인 FM 수신기.

수, f_{IF}는 10.7 MHz의 중간주파수이다. AM 슈퍼헤테로다인 수신기에서와 같이 RF부는 영상 채널에 대한 충분한 억제를 하는 반면 IF부는 인접 채널에 대한 충분한 억제를 제공한다. 그러나 FM은 잡음과 간섭을 잘 억제하기 때문에 인접 채널 간섭은 AM처럼 큰 문제가 아니다.

4.9 응용: FM 방송의 스테레오 처리

FM 스테레오 프로세싱은 주로 모노 FM 수신기와 호환의 필요 때문에 이루어진다. 좌우 마이크 신호의 합과 차가 모두 발생되어 사용되며 좌우 신호의 합은 모노 수신기에 필요한 신호다. 합과 차 신호는 스테레오 FM 수신기의 출력에서 좌우 신호를 재구성하는 데 사용된다.

FM 송신기에서 스테레오 신호 처리의 블록 다이어그램을 그림 4.29(a)에 나타내었다. 표기의 단순화를 위해, 좌측 및 우측 마이크로폰 신호 $l(t)$ 및 $r(t)$를 각각 간단히 l 및 r로 표시하고, 이들의 주파수영역 표현은 L 및 R로 표시한다. 합 및 차 신호 $l+r$ 및 $l-r$은 각각 프리엠퍼시스 회로를 통과하여 $(l+r)_p$와 $(l-r)_p$로 출력된다. 원래 마이크 신호와 마찬가지로 이러한 각

(a)

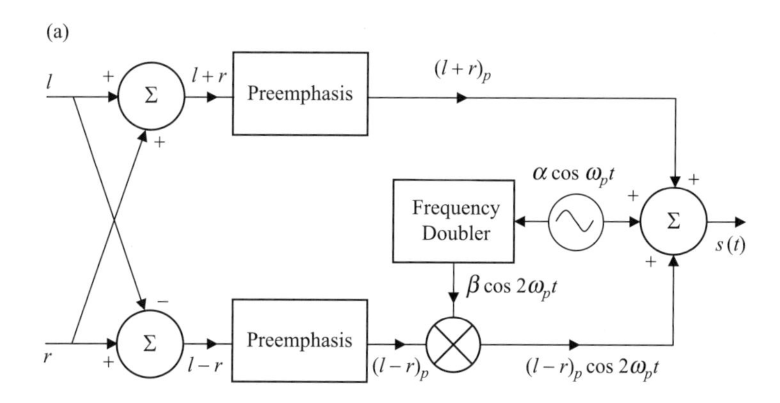

(b)

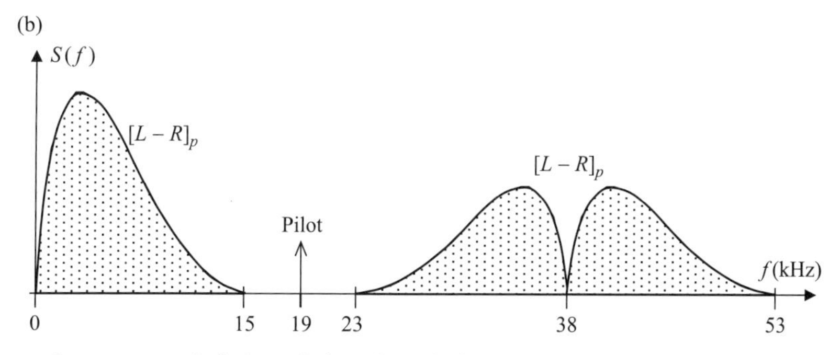

그림 4.29 FM에서의 스테레오신호 처리. (a) FM 송신기에서의 스테레오신호 처리, (b) 합성된 기저대역 스테레오신호의 스펙트럼.

각의 조합은 15 kHz 대역폭의 기저대역 신호이다. 프리엠퍼시스된 차의 신호 $(l-r)_p$는 38 kHz 반송파로 변조된 DSB-SC 신호이다. 진폭 β의 38 kHz 반송파는 작은 진폭 α를 가지는 19 kHz 파일럿 반송파를 두 배의 주파수로 체배함으로써 얻어진다. $(l+r)_p$신호, 파일럿 반송파 및 DSB-SC 변조된 $(l-r)_p$신호는 주파수 분할 다중화되어 FM 변조기에 입력되는 변조신호 역할을 하는 복합 기저대역 스테레오신호 $s(t)$가 된다. 파일럿 반송파 주파수를 ω_p로 나타내면 복합 기저대역 스테레오신호는 다음과 같이 주어진다.

$$\boxed{s(t) = (l+r)_p + \alpha \cos \omega_p t + \beta(l-r)_p \cos 2\omega_p t} \tag{4.111}$$

합성 스테레오신호의 양의 주파수 스펙트럼 $S(f)$를 그림 4.29(b)에 나타내었다. DSB-SC 신호 $\beta(l-r)_p \cos(2\omega_p t)$는 38 kHz를 중심으로 한 $(l-r)_p$가 주파수 변환된 것이다. 하측파대의 주파수 제한은 (38 − 15) kHz = 23 kHz이며, 이는 $(l+r)_p$의 15 kHz 대역폭보다 8 kHz 높다. 이 8 kHz의 광대역 주파수 갭(gap) 중간에 파일럿 반송파가 삽입된다. 결과적으로 파일럿 반송파는 중심이 19 kHz인 협대역 필터를 사용하여 수신기에서 쉽게 복원할 수 있다. 대신에 38 kHz 파일럿 반송파를 사용했다면, 밴드갭에 위치하는 이점이 없고, 좁은 대역 통과 필터로 복구하는 경우에는 DSB-SC 신호 $\beta(l-r)_p \cos(2\omega_p t)$의 측파대에 의해 간섭이 발생할 수 있다.

그림 4.30은 FM 수신기에서 수행되는 처리과정을 나타낸 것이다. 이 과정은 FM 복조기의 출력인 복합 스테레오신호 $s(t)$에 대해 수행된다. 수신기가 모노인 경우, 복조기 후단의 15 kHz 저역통과 필터가 $(l+r)_p$신호를 선택한다. 그런 다음 모노신호 $l+r$을 얻기 위해 디엠퍼시스를 한다. 따라서 모노 FM 수신기의 출력은 신호를 합하기 전에 그림 4.30의 상단부에서 얻어진다. FM 스테레오 수신기에서는 다음과 같이 추가 처리가 진행된다. 그림의 하단부에서는 DSB-SC 신호가 23~53 kHz 대역통과 필터에 의해 얻어지고, 중단부에서 파일럿 반송파가 19 kHz 중심의 협대역 필터로 얻어진다. 복원된 파일럿은 주파수 2체배기를 통과하여 38 kHz 반송

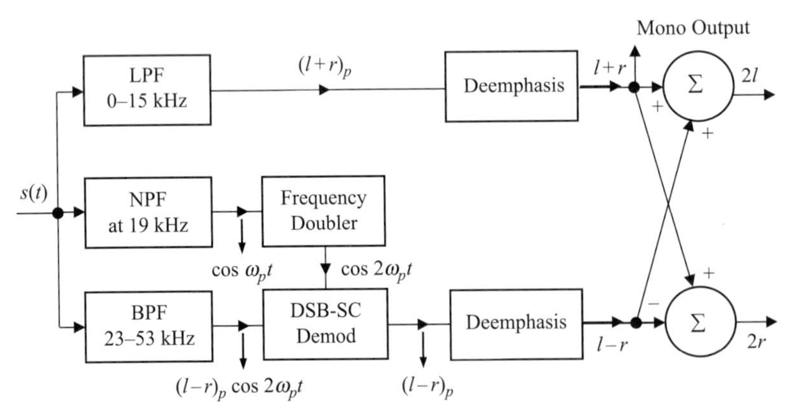

그림 4.30 FM 수신기에서의 스테레오신호 프로세싱.

파가 만들어지며, 이는 $(l-r)_p$를 얻기 위한 DSB-SC 신호의 동기 검파에 사용된다. 그리고 이 $(l-r)_p$는 $l-r$을 얻기 위하여 디엠퍼시스한다. $l-r$을 상단부의 신호 $l+r$과 더하면 왼쪽(left) 신호가 발생된다. $l+r$에 대해 하단부의 신호 $l-r$을 빼면 오른쪽(right) 신호가 출력된다.

장말 요약

1. 주파수변조(FM), 위상변조(PM) 및 각도변조 된 신호를 각각 $\phi_{FM}(t)$, $\phi_{PM}(t)$ 및 $\phi_A(t)$로 표현한다면 $\phi_A(t) = A_c \cos[\omega_c t + k\gamma(t)] = A_c \cos[\omega_c t + k\int_{-\infty}^{t} m(\lambda)h(t-\lambda)d\lambda]$. $\phi_{FM}(t) = A_c \cos[\omega_c t + k_f\int_{-\infty}^{t} m(\lambda)d\lambda]$; 각도 변조된 신호에서 $h(t) = u(t)$이고 $k = k_f$인 경우. $\phi_{PM}(t) = A_c \cos(\omega_c t + k_p m(t))$; 각도 변조된 신호에서 $h(t) = \delta(t)$이고 $k = k_p$인 경우.
2. FM에 대한 순간 주파수와 이의 최댓값은 각각 $\omega_i(t) = \omega_c + k_f\, m(t)$와 $\omega_{i,\max}(t) = \omega_c + k_f[m(t)]_{\max}$이다. PM에 대해서는 각각 $\omega_i(t) = \omega_c + k_p m'(t)$와 $\omega_i(t)_{\max} = \omega_c + k_p[m'(t)]_{\max}$이다.
3. 협대역 FM(NBFM)과 협대역 PM(NBPM)은 각각 다음과 같이 주어진다.

$$\phi_{FM}(t) \cong A_c \cos\omega_c t - A_c k_f \left(\int_{-\infty}^{t} m(\lambda)d\lambda\right) \sin\omega_c t$$
$$\phi_{PM}(t) \cong A_c \cos\omega_c t - A_c k_p m(t) \sin\omega_c t$$

   톤 변조된 협대역 FM과 협대역 PM은 다음과 같다.

$$\phi_{FM}(t) \cong A_c \cos\omega_c t - \beta A_c \sin\omega_m t \sin\omega_c t$$
$$\phi_{PM}(t) \cong A_c \cos\omega_c t - \beta A_c \cos\omega_m t \sin\omega_c t$$

4. 메시지신호가 $m(t) = A_m \cos\omega_m t$이고 반송파가 $A_c \cos\omega_c t$인 톤 변조된 FM 신호는 $\phi_{FM}(t) = A_c \sum_{n=-\infty}^{\infty} J_n(\beta)\cos(\omega_c + n\omega_m)t$과 같이 주어진다. 여기서 β는 주파수 편이율이고, $J_n(\beta)$는 독립변수 β를 갖는 n차 1종 베셀함수(Bessel function)이다. $J_n(\beta)$의 계수는 이산 스펙트럼을 나타내고, 주어진 측파대 내에서의 전력을 결정하며, $B_{PM} \simeq 2\lceil\beta + 1\rceil f_m$과 같은 톤 변조된 FM 신호의 대역폭을 결정한다. 톤 변조된 PM에 대해서도 유사하게 적용된다.
5. FM과 PM의 대역폭은 카슨의 법칙(Carson's rule)에 의해 $B_{FM} \simeq 2(\beta + 1)B = 2(\Delta f + B)$와 $B_{PM} \simeq 2(\beta + 1)B = 2(\Delta f + B)$로 각각 주어진다.
6. n배의 주파수 체배기는 변조신호의 정보를 왜곡하지 않고 반송파 주파수와 입력 FM/PM 신호의 주파수 편이를 n배만큼 증가시킨다. 만약 체배기의 입력신호가 $\phi_i(t) = A \cos[\omega_c t + k_f\int_0^t m(\lambda)d\lambda]$이면, 그 출력신호는 $\phi_o(t) = \phi_{FM}(t) = A_c \cos[n\omega_c t + nk_f\int_0^t m(\lambda)d\lambda]$이다.
7. 광대역 FM/PM을 발생하는 간접방식에서, 주파수 체배는 협대역 FM/PM에서 두 단계로

수행된다. 첫 번째 단계 후 반송파 주파수는 주파수 변환에 의해 감소되고, 두 번째 주파수 체배 단계 후 반송파 주파수 및 주파수 편이는 원하는 WBFM/PM 레벨로 된다.

8. 광대역 FM/PM을 발생하는 직접방식에서는, VCO 출력신호의 주파수는 원하는 반송파 주파수에 대한 메시지신호에 따라 선형적으로 변하여 충분한 주파수 편이를 발생한다. 수정 발진기를 사용하는 간접방식과 달리 이 방법은 VCO 주파수가 불안정하지만, 주파수 체배로 인한 잡음이 발생하는 간접방식보다는 잡음이 적다.

9. 많은 FM 복조기는 FM 신호를 효과적으로 구별하여 진폭 및 주파수 변조된 신호 $\phi'_{FM}(t) = -A_c\,[\omega_c + k_f m(t)]\,\sin\,[\omega_c t + k_f \int_{-\infty}^{t} m(\lambda)d\lambda]$를 출력한다. 메시지신호는 포락선 검파를 거친 $\phi'_{FM}(t)$로부터 구해진다. 이러한 FM 복조기는 이상적인 미분 복조기, 시간지연 복조기, 경사 검파기 및 평형 판별기를 포함한다. 복조 전에, FM 신호는 대역통과 리미터로 왜곡 및 채널 잡음으로 인한 진폭의 변화를 제거한다. 피드백 복조기는 위상고정루프(PLL)를 사용하여 FM 신호로부터 메시지신호를 직접 검파한다. PM 복조기도 유사하게 적용된다.

10. PLL에서 전압제어발진기(VCO) 신호는 입력신호의 주파수와 위상 모두를 추적한다. 주파수 차이가 총 위상차에 기여하기 때문에 총 위상차만으로도 시스템의 분석에 충분하다. 입력신호와 VCO 출력은 각각 $\phi_i(t) = A_c\,\sin\,[\omega_c t + \psi_i(t)]$과 $v(t) = A_v\,\cos\,[\omega_c t + \psi_v(t)]$이다. PLL 출력은 복조된 메시지신호 $y(t) = \dfrac{d\psi_v(t)}{dt} \simeq \dfrac{d\psi_i(t)}{dt} \simeq k_f m(t)$가 된다.

11. 1차 PLL의 경우 루프필터는 $h(t) = \delta(t)$ 또는 s영역에서 $H(s) = 1$로 주어지고, 2차 PLL의 경우 루프필터는 $h(t) = \delta(t) + au(t)$ 또는 s영역에서 $H(s) = \dfrac{s+a}{s}$로 주어진다.

12. PLL이 잘 추적할 때 $\sin\,[\psi_e(t)] \simeq \psi_e(t)$와 같이 위상 검파기에서의 위상 오차는 적어져서 PLL은 선형이고, 그렇지 않으면 PLL은 비선형이다. 2차 PLL은 선형 모델로 해석할 수 있는 반면, 1차 PLL은 선형 또는 비선형 모델로 해석할 수 있다.

13. 위상을 나타내는 $\dfrac{d\psi_e(t)}{dt} \simeq \Delta\omega - G\,\sin\,\psi_e(t)$는 1차 PLL의 동작곡선이다. 평형점에서 주파수 오차는 $\dfrac{d\psi_e(t)}{dt} = 0$이지만 위상 오차는 0이 아닌 $\psi_e(t) = \sin^{-1}(\Delta\omega/G)$이다. 따라서 위상고정루프에서 1차 PLL은 일정한 위상 오차를 유지하면서 주파수만 고정시킨다.

14. 2차 PLL의 경우 $\Psi_e(s) = \dfrac{s^2}{s^2 + Gs + Ga}\left[\dfrac{\Delta\omega}{s^2} + \dfrac{\psi_{io}}{s}\right]$이다. 충분한 시간이 주어지면(최종값 정리), $\psi_e(\infty) = \lim_{s\to 0}\,[s\Psi_e(s)] = 0$. 따라서 위상고정에서 2차 PLL은 총 위상 오차에 주파수 오차가 포함되므로 주파수 오차와 위상 오차를 모두 제거한다.

15. 복조기 출력에서의 간섭 진폭은 PM의 경우에 $y_d(t) = \psi(t) = \dfrac{A_i}{A_c}\sin\,\omega_i t$이고, FM의 경우

에 $y_d(t) = \psi'(t) = \dfrac{\omega_i A_i}{A_c} \cos \omega_i t$ 이다. 각각의 경우에, 간섭은 반송파 진폭에 반비례함으로써 좋은 간섭(및 잡음) 억압 효과를 초래한다. 복조기 출력에서의 간섭(및 잡음) 진폭은 PM에서는 일정하지만 FM에서는 메시지신호 주파수에 비례한다.

16. 송신기에서 프리엠퍼시스는 높은 주파수에서 메시지신호 스펙트럼을 증가시키는 반면 수신기에서 디엠퍼시스는 메시지신호 스펙트럼을 원래 형태로 복원한다. 실제로 프리엠퍼시스와 디엠퍼시스는 잡음이 작은 낮은 메시지신호 주파수에서는 FM을 사용하고, FM을 사용했더라면 잡음이 더 컸을 높은 메시지신호 주파수에서는 PM을 사용한다. 그 결과 잡음 성능이 개선된다.

17. 프리엠퍼시스와 디엠퍼시스 필터 응답은 $H_p(j\omega) = G\left(\dfrac{\omega_1 + j\omega}{\omega_2 + j\omega}\right)$, $H_d(j\omega) = \dfrac{\omega_1}{\omega_1 + j\omega}$ 와 같이 각각 주어진다. 여기서 $\omega_1 = 2\pi f_1$와 $\omega_2 = 2\pi f_2$는 하측과 상측 차단 주파수이며 G는 이득 상수이다. 일반적으로 실제 f_1은 2.12 kHz이고, f_2는 30 kHz이다.

18. 상용 FM 반송파 주파수의 범위는 88~108 MHz이다. 채널 간격이 200 kHz이고, 주파수 편이는 75 kHz이며, 슈퍼헤테로다인 수신기를 채용하고 있다. 스테레오 FM은 모노 FM과 호환된다.

복습문제

4.1 메시지신호가 $m(t) = 10 \cos 10^4 \pi t$인 톤 변조된 협대역 FM과 관계없는 것은?

(a) $B_{FM} = 10$ kHz (b) $B_{FM} = 11$ kHz

(c) $\beta < 5$ (d) 이산 스펙트럼 (e) 연속 스펙트럼

4.2 메시지신호 $m(t) = 8 \cos 10\pi^4 t$를 사용하여 대역폭 B_{FM}의 NBFM과 대역폭 B_{PM}의 NBPM을 발생해야 하지만 위상 변조기는 두 개뿐이다. 다음 중 어느 것이 사실인가?

(a) 적분기가 필요하다 (b) 미분기가 필요하다 (c) $B_{FM} > B_{PM}$

(d) $B_{PM} = 5 \times 10^3 B_{FM}$ (e) 위상 필터가 필요하다

4.3 메시지신호가 대역폭 B Hz의 오디오 음악 신호일 때 WBFM의 대역폭을 결정하는 데 허용되는 공식이 아닌 것은 무엇인가?

(a) $B_{FM} = 2(\beta + 1)B$ (b) $B_{FM} = 2[\beta + 1)B$

(c) $B_{FM} = 2(\beta B + B)$ (d) $B_{FM} = 2(\Delta f + B)$

4.4 메시지신호가 $2 \cos 2\pi \times 10^4 t$일 때 FM 변조기의 출력신호의 대역폭은 140 kHz이다. 메시지신호가 $3 \cos 4\pi \times 10^4 t$인 경우 FM 대역폭은?

(a) 220 kHz (b) 160 kHz (c) 200 kHz (d) 120 kHz (a) 260 kHz

4.5 메시지신호가 $2 \cos 2\pi \times 10^4 t$일 때 PM 변조기의 출력신호의 대역폭은 80 kHz이다. 메시지신호가 $4 \cos 3\pi \times 10^4 t$인 경우 PM 대역폭은?

(a) 120 kHz (b) 180 kHz (c) 210 kHz (d) 8 kHz (e) 90 kHz

4.6 $f_{c1} = 50$ kHz, $\Delta f_1 = 40$ Hz인 WBFM의 간접 발생에는 $f_c = 86.4$ MHz 및 $\Delta f = 92.16$ kHz의 NBFM을 사용한다. 다음 중 체배 계수 n_1과 n_2에 가장 적합한 것은?

(a) 48, 48 (b) 48, 36 (c) $(2^4 \times 3), (2^2 \times 3^2)$

(d) $(2^4 \times 3), (2^4 \times 3)$ (e) $(2^2 \times 3^2), (2^4 \times 3)$

4.7 $f_{c1} = 100$ kHz, $\Delta f_1 = 50$ Hz인 NBFM은 $f_c = 96$ MHz, $\Delta f = 64.8$ kHz인 WBFM의 간접 발생에 사용된다. 다음 중 주파수 변환기에 적합한 국부발진기 주파수는?

(a) 0.6 MHz (b) 6.27 MHz (c) 3.6 MHz (d) 6.67 MHz (e) 0.6 MHz

4.8 FM 복조에는 다음 중 어떤 유형의 신호 처리가 포함되지 않는가?

(a) FM-AM 변환 (b) 하드 리미팅 (c) 대역통과 리미팅

(d) 주파수 변환 (e) 포락선 검파기

4.9 다음 중 1차 위상고정루프와 관계없는 것은 무엇인가?

(a) 비선형 모델 (b) 선형 모델 (c) 위상 도표

(d) 위상고정에서 위상 오차가 0 (e) 위상고정에서 주파수 오차가 0

4.10 다음 중 FM 및 PM에서의 간섭 및 잡음에 해당하지 않는 것은 무엇인가?

(a) 프리엠퍼시스/디엠퍼시스에 의한 감소 (b) 큰 반송파에 의한 억압

(c) 엠퍼시스 및 디엠퍼시스 (d) FM에서 높은 신호 주파수에서 강함

(e) 강한 채널에 의한 포획(captured by strong channel)

정답: 4.1 (e), 4.2 (a), 4.3 (b), 4.4 (a), 4.5 (c), 4.6 (d), 4.7 (b), 4.8 (d), 4.9 (d), 4.10 (c)

익힘문제

4.2절 주파수, 위상 및 각도 변조

4.1 변조기에 대한 입력신호는 반송파가 $c(t) = 4 \sin 10^7 \pi t$이고, 메시지신호가 $m(t) = 3 + 2 \sin 10^4 \pi t$이다.

(a) $k_f = 10^5 \pi$인 주파수변조가 수행되는 경우, 최대 및 최소 순간 주파수를 찾고 변조된 파형을 나타내라.

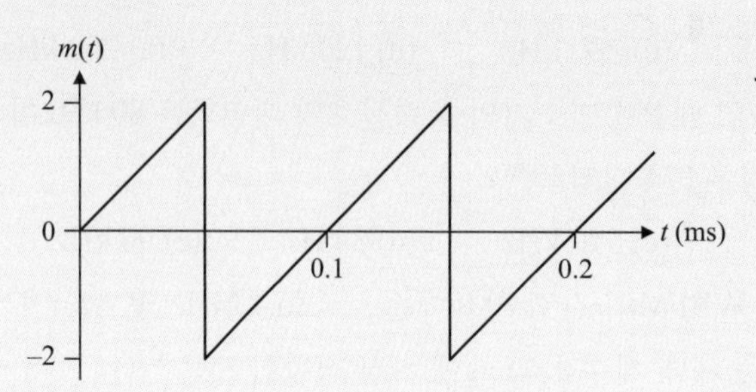

그림 4.31 익힘문제 4.2, 4.13, 4.14에 대한 메시지신호.

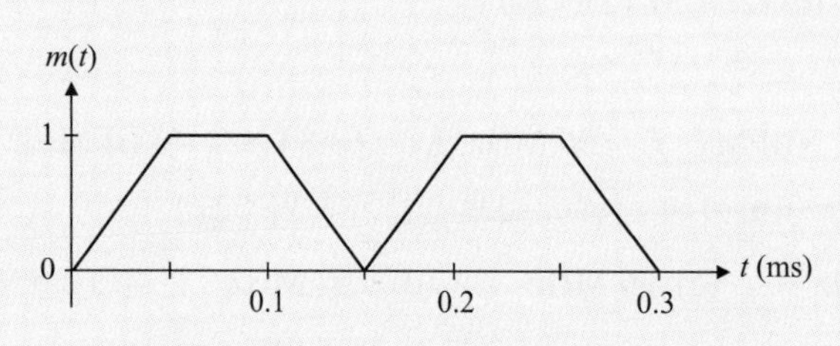

그림 4.32 익힘문제 4.3에 대한 메시지신호.

(b) $k_p = 20$인 위상변조가 수행되는 경우, 최대 및 최소 순간 주파수를 찾고 변조된 파형을 나타내라.

4.2 변조기로의 입력신호는 반송파가 $c(t) = 5\cos(2\pi \times 10^7 t)$이고 그림 4.31에 표시된 메시지신호로 구성된다. 만약 $k_f = 4\pi \times 10^4$의 주파수변조를 행하는 경우 최대 및 최소 순간 주파수를 구하고 변조된 파형을 나타내라.

4.3 위상변조는 80 MHz의 정현파 반송파와 그림 4.32에 나타낸 메시지를 이용하여 이루어진다.

(a) 메시지신호의 미분인 $m'(t)$를 나타내라.

(b) 최대 및 최소 순간 주파수를 찾고 위상 편이 상수가 4π인 경우의 변조된 파형을 나타내라.

4.3절 각도 변조된 신호의 대역폭과 스펙트럼

4.4 식 (4.10)으로부터 위상변조에서 $\gamma(t)$ 및 β에 대한 적절한 값을 정의하여 $|k_p m(t)| \ll 1$인 경우의 협대역 위상변조에 대한 식 (4.20)을 구하라.

4.5 주파수변조는 $m(t) = 2\cos\omega_m t$로 주어진 메시지신호 및 $c(t) = 5\cos(10\,\omega_m t)$인 반송파로 동작한다. 여기서 $\omega_m = 3\pi \times 10^4$이다.

(a) 변조된 신호가 협대역 FM인 경우, 주파수 편이 상수 k_f의 가능한 최댓값은 얼마인가?

(b) $k_f = 1.5\pi \times 10^3$인 경우 협대역 FM 신호의 스펙트럼에 대한 식을 구하고 양의 주파수 진폭 스펙트럼을 나타내라.

4.6 협대역 위상변조의 경우에 대해 익힘문제 4.5를 반복하라. 익힘문제 4.5의 (b)에서 위상

편이 상수가 $k_p = 0.1$일 때 PM 스펙트럼에 대한 식을 구하라.

4.7 변조기에 입력되는 변조신호는 $m(t) = 5\cos(10^4\pi t)$이고 반송파는 $c(t) = 8\cos(10^8\pi t)$이다.

(a) $k_f = 4\pi \times 10^3$인 주파수변조의 경우, 변조된 신호에서 유효 측파대의 수를 결정하라.

(b) FM 신호의 대역폭을 구하라.

4.8 변조기로 입력되는 변조신호는 $6\sin(3\pi \times 10^4 t)$이고, 반송파는 $10\cos(4\pi \times 10^6 t)$ 이다.

(a) $k_f = 2\pi \times 10^4$인 주파수변조의 경우, 유효 측파대의 수에 기초하여 FM 신호의 대역폭을 구하라.

(b) $k_p = \frac{1}{3}$인 위상변조의 경우, 유효 측파대 수에 기초하여 PM 신호의 대역폭을 구하라.

4.9 변조기에 입력되는 변조신호는 $3\cos(2\pi \times 10^4 t)$이고, 반송파는 $A_c \sin\omega_c t$이며, 변조기의 출력은 주파수응답이 $H(j\omega) = \text{rect}\left[\frac{\omega + \omega_c}{3.4\pi \times 10^4}\right] + \text{rect}\left[\frac{\omega - \omega_c}{3.4\pi \times 10^4}\right]$로 주어지는 필터를 통과한다.

(a) $k_f = 4\pi \times 10^4$인 주파수변조의 경우, (i) $A_c = 1$, (ii) $A_c = 10$일 때의 필터 출력에서의 전력을 구하라.

(b) $k_p = 2/3$인 위상변조의 경우, (i) $A_c = 1$, (ii) $A_c = 10$일 때의 필터 출력에서의 전력을 구하라.

4.10 변조기에 입력되는 메시지신호는 $A_m \cos(2\pi \times 10^4 t)$이다.

(a) $k_f = 5\pi \times 10^4$인 주파수변조를 수행하는 경우, (i) $A_m = 2$, (ii) $A_m = 4$일 때의 FM 대역폭을 구하라.

(b) $k_p = 2.25$인 위상변조를 수행하는 경우, (i) $A_m = 2$, (ii) $A_m = 4$일 때의 PM 대역폭을 구하라.

4.11 익힘문제 4.10을 반복하라. 이때 메시지신호는 주파수가 두 배인 $A_m \cos(4\pi \times 10^4 t)$이다.

4.12 멀티톤 변조신호는 $8\cos(2\pi \times 10^4 t) + 4\cos(5\pi \times 10^4 t)$로 주어진다.

(a) $k_f = 10^4\pi$인 FM의 경우, FM 대역폭을 구하라.

(b) $k_p = 0.5$인 PM의 경우, PM 대역폭을 구하라.

4.13 그림 4.31의 메시지신호의 대역폭이 기본주파수의 3차 고조파로 대역 제한되고 주파수 편이 상수가 $k_f = 10^5\pi$인 주파수변조를 하는 경우,

(a) FM 신호의 주파수 편이를 구하라.

(b) 위상변조의 경우, PM 신호의 대역폭이 FM 신호의 대역폭과 같기 위한 위상 편이 상수를 구하라.

(c) 카슨의 법칙을 사용하여 FM 신호의 대역폭을 구하라.

(d) 보수적인 대역폭 법칙인 식 (4.32)를 이용하여 FM 신호의 대역폭을 구하라.

4.14 그림 4.31의 메시지신호는 변조기의 입력으로 사용되기 전에 42 kHz 대역폭의 저역통과 필터를 거친다.

(a) $k_f = 12\pi \times 10^4$인 FM의 경우, FM 대역폭을 구하라.

(b) $k_p = 8\pi$인 PM의 경우, PM 대역폭을 구하라.

(c) 저역통과 필터의 대역폭이 두 배일 때 (a)와 (b)를 반복하라.

4.4절 FM 신호 발생

4.15 그림 4.33에 주파수 체배기를 구현한 간단한 회로를 나타내었다. 입력 FM 신호는 $\phi(t) = A_c \sin[2\pi \times 10^7 t + \sin(2\pi \times 10^4 t)]$이고, $x(t)$는 입력신호의 반파정류된 신호이고, 신호 $\phi_n(t)$는 입력신호의 주파수가 체배 계수가 n이고 $L = 5\ \mu$H인 체배 회로의 출력신호이다. 주파수 체배 계수 4가 달성되도록 직렬 공진 회로의 3 dB 주파수가 공진의 상측과 하측에 있는 출력 FM 신호의 주파수 편이가 되도록 C 및 R의 값을 선택하여 주파수 체배기의 설계를 완료하라.

4.16 주파수의 4체배는 2개의 주파수 2체배기로 구성되며, 각각은 그림 4.33에 표시된 간단한 곱셈기와 유사하다. 입력 FM 신호는 10 MHz의 반송파 주파수를 가지며, 메시지신호는 각 주파수 2체배기에 대해 진폭 5, 주파수 10 kHz 및 $k_f = 1$, $L = 5\ \mu$H의 정현파이다.

(a) C와 R의 값을 선택하여 주파수가 2배가 되도록 하고, 직렬 공진 회로의 3 dB 주파수를 공진주파수 상측과 하측의 출력 FM 신호의 편이 주파수가 되도록 첫 번째 주파수 2체배기의 설계를 완료하라.

(b) 이어지는 두 번째 주파수 2체배기에 대해서 (a)를 반복하라.

4.17 협대역 FM 신호의 경우, 변조신호는 200 Hz에서 10 kHz의 주파수 범위를 갖고, 반송파 주파수는 200 kHz, 주파수 편이율의 최댓값은 0.5이다. 반송파 주파수가 100 MHz이고 주파수 편이가 75 kHz인 광대역 FM은 그림 4.10에 표시된 WBFM을 발생하는 간접방식을 사용하여 협대역 FM으로부터 만들어진다.

(a) $n_1 = 1.2n_2$인 경우, 그림 4.10에서의 Δf_1, Δf_2, f_{c2} 및 f'_{c2}의 값을 결정하라.

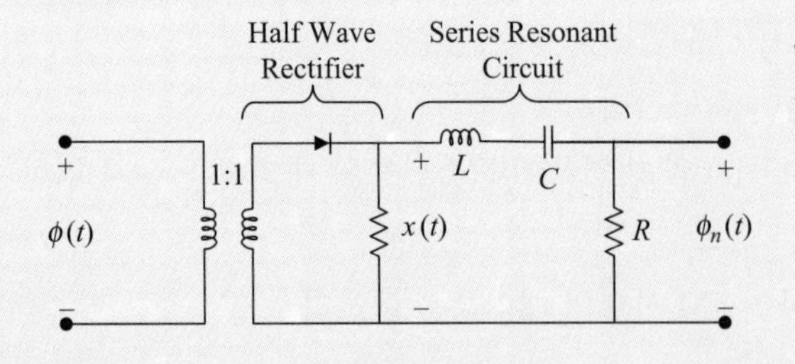

그림 4.33 익힘문제 4.15, 4.16에 대한 주파수 체배기.

(b) n_1 및 n_2에 대해 종속연결된 각 체배기의 체배 계수와 주파수 체배기의 최대 체배 계수가 5인 경우 가능한 2개의 국부발진기 주파수를 결정하여 간접 WBFM 발생기의 설계를 완료하라.

4.18 광대역 FM은 그림 4.10의 간접방식을 사용하여 협대역 FM으로부터 만들어진다. 협대역 FM의 경우, $f_{c1} = 125$ kHz이고, $\Delta f_1 = 30$ Hz이다. 원하는 광대역 FM의 경우, $f_c = 80$ MHz이고 $\Delta f = 48$ kHz이다.

(a) 각 체배기에 허용되는 최대 체배 계수가 5이고 $n_1 = n_2$라고 가정한다. n_1 및 n_2에 대한 체배 계수를 지정하고 2개의 가능한 국부발진기 주파수를 지정하여 간접 WBFM 발생기의 설계를 완료하라.

(b) 주파수 2체배기 및 3체배기만 허용되는 경우, n_1과 n_2는 가능한 한 근접해야 하지만 반드시 같을 필요는 없으며, 주파수 WBFM의 편이는 48 kHz의 원하는 값보다 높거나 낮을 수 있지만 가능한 한 근접하도록 (a)를 반복하라.

(c) (b)에서 찾은 n_1과 n_2의 값으로 WBFM의 주파수 편이가 원하는 48 kHz가 되도록 Δf_1의 새로운 값을 결정하라.

4.19 협대역 FM의 발생에 사용된 메시지신호의 주파수 범위가 50 Hz에서 5 kHz인 경우, 익힘문제 4.18을 반복하라. 협대역 FM의 경우, $\beta_{1,\max} = 0.25$ 및 $f_{c1} = 50$ kHz이고, 광대역 FM의 경우 $\Delta f = 80$ kHz 및 $f_c = 100$ MHz이다.

4.20 WBFM은 주파수 변환 이전의 한 단계에서 모든 주파수 체배를 수행하는 그림 4.11에 나타낸 방식을 사용하여 NBFM으로부터 만들어진다. 협대역 FM의 경우, $f_{c1} = 200$ kHz 및 $\Delta f_1 = 50$ Hz이고, 원하는 광대역 FM의 경우 $f_c = 100$ MHz 및 $\Delta f = 90$ kHz이다.

(a) 각각의 최대 체배 계수가 5인 경우, 각 주파수 체배기에 대한 체배 계수를 지정하여 이 WBFM 발생기의 설계를 완료하라. 국부발진기의 두 가지 가능한 주파수를 지정하라.

(b) 주파수 2체배기와 3체배기만 사용할 수 있는 경우, (a)를 반복함으로써 WBFM의 주파수 편이가 90 kHz에 가능한 한 근접하도록 한다면 이 주파수 편이값은 얼마인가?

(c) 주파수 체배 방식이 체배기 사이의 주파수 변환 단계가 있어 두 단계로 이루어지는 일반적인 방식에 비해 한 단계에서 모든 주파수 체배를 행하는 이 방식의 단점은 무엇인가?

4.21 그림 4.12에 나타낸 WBFM을 발생하는 직접방식에서 $L = 5\ \mu$H, $C_1 = 40$ pF이고, C_1 및 C_v로 인한 총 정전용량에 의해 달성되는 최댓값은 50.8 pF이다. FM 신호의 반송 주파수는 20 MHz이고 $\Delta f = 25$ kHz이다.

(a) 변조신호가 입력되지 않을 때 가변 커패시턴스 C_v의 크기인 C_{vo}를 결정하라.

(b) 가변 정전용량 C_v에 의해 얻어지는 최댓값 및 최솟값을 결정하라.

4.22 $L = 1\ \mu H$, $V_B = 6$ V이고, 출력 FM 신호의 반송파 주파수가 20 MHz인 경우, 고정 커패시터 C_1의 값을 선택하여 그림 4.12에 나타낸 WBFM을 발생하는 직접방식에 대한 회로 설계를 완료하라. 메시지신호는 $m(t) = 0.24 \cos 10^4 \pi t$로 주어지고, 버랙터(varactor) 다이오드 커패시터의 양단 전압은 $C_v = 20\ \text{pF}/\sqrt{1 + \dfrac{V_R}{0.75}}$에 의해 주어지며, 여기서 V_R은 버랙터 다이오드 커패시터의 역바이어스 전압이다. 출력 FM 신호의 최대 주파수 편이를 결정하라.

4.23 그림 4.12의 WBFM의 직접 발생 방식은 반송파 주파수가 40 MHz이고 주파수 편이가 25 kHz인 FM 신호를 발생시키는 데 사용된다. 반송파 주파수를 90 MHz로, 주파수 편이를 75 kHz로 증가시키고자 한다. 다음과 같은 경우에 하나의 주파수 체배 단계와 하나의 주파수 변환 단계를 사용하여 이 목표를 위한 블록 다이어그램을 설계하라.

(a) 주파수 체배를 주파수 변환보다 먼저 한다.

(b) 주파수 변환 다음에 주파수 체배를 한다.

4.5절 각도 변조된 신호의 복조

4.24 그림 4.14의 회로는 이상적인 미분 복조기에 대한 좋은 근사 회로이다. $f_c \le 0.1 f_H$인 경우, f_c는 FM 신호의 반송파 주파수이고 f_H는 RC 고역통과 필터의 차단주파수이다. 입력 FM 신호는 $4 \cos [10^8 \pi t + 10^4 \pi\ (5 \sin 10^4 \pi t)]$로 주어진다.

(a) $C = 5$ pF일 때 $f_c = 0.1 f_H$가 되도록 저항 R의 값을 지정하라.

(b) 복조기의 출력신호에 대한 식을 구하라.

4.25 그림 4.16의 시간지연 미분기는 $\tau \ll \dfrac{1}{\omega} \simeq \dfrac{1}{\omega_c} = \dfrac{T}{2\pi}$일 때 이상적인 미분기에 대해 잘 근사되지만, 최대 허용 시간지연 값은 $\tau_{\max} = T/4$이다.

(a) 88~108 MHz의 반송파 주파수 범위를 가지는 상용 FM에 대한 $\tau_{\max}$ 값의 범위를 구하라.

(b) 시간지연의 보다 정확한 정의는 $\tau \ll \dfrac{1}{\omega_i}$이며, 여기서 ω_i는 FM 신호의 순간 주파수이다. 반송파 주파수가 98 MHz이고 주파수 편이가 75 kHz인 상용 FM의 경우, 보다 정확한 식 대신 근사식 $\tau \ll \dfrac{1}{\omega_c}$를 사용하여 $\tau_{\max}$에서 최대 오차의 백분율을 구하라.

4.26 B_{FM}의 대역폭을 가지며 $\phi_{PM}(t) = 8 \cos [2\pi \times 10^7 t + 5 \sin (3\pi \times 10^4 t)]$로 주어지는 FM 신호는 평형 판별기를 이용하여 복조되며, 평형 경사 검파기 부분은 그림 4.19에 나타내었다. 상부 및 하부 경사 검파기의 공진주파수는 FM의 양쪽에 대칭으로 위치하며, 반송파 주파수로부터 $0.75 B_{FM}$이다. 각 경사 검파기의 대역폭은 B_{FM}이다. 만약 $L_1 = L_2 = 5\ \mu H$

일 때, C_1, C_2, R_1, R_2의 값을 지정하여 평형 경사 검파기의 설계를 완성하라.

4.27 PM 신호를 복조하는 데 사용하는 평형 판별기를 그림 4.19에 나타냈다. PM 신호 $\phi_{PM}(t) = 5 \sin [2\pi \times 10^7 t + 4 \cos (2\pi \times 10^4 t)]$의 대역폭은 B_{PM}이다. 상부 경사 검파기 및 하부 경사 검파기는 각각 $2B_{FM}$의 대역폭을 가지며, 이들의 공진주파수는 PM 반송파 주파수보다 $1.5B_{FM}$만큼 높거나 낮다. $L_1 = L_2 = 4\ \mu\text{H}$인 경우, C_1, C_2, R_1, R_2 값을 지정하여 평형 경사 검파기의 설계를 완료하라.

4.6절 피드백 복조기

4.28 (a) 1차 위상고정루프의 루프이득이 300이다. 위상잠금을 달성할 수 있는 최대 주파수 오차를 구하라.

(b) 15 Hz의 주파수 변화에 해당하는 등가 위상 오차를 결정하라.

(c) 등가 위상 오차 30°에 해당하는 주파수 오차를 결정하라.

4.29 (a) 1차 위상고정루프는 주파수 오차 20 Hz로 인한 등가 위상 오차가 15°이다. 위상고정루프의 루프이득을 결정하라.

(b) (a)에서 구한 루프이득으로 30 Hz와 40 Hz의 주파수 변화에 해당하는 등가 위상 오차를 결정하라.

(c) (a)에서 결정된 루프이득이 2배가 되면 (b)를 반복하라.

4.30 2차 위상고정루프의 감쇠계수가 0.8이고 루프이득은 240이다. 고유 주파수 ω_o, 루프필터 전달함수 $H(s)$ 및 루프필터의 임펄스응답 $h(t)$를 정의하라.

4.31 (a) 2차 위상고정루프의 루프이득이 200, 임펄스응답은 $h(t) = \delta(t) + \beta u(t)$이고 $\beta = 200$이다. 시스템의 고유 주파수와 감쇠계수를 결정하라.

(b) 상수 β가 2배이고 루프이득이 그대로일 때 (a)를 반복하라.

(c) 루프이득이 2배이고 상수 β가 그대로일 때 (a)를 반복하라.

4.32 주파수-억압 피드백 시스템은 10:1의 주파수 억압 비율로 동작한다. 입력 FM 신호의 경우 변조신호는 $5 \sin (10^4 \pi t)$이고, 주파수 편이 상수는 $k_f = 4\pi \times 10^4$이다. VCO 이득 상수와 판별기 이득 상수는 같다. 판별기 이득 상수를 구하고 판별기의 입력에서 주파수 편이를 결정하라.

4.33 (a) 그림 4.24에서 입력신호는 반송 주파수가 $\frac{1}{3}f_c$인 FM 신호이다. 반송파 주파수가 f_c인 출력 FM 신호를 얻기 위해 관련 블록(들)에서 수행할 주파수 설정을 나타내라.

(b) 출력 주파수가 $\frac{2}{3}f_c$인 경우, 시스템의 관련 블록(들)에 해당하는 주파수 설정을 나타내라.

4.34 (a) 그림 4.25에서 입력신호는 반송 주파수가 $\frac{1}{3}f_c$인 FM 신호이다. 반송파 주파수가 f_c인 출력 FM 신호를 얻기 위해 관련 블록(들)에서 수행할 주파수 설정을 나타내라.

(b) 출력 주파수가 $\frac{8}{9}f_c$인 경우, 시스템의 관련 블록(들)에 해당하는 주파수 설정을 나타내라.

4.7절 각도변조에서의 간섭

4.35 그림 4.27에 나타낸 프리엠퍼시스 및 디엠퍼시스 필터를 각각 2.12 kHz 및 30 kHz의 상측 및 하측 차단 주파수를 갖도록 설계해야 한다. 두 회로의 두 커패시터는 동일해야 하며 R_2는 2 kΩ의 저항이다. R_1과 C의 값을 지정하라.

4.36 (a) 프리엠퍼시스 필터는 $f_1 = 2$ kHz 및 $f_2 = 40$ kHz의 차단주파수를 가지며, 해당 디엠퍼시스 필터는 $f_1 = 2$ kHz의 차단주파수를 갖는다. 2 kHz 및 15 kHz에서의 정확한 제거에 필요한 필터 응답에 대한 곱의 이상적인 값에 대한 프리엠퍼시스 및 디엠퍼시스 필터 응답 간 실제 곱의 비율을 결정하라.

(b) f_2를 15 kHz로 변경하여 (a)를 반복하라.

4.37 그림 4.27의 프리엠퍼시스 필터 회로의 경우 $C = 2.4$ nF, $R_1 = 28$ kΩ, $R_2 = 2.5$ kΩ이다. 상측 및 하측 차단 주파수 f_1 및 f_2를 결정하라. 또한 회로의 저주파 및 고주파 이득도 결정하라.

4.38 (a) 그림 4.27의 프리엠퍼시스 및 디엠퍼시스 필터의 경우, 각 필터에서 $R_1 = 32$ kΩ이다. 만약 상측 및 하측 차단 주파수가 $f_1 = 2.12$ kHz 및 $f_2 = 30$ kHz인 경우, 다른 구성요소들을 구하여 필터 설계를 완료하라.

(b) 프리엠퍼시스 필터의 고주파 및 저주파 이득을 결정하라.

4.8절 FM 방송

4.39 상용 FM의 경우 반송파 주파수 범위는 88~108 MHz이다. 슈퍼헤테로다인 FM 수신기에서 국부발진기 주파수는 $f_{LO} = f_c + f_{IF}$이며, 여기서 f_c는 반송파 주파수이고, f_{IF}는 중간 주파수이다.

(a) 상용 FM에 대한 이미지 주파수 범위를 결정하라. 이미지 채널과 인접 채널 간섭의 억제에 RF 튜너와 IF 필터는 어떤 역할을 하는가?

(b) 슈퍼헤테로다인 FM 수신기의 RF 튜너는 가변 커패시터와 가변 저항이 2 μH의 인덕터와 병렬로 구성된다. 원하는 채널로 동조 시, 동조 회로는 채널 반송파 주파수와 동일한 공진주파수 및 200 kHz의 FM 채널 대역폭과 동일한 대역폭을 갖는다. 가변 정전용량 및 가변 저항의 최댓값과 최솟값을 결정하라.

4.40 그림 4.33(b)의 스테레오신호 처리 블록 다이어그램에서 $\beta = 1$, $(l+r)_p = A\cos\omega_m t - A\cos(\omega_m t + \theta)$이고 $(l-r)_p = A\cos\omega_m t - A\cos(\omega_m t + \theta)$라고 하자. 복합 기저대역 신호 $s(t)$에서 파일럿 반송파 전력의 백분율이 (i) 10%, (ii) 1%인 경우, 프리엠퍼시스된 좌측 또는 우측 신호의 진폭에 대한 파일럿 반송파의 진폭의 비인 α/A를 결정하라.

5 펄스변조와 전송

친구에게는 친구가 있고, 그 친구에게도 친구가 있습니다. 조심하십시오.

탈무드

역사 속 인물

알렉산더 그레이엄 벨(Alexander Graham Bell, 1847~1922)은 전화기 발명가로, 스코틀랜드계 미국인 과학자였다. 제1장에서 소개된 로그 단위인 벨(bel)은 그의 업적을 기리기 위하여 붙여진 것이다.

벨은 스코틀랜드의 에든버러에서 유명한 연설 교사인 알렉산더 멜빌 벨의 아들로 태어났다. 또한 그의 동생 알렉산더도 에든버러대학교와 런던대학교를 졸업한 후 언어 교사가 되었다. 그의 형이 결핵으로 사망한 후 그의 아버지는 캐나다 온타리오로 이사하기로 결정했다. 알렉산더는 청각장애인 학교에서 일하기 위해 보스턴으로 갔다. 거기서 그의 전자기 송신기 실험의 조수가 된 토마스 왓슨을 만나게 된다.
그의 생애 동안 벨은 청각장애인 교육에 관심이 많았는데, 이런 관심으로 인하여 마이크가 발명되었다. 1866년부터 그는 말을 전기적으로 송신하는 데에 관심을 가지게 되었고, 1876년 3월 10일에 드디어 알렉산더는 첫 번째 전화 메시지로 유명한 "왓슨, 이리 오세요, 나는 당신이 필요합니다"라는 메시지를 보내게 된다. 많은 발명가들이 인간의 말을 유선으로 보내는 아이디어를 연구하고 있었지만 벨이 처음으로 성공했다. 전화기를 발명한 이후에도 벨은 통신과 관련한 연구를 지속하면서 광섬유의 최초 모델 격인 빛줄기에 소리를 담아 전달하는 포토폰(photophone)을, 그리고 청각장애인에게 말하는 법을 가르치는 기법을 발명하기도 하였다. 벨은 1922년 8월 2일 노바스코샤의 바덱에서 사망했는데, 미국 전역에서 그의 매장 시간에 맞추어 1분간 모든 전화서비스를 중단하는 것으로 그의 삶에 대하여 경의를 표하였다. 그의 사망 이후 통신산업은 놀라운 혁명을 겪어 왔고, 오늘날에는 청각이 없는 사람들도 특별한 디스플레이 전화를 사용하여 의사소통을 할 수 있게 되었다.

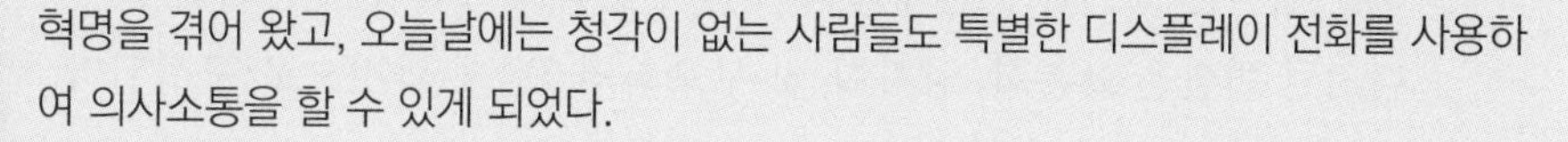

토마스 앨바 에디슨(Thomas Alva Edison, 1847~1931)은 아마도 가장 위대한 미국인 발명가일 것이다. 그는 1,093 개의 발명품에 대한 특허를 획득하여 '멘로파크의 마법사'라는 별명을 얻었다. 여기에는 백열전구, 축음기 및 최초의 상업영화 등 역사적인 발명품이 포함된다.

오하이오주 밀란에서 7명의 자녀 중 막내로 태어난 에디슨은 학교 가기를 싫어해서 단 3개월의 정규 교육을 받았다. 그는 어머니의 홈스쿨링을 받으면서 얼마 지나지 않아 스스로 책을 읽을 수 있게 되었다. 1868년 에디슨은 패러데이의 책들 중 하나를 읽고 그의 천직을 찾게 된다. 그는 1876년에 뉴저지주 멘로파크로 이주하여 그곳에서 연구실험실의 관리업무를 탁월하게 수행하면서도 녹음장치, 상용 축음기, 키네토스코프, 축전지, 전기 펜, 등사기, 미량계를 포함한 많은 프로젝트를 수행했다. 그의 발명품의 대부분이 이 실험실에서 나왔기 때문에, 그의 실험실은 연구기관 조직의 현대적인 모델로 인정받고 있다. 에디슨은 다양한 관심사와 압도적인 수의 발명품 및 특허로 인해 자신이 발명한 장치를 만들기 위한 제조회사를 설립하기 시작했다. 그는 전등에 전기를 공급하는 최초의 발전소를 설계했다. 공식적인 전기 공학 교육이 1880년대 중반부터 그의 지도 하에 시작되었다. 이 중요한 미국인을 기리기 위해, 그가 사망한 지 며칠 후인 1931년 10월 21일에는 미국 전역의 전등들이 1분 동안 흐려지는 추모행사가 열렸다.

5.1 개요

우리는 앞의 두 장에서 아날로그 통신을 공부했다. 디지털 통신은 아날로그 통신보다 몇 가지 장점이 있다. 첫째, 디지털 통신은 아날로그 통신보다 잡음과 왜곡에 더 잘 견딜 수 있기 때문에 훨씬 강력하다. 둘째, 디지털 신호처리 고유의 유연성으로 인해 디지털 하드웨어 구현이 유연하다. 셋째, 여러 디지털신호를 다중화(multiplexing)하는 것이 더 쉽고 효율적이다. 넷째, 디지털 부품의 비용은 아날로그 부품에 비해 일부 회로 기능이 거의 비용이 들지 않는 수준까지 계속 하락하고 있다. 마지막으로 디지털 데이터 전송을 사용하여 디지털 집적회로의 비용 효과성을 높일 수 있다.

이 장에서는 아날로그 및 디지털 펄스변조 시스템, 아날로그를 디지털 신호로 변환, 시분할 다중화 그리고 몇 가지 응용분야에 대해 알아본다. 펄스변조 시스템에서, 펄스의 진폭, 폭 또는 위치는 표본화 순간에서의 메시지 진폭에 따라 연속범위에 걸쳐 변할 수 있다. 아날로그-디지털 변환은 표본화, 양자화 및 부호화의 3단계 과정으로 구성된다. 먼저 표본화 과정에 대한 고찰로 시작한 후에, 두 가지 일반적인 디지털 펄스 변조기술인 펄스부호변조(pulse code modulation, PCM)와 델타변조(delta modulation, DM)에 대해 설명한다. 그런 다음 다중화 개념을 살펴본 후, 마지막으로 아날로그-디지털 변환과 음성코딩의 두 가지 응용분야를 다룬다.

5.2 표본화

표본화(sampling)는 연속신호에서 표본들의 집합을 얻어 내는 과정으로 디지털 통신 및 디지털 신호 처리에서 중요한 작업이다. 아날로그 시스템에서 신호는 전체적으로 처리되지만 디지털 시스템에서는 신호 표본만 처리에 필요하다. 펄스열이나 임펄스를 사용하여 표본화를 수행할 수 있는데, 여기에서는 임펄스 표본을 사용하기로 한다.

그림 5.1(a)에 표시된 연속신호 $g(t)$를 생각해 보자. 이 신호는 그림 5.1(b)에 도시된 임펄스 $\delta(t-nT_s)$의 열에 곱해질 수 있다. 여기서 T_s는 표본화 간격(sampling interval)이고 $f_s = 1/T_s$는 표

(a)

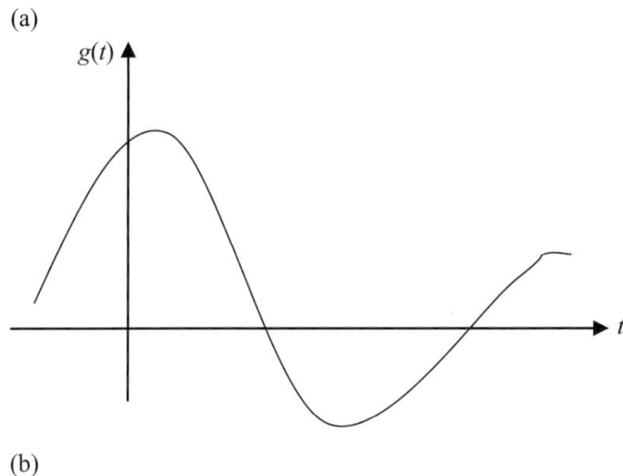

(b)

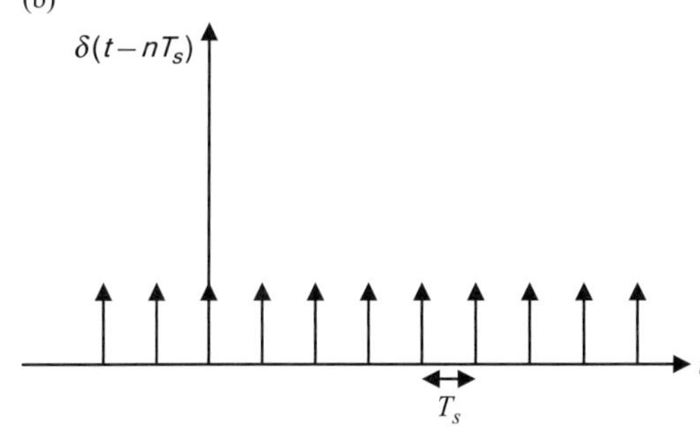

(c)

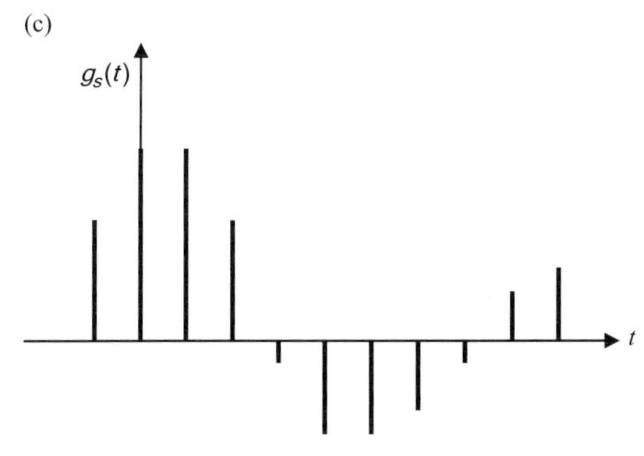

그림 5.1 (a) 표본화전(아날로그) 연속신호, (b) 임펄스열, (c) 표본화된 (디지털) 신호.

본화 속도(sampling rate)이다. 표본화 순간(T_s)에서 순간적으로 닫히고 열리는 스위치인 표본화기를 통해 $g(t)$를 통과시킴으로써 표본을 얻을 수 있다. 스위치가 닫히면 표본 $g_s(t)$를 얻는다. 그렇지 않으면 표본화기의 출력이 0이다. $\delta(t)$는 $t=0$을 제외하고 모든 곳에서 0이므로 표본화된 신호 $g_s(t)$는 다음과 같이 쓸 수 있다.

$$g_s(t) = g(t)\sum_{n=-\infty}^{\infty}\delta(t-nT_s) \tag{5.1}$$

위 신호의 푸리에변환은

$$G_s(\omega) = \frac{1}{2\pi}\left[G(\omega) * \frac{2\pi}{T_s}\sum_{n=-\infty}^{\infty}\delta(t-nT_s)\right] = \frac{1}{T_s}\sum_{n=-\infty}^{\infty}G(\omega - n\omega_s) \tag{5.2}$$

이고, 여기서 $\omega_s = 2\pi/T_s$이다. 따라서 식 (5.2)는

$$G_s(\omega) = \frac{1}{T_s}\sum_{n=-\infty}^{\infty}G(\omega - n\omega_s) \tag{5.3}$$

이 된다. 이것은 표본화된 신호의 푸리에변환 $G_s(\omega)$가 $1/T_s$의 속도로 표본화된 원래 신호의 푸리에변환의 변환들의 합이라는 것을 나타낸다. 따라서 다음과 같은 조건에서

1. $|\omega| > 2\pi W$이면 $G(\omega)=0$이다. 즉, $g(t)$는 대역제한 신호이다. (5.4)

$$2.\ f_s = \frac{1}{T_s} = 2W \tag{5.5}$$

위의 식 (5.3)은

$$G(\omega) = \frac{1}{2W}G_s(\omega) \tag{5.6}$$

임을 알 수 있고, 이 식을 식 (5.2)에 대입하면

$$G(\omega) = \frac{1}{2W}\sum_{n=-\infty}^{\infty}G(\omega - n\omega_s) \tag{5.7}$$

이 된다. 이것은 대역제한 신호 $g(t)$의 푸리에변환 $G(\omega)$가 표본값 $g(nT_s)$에 의해 유일하게 결정됨을 보여 준다.

원래 신호를 최적으로 복구하려면 표본화 간격은 얼마나 되어야 할까?라는 표본화 작업의 근본적인 질문에 대한 해답이 바로 표본화 정리(sampling theorem)이다.

> **표본화 정리**는 W 헤르츠보다 높지 않은 주파수 성분을 갖는 대역제한 신호는 초당 $2W$ 이상의 속도로 얻어진 표본으로부터 완벽하게 복구할 수 있다는 것을 의미한다.

다시 말해, 대역폭 W 헤르츠(W 헤르츠보다 높은 주파수 성분이 없는)를 갖는 신호의 경우, 표본화 주파수가 변조할 신호의 최고 주파수의 2배 이상이면 정보의 손실 또는 중첩이 없다는 것이다. 그러므로,

$$\frac{1}{T_s} = f_s \geq 2W \tag{5.8}$$

이 된다. 여기서 최소 표본화 속도 f_s는 나이퀴스트 속도(Nyquist rate) 또는 나이퀴스트 주파수

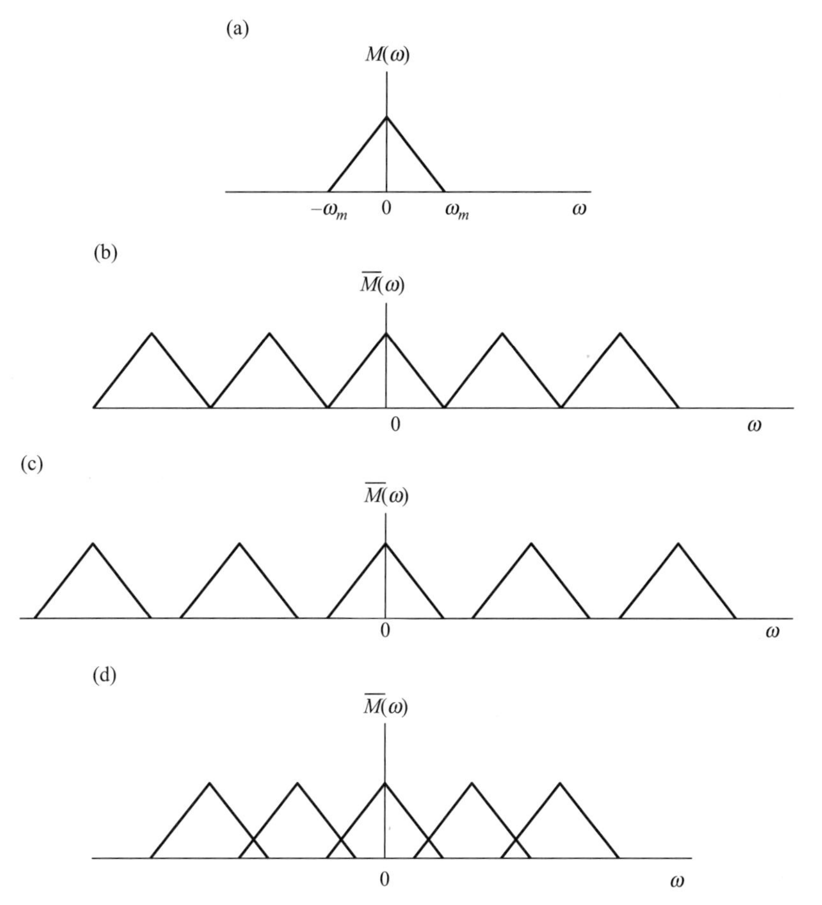

그림 5.2 (a) 가정한 스펙트럼; (b) 나이퀴스트 속도로 표본화한 경우; (c) 나이퀴스트 속도보다 높은 속도로 표본화한 경우; (d) 나이퀴스트 속도보다 낮은 속도로 표본화한 경우.

(Nyquist frequency)라고 하며 해당 표본화 간격 $T_s = 1/f_s$는 나이퀴스트 간격(Nyquist interval)이다. 따라서 표본화 주파수가 $2W$(나이퀴스트 속도)보다 큰 경우, 대역제한 아날로그신호 $g(t)$는 표본 $g(nT)$로부터 완전히 재구성될 수 있다. 예를 들어 1 kHz 정현파 신호를 고려해 보자. 대역폭이 1000 Hz로 제한되므로 최소 표본화 속도는 2000 Hz가 되어 초당 2000개의 표본을 가져와야 한다.

푸리에변환이 그림 5.2(a)에 있는 $m(t)$의 스펙트럼을 고려해 보자. 신호가 나이퀴스트 속도 $f_s = 2W$로 표본화되면 스펙트럼은 그림 5.2(b)와 같이 $M(\omega)$의 반복으로 구성된다. 나이퀴스트 속도($f_s > 2W$)보다 높은 속도로 표본화하면 그림 5.2(c)에 나와 있는 스펙트럼 $\overline{M}(\omega)$를 얻는다. 마지막으로 나이퀴스트 속도보다 낮은 속도($f_s < 2W$)로 표본화하면 그림 5.2(d)와 같이 스펙트럼이 겹친다. 이로 인해 에일리어싱(aliasing)이 발생하고 원래 신호를 복구할 수 없다.

표본화된 신호 $g_s(t)$로부터 신호 $g(t)$를 재구성하는 문제를 생각해 보자. 이득 K, 대역폭 W의 이상적인 저역통과 필터(LPF)에 의해 표본화된 신호를 필터링하면 충분하다. 여기서 $W < B < f_s - W$ 및 전달함수는

$$H(\omega) = K\Pi\left(\frac{\omega}{4\pi B}\right)$$

이다. 이 경우 출력 스펙트럼은

$$Y(\omega) = H(\omega)G_s(\omega) = \frac{K}{T_s}G(\omega) \tag{5.9}$$

가 되어, 역푸리에변환을 하면 다음을 얻을 수 있다.

$$y(t) = \frac{K}{T_s}g(t) \tag{5.10}$$

여기서 신호 $y(t)$는 $\frac{K}{T_s}$에 의해 증폭된 원하는 원래 신호이다.

표본화된 값으로부터 대역제한 신호를 재구성하는 데에는 두 가지 중요한 실질적인 어려움이 있다. 첫째, 필요한 또는 필요로 하는 이상적인 저역통과 필터를 현실적으로 구현할 수 없기 때문에, 나이퀴스트 속도 $f_s = 2W$로 표본화를 수행하면 $g(nT_s)$에서 $g(t)$를 복구하는 것은 불가능하다. 그러나 표본화 속도가 충분히 높으면($f_s > 2W$) 복구된 신호가 $g(t)$에 더 가깝게 접근하므로 실제 시스템에서는 표본화가 나이퀴스트보다 높은 속도로 수행된다. 이런 사실은 필터들을 재구성할 수 있게 해 주어 구현 가능하고 구축이 용이한 필터들의 사용을 가능하게 해 준다. 주파수영역에서 인접한 두 개의 복제 스펙트럼 사이의 거리를 보호대역(guard band)이라고 한다. 더 높은 주파수는 스스로 더 낮은 주파수로 위장한다는 사실을 고려하여 너무 느리게 표본화하여 발생하는 오류를 에일리어싱(aliasing)이라고 한다. 둘째, 푸리에변환이 식 (5.4)

를 만족시키려면 신호는 대역제한이어야만 한다. 다음과 같은 경우의 신호가 시간제한(time-limited) 신호이다.

$$|t| > T\text{에 대하여 } g(t) = 0 \tag{5.11}$$

즉, $g(t)$는 유한한 기간 동안만 존재하게 된다. 대역제한 신호는 시간제한 신호가 될 수 없고, 그 역도 마찬가지이다. 실용적으로 사용되는 모든 신호는 시간제한 신호이므로 대역제한 신호가 아니라는 사실이 입증되었다.

예제 5.1

다음 각 신호에 대한 나이퀴스트 속도와 나이퀴스트 간격을 구하라.

(a) $g(t) = 10 \sin 300\pi t \cos 200\pi t$

(b) $g(t) = \dfrac{\sin 100\pi t}{\pi t}$

(c) $g(t) = \left(\dfrac{\sin 100\pi t}{\pi t}\right)^2$

풀이

(a) 곱을 합으로 바꾸는 다음의 삼각함수 항등식을 사용한다.

$$2 \sin x \cos y = \sin(x+y) + \sin(x-y)$$

이 항등식을 신호에 대입하면,

$$\begin{aligned} g(t) &= 10 \sin 300\pi t \cos 200\pi t \\ &= 5 \sin(500\pi t) + 5 \sin(100\pi t) \end{aligned}$$

가 된다. $g(t)$는 대역제한 신호이고, 대역폭은 가장 높은 주파수 성분에 의해 결정되므로 최대주파수는 $2\pi W = 500\pi$ 또는 $W = 250$이다. 따라서 나이퀴스트 속도는 $2W = 500$ Hz이고, 나이퀴스트 간격은 $1/500 = 2$ ms이다.

(b) 2장에서 sinc함수의 푸리에변환은 직사각형펄스이다.

$$\frac{\sin \tau t}{\pi t} \quad \rightarrow \quad \Pi(\omega/\tau) = \begin{cases} 1, & |\omega| < \tau \\ 0, & |\omega| > \tau \end{cases}$$

여기서 $g(t)$는 $W = 50$ Hz로 대역이 제한된다. 따라서 나이퀴스트 속도는 100 Hz이고, 나이퀴스트 간격은 $1/100 = 10$ ms이다.

(c) 이 신호는 (b)신호 자신의 곱으로 간주할 수 있다. 시간영역에서의 곱셈은 주파수영역에서

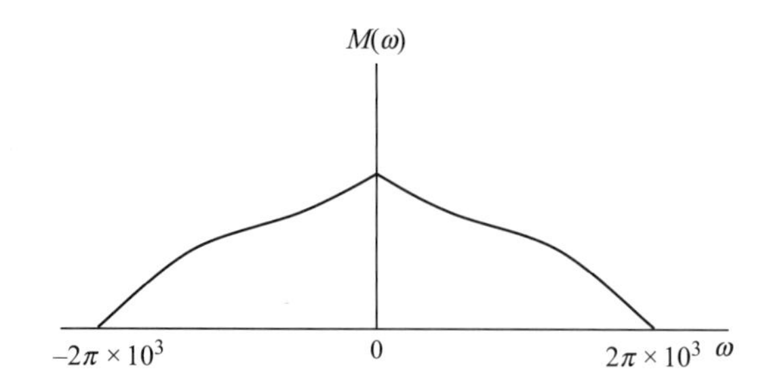

그림 5.3 실전문제 5.1의 그림.

의 컨볼루션에 대응하기 때문에, 신호의 대역폭은 (b)신호의 대역폭의 2배 즉 $W = 100$ Hz이다. 따라서 나이퀴스트 속도는 200 Hz이고, 나이퀴스트 간격은 1/200 s = 5 ms이다.

실전문제 5.1

다음 각 신호에 대한 나이퀴스트 속도와 나이퀴스트 간격을 찾아라.

(a) $g(t) = 5\cos 600\pi t + \cos 1000\pi t$

(b) 그림 5.3에 보인 푸리에변환이 $M(\omega)$인 신호 $m(t)$

정답: (a) 1 kHz, 1 ms (b) 2 kHz, 0.5 ms

5.3 아날로그 펄스진폭변조

펄스변조는 아날로그 또는 디지털일 수 있다. 아날로그 펄스변조는 펄스의 일부 속성이 표본값과 일대일 대응으로 변할 때 가능하다. 아날로그 펄스변조에서 기본 아이디어는 펄스열을 반송파 신호로 사용하는 것이다. 이 펄스열을 구형 펄스, 상승 코사인 펄스, 씽크(sinc) 펄스 또는 다른 펄스로 선택할 수 있다. 간단하게 하기 위해 여기서는 구형 펄스열을 선택한다. 변할 수 있는 펄스열의 매개변수는 진폭, 폭, 그리고 각 펄스의 위치이다. 이 세 가지 중 하나를 변경하면 펄스진폭변조(pulse-amplitude modulation, PAM), 펄스폭변조(pulse-width modulation, PWM), 그리고 펄스위치변조(pulse-position modulation, PPM)가 만들어진다.

PAM는 펄스열에 있는 개별 펄스의 진폭을 변조신호의 일부 특성에 따라 변하게 하는 것으로 펄스열의 진폭이 신호 자체에 의해 변조되는데, 이 진폭이 정보를 전달한다.

PAM에서 반송파 신호는 직사각형펄스의 주기적인 열로 구성되며, 직사각형펄스의 진폭은 아날로그 메시지신호의 표본값에 따라 달라진다. 그림 5.4와 같이 PAM에서는 T_s 초마

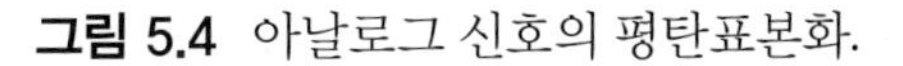

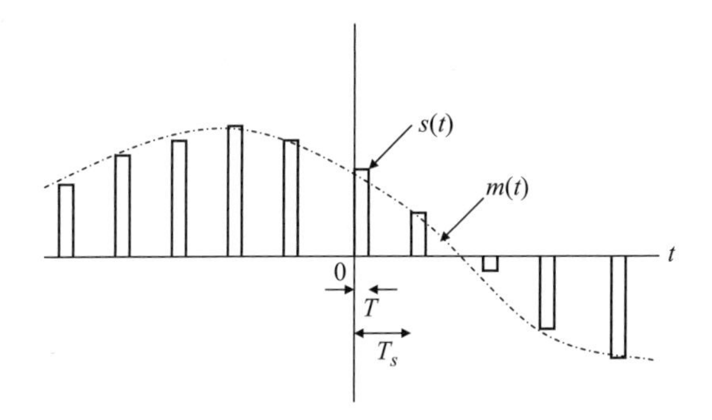

그림 5.4 아날로그 신호의 평탄표본화.

다 메시지를 표본화하고 T 초 동안 샘플을 유지해야 한다($T < T_s$). 이것을 평탄표본화(flat-top sampling)라고 한다. 전송된 신호는 다음과 같이 표현될 수 있다.

$$s(t) = \sum_{n=-\infty}^{\infty} \underbrace{m(nT_s)}_{\text{sample}} \underbrace{h(t - nT_s)}_{\text{hold}} \tag{5.12}$$

여기서 T_s = 표본화 주기이고, $m(nT_s)$는 $t = nT_s$에서 얻어진 $m(t)$의 표본화된 값이고, $h(t)$는 단위진폭 및 지속시간 T의 직사각형펄스이다.

$$h(t) = \begin{cases} 1, & 0 < t < T \\ 1/2, & t = 0, T \\ 0, & \text{otherwise} \end{cases} \tag{5.13}$$

여기서 $T \to 0$으로 보내면

$$\frac{1}{T} h(t) \quad \to \quad \delta(t) \tag{5.14}$$

가 되고, 관계식 $h(t - nT_s) = h(t) * \delta(t - nT_s)$을 사용해서, 식 (5.12)를 다음과 같이 쓸 수 있다.

$$\begin{aligned} s(t) &= \sum_{n=-\infty}^{\infty} m(nT_s)[\delta(t - nT_s) * h(t)] \\ &= \underbrace{\left\langle \sum_{n=-\infty}^{\infty} m(nT_s)\delta(t - nT_s) \right\rangle}_{m_{\text{sampled}}(t)} * h(t) \end{aligned} \tag{5.15}$$

위 식에 대하여 푸리에변환을 수행하면

$$\begin{aligned} S(\omega) &= M_{\text{sampled}}(\omega) H(\omega) \\ &= \frac{1}{T_s} \sum_{k=-\infty}^{\infty} M(\omega - \omega_s k) H(\omega) \end{aligned} \tag{5.16}$$

가 된다. 여기서 $\omega_s = 2\pi f_s = 2\pi / T_s$이고

$$H(\omega) = T \sin c(\omega T/2) e^{-j\omega T/2} \tag{5.17}$$

이다. PAM 신호를 생성하기 위해 평판표본화를 사용하면 진폭왜곡과 $T/2$만큼의 지연이 발생하게 되는데, 왜곡을 간극효과(aperture effect)라고 한다. 펄스 지속시간 또는 간극 T가 클수록 효과는 더 커진다.

PWM에서는 메시지신호의 표본값이 펄스신호의 폭(width)을 결정하는 데 사용된다. 따라서 PWM 파형은 각각 메시지신호의 샘플값에 비례하는 폭을 갖는 일련의 펄스로 구성되므로 펄스지속변조(pulse-duration modulation, PDM)라고도 한다. PWM에서는 데이터 표본값이 펄스 길이로 표시된다. PWM은 측정 및 통신에서 전력 변환에 이르는 광범위한 응용분야에서 사용되고 있다.

펄스위치변조(PPM)는 높이와 너비가 균일하지만 표본화 시점의 신호 진폭에 따라 기준위치에서 시간에 따라 위치가 바뀌는 펄스를 사용하는 펄스 변조기술을 말하는데, 펄스위상변조(pulse-phase modulation)라고도 한다. 펄스의 지속시간 및 진폭과 무관하게, 수신기는 적절한 시간에 펄스의 존재를 감지하기만 하면 되므로, PPM에서 요구되는 잡음내성(noise immunity)이 낮다는 점에서 PAM 및 PDM에 비해 장점을 가진다. 이 변조방식은 무선과 광통신분야에서 응용되고 있다.

5.4 양자화와 부호화

표본화 이후 양자화는 아날로그-디지털 변환의 다음 단계이다. 표본화를 통해 연속시간 신호를 이산시간 신호 또는 시퀀스(수열)로 변환한다. 시퀀스 표본은 임의의 값을 사용할 수 있으나 디지털 구현을 위해서는 이산 시간 시퀀스는 디지털 시퀀스로 표현될 수 있어야 하는데, 이것은 양자화를 통해 달성될 수 있다.

> **양자화**(quantization)는 연속진폭 신호를 불연속진폭을 가진 신호로 변경하는 과정이다.

양자화될 신호 $m(t)$가 주어지면, $m(t)$에 대한 근사치인 새로운 신호 $m_q(t)$를 생성할 수 있다(그림 5.5 참조). 양자화기는 균일하거나 불균일한 유형일 수 있다. 균일한 양자화에서, 양자화 레벨

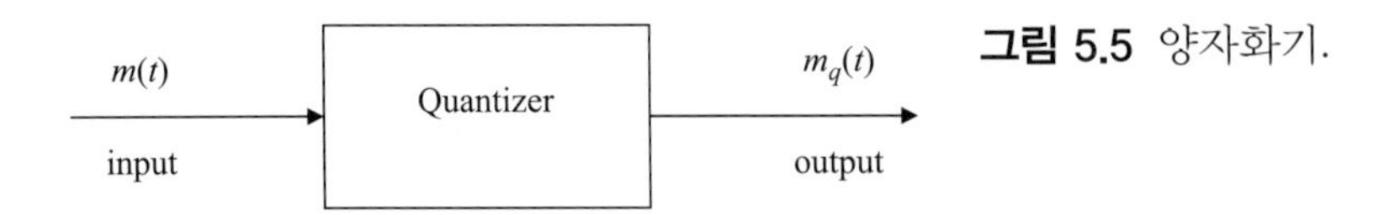

그림 5.5 양자화기.

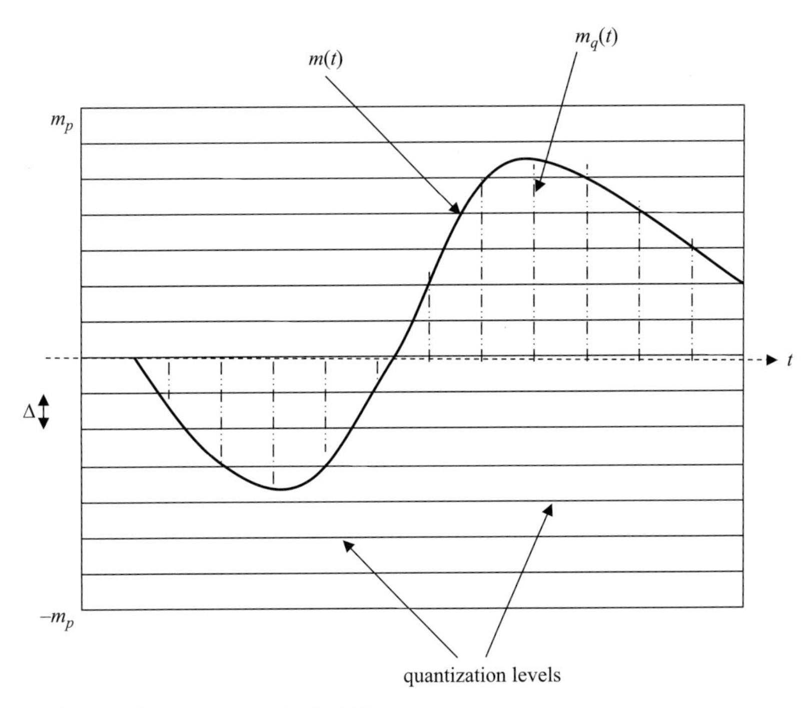

그림 5.6 아날로그신호의 양자화.

은 균일하게 이격되고, 그렇지 않으면 양자화는 불균일하게 된다. 균일한 양자화를 위해서는 신호 $m(t)$의 진폭이 그림 5.6에 나타낸 바와 같이 $-m_p$와 m_p 사이의 범위로 제한되고, 그 범위는 L개의 단계로 나누어져야 하는데 단계크기 Δ는 아래와 같다고 가정한다.

$$\Delta = \frac{2m_p}{L} \tag{5.18}$$

$m_q(t)$의 진폭은 $m(t)$의 샘플이 놓여 있는 구간의 중간점 값에 의해 근사화된다. 양자화된 신호는 원래 신호에 대한 근사치이므로, 단계크기 Δ를 줄임으로써 근사화의 정밀도를 높일 수 있다. 따라서 아날로그신호는 표본화 및 양자화에 의해 디지털신호로 변환될 수 있다. 표본화가 T_s의 증분으로 시간축을 따라 신호를 자르는 동안, 양자화는 Δ의 단계크기에서 진폭을 따라 신호를 분할한다.

차이 $m(t) - m_q(t)$는 바람직하지 않은 신호 또는 잡음으로 간주할 수 있으므로, 이것을 양자화 잡음(quantization noise)(또는 양자화 오류) $q(t)$라고 부르는데 다음의 식으로 나타낸다.

$$q(t) = m(t) - m_q(t) \tag{5.19}$$

여기서 $m_q(t)$는 아날로그 메시지 $m(t)$가 아니라 반올림된 것임을 명심하여야 한다. 양자화기의 성능은 다음에 의해 정의된 신호 대 양자화 잡음비(signal-to-quantization-noise ratio, SQNR)에

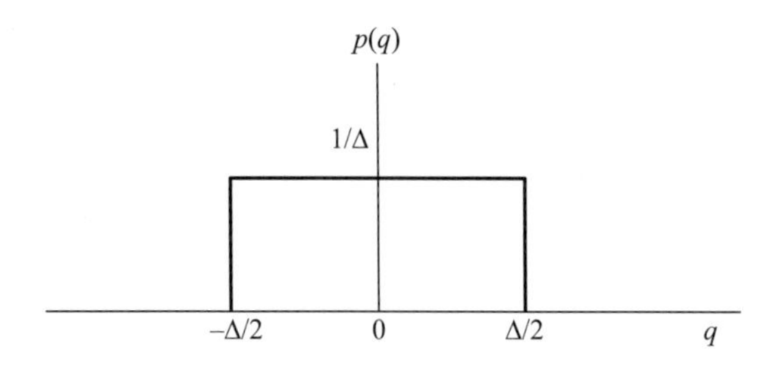

그림 5.7 q의 확률밀도함수.

의해 특성화될 수 있다.

$$\text{SQNR} = 10\log_{10}\frac{\sigma^2}{D} \tag{5.20}$$

여기서 σ^2는 입력메시지 $m(t)$의 분산이고 D는 평균제곱 양자화 오류이다. 넓은 범위의 결정론적 메시지신호에 대해 양자화 오류 $q(t)$는 그림 5.7에 도시된 바와 같이 $[-\Delta/2, \Delta/2]$에 걸쳐 균일하게 분포하는 것으로 가정할 수 있다. 따라서 평균제곱 오차는

$$\begin{aligned} D = E[q^2] &= \int_{-\infty}^{\infty} q^2 p(q)\,dq \\ &= \int_{-\Delta/2}^{\Delta/2} q^2\,\frac{1}{\Delta}\,dq = \frac{\Delta^2}{12} \end{aligned} \tag{5.21}$$

되고, 식 (5.18)을 위 식에 대입하면

$$D = \frac{\left(\frac{2m_p}{L}\right)^2}{12} = \frac{m_p^2}{3L^2} \tag{5.22}$$

이 된다. 좀 더 나아가기 위하여, 메시지신호가 정현파이고 범위 $(-m_p, m_p)$로 제한되어 있다고 가정하면, 입력신호의 분산은

$$\sigma^2 = \left[\frac{m_p}{\sqrt{2}}\right]^2 = \frac{m_p^2}{2} \tag{5.23}$$

으로 표현할 수 있다. 식 (5.22)와 (5.23)을 식 (5.20)에 대입하면 다음의 SQNR을 얻게 된다.

$$\text{SQNR} = 10\log_{10}\frac{3L^2}{2} \tag{5.24}$$

앞서 언급한 바와 같이, 양자화는 불균일할 수 있다. 그림 5.8에서 볼 수 있듯이 양자화 레벨 사이의 간격은 일정하지 않다. 이 그림을 보면, 양자화 레벨은 $m(t)=0$ 근처에서 더 조밀해지지만, 드물게 발생하는 $|m(t)|$가 큰 값에 대해서는 더 넓은 폭을 가지도록 배치된 것을 볼 수 있

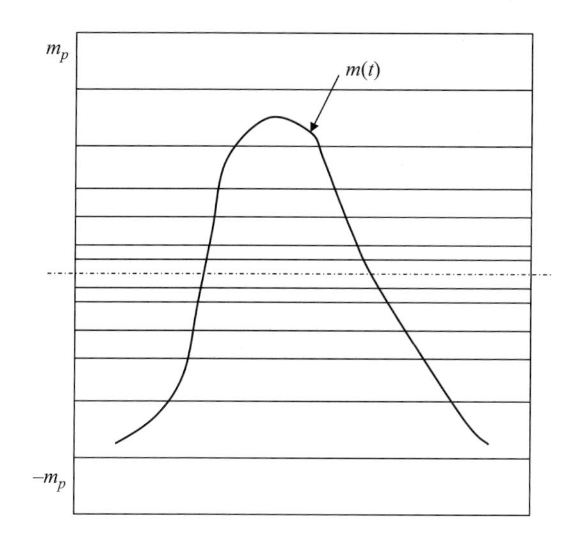

그림 5.8 불균일 양자화.

다. 이것은 동일한 축상에서 매우 큰 값과 아주 작은 값을 보기 위하여 사용하는 대수적 방법(로그)과 유사하다고 할 수 있다. 따라서 특정 조건 하에서, 불균일 양자화가 유리할 수 있다. 예를 들어, 신호가 높은 레벨보다 낮은 레벨에서 훨씬 더 많은 시간을 소비하는 경우는 낮은 레벨에서 더 높은 해상도를 갖게 하는 것이 평균 양자화 오류를 줄일 수 있어 더 좋은 방법이 된다.

가장 일반적인 유형의 불균일 양자화를 압신(companding)이라고 하며, 이 말은 '압축-신장'의 줄인 말이다. 이 과정은 그림 5.9에 설명되어 있다. 압신은 음성영역에서 주로 응용된다. 모든 디지털 전화 채널은 한 가지 형태의 압신을 사용한다. ITU(International Telecommunication Union)는 북미 및 일본의 μ-law 압신과 유럽 및 기타 국가의 A-law 압신이라는 두 가지 압신표준 또는 압축규약을 채택했다. 양의 진폭에 대한 μ-law 압신기는

$$y(s) = \frac{\ln(1+\mu s)}{\ln(1+\mu)} \qquad 0 \le s \le 1 \tag{5.25}$$

로 주어지는데, 여기서 $s = m/m_p$는 정규화된 음성신호이고 μ는 종종 100 또는 255로 선택된 압축 매개변수이다. 양의 진폭에 대한 A-law 압신기는

$$y(s) = \begin{cases} \dfrac{As}{1+\ln A}, & 0 \le s \le \dfrac{1}{A} \\ \dfrac{1+\ln As}{1+\ln A}, & \dfrac{1}{A} \le s \le 1 \end{cases} \tag{5.26}$$

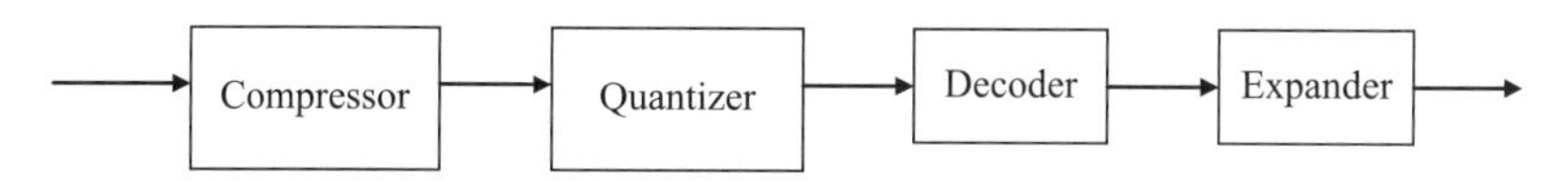

그림 5.9 압신 프로세스.

로 주어지며, $A = 87.6$의 값이 표준화되었다. (압축 정도를 결정하는) 압축 파라미터 μ(또는 A)의 다양한 값에 대한 함수 $y(s)$는 그림 5.10과 5.11에 나와 있다. 그림 5.10을 보면, $\mu > 0$일 때가 큰 진폭보다 작은 진폭에서 $y(s)$가 더 크게 증폭되는 경향이 있음을 알 수 있다. 그림 5.11에서도 동일한 경향을 찾을 수 있다.

신호를 표본화하고 진폭으로 양자화하고 나면, 이진형식으로 부호화해야 하는 일련의 숫자들을 만나게 된다. 특정한 방식의 이산형 사건으로 이산값을 나타내려고 하는 모든 계획이 부호(혹은 코드)이다. 부호의 개별 사건을 부호워드(codeword)라고 한다. 샘플당 4비트의 경우

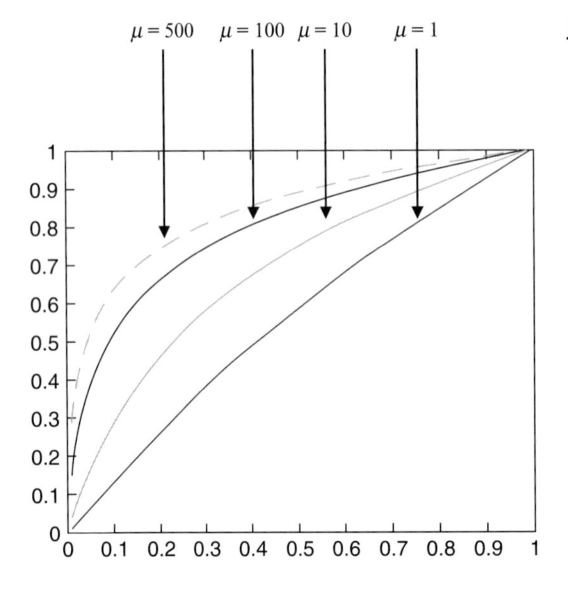

그림 5.10 μ-law 압신.

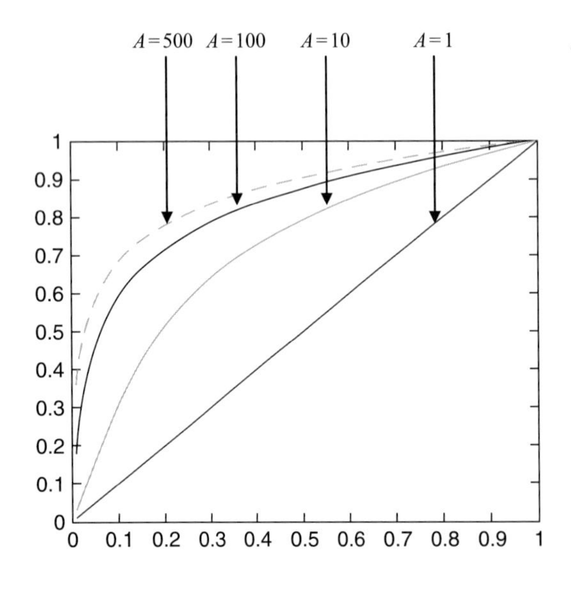

그림 5.11 A-law 압신.

는 표 5.1에 나와 있다. 각각의 L 양자화 레벨에 대하여 특정한 n 이진수(또는 비트)를 할당한다. n 비트의 시퀀스는 2^n개의 각기 다른 방식으로 나열할 수 있으므로,

$$L = 2^n \qquad \text{또는} \qquad n = \log_2 L \tag{5.27}$$

이 된다. 따라서 각각의 양자화된 샘플은 n 비트로 부호화된다. 예를 들어, 8개의 양자화 레벨이 있는 경우, 값은 3 비트 이진수로 코딩될 수 있다.

W Hz로 대역제한된 메시지신호 $m(t)$에는 최소 $2W$ 샘플/s가 필요하므로 다음과 같이 최소 채널 대역폭 B Hz가 필요하게 된다.

$$B = nW \tag{5.28}$$

표 5.1 4비트로 표현된 이진수

원래수(10진수)	이진수
0	0000
1	0001
2	0010
3	0011
4	0100
5	0101
6	0110
7	0111
8	1000
9	1001
10	1010
11	1011
12	1100
13	1101
14	1110
15	1111

예제 5.2

± 5 V로 변하는 메시지신호에 대해 16 레벨 균일 양자화기를 설계하는 것이 바람직하다.

(a) 메시지신호 진폭 2.2 V의 양자화기 출력값과 양자화 오류를 구하라.
(b) 신호 대 양자화 잡음비를 구하라.

풀이

(a) 균일한 단계크기 Δ가 필요한데, $L = 16$이므로 $\Delta = (5+5)/16 = 0.625$이다. 진폭 2.2 V는 3Δ와 4Δ 사이에 있으므로 양자화기 출력은 $3.5\Delta = 2.1875$이다. 양자화 오류는 $2.1875 - 2.2 = -0.0125$이다.

(b)
$$\text{SQNR} = 10\log_{10}\frac{3L^2}{2} = 10\log_{10}\frac{3\times 16^2}{2} = 25.84\text{ dB}$$

실전문제 5.2

동적 범위가 ± 10인 메시지신호용으로 설계된 균일한 16 레벨 양자화기가 있다고 가정하자.

(a) 메시지신호 진폭 2.3에 대한 양자화기 출력값 및 양자화 오류를 구하라.
(b) 신호 대 양자화 잡음비를 구하라.

정답: (a) 1.875, −0.425 (b) 25.84 dB

5.5 펄스부호변조

펄스부호변조(PCM)는 아날로그 데이터를 전송하는 데 널리 사용되는 디지털 변조방식이다. 거의 모든 디지털 오디오시스템 및 디지털 전화시스템은 PCM을 사용한다.

> **펄스부호변조**(PCM)는 양자화된 메시지의 값이 일련의 부호화된 펄스로 표시되는 시스템을 지칭한다.

이 펄스가 복호화되면 원래 양자화된 표준값을 나타낸다. PCM 시스템의 송신기에서 수행되는 기본 동작은 그림 5.12와 같이 표본화, 양자화 및 부호화이다. 무엇보다도 표본화는 필요한 경우 시분할 다중화를 사용할 수 있게 해 준다. 양자화는 양자화 잡음(quantization noise)을 수

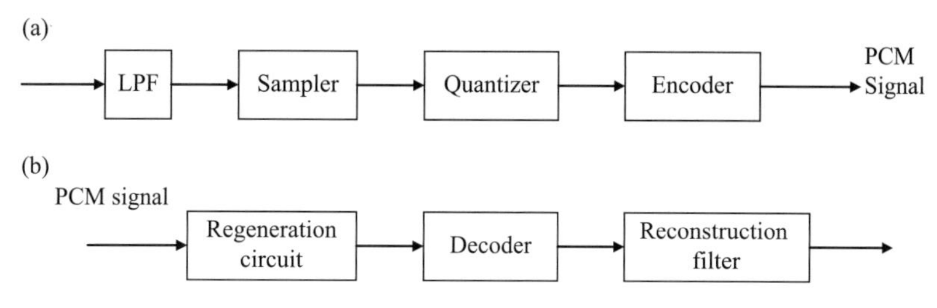

그림 5.12 PCM 시스템. (a) 송신기, (b) 수신기.

반하므로 부호화 작업이 표본값이 아닌 코드번호를 전송할 수 있게 하여야 한다.

그러려면, 먼저 메시지신호는 좁은 직사각형 펄스열로 표본화되어야 하고, 속도는 메시지의 가장 높은 주파수의 두 배보다 커야 한다.

다음으로, 메시지의 표본화된 버전이 양자화되어야 하는데, 이때 불균일 양자화기가 자주 사용된다.

마지막으로 부호화 작업이 수행되는데, 이것은 표본값들의 이산집합을 부호워드로 변환하는 과정이다.

통신회로의 수신기 말단에서, 펄스부호복조기는 부호워드(이진수)를 변조기에서와 동일한 양자 레벨을 갖는 펄스로 다시 변환한다. 이 펄스는 원래의 아날로그 파형을 재구성하기 위해 추가 처리된다.

PCM에는 몇 가지 변형된 방식들이 있는데, 이 중 널리 알려진 것이 차분 펄스부호변조(differential pulse code modulation, DPCM)이다. DPCM은 표본값 자체가 아니라 표본의 변화에 대한 정보를 전송하는 방식이다.

> **차분 펄스부호변조**(DPCM)는 아날로그신호를 표본화하여 이전 표본에서 파생된 각 표본의 실젯값과 예측값 간의 차이를 양자화하고 부호화한 후, 디지털신호로 변환시키는 변조 방식이다.

그림 5.13은 DPCM 시스템을 보여 주고 있는데, 기본 개념은 차이를 부호화한다는 것이다. DPCM 부호워드는 샘플값을 나타내는 PCM과 달리 샘플 간의 차이를 나타낸다. $m(k)$가 $m(k)$를 전송하는 것이 아니라 k 번째 샘플인 경우, 변경 또는 차이 $d(k) = m(k) - m(k-1)$을 전송한다. 일반적으로 연속된 샘플들 간의 차이는 샘플값 그 자체보다 작은데, 이것은 더 성긴(폭이 넓은) 양자화 레벨을 가능하게 해 주므로 더 적은 수의 비트로 부호화할 수 있게 해 준다. 그러나 DPCM은 PCM보다 더 많은 하드웨어를 사용한다. DPCM에 적합한 신호의 전형적인 예로

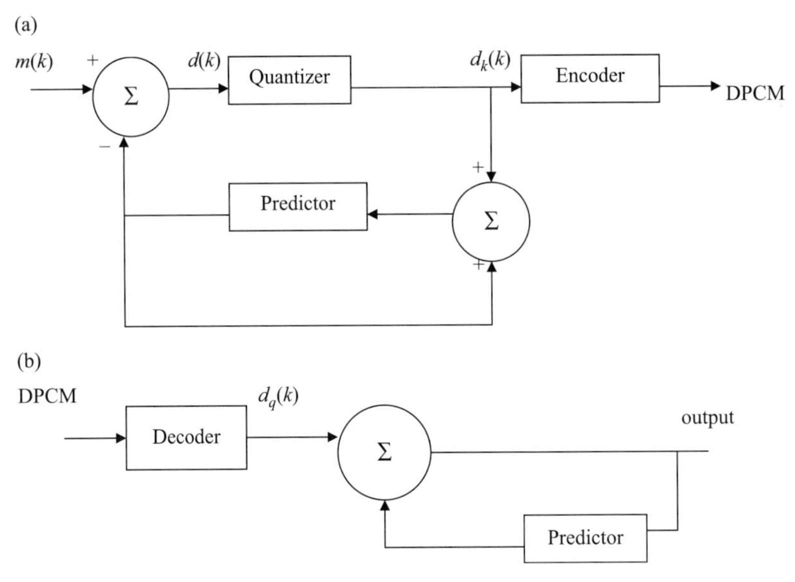

그림 5.13 차분 펄스부호변조 시스템. (a) 송신기, (b) 수신기.

부드러운 톤 전환을 대부분 포함하는 사진과 같은 연속톤(continuous-tone) 이미지에 있는 선을 들 수 있다. 또 다른 예로는 낮은 바이어스 주파수 스펙트럼을 가진 오디오신호가 있다.

펄스부호변조(PCM)의 또 다른 변형된 방식으로는 일반적인 오디오 압축방법인 적응 차분 펄스부호변조(adaptive differential PCM, ADPCM)를 들 수 있다. ADPCM에서, 양자화 단계 크기는 압축되는 파형의 현재 변화율에 적응하도록 만든다. 이를 위하여 ADPCM은 인접한 두 샘플 간의 차이만 보내도록 요구하는데, 이렇게 함으로써 더 낮은 비트율을 생성할 수 있게 되고, 때로는 음성신호를 효과적으로 압축하는 데 사용되어 보통 하나의 데이터만 전송되는 곳에 음성과 디지털 데이터 모두를 전송할 수 있게 해 준다.

5.6 델타변조

델타변조(DM)는 DPCM의 특수한 경우로, 크기가 $\pm\Delta$인 1 비트(2 레벨) 양자화기가 사용되는데, 음성전화 애플리케이션을 위해 개발되었다. 값이 하락하는 파형의 경우에 DM 출력은 0이 되고 값이 상승하는 파형의 경우는 출력이 1이 되게 하여, 각 비트는 신호가 변경되는 방향(크기가 아닌)을 나타내게 하는 방식으로, 차이 값(DPCM) 대신 신호 진폭의 차이 방향을 부호화한다.

델타변조(DM)는 차분신호 $d(k)$가 단지 1 비트로 부호화되는 특수한 형태의 DPCM 방식이다.

델타변조의 기본 개념은 그림 5.14에 표시된 DM 블록다이어그램으로 설명할 수 있다. 여기서 DM송신기는 아날로그-디지털 변환이 필요치 않다는 것에 주목하라. 신호가 나이퀴스트 속도(과다표본화)보다 훨씬 높은 속도로 표본화되면 인접한 표본들 간의 상관관계가 높아지게 되는데, 이것은 양자화를 단순화할 수 있게 해 준다. DM에서는 입력신호와 최신 계단 근삿값(staircase approximation) 간의 차이를 결정한 후, 이 차이의 극성에 따라 양 또는 음의 펄스가 생성된다.

DM의 복조는 DM의 출력을 적분하여 계단 근삿값 $m_q(t)$를 형성한 다음, 저역통과 필터에 그 결과를 통과시켜 $m_q(t)$에 있는 불연속 점프(discrete jump)들을 제거함으로써 달성된다.

(a)

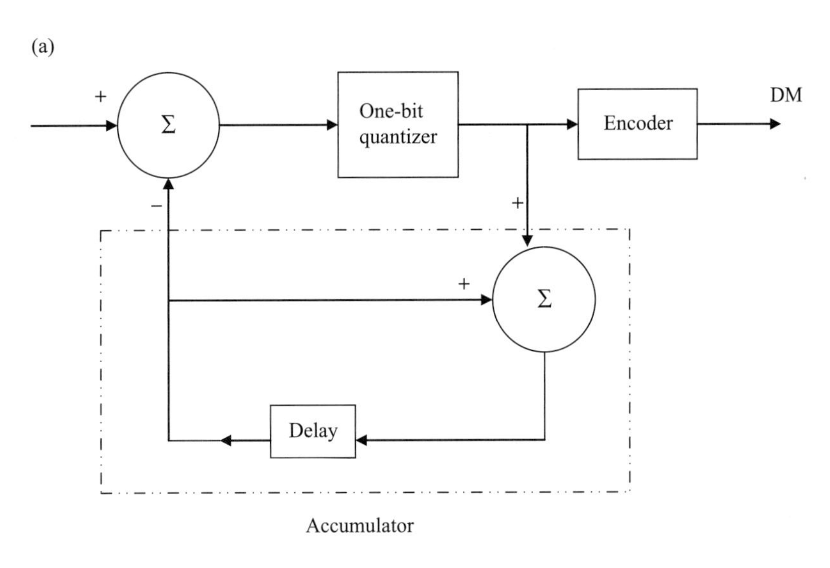

(b)

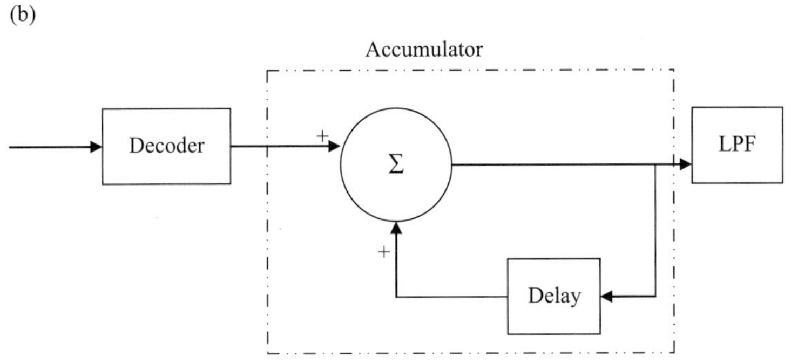

그림 5.14 DM 시스템. (a) 송신기, (b) 수신기.

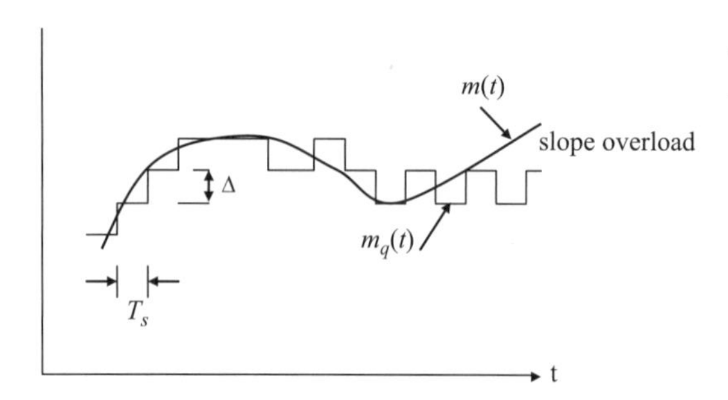

그림 5.15 부적절한 Δ의 선정은 경사과부하를 발생시키는 것을 보여 주는 예.

단계크기 Δ의 값은 DM 시스템을 설계할 때 매우 중요한데, 이 값이 너무 작으면 표본과부하왜곡(sample-overload distortion)이 발생하고 반대로 이 값이 크면 변조기가 입력신호의 급격한 변화를 따라가게 된다. 그림 5.15는 잘못 계산된 단계크기가 야기하는 결과를 보여 주는데, Δ가 너무 작으면 계단식 근삿값 $m_q(t)$가 아날로그신호 $m(t)$의 급격한 변화를 따라갈 수 없게 만드는 경사과부하(slope overload) 조건이 생기게 된다. 경사과부하를 피하기 위해서는

$$\frac{\Delta}{T_s} \geq \left| \frac{dm(t)}{dt} \right|_{\max} \tag{5.29}$$

을 충족시켜야 한다. 단계크기가 너무 크면 PCM 방식의 양자화 잡음과 유사한 과립형 잡음(granular noise)이 발생하게 된다.

DM에도 여러 가지 변형된 방식이 있는데, 그 중 하나가 델타시그마변조(delta-sigma modulation, DSM)이다. 이것은 입력단에 적분을 포함시켜 일반 DM보다 개선된 성능을 가지게 한 것이다. 이 경우, DSM의 입력단에서의 적분은 입력신호의 미분을 취하는 DM 방식의 효과를 상쇄시킨다는 것을 알아야 한다.

또 다른 변형된 방식이 적응델타변조(adaptive delta modulation, ADM)인데, 이 방식은 그림 5.16과 같이 단계크기 Δ를 고정시키지 않고 입력신호의 레벨에 따라 변하게 하는 방식으로, 다양한 단계크기를 생성하는 하드웨어가 추가된다. 신호 $m(t)$가 급격히 떨어지고 경사과부하

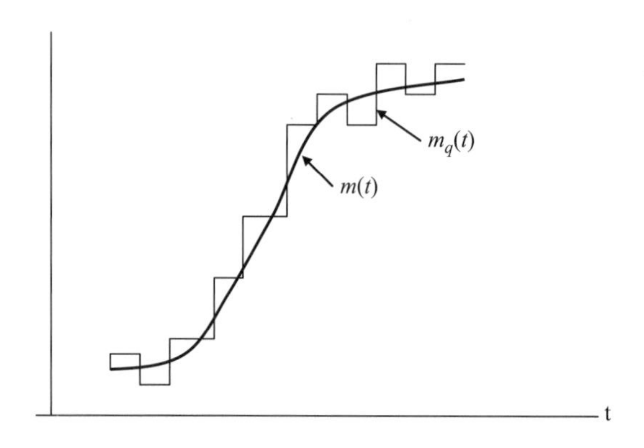

그림 5.16 적응델타변조의 성능.

를 일으킬 때는 단계크기를 점진적으로 증가시킴으로써, $m_q(t)$가 $m(t)$를 따라잡을 수 있게 하여 경사과부하를 제거할 수 있다. 반대로 $m(t)$의 기울기가 작을 때는 단계크기를 줄이면 과립형 잡음(양자화 잡음)을 증가시키지 않고 임계 레벨을 줄일 수 있게 되는데, 이렇게 함으로써 DM보다 더 큰 동적 범위를 가지게 된다.

예제 5.3

신호 $m(t) = At$는 스텝 크기가 Δ인 델타변조기에 적용된다. 경사과부하를 피할 A의 값을 구하라.

풀이

$$\frac{d}{dt}m(t) = A$$

$$\frac{\Delta}{T_s} > \left|\frac{dm(t)}{\mathrm{dt}}\right|_{\max} = A$$

이므로, 경사과부하를 피하기 위해서는

$$A = \frac{\Delta}{T_s}$$

이어야 한다.

실전문제 5.3

$m(t) = A\cos\beta t$의 신호가 있다고 하자. 여기서 A와 β는 상수이다. 경사과부하를 피하기 위해 필요한 이 신호의 델타변조를 위한 최소 단계크기 Δ를 계산하라.

정답: $A\beta T_s$

5.7 전송로 부호화

디지털 데이터(1과 0의 시퀀스)는 전송로 부호(line code)로 알려진 여러 기저대역 데이터 형식으로 표현될 수 있다.

> **전송로 부호화**는 전송될 각각의 0 또는 1에 대하여 그에 대응하는 심벌 또는 펄스를 할당하는 것이다.

전송로 부호화 방식에는 NRZ(non-return-to-zero)와 RZ(return-to-zero) 형식의 두 가지 기본 유형이 있다. NRZ 형식에서, 전송된 데이터 비트는 비트주기 전 기간을 차지한다. NRZ 1 또는 0의 긴 문자열에는 레벨전환이 없으므로 타이밍 정보가 없다. RZ 형식의 경우 펄스폭은 전체 비트주기의 절반이다. 그림 5.17은 이진 데이터 1010110에 대한 5가지 중요한 전송로 부호의 파형을 보여 준다.

- 단극성 NRZ 신호(unipolar NRZ signaling): 가장 간단한 전송로 부호이다. 단속 신호방식(on-off signaling)으로도 알려져 있는데, 여기서 1은 펄스에 의해 전송되고 0은 펄스가 없으면 전송된다. 이 전송로 부호의 주요 단점은 전송된 dc 레벨로 인해 전력낭비가 있다는 것이다.
- 극성 NRZ 신호(polar NRZ signaling): 이것은 1이 펄스 $p(t)$에 의해 전송되는 반면 0은 펄스 $-p(t)$에 의해 전송된다.
- 단극성 RZ 신호(unipolar RZ signaling): 이 전송로 부호에서 1은 비트 간격이 끝나기 전에 0으로 돌아가는 양의 펄스에 의해 전송되고 0은 펄스가 없는 것으로 표시된다. 단극 RZ

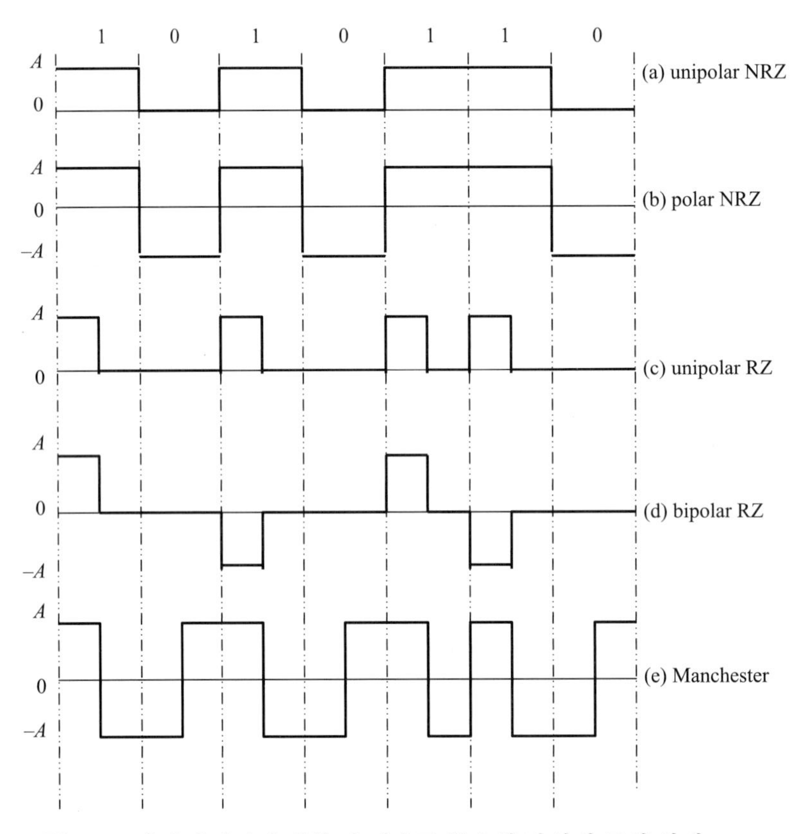

그림 5.17 이진 데이터에 대한 각 전송로 부호화 방식의 표현 형태.

형식의 단점은 0 비트의 긴 문자열이 타이밍 동기화 손실을 일으킬 수 있다는 것이다. 이 문제를 해결한 방식이 맨체스터 선로부호방식이다.

- 양극성 RZ 신호(bipolar RZ signaling): 이 전송로 부호의 경우, 1은 양 및 음의 펄스에 의해 교대로 전송되며, 각펄스는 절반의 비트 지속시간을 갖는다. 펄스가 없으면 0이 전송된다.
- 맨체스터 신호(Manchester signaling): 분할위상 신호(split-phase signaling)라고도 한다. 이 경우 1은 음의 펄스에 뒤따르는 양의 펄스에 의해 전송되므로 두 펄스의 진폭과 절반 비트 지속(half bit duration) 시간이 동일하다. 0의 경우 펄스의 극성이 반전된다. 이 방식은 DC성분을 억제하는 특성을 가지는데, 이 특성은 일부 응용 분야에서 중요하게 취급된다.

주어진 응용영역에서 적절한 전송로 부호 또는 데이터 형식을 선택할 때는 전송 대역폭, 투명성, 오류 감지 기능 및 우수한 비트오류 확률 성능 등과 같은 요소들을 고려해야 한다.

5.8 다중화

전송채널(연선, 동축케이블, 광섬유 또는 자유공간이든)이 단일 기저대역 메시지가 필요로 하는 것보다 훨씬 더 큰 대역폭을 지원할 때는 단일채널을 통해 여러 메시지신호를 전송하는 것이 바람직한데, 이것은 다중화(multiplexing)에 의해 가능해진다.

다중화는 단일 통신채널을 통해 둘 이상의 메시지를 전송할 수 있는 기술이다.

신호 다중화를 통해 동일한 채널에서 관련 없는 수많은 신호를 전송할 수 있다.

여기에는 두 가지의 기본 다중화 기술이 있는데, 주파수분할다중화(frequency-division multiplexing, FDM)와 시분할다중화(time-division multiplexing, TDM)가 바로 그것들이다. 어떤 의미에서, FDM과 TDM은 서로에 대해 쌍대적이라고 할 수 있다. FDM에서는 채널 주파수 대역이 더 작은 채널로 분할되는 반면 TDM에서는 사용자가 전체 채널을 짧은 시간 동안 교대로 사용한다. 다시 말해, 모든 신호는 FDM에서 다른 주파수로 동시에 작동하는 반면, 모든 신호는 동일한 주파수를 사용하지만 TDM에서는 다른 시간에 작동한다. FDM은 아날로그 또는 디지털 신호 전송에 모두 사용될 수 있지만, TDM은 아날로그 펄스변조 시스템과 함께 사용될 수 있기 때문에 일반적으로 디지털 정보 전송에 사용된다.

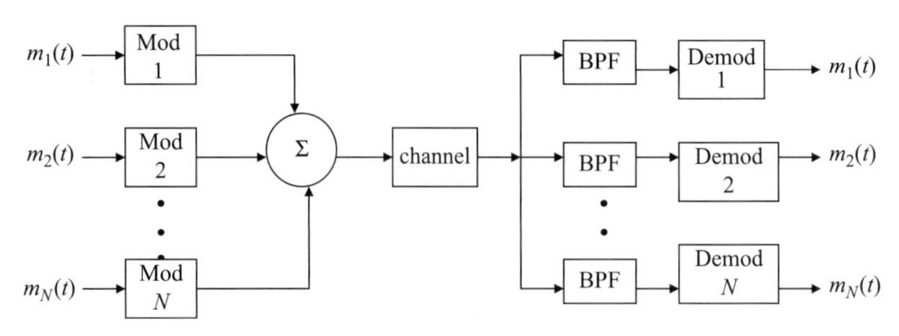

그림 5.18 주파수분할다중화(FDM).

5.8.1 주파수분할다중화

FDM(frequency division multiplexing)은 부채널이 AM, DSB, SSB, FM, 심지어 디지털신호 등일 수 있기 때문에 케이블이나 무선 시스템과 같은 단일 전송경로를 통해 여러 신호를 동시에 전송하는 방식이다. 각 신호는 메인채널 내에서 부채널 주파수대역으로 변환된다. 단측파대(SSB) 변조가 널리 사용되지만, 반송파 간격이 스펙트럼 중첩을 피하기에 충분하다면, 어떤 유형의 변조라도 FDM을 사용할 수 있다. 다수의 신호가 결합되어 복합 통신신호를 형성하며, 이 신호는 단일 통신회선 또는 채널을 통해 전송된다(그림 5.18). 위 그림은 송신기에서 N개의 메시지신호에 대한 FDM과 수신기에서의 복조방법을 보여 준다. 각 신호는 개별 반송파를 변조하므로 N개의 변조기가 필요하다. 여기서 개별 신호를 주파수 변환하는 데 사용되는 반송파를 종종 부반송파(subcarrier)라고 한다. N개의 변조기에서 나온 신호들은 더해져서 주어진 채널을 통해 전송된다. 대역통과 필터를 사용하여 복합신호에 있는 부채널들을 추출하고 이것들은 다중화 작업 과정에서 각 개별 메시지가 가진 주파수 도메인의 슬롯으로 할당된다. 복합신호는 스펙트럼이 겹치지 않은 변조신호로 구성되어야 한다. 다시 말해, 변조된 메시지 스펙트럼은 그림 5.19와 같이 보호대역(guard band)(채널 간섭을 방지하는 데 사용되는 빈 주파수대역)에 의해 주파수가 이격되어야 하는데, 그렇지 않으면 혼선(crosstalk)(FDM의 주된 문제)이 발

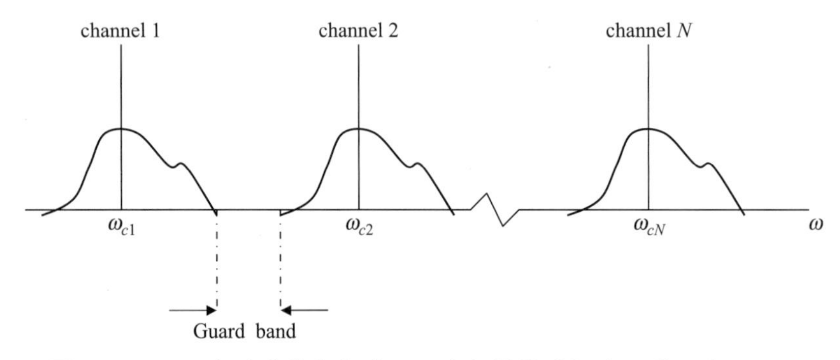

그림 5.19 FDM 송신기에서 출력으로 나온 복합신호의 스펙트럼.

생한다.

수신기에서, 신호는 대역통과 필터에 의해 분리(역다중화)되고, 이 출력들이 복조된다. 각각의 복조된 신호는 기저대역 메시지신호를 통과시키는 저역통과 필터로 공급된다.

W_k가 k 번째 주파수 채널의 대역폭(보호대역 포함)인 경우 복합 FDM의 대역폭은

$$B = \sum_{k=1}^{N} W_k \tag{5.30}$$

이 된다. 여기서 N은 다중화된 신호들의 개수이다.

FDM은 라디오, TV, 전화시스템, 원격측정 및 통신네트워크에 널리 사용되고 있다. 장거리 전화시스템에서 4 kHz의 간격을 갖는 반송주파수를 사용하면 동축케이블을 통하여 최대 600개의 음성신호를 전송시킬 수 있다. 라디오와 TV 방송은 자유공간(공기)을 전송 채널로 사용한다. 예를 들어, 특정 방송영역 내에 있는 라디오 방송국들은 각각 다른 주파수를 할당받아 많은 독립 채널을 전송할 수 있게 된다.

주파수분할다중화가 여러 사용자가 물리적 통신채널을 공유할 수 있도록 하기 위하여 사용되는 경우를 주파수분할다중접속(frequency-division multiple access, FDMA)이라고 하는데, 무선통신에 주로 사용된다. 각 FDMA 가입자에게는 특정 주파수 채널이 할당되고, 할당된 주파수를 사용하고 있는 동안에는 동일한 셀 또는 인접 셀의 다른 사용자는 그 주파수 채널을 사용할 수 없게 되는데, 이것은 간섭을 줄이지만 동시에 사용자 수를 심각하게 제한하게 만든다.

5.8.2 시분할다중화

통신시스템에서 표본화의 중요한 응용 중 하나가 TDM(time-division multiplexing)이다. 표본화된 파형은 시간영역에서 대부분 'off' 상태이므로 표본들 사이에 있는 시간을 다른 목적으로 사용할 수 있다. TDM에서는 다른 신호에서 나온 표본값들이 단일파형으로 섞이게 된다. 다시 말해, 여러 신호가 동일한 채널을 시분할한다. TDM은 전화통신, 원격측정, 라디오 및 데이터

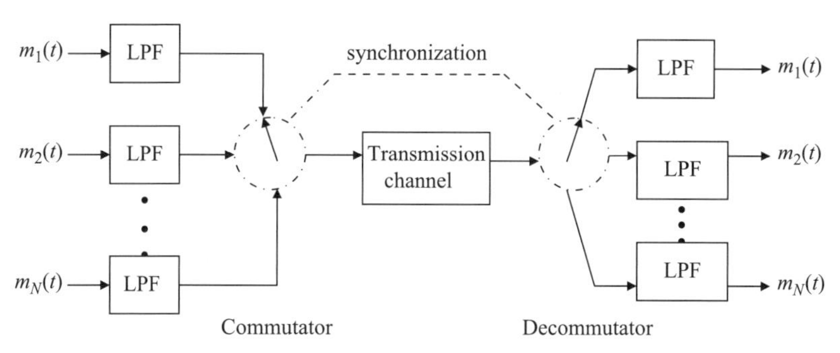

그림 5.20 시분할다중화.

처리에 널리 사용되고 있다.

TDM의 단순화된 개념이 그림 5.20에 나와 있다. 전송될 신호들이 나이퀴스트 속도 이상으로 표본화된다고 가정하면, 정류자(commutator)(시간순차표본화기)는 표본들을 섞어서 기저대역 신호를 형성한다. 채널의 다른 쪽 끝에서, 기저대역 신호는 반정류자(decommutator)(시간순차분배기 또는 표본화기)에 의해 역다중화(demultiplexing)되는데, 이때 제대로 동작하기 위해서 통신기와 잘 동기화되어야 한다.

나이퀴스트 표본화 정리를 사용하여 TDM 시스템의 최소 대역폭을 결정할 수 있다. 다중화될 N개의 신호가 있고 각각의 대역폭이 W라고 가정하자. 나이퀴스트 정리에 의해, 각 신호는 초당 $2W$ 회 이상 표본화되어야 한다. T의 시간간격에서 총 기저대역 표본의 개수는

$$n_s = \sum_{k=1}^{N} 2WT \tag{5.31}$$

가 된다. 복합신호가 대역폭 B의 기저대역 신호인 경우 필요한 표본 속도는 $2B$이다. T의 시간간격에는 $2BT$ 표본이 있으므로

$$n_s = 2BT = \sum_{k=1}^{N} 2WT \tag{5.32}$$

가 되어서,

$$B = \sum_{k=1}^{N} W = NW \tag{5.33}$$

가 되게 된다. 여기서 대역폭 B는 FDM에 대해 얻은 최소 요구 대역폭과 동일하다는 것을 알 수 있다.

전화선을 통한 디지털 음성 전송을 위한 표준 TDM 계층구조가 설정되었으나, 불행히도 북미와 일본에서 채택한 표준은 다른 국가에서 채택된 표준과 다르다. 북미 계층구조는 표 5.2와 그림 5.21에 나와 있다. 계층은 64 Kbps에서 시작하며 이는 음성신호의 PCM 표현에 해당한다. 이 속도가 기본 구성 단위가 되는데, 이것을 디지털신호 0(DS-0)라고 한다.

- TDM 계층의 첫 번째 수준에서 24개의 DS-0 비트스트림이 결합되어 1.544 Mbps에서 DS-1(digital signal one)을 형성한다. 이 신호는 제어를 목적으로 사용되고 24개 × 64 Kbps와 몇 개의 비트를 추가로 가진다. 이 서비스가 제공되는 회선을 T-1 회선이라고 한다.
- TDM의 두 번째 수준에서는 4개의 DS-1 비트스트림이 결합되어 6.312 Mbps에서 DS-2(digital signal two)를 얻는다. 이 서비스를 처리하는 회선을 T-2 회선이라고 한다.
- 세 번째 수준의 계층구조에서는 7개의 DS-2가 결합되어 44.736 Mbps에서 DS-3(digital

표 5.2 북미의 TDM 표준

디지털신호 번호	비트율 (Mbps)	64 kbps 채널의 개수	전송 매체
DS-0	0.064	1	Twisted pairs
DS-1	1.544	24	Twisted pairs
DS-2	6.312	96	Twisted pairs, fiber
DS-3	44.736	672	Coax, air, fiber
DS-4	274.176	4032	Coax, fiber
DS-5	560.16	8064	Coax, fiber

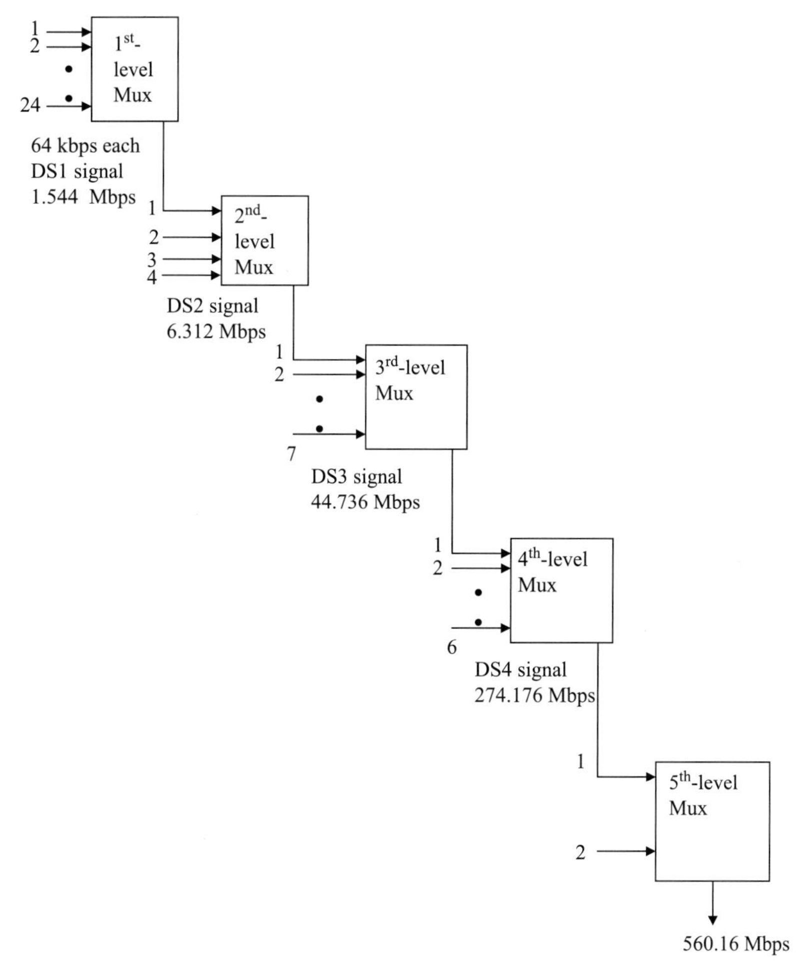

그림 5.21 북미의 디지털 TDM 계층구조.

signal three)를 형성한다. 이 서비스가 제공되는 회선을 T-3 회선이라고 한다.

- 네 번째 계층구조에서는 6개의 DS-3 비트스트림이 결합되어 274.176 Mbps에서 DS-4(digital signal four)를 형성한다. 해당 회선을 T-4 회선이라고 한다.
- 5단계 다중화기에서는 2개의 DS-4가 결합되어 560.16 Mbps에서 DS-5(digital signal five)를 얻는다.

시분할다중화를 사용하여 여러 사용자가 실제 통신채널을 공유할 수 있도록 하는 것을 시분할다중접속(time-division multiple access, TDMA)이라고 한다. TDMA는각 채널 내에서 각 사용자에게 고유한 시간슬롯을 할당하여 여러 사용자가 간섭 없이 단일채널에 접속할 수 있도록 하는 디지털 전송기술이다. TDMA 디지털 전송방식은 단일채널을 통해 3개의 신호를 다중화한다. TDMA는 디지털 셀룰러 전화기에 사용된다. 셀룰러에 대한 현재 TDMA 표준은 전달될 수 있는 데이터의 양을 증가시키기 위해 각 셀룰러 채널을 3개의 시간슬롯으로 분할하여 개별 호출자에게 전송을 위한 특정 시간 슬롯이 할당되도록 하고 있다.

예제 5.4

3개의 신호 $m_1(t)$, $m_2(t)$ 및 $m_3(t)$는 각각 4.8 kHz, 1.6 kHz 및 1.6 kHz로 대역제한된다. 이들 신호는 시분할다중화에 의해 전송되는 것이 바람직하다. (a) 각 신호가 나이퀴스트 속도로 표본화되었다고 가정하고, 다중화를 위한 체계를 설정하라. (b) 커뮤니케이터의 속도는 초당 얼마의 표본이어야 할까? (c) 채널의 최소 대역폭은 얼마일까? (d) 정류기 출력이 양자화되고 $L = 512$로 부호화되면, 출력 비트율은 얼마일까?

풀이

(a) 세 신호에 대한 나이퀴스트 속도는 표 5.3에 나와 있다. 정류자의 한 회전에서, 우리는 $m_2(t)$와 $m_3(t)$ 각각으로부터 하나의 표본과 $m_1(t)$로부터 3개의 표본을 얻는다. 이는 그림 5.22와 같이 정류자에 신호에 연결된 극이 5개 이상 있어야 함을 의미한다.

표 5.3 예제 5.4의 표

메시지신호	대역폭	나이퀴스트 속도
$m_1(t)$	4.8 kHz	9.6 kHz
$m_2(t)$	1.6 kHz	3.2 kHz
$m_3(t)$	1.6 kHz	3.2 kHz

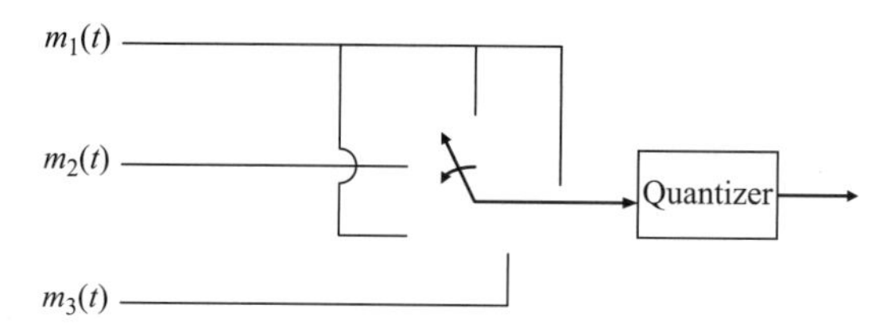

그림 5.22 예제 5.4에 대한 TDM 구성방식.

(b) 나이퀴스트 속도로부터, $m_1(t)$는 9600 표본/초를 갖는 반면, $m_2(t)$ 및 $m_3(t)$ 각각은 초당 3200개의 표본을 갖게 되어 총 16,000개의 표본을 얻게 된다. 따라서 정류자의 속도는 초당 16,000개 이상의 표본을 얻을 수 있어야 한다.

(c) 최소 채널 대역폭 W는 다음과 같이 주어진다.

$2W = 9.6 + 3.2 + 3.2 = 16 \text{ kHz}$

또는 $W = 8 \text{ kHz}$

(d) $L = 512 = 2^9 = 2^n$이므로 출력 비트율은

$n(16{,}000) = 144{,}000 \text{ bps} = 144 \text{ kbps}$

실전문제 5.4

1.6 kHz로 대역제한된 제4 신호 $m_4(t)$가 추가된 경우에 대하여 위의 예제 5.4를 반복하라.

정답: (a) 정류자에는 6개의 극이 있다. (b) 19,200 표본/초 (c) 9.6 kHz (d) 172.8 kbps

5.9 응용

이 장에서 다룬 개념들은 아날로그-디지털 변환기, 디지털 오디오(CD) 녹음, 디지털 전화기, 디지털 순환로 반송파, 아날로그 시분할 스위칭 및 채널 보코더 등의 여러 실제 응용분야에서 사용되고 있다. 그러나 여기서는 두 가지 응용분야에 대해서만 살펴보기로 한다.

5.9.1 아날로그-디지털 변환

아날로그신호를 디지털 형태로 나타내는 것이 유리할 때가 종종 있는데, 이렇듯 아날로그에서 디지털 형식으로의 변환은 아날로그-디지털 변환기(analog-to-digital converter, A/D 또는 ADC)에 의해 수행된다.

> **아날로그-디지털 변환기**(ADC)는 특정 시점에서 연속적인 아날로그신호를 표본화하고 표본화된 값을 디지털 표현으로 변환하는 회로이다.

다른 한편으로, 디지털-아날로그 변환(digital-to-analog conversion, DAC)으로 알려진 역프로세스에 의해 디지털신호를 아날로그 형태로 변환할 수도 있다. 데이터 수집, 통신, 계측 및 신호처리 인터페이스 등의 다양한 응용 영역에서 영역별 각기 다른 요구사항으로 인하여 여러 종류의 해상도, 대역폭, 정확도, 아키텍처, 포장, 전력 요구 사항 및 온도 범위를 가지는 매우 많은 종류의 ADC가 오늘날 시판되고 있다. 아날로그-디지털 변환을 실현하는 방법에는 여러 가지가 있는데, 여기에는 적분, 연속근사, 병렬 (플래시) 변환, 델타변조, 펄스코드변조(PCM) 및 시그마델타변조가 포함된다. 연속근사(successive approximation, SAR) 아키텍처는 주로 고해상도와 낮은 변환속도가 필요한 응용프로그램에 사용되고, 플래시 ADC는 20~800메가 표본/초 범위의 표본화 속도를 일반적으로 가지므로 매우 빠른 변환기이나 장치의 전력소비가 SAR에 비해 높다는 단점을 가진다. 시그마델타 ADC 아키텍처는 SAR보다 훨씬 높은 해상도를 제공한다. 여기서는 PCM 방법을 고려할 것이다.

음성신호 ADC의 개략도는 그림 5.23에 나와 있다. 이 그림에서 볼 수 있듯이 양자화 및 부호화 작업은 종종 아날로그-디지털 변환기라고 하는 동일한 회로에서 수행된다. 음성신호의 주파수 함량은 3400 Hz 미만으로 제한되므로, 표본화하기 전에 먼저 신호를 저역통과 필터(LPF)에 통과시켜야 한다. 불필요한 패턴(에일리어싱)을 피하려면 표본화 속도를 8000 Hz가 되게 하여 최고 신호 주파수보다 실질적으로 높게 만들어야 한다. 그런 다음, 연속신호를 불연속 값을 갖는 신호로 변경하기 위하여 아날로그 표본은 전화채널을 통한 전송을 위해 양자화 및 부호화 되어야 한다. ADC의 해상도는 생성할 수 있는 이산값들의 개수를 나타내는데, 일반적으로 비트로 표현된다. 예를 들어 아날로그 입력을 256개의 이산값 중 하나로 부호화하는 ADC의 해상도는 $2^8 = 256$이므로 8 비트이다.

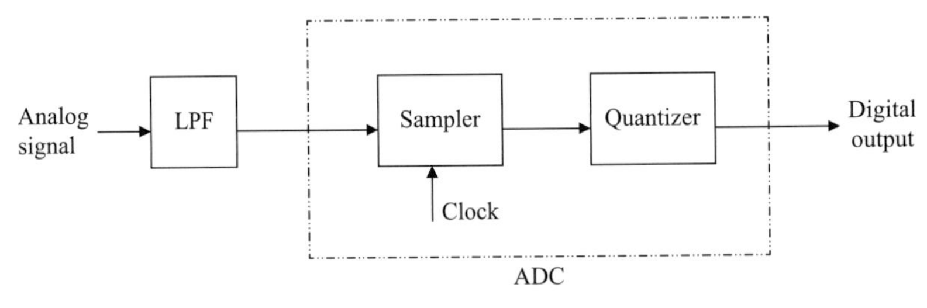

그림 5.23 음성신호 아날로그-디지털 변환기.

5.9.2 음성 부호화

일상적인 대화에서 수많은 청각(오디오)신호들을 접하게 되는데, 만일 전화선으로 이러한 오디오신호를 전송하려면 디지털화가 필요하다. 음성 디지털화는 일반적으로 코덱(coder/decoder)으로 알려진 장치에 의해 전화네트워크에서 수행된다. 코덱은 아날로그 음성을 8 비트 PCM 형식으로 변환한다. 시분할다중화를 사용하여 채널뱅크는 많은 PCM 채널을 단일 데이터스트림으로 결합한다. 표준 디지털사운드는 PCM 데이터로 저장되고, 오디오신호는 주어진 정밀도(또는 해상도)로 고정된 표본화 속도로 측정된다. 예를 들어, CD(compact disc)에서 각 스테레오 채널은 16 비트의 정밀도로 초당 44,100배 측정되므로 705,600 bps가 된다. 표본화 속도나 해상도를 낮추면 이 속도를 줄일 수 있지만, 두 값 모두를 낮추는 것이 가장 좋다. 물론 이 둘 사이에는 최상의 절충안이 있다.

음성코더(코덱의 일부임)는 파형코더(waveform coder)와 보코더(vocoder)로 분류될 수 있다. 파형코더는 시스템 출력이 입력 파형에 근사하도록 음성을 부호화와 복호화하는 알고리즘을 사용한다. 보코더는 디지털화되어 수신기로 전송되는 매개변수 집합을 추출함으로써 음성을 부호화한다. 이 부호화 작업과정에서 입력음성의 스펙트럼은 각 대역폭 200 Hz에서 최대 15개의 주파수대역으로 분할되고, 16개의 20 Hz 저역통과 필터의 출력이 표본화, 다중화, 그리고 A/D 변환된다. 만일 표본화가 40표본/초의 나이퀴스트 속도(대역폭 20 Hz 신호)로 되어 있고 각 표본을 나타내기 위해 3비트/표본을 사용하는 경우라면, 비트 전송률은 다음과 같다.

$$\begin{aligned} R &= 40\,\frac{\text{samples/s}}{\text{filter}} \times 16 \text{ filters} \times 3 \text{ bits/sample} \\ &= 1.9 \times 10^3 \text{ bits/s} \end{aligned} \tag{5.34}$$

오디오 부호화와 복호화를 위하여 여러 개의 MPEG(Motion Picture Experts Group) 표준이 개발되었는데, 그 중 MPEG-1은 오디오 부호화 표준이고 MPEG-2는 비디오와 오디오 압축용이다. MPEG-4는 대화형 멀티미디어 응용프로그램을 대상으로 하며 대화형 응용프로그램 및 서비스를 위한 멀티미디어 압축 표준이다. MPEG-7 표준의 각기 다른 부분은 포괄적인 멀티미디어 설명 도구 집합을 통합적이면서도 개별적으로 제공한다. MPEG-7은 설명 표현을 위한 언어, 설명의 이진 표현, 시청각 콘텐츠와 같이 아니면 별도로 설명을 전달하는 방법 등에 대하여 시스템 전문가에게 새로운 과제를 제기하고 있다.

장말 요약

1. 표본화는 불연속시간 순간의 크기를 측정하여 연속신호를 처리하는 과정이다. 신호가 W로 대역제한이 되고, 나이퀴스트 속도 $f_s = 2W$ 이상으로 표본화된다면, 표본으로부터 완벽하고 완전하게 원래 신호를 복구할 수 있다.
2. 펄스진폭변조(PAM)는 개별 펄스열의 진폭이 신호 자체에 따라 변하게 하는 변조방식으로, 기본적으로 표본과 정지(sample-and-hold) 작업이다.
3. 양자화는 반올림 과정이며 양자화 잡음으로 알려진 오류를 수반한다.
4. 부호화는 표본값들의 이산집합을 부호워드로 변환하는 과정이다.
5. 펄스부호변조(PCM)는 메시지신호가 이진 심벌 시퀀스로 표본화, 양자화 및 부호화하는 변조방식이다.
6. 델타변조(DM)는 일반적으로 1 비트 PCM으로 간주된다. 이는 아날로그신호를 일련의 세그먼트로 근사화하는 아날로그-디지털 신호 변환작업이며, 각 세그먼트는 원래 아날로그 파형과 비교하여 진폭의 증가 또는 감소를 나타낸다.
7. 다중화(multiplexing)는 공통채널을 통한 전송을 위해 다수의 개별 메시지신호가 결합되는 방식으로, FDM과 TDM의 두 가지 기본 유형이 있다. 주파수분할다중화(FDM)는 다중 기저대역 신호가 겹치지 않는 주파수대역으로 변환되고 복합신호를 생성하기 위하여 이 신호들이 결합되는 신호다중화의 한 형태이다. 시분할다중화(TDM)는 서로 다른 소스의 신호를 시간 끼워넣기 하여 이러한 소스의 정보를 단일채널을 통해 전송할 수 있게 하는 방식이다.
8. 이 장에서 아날로그-디지털 변환기(ADC)와 음성부호화의 두 가지 응용분야를 살펴보았는데, ADC는 연속신호를 이산값으로 변환하는 장치이고, 음성부호화는 시스템 출력이 입력 파형에 근사하도록 음성을 부호화 및 복호화하는 알고리즘을 사용한다.

복습문제

5.1 신호는 동시에 대역제한 및 시간제한이 될 수 있다.

(a) 참 (b) 거짓

5.2 신호는 20 kHz로 대역제한된다면, 완벽한 복구를 보장하는 최소 표본화 속도는 얼마인가?

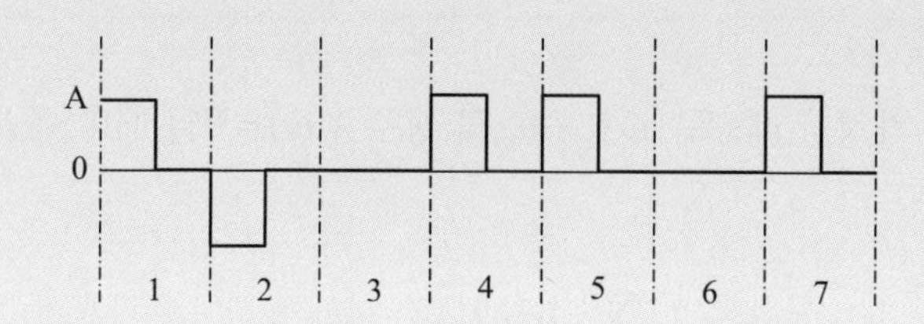

그림 5.24 복습문제 5.9의 그림.

(a) 10 kHz (b) 20 kHz (c) 40 kHz (d) 결정할 수 없다

5.3 미국, 캐나다, 일본의 전화회사에서는 $\mu = 255$가 사용된다.

(a) 참 (b) 거짓

5.4 델타변조에서 경사과부하의 원인은 무엇인가?

(a) 큰 스텝 크기 Δ (b) 작은 스텝 크기 Δ (c) 큰 표본화주기 T_s
(d) 작은 표본화주기 T_s

5.5 델타신호변조(DSM)에서, 적분은 델타변조 전에 수행된다.

(a) 참 (b) 거짓

5.6 DS-2는 64 Kbps 채널 몇 개로 구성되어 있는가?

(a) 6 (b) 24 (c) 48 (d) 96

5.7 DS-4를 만드는 DS-3 데이터스트림은 몇 개인가?

(a) 2 (b) 3 (c) 4 (d) 6 (e) 10

5.8 ADC는 6 비트 해상도를 갖는다. 부호화할 수 있는 개별 값은 몇 개인가?

(a) 6 (b) 12 (c) 64 (d) 128

5.9 이진 시퀀스의 양극 RZ 표현이 그림 5.24에 나와 있다. 이 그림의 파형에는 오류가 있는데 이 오류가 발생한 위치는 다음 어디인가?

(a) 1 (b) 2 (c) 4 (d) 5 (e) 7

5.10 다음 중 아날로그 변조방식이 아닌 것은 무엇인가?

(a) PAM (b) PPM (c) PCM (d) PWM

정답: 5.1 (b), 5.2 (c), 5.3 (a), 5.4 (b), 5.5 (a), 5.6 (d), 5.7 (d), 5.8 (c), 5.9 (d), 5.10 (c)

익힘문제

5.2절 표본화

5.1 신호는 $W = 2400$ Hz의 대역폭으로 대역제한된다. 800 Hz의 보호대역을 보장하려면 표

본화 속도는 얼마이어야 하는가?

5.2 $x(t)$가 대역제한되어 있다고 가정할 때, 즉 $|\omega| > \omega_m$의 경우 $X(\omega) = 0$일 때 다음을 유도하라.

$$\int_{-\infty}^{\infty} [x(t)]^2 dt = T_s \sum_{n=-\infty}^{\infty} [x(nT_s)]^2$$

여기서 $T_s = \pi/\omega_m$이다.

5.3 대역폭이 40 Hz인 신호 $m(t)$가 나이퀴스트 속도보다 25% 높은 곳에서 표본화된다. 표본화된 값이

$$m(nT_s) = \begin{cases} -1, & -3 \le n \le 0 \\ 1, & 0 < n \le 4 \\ 0, & \text{otherwise} \end{cases}$$

인 경우, $t = 0.0125$ s에서 $m(t)$를 구하라.

5.4절 양자화와 부호화

5.4 신호의 대역폭은 2.4 MHz이다. $L = 128$인 PCM을 사용하여 전송되는 경우 전송 대역폭을 구하라.

5.5 (a) 각각의 추가 양자화 비트가 SQNR을 대략 6 dB 증가시킨다는 것을 보여라.

(b) 8 비트 양자화기의 SQNR을 구하라.

5.6절 델타변조

5.6 델타변조가 다음과 같을 때 경사과부하를 방지하는 데 필요한 최소 표본화 주파수를 계산하여라.

$$m(t) = 3\cos 40\pi t + 4\cos 60\pi t$$

$\Delta = 0.02\pi$라고 가정하라.

5.7 DM 시스템에 대한 2 kHz 정현파 입력은 $\Delta = 0.15$로 나이퀴스트 속도의 5배로 표본화된다. 경사과부하를 방지하기 위한 정현파 입력의 최대 진폭은 얼마인가?

5.7절 전송로 부호화

5.8 (a) 양극 RZ를 사용하여 데이터스트림 011011101에 대한 펄스열을 그려라.

(b) 맨체스터 부호화 방법을 사용하여 (a)의 데이터 스트림에 대한 펄스열을 그려라.

5.9 다음 전송로 부호를 사용하여 데이터스트림 1101000110에 대한 펄스열을 그려라.

(a) 단극성 NRZ (b) 양극성 NRZ (c) 단극성 RZ

(d) 양극성 RZ (e) 맨체스터

표 5.4 익힘문제 5.10

Original code	3B4B code	
	Mode 1	Mode 2
000	0010	1101
001	0011	
010	0101	
011	0110	
100	1001	
101	1010	
110	1100	
111	1011	0100

5.10 3B4B 부호화 체계는 표 5.4의 규칙에 따라 세 개의 이진수 숫자 블록을 네 개의 이진수 숫자 블록으로 변환한다. 3개의 1이 연속되는 블록에 대해, 블록 1011 및 0100이 교대로 사용된다. 이와 유사하게, 3개의 0이 연속되는 블록에 대해서도, 부호화된 블록 0010 및 1101이 교대로 사용된다. 데이터 10000011111100000011010에 대한 부호화된 스트림을 찾아라.

5.8절 다중화

5.11 각각 8 kHz 기저대역 대역폭을 갖는 4개 데이터채널은 주파수분할다중화가 되어야 한다. 채널 1은 기저대역에 있다. 채널 1의 대역폭의 25%의 보호대역은 채널 1의 위쪽 가장자리와 채널 2의 아래쪽 가장자리 사이에 유지된다. 같은 방식으로 채널 2의 대역폭의 25%와 동일한 보호대역은 채널 1의 위쪽 가장자리와 채널 3의 아래쪽 가장자리 사이에 유지된다. 채널 3과 채널 4의 보호대역도 앞과 동일한 방식을 따른다고 할 때, 복합 스펙트럼의 다이어그램을 그려라. 경사과부하를 방지하기 위해 정현파 입력의 최대 진폭은 얼마인가?

5.12 4개의 채널에 다음과 같은 기저대역 대역폭이 있는 경우 문제 5.11을 반복하라.

채널 1: 8 kHz

채널 2: 10 kHz

채널 3: 12 kHz

채널 4: 16 kHz

5.13 (a) DS-1에 얼마나 많은 오버헤드가 추가되나?

(b) DS-2에 얼마나 많은 오버헤드가 추가되나?

(c) DS-3에 얼마나 많은 오버헤드가 추가되나?

5.14 비트스터핑(bit stuffing)이라고 하는 기술이 일반적으로 데이터통신에 사용된다. 송신기가 데이터에서 5개의 연속적인 1을 발견할 때마다 0비트를 삽입하고 수신기는 반대의 동작을 한다고 하면, 다음 데이터 시퀀스에 대하여 비트 스터핑 후에 나타나는 데이터스트림을 결정하라.

(a) 0101111111111101 (b) 1011111101111111100

5.15 T-1 8 비트 PCM 시스템은 24개의 음성채널을 다중화한다. 동기화 목적으로 각 T-1 프레임의 시작부분에 하나의 프레이밍 비트가 추가된다. 음성이 8 kHz로 표본화된다고 할 때, 다음을 구하라. (a) 각 비트의 지속시간 (b) 결과 전송 속도 (c) 최소 요구 대역폭

5.16 각 대역이 2.4 kHz로 제한된 20개의 기저대역 채널이 6 kHz의 속도로 표본화되고 다중화된다. 다중화된 표본이 PCM 시스템을 사용하는 경우 전송에 필요한 대역폭은 얼마인가?

5.17 시분할다중화는 두 신호 $m_1(t)$와 $m_2(t)$를 전송하는 데 사용된다. $m_1(t)$의 최고주파수는 4 kHz인 반면 $m_2(t)$의 최고주파수는 3.2 kHz라면, 허용가능한 최소 표본화 속도를 결정하라.

5.18 각각 33.6 Kbps에서 작동하는 30개의 모뎀(변조기-복조기)의 출력은 T-1 회선에서 시분할다중화 된다. 오버헤드에 45 Kbps가 사용된다고 가정하면 그 회선에서 사용되지 않는 부분은 몇 퍼센트인가?

5.19 각각 최대 56 Kbps의 8개의 디지털 회선이 통계적 TDM을 사용하여 단일 360 Kbps 회선에 결합되어 있을 때, (a) 최대 용량으로 몇 개의 회선을 동시에 전송할 수 있을까? (b) 8개의 회선이 모두 전송 중인 경우 각 회선의 데이터 속도는 얼마만큼 줄어들까?

5.9절 응용

5.20 콤팩트디스크(CD)에서 각 스테레오 채널은 초당 44,100회 표본화된다. 표본이 표본 양자화기당 16비트의 속도로 양자화된다고 하면 10분 길이의 음악이 갖는 비트 수를 찾아라.

6 확률과 랜덤과정

모든 움직임에는 이유가 있다.

아이작 뉴턴

6.1 개요

지금까지 우리가 다루어 온 신호는 시간의 함수로 완벽히 표현된, 그래서 모든 시간에서 그 값이 결정되어 있는 결정신호였다. 그러나 실제상황에서 마주치는 대부분의 신호는 랜덤하며(예측 불가능하든가 또는 오류를 갖고 있는) 결정되어 있지 않다. 실제 우리는 모든 통신시스템에서 어떤 형태로든 랜덤신호를 접하게 된다. 예를 들어 음성신호나 TV신호는 식으로는 서술될 수 없는 랜덤신호이다. 여기서 중요한 사실은, 이 랜덤하다는 성질이야말로 적어도 다음 두 가지 이유로 인해 통신에서는 결정적 요소라는 것이다. 첫째, 전송되는 신호 자체가 랜덤이다. 그렇지 않다면 송신로의 반대편에 있는 수신자는 전송된 메시지를 미리 알 수 있을 것이고, 따라서 통신을 할 필요가 없다는 말이 된다. 즉, 정보를 담고 있는 신호는 그 자체로 랜덤일 수밖에 없다는 말이다. 둘째, 전송신호는 대표적인 랜덤신호인 잡음에 의해 항상 오염될 수밖에 없다. 따라서 통신에서는 정보를 담고 있는 신호나 원치 않는 잡음신호 모두 랜덤신호가 된다.

> **랜덤한 양**이란 확률적인 방식으로 통제되는 양을 의미한다.

랜덤신호와 랜덤잡음을 다루는 일은 이들의 통계적 특성을 수학적으로 기술한 확률이론으로부터 출발해야 한다.

대부분의 독자들이 확률이론과 랜덤변수에 대해서는 적어도 한 과목 정도는 이수했을 것으로 보이지만, 이 장에서는 본 교재에서 필요로 하는 기본 개념에 대해 간략한 복습을 하겠다. 이 기본 개념에는 확률, 랜덤변수, 통계적 평균값, 그리고 확률 모델이 포함된다. 그리고 랜덤과정의 성질과 이를 수학적으로 해석하기 위한 기본 도구에 대해서도 공부하겠다. 또한 이러한 개념들이 선형시스템에서 어떤 식으로 적용되는지도 볼 것이며 MATLAB을 이용하여 실증하겠다. 이미 이러한 개념들에 숙달되어 있는 독자라면 이 장을 건너뛰어도 무방하다.

6.2 확률 기초

확률이론은 확률실험이라는 개념에서 출발한다. 일반적으로 실험(또는 시행)이란 결과물(outcome)이라고 불리는 실험결과를 얻기까지의 일련의 작업을 말한다. 여기서 결과물이란 한 번의 실험을 수행했을 때의 실험결과에 해당한다. 실험결과를 확실하게 예측할 수 없는 실험을 확률실험이라고 한다. 따라서 동일한 확률실험을 여러 차례 반복적으로 수행한다 하더라도 매번의 결과물은 다를 수 있다. 확률실험의 예로는 동전 던지기, 주사위 던지기, 고속도로 톨게이트에 들어오는 자동차의 수, 집에 걸려오는 전화의 수 등을 들 수 있다. 확률실험에서 나올 수 있는 모든 결과물의 집합을 표본공간(sample space) S라고 하며, 이 표본공간의 부분집합을 사건(event)이라고 부른다. 결과물과 사건의 관계는 그림 6.1의 벤다이어그램에서 볼 수 있다.

확률실험(experiment)은 측정이나 관찰을 통해 결과물을 얻는다.

결과물(outcome)이란 확률실험의 수행으로부터 얻는 하나의 실험결과이다.

표본공간(sample space)은 확률실험에서 나올 수 있는 가능한 모든 결과물의 집합이다.

사건(event)이란 표본공간의 부분집합을 의미한다.

주사위 던지기라는 확률실험을 예로 들어 보자. 주사위를 던져 나올 수 있는 눈은 1, 2, 3, 4, 5, 6이므로 표본공간은 $S = \{1, 2, 3, 4, 5, 6\}$이 되고, $A = \{1\}$이라는 부분집합은 '주사위를 던져 1이 나온 사건'으로, $B = \{2, 4, 6\}$이라는 부분집합은 '주사위를 던져 짝수가 나온 사건'으로 해석할 수 있다. 모든 집합은 자기 자신과 공집합 ϕ를 부분집합으로 갖는다. 따라서 S라는 사건은

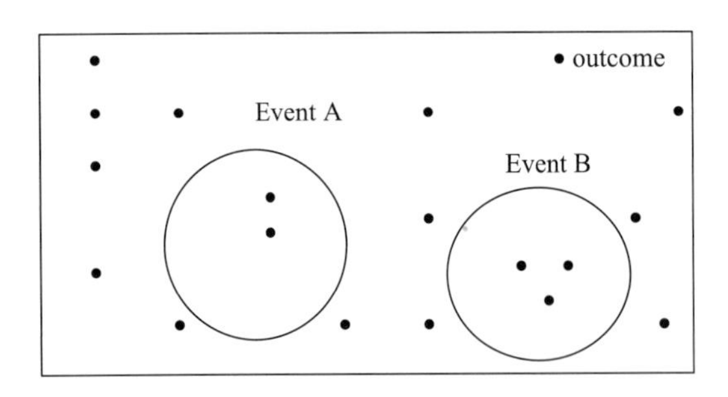

그림 6.1 결과물(점)과 사건(원)의 관계를 설명하는 표본공간.

'주사위를 던져 무엇인가가 나온 사건'으로, ϕ는 '주사위를 던져 아무것도 나오지 않은 사건'쯤으로 해석하면 된다.

6.2.1 단순확률

확률은 사건에 대해 정의되는 값이다. 사건의 확률을 단순한 의미로 정의해 보자. 사건 A의 확률 $P(A)$는 사건 A의 발생횟수를 해당 확률실험의 총 시행횟수로 나눈 값으로 정의할 수 있다. 만일 확률실험을 n번 시행했고, 그 결과, 사건 A가 n_A번 발생했다면 사건 A의 확률 $P(A)$를 다음과 같이 정의할 수 있다.

$$P(A) = \lim_{n \to \infty} \frac{n_A}{n} \tag{6.1}$$

이 정의는 사건 A의 상대적 빈도(relative frequency)라고도 부른다. 식 (6.1)의 정의에 대해 두 가지 점에 주목할 필요가 있다. 첫째, 사건의 확률 P는 반드시 양의 실숫값을 가지며 다음 식을 만족한다.

$$0 \leq P \leq 1 \tag{6.2}$$

여기서 $P=0$이라는 말은 해당 사건이 절대로 발생할 수 없음을, 다시 말해 해당 사건이 ϕ라는 말이 되며, $P=1$이라는 말은 해당 사건이 항상 발생함을, 즉 해당 사건이 S라는 의미이다. 둘째, 식 (6.1)이 확률의 정의로 유의미하기 위해서는 시행횟수 n이 충분히 큰 값이어야 한다는 사실이다.

특히 두 번째로 언급한, 상대적 빈도로서의 확률의 정의가 갖는 이러한 제약조건 때문에, 실제 수학적으로는 좀 더 엄격하게 확률을 정의한다. 이를 확률의 공리적 정의라고 하며 다음과 같다.

사건 A의 확률 $P(A)$는 다음의 세 가지 공리를 만족하는 실숫값이다.

1. 표본공간에 대한 확률은 항상 1이다. 즉,

$$P(S) = 1 \tag{6.3}$$

2. 임의의 사건 A에 대해

$$0 \leq P(A) \leq 1 \tag{6.4}$$

이다.

3. 두 사건 A, B가 서로 분리되어 있다면(다른 말로는 상호배타적이라고도 한다),

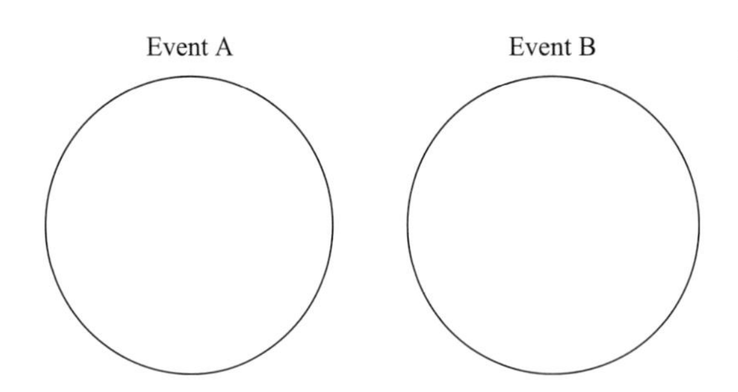

그림 6.2 상호배타적인 두 사건.

$$P(A \cup B) = P(A) + P(B) \tag{6.5}$$

사건 A와 사건 B가 상호배타적이라는 뜻은 그림 6.2에서 보듯이 $A \cap B = \phi$라는 의미이다. 즉, 두 사건이 동시에 발생할 수는 없다는 말이다.

식 (6.5)의 특별한 경우가 A와 B가 서로 여집합 관계에 있을 경우이다. 즉, $A \cap B = \phi$이고 $A \cup B = S$인 경우이다. 이때는 다음의 식이 성립한다.

$$P(A) + P(B) = 1 \tag{6.6}$$

또는

$$P(A) = 1 - P(B) \tag{6.7}$$

예를 들어 동전 던지기라는 확률실험에서 앞면이 나오는 사건의 여집합은 뒷면이 나오는 사건이 된다. 따라서 앞면이 나오는 사건의 확률이 p라면 뒷면이 나오는 사건의 확률은 $1-p$가 되고, 그래야 두 확률의 합이 1이 된다.

다음으로 사건 A와 B가 상호배타적이지 않은 경우를 살펴보자. 그림 6.3에서 보듯이 두 사건이 공통의 결과물을 공유하고 있다면(즉, 두 집합의 교집합이 공집합이 아니라면), 두 사

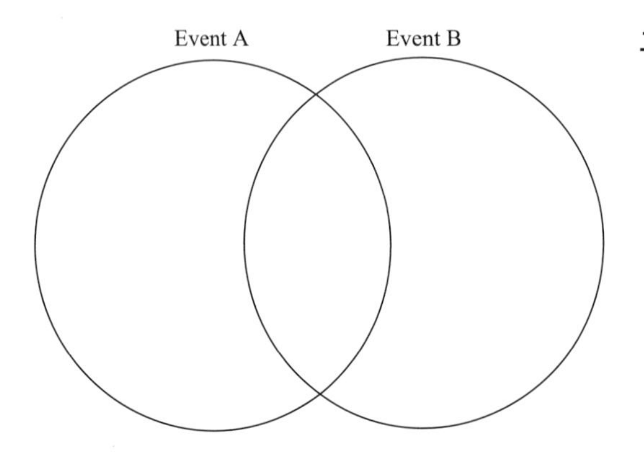

그림 6.3 상호배타적이지 않은 두 사건.

건은 상호배타적이지 않다. 이 경우 두 사건의 합집합에 해당하는 사건의 확률 $P(A \cup B)$는 $P(A+B)$라고도 표기하며 다음과 같다.

$$P(A+B) = P(A) + P(B) - P(AB) \tag{6.8}$$

위 식에서 $P(AB)$는 사건 A와 B의 결합확률(joint probability)이라고 부르며 이는 두 사건 A와 B의 교집합의 확률이다. 즉, 두 사건 A와 B가 동시에 발생할 확률에 해당한다.

6.2.2 조건부확률

간혹 한 사건의 발생 여부가 다른 사건의 발생 확률에 영향을 미치는 경우를 보게 된다. 사건 A에 대한 사건 B의 의존도는 다음 식으로 표현되는 조건부확률(conditional probability) $P(B|A)$로 측정할 수 있다.

$$P(B|A) = \frac{P(AB)}{P(A)} \tag{6.9}$$

위 식에서 $P(AB)$는 사건 A와 B의 결합확률이다. $B|A$라는 표기법은 '사건 A가 발생했다는 조건 하에서의 사건 B'로 해석할 수 있다. 만일 사건 A와 사건 B가 상호배타적이라면 $P(AB) = 0$이 되므로 조건부확률 $P(B|A)$ 역시 0이 된다. A와 B의 위치가 바뀌어도 다음과 같이 마찬가지의 식이 성립한다.

$$P(A|B) = \frac{P(AB)}{P(B)} \tag{6.10}$$

식 (6.9)와 (6.10)으로부터 다음을 얻을 수 있고

$$P(AB) = P(B|A)P(A) = P(A|B)P(B) \tag{6.11}$$

여기서 $P(AB)$를 제거하면 다음 식이 만들어진다.

$$P(B|A) = \frac{P(B)P(A|B)}{P(A)} \tag{6.12}$$

식 (6.12)는 베이스 정리(Bayes' theorem)라는 이름으로 알려져 있다. 만일 $P(B|A) = P(B)$라면, 이는 사건 A의 발생 여부가 사건 B의 확률에 아무런 영향을 미치지 못한다는 것을 의미하게 되고, 이 경우 두 사건 A와 B는 서로 통계적으로 독립이라고 한다. 식 (6.9)에 의해 두 사건 A와 B가 통계적으로 독립이면 $P(AB) = P(A)P(B)$가 됨을 알 수 있다.

예제 6.1

동전 세 개를 동시에 던졌다. 이 동전들은 앞면(H) 나올 확률과 뒷면(T) 나올 확률이 각각 1/2인 공정한 동전이라고 하자. 정확히 두 개의 앞면이 나오는 사건 A와 적어도 하나 이상의 뒷면이 나오는 사건 B의 확률을 구하라.

풀이

첫 번째 동전이 앞면, 두 번째 동전이 뒷면, 그리고 세 번째 동전이 앞면이 나오는 경우에 해당하는 결과물을 HTH라고 표현해 보자. 세 개의 동전을 동시에 던진다면 $2^3 = 8$가지의 결과물이 나올 수 있고, 이들은 다음과 같다.

$$\text{HHH, HHT, HTH, HTT, THH, THT, TTH, TTT}$$

개별 동전의 앞, 뒷면 여부는 다른 동전의 앞, 뒷면 여부에 전혀 영향을 미치지 못한다. 따라서 예를 들어, {HTH}라는 사건은 첫 번째 동전이 앞면, 두 번째 동전이 뒷면, 세 번째 동전이 앞면이 나왔다는 사건들이 동시에 발생한 사건이고, 개개의 사건들이 통계적 독립이므로

$$\text{P(HTH)} = \text{P(H) P(T) P(H)} = \frac{1}{8}$$

이 된다.

(a) 정확히 두 개의 앞면이 나온 사건이 사건 A이므로

$$\text{사건 } A = \{\text{HHT, HTH, THH}\}$$

이다. 또한 이는 상호배타적인 세 개의 사건 {HHT}, {HTH}, {THH}의 합집합이므로

$$\begin{aligned} P(A) &= P(\text{HHT, HTH, THH}\} \\ &= P(\text{HHT}) + P(\text{HTH}) + P(\text{THH}) \\ &= \frac{1}{8} + \frac{1}{8} + \frac{1}{8} = \frac{3}{8} = 0.375 \end{aligned}$$

이다.

(b) 마찬가지로,

$$\begin{aligned} P(B) &= P(\text{HHT, HTH, HTT, THH, THT, TTH, TTT}) \\ &= P(\text{HHT}) + P(\text{HTH}) + \cdots + P(\text{TTT}) \\ &= 7 \times \frac{1}{8} = 0.875 \end{aligned}$$

이다.

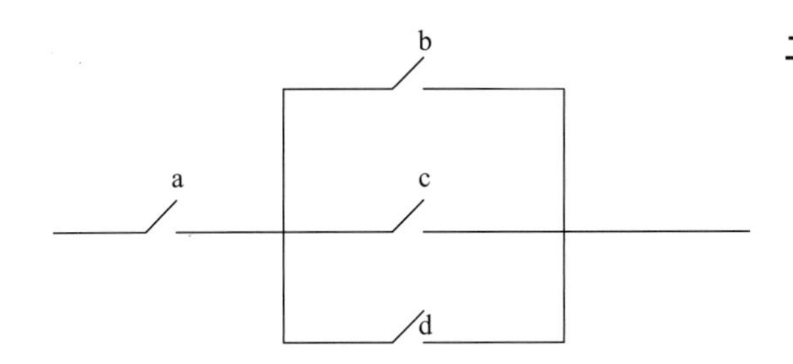

그림 6.4 예제 6.2의 스위치 회로.

실전문제 6.1

두 개의 공정한 동전을 동시에 던지는 확률실험이 있다. (a) 가능한 모든 결과물을 나열해 보라. (b) 두 동전 모두 뒷면이 나올 확률을 구하라. (c) 적어도 하나 이상의 앞면이 나올 확률을 구하라.

정답: (a) HH, HT, TH, TT (b) 0.25 (c) 0.75

예제 6.2

그림 6.4의 스위치 회로를 보자. A, B, C, D는 각각 스위치 a, b, c, d가 닫혀 있는 사건을 의미한다. 각 스위치들은 독립적으로 작동되고 스위치가 닫힐 확률 p는 0.5라고 하자. (a) 회로의 양 끝 사이에 연결된 경로가 있을 확률과 (b) 그렇지 않을 확률을 구하라.

풀이

이 문제는 두 가지 방법으로 풀 수 있다.

방법 1(직관적 접근)

각 스위치는 닫혀 있거나(C) 열려 있거나(O)이고 네 개의 스위치가 있으므로 총 $2^4 = 16$개의 결과물이 있다. 이 16개의 결과물은 표 6.1에 나타나 있다. 예를 들어 OCOO란, 스위치 a, c, d는 열려 있고 스위치 b가 닫혀 있는 경우를 말한다.

(a) 회로의 양 끝 사이에 연결된 경로가 있기 위해서는 스위치 a는 반드시 닫혀 있어야 하고 나머지 스위치 b, c, d 중 적어도 하나는 닫혀 있어야 한다. 이 경우에 해당하는 결과물들은 표 6.1에서 화살표로 표시된 7개의 결과물들이다. 표에 나열된 16개의 결과물 모두 동일한 확률을 가지므로

$$P(\text{연결된 경로}) = 7/16 = 0.4375$$

(b) 표에 화살표로 표시되지 않은 9개의 결과물은 연결된 경로를 만들지 못한다. 따라서

$$P(\text{연결되지 못한 경로}) = 9/16 = 0.5625$$

표 6.1 예제 6.2의 표

Switches	Switches	
abcd	abcd	
OOOO	CCCC	⟵
OOOC	CCCO	⟵
OOCO	CCOC	⟵
OOCC	CCOO	⟵
OCOO	COCC	⟵
OCOC	COCO	⟵
OCCO	COOC	⟵
OCCC	COOO	

방법 2(해석적 접근)

(a) $P(A)$, $P(B)$, $P(C)$, $P(D)$는 각각 스위치 a, b, c, d가 닫힐 확률이므로 모두 $p=0.5$이다. 그림 6.4에서 알 수 있듯이, 연결된 경로가 존재하기 위해서는 스위치 a는 반드시 닫혀 있어야 하고, 스위치 b, c, d 중에는 적어도 하나 이상 닫혀 있어야 한다. 결합확률과 통계적 독립의 개념을 이용하면 다음의 식을 쓸 수 있다.

$$P(\text{연결된 경로}) = P[(B+C+D)A] = P(B+C+D)\,P(A)$$

여기서 $P(B+C+D)$는 다음과 같이 계산된다.

$$\begin{aligned} P(B+C+D) &= P(B)+P(C)+P(D)-P(BC)-P(BD)-P(CD)+P(BCD) \\ &= p+p+p-p^2-p^2-p^2+p^3 = p(3-3p+p^2) \end{aligned}$$

따라서

$$\begin{aligned} P(\text{연결된 경로}) &= P(B+C+D)P(A) \\ &= p^2(3-3p+p^2) = \frac{1}{4}\left(3-\frac{3}{2}+\frac{1}{4}\right) = \frac{7}{16} = 0.4375 \end{aligned}$$

(b) 연결된 경로가 있다는 사건과 그렇지 않다는 사건은 서로 여집합 관계이므로 식 (6.7)을 적용하면

$$P(\text{연결되지 못한 경로}) = 1 - P(\text{연결된 경로}) = 1 - 0.4375 = 0.5625$$

실전문제 6.2

두 개의 공정한 주사위를 던져 그 합을 확인하는 확률실험에서 (a) 합이 9가 되는 사건, (b) 합이 9보다 큰 사건, (c) 합이 6이거나, 7이거나, 8인 사건의 확률을 각각 구하라.

정답: (a) 1/9 (b) 1/6 (c) 4/9

6.2.3 랜덤변수

확률이론에서 랜덤변수라는 용어가 등장하는 데에는 적어도 두 가지 이유가 있다. 첫째, 확률실험마다 해당하는 결과물은 다양한 형태를 취하게 되므로(예를 들면, 동전 던지기에서는 H와 T, 주사위 던지기에서는 1, 2, 3, 4, 5, 6 등), 어떤 확률실험이든지 그 결과물들을 수로 나타낼 수 있다면 매우 편리할 것이다. 둘째, 특히 수학자나 통신공학자들은 수치로 주어지는 랜덤신호를 직면할 경우가 많다. 이러한 랜덤신호들은 랜덤변수를 이용하여 처리할 수 있다.

랜덤변수란 확률실험의 결과물에 실수를 대응시키는 함수 또는 규칙이라고 할 수 있다. 다시 말해 확률실험의 하나하나의 가능한 결과물에 대해 실수가 배정되는 것이다. 이 배정된 실수가 랜덤변수의 값이다. 이 함수만 놓고 본다면, 랜덤하지도 않고 변수도 아니라는 점에서 랜덤변수라는 용어는 어찌 보면 잘못된 명칭일 수 있다. 예를 들어 동전 던지기라는 확률실험을 보자. 결과물은 앞면(H)과 뒷면(T)이므로 표본공간은 $S = \{H, T\}$이다. 이 결과물에 실숫값을 배정하는 것, 예컨대 H에는 1을, T에는 0을 배정했다면, $X(H) = 1$, $X(T) = 0$이라는 함수 X가 등장한다. 이 함수 X는 확률실험의 결과에 따라 그 값이 랜덤하게 1도 되고 0도 되는 변수로 볼 수도 있으므로 랜덤변수라고 부르는 것이다. 통상 랜덤변수는 X, Y, Z와 같은 대문자로 표현하고, 그 랜덤변수의 값은 x, y, z처럼 소문자로 나타낸다. 최종적으로 정리한다면, 랜덤변수 X는 그림 6.5에서 보는 것처럼 표본공간 S의 원소들에 실수 x, $-\infty \le x \le \infty$를 배정하는 함수이다.

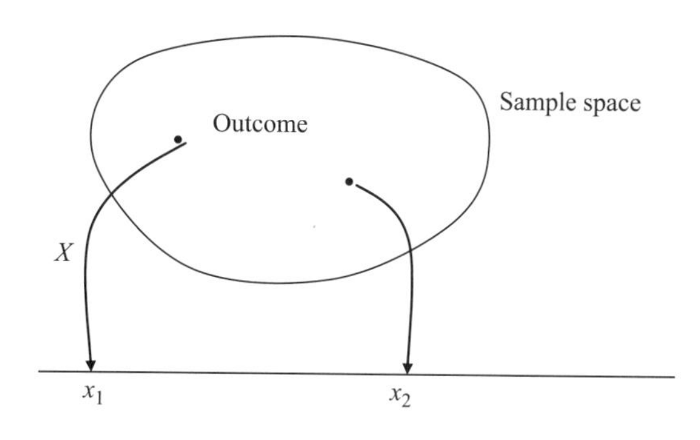

그림 6.5 랜덤변수 X는 표본공간으로부터 실수집합으로의 함수이다.

랜덤변수 X는 표본공간의 각 원소 a에 실숫값 $X(a)$를 배정하는 실수 함수이다.

랜덤변수 X가 이산적인 값만을 갖는다면, 이 랜덤변수는 이산랜덤변수라고 한다. 만일 연속적인 값을 가질 수 있다면 연속랜덤변수라고 한다. 이산랜덤변수의 예로는 주사위 던지기에서 나오는 값이 있다. 연속랜덤변수의 예로는 뒷부분에서 자세히 다루게 될 가우스 분포 잡음을 들 수 있다.

랜덤변수 X를 다루기 위해서는 X가 이산이든 연속이든 간에 X의 확률적 표현이 필요하다. 랜덤변수 X의 누적분포함수(cumulative distribution function, CDF)란 다음과 같다.

랜덤변수 X의 **누적분포함수**(CDF)는 임의의 값 x에 대해 랜덤변수 X가 x보다 작거나 같을 확률값을 주는 함수이다.

주어진 x에 대해 사건 $X \le x$의 확률을 $P(X \le x)$라고 표기하자. 연속랜덤변수 X의 누적분포함수 $F_X(x)$는 다음과 같다.

$$F_X(x) = P(X \le x), \ -\infty \le x \le \infty \tag{6.13}$$

$F_X(x)$는 다음과 같은 속성을 갖는다.

1. $$F_X(-\infty) = 0 \tag{6.14a}$$
2. $$F_X(\infty) = 1 \tag{6.14b}$$
3. $$0 \le F_X(x) \le 1 \tag{6.14c}$$
4. $$F_X(x_1) \le F_X(x_2), \text{if} \quad x_1 < x_2 \tag{6.14d}$$
5. $$P(x_1 < X \le x_2) = F_X(x_2) - F_X(x_1) \tag{6.14e}$$

첫 번째와 두 번째 속성은 $X \le -\infty$라는 사건은 공집합에 해당하며 $X \le \infty$라는 사건은 표본공간 S에 해당한다는 사실로부터 유추할 수 있다. 세 번째 성질은 $F_X(x)$가 확률이라는 사실에 기인한다. 네 번째 성질은 $F_X(x)$가 감소하지 않는 함수라는 의미이고, 마지막 성질은 다음과 같이 증명할 수 있다.

$$\begin{aligned} P(X \le x_2) &= P(X \le x_1) + P(x_1 < X \le x_2) \\ P(x_1 < X \le x_2) &= P(X \le x_2) - P(X \le x_1) = F_X(x_2) - F_X(x_1) \end{aligned} \tag{6.15}$$

X가 이산랜덤변수인 경우에는 X의 통계적 특성을 설명하기 위해 굳이 누적분포함수를 이용

할 필요는 없다. 그 이유는, 연속랜덤변수 때와는 달리 이산랜덤변수 X가 x_i라는 값을 가질 확률 $P_X(x_i) = P(X = x_i)$이 유의미하기 때문이다. 이 확률 $P_X(x_i)$를 랜덤변수 X의 확률질량함수(probability mass function, PMF)라고 한다. 확률질량함수를 이용하여 누적분포함수를 표현한다면 다음과 같다.

$$F_X(x) = \sum_{i=1}^{N} P_X(x_i) \tag{6.16}$$

위 식에서 x_i들은 랜덤변수 X가 가질 수 있는 값들이며 편의상 $x_1 < x_2 < x_3 < \cdots$를 가정한다. N은 $x_i \le x$를 만족하는 i의 최댓값이다.

이제 다시 연속랜덤변수로 돌아오자. 누적분포함수 $F_X(x)$보다 다음 식으로 주어지는 $F_X(x)$의 도함수를 이용하는 것이 편리한 경우가 많다.

$$f_X(x) = \frac{dF_x(x)}{dx} \tag{6.17}$$

위 식에서 $f_X(x)$를 확률밀도함수(probability density function, PDF)라고 한다. 확률밀도함수 $f_X(x)$는 다음 네 가지의 속성을 갖는다.

1. $$f_X(x) \ge 0 \tag{6.18a}$$

2. $$\int_{-\infty}^{\infty} f_X(x)dx = 1 \tag{6.18b}$$

3. $$F_X(x) = \int_{-\infty}^{x} f_X(x)dx \tag{6.18c}$$

4. $$P(x_1 \le x \le x_2) = \int_{x_1}^{x_2} f_X(x)dx \tag{6.18d}$$

앞서 언급한 것처럼 $F_X(x)$는 감소하지 않는 함수이므로 그 도함수는 항상 0 이상이라는 것이 속성 1이다. 속성 2는 $F_X(-\infty) = 0$이고 $F_X(\infty) = 1$이라는 사실로부터 얻을 수 있다. 속성 3은 식 (6.17)로부터 얻은 미분과 적분의 관계식이다. 속성 4는 식 (6.15)로부터 다음과 같이 유도되며

$$\begin{aligned} P(x_1 < X \le x_2) &= F_X(x_2) - F_X(x_1) \\ &= \int_{-\infty}^{x_2} f_X(x)dx - \int_{-\infty}^{x_1} f_X(x)dx = \int_{x_1}^{x_2} f_X(x)dx \end{aligned} \tag{6.19}$$

이는 그림 6.6이 잘 보여 주고 있다.

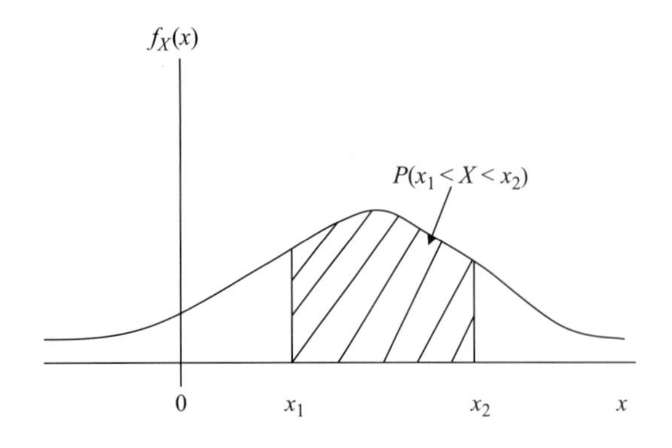

그림 6.6 전형적인 확률밀도함수.

이산랜덤변수 X에 대해서 굳이 확률밀도함수의 식을 구하고자 한다면 다음과 같다.

$$f_X(x) = \sum_i P_X(x_i)\delta(x - x_i) \tag{6.20}$$

위에서 $\delta(x)$는 충격함수이다.

> 랜덤변수가 주어진 구간 내의 값을 가질 확률은 **확률밀도함수**(PDF)를 해당 구간에 대해 적분한 값이다.

예제 6.3

랜덤변수 X의 누적분포함수가 다음과 같다.

$$F_X(x) = \begin{cases} 0, & x < 1 \\ \dfrac{x-1}{8}, & 1 \le x < 9 \\ 1, & x \ge 9 \end{cases}$$

(a) $F_X(x)$와 $f_X(x)$의 그래프를 그려라.

(b) $P(X \le 4)$와 $P(2 < x \le 7)$을 구하라.

풀이

(a) X는 연속랜덤변수이고 $F_X(x)$는 그림 6.7(a)에 나타나 있다. $F_X(x)$를 미분함으로써 X의 PDF를 구할 수 있다. 즉, $f_X(x)$는 다음과 같고

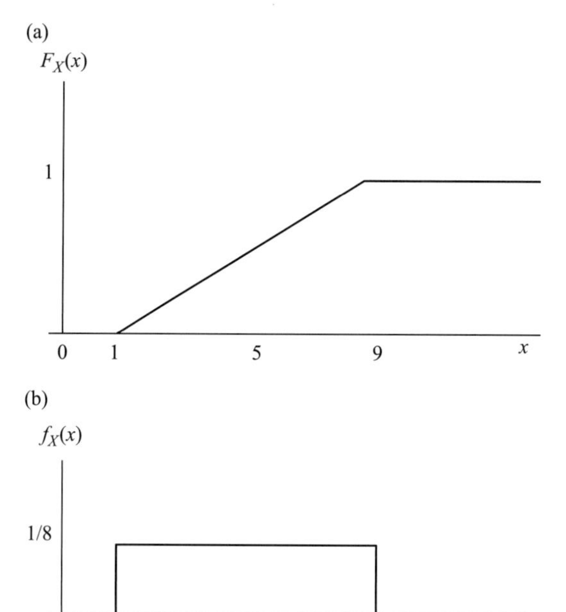

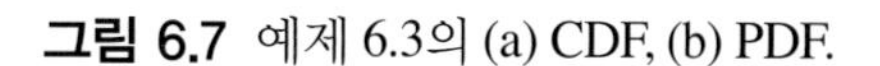
그림 6.7 예제 6.3의 (a) CDF, (b) PDF.

$$f_X(x) = \begin{cases} 0, & x < 1 \\ \dfrac{1}{8}, & 1 \le x < 9 \\ 0, & x \ge 9 \end{cases}$$

그림 6.7(b)에 그려져 있다. $f_X(x)$를 전체 구간 적분하면 그 값이 1이라는 사실을 주목하자. 그림 6.7(b)와 같은 모양의, 즉 $f_X(x)$의 값이 해당 구간에서 상수인(이 예제에서는 $1 \le x \le 9$) 확률밀도함수를 갖는 랜덤변수는 균등분포한다고 한다.

(b)

$$P(X \le 4) = F_X(4) = 3/8$$

$$P(2 < x \le 7) = F_X(7) - F_X(2) = 6/8 - 1/8 = 5/8$$

실전문제 6.3

반경이 1인 원반의 원주 상에 기준점이 하나 있고, 원반의 중심에는 포인터가 있어 이 포인터를 회전시킨다고 하자. 포인터가 가리키는 원주 상의 점으로부터 기준점 사이의 시계방향 길이를 X라고 하면 이 랜덤변수 X는 아래와 같이 균등분포하는 확률밀도함수를 갖는다.

$$f_X(x) = \begin{cases} \dfrac{1}{2\pi}, & 0 < x < 2\pi \\ 0, & \text{otherwise} \end{cases}$$

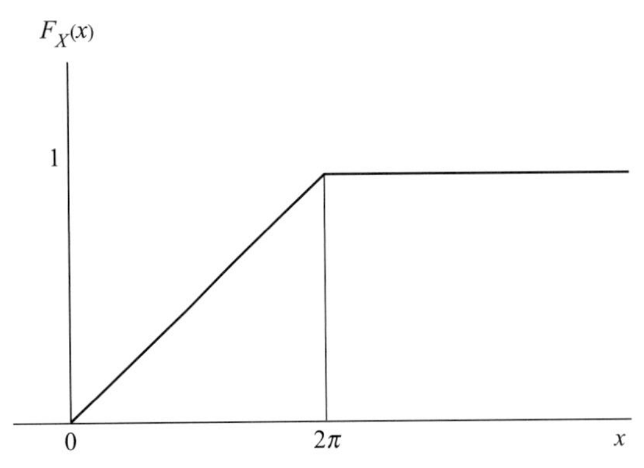

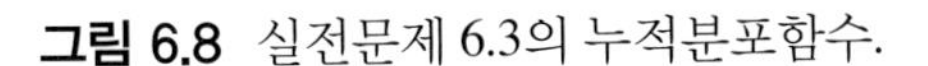
그림 6.8 실전문제 6.3의 누적분포함수.

(a) $F_X(x)$를 그려라.

(b) $P(X > \pi/2)$와 $P(\pi/2 < X \le 3\pi/2)$를 계산하라.

정답: (a) 그림 6.8 (b) 0.75, 0.5

6.2.4 랜덤변수에 대한 연산

랜덤변수에 대해 수행할 수 있는 연산에는 기댓값, 적률(moment), 분산, 공분산, 상관, 그리고 랜덤변수의 변환 등이 있다. 이러한 연산들은 통신시스템을 공부하는 데 중요하다. 랜덤변수의 평균 또는 기댓값부터 시작해 보자. X를 M개의 값 $x_1, x_2, x_3, \cdots, x_M$을 갖는 이산랜덤변수라고 하고, 이 값들은 각각 n번의 시행 중 $n_1, n_2, \cdots, n_M$번 발생한다고 하자. n이 충분히 큰 경우 X의 통계적 평균값(평균 또는 기댓값)은 다음과 같이 주어진다.

$$\overline{X} = \frac{n_1x_1 + n_2x_2 + n_3x_3 + \cdots + n_Mx_M}{n} = \sum_{i=1}^{M} x_i \frac{n_i}{n} \tag{6.21}$$

식 (6.1)의 상대적 빈도로서의 확률의 정의에 의하면 $n_i/n = P_X(x_i)$가 된다. 따라서 이산랜덤변수 X의 평균 또는 기댓값은 다음과 같으며

$$\overline{X} = E[X] = \sum_{i=1}^{M} x_i P_X(x_i) \tag{6.22}$$

여기서 E는 기댓값 연산자이다. X의 기댓값 $E[X]$는 X의 평균 m_X로도 표기한다.

X가 연속랜덤변수인 경우에도 비슷한 논리를 적용할 수 있다. 다만 식 (6.22)에서의 합을 구하는 대신 다음과 같이 적분으로 계산한다.

$$\overline{X} = E[X] = \int_{-\infty}^{\infty} x f_X(x)dx \tag{6.23}$$

위 식에서 $f_X(x)$는 X의 확률밀도함수이다.

X의 임의의 함수의 기댓값을 계산해야 할 경우가 있다. 일반적으로 랜덤변수 X의 함수 $g(X)$의 기댓값은 다음과 같다.

$$\overline{g(X)} = E[g(X)] = \int_{-\infty}^{\infty} g(x) f_X(x)dx \tag{6.24}$$

식 (6.24)는 연속랜덤변수 X에 해당하는 식이고, 만일 X가 이산랜덤변수이면 적분 대신 합을 이용하여 다음과 같이 쓸 수 있다.

$$\overline{g(X)} = E[g(X)] = \sum_{i=1}^{M} g(x_i)P_X(x_i) \tag{6.25}$$

이제 $g(X) = X^n$인 특별한 경우를 보자. 식 (6.24)는 다음 식이 되고,

$$\overline{X^n} = E[X^n] = \int_{-\infty}^{\infty} x^n f_X(x)dx \tag{6.26}$$

이때 $E[X^n]$을 랜덤변수 X의 n차 적률이라고 한다. $n = 1$인 1차 적률은 식 (6.24)의 $\overline{X}$이고, $n = 2$인 2차 적률이 $\overline{X^2}$인 것이다.

식 (6.26)에 정의된 적률은 원점을 중심으로 한 적률이다. X의 평균값 $m_X = E[X]$를 중심으로 한 적률을 중심적률이라고 하며 다음과 같다.

$$E[(X - m_X)^n] = \int_{-\infty}^{\infty} (x - m_X)^n f_X(x)dx \tag{6.27}$$

위 식에서 $X - m_X$를 X의 편차(deviation)라고 한다. $n = 1$일 때 1차 중심적률이 0이 됨은 자명하다. $n = 2$인 2차 중심적률은 X의 분산(variance) σ_X^2이라고 한다. 즉,

$$\text{Var}(X) = \sigma_X^2 = E\left[(X - m_X)^2\right] = \int_{-\infty}^{\infty} (x - m_X)^2 f_X(x)dx \tag{6.28}$$

분산의 양의 제곱근 즉 σ_X를 X의 표준편차(standard deviation)라고 한다. 식 (6.28)의 분산식을 전개하면 다음 식을 얻을 수 있고,

$$\begin{aligned}\sigma_X^2 &= E\left[(X - m_X)^2\right] = E\left[X^2 - 2m_X X + m_X^2\right] = E\left[X^2\right] - 2m_X E[X] + m_X^2 \\ &= E\left[X^2\right] - m_X^2\end{aligned} \quad (6.29)$$

결론적으로 다음이 성립한다.

$$\sigma_X^2 = E\left[X^2\right] - m_X^2 \quad (6.30)$$

서로 다른 두 랜덤변수 X와 Y의 관계를 나타내는 척도로는 X와 Y의 상관(correlation)과 공분산(covariance)이 있다. X와 Y의 상관은 X와 Y의 곱의 평균, 즉 $E[XY]$를 말하고, X와 Y의 공분산은 X의 편차와 Y의 편차의 곱의 평균, 즉 $E[(X-m_X)(Y-m_Y)]$으로 정의되며 $cov(X, Y)$ 또는 σ_{XY}로 표기한다. $E[XY]=0$일 때, 두 랜덤변수 X와 Y가 서로 직교(orthogonal)한다고 하며, $\sigma_{XY}=0$일 때, 두 랜덤변수 X와 Y는 상관이 없다(uncorrelated)고 한다. 두 랜덤변수 X와 Y의 결합 확률밀도함수 $f_{XY}(x, y)$가 각각의 확률밀도함수의 곱으로 표현되면, 즉 $f_{XY}(x, y)=f_X(x)f_Y(y)$이면 두 랜덤변수 X와 Y는 서로 독립이라고 한다. 여기서, 결합 확률밀도함수 $f_{XY}(x, y)$란 결합 누적확률분포함수 $F_{XY}(x, y)=P[X \le x, Y \le y]$를 x와 y로 각각 편미분한 $\frac{\partial^2}{\partial_x \partial_y} F_{XY}(x, y)$를 의미한다.

예제 6.4

한 복잡한 통신시스템을 정기적으로 점검한다고 하자. 한 달 동안 점검되는 작동실패의 횟수는 표 6.2에 주어진 확률분포를 갖는다고 하자.

(a) 한 달 간의 작동실패 횟수의 평균과 분산을 구하라.

(b) X가 작동실패 횟수라면 $Y=X+1$의 평균과 분산을 구하라.

풀이

(a) 식 (6.22)를 이용하면

표 6.2 예제 6.4의 표

작동실패 횟수	0	1	2	3	4	5
확률	0.2	0.33	0.25	0.15	0.05	0.02

$$\overline{X} = m_X = \sum_{i=1}^{M} x_i P_X(x_i)$$
$$= 0(0.2) + 1(0.33) + 2(0.25) + 3(0.15) + 4(0.05) + 5(0.02)$$
$$= 1.58$$

분산을 구하기 위해 2차 적률을 계산하면

$$\overline{X^2} = E(X^2) = \sum_{i=1}^{M} x_i^2 P_X(x_i)$$
$$= 0^2(0.2) + 1^2(0.33) + 2^2(0.25) + 3^2(0.15) + 4^2(0.05) + 5^2(0.02)$$
$$= 3.98$$

$$\mathrm{Var}(X) = \sigma_X^2 = E[X^2] - m_X^2 = 3.98 - 1.58^2 = 1.4836$$

(b) $Y = X + 1$이므로

$$\overline{Y} = m_Y = \sum_{i=1}^{M} (x_i + 1) P_X(x_i)$$
$$= 1(0.2) + 2(0.33) + 3(0.25) + 4(0.15) + 5(0.05) + 6(0.02)$$
$$= 2.58$$

$$\overline{Y^2} = E(Y^2) = \sum_{i=1}^{M} (x_i + 1)^2 P_X(x_i)$$
$$= 1^2(0.2) + 2^2(0.33) + 3^2(0.25) + 4^2(0.15) + 5^2(0.05) + 6^2(0.02)$$
$$= 8.14$$

Y의 분산이 X의 분산과 같음을 주목하자. 랜덤변수에 상수를 더한다고 해도 편차가 바뀌는 것은 아니므로 이는 충분히 예상할 수 있다.

실전문제 6.4

X는 전화통화가 목적지까지 가는 동안 교환기를 거친 횟수이고 X의 확률분포는 표 6.3과 같

표 6.3 실전문제 6.4의 표

x_i	2	3	4	5	6
$P(x_i)$	0.45	0.36	0.12	0.06	0.01

다. (a) X의 평균 $E[X]$와 σ_X를 구하라. (b) $Y = 2X - 1$일 때 $E[Y]$와 $\mathrm{Var}(Y)$를 구하라.

정답: (a) 2.82, 0.9315 (b) 4.64, 3.4704

6.3 대표적인 확률분포

물리현상의 모델로서의 다양한 확률분포는 많은 공학자와 과학자들에 의해 개발되어 왔다. 이러한 확률분포들은 통신에서 나올 수 있는 여러 상황에서 나타난다. 당연한 이야기지만, 이 분포들은 6.2절에 언급한 확률공리들을 모두 만족한다. 이 절에서는 네 가지 확률분포, 즉 균등분포, 지수분포, 가우스분포, 그리고 레일리분포에 대해 알아본다.

6.3.1 균등분포

직사각형분포라고도 알려져 있는 균등분포는 모의실험에 사용되는 난수발생기의 생성에 중요한 역할을 한다. 또한 펄스부호변조에서 발생하는 양자화 잡음을 표현하는 데도 유용하다. 균등분포는 확률밀도함수가 상수로 표현되는 분포이다. 이 분포는 랜덤변수가 주어진 최댓값과 최솟값 사이의 임의의 값을 가질 확률이 모두 균등한 경우에 해당하는 모델이다. 랜덤변수 X의 확률밀도함수 $f_X(x)$가 다음 식과 같을 때 X가 균등분포한다고 한다.

$$f_X(x) = \begin{cases} \dfrac{1}{b-a}, & a \le x \le b \\ 0, & \text{otherwise} \end{cases} \tag{6.31}$$

$f_X(x)$의 그래프는 그림 6.9와 같고, 평균과 분산은 다음과 같다.

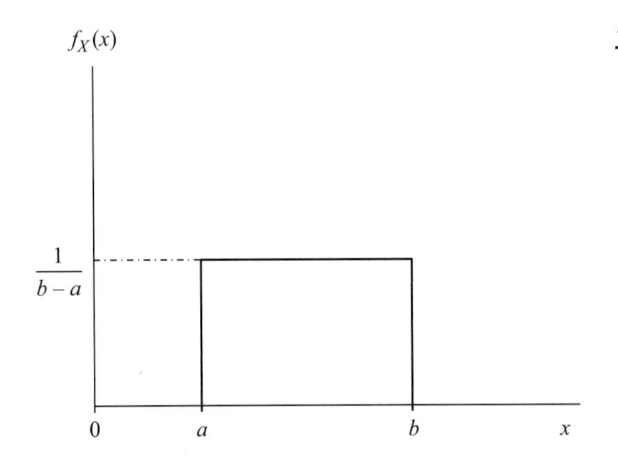

그림 6.9 균등랜덤변수의 확률밀도함수.

$$E(X) = \frac{b+a}{2} \tag{6.32a}$$

$$\mathrm{Var}(X) = \frac{(b-a)^2}{12} \tag{6.32b}$$

$a=0, b=1$인 경우를 특별히 표준균등분포라고 하며, 임의의 확률분포함수를 갖는 랜덤변수의 표본값을 생성하는 데 유용하게 사용된다. 또한 X가 균등분포하는 랜덤변수일 때 $Y=A\sin X$라면 Y는 삼각함수분포를 갖는다고 한다.

6.3.2 지수분포

음의 지수분포라고도 알려져 있는 지수분포는 줄서기 시스템의 모의실험에서 서비스를 받는 고객의 도착시각 간의 사이시간이나 출발시각 간의 사이시간을 모델링하는 데 사용한다. 그 이유는 다음번 사건(즉, 고객의 출발이나 도착)이 발생할 때까지 남은 시간이 지금까지 소비된 시간의 과다에 무관하다는 성질 때문이다. 이 특성을 무기억 성질이라고 부른다. 주어진 푸아송 과정(Poisson process)에서 사건의 발생 사이시간 X는 다음과 같은 확률밀도함수를 갖는 지수 랜덤변수이며

$$f_X(x) = \lambda e^{-\lambda x}u(x) \tag{6.33}$$

그림 6.10에 그래프로 나타나 있다. X의 평균과 분산은 다음과 같다.

$$E(X) = \frac{1}{\lambda} \tag{6.34a}$$

$$\mathrm{Var}(X) = \frac{1}{\lambda^2} \tag{6.34b}$$

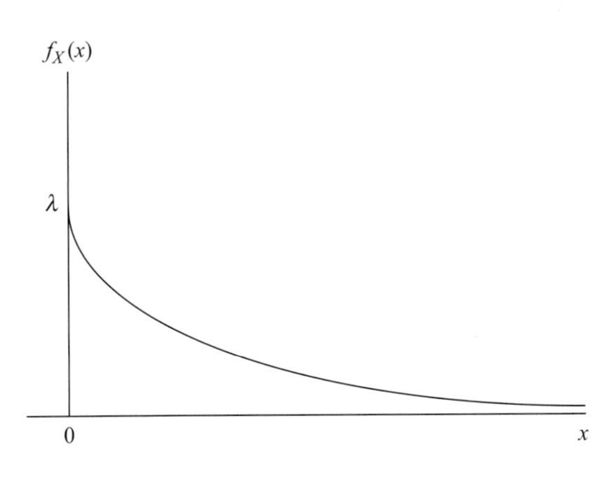

그림 6.10 지수랜덤변수의 확률밀도함수.

6.3.3 가우스분포

정규분포로도 알려져 있는 가우스분포(Gaussian distribution)는 공학에서 가장 중요한 분포이다. 확률밀도함수의 모양은 평균 μ을 중심으로 대칭적인 모습을 갖고 있다. 가우스분포를 갖는 랜덤변수 X의 확률밀도함수는 다음과 같고

$$f_X(x) = \frac{1}{\sigma\sqrt{2\pi}} \exp\left[-\frac{1}{2}\left(\frac{x-\mu}{\sigma}\right)^2\right], \qquad -\infty < x < \infty \tag{6.35}$$

평균과 분산은 다음과 같으며

$$E(X) = \mu \tag{6.36a}$$

$$\mathrm{Var}(X) = \sigma^2 \tag{6.36b}$$

그 값은 확률밀도함수를 보면 바로 알 수 있다. 그림 6.11은 가우스 확률밀도함수를 그린 것이다. 평균이 μ이고 분산이 σ^2인 가우스 랜덤변수 X는 $X \equiv N(\mu, \sigma^2)$으로 표기한다. $\mu = 0$이고, $\sigma = 1$인 경우인 $N(0, 1)$은 표준정규분포함수라고 하며 널리 쓰이고 있다.

$$f_X(x) = \frac{1}{\sqrt{2\pi}} e^{-x^2/2} \tag{6.37}$$

확률, 통계, 그리고 통신에서 가장 많이 등장하는 정규분포에 관해서는 다음과 같은 중요한 사실을 말할 수 있다.

1. 파라미터 n과 p를 갖는 이항확률분포는 n이 충분히 큰 경우 $\mu = np$, $\sigma^2 = np(1-p)$인 가우스분포로 근사된다.
2. 파라미터 λ를 갖는 푸아송분포는 λ가 충분히 큰 경우 $\mu = \sigma^2 = \lambda$인 정규분포로 근사된다.
3. 정규분포는 추정값에 대한 불확실성을 분석할 때 유용하다. 다른 말로 하자면, 모의실험 결과를 통계적으로 해석할 때 사용된다.

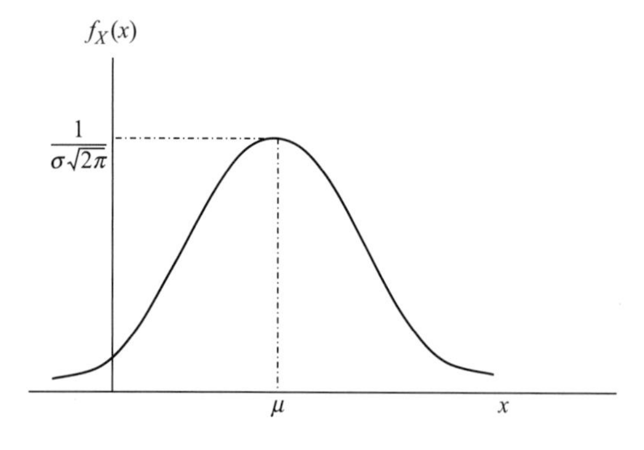

그림 6.11 가우스 랜덤변수의 확률밀도함수.

4. 많은 분포들을 정규분포로 취급할 수 있다는 정당성은 중심극한 정리(central limit theorem)로부터 나온다.

> **중심극한 정리**란 임의의 분포를 갖는 독립인 n개의 랜덤변수의 합의 분포는 n이 커질수록 정규분포에 근접한다는 정리이다.

중심극한 정리에 의해, 하나하나를 랜덤변수 X라고 볼 수 있는 수많은 작은 어지러운 값들의 누적된 현상을 모델링할 때 정규분포를 사용할 수 있고, 이렇게 함으로써 수학적 접근이 가능하게 된다. 결과적으로, 회귀분석이나 분산값 분석 같은 많은 통계적 해석들이 정규분포를 가정함으로써 유도되어 왔다고 할 수 있다. 통신시스템에의 응용에서도 잡음이 가우스분포를 갖는다고 가정할 수 있는데 그 이유는 잡음이란 여러 가지 랜덤 파라미터들의 합에 기인하기 때문이다.

6.3.4 레일리분포

레일리분포(Rayleigh distribution)는 가우스분포에 밀접하게 연관되어 있다. 랜덤변수 Y와 Z가 각각 평균이 0이고 분산이 σ^2인 독립인 가우스 랜덤변수라고 할 때 $X = \sqrt{Y^2 + Z^2}$으로 표현되는 랜덤변수 X는 확률밀도함수가 아래의 식과 같은 레일리분포를 가지며

$$f_X(x) = \frac{x}{\sigma^2} e^{-x^2/2\sigma^2} u(x) \tag{6.38}$$

그 그래프는 그림 6.12와 같다. X의 평균과 분산은 다음과 같다.

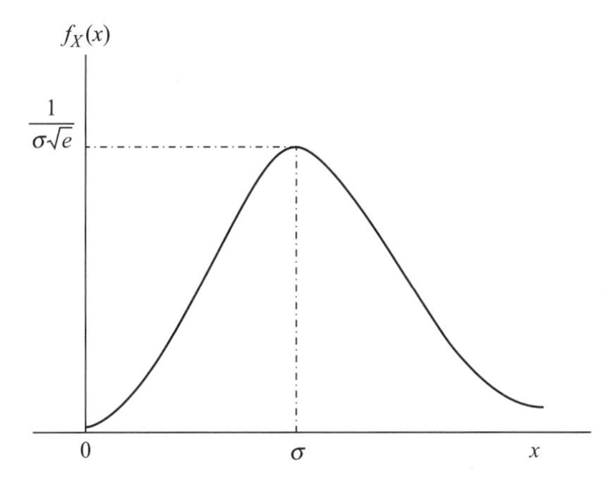

그림 6.12 레일리 랜덤변수의 확률밀도함수.

표 6.4 연속확률분포의 특성들

Name	PDF	CDF	Mean	Variance
Uniform	$f_X(x) = \frac{1}{b-a}$	$F_X(x) = \frac{x-a}{b-a}$	$\frac{b+a}{2}$	$\frac{(b-a)^2}{12}$
Exponential	$f_X(x) = \lambda e^{-\lambda x} u(x)$	$F_X(x) = 1 - e^{-\lambda x}$	$\frac{1}{\lambda}$	$\frac{1}{\lambda^2}$
Gaussian	$f_X(x) = \frac{1}{\sigma\sqrt{2\pi}} \exp\left[-\frac{1}{2}\left(\frac{x-\mu}{\sigma}\right)^2\right]$	$F_X(x) = \frac{1}{2}\left[1 + \mathrm{erf}\left(\frac{x-\mu}{\sigma\sqrt{2}}\right)\right]$	μ	σ^2
Rayleigh	$f_X(x) = \frac{x}{\sigma^2} e^{-x^2/2\sigma^2} u(x)$	$F_X(x) = \left[1 - e^{-x^2/2\sigma^2}\right] u(x)$	$\sigma\sqrt{\frac{\pi}{2}}$	$(2 - \frac{\pi}{2})\sigma^2$

$$E(X) = \sigma\sqrt{\frac{\pi}{2}} \tag{6.39a}$$

$$\mathrm{Var}(X) = \left(2 - \frac{\pi}{2}\right)\sigma^2 \tag{6.39b}$$

레일리분포 역시 통신에서 자주 등장한다. 예를 들어 필터를 통과한 잡음을 표현할 때 유용하다. 지금까지 본 4개의 연속확률분포의 특성들을 표 6.4에 요약하였다.

예제 6.5

X는 식 (6.35)의 확률밀도함수를 갖는 가우스 랜덤변수이다.

(a) $E[X]$, $E[X^2]$ 그리고 $\mathrm{Var}(X)$를 구하라.

(b) $P(a < X < b)$를 계산하라.

풀이

(a) 정의에 의해

$$E[X] = \int_{-\infty}^{\infty} x f_X(x) dx = \int_{-\infty}^{\infty} x \frac{1}{\sigma\sqrt{2\pi}} e^{-(x-\mu)^2/2\sigma^2} dx \tag{6.5.1}$$

$y = (x-\mu)/\sigma$라고 하자. 그러면 위 식은

$$\begin{aligned} E[X] &= \frac{1}{\sqrt{2\pi}} \int_{-\infty}^{\infty} (\sigma y + \mu) e^{-y^2/2} dy = \frac{\sigma}{\sqrt{2\pi}} \int_{-\infty}^{\infty} y e^{-y^2/2} dy + \frac{\mu}{\sqrt{2\pi}} \int_{-\infty}^{\infty} e^{-y^2/2} dy \\ &= 0 + \mu \end{aligned} \tag{6.5.2}$$

가 된다. 위 식에서 첫 번째 적분은 적분함수가 기함수이므로 0이 되고, 두 번째 적분은 가우스 랜덤변수 $N(0, 1)$의 적분에 해당하므로 μ가 된다. 따라서

$$E[X] = \mu \tag{6.5.3}$$

이다.

$E[X^2]$의 식은 다음과 같다.

$$E[X^2] = \int_{-\infty}^{\infty} x^2 \frac{1}{\sigma\sqrt{2\pi}} e^{-(x-\mu)^2/2\sigma^2} dx$$

앞에서와 같이 $y = (x-\mu)/\sigma$라고 치환하면

$$\begin{aligned} E[X^2] &= \frac{1}{\sqrt{2\pi}} \int_{-\infty}^{\infty} (\sigma y + \mu)^2 e^{-y^2/2} dy \\ &= \frac{\sigma^2}{\sqrt{2\pi}} \int_{-\infty}^{\infty} y^2 e^{-y^2/2} dy + \frac{2\sigma\mu}{\sqrt{2\pi}} \int_{-\infty}^{\infty} y\, e^{-y^2/2} dy + \frac{\mu^2}{\sqrt{2\pi}} \int_{-\infty}^{\infty} e^{-y^2/2} dy \end{aligned} \tag{6.5.4}$$

이 된다. 우변의 첫 번째 적분은 부분적분을 통해 계산한다. 두 번째 적분값은 적분함수가 기함수이므로 0이다. 세 번째 적분값은 가우스 랜덤변수 $N(0, 1)$의 적분이므로 세 번째 항의 결과는 μ^2이 된다. 따라서

$$E[X^2] = \frac{\sigma^2}{\sqrt{2\pi}} \left[ye^{-y^2/2} \Big|_{-\infty}^{\infty} + \int_{-\infty}^{\infty} e^{-y^2/2} dy \right] + 2\sigma\mu(0) + \mu^2 = \sigma^2 + \mu^2 \tag{6.5.5}$$

이고, 분산은 다음과 같다.

$$\mathrm{Var}(X) = E[X^2] - (E[X])^2 = \sigma^2 + \mu^2 - \mu^2 = \sigma^2$$

가우스 랜덤변수의 확률밀도함수가 포함된 적분 계산에서 다음의 세 가지 결과를 알아 두면 편리하다. 임의의 실수 a와 b에 대해 다음이 성립한다.

$$\int_{-\infty}^{\infty} \frac{1}{b\sqrt{2\pi}} \exp\left[-\frac{(x-a)^2}{2b^2} \right] dx = 1 \tag{6.5.6a}$$

$$\int_{-\infty}^{\infty} \frac{x}{b\sqrt{2\pi}} \exp\left[-\frac{(x-a)^2}{2b^2} \right] dx = a \tag{6.5.6b}$$

$$\int_{-\infty}^{\infty} \frac{x^2}{b\sqrt{2\pi}} \exp\left[-\frac{(x-a)^2}{2b^2}\right] dx = a^2 + b^2 \qquad (6.5.6c)$$

(b) $P(a < X < b)$를 계산하려면 가우스 랜덤변수 X의 CDF가 필요하다.

$$F_X(x) = \int_{-\infty}^{x} f_X(x)\, dx = \int_{-\infty}^{x} \frac{1}{\sigma\sqrt{2\pi}}\, e^{-(x-\mu)/2\,\sigma^2}\, dx$$

$$= \int_{-\infty}^{\infty} \frac{1}{\sigma\sqrt{2\pi}}\, e^{-(x-\mu)/2\,\sigma^2}\, dx - \int_{x}^{\infty} \frac{1}{\sigma\sqrt{2\pi}}\, e^{-(x-\mu)/2\,\sigma^2}\, dx$$

마지막 줄의 첫 번째 적분값은 가우스 PDF의 전체구간 적분이므로 당연히 1이다. 두 번째 적분을 위해

$$z = \frac{(x-\mu)}{\sigma\sqrt{2}}, \qquad dz = \frac{dx}{\sigma\sqrt{2}}$$

로 두면 다음 식을 얻을 수 있다.

$$F_X(x) = 1 - \int_{\frac{x-\mu}{\sigma\sqrt{2}}}^{\infty} \frac{1}{\sqrt{\pi}} e^{-z^2}\, dz \qquad (6.5.7)$$

여기서 오차함수 $erf(x)$와 상보오차함수 $erfc(x)$를 다음과 같이 정의하자.

$$\text{erf}(x) = \frac{2}{\sqrt{\pi}} \int_{0}^{x} e^{-t^2} dt \qquad (6.5.8)$$

$$\text{erfc}(x) = 1 - \text{erf}(x) = \frac{2}{\sqrt{\pi}} \int_{x}^{\infty} e^{-z^2}\, dz \qquad (6.5.9)$$

(6.5.7)~(6.5.9)의 식을 이용하면 가우스 랜덤변수의 CDF는 다음과 같고

$$F_X(x) = \frac{1}{2}\left[1 + \text{erf}\left(\frac{x-\mu}{\sigma\sqrt{2}}\right)\right] \qquad (6.5.10)$$

따라서 최종 해는 아래와 같다.

$$P(a < X < b) = F_X(b) - F_X(a) = \frac{1}{2}\text{erf}\left(\frac{b-\mu}{\sigma\sqrt{2}}\right) - \frac{1}{2}\text{erf}\left(\frac{a-\mu}{\sigma\sqrt{2}}\right) \qquad (6.5.11)$$

오차함수 $\text{erf}(x)$의 정의는 책마다 조금씩 다를 수 있다. 표 6.5에는 식 (6.5.8)의 정의에 따라

표 6.5 오차함수

x	erf(x)	x	erf(x)
0.00	0.00000	1.10	0.88021
0.05	0.05637	1.15	0.89612
0.10	0.11246	1.20	0.91031
0.15	0.16800	1.25	0.92290
0.20	0.22270	1.30	0.93401
0.25	0.27633	1.35	0.94376
0.30	0.32863	1.40	0.95229
0.35	0.37938	1.45	0.95970
0.40	0.42839	1.50	0.96611
0.45	0.47548	1.55	0.97162
0.50	0.52050	1.60	0.97635
0.55	0.56332	1.65	0.98038
0.60	0.60386	1.70	0.98379
0.65	0.64203	1.75	0.98667
0.70	0.67780	1.80	0.98909
0.75	0.71116	1.85	0.99111
0.80	0.74210	1.90	0.99279
0.85	0.77067	1.95	0.99418
0.90	0.79691	2.00	0.99532
0.95	0.82089	2.50	0.99959
1.00	0.84270	00	0.99998
1.05	0.86244	30	1.0

계산된 erf(x)의 값이 나열되어 있다. 예를 들어 평균이 0이고 분산이 2인 가우스 분포에서 확률 $P(1 < X < 2)$의 계산은 표를 이용하여 다음과 같다.

$$P(1 < X < 2) = \frac{1}{2}\text{erf}(1) - \frac{1}{2}\text{erf}(0.5) = 0.1611$$

실전문제 6.5

랜덤변수 X의 PDF가 아래와 같다.

$$f_X(x) = \frac{1}{\sqrt{\pi}}\exp\left(-x^2 + 4x - 4\right), \qquad -\infty < x < \infty$$

$E[X]$, $E[X^2]$ 그리고 Var(X)를 계산하라. [힌트: 식 (6.5.6)을 이용할 것.]

정답: 2, 4.5, 0.5

예제 6.6

이 예제는 중심극한 정리를 그림으로 보여 주는 예제이다. $X_1, X_2, \cdots, X_n$이 n개의 독립적인 랜덤변수들이고, $c_1, c_2, \cdots, c_n$이 상수라고 할 때

$$X = c_1X_1 + c_2X_2 + c_3X_3 + \cdots + c_nX_n$$

은 n이 커짐에 따라 가우스 랜덤변수가 되어 감을 보이고자 하는 문제이다.

풀이

간단한 경우의 예를 들기 위해 $X_1, X_2, \cdots, X_n$이 모두 그림 6.13(a)에서 보는 것 같은 균등분포를 갖는다고 하고, 상수 c_i들은 모두 1이라고 하자. $Y = X_1 + X_2$라고 할 때 Y의 PDF는 그림 6.13(a)의 PDF의 자기 자신과의 컨볼루션이 되며, 즉,

$$f_Y(y) = \int_{-\infty}^{\infty} f_X(x)f_X(y - x)dx$$

이고 그 그래프는 그림 6.13(b)에 나타나 있다. 같은 방법으로 $Z = X_1 + X_2 + X_3$로 표현되는 랜덤변수 Z의 PDF는 그림 6.13(a)의 PDF와 그림 6.13(b)의 PDF의 컨볼루션이 되고

$$f_Z(z) = \int_{-\infty}^{\infty} f_X(\lambda)f_Y(z - \lambda)d\lambda$$

그 결과는 그림 6.13(c)에 나타나 있다. 단지 3개의 합만으로도 PDF 모양이 가우스분포에 비슷

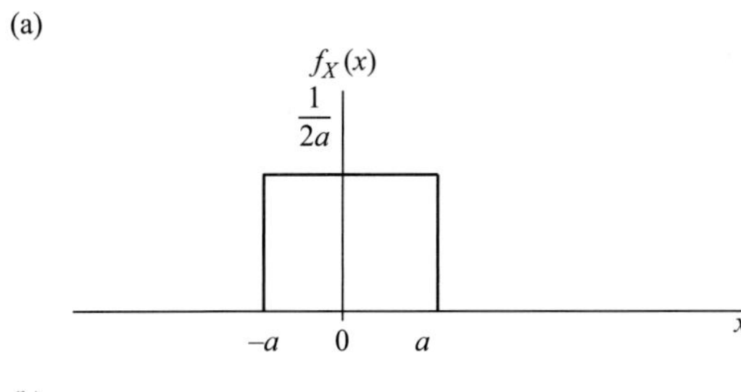

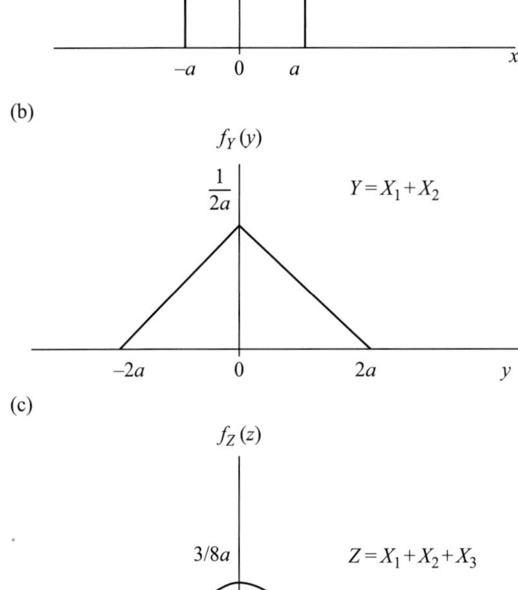

그림 6.13 (a) 균등랜덤변수 X의 PDF, (b) $Y=X_1+X_2$의 PDF, (c) $Z=X_1+X_2+X_3$의 PDF.

해짐을 알 수 있다. 중심극한 정리에 의하면 더해지는 항의 개수가 점점 많을수록 PDF는 점점 더 가우스분포에 근접한다.

실전문제 6.6

X와 Y가 각각 평균이 0이고 동일한 분산 σ^2을 갖는 서로 독립인 가우스 랜덤변수일 때, 랜덤변수 $R=\sqrt{X^2+Y^2}$ 은 레일리분포를 가짐을 증명하라. [힌트: X와 Y의 결합 확률밀도는 $f_{XY}(x,y)=f_X(x)f_Y(y)$이다.]

6.4 랜덤과정

이제 랜덤과정(random process)이라는 개념을 소개하겠다. 랜덤과정이란 시간의 변화에 따른 랜덤현상을 설명하기 위해, 랜덤변수에 시간 차원을 도입한 것이다. 랜덤변수가 확률실험의 결과물에 따라 그 값을 갖는 것인 데 반해 랜덤과정의 값은 확률실험의 결과물뿐만 아니라 시간에 따라서도 변하게 된다. 즉, 랜덤변수 X의 값이 시간에 따라 변하는 경우, $X(t)$라는 랜덤과정으로 표현된다. 랜덤과정은 정보를 전달하는 신호나 잡음을 표현하는 모델이 된다. 뿐만 아니라 시간에 따라 무작위한 특성을 나타내는 시스템의 모델로도 사용할 수 있다. 그림 6.14는 랜덤과정의 표본함수들을 그린 것이다. 그림에서 보는 것처럼 랜덤과정은 표본공간을 정의역으로 하고 표본함수의 집합(이를 앙상블이라고 부른다)을 치역으로 하는 함수라는 사실을 알 수 있다.

$X(t, s_k)$란 결과물 s_k에 대한 랜덤과정이라는 함수의 값, 즉 해당 표본함수를 지칭한다. 랜덤과정을 표기할 때 통상적으로 s 변수는 삭제하고 $X(t)$로 나타낸다. 이는 랜덤변수 $X(s)$ 대신 X라고 표기하는 것과 마찬가지이다. 시간 t가 t_1으로 고정되어 있다면 그때의 랜덤과정의 값

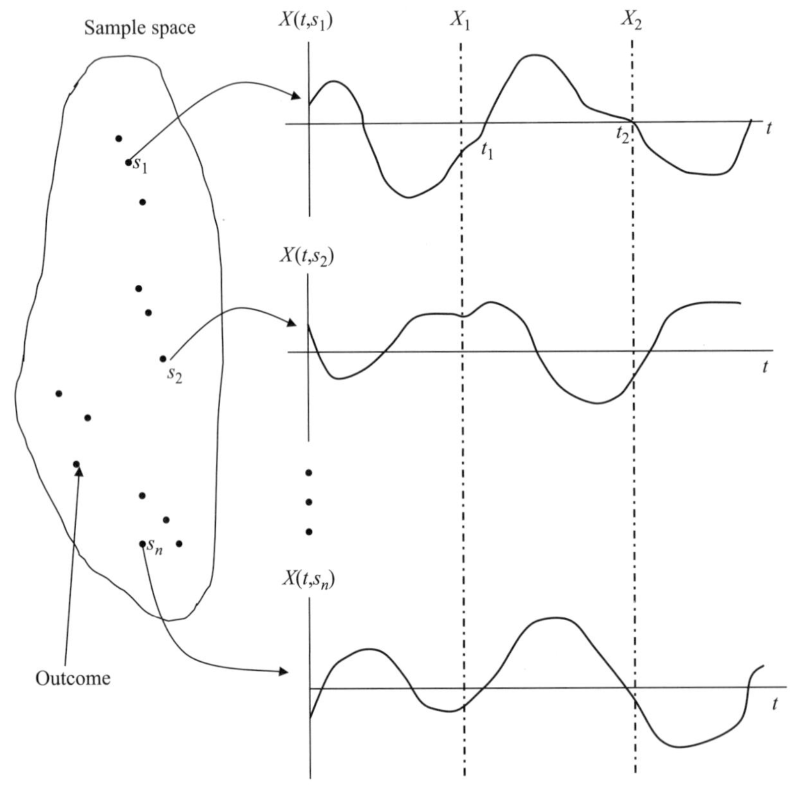

그림 6.14 랜덤과정의 예시.

$X(t_1)$은 랜덤변수 X_1이 된다.

랜덤과정이란 시간 t와 정해진 표본공간 하에서 정의된 랜덤변수들 $X(t)$의 모임이다.

랜덤과정 $X(t)$에서 파라미터 t가 시간이 아닌 다른 것을 나타낼 수도 있다는 점을 알려 두고 싶다.
랜덤과정은 그 성질에 따라 다음과 같이 분류될 수 있다.

- 연속시간 또는 이산시간
- 시 정상인가 그렇지 않은가
- 에르고딕인가 그렇지 않은가

6.4.1 연속시간 대 이산시간 랜덤과정

랜덤과정 $X(t)$의 연속, 이산의 분류는 주어진 시간에서의 그 랜덤과정의 값이 연속랜덤변수인가, 이산랜덤변수인가에 따라 분류되는 것이 아니라, 시간 t가 연속인가, 이산인가에 따라 분류된다. 연속인 시간 t에서 정의된 랜덤과정은 연속시간 랜덤과정이라고 한다. 트랜지스터의 잡음, 바람의 세기 등이 연속시간 랜덤과정의 예이다. 위너(Wiener)과정과 브라운운동도 역시 연속시간 랜덤과정에 속한다. 이산적인 시간 t_i, $i = 1, 2, 3, \cdots$에서만 정의된 랜덤과정은 이산시간 랜덤과정이라고 한다. 따라서 이산시간 랜덤과정은 일련의 랜덤변수의 수열로 볼 수 있다. 대표적인 예로는 랜덤워크(random walk)가 있다.

6.4.2 시 정상 랜덤과정

시 정상 랜덤과정(stationary random process)에서는 시간 t에서 추출한 랜덤변수 $X(t)$의 확률밀도함수가 t가 달라져도 변하지 않는다. 다른 말로 하면, 랜덤과정이 시 정상이라는 말은 랜덤과정의 통계적 특성이 시 불변이라는, 즉 기준시간을 이동해도 달라지지 않는다는 뜻이다. 랜덤과정 $X(t)$가 시 정상이라는 말을 수학적으로 엄격히 정의한다면, 임의의 시간 $t_1, t_2, \cdots, t_n$에서 추출된 n개의 랜덤변수 $X(t_1), X(t_2), \cdots, X(t_n)$의 결합 확률밀도함수가 시간 $t_1+\tau, t_2+\tau, \cdots, t_n+\tau$에서 추출된 n개의 랜덤변수 $X(t_1+\tau), X(t_2+\tau), \cdots, X(t_n+\tau)$의 결합 확률밀도함수와 임의의 τ와 임의의 n에 대해서 똑같다는 말이다.

6.4.3 넓은 의미 시 정상 랜덤과정

일반적으로 6.4.2에서 정의된 시 정상 랜덤과정은 그 통계적 특성이 시간의 변화에 무관하다는 점에서 극히 이례적인 경우라고 볼 수 있다. 그런 뜻에서 앞서 정의된 시 정상 랜덤과정은 엄격한 의미의(strict-sense) 시 정상 랜덤과정이라고 부른다. 이러한 엄격한 제약조건을 조금 완화하여 넓은 의미의(wide-sense) 시 정상 랜덤과정을 정의할 수 있다. 넓은 의미 시 정상 랜덤과정이란 랜덤과정의 1차 적률과 2차 적률까지만 시불변인 경우에 해당한다. 즉, $E[X(t)]$가 t와는 상관없는 상수이고, $E[X(t)X(t-\tau)]$ 역시 t와는 상관없는, 즉 τ만의 함수인 $R_X(\tau)$로 표현되면 랜덤과정 $X(t)$가 넓은 의미 시 정상이라고 한다. 이때 랜덤과정의 2차 적률에 해당하는

$$R_X(\tau) = E[X(t)X(t-\tau)] \tag{6.40}$$

를 랜덤과정 $X(t)$의 자기상관함수라고 부른다.

6.4.4 에르고딕 랜덤과정

에르고딕 랜덤과정이란 앙상블 내의 모든 표본함수들이 모두 동일한 통계적 특성을 갖는 랜덤과정을 의미한다. 따라서 에르고딕 랜덤과정에서는 단 하나의 표본함수만 보더라도 그 통계적 특성을 완전히 알 수 있게 된다. 그러므로 평균이나 적률을 구할 때 기존의 앙상블 평균 대신 시간 평균을 계산해도 동일한 결과를 얻게 된다. 예를 들어 n차 적률의 경우 아래와 같은 결론을 얻는다.

$$\overline{X^n} = \int_{-\infty}^{\infty} x^n f_X(x)dx = \lim_{T\to\infty} \frac{1}{2T}\int_{-T}^{T} X^n(t)dt \tag{6.41}$$

위의 조건이 성립하려면 랜덤과정은 시 정상이어야 한다. 즉, 에르고딕 랜덤과정은 반드시 시

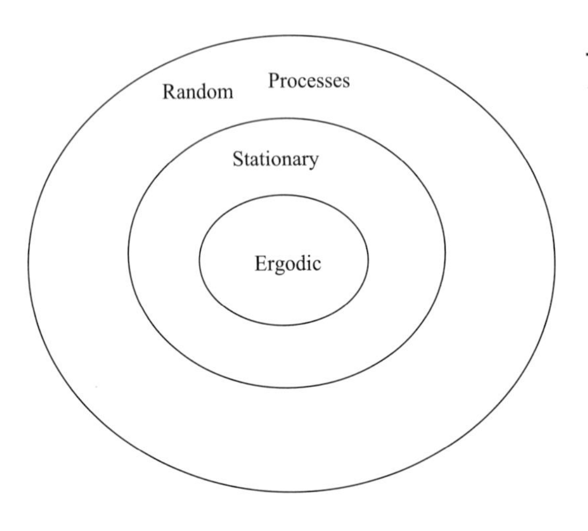

그림 6.15 시 정상 랜덤과정과 에르고딕 랜덤과정의 관계.

정상이라는 뜻이다. 시 정상이 아닌 랜덤과정은 에르고딕 랜덤과정이 아니지만 시 정상인 랜덤과정이라도 에르고딕이 아닐 수 있다. 그림 6.15는 시 정상 랜덤과정과 에르고딕 랜덤과정의 관계를 잘 보여 주고 있다.

예제 6.7

다음의 랜덤과정을 분류하라.

$$X(t) = \cos(2\pi t + \Theta)$$

여기서 Θ는 $[0, 2\pi]$ 구간에서 균등분포하는 랜덤변수이다.

풀이

당연히 $X(t)$는 연속시간 랜덤과정이다. 또한 $X(t)$의 평균과 자기상관함수를 구해 보면

$$E[X(t)] = \int_0^{2\pi} \frac{1}{2\pi} \cos(2\pi t + \theta)\, d\theta = 0$$

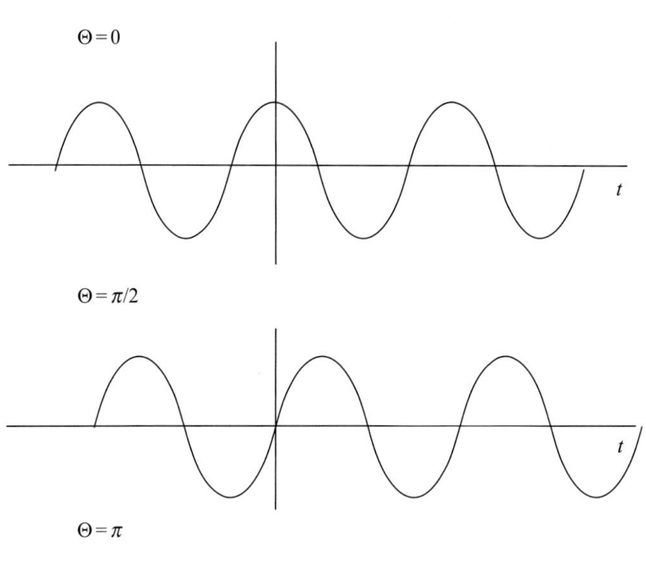

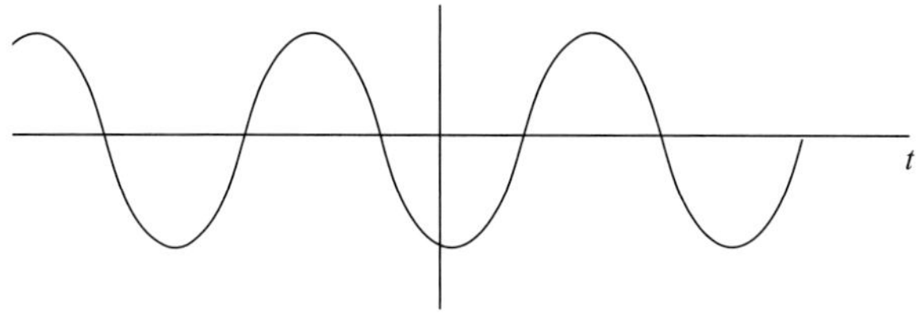

그림 6.16 예제 6.7의 표본함수 예시.

$$E[X(t)X(t-\tau)] = \int_0^{2\pi} \frac{1}{2\pi} \cos(2\pi t + \theta)\cos(2\pi t - 2\pi\tau + \theta)\, d\theta$$

$$= \frac{1}{4\pi}\int_0^{2\pi} \cos(4\pi t - 2\pi\tau + 2\theta)\, d\theta + \frac{1}{4\pi}\int_0^{2\pi} \cos(2\pi\tau)\, d\theta$$

$$= 0 + \cos(2\pi\tau)/2 = \cos(2\pi\tau)/2$$

가 되어 $X(t)$가 넓은 의미 시 정상 랜덤과정임을 알 수 있다. 이 랜덤과정의 표본함수들은 그림 6.16에 예시되어 있다.

실전문제 6.7

A가 $[-2, 2]$에서 균등분포하는 랜덤변수일 때, 랜덤과정

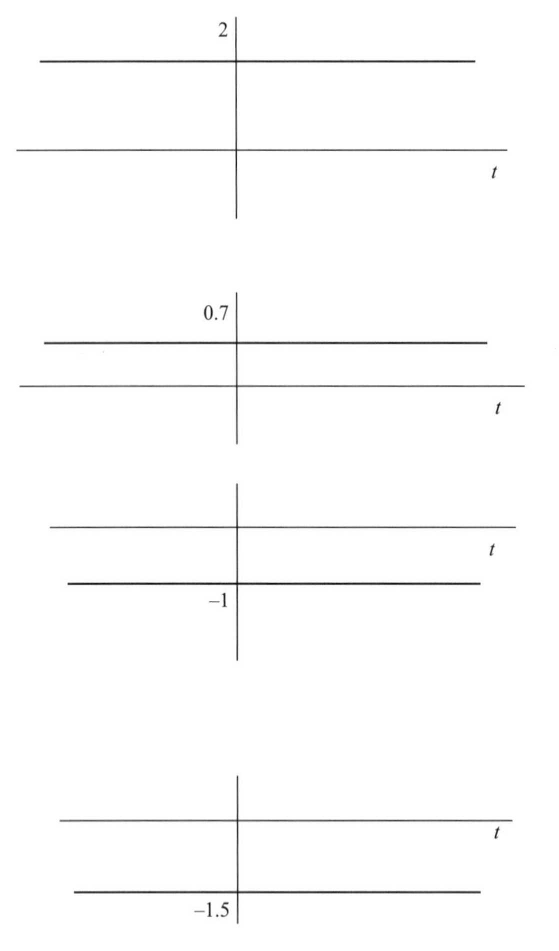

그림 6.17 실전문제 6.7의 표본함수 예시.

$$X(t) = A$$

의 표본함수를 4개만 그려 보아라.

정답: 그림 6.17

6.5 전력스펙트럼밀도

이제까지는 랜덤과정을 시간 차원에서만 고찰했었다. 이제 주파수영역이라는 차원에서 랜덤과정의 특성을 알아보자. 푸리에변환을 이용하면 신호의 스펙트럼 특성을 볼 수 있다는 것은 이미 잘 알고 있을 것이다. 넓은 의미의 시 정상 랜덤과정의 경우, 그 랜덤과정의 평균전력이 주파수에 따라 어떻게 분포되어 있는가를 보여 주는 전력스펙트럼밀도(power spectral density, PSD)라는 함수를 정의할 수 있다.

랜덤과정의 **전력스펙트럼밀도**(PSD)는 주파수에 따른 전력분포를 알려주는 함수이다.

넓은 의미 시 정상 랜덤과정 $X(t)$의 자기상관함수를 $R_X(\tau)$라고 하자. $X(t)$의 전력스펙트럼밀도는 자기상관함수 $R_X(\tau)$의 푸리에변환이다. 즉,

$$S_X(\omega) = \mathscr{F}[R_X(\tau)] = \int_{-\infty}^{\infty} R_X(\tau)e^{-j\omega\tau}d\tau \tag{6.42}$$

또는

$$R_X(\tau) = \frac{1}{2\pi}\int_{-\infty}^{\infty} S_X(\omega)e^{j\omega\tau}d\omega \tag{6.43}$$

식 (6.42)와 (6.43)을 위너-킨친 정리(Wiener-Khinchine theorem)라고 한다.

위너-킨친 정리에 의하면 넓은 의미 시 정상 랜덤과정의 전력스펙트럼밀도는 자기상관함수의 푸리에변환이다.

$S_X(\omega)$와 $R_X(\tau)$는 서로 푸리에변환쌍이므로, 즉

$$S_X(\omega) \quad \leftrightarrow \quad R_X(\tau) \tag{6.44}$$

둘 중 하나는 나머지 하나를 완벽히 결정한다.

전력스펙트럼밀도는 다음과 같은 속성을 갖는다.

1. $S_X(-\omega) = S_X(\omega)$, 즉 주파수의 우함수이다.
2. $S_X(\omega) \geq 0$, 즉 실수이고 음이 아니다.
3. $S_X(0) = \int_{-\infty}^{\infty} R_X(\tau)\, d\tau$, 즉 직류 성분($\omega = 0$)의 전력은 자기상관함수를 전체구간 적분한 값이다.
4. $P_X = R_X(0) = E[X^2(t)] = \frac{1}{2\pi}\int_{-\infty}^{\infty} S_X(\omega)\, d\omega$, 즉 랜덤과정의 평균전력(또는 제곱의 평균)은 전력스펙트럼밀도를 전체구간 적분한 것이다.

위의 속성들은 식 (6.42)와 (6.43)을 이용하면 쉽게 증명할 수 있다. 재차 강조하지만 이러한 속성들은 랜덤과정이 적어도 넓은 의미 시 정상인 경우에만 유효하다.

선형시스템의 입력이 넓은 의미 시 정상 랜덤과정 $X(t)$이면 출력 $Y(t)$ 또한 넓은 의미 시 정상 랜덤과정이 되고, 이때 $X(t)$와 $Y(t)$의 교차 전력스펙트럼밀도(cross power spectral density)는 다음과 같다.

$$S_{XY}(\omega) = \int_{-\infty}^{\infty} R_{XY}(\tau)e^{-j\omega\tau}d\tau \tag{6.45}$$

와

$$S_{YX}(\omega) = \int_{-\infty}^{\infty} R_{YX}(\tau)e^{-j\omega\tau}d\tau \tag{6.46}$$

여기서 $R_{XY}(\tau) = E[X(t)Y(t-\tau)]$이고 이를 $X(t)$와 $Y(t)$의 교차상관함수라고 부른다. 식 (6.45)와 (6.46)으로부터 교차상관함수와 교차전력스펙트럼밀도는 서로 푸리에변환쌍임을 알 수 있다. 즉,

$$S_{XY}(\omega) \quad \leftrightarrow \quad R_{XY}(\tau) \tag{6.47}$$

따라서 다음을 만족한다.

$$R_{XY}(\tau) = \frac{1}{2\pi}\int_{-\infty}^{\infty} S_{XY}(\omega)e^{j\omega\tau}d\omega \tag{6.48}$$

$$R_{YX}(\tau) = \frac{1}{2\pi}\int_{-\infty}^{\infty} S_{YX}(\omega)e^{j\omega\tau}d\omega \tag{6.49}$$

$R_{XY}(\tau)$와 $S_{XY}(\omega)$의 속성은 다음과 같다.

1. $R_{XY}(-\tau)=R_{YX}(\tau)$.
2. $|R_{XY}(\tau)| \le \sqrt{R_X(0)^2+R_Y(0)^2} \le \frac{1}{2}[R_X(0)+R_Y(0)]$.
3. $S_{YX}(\omega)=S_{XY}(-\omega)=S_{XY}^*(\omega)$.
4. $X(t)$와 $Y(t)$가 직교하는 경우에는 $S_{XY}(\omega)=0$이다.
5. $X(t)$와 $Y(t)$가 상관이 없는 경우에는 $S_{XY}(\omega)=2\pi\, m_X m_Y\, \delta(\omega)$이다.

마지막으로, 결합적으로 넓은 의미 랜덤과정인 $X(t)$와 $Y(t)$의 합 $Z(t)$에 대해 알아보자.

$$Z(t) = X(t) + Y(t) \tag{6.50}$$

$Z(t)$의 자기상관함수는 아래와 같고

$$R_Z(\tau) = R_X(\tau) + R_Y(\tau) + R_{XY}(\tau) + R_{YX}(\tau) \tag{6.51}$$

이를 푸리에변환하면 $Z(t)$의 전력스펙트럼밀도는 다음과 같다.

$$S_Z(\omega) = S_X(\omega) + S_Y(\omega) + S_{XY}(\omega) + S_{YX}(\omega) \tag{6.52}$$

예제 6.8

랜덤 전보신호의 자기상관함수는 다음과 같다.

$$R_X(\tau) = e^{-2\alpha|\tau|}$$

위에서 α를 신호의 평균 천이율이라고 한다. 이 신호의 전력스펙트럼밀도를 구하라.

풀이

식 (6.42)로부터,

$$S_X(\omega) = \int_{-\infty}^{\infty} R_X(\tau)e^{-j\omega\tau}d\tau = \int_{-\infty}^{\infty} e^{-2\alpha|\tau|}e^{-j\omega\tau}d\tau$$

$$= \int_{-\infty}^{0} e^{2\alpha\tau}e^{-j\omega\tau}d\tau + \int_{0}^{\infty} e^{-2\alpha\tau}e^{-j\omega\tau}d\tau = \left.\frac{e^{\tau(2\alpha-j\omega)}}{2\alpha-j\omega}\right|_{-\infty}^{0} + \left.\frac{e^{-\tau(2\alpha+j\omega)}}{-(2\alpha+j\omega)}\right|_{0}^{\infty}$$

$$= \frac{1}{2\alpha-j\omega} + \frac{1}{2\alpha+j\omega} = \frac{4\alpha}{4\alpha^2+\omega^2}$$

실전문제 6.8

다음과 같은 랜덤과정을 보자.

$$X(t) = A\cos(\omega_0 t + \Theta)$$

여기서 A와 ω_0는 상수이고 Θ는 $(0, 2\pi)$ 구간에서 균등분포하는 랜덤변수이다. 이 랜덤과정의 전력스펙트럼밀도와 평균전력을 구하라.

정답: $\dfrac{\pi A^2}{2}[\delta(\omega+\omega_0)+\delta(\omega-\omega_0)], \quad \dfrac{A^2}{2}$

예제 6.9

그림 6.18(a)는 저역통과, 대역제한 백색잡음의 전력스펙트럼밀도이다. 이 잡음의 자기상관함수와 평균전력을 구하라.

풀이

이 문제는 두 가지 방법으로 풀 수 있다.

방법 1(간접적인 방법): 전력스펙트럼밀도는 다음과 같이 직사각형함수 Π를 이용하여 나타낼 수 있다.

$$S_X(\omega) = N\Pi(\omega/2\omega_0)$$

표 2.5에 의해 직사각형함수의 푸리에변환은 다음과 같고,

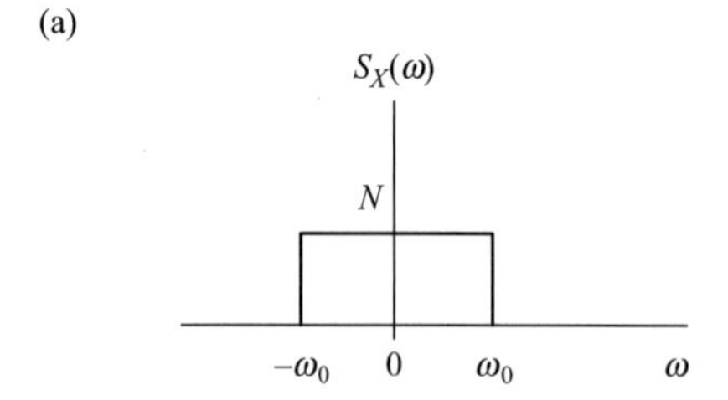

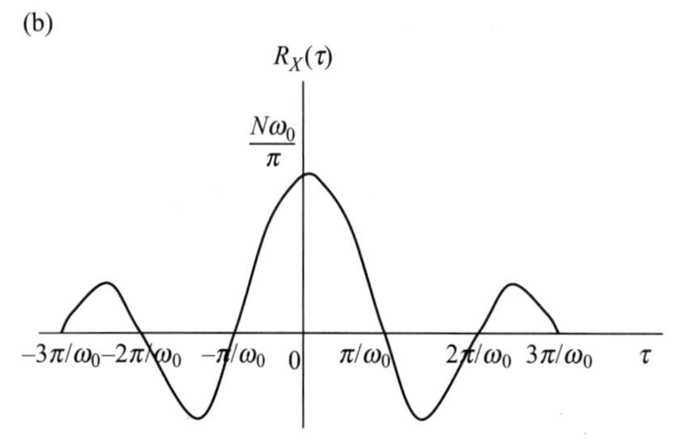

그림 6.18 예제 6.9의 $S_X(\omega)$와 $R_X(\tau)$.

$$\Pi(t/a) \quad \rightarrow \quad a\,\mathrm{sinc}(a\omega/2)$$

이 문제의 경우 $a = 2\omega_0$가 된다. 푸리에변환의 쌍대성에 의해

$$S_X(\omega) = N\Pi(\omega/2\omega_0) \quad \rightarrow \quad R_X(\tau) = \frac{N\omega_0}{\pi}\,\mathrm{sinc}(\omega_0\tau)$$

가 됨을 알 수 있다.

방법 2(직접적인 방법): 식 (6.43)을 이용하면 $R_X(\tau)$는 다음과 같이 바로 계산된다.

$$\begin{aligned} R_X(\tau) &= \frac{1}{2\pi}\int_{-\infty}^{\infty} S_X(\omega)e^{j\omega\tau}d\omega = \frac{1}{2\pi}\int_{-\omega_0}^{\omega_0} Ne^{j\omega\tau}d\omega = \frac{N}{2\pi}\frac{e^{j\omega\tau}}{j\tau}\bigg|_{-\omega_0}^{\omega_0} \\ &= \frac{N}{\pi\tau}\frac{e^{j\omega_0\tau} - e^{-j\omega_0\tau}}{2j} = \frac{N\omega_0}{\pi}\frac{\sin\omega_0\tau}{\omega_0\tau} \\ &= \frac{N\omega_0}{\pi}\mathrm{sinc}(\omega_0\tau) \end{aligned}$$

$R_X(\tau)$의 그래프는 그림 6.18(b)와 같다. 평균전력은

$$P_X = R_X(0) = \frac{N\omega_0}{\pi}$$

이다.

실전문제 6.9

랜덤과정 $X(t)$의 전력스펙트럼밀도가 그림 6.19(a)와 같다. 자기상관함수를 구하고 그래프를 그려라. 이 랜덤과정의 평균전력을 구하라.

정답: $R_X(\tau) = 2e^{a|\tau|}$, 그림 6.19(b), 2

예제 6.10

랜덤과정 $X(t)$와 $Y(t)$의 교차 전력스펙트럼밀도는 다음과 같다.

$$S_{XY}(\omega) = \frac{4}{(a + j\omega)^3}$$

위에서 a는 상수이다. 교차상관함수를 구하라.

풀이

$S_{XY}(\omega) = 2F(\omega)$라고 두자. 표 2.5에 의하면 역변환 $f(t)$는 다음과 같다.

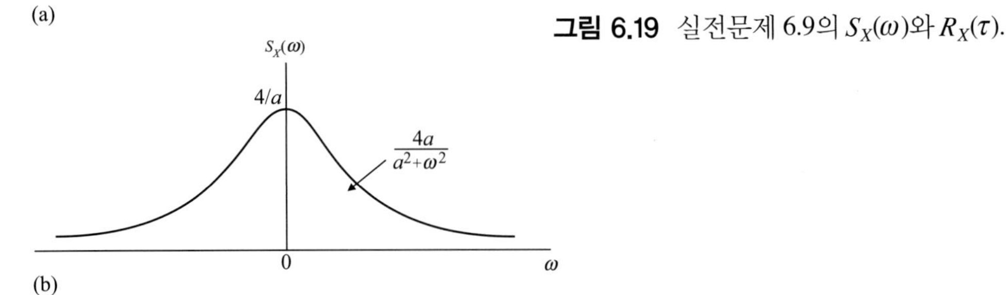

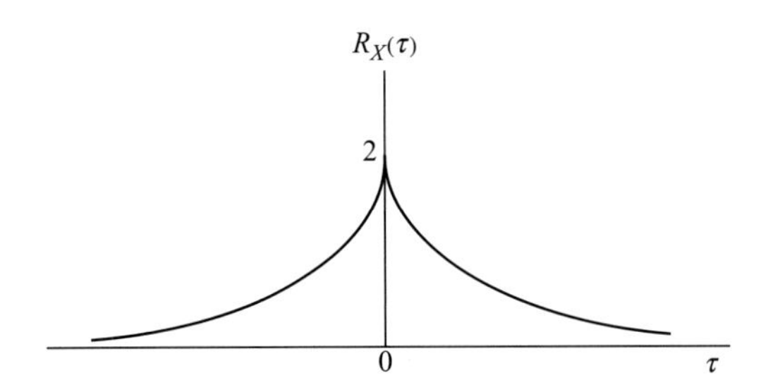

그림 6.19 실전문제 6.9의 $S_X(\omega)$와 $R_X(\tau)$.

$$F(\omega) = \frac{2}{(a + j\omega)^3}$$

따라서 $S_{XY}(\omega)$의 역변환인 $R_{XY}(\tau)$는 아래와 같다.

$$R_{XY}(\tau) = 2\tau^2 e^{-a\tau} u(\tau)$$

실전문제 6.10

다음과 같은 교차 전력스펙트럼밀도가 있다.

$$S_{XY}(\omega) = \begin{cases} a + jb\omega/\omega_0, & -\omega_0 < \omega < \omega_0 \\ 0, & \text{otherwise} \end{cases}$$

위에서 ω_0, a, b는 모두 상수이다. 교차상관함수를 구하라.

정답: $\frac{1}{\pi\omega_0\tau^2}\left[(a\omega_0\tau - b)\sin(\omega_0\tau) + b\omega_0\tau\cos(\omega_0\tau)\right]$

6.6 랜덤과정의 예

지금까지는 랜덤과정에 대한 일반적인 이야기를 했다. 구체적으로 랜덤과정의 예를 들어 보자면 푸아송 랜덤과정, 위너 랜덤과정 또는 브라운 운동, 랜덤워크 랜덤과정, 베르누이 랜덤과정, 마르코프 랜덤과정 등이 있다. 이 절에서는 특히 통신시스템의 해석에서 많이 쓰이는 가우스 랜덤과정, 백색잡음, 그리고 대역제한 랜덤과정에 대해 알아본다.

6.6.1 가우스 랜덤과정

랜덤과정 $X(t)$의 임의의 선형조합들이 항상 결합 가우스분포를 가질 때, $X(t)$를 가우스 랜덤과정(또는 정규분포과정)이라고 한다. 따라서 $X(t)$가 가우스 랜덤과정이라면, 임의의 시간 $t_1, t_2, \cdots, t_n$에서 랜덤과정 $X(t)$의 추출된 n개의 랜덤변수 $X(t_1), X(t_2), \cdots, X(t_n)$의 임의의 선형조합

$$Y(t) = a_1X(t_1) + a_2X(t_2) + \cdots + a_nX(t_n) \tag{6.53}$$

은 a_i, t_i, n에 무관하게 항상 가우스분포를 한다. 통신시스템과 같은 많은 응용에서 가우스 랜덤과정이 넓게 사용되는 이유는, 첫째, 가우스 모델을 써서 실제 물리적 현상을 설명할 때 실험의 결과와 일치되는 경우가 많다는 점과, 둘째, 가우스 모델을 써야 해석적 결과를 도출할 수 있다는 점 때문이다.

6.6.2 백색잡음

잡음이란 원치 않는 신호를 의미한다. 통신시스템에서 가장 흔한 잡음에는 산탄잡음과 열잡음이 있다. 산탄잡음(shot noise)은 주로 다이오드와 트랜지스터 같은 반도체에서 많이 발생하고, 열잡음(thermal noise)은 저항 같은 도체에서 전자의 랜덤운동에 의해 발생한다. 백색잡음(white noise)이란 전력스펙트럼밀도가 모든 주파수영역에서 상수가 되는 가장 이상적인 형태의 잡음을 일컫는 용어이다. 앞서 언급한 산탄잡음이나 열잡음의 경우, 전체 주파수대역에서 같은 정도의 전력밀도를 갖는다는 점에서 백색잡음의 범주에 넣을 수 있다. 백색잡음이라는 용어는 전력분포가 모든 주파수대역에서 일정하다는 사실을 '가시광선을 모두 더하면 백색광이 된다'라는 사실로부터 유추한 용어이다. 백색잡음이 아닌 잡음은 유색잡음(colored noise)이라고 한다.

랜덤과정 $X(t)$의 PSD가 모든 주파수대역에서 상수이면, 즉,

$$S_X(\omega) = N_0/2 \tag{6.54}$$

$X(t)$를 백색잡음과정이라고 한다. 위 식에서 N_0는 상수이다. 백색잡음의 스펙트럼은 그림 6.20

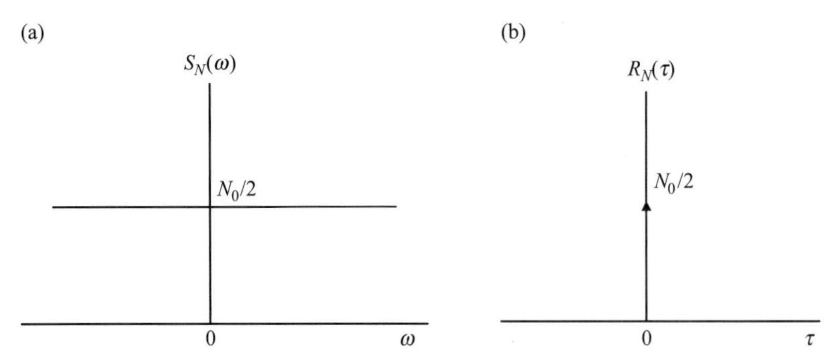

그림 6.20 백색잡음. (a) 전력스펙트럼밀도, (b) 자기상관함수.

에서 보는 것처럼 모든 주파수에서 일정하다. 백색잡음의 자기상관함수는 아래와 같다.

$$R_X(\tau) = \frac{N_0}{2}\delta(\tau) \tag{6.55}$$

식 (6.54)에서 알 수 있듯이 백색잡음의 전력은 무한대가 되므로, 진정한 의미의 백색잡음이란 실제에는 존재하지 않는 잡음이다.

6.6.3 대역제한 랜덤과정

랜덤과정은 전력스펙트럼밀도의 모양에 따라 대역통과(bandpass), 대역제한(bandlimited), 협대역(narrowband) 과정 등과 같이 부를 수 있다. 대역제한 랜덤과정이란 그림 6.21에서 보듯이 일정 주파수대역 밖에서는 전력스펙트럼밀도가 0이 되는 랜덤과정을 말한다. 그림에서 대역폭 W가 중심주파수 ω_0에 비해 충분히 작으면, 즉 $W \ll \omega_0$이면 해당 대역제한 랜덤과정을 협대역 랜덤과정이라고 한다.

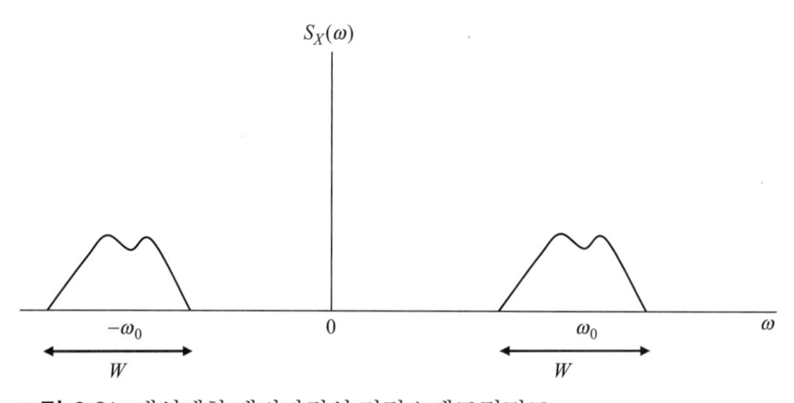

그림 6.21 대역제한 랜덤과정의 전력스펙트럼밀도.

6.7 응용: 선형시스템

앞서 공부한 확률과 랜덤과정의 이론들이 적용되는 예에는 필터링, 신호처리, 변조 등이 있다. 선형시스템에의 실제적인 응용에 관해 알아보자. 그림 6.22의 선형시스템을 보자. 입력신호 $x(t)$에 대한 출력 $y(t)$는 다음과 같고

$$y(t) = x(t) * h(t) = \int_{-\infty}^{\infty} x(\lambda)h(t-\lambda)d\lambda \tag{6.56}$$

여기서 $h(t)$는 시스템의 충격반응이다. 선형시스템의 입출력 신호가 각각 랜덤과정 $X(t)$와 $Y(t)$의 앙상블 내의 표본함수 $x(t)$와 $y(t)$라고 하더라도 식 (6.56)의 입출력 관계식은 성립한다. 즉,

$$Y(t) = X(t) * h(t) = \int_{-\infty}^{\infty} X(t-\lambda)h(\lambda)d\lambda \tag{6.57}$$

이다. 만일 $X(t)$가 넓은 의미 시 정상 랜덤과정이면 출력 $Y(t)$의 자기상관함수는 다음과 같다.

$$\begin{aligned} R_Y(t, t+\tau) &= E[Y(t)Y(t+\tau)] \\ &= E\left[\int_{-\infty}^{\infty} X(t-\lambda)h(\lambda)d\lambda \int_{-\infty}^{\infty} X(t+\tau-\xi)h(\xi)d\xi\right] \\ &= \int_{-\infty}^{\infty}\int_{-\infty}^{\infty} E[X(t-\lambda)X(t+\tau-\xi)]h(\lambda)h(\xi)d\lambda\, d\xi \end{aligned} \tag{6.58}$$

$X(t)$가 넓은 의미 시 정상이므로 식 (6.58)은 다음과 같이 쓸 수 있고,

$$R_Y(\tau) = \int_{-\infty}^{\infty}\int_{-\infty}^{\infty} R_X(\lambda+\tau-\xi)h(\lambda)h(\xi)\, d\lambda\, d\xi \tag{6.59}$$

위 식은 입력 $X(t)$의 자기상관함수와 시스템의 충격반응 $h(t)$와의 이중 컨볼루션에 해당한다. 즉,

$$R_Y(\tau) = h(\tau) * h(-\tau) * R_X(\tau) \tag{6.60}$$

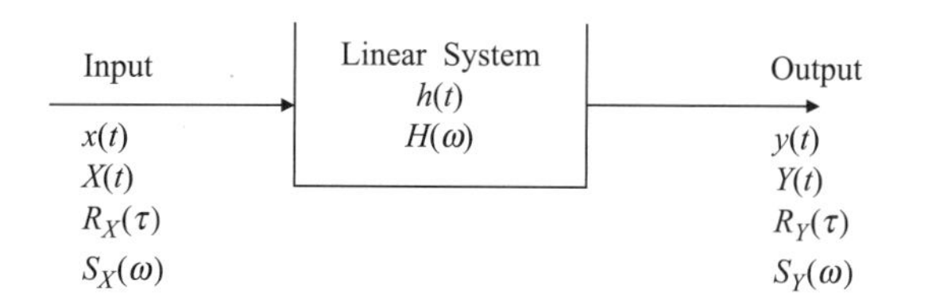

그림 6.22 선형시스템.

이고 푸리에변환을 취해 출력의 전력스펙트럼밀도를 구하면 다음과 같다.

$$S_Y(\omega) = |H(\omega)|^2 S_X(\omega) \tag{6.61}$$

위에서 $H(\omega)$는 충격반응 $h(t)$의 푸리에변환이다. $Y(t)$의 평균전력은 다음과 같다.

$$P_Y = \frac{1}{2\pi}\int_{-\infty}^{\infty} S_X(\omega)|H(\omega)|^2 d\omega \tag{6.62}$$

비슷한 방식으로 $X(t)$와 $Y(t)$의 교차상관함수는 다음과 같이 나타나고

$$R_{XY}(\tau) = h(-\tau) * R_X(\tau) \tag{6.63}$$

그 결과, 다음을 얻을 수 있다.

$$R_Y(\tau) = h(\tau) * R_{XY}(\tau) \tag{6.64}$$

예제 6.11

그림 6.23과 같은 RC 저역통과 필터에서 입력 $X(t)$가 전력스펙트럼밀도 $S_X(\omega) = N_0/2$를 갖는 백색잡음일 때 출력 $Y(t)$의 전력스펙트럼밀도와 평균전력을 구하라.

풀이

주파수영역에서의 전달함수 $H(\omega)$는 다음과 같다.

$$H(\omega) = \frac{Y(\omega)}{X(\omega)} = \frac{1/j\omega C}{R + 1/j\omega C} = \frac{1}{1 + j\omega RC}$$

따라서 $Y(t)$의 전력스펙트럼밀도는

$$S_Y(\omega) = S_X(\omega)|H(\omega)|^2 = \frac{N_0/2}{1 + (\omega RC)^2}$$

이다. 평균전력은 다음과 같이 $S_Y(\omega)$를 전체구간 적분하여 구할 수도 있고,

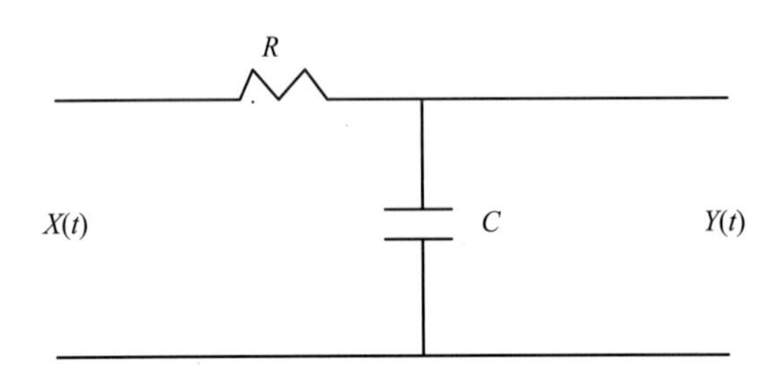

그림 6.23 예제 6.11의 RC 저역통과 필터.

$$P_Y = \frac{1}{2\pi}\int_{-\infty}^{\infty} S_Y(\omega)d\omega = \frac{N_0}{4\pi}\int_{-\infty}^{\infty}\frac{d\omega}{1+(\omega RC)^2} = \frac{N_0}{4\pi}\frac{2}{RC}\tan^{-1}\omega RC\Big|_0^{\omega} = \frac{N_0}{4RC}$$

또는 $S_Y(\omega)$로부터 역푸리에변환을 통해 $R_Y(\tau)$를 아래와 같이 구한 후

$$R_Y(\tau) = \mathbb{F}^{-1}\left[\frac{N_0/2}{1+(\omega RC)^2}\right] = \mathbb{F}^{-1}\left[\frac{N_0}{2}\left(\frac{\alpha^2}{\alpha^2+\omega^2}\right)\right], \quad \alpha = 1/RC$$

$$= \frac{N_0}{2}\frac{\alpha}{2}e^{-\alpha|\tau|}$$

$t = 0$를 대입하여 구할 수도 있다. 즉,

$$P_Y = R_Y(0) = \frac{N_0}{4RC}$$

실전문제 6.11

그림 6.24와 같은 RL 저역통과 필터에서 입력 $X(t)$가 다음과 같은 전력스펙트럼밀도를 갖는

$$S_X(\omega) = \frac{4a}{4a^2+\omega^2}$$

랜덤 전보신호이다. 출력의 자기상관함수를 구하라.

정답: $\frac{1}{\alpha^2-4a^2}\left[\alpha^2 e^{-2a|\tau|} - 2a\alpha e^{-\alpha|\tau|}\right], \quad \alpha = R/L$

예제 6.12

$X(t)$는 미분 가능한 넓은 의미 시 정상 랜덤과정이다. 시스템의 출력 $Y(t)$와 입력 $X(t)$의 관계는 다음과 같다.

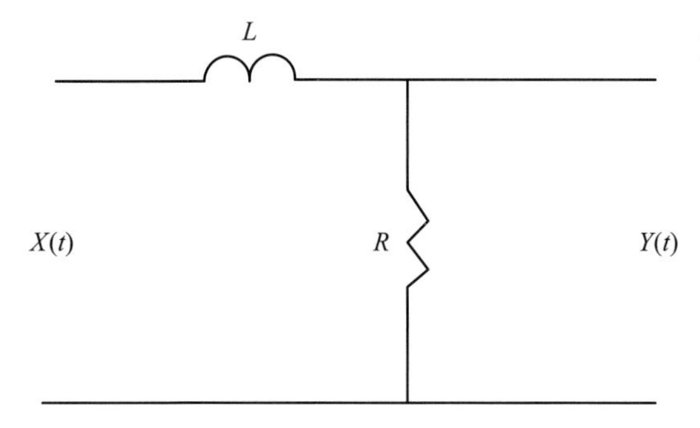

그림 6.24 실전문제 6.11의 RL 저역통과 필터.

$$\frac{d}{dt}Y(t)+Y(t)=X(t)$$

$R_X(\tau)=2e^{-|\tau|}$라고 할 때 $S_Y(\omega)$를 구하라.

풀이

우선 시스템의 전달함수 $H(\omega)$를 구한다. 주어진 미분방정식을 푸리에변환하면 다음을 구할 수 있다.

$$j\omega Y(\omega)+Y(\omega)=X(\omega) \quad \rightarrow \quad H(\omega)=\frac{Y(\omega)}{X(\omega)}=\frac{1}{1+j\omega}$$

또는

$$|H(\omega)|^2=H(\omega)H^*(\omega)=\frac{1}{1+\omega^2}$$

$X(t)$의 전력스펙트럼밀도는 다음과 같으므로

$$S_X(\omega)=\mathcal{F}[R_X(\tau)]=\frac{4}{1+\omega^2}$$

최종적으로

$$S_Y(\omega)=S_X(\omega)|H(\omega)|^2=\frac{4}{(1+\omega^2)^2}$$

실전문제 6.12

시스템의 입출력 관계식이 $Y(t)=\frac{dX(t)}{dt}$이고 $X(t)$와 $Y(t)$는 각각 시스템의 입력 랜덤과정과 출력 랜덤과정을 의미한다. $R_X(\tau)=\frac{N_0}{2}\delta(\tau)$일 때 $S_Y(\omega)$를 구하라.

정답: $\frac{N_0\omega^2}{2}$

6.8 MATLAB을 사용한 계산

MATLAB 소프트웨어를 써서 이 장에서 공부한 개념들을 숙지할 수 있다. MATLAB을 이용하면 랜덤과정 $X(t)$를 생성하고 그 통계적 특성들을 계산할 수 있고 $X(t)$의 표본함수나 $X(t)$의 자기상관함수를 그려 볼 수도 있다.

6.8.1 선형시스템

MATLAB 명령어 **rand**를 사용하면 0과 1 사이에서 균등분포하는 랜덤변수를 발생시킬 수 있다. 이 랜덤변수를 사용하면 임의의, 다양한 형태의 PDF를 갖는 랜덤변수 역시 발생시킬 수 있다. 예를 들어, 구간 (a, b)에서 균등분포하는 랜덤변수 X를 발생시키려면

$$X = a + (b - a)U \tag{6.65}$$

로 두면 되고, 여기서 U는 **rand**에 의해 발생된 랜덤변수를 의미한다. 비슷한 명령어인 **randn**은 평균이 0이고 분산이 1인 가우스 랜덤변수를 발생시킨다. 다음 식으로 주어진 랜덤과정을 보자.

$$X(t) = 10\cos(2\pi t + \Theta) \tag{6.66}$$

위에서 Θ는 $(0, 2\pi)$ 구간에서 균등분포하는 랜덤변수이다. $X(t)$를 발생시키고 그 표본함수를 그려 보려면 다음의 MATLAB 명령어를 쓰면 된다.

```
» t=0:0.01:2; % select 201 time points between 0 and 2.
» n=length(t);
» theta=2*pi* rand(1,n); % generates n=201 uniformly distributed theta
» x=10* cos(2* pi* t +theta);
» plot(t,x)
```

이 랜덤과정의 모습은 그림 6.25에서 볼 수 있다. 평균과 표준편차는 MATLAB 명령어 **mean**과 **std**를 쓰면 된다. 예를 들어 표준편차는 다음의 명령어로 구할 수 있다.

```
» std(x)
ans =
7.1174
```

위의 결과는 정확한 값인 6.0711과는 조금 차이가 있다. 그 이유는 이 계산을 위해서 201점에서만 계산을 해서 그렇다. 만일 예컨대 계산점을 10,000개로 잡았다면 계산결과는 훨씬 참값에 가까울 것이다.

만일 위에서 발생시킨 $X(t)$가 실전문제 2.14의 3차 버터워스 필터의 입력이라면 출력 $Y(t)$도 구할 수 있다. MATLAB 명령어 **lsim**을 사용하면 임의의 입력신호에 대한 시스템의 출력을 계산할 수 있다. 이 명령어의 형식은 `y = lsim(num, den, x, t)`이다. 여기서 `x`는 입력신호, `t`는 시간벡터, `y`는 출력이고 `num`과 `den`은 각각 전달함수 $H(s)$의 분자와 분모이다. 실전문

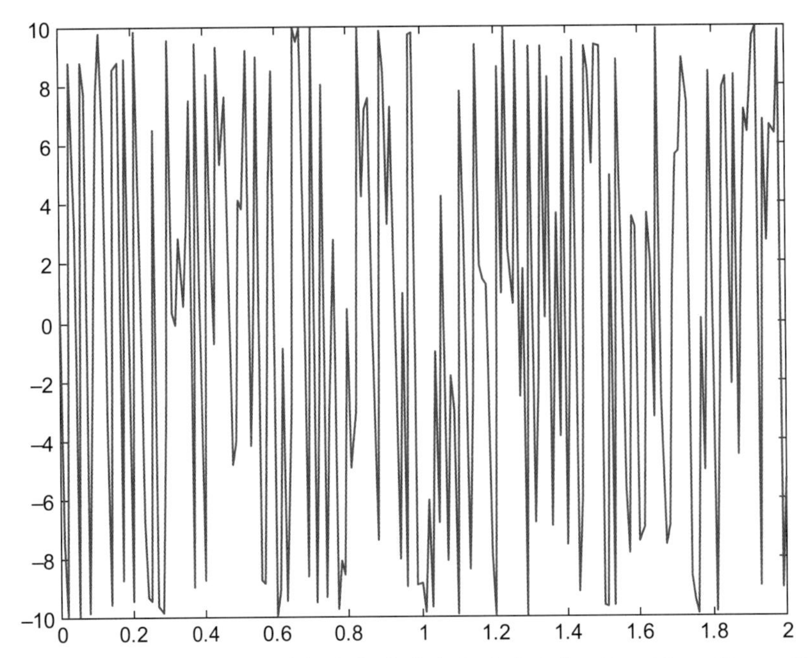

그림 6.25 MATLAB을 이용하여 발생시킨 랜덤과정 $X(t) = 10\cos(2\pi t + \Theta)$의 모습.

제 2.14의 버터워스 필터의 전달함수는 아래와 같고

$$H(s) = \frac{\omega_c^3}{s^3 + 2\omega_c s^2 + 2\omega_c^2 s + \omega_c^3}, \quad \omega_c = 6.791 \times 10^7 \text{ rad/s} \tag{6.67}$$

그림 6.26에서 보는 것 같은 출력 $y(t)$를 얻기 위한 MATLAB 명령어는 다음과 같다.

```
» t=0:0.01:2;
» n=length(t);
» theta=2*pi*rand(1,n);
» x=10*cos(2*pi*t +theta);
» wc=6.791*10^7;
» num=wc^3; % numerator of H(s)
» den=[ 1 2*wc 2*wc^2 wc^3] ; % denominator of H(s)
» y=lsim(num,den,x,t);
» plot(t,y)
```

6.8.2 베르누이 랜덤과정

데이터 통신에 많이 쓰이는 베르누이 랜덤과정을 MATLAB을 이용해 만들어 보자. 베르누이 랜덤과정은 두 가지 상태(±1 또는 0과 1)만을 갖는 일련의 랜덤변수로 구성된다. 따라서 이진

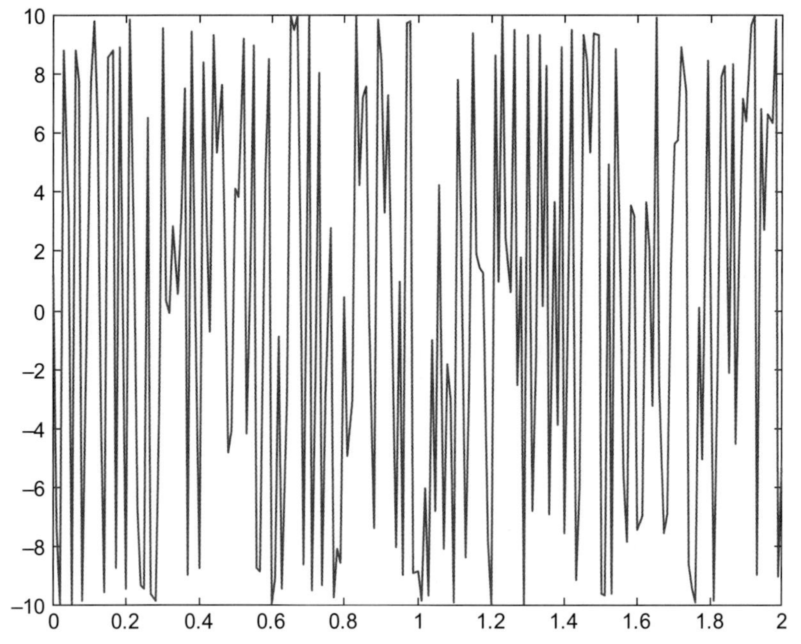

그림 6.26 3차 버터워스 필터의 출력 $Y(t)$.

랜덤과정(random binary process)으로 볼 수 있다. $X(t)$가 $+1$일 확률을 p, -1일 확률을 $q = 1 - p$라고 하자. 베르누이 랜덤변수 X를 생성하기 위해서는 우선 MATLAB 명령어 **rand**를 사용하여 (0, 1)에서 균등분포하는 랜덤변수 U를 생성한 후에, 다음 식에 의해 X를 만들면 된다.

$$X = \begin{cases} 1, & \text{if } U \le p \\ -1, & \text{if } U > p \end{cases} \tag{6.68}$$

즉, (0, 1) 구간을 길이 p와 $1-p$의 두 구간으로 분할한 것이다. 다음의 MATLAB 프로그램은 베르누이 랜덤과정을 생성하게 되며, 전형적인 모습은 그림 6.27에 나타나 있다.

```
% Generation of a Bernoulli process
% Ref: D. G. Childers, "Probability of Random Processes," Irwin, 1997, p.164
p=0.6;     % probability of having +1
q=1-p;     % probability of having -1
n=30;  % length of the discrete sequence
t=rand(1,n);     % generate random numbers uniformly distributed over (0,1)
x=zeros(length(t));  % set initial value of x equal to zero
for k=1:n
if( t(k) <= p )
x(k)=1;
```

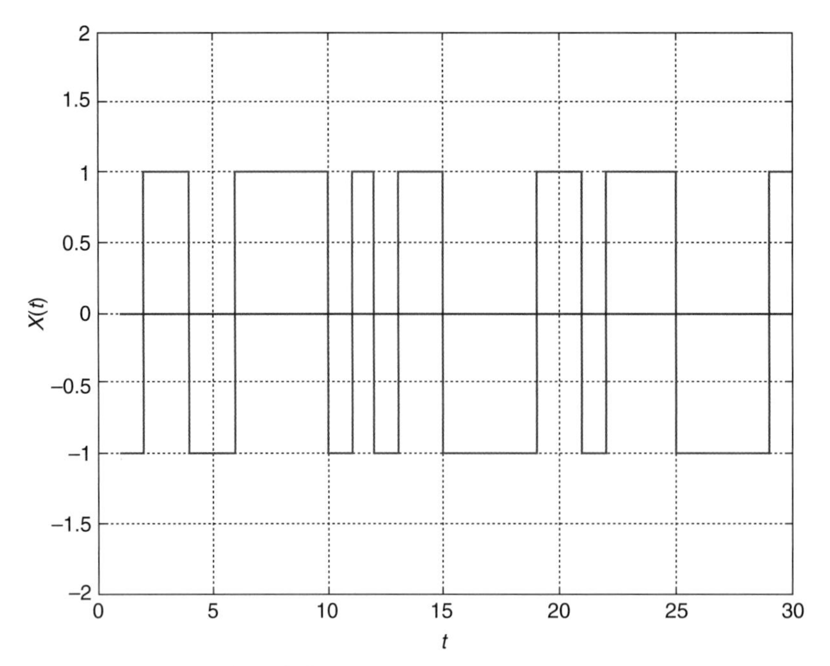

그림 6.27 베르누이 랜덤과정의 전형적인 모습.

```
else
x(k)= -1;
end
end
stairs(x);
xlabel('t')
ylabel('x(t)')
a=axis;
axis([ a(1) a(2) -2 2] );
grid on
```

장말 요약

1. 확률실험의 결과로 발생하는 사건의 빈도를 측정하는 값을 그 사건의 확률이라고 할 수 있다. 확률실험이란 실험결과가 우연에 의하기 때문에 결과를 미리 예측할 수 없는 실험을 의미한다.

2. 상대적 빈도로서의 사건 A의 확률은 그 확률실험이 n번 반복되었을 때 그 중 사건 A가 n_A번 발생했고 반복횟수 n이 충분히 크다면 다음과 같다.

$$P(A) = \frac{n_A}{n}$$

3. 랜덤변수란 표본공간에서 정의된, 실숫값을 갖는 함수이다. 이산랜덤변수란 그 랜덤변수가 취할 수 있는 값의 개수가 셀 수 있을 경우, 예컨대 0, 1, 2, 3, …와 같은 경우에 해당하는 랜덤변수이다.

4. 랜덤변수 X의 누적분포함수(CDF) $F_X(x)$는 $P(X \le x)$인 확률이며 0과 1 사이의 값을 갖는다.

5. 랜덤변수 X의 확률밀도함수 $f_X(x)$는 누적분포함수 $F_X(x)$의 도함수이다. 즉,

$$f_X(x) = \frac{dF_X(x)}{dx} \quad \leftrightarrow \quad F_X(x) = \int_{-\infty}^{x} f_X(t)\,dt$$

위 식에서 $f_X(t)dt$는 랜덤변수 X가 $(t, t+dt)$ 사이에 있을 확률로 볼 수 있다.

6. 연속랜덤변수 X의 평균은

$$E(X) = \int_{-\infty}^{\infty} x\, f_X(x)\,dx$$

이고 이산랜덤변수 X의 평균은

$$E(X) = \sum_{i=1}^{M} x_i P_X(x_i)$$

이다.

7. 랜덤변수 X의 분산은 다음과 같다.

$$\mathrm{Var}(X) = \sigma_X^2 = E[(X - m_X)^2] = E[X^2] - (E[X])^2$$

여기서 m_X는 X의 평균이고 σ_X는 X의 표준편차라고 부른다.

8. 표 6.4는 균등분포 랜덤변수, 지수분포 랜덤변수, 가우스 랜덤변수, 레일리 랜덤변수의 CDF, PDF, 평균, 분산을 요약한 표이다.

9. 일반적으로 확률 모델링에 가우스분포가 널리 사용된다는 사실의 정당성은 중심극한 정리에 의한다. 중심극한 정리는 임의의 분포를 갖는, 서로 독립인 표본들의 합은 표본의 개수가 무한히 많아짐에 따라 가우스분포에 근접한다는 정리이다.

10. 랜덤과정은 랜덤변수에 시간의 개념이 추가된, 즉 랜덤신호로 볼 수 있다. 임의의 주어진 시간에서의 랜덤과정의 값은 랜덤변수이다.

11. 연속시간 랜덤과정 $X(t)$는 시간 t가 연속적인 값을 갖는다는 것을 의미할 뿐, 임의의 주어진 시간에서의 랜덤과정의 값이 연속랜덤변수라는 것을 의미하는 것은 아니다.

12. 랜덤과정 $X(t)$의 평균 $m_X(t)$가 상수이고 자기상관함수 $R_X(t_1, t_2) = E[X(t_1)\ X(t_2)]$가 $\tau = |t_2 - t_1|$만의 함수로 표현되면 $X(t)$는 넓은 의미 시 정상 랜덤과정이라고 한다. 평균과 자기상관함수뿐만 아니라 $X(t)$의 모든 통계적 특성이 시간축의 임의의 이동에 대해서도 불변인 경우, $X(t)$를 엄격한 의미의 시 정상 랜덤과정이라고 한다.

13. 위너-킨친 정리에 의하면 넓은 의미 시 정상 랜덤과정의 자기상관함수 $R_X(\tau)$와 전력스펙트럼밀도 $S_X(\omega)$는 서로 푸리에변환 관계이다.

$$R_X(\tau) \quad \leftrightarrow \quad S_X(\omega)$$

14. 통신시스템에서 자주 등장하는 랜덤과정에는 가우스 랜덤과정, 백색잡음, 그리고 대역제한 랜덤과정 등이 있다.

15. 충격반응 $h(t)$와 전달함수 $H(\omega)$를 갖는 선형시스템의 입력인 넓은 의미 시 정상 랜덤과정 $X(t)$와 출력 $Y(t)$ 간에는 다음의 식이 성립한다.

$$S_Y(\omega) = |H(\omega)|^2 S_X(\omega)$$

16. 본 장에서 다룬 일부 개념들은 MATLAB을 이용하여 구현되었다.

복습문제

6.1 공정한 주사위를 던졌다. 짝수가 나올 확률은?

(a) 0 (b) 1/6 (c) 1/3 (d) 1/2 (e) 1

6.2 다음 중 PDF라고 볼 수 없는 것은?

(a) $f_X(x) = 3e^{-3x}u(x)$

(b) $f_Y(y) = 1, \quad -\dfrac{1}{2} < y < \dfrac{1}{2}$

(c) $f_Z(z) = u(z+2) - u(z-2)$

(d) $f_T(t) = \frac{1}{6}(8 - t), \quad 4 \le t \le 10$

6.3 X는 평균이 10, 분산이 6인 랜덤변수이고 $Y = 2X - 1$이다. Y의 평균은?

(a) 10 (b) 16 (c) 19 (d) 20 (e) 계산할 수 없음

6.4 주어진 구간 내의 모든 값을 같은 확률로 가질 수 있는 연속랜덤변수는 다음 중 어디에 해당되나?

(a) 균등분포 (b) 푸아송분포 (c) 가우스분포 (d) 이항분포 (e) 베르누이

6.5 다음 중 가우스분포에 해당하지 않는 명제는?

(a) 평균을 중심으로 좌우대칭이다.

(b) 랜덤변수 X는 균등분포한다.

(c) 평균 근처의 값이 자주 등장한다.

(d) PDF 곡선의 너비는 표준편차에 비례한다.

6.6 어떤 랜덤과정의 자기상관함수가 1이라고 하자. 이 랜덤과정의 전력스펙트럼밀도는?

(a) $\delta(\omega)$ (b) $2\pi\delta(\omega)$ (c) $u(\omega)$ (d) 계산할 수 없음

6.7 랜덤과정 $X(t)$의 PSD $S_X(\omega) = \frac{4}{\omega^2 - 4}$이다. $R_X(\tau)$는 다음 중 어느 것인가?

(a) $e^{-2t}u(t)$ (b) $e^{-2|t|}$ (c) $\cos 2t$ (d) $2\pi\delta(\omega)$

6.8 다음 중 랜덤과정의 전력밀도함수라고 볼 수 없는 것은?

(a) $S_X(\omega) = \frac{8}{9 + \omega^2}$

(b) $S_X(\omega) = \frac{5\omega}{1 + \omega^2}$

(c) $S_X(\omega) = 10\,\pi\delta(\omega)$

(d) $S_X(\omega) = 4$

6.9 백색잡음에 대한 아래의 설명 중 옳지 않은 것은?

(a) 전력스펙트럼밀도가 상수이다.

(b) 모든 주파수에 대해 0이 아닌 값을 갖는다.

(c) 유한한 평균전력을 갖는다.

(d) 실제로는 존재할 수 없는 잡음이다.

6.10 MATLAB 명령어 **randn**은 다음 중 어떤 랜덤변수를 생성하나?

(a) 가우스 랜덤변수

(b) (0, 1)에서 균등분포 랜덤변수

(c) 지수분포 랜덤변수

(d) 푸아송분포 랜덤변수

정답: 6.1 (d), 6.2 (c), 6.3 (c), 6.4 (a), 6.5 (b), 6.6 (b), 6.7 (b), 6.8 (b), 6.9 (c), 6.10 (a)

익힘문제

6.2절 확률 기초

6.1 4개의 공정한 주사위를 동시에 던졌다. 적어도 두 개 이상의 주사위에 2가 나올 확률을 구하라.

6.2 두 개의 공정한 주사위를 동시에 던지는 확률실험에서, (a) 2와 5가 나올 확률을 계산하라. (b) 합이 8이 될 확률은 얼마인가?

6.3 원을 동일한 면적의 10개의 부채꼴로 분할한 뒤 1번부터 10번까지로 표시하였다고 하자. 원의 중심을 축으로 원을 회전시키고, 정지할 때 포인터가 해당 부채꼴을 가리킨다고 하자. 다음의 확률을 각각 구하라.

(a) 8번 부채꼴을 가리킬 확률

(b) 홀수 번째의 부채꼴을 가리킬 확률

(c) 1, 4, 또는 6번 부채꼴을 가리킬 확률

(d) 4보다 큰 숫자의 부채꼴을 가리킬 확률

6.4 네 개의 흰 공, 세 개의 녹색 공, 그리고 두 개의 빨간 공이 들어 있는 단지에서 공 두 개를 차례로 뽑았다.

(a) 두 공이 모두 빨간색일 확률을 구하라.

(b) 두 공의 색깔이 같을 확률을 구하라.

6.5 전화번호부에서 무작위로 전화번호를 선택하여 그 맨 앞자리의 숫자(k)를 관찰하였다. 100개의 전화번호를 관찰한 결과가 아래 표와 같다.

k	0	1	2	3	4	5	6	7	8	9
N_k	0	2	18	11	20	13	19	15	1	1

(a) 전화번호가 숫자 6으로 시작할 확률은?

(b) 전화번호가 홀수로 시작할 확률은?

6.6 크리스마스 트리의 장식을 위해 80개의 꼬마전구가 한 줄로 연결되었다. 각각의 꼬마전구가 결함이 있을 확률은 0.02이다. 모든 꼬마전구가 결함이 없어야만 트리에 불이 켜진다고 하자. 트리에 불이 들어올 확률은?

6.7 한 반에 50명의 학생이 있다. 그 중 20명이 중국인이고 중국인 중 4명이 여학생이다. '무작위로 선택된 학생이 중국인이다'라는 사건이 사건 A이고, 무작위로 선택된 학생이 여학생이다'라는 사건이 사건 B라고 할 때 다음을 각각 구하라.

(a) $P(A)$ (b) $P(AB)$ (c) $P(B|A)$

6.8 네 개의 파란 공과 여섯 개의 빨간 공이 들어 있는 단지가 있다. 한 번에 하나씩 두 개의 공을 뽑는다고 하자. 다음의 확률을 계산하라.

(a) 첫 번째 뽑은 공이 파란색이라는 조건 하에 두 번째 공이 빨간 공일 확률

(b) 첫 번째 뽑은 공이 빨간색이라는 조건 하에 두 번째 공이 파란 공일 확률

(c) 빨간 공 두 개가 뽑힐 확률

(d) 파란 공 두 개가 뽑힐 확률

6.9 20개의 전구가 들어 있는 상자가 있다. 그 중 5개가 불량품이라고 할 때, 무작위로 뽑은 전구가 불량품일 확률은? 상자에서 두 개의 전구를 뽑았다. 둘 다 불량품일 확률은?

6.10 균등분포하는 랜덤변수 X의 PDF가 다음과 같다.

$$f_X(x) = \begin{cases} k, & -2 < x < 3 \\ 0, & \text{otherwise} \end{cases}$$

(a) 상수 k를 구하라.

(b) $F_X(x)$를 구하라.

(c) $P(|X| \leq 1)$과 $P(X > 1)$을 구하라.

6.11 연속랜덤변수 X의 PDF가 다음과 같다.

$$f_X(x) = \begin{cases} kx, & 1 < x < 4 \\ 0, & \text{otherwise} \end{cases}$$

(a) 상수 k를 구하라.

(b) $F_X(x)$를 구하라.

(c) $P(X \leq 2.5)$을 구하라.

6.12 다음과 같은 PDF가 있다.

$$f_Z(z) = \mu e^{-z/3} u(z)$$

PDF의 조건을 만족하도록 μ 값을 구하라.

6.13 랜덤변수 X의 PDF가 아래와 같다.

$$f_X(x) = \begin{cases} \dfrac{1}{2\sqrt{x}}, & 0 < x < 1 \\ 0, & \text{otherwise} \end{cases}$$

$F_X(x)$와 $P(0.5 < X < 0.75)$를 구하라.

6.14 다음에 주어진 함수가

$$f_X(x) = \frac{x^n}{n!}e^{-x}, \quad 0 < x < \infty, \quad n > 0$$

PDF임을 증명하라.

6.15 Cauchy 랜덤변수 X의 PDF가 아래와 같다.

$$f_X(x) = \frac{1}{\pi(1+x^2)}, \quad -\infty < x < \infty$$

CDF를 구하라.

6.16 다음과 같은 PDF를 갖는 랜덤변수 X가 있다.

$$f_X(x) = \begin{cases} \frac{1}{8}, & 4 < x < 12 \\ 0, & \text{otherwise} \end{cases}$$

(a) $E[X]$, $E[X^2]$, $\mathrm{Var}(X)$를 구하라.

(b) $P(3 \leq X \leq 10)$를 구하라.

6.17 skew(X)는 X의 3차 중심적률이다. 즉,

$$\mathrm{skew}(X) = E\left[(X - m_x)^3\right] = \int_{-\infty}^{\infty} (x - m_x)^3 f_X(x)dx$$

랜덤변수 X의 PDF가 아래와 같을 때

$$f_X(x) = \begin{cases} \frac{1}{6}, & 4 < x < 10 \\ 0, & \text{otherwise} \end{cases}$$

skew(X)를 구하라.

6.18 한 전자부품의 수명을 나타내는 랜덤변수 T의 PDF가 아래와 같을 때

$$f_T(t) = \frac{t}{\alpha^2}\exp\left[-\frac{t^2}{\alpha^2}\right]u(t)$$

$E[T]$와 $\mathrm{Var}(T)$를 구하라. 단, $\alpha = 10^3$이다.

$$\left[\text{힌트: } \int_0^{\infty} x^2 e^{-x^2}dx = \frac{\sqrt{\pi}}{4}, \quad \int_0^{\infty} x^3 e^{-x^2}dx = \frac{1}{2}\right]$$

6.19 랜덤변수 X의 PDF가 다음과 같을 때

$$f_X(x) = \frac{e^{-(x-2)^2/32}}{\sqrt{32\pi}}, \quad -\infty < x < \infty$$

$P(4 < X < 10)$을 구하라.

6.3절 대표적인 확률분포

6.20 균등분포 랜덤변수 X의 평균은 1이고 분산은 1/2이다. X의 PDF를 구하고 $P(X > 1)$를 구하라.

6.21 그림 6.28의 PDF를 갖는 랜덤변수의 평균과 분산을 구하라.

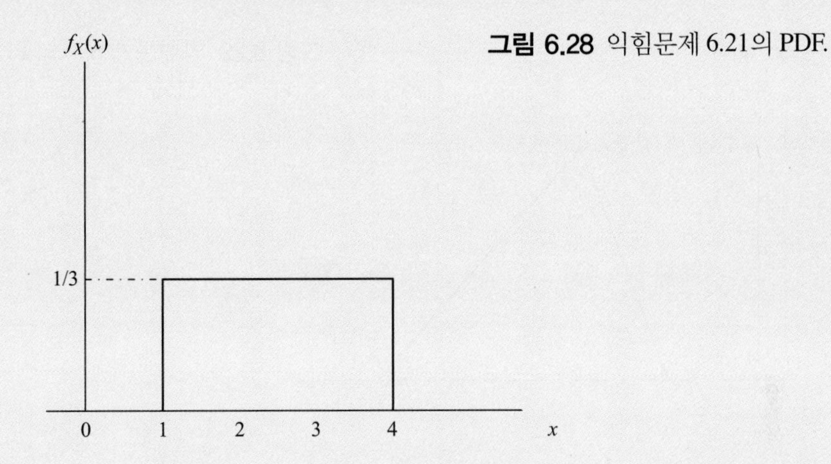

그림 6.28 익힘문제 6.21의 PDF.

6.22 $(0, a)$ 구간에서 균등분포하는 연속랜덤변수 X의 $E[X]$, $E[X^2]$, $\text{Var}(X)$를 구하라.

6.23 랜덤변수 X는 평균이 3인 지수랜덤변수이다. (a) $P(X < 1)$과 $P(X > 1.5)$를 구하라. (b) $P(X < \lambda) = 0.2$를 만족하는 λ를 구하라.

6.24 가우스 랜덤변수 X의 평균은 0이고 분산은 9이다. $P(|X| > a) < 0.01$를 만족하는 a를 구하라.

6.25 X는 평균이 1인 가우스 랜덤변수이다. $P(2 < X < 4) = 0.1$일 때 $\text{Var}(X)$를 구하라.

6.26 X는 평균이 μ, 분산이 σ^2인 가우스 랜덤변수이다. 표를 이용하거나 또는 MATLAB을 이용하여 다음을 구하라.

(a) $P(\mu - \sigma < X < \mu + \sigma)$

(b) $P(\mu - 2\sigma < X < \mu + 2\sigma)$

(c) $P(\mu - 3\sigma < X < \mu + 3\sigma)$

6.27 잡음 전압의 측정값이 평균이 0이고 분산이 2×10^{-11} V^2인 가우스 랜덤변수라고 하자. 측정값이 4 μV를 초과할 확률을 구하라.

6.28 레일리 랜덤변수 X의 CDF가 아래와 같음을 증명하라.

$$F_X(x) = \left(1 - e^{-x^2/2\sigma^2}\right)u(x)$$

6.29 X는 평균이 6인 레일리 랜덤변수이다. (a) Var(X)를 구하라. (b) $P(X \geq 10)$을 계산하라.

6.30 레일리 랜덤변수 X의 PDF가 아래와 같다.

$$f_X(x) = \frac{x}{16}\exp\left(-x^2/32\right)u(x)$$

$P(1 < X < 2)$를 구하라.

6.31 그림 6.29와 같은 PDF를 갖는 랜덤변수 X가 있다. $E[X]$와 Var(X)를 구하라.

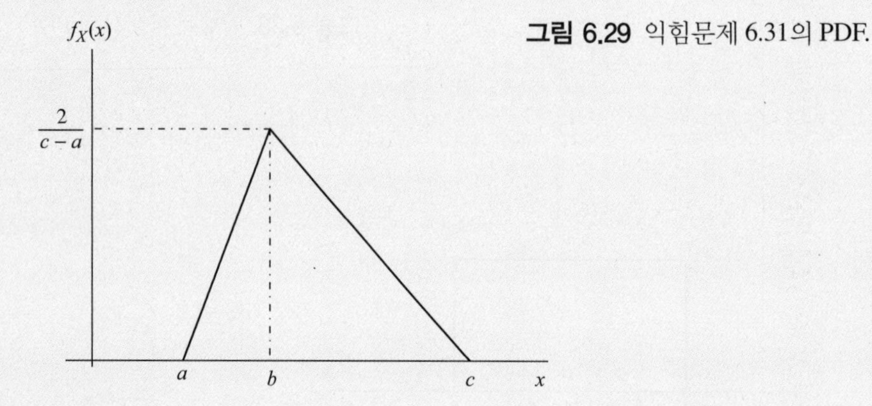

그림 6.29 익힘문제 6.31의 PDF.

6.4절 랜덤과정

6.32 랜덤과정 $X(t) = A\cos(2\pi t)$에서 A는 $(-1, 1)$에서 균등분포하는 랜덤변수이다. 이 랜덤과정의 표본함수를 3개만 그려 보아라.

6.33 랜덤과정 $X(t) = A\sin(4t)$에서 A는 $(0, 2)$에서 균등분포하는 랜덤변수이다. (a) $X(t)$의 표본함수를 4개만 그려 보아라. (b) $E[X(t)]$와 $E[X^2(t)]$를 구하라.

6.5절 전력스펙트럼밀도

6.34 다음 각각이 랜덤과정의 전력스펙트럼밀도함수라고 볼 수 있는지를 그 이유와 함께 밝혀라.

(a) $S_X(\omega) = 5 + \delta(\omega - 2)$

(b) $S_X(\omega) = \dfrac{2}{9 + \omega^2}$

(c) $S_X(\omega) = 10\,\mathrm{sinc}^2(4\omega)$

(d) $S_X(\omega) = e^{-4\omega^2}\cos^2\omega$

6.35 시 정상 랜덤과정 $X(t)$의 PSD가 다음과 같다.

$$S_X(\omega) = 5\pi\delta(\omega) + \frac{2(\omega^2 + 10)}{\omega^4 + 4\omega^2 + 3}$$

(a) $X(t)$의 자기상관함수를 구하라.

(b) $X(t)$의 평균전력을 구하라.

6.36 다음과 같은 PSD를 갖는 랜덤과정의 자기상관함수를 구하라.

(a) $S_X(\omega) = \dfrac{\omega^2}{9+\omega^2} + 4\pi\delta(\omega)$

(b) $S_X(\omega) = \dfrac{30}{\omega^4 + 13\omega^2 + 36}$

6.37 그림 6.30의 PSD 각각에 대해 자기상관함수를 구하라.

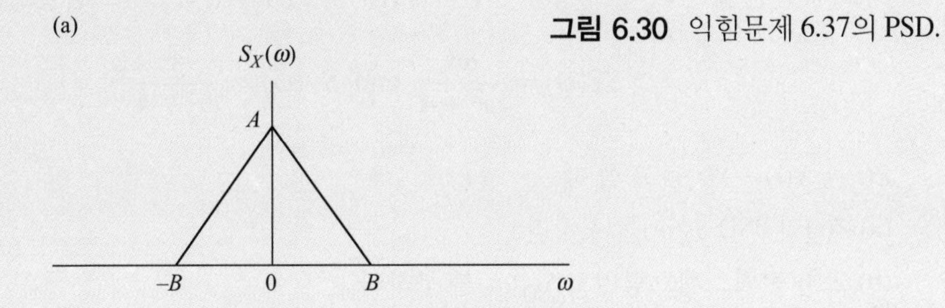

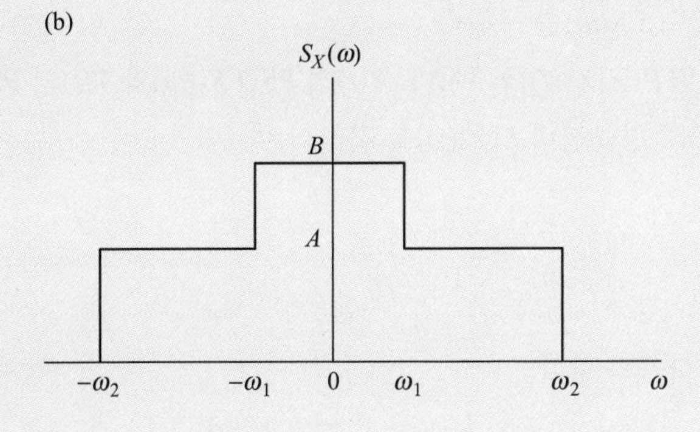

그림 6.30 익힘문제 6.37의 PSD.

6.38 랜덤과정 $X(t)$의 자기상관함수가 다음과 같다.

$$R_X(\tau) = 6e^{-4|\tau|}\cos 5\pi\tau$$

(a) $E[X(t)]$와 $E[X^2(t)]$를 구하라.

(b) $\mathrm{Var}[X(t)]$를 구하라.

(c) $X(t)$의 평균전력을 구하라.

(d) $X(t)$의 PSD를 구하라.

6.39 다음의 각각의 자기상관함수에 대해 $S_X(\omega)$를 구하라.

(a) $R_X(\tau) = 5\delta(\tau)$

(b) $R_X(\tau) = e^{-2\tau^2} \cos \omega_0 \tau$

(c) $R_X(\tau) = 2e^{-\tau^2}$

(d) $R_X(\tau) = 4\,\dfrac{\sin 2\pi\tau}{2\pi\tau}$

6.40 랜덤과정 $X(t)$의 자기상관함수가 다음과 같다.

$$R_X(\tau) = 4 + 6e^{-2|\tau|}$$

(a) $X(t)$의 PSD를 구하라.

(b) $X(t)$의 평균전력을 구하라.

6.41 서로 독립인 넓은 의미 시 정상 랜덤과정 $X(t)$와 $Y(t)$의 전력스펙트럼밀도는 다음과 같다.

$$S_X(\omega) = \frac{\omega^2}{\omega^2+4} \quad \text{and} \quad S_Y(\omega) = \frac{4}{\omega^2+4}$$

$Z(t) = X(t) - Y(t)$라고 할 때,

(a) $Z(t)$의 PSD $S_Z(\omega)$를 구하라.

(b) 교차 전력스펙트럼밀도 $S_{XY}(\omega)$를 구하라.

(c) 교차 전력스펙트럼밀도 $S_{YZ}(\omega)$를 구하라.

6.42 랜덤과정 $X(t)$의 평균전력은 $E[X^2(t)] = 3$이다. $X(t)$의 PSD $S_X(\omega)$와 $Y(t)$의 PSD $S_Y(\omega)$가 각각 다음과 같을 때 $Y(t)$의 평균전력 $E[Y^2(t)]$를 구하라.

(a) $S_Y(\omega) = 2S_X(\omega)$

(b) $S_Y(\omega) = S_X(3\omega)$

(c) $S_Y(\omega) = S_X(\omega/4)$

6.43 랜덤과정 $X(t)$의 PSD가 다음과 같다.

$$S_X(\omega) = \frac{124 + 9\omega^2}{(4+\omega^2)(25+\omega^2)}$$

부분분수법(partial fraction)을 이용하여 해당하는 자기상관함수를 구하라.

6.7절 응용: 선형시스템

6.44 넓은 의미 시 정상 랜덤과정 $X(t)$가 다음과 같은 충격반응을 갖는 시스템에 입력되었다.

$$h(t) = 2te^{-3t}u(t)$$

입력 $X(t)$와 출력 $Y(t)$ 간의 교차상관함수는 다음과 같다.

$$R_{XY}(\tau) = 2\tau e^{-3\tau}u(\tau)$$

$Y(t)$의 자기상관함수와 평균전력을 구하라.

6.45 랜덤과정 $X(t)$가 다음과 같은 충격반응을 갖는 시스템에 입력되었다.

$$h(t) = 5te^{-2t}u(t)$$

$E[X(t)] = 3$일 때 $E[Y(t)]$를 구하라.

6.46 랜덤과정 $X(t)$가 충격반응 $h(t) = e^{-2t}\,u(t)$인 필터에 입력되었다. $X(t)$의 PSD가 다음과 같을 때

$$S_X(\omega) = \frac{A}{1 + (\omega B)^2}$$

출력의 자기상관함수와 전력스펙트럼밀도를 구하라. 단, A와 B는 상수이다.

6.47 그림 6.31의 회로에서 $S_Y(\omega)$를 $S_X(\omega)$의 식으로 표현하라.

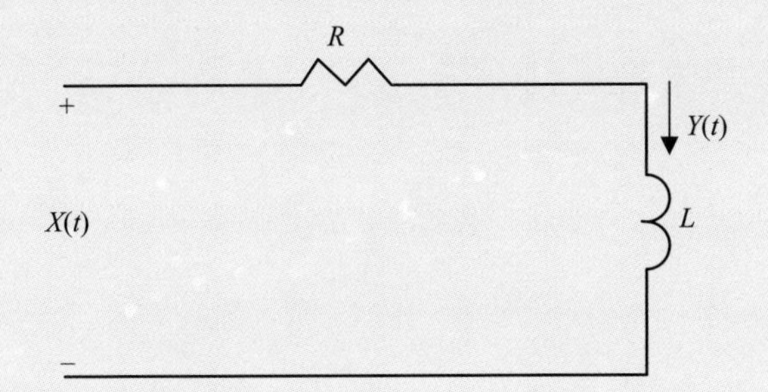

그림 6.31 익힘문제 6.47의 회로.

6.48 자기상관함수 $R_X(\tau) = 5\,e^{-2|\tau|}$인 시 정상 랜덤과정 $X(t)$가 그림 6.32의 회로의 입력신호이다. $S_X(\omega)$와 $S_Y(\omega)$를 구하라.

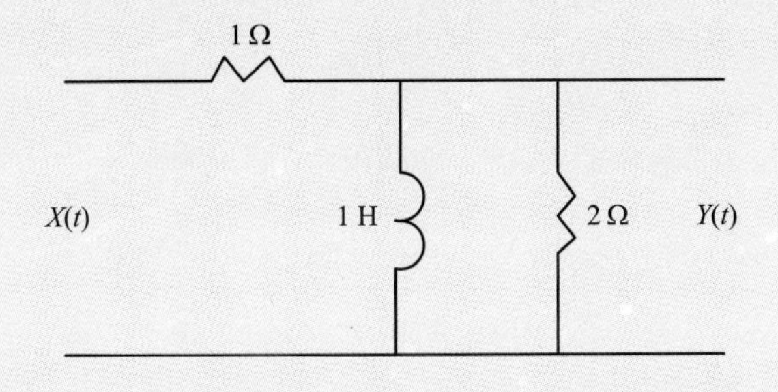

그림 6.32 익힘문제 6.48의 회로.

6.8절 MATLAB을 사용한 계산

6.49 MATLAB을 사용하여 랜덤과정 $X(t) = A\cos(2\pi t)$, $0 < t < 4$ (sec)를 생성하라. 단, A는 평균이 0이고 분산이 1인 가우스 랜덤변수이다.

6.50 A가 $(-2, 2)$에서 균등분포하는 랜덤변수라고 가정하고 6.49 문제를 다시 하라.

6.51 MATLAB을 사용하여 자기상관함수 $R_X(\tau) = 2 + 3\,e^{-\tau^2}$의 그림을 $-2 < \tau < 2$ 구간에서 그려라.

6.52 MATLAB을 사용하여 다음의 랜덤과정을 생성하라.

$$X(t) = 2\cos\left(2\pi t + B[n]\frac{\pi}{4}\right)$$

여기서 $B[n]$은 ± 1 값을 갖는 베르누이 랜덤수열이고 $P(B[n] = +1) = 0.6$이다. 시간은 $0 < t < 3$ (sec)로 하라.

6.53 MATLAB을 사용하여 1과 0의 값을 같은 확률로 갖는 베르누이 랜덤과정 $X(t)$를 생성하라. 이 특별한 경우의 베르누이 랜덤과정을 이진 백색잡음 과정이라고 부른다.

7 아날로그 통신에서의 잡음

다른 사람들의 실수에서 되도록 많은 것을 배워라. 당신이 그 모든 것을 스스로 해 보기에는 시간이 너무 짧다.

무명씨

역사 속 인물

해리 나이퀴스트(Harry Nyquist, 1889 ~ 1976) 미국의 물리학자, 엔지니어 겸 왕성한 발명가인 나이퀴스트는 원격통신 분야의 이론뿐 아니라 실용적인 기반을 만드는 데 크게 공헌하였다.

나이퀴스트는 스웨덴의 Nilsby에서 여덟 명의 자녀 중 넷째로 태어났다. 그는 1907년 미국으로 이민하여, 1917년 예일대학교에서 박사학위를 취득하였다. 벨시스템(Bell Systems)에서 근무한 37년 동안, 138 개의 미국 특허를 취득하였고 12편의 기술논문을 게재하였다. 그의 중요한 공헌으로는, 잔류측파대 전송시스템, 열잡음에 대한 수학적 설명, 나이퀴스트 표본화정리, 나이퀴스트 안정성정리, 그리고 저 유명한 '환류(feedback) 시스템에서의 안정성 도표' 등이 있다. 나이퀴스트는 그 생애 동안 통신분야의 뛰어난 업적으로 많은 상도 수여하였다.

굴리엘모 마르코니(Guglielmo Marconi, 1874 ~ 1937) 이탈리아의 전기공학자 마르코니는 무선전신을 발명하였는데, 이 발명은 전파, 무선 분야의 발명들의 효시가 되었다.

마르코니는 볼로냐에서 부유한 이탈리아인 아버지와 아일랜드인 어머니 사이에서 태어났다. 그는 볼로냐, 플로렌스, 레그혼 등에서 사교육으로 양육되었다. 그는 소년시절부터 전기공학에 심취하여, 맥스웰, 헤르츠 등의 업적에 대하여 공부하였다. 마르코니는 헤르츠의 실험실 결과를 실제적인 통신수단으로 활용할 수 있는 기반을 마련하였다. 1895년, 그는 볼로냐 근교의 가정에 개인적인 실험실을 구축하였고, 여기에서 약 1.5 마일 떨어진 거리까지 무선으로 신호를 전송하는 데 성공하였다. 이것이 실용적인 무선전신 시스템의 효시가 되었고, 그는 그 발명자가 되었다. 이탈리아 정부는 마르코니의 연구에 관심을 두지 않았으나, 영국 해군은 그의 기술을 인정하여 그 군함에 마르코니의 장비를 탑재하기에 이르렀다. 마르코니는 그 후 몇 년 동안 그의 발명품을 더욱 확장하고 세련되게 하였으며, 결국 사업화에 도달하였다. 1902년부터 1912년 사이에 그는 몇 가지 새로운 특허를 등록하였다. 그는 1909년 노벨 물리학상의 공동 수상을 비롯하여 수많은 상을 받았다. 그 후에도 무선통신의 새로운 분야에 대한 실험을 계속하였지만 대부분은 무선전신에서 유래된 것들이었고, 그 생애의 후반에는 주로 주 정부의 일에 관여하였다.

7.1 개요

잡음(noise)은 자연 속의 모든 곳에서, 특히 전기적인 장치에서 흔히 발견된다. 잡음은 모든 아날로그 장치에서 나타나지만, 디지털 영역에서는 그 영향이 비교적 덜하다. 이 장에서는 잡음이 존재하는 환경에서 아날로그 통신시스템의 성능을 조사하며, 다음 장에서는 디지털 통신시스템의 성능을 분석한다. 아날로그 통신시스템의 성능은 '신호대잡음비(signal-to-noise ratio, SNR)'로 측정되고, 디지털 통신시스템의 성능은 '오류확률(probability of error)'로 측정된다.

잡음의 전력이 매우 커서 SNR이 저조하면 통신시스템 자체가 쓸모없게 될 수도 있다. 변조기, 복조기, 필터, 그리고 기타 부시스템(subsystem)들은 모두 이상적이어서 잡음을 발생하지 않는다고 가정하고, 통신시스템은 오직 채널(channel) 상에서 '부가 잡음(additive noise)'의 영향을 받아 수신기 입력에서의 성능이 저하된다고 가정한다.

이 장은 우선 잡음의 원천과 그 형태에 대한 설명으로 시작하고자 한다. 그런 다음, 잡음의 존재 하에서 기저대역(baseband) 시스템의 성능을 조사한다. 이 결과는 선형변조 시스템(AM, DSB, SSB, VSB) 및 비선형변조 시스템(PM, FM)의 성능 평가와 비교를 위한 기초가 된다. 모든 경우에 있어서 우리의 목표는 잡음의 영향을 받아 열화된 수신신호로 평가되는 시스템의 성능을 조사하는 일이다. 마지막으로, 이 장에서 논의된 시스템의 성능 평가에 MATLAB은 어떻게 이용되는가를 설명할 것이다.

7.2 잡음의 원천

잡음은 원하는 정보신호를 방해하거나 훼손하는 모든 신호를 말한다. 그림 7.1의 전형적인 통신시스템의 모델에서 보는 바와 같이, 잡음은 모든 통신시스템에 있어서 필연적인 요소이며, 그 효과도 통신시스템 전체에 있어서 그 성능을 저하시킨다. 이러한 이유 때문에, 잡음의 영향을 최소화하는 기술은 매우 폭넓게 연구되고 있다. 수신된 신호 $r(t)$에 대한 잡음 $n(t)$의 전형적인 효과를 그림 7.2에 도시하였다. 잡음의 정의는 다음과 같다.

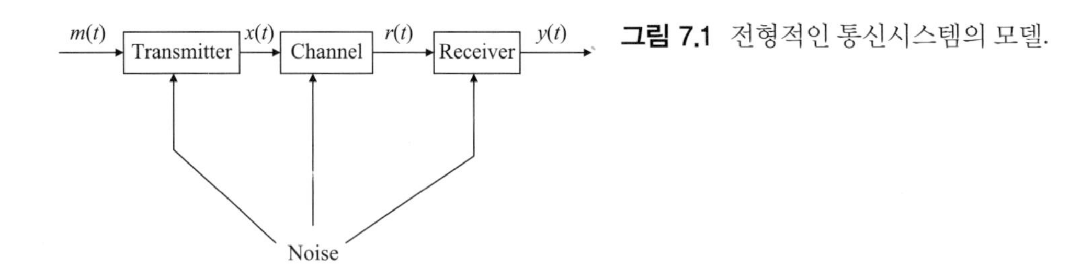

그림 7.1 전형적인 통신시스템의 모델.

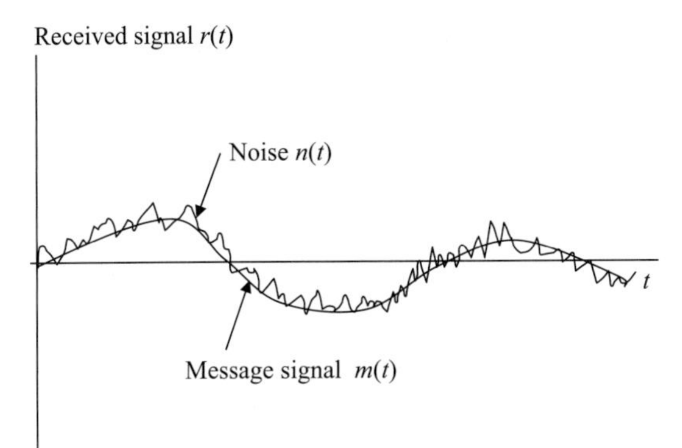

그림 7.2 메시지신호 $m(t)$와 잡음 $n(t)$.

> **잡음**(noise)은 원하는 정보신호를 훼손하는 모든 전기적, 자기적 신호를 말한다.

자연스럽게 잡음은 랜덤과정(random process)이다. 잡음에는 실제로 다양한 종류가 있지만, 크게 두 가지로 분류된다. 하나는 '내부잡음(internal noise)'이고, 다른 하나는 '외부잡음(external noise)'이다. 내부잡음은 신호 자체와 연관된 성분에 의하여 발생되는 반면, 외부잡음은 자연 혹은 인공의 전기적, 자기적 현상에 의하여 발생하여 신호의 전송을 방해한다. 잡음은 통신시스템의 성능을 저하시키고 전송을 방해하는 효과를 나타내므로, 전송된 메시지를 정확히 복원하는 능력에 한계를 줌으로써 정보의 전송을 제한한다.

잡음의 원천(source)도 '내부'와 '외부'로 구분할 수 있다. 내부잡음은 시스템 부품들의 열역학적 혹은 기타 물리적 현상 등 분자 단위에서 발생하는 현상에 기인한다. 외부잡음의 원천은 매우 다양한데, 여기에는 교류전원, 배터리, 천체, 천둥 번개, 점화장치, 전력선 스위치, 형광, 용접기계, 전기모터, 휴대폰, 무선 및 레이더 송신기, 그리고 컴퓨터 등이 포함된다.

그림 7.3에 나타낸 바와 같이, 전기적 잡음은 자연잡음(erratic noise), 인공잡음(man-made noise), 회로잡음(circuit noise) 등으로 구분할 수 있다. 자연잡음은 번개, 태양, 기타 자연적인 전기현상 및 방해 등에 기인한다. 인공잡음은 기계나 점화시스템 등 전기적 스파크를 내는 장치에 기인한다. 회로잡음은 저항, 트랜지스터, op-amp 등 회로 소자의 동작에 의하여 발생한다. 전기적 잡음은 라디오나 TV의 시청각 방해를 일으킬 수 있다. 전기적 잡음의 가장 일반적인 형태는 열잡음(thermal noise)과 산탄잡음(shot noise)이다. 이밖에도, 6.6절에서 논의하였던 이상적인 형태의 잡음 즉 백색잡음(white noise) 등을 떠올릴 수 있겠다.

7.2.1 열잡음(Thermal Noise)

열잡음은 아마도 대부분의 통신시스템에 있어서 가장 중요한 잡음의 형태일 것이다. 이는 금

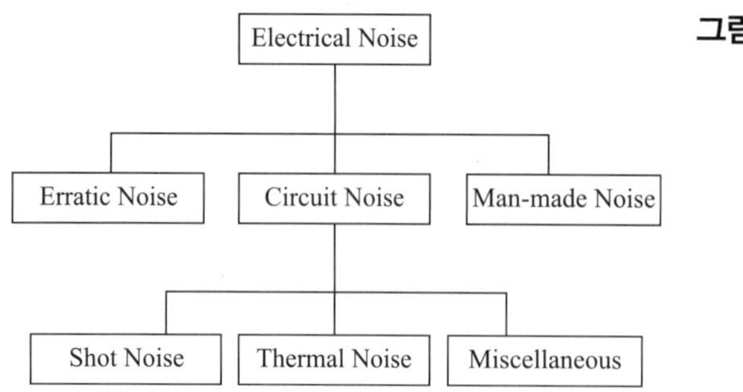

그림 7.3 잡음의 분류.

속저항과 같은 도체 내부에서 열역학적으로 흥분된 전자의 랜덤운동에 의하여 발생한다. 열잡음은 저항 소자를 포함하는 모든 회로에서 나타나며 온도에 따라 변화한다. 절대온도 T에서 개방된 저항 R의 양단에 걸리는 랜덤전압 $v_n(t)$를 열잡음으로 정의한다.

> **열잡음**은 저항과 같은 전도체 내에서 전자의 열역학적 운동에 의하여 발생하는 잡음을 말한다.

열잡음 전압 $v_n(t)$의 제곱평균값(mean-square value)은 이론과 실험에 의하여 다음과 같이 확인된다.

$$V_n^2 = 4kTRB \tag{7.1}$$

여기서 k는 볼츠만상수로 $k = 1.38 \times 10^{-23}$(joule/Kelvin, J/K)
$T =$ 절대온도(Kelvin temperature)(K)
$R =$ 저항(Ω)
$B =$ 관심 대역폭(Hz)

이다. 따라서 $v_n(t)$의 전력스펙트럼밀도(power density spectrum)는

$$S_n(\omega) = 2kTR \tag{7.2}$$

로 주어진다. 식 (7.1)과 (7.2)는 $\omega \leq 2\pi \times 10^{13}$ rad/s 범위에서 성립한다. 이와 같이 열잡음은 약 10,000 GHz 정도의 넓은 주파수대역을 갖기 때문에, 저항성 열소스에 대하여 $\eta/2 = 2kTR$인 백색잡음(white noise)으로 간주된다. 따라서 열잡음을 발생하는 저항은 그림 7.4와 같이 V_n^2의 전압발생기와 무잡음 저항을 직렬로 연결한 떼브낭 등가회로(Thévenin equivalent circuit)로 모델링할 수 있다.

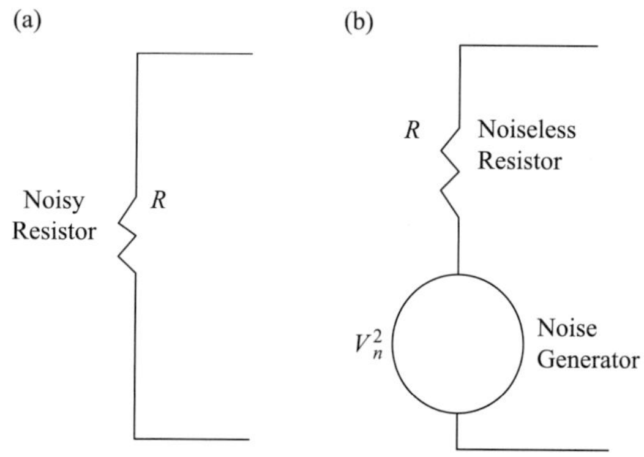

그림 7.4 열잡음을 발생하는 저항. (a) 잡음성 저항, (b) 그 떼브낭 등가회로.

7.2.2 산탄잡음(Shot Noise)

산탄잡음(shot or quantum noise)은 전자적 전하의 불연속성에 따른 전류의 시간적 변화이다. 보통 전류는 연속적(continuous)인 것으로 간주되지만, 실제로는 극히 이산적(discrete)이다. 전류는 전자적 전하의 연속적 흐름에 의한 것이 아니라, 각 전자가 도체를 통하여 전달되는 것과 같은 시간적으로 불연속인 펄스의 합으로 이루어진다. 또한 그러한 결과로 발생되는 것이 산탄잡음이다.

> **산탄잡음**은 도체 내에서 전하 운반체의 운동(혹은 전류)의 무작위적 변화에 의하여 발생하는 잡음을 말한다.

이 'shot noise'라는 용어는 진공관 시대에 나온 것으로, 전자가 금속으로 된 양극(anode)에 부딪힐 때 마치 금속 표면에 총을 무수히 '발사'하는 것 같은 형상임을 표현한 것이다. 산탄잡음은 다이오드나 트랜지스터 같은 전자 소자에서 발생하는 것으로 알려져 있다. 반면, 금속저항 등에서는 산탄잡음이 발생하지 않는다. 왜냐하면 전자-광양자 산란이 전자의 이산적 운동에 의하여 나타나는 전류의 변화를 완화시켜 단지 열잡음으로 남아 있게 해 주기 때문이다.

산탄잡음은 직류전류와 소자의 대역폭에 따라 변한다. 산탄잡음 전류 $i_n(t)$의 제곱평균값(mean-square value)은 다음과 같이 주어진다.

$$I_n^2 = 2eI_{dc}B \tag{7.3}$$

여기서 e는 전자의 전하량으로 $e = 1.6 \times 10^{-19}$(coulomb, C)

B = 관심 대역폭(Hz)

I_{dc} = 소자를 흐르는 직류전류(A)

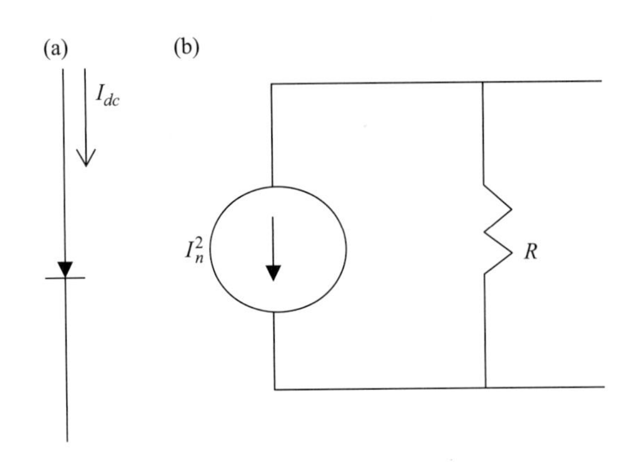

그림 7.5 산탄잡음의 모델. (a) 잡음성 다이오드, (b) 그 노튼 등가회로.

를 나타낸다. 따라서 산탄잡음도 열잡음처럼 그 전력스펙트럼밀도(power spectral density)가 대역 내에서 거의 균일(flat)하다. 그러므로 산탄잡음도 '백색잡음(white noise)'으로 간주될 수 있다. 그림 7.5에 보인 바와 같이, 산탄잡음을 갖는 다이오드는 전류전원 I_n^2과 저항이 병렬로 연결된 노튼 등가회로(Norton equivalent circuit)로 모델링할 수 있다.

이제부터는 위에 설명한 두 가지 잡음(열잡음과 산탄잡음)의 효과를 통신시스템 내에서 하나로 뭉쳐 그 분석을 용이하게 하려고 한다. 그림 7.6에서 보는 바와 같이, 시스템의 분석을 쉽게 하기 위하여 AWGN(additive white Gaussian noise; 부가 백색 가우스 잡음)을 가정한다. 이러한 가정 하에서, 수신된 신호 $R(t)$은 다음과 같이 표현할 수 있다.

$$R(t) = m(t) + n(t) \tag{7.4}$$

여기서 $n(t)$는 평균이 0이고, 전력스펙트럼밀도(PSD)가 다음으로 주어지는 가우스 랜덤과정(Gaussian random process)이다.

$$S_n(\omega) = 2\pi\left(\frac{\eta}{2}\right) \quad \text{W/rad/s}, \quad -\infty < \omega < \infty \tag{7.5}$$

AWGN 잡음이 존재하는 채널에 대하여 시스템이 좋은 성능으로 동작할 수 있도록 설계하는 것은 통신시스템 설계에 있어서의 관습이다. 이 장의 나머지 부분에서는, AWGN이 존재하는 채널 모델에서 여러 가지 통신시스템들이 어떻게 동작하는가를 논의하게 될 것이다.

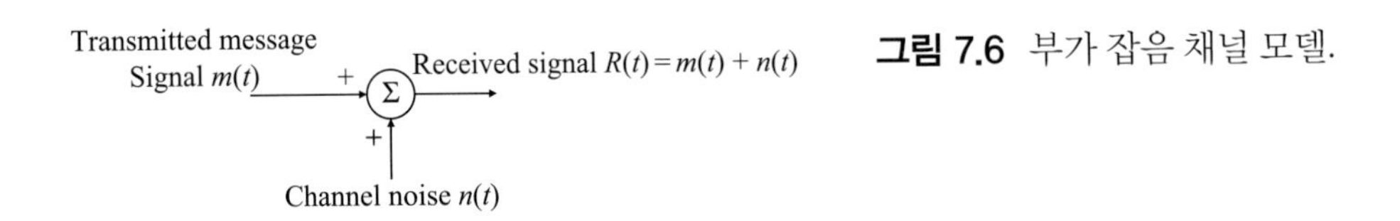

그림 7.6 부가 잡음 채널 모델.

예제 7.1

2 MΩ 저항이 온도 23°C에 놓여 있다. 관심 대역폭이 500 kHz일 때, (a) 열잡음 전압을 구하고 등가전류를 구하라. (b) 잡음의 평균 전력을 구하라.

풀이

(a) 먼저, 온도를 절대온도로 고치면, $T = 23 + 273 = 296$ K이므로

$$\begin{aligned} V_n^2 &= 4kTRB = 4 \times 1.38 \times 10^{-23} \times 296 \times 2 \times 10^6 \times 500 \times 10^3 \\ &\approx 1.634 \times 10^{-8} \end{aligned}$$

으로 계산된다. 따라서 실횻값(rms value)은

$$V_n \approx 1.278 \times 10^{-4} = 127.8\ \mu\text{V}$$

이다. 신호의 크기가 보통 V 혹은 mV 수준임을 고려하면, 이 잡음전압은 여러 응용에 있어서 무시할 수 있을 정도로 작다. 등가전류는 다음과 같이 얻을 수 있다.

$$I_n^2 = \frac{V_n^2}{R^2} = \frac{4kTRB}{R^2} \approx \frac{1.634 \times 10^{-8}}{4 \times 10^{12}} = 0.4085 \times 10^{-20}$$

따라서 그 실횻값(rms value)은

$$I_n \approx 0.6391 \times 10^{-10} = 63.91\ \text{pA}$$

로 주어지며, 이 값은 V_n/R을 계산한 것과 정확히 같다.

(b) 잡음의 평균 전력은

$$P = \frac{V_n^2}{R} \approx \frac{1.634 \times 10^{-8}}{2 \times 10^6} = 0.817 \times 10^{-14} = 0.00817\ \text{pW}$$

와 같이 계산되며, 이는 매우 작은 값임을 알 수 있다.

실전문제 7.1

2 A의 직류전류가 5 kΩ 저항기와 한계대역폭 15 kHz인 온도제한 다이오드에 흐른다. 잡음전류와 해당 전압의 제곱평균(mean-square)을 구하라.

정답: $I_n^2 = 9.6 \times 10^{-15}\ \text{A}^2$, $V_n^2 = 2.4 \times 10^{-7}\ \text{V}^2$

7.3 기저대역 시스템

기저대역(baseband) 시스템은 다른 시스템들을 평가하는 기준이 되기 때문에 중요하다. 기저대역 통신시스템은 변조나 복조 과정 없이 신호를 직접 전송하는 시스템을 말한다. 이러한 전송 형태는 전화선로(twisted pair), 동축선로(coaxial cable), 광섬유선로(optical fiber) 등 유선을 이용한 전송에 알맞다.

그림 7.7에 기저대역 통신시스템의 구성도를 도시하였다. 여기서 송신기와 수신기는 대역폭 B Hz인 이상적인 저역통과 필터(LPF, 혹은 기저대역 필터)로 모델링되었다. 송신기의 LPF는 입력신호의 스펙트럼을 일정한 대역으로 한정시키는 역할을 하며, 수신기의 LPF는 그림 7.8에 보이는 바와 같이 대역을 벗어난 잡음(out-of-band noise)을 제거하는 역할을 한다.

메시지신호 $m(t)$를 평균이 0이고 $W(=2\pi B)$로 대역제한된 에르고딕 랜덤과정(ergodic random process)이라 가정하자. 채널이 메시지신호의 대역에 대하여 무왜곡(distortionless) 특성을 갖는다면, 수신기 출력에서의 평균 신호전력 S_o는 수신기 입력에서의 평균 신호전력 S_i와 같다. 즉,

$$S_o = S_i \tag{7.6}$$

이다. 한편, 수신기 출력에서의 평균 잡음전력은

$$N_o = E\left[n_o^2(t)\right] = \frac{1}{2\pi}\int_{-W}^{W} S_n(\omega)d\omega \tag{7.7}$$

로 주어진다. 여기서 $S_n(\omega)$는 잡음신호 $n(t)$의 전력스펙트럼밀도(PSD)을 나타낸다. 계산을 간단하게 하기 위하여 백색잡음을 가정하면, $S_n(\omega) = \eta/2$ W/Hz이므로

$$N_o = \frac{1}{2\pi}\int_{-W}^{W} \frac{\eta}{2}d\omega = \frac{\eta W}{2\pi} = \eta B \tag{7.8}$$

와 같이 계산된다. 따라서 출력에서의 신호대잡음비(SNR)는

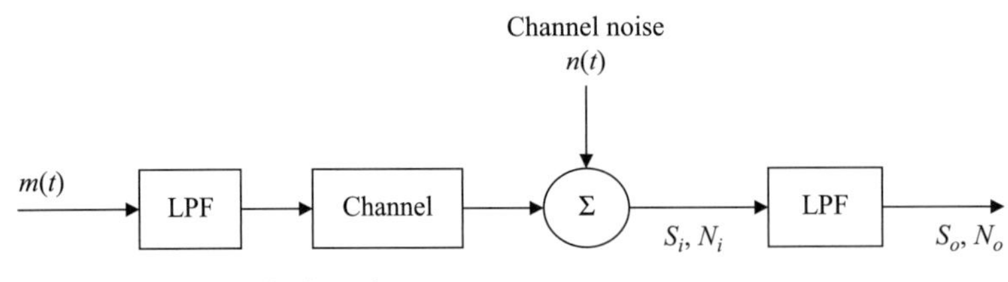

그림 7.7 기저대역 시스템.

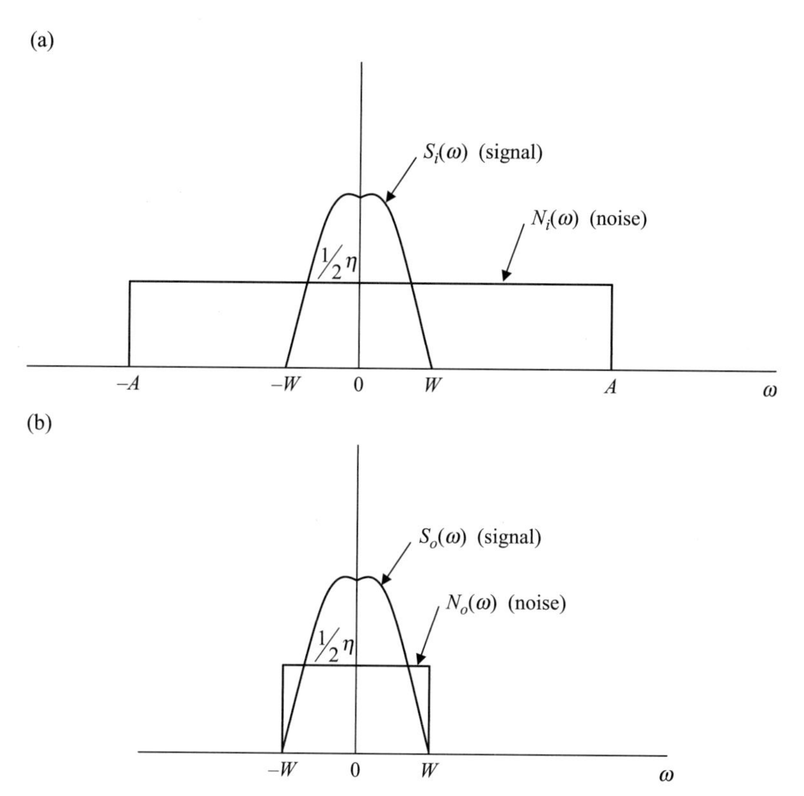

그림 7.8 수신기 기저대역 필터(LPF)의 역할. (a) 필터 입력의 전력스펙트럼밀도(PSDs), (b) 필터 출력의 전력스펙트럼밀도(PSDs).

$$\left(\frac{S}{N}\right)_o = \frac{S_o}{N_o} = \frac{S_i}{\eta B} \tag{7.9}$$

로 나타나며, 이 신호대잡음비를

$$\gamma = \frac{S_i}{\eta B} \tag{7.10}$$

라 두면, 다음의 관계식이 성립한다.

$$\boxed{\frac{S_o}{N_o} = \gamma = \frac{S_i}{\eta B}} \tag{7.11}$$

신호대잡음비(SNR)에 관한 식 (7.11)은 다른 통신시스템의 출력 SNR을 비교·분석하는 기초가 된다.

예제 7.2

수신된 신호가 메시지신호 $4\cos(4.5\pi \times 10^3 t)$와 PSD가 0.002 W/Hz인 백색잡음으로 구성된다. 이 신호가 2000 ~ 2500 Hz 대역을 통과시키는 대역통과 필터(BPF)에 인가되었다. 필터의 출력에서 SNR을 구하라.

풀이

안정상태에서 메시지신호 $m(t)$는 그대로 출력에 나타날 것이므로 신호전력은

$$S_o = \langle m^2(t) \rangle = \frac{4^2}{2} = 8 \text{ W}$$

로 계산된다. 한편, 잡음전력은

$$N_o = 2\left(\frac{1}{2\pi}\int_{\omega_1}^{\omega_2} S_n(\omega)d\omega\right) = 2\int_{f_1}^{f_2} S_n(f)df, \quad \omega = 2\pi f$$

$$= 2\int_{2000}^{2500} 0.002\, df = 2 \text{ W}$$

와 같이 계산된다. 따라서 출력 SNR은 다음과 같이 주어진다.

$$\frac{S_o}{N_o} = \frac{8}{2} = 4 \quad \text{또는} \quad 10\log_{10} 4 \approx 6.021 \text{ dB}$$

실전문제 7.2

주어진 통신시스템에서, PSD가 $S_n(f) = e^{-2|f|}$인 잡음이 메시지신호 $m(t) = 0.85\sin 4\pi t$에 더해졌다. 이와 같이 수신된 신호가 1.5 ~ 3.0 Hz 대역을 통과시키는 이상적인 대역통과 필터(BPF)의 입력으로 가해졌다. 필터의 출력에서 SNR을 dB 단위로 구하라.

정답: 약 8.83 dB

예제 7.3

신호와 잡음의 PSD가 그림 7.9(a)와 (b)에 각각 주어졌다. 이 신호와 잡음의 합이 그림 7.9(c)의 전달함수를 갖는 대역통과 필터에 인가된다. 필터의 입력과 출력에서 SNR을 구하라.

풀이

해당 PSD의 면적을 구함으로써 각각의 전력을 얻을 수 있다. 즉,

$$S_i = 2\int_{50}^{120} S_m(f)df = 2(70\times 20) = 2800 \text{ W}$$

$$N_i = 2\int_{0}^{400} S_n(f)df = 2(400\times 1) = 800 \text{ W}$$

로 계산된다. 따라서 입력 SNR은 다음과 같이 나타난다.

$$\frac{S_i}{N_i} = \frac{2800}{800} = 3.5 \quad \text{또는} \quad 10\log_{10} 3.5 \approx 5.44 \text{ dB}$$

제6장에서 유도한 선형시스템의 입출력 관계에서, 전달함수를 $H(f)$라 할 때, 출력의 PSD는 입력의 PSD에 의하여 다음과 같이 표현된다.

$$S_Y(f) = |H(f)|^2 S_X(f)$$

그러므로 신호와 잡음이 그림 7.9(c)의 전달함수를 갖는 대역통과 필터(BPF)를 지나면, 그 출력 PSD는 입력 PSD에 전달함수의 제곱을 곱하여 얻을 수 있다. 이러한 계산에 의하여, 출력 신호와 잡음의 PSD는 그림 7.10과 같이 나타난다. 따라서 출력에서의 신호와 잡음의 전력은

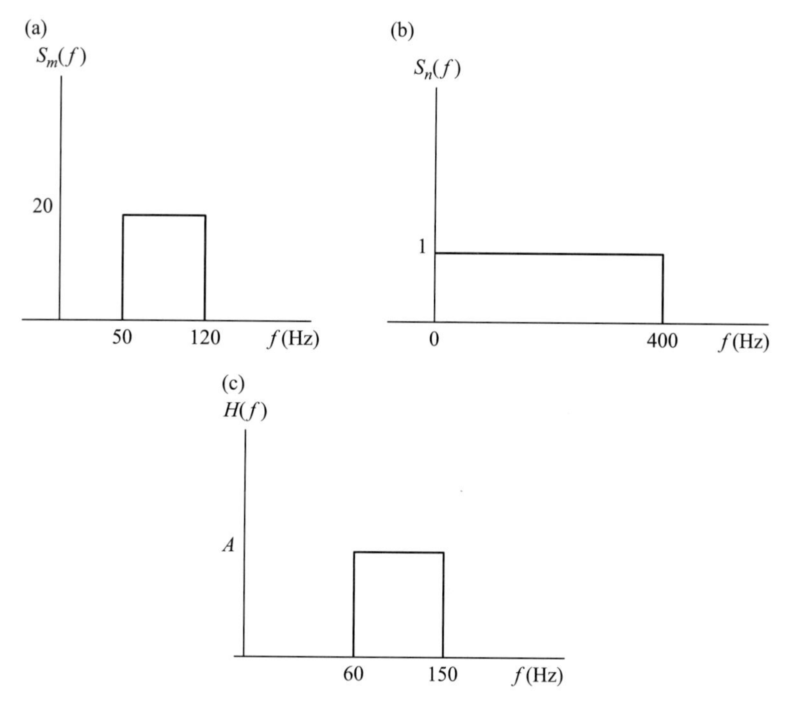

그림 7.9 예제 7.3을 위한 입력 PSD와 전달함수. (a) 신호 $m(t)$의 PSD, (b) 잡음 $n(t)$의 PSD, (c) 대역통과 필터(BPF)의 전달함수.

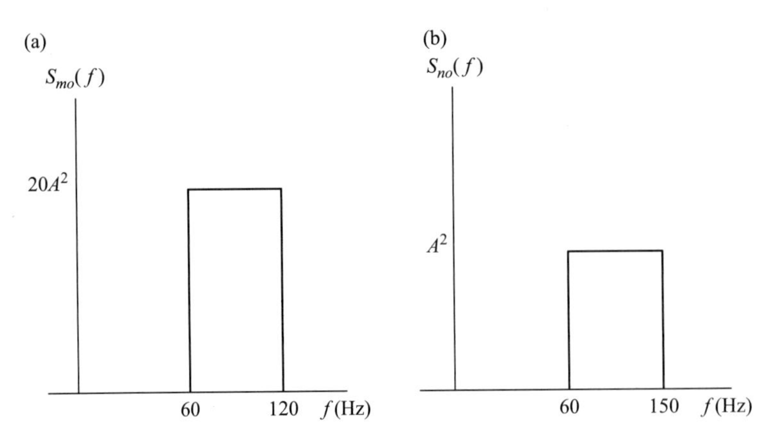

그림 7.10 예제 7.3을 위한 출력 PSD. (a) 신호 출력의 PSD, (b) 잡음 출력의 PSD.

$$S_o = 2\int_{60}^{120} S_{mo}(f)\,df = 2(120-60)\times 20\,A^2 = 2400\,A^2 \text{ W}$$

$$N_o = 2\int_{60}^{150} S_{no}(f)\,df = 2(150-60)\times A^2 = 180\,A^2 \text{ W}$$

와 같이 계산되고, 출력 SNR은

$$\frac{S_o}{N_o} = \frac{2400\,A^2}{180\,A^2} \approx 13.33 \quad \text{또는} \quad 10\log_{10} 13.33 \approx 11.25 \text{ dB}$$

로 주어진다. 즉, 주어진 시스템의 SNR 개선은 11.25 − 5.44 = 5.81 dB만큼 이루어진다. 전달함수의 크기 A는 신호와 잡음에 모두 곱해지기 때문에 결과에 영향을 주지 않음을 확인하라.

실전문제 7.3

예제 7.3에서, 대역통과 필터(BPF)의 통과대역이 60~150 Hz 대신 50~100 Hz로 주어졌다면, 필터 출력에서의 SNR은 얼마인가?

정답: 약 13.01 dB

7.4 진폭변조 시스템

이제 우리는 여러 가지 형태로 진폭변조된 신호에 대한 잡음의 영향을 조사하고자 한다. 다시 말해서, DSB-SC, SSB-SC, AM 신호 등을 복조하는 수신기의 출력에서 SNR을 유도하고자 하는 것이다.

7.4.1 DSB 시스템

양측파대 반송파억압 진폭변조(DSB-SC) 시스템을 그림 7.11에 도시하였다. 전송된 DSB-SC 신호는 다음과 같이 주어진다.

$$x(t) = Am(t)\cos\omega_c t \tag{7.12}$$

여기서 $m(t)$는 메시지신호이다. 입력신호의 전력은

$$S_i = E\left[x^2(t)\right] = \frac{1}{2}E\left[A^2m^2(t)\right] = \frac{1}{2}A^2S_m \tag{7.13}$$

로 계산되고, 잡음은 다음과 같이 동위상(in-phase) 성분과 직교위상(quadrature) 성분으로 나타낼 수 있다.

$$n(t) = n_c(t)\cos\omega_c t + n_s(t)\sin\omega_c t \tag{7.14}$$

따라서 수신된 신호는 다음과 같이 주어진다.

$$R(t) = Am(t)\cos\omega_c t + n_c(t)\cos\omega_c t + n_s(t)\sin\omega_c t \tag{7.15}$$

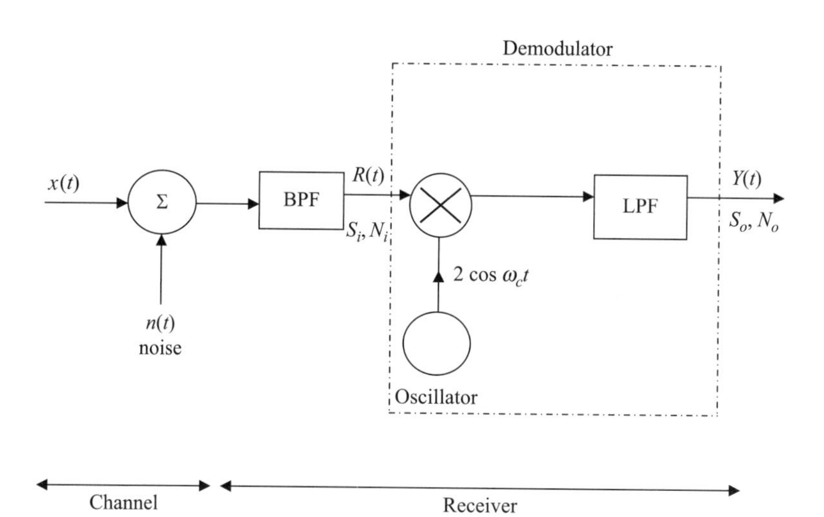

그림 7.11 DSB-SC 시스템.

이 신호에 대한 복조는, 먼저 수신된 신호에 국부반송파 2 cos $\omega_c t$를 곱하고, 그 결과를 저역통과 필터(LPF)에 인가하는 과정으로 이루어진다. 곱셈기의 출력은

$$\begin{aligned}2R(t)\cos\omega_c t &= 2Am(t)\cos^2\omega_c t + 2n_c(t)\cos^2\omega_c t + 2n_s(t)\sin\omega_c t\cos\omega_c t \\ &= Am(t) + Am(t)\cos 2\omega_c t + n_c(t) + n_c(t)\cos 2\omega_c t + n_s(t)\sin 2\omega_c t \qquad (7.16)\end{aligned}$$

와 같이 계산되고, 이를 LPF에 통과시키면 높은 주파수 성분들은 차단되고 낮은 주파수 성분들만 출력에 나타날 것이므로

$$Y(t) = Am(t) + n_c(t) \qquad (7.17)$$

로 주어진다. 따라서 출력에서의 신호전력은

$$S_o = E\left[A^2 m^2(t)\right] = A^2 S_m = 2S_i \qquad (7.18)$$

이고, 출력에서의 잡음전력은

$$N_o = E\left[n_c^2(t)\right] = E\left[n^2(t)\right] \qquad (7.19)$$

로 주어진다. 여기서 다시 백색잡음의 양측PSD(double-sided power spectral density)를 $S_n(\omega) = \eta/2$라 가정하면, 그림 7.12와 같이 ω_c를 중심으로 대역폭 $2W$인 전력스펙트럼을 얻는다. 따라서 출력에서의 잡음전력은 다음으로 주어진다.

$$N_o = 2 \times \frac{1}{2\pi}\int_{-W}^{W}\frac{\eta}{2}d\omega = \frac{\eta W}{\pi} = 2\eta B \qquad (7.20)$$

식 (7.18)과 (7.20)으로부터 출력 SNR은

$$\left(\frac{S}{N}\right)_o = \frac{S_o}{N_o} = \frac{2S_i}{2\eta B} = \frac{S_i}{\eta B} \qquad (7.21)$$

혹은

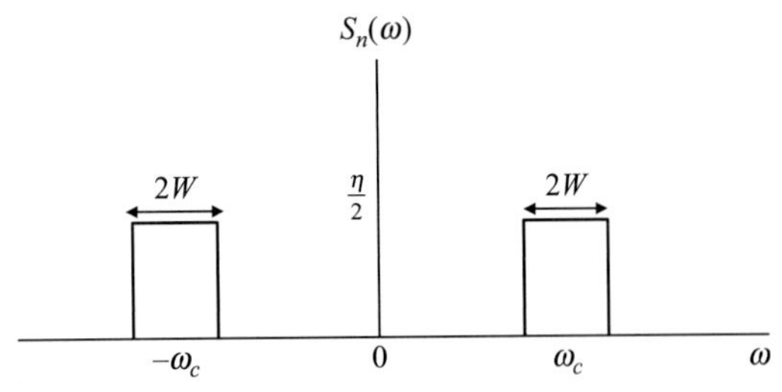

그림 7.12 DSB 복조기 입력의 잡음 스펙트럼.

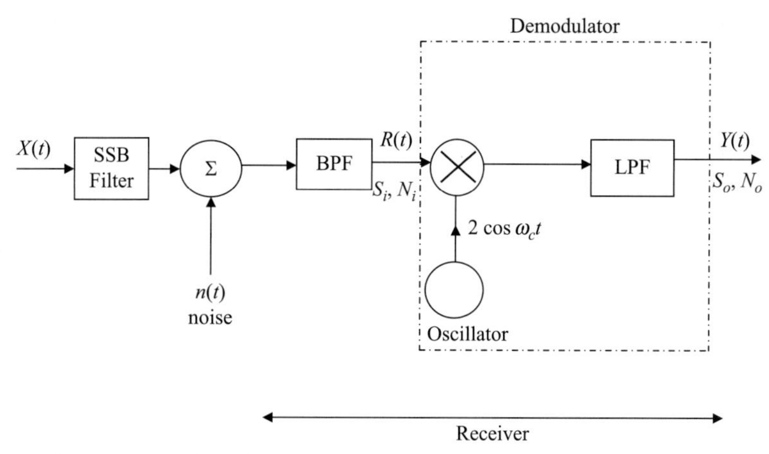

그림 7.13 SSB 시스템.

$$\boxed{\frac{S_o}{N_o} = \gamma} \tag{7.22}$$

와 같이 나타난다. 이 식은 DSB 시스템의 출력 SNR이 기저대역 시스템의 그것과 동일함을 보여 준다. 따라서 DSB 시스템은 기저대역 시스템과 동일한 잡음성능(noise performance)을 갖는다고 할 수 있다.

7.4.2 SSB 시스템

단측파대(SSB) 시스템을 그림 7.13에 도시하였다. SSB 신호는 다음과 같이 주어진다.

$$X(t) = m(t)\cos\omega_c t \mp m_h(t)\sin\omega_c t \tag{7.23}$$

여기서 $m_h(t)$는 메시지신호 $m(t)$의 힐버트변환(Hilbert transform)이다. 또한, '+' 부호는 하측파대, '−' 부호는 상측파대 SSB 신호임을 나타낸다. 입력신호의 전력은

$$S_i = E\left[X^2(t)\right] = \frac{1}{2}E\left[m^2(t)\right] + \frac{1}{2}E\left[m_h^2(t)\right] = E\left[m^2(t)\right] = S_m \tag{7.24}$$

와 같이 계산되는데, 이는 메시지신호와 그 힐버트변환의 사이에

$$E[m(t)m_h(t)] = 0, \quad E[m^2(t)] = E\left[m_h^2(t)\right]$$

와 같은 관계식이 성립하기 때문이다.

잡음신호 식 (7.14)를 적용하여, 수신된 신호를 구하면 다음과 같다.

$$R(t) = X(t) + n(t) \\ = [m(t) + n_c(t)] \cos \omega_c t + [m_h(t) + n_s(t)] \sin \omega_c t \tag{7.25}$$

앞에서 논의한 DSB 신호의 복조와 동일한 과정으로, 이 신호에 국부반송파 $2 \cos \omega_c t$를 곱하고, 그 결과를 저역통과 필터(LPF)에 인가한다. 신호와 잡음에서 직교(quadrature) 성분들은 차단되고 복조기의 출력은 다음과 같이 나타난다.

$$Y(t) = m(t) + n_c(t) \tag{7.26}$$

따라서 출력에서의 신호전력은

$$S_o = E[m^2(t)] = S_m = S_i \tag{7.27}$$

이고, 출력에서의 잡음전력은

$$N_o = E[n_c^2(t)] = E[n^2(t)] \tag{7.28}$$

로 주어진다. 백색잡음의 양측PSD(double-sided power spectral density)를 $S_n(\omega) = \eta/2$라 가정하면, $n(t)$와 $n_c(t)$의 전력스펙트럼밀도(PSD)은 그림 7.14(a), (b)로 각각 주어진다. 이들을 적분함으로써 얻는 잡음전력은 동일하며 다음과 같이 계산된다.

$$N_o = \frac{1}{2\pi} \int_{-W}^{W} \frac{\eta}{2} d\omega = \frac{\eta W}{2\pi} = \eta B \tag{7.29}$$

식 (7.27)과 (7.29)로부터 출력 SNR은

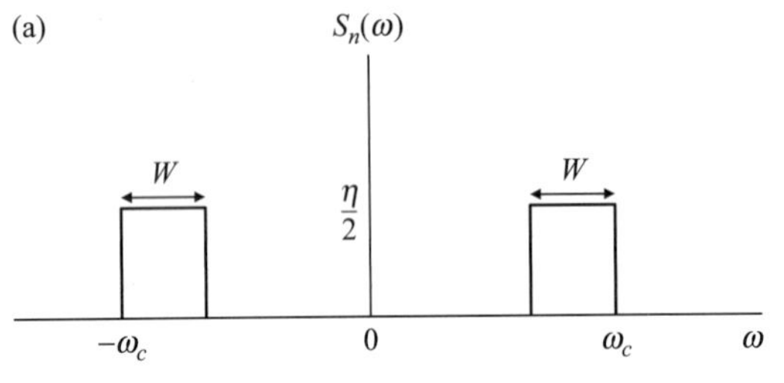

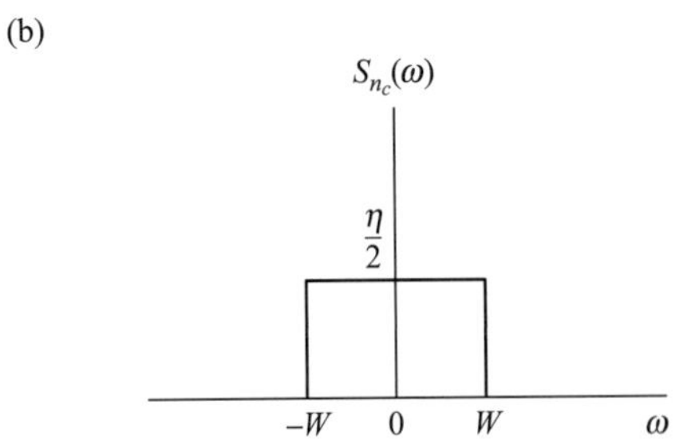

그림 7.14 잡음 성분의 PSD. (a) $n(t)$의 PSD, (b) $n_c(t)$의 PSD.

$$\left(\frac{S}{N}\right)_o = \frac{S_o}{N_o} = \frac{S_i}{\eta B} \tag{7.30}$$

혹은

$$\frac{S_o}{N_o} = \gamma \tag{7.31}$$

로 주어진다. SSB 시스템의 출력 SNR과 DSB 시스템의 출력 SNR은 동일하다. 그러나 DSB 시스템의 대역폭은 SSB 시스템의 두 배임을 기억하라. 결과적으로, 주어진 전송전력과 전송대역폭에 대하여, 기저대역 시스템, DSB-SC 시스템, SSB-SC 시스템은 모두 동일한 출력 SNR을 나타낸다.

7.4.3 AM 동기 복조

AM 변조방식에 대해서는 동기 복조와 포락선 복조를 모두 다루고자 한다. 동기 복조의 경우에는 DSB-SC와 비슷한데, 단지 반송파가 억압되지 않고 더해진다는 사실이 다르다. 변조된 신호는 다음과 같이 주어진다.

$$x(t) = A[1 + \mu m(t)] \cos \omega_c t \tag{7.32}$$

여기서 $m(t)$는 메시지신호 혹은 기저대역 신호로 반송파 $A \cos \omega_c t$를 진폭변조한다. 또한, μ는 AM 신호의 변조지수로서 변조의 백분율(%-modulation)을 나타내므로

$$0 < \mu < 1 \tag{7.33}$$

을 만족하여야 한다. 입력신호의 전력은

$$\begin{aligned} S_i &= E[x^2(t)] = \frac{1}{2}E[A^2\{1 + \mu m(t)\}^2] \\ &= \frac{1}{2}E\left[A^2 + 2A^2\mu m(t) + A^2\mu^2 m^2(t)\right] = \frac{1}{2}A^2\left(1 + \mu^2 S_m\right) \end{aligned} \tag{7.34}$$

로 계산된다. 여기서 메시지신호 $m(t)$는 평균이 0, 즉 $E[m(t)] = 0$이라 가정한다. 복조기에 수신된 신호는

$$\begin{aligned} R(t) &= x(t) + n(t) \\ &= A[1 + \mu m(t)] \cos \omega_c t + n_c(t) \cos \omega_c t + n_s(t) \sin \omega_c t \end{aligned} \tag{7.35}$$

와 같이 주어진다. 이제부터는 앞에서 설명한 DSB 신호의 복조와 유사한 과정으로 진행되는데, 국부반송파 $2 \cos \omega_c t$를 곱하여 저역통과 필터(LPF)에 통과시키고 직류차단(dc blocking)

을 실시하면, 복조기의 출력은 다음과 같이 나타난다.

$$Y(t) = A\mu m(t) + n_c(t) \tag{7.36}$$

따라서 출력에서의 신호전력은

$$S_o = E\left[A^2\mu^2 m^2(t)\right] = A^2\mu^2 S_m = \frac{2\mu^2 S_m}{1+\mu^2 S_m} S_i \tag{7.37}$$

이고, 출력에서의 잡음전력은

$$N_o = E\left[n_c^2(t)\right] = E\left[n^2(t)\right] = 2\eta B \tag{7.38}$$

로 계산된다. 따라서 식 (7.37), 식 (7.38)로부터 출력 SNR은

$$\left(\frac{S}{N}\right)_o = \frac{S_o}{N_o} = \frac{2\mu^2 S_m}{1+\mu^2 S_m}\frac{S_i}{2\eta B} = \frac{\mu^2 S_m}{1+\mu^2 S_m}\left(\frac{S_i}{\eta B}\right)$$

혹은

$$\boxed{\frac{S_o}{N_o} = \frac{\mu^2 S_m}{1+\mu^2 S_m}\gamma} \tag{7.39}$$

로 주어진다. 변조지수 μ의 정의에 따라, 식 (7.39)에서 $\mu^2 S_m \leq 1$이므로

$$\frac{S_o}{N_o} \leq \frac{1}{2}\gamma \tag{7.40}$$

이다. 이 식은 AM의 SNR이 DSB-SC나 SSB-SC보다 적어도 3 dB 떨어짐을 보여 준다. 이는 변조지수 μ에 따라 달라지는데, 보통 실용적인 시스템에서는 3 dB보다 훨씬 크게 떨어진다. AM 방식에 있어서 이와 같은 성능의 저하가 발생하는 것은 메시지신호와 함께 큰 반송파를 전송함으로써 전송전력이 낭비되기 때문이다. 물론, 상업용 방송에서 AM을 채택하고 있는 것은 잡음성능이 우수해서가 아니다. AM 방식은 간단하고 저렴한 '포락선 검파'를 가능케 함으로써 수많은 수신기에 경제성을 부여한다는 매우 큰 장점이 있는 것이다.

7.4.4 AM 포락선 검파

포락선 검파(envelope detection)는 매우 저렴하기 때문에 AM 신호의 복조 방식으로 보편화되어 있다. 또한 AM 방송의 수신기로 널리 사용되는 것도 바로 이러한 이유 때문이다.

변조된 신호는 다음과 같이 주어진다.

$$x(t) = A[1 + \mu m(t)] \cos \omega_c t \tag{7.41}$$

또한 그 전력은

$$S_i = E[x^2(t)] = \frac{1}{2}A^2(1 + \mu^2 S_m) \tag{7.42}$$

로 계산된다. 한편 잡음은

$$n(t) = n_c(t) \cos \omega_c t + n_s(t) \sin \omega_c t \tag{7.43}$$

로 주어지므로, 검파기의 입력으로 수신된 신호는 다음과 같다.

$$\begin{aligned} R(t) &= x(t) + n(t) \\ &= \{A[1 + \mu m(t)] + n_c(t)\} \cos \omega_c t + n_s(t) \sin \omega_c t \end{aligned} \tag{7.44}$$

이 신호를 극형식(polar form)으로 변환하여 다음과 같이 나타낼 수 있다.

$$R(t) = E_R(t) \cos\ [\omega_c t - \varphi_R(t)] \tag{7.45}$$

여기서, 신호의 '포락선(envelope)' $E_R(t)$와 '위상(phase)' $\varphi_R(t)$는 다음과 같이 주어진다.

$$E_R(t) = \sqrt{\{A[1 + \mu m(t)] + n_c(t)\}^2 + n_s^2(t)} \tag{7.46}$$

$$\varphi_R(t) = \tan^{-1}\left\{\frac{n_s(t)}{A[1 + \mu m(t)] + n_c(t)}\right\} \tag{7.47}$$

포락선 $E_R(t)$가 바로 검파기의 출력이다. 우리는 잡음의 크기에 따라 세 가지 경우로 나누어 논의하고자 한다. 극단적인 두 가지 경우, 즉 소잡음(small noise), 대잡음(large noise)인 경우와 그 중간정도인 경우(intermediate case)로 나누어 살펴보자.

Case 1: 소잡음(small noise)

소잡음은 신호가 지배적인(dominant) 경우를 말한다. 다시 말해서, 신호대잡음비가 매우 커서 SNR $\gg$ 1인 경우이다. 만일

$$|A[1 + \mu m(t)]| \gg |n(t)| = \sqrt{n_c^2(t) + n_s^2(t)} \tag{7.48}$$

이면,

$$|A[1+\mu m(t)]| \gg |n_c(t)| \quad \text{or} \quad |n_s(t)| \tag{7.49}$$

도 성립한다. 이러한 조건 하에서 식 (7.46)은 다음과 같이 근사화된다.

$$E_R(t) = A[1+\mu m(t)] + n_c(t) \tag{7.50}$$

이것이 포락선 검파기의 출력이며, 직류 성분 A는 커패시터에 의하여 차단될 것이므로 복조기의 출력은 다음과 같이 나타난다.

$$Y(t) = A\mu m(t) + n_c(t) \tag{7.51}$$

이는 앞의 동기 검파에서 얻었던 출력 식 (7.36)과 동일하다. 그러므로 우리는 결국 식 (7.39)와 동일한 결과

$$\boxed{\frac{S_o}{N_o} = \frac{\mu^2 S_m}{1+\mu^2 S_m}\gamma} \tag{7.52}$$

를 얻는다. 따라서 SNR이 매우 큰 경우, 즉 신호에 비하여 잡음이 매우 작은 경우에는 '포락선 검파'의 성능은 '동기 검파'의 성능과 같다.

Case 2: 대잡음(large noise)

대잡음은 잡음이 지배적인(dominant) 경우를 말한다. 다시 말해서, 잡음이 신호에 비하여 매우 커서 신호대잡음비가 SNR $\ll$ 1인 경우이다. 이러한 경우에는 식 (7.48), (7.49)의 반대가 성립할 것이다. 즉,

$$|n(t)| = \sqrt{n_c^2(t)+n_s^2(t)} \gg |A[1+\mu m(t)]| \tag{7.53}$$

$$|n_c(t)| \quad \text{or} \quad |n_s(t)| \gg |A[1+\mu m(t)]| \tag{7.54}$$

가 성립한다. 그러므로 우리는 식 (7.46)을 다음과 같이 근사화할 수 있다.

$$\begin{aligned} E_R(t) &= \sqrt{\{A[1+\mu m(t)] + n_c(t)\}^2 + n_s^2(t)} \\ &= \sqrt{A^2[1+\mu m(t)]^2 + 2A[1+\mu m(t)]n_c(t) + n_c^2(t) + n_s^2(t)} \\ &\approx \sqrt{\left[n_c^2(t)+n_s^2(t)\right]\left[1+\frac{2An_c(t)}{n_c^2(t)+n_s^2(t)}[1+\mu m(t)]\right]} \end{aligned} \tag{7.55}$$

이 식의 근사화는 식 (7.53)이 적용되었다. 여기에 다음과 같은 이항전개식

$$\sqrt{1+x} \approx 1 + \frac{x}{2} \tag{7.56}$$

을 적용하면, 다음과 같은 포락선 근사식

$$\begin{aligned} E_R(t) &= E_n(t)\left[1 + \frac{An_c(t)}{E_n^2(t)}\,[1+\mu m(t)]\right] \\ &= E_n(t) + \frac{n_c(t)}{E_n(t)}A[1+\mu m(t)] \end{aligned}$$

혹은

$$E_R(t) = E_n(t) + A[1+\mu m(t)]\ \cos\phi_n(t) \tag{7.57}$$

를 얻는다. 여기서 $E_n(t)$와 $\phi_n(t)$는 잡음 $n(t)$의 '포락선(noise envelope)'과 '위상(noise phase)'으로, 각각 다음과 같이 정의되는 값이다.

$$E_n(t) = \sqrt{n_c^2(t) + n_s^2(t)} \tag{7.58}$$

$$\phi_n(t) = -\tan^{-1}\frac{n_s(t)}{n_c(t)} \tag{7.59}$$

우리는 식 (7.57)에서 메시지신호 $m(t)$와 비례하는 항을 찾을 수 없다.

사실, 신호 $m(t)$는 랜덤잡음을 나타내는 $\cos\phi_n(t)$와 곱해져 있다. 이러한 조건 하에서, 신호는 잡음에 묻혀 있으므로 포락선 검파기에 의하여 복원될 수 없다. 그러므로 이 경우에 대하여 출력 SNR을 구하는 것은 무의미하다.

Case 3: 임계값(threshold)

소잡음이나 대잡음인 경우와 달리, 메시지신호의 전력과 입력잡음의 전력이 거의 같아 그 중간정도인 경우(intermediate case)가 있다. 이 때에는 SNR이 높은 값에서 낮은 값으로 감소함에 따라 기준값 혹은 임계값(threshold)에 도달하게 된다.

> **임계값** 혹은 기준값이란, SNR이 그보다 높으면 잡음의 효과가 무시할 수 있을 정도로 미미하고, 그보다 낮으면 시스템의 성능이 빠르게 저하되는 지점을 말한다.

임계값 효과(threshold effect)는 동기 복조에서 잘 발생되지 않지만, 포락선 검파에 있어서는 흔히 나타나는 현상이다. 이는 뒤에서 다루는 주파수변조에서도 발견된다. 이러한 이유 때문에, SNR이 매우 낮은 경우 동기 복조를 더 선호하는 경향이 있다.

임계값 효과에 대한 해석은 매우 복잡하다. 여기에서는 상세한 해석을 생략하고 단지 SNR의 기준값(혹은 임계값) 공식만을 다음과 같이 제시한다.

$$\frac{S_o}{N_o} \simeq 0.916A^2\mu^2 S_m \gamma^2 \tag{7.60}$$

임계값은 보통 γ의 값이 10 정도 혹은 그보다 작을 때 나타난다.

7.4.5 제곱기를 이용한 검파기

식 (7.46)으로 표현되는 포락선 검파기는 루트($\sqrt{}$: square root)를 포함하고 있기 때문에 넓은 범위의 SNR에 대하여 해석하기는 어렵다. 제곱기 검파(square-law detection)는, 그림 7.15의 포락선 검파기 대신 그림 7.16과 같이 제곱기(squaring device)와 저역통과 필터(LPF)를 차례로 연결함으로써 실현할 수 있다. 다시 말해서, 제곱기는 그 입력 $R(t)$를 제곱하고, 그 결과로부터 낮은 주파수 성분만을 얻어 내는 것이다. 식 (7.44)로부터 제곱법 검파기의 출력은

$$\begin{aligned} D(t) &= R^2(t) = [x(t) + n(t)]^2 \\ &= \{A[1 + \mu m(t)] \cos \omega_c t + n(t)\}^2 \\ &= A^2 [1 + \mu m(t)]^2 \cos^2 \omega_c t + 2An(t) [1 + \mu m(t)] \cos \omega_c t + n^2(t) \\ &= A^2 \cos^2 \omega_c t + 2A^2 \mu m(t) \cos^2 \omega_c t + A^2 \mu^2 m^2(t) \cos^2 \omega_c t \\ &\quad + 2An(t) \cos \omega_c t + 2A\, \mu m(t) n(t) \cos \omega_c t + n^2(t) \end{aligned} \tag{7.61}$$

와 같이 계산되고, 여기서 $\cos^2 x = (1 + \cos 2x)/2$를 적용하면

$$\begin{aligned} D(t) = &\frac{1}{2}A^2 + \frac{1}{2}A^2 \cos 2\omega_c t + A^2\mu m(t) + A^2\mu m(t) \cos 2\omega_c t + \frac{1}{2}A^2\mu^2 m^2(t) \\ &+ \frac{1}{2}A^2\mu^2 m^2(t) \cos 2\omega_c t + 2An(t) \cos\omega_c t + 2A\mu m(t) n(t) \cos\omega_c t + n^2(t) \end{aligned} \tag{7.62}$$

라 표현된다. 이 식의 여러 항들 중 그 PSD가 저역통과 필터(LPF)의 대역 밖에 존재하는 것들은 차단되며, 첫 번째 항은 직류 성분이므로 검파기 출력에서 차단된다. 메시지신호 $m(t)$의 스펙트럼이 $W(=2\pi B)$의 대역폭을 갖는다면, $m^2(t)$의 대역폭은 $2W$가 되고, $m(t) \cos 2\omega_c t$와

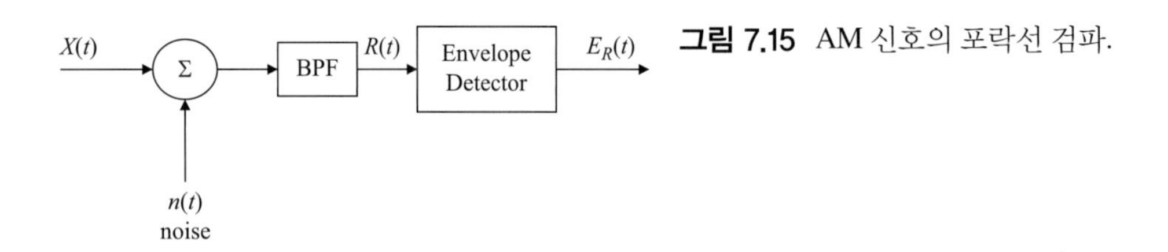

그림 7.15 AM 신호의 포락선 검파.

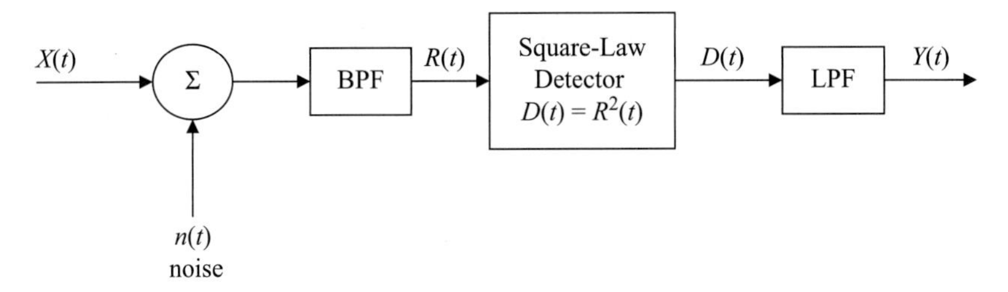

그림 7.16 AM 신호의 제곱기 검파.

$m^2(t)\cos 2\omega_c t$는 각각 $2\omega_c \pm W$, $2\omega_c \pm 2W$ 범위에 그 PSD가 존재할 것이므로 필터에 의하여 차단된다. 따라서 LPF의 출력에서 다음과 같은 신호를 얻는다.

$$\begin{aligned} Y(t) &= A^2\mu m(t) + \frac{1}{2}A^2\mu^2 m^2(t) \\ &\quad + 2An(t)\cos\omega_c t + 2A\mu m(t)n(t)\cos\omega_c t + n^2(t) \end{aligned} \tag{7.63}$$

여기서 포락선의 왜곡을 피하기 위한 조건 $|\mu m(t)| \ll 1$을 가정하면

$$Y(t) \approx A^2\mu m(t) + 2An(t)\cos\omega_c t + n^2(t) \tag{7.64}$$

와 같이 정리된다. 그러므로 출력에서의 신호전력은

$$S_o = E\{[A^2\mu m(t)]^2\} = A^4\mu^2 S_m \tag{7.65}$$

로 계산되고, 출력에서의 잡음전력은

$$\begin{aligned} N_o &= E\{[2An(t)\cos\omega_c t + n^2(t)]^2\} \\ &= E\{4A^2n^2(t)\cos^2\omega_c t + 4An^3(t)\cos\omega_c t + n^4(t)\} \\ &= 2A^2E[n^2(t)] + 0 + E[n^4(t)] \\ &= N_1 + N_2 \end{aligned} \tag{7.66}$$

와 같이 계산된다. 여기서 다시 백색잡음의 PSD를 $S_n(\omega) = \eta/2$라 두면, 잡음전력의 첫 번째 항 N_1은 다음과 같이 계산된다.

$$N_1 = 2A^2E[n^2(t)] = 2A^2\frac{1}{2\pi}\int_{-W}^{W} S_n(\omega)d\omega = \frac{A^2\eta W}{\pi} = 2A^2\eta B \tag{7.67}$$

잡음전력의 두 번째 항 N_2를 계산하기 위하여, $n^2(t)$의 PSD가 $n(t)$의 PSD에 의하여 다음과 같이 표현된다는 사실을 이용한다.

$$S_{n^2}(\omega) = 2\pi E\left[n^2(t)\right]\delta(\omega) + \frac{1}{\pi}S_n(\omega) * S_n(\omega) \tag{7.68}$$

이 식의 두 번째 항은 $S_n(\omega) = \eta/2$ 자체의 컨볼루션(convolution)을 포함한다. 그림 7.17에 $S_n(\omega)$와 $S_{n^2}(\omega)$를 비교하여 도시하였다. $\omega = 0$에 임펄스로 표시되어 있는 직류 성분은 복조기에서 차단된다고 가정하면, N_2는 그림 7.17(b)의 빗금 친 부분, 즉 두 사다리꼴의 면적을 구하면 된다. 따라서

$$\begin{aligned} N_2 = E[n^4(t)] &= \frac{1}{2\pi}\int_{-W}^{W} S_{n^2}(\omega)d\omega = \frac{1}{2\pi}(\text{shaded area}) \\ &= \frac{1}{2\pi} \times 2 \times \frac{1}{2}W\left(2\eta^2 B + \eta^2 B\right) = \frac{W}{2\pi}\left(3\eta^2 B\right) = 3\,\eta^2 B^2 \end{aligned} \tag{7.69}$$

와 같이 계산된다. 그러므로 식 (7.66)의 잡음전력은 식 (7.67)과 식 (7.69)로부터

$$N_o = N_1 + N_2 = 2A^2\eta B + 3\eta^2 B^2 \tag{7.70}$$

로 주어진다. 식 (7.65)와 식 (7.70)으로부터 출력 SNR은 다음과 같이 정리된다.

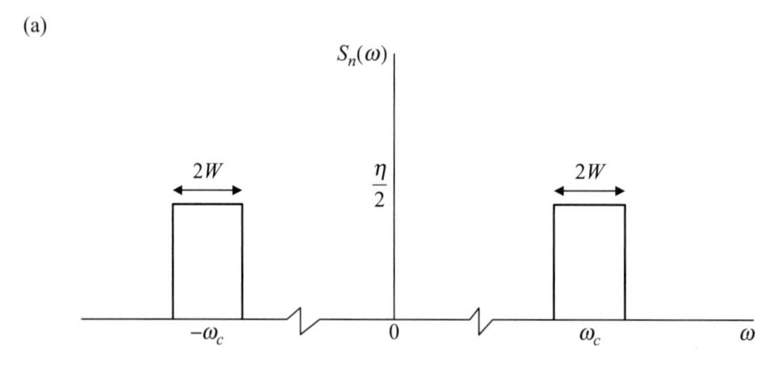

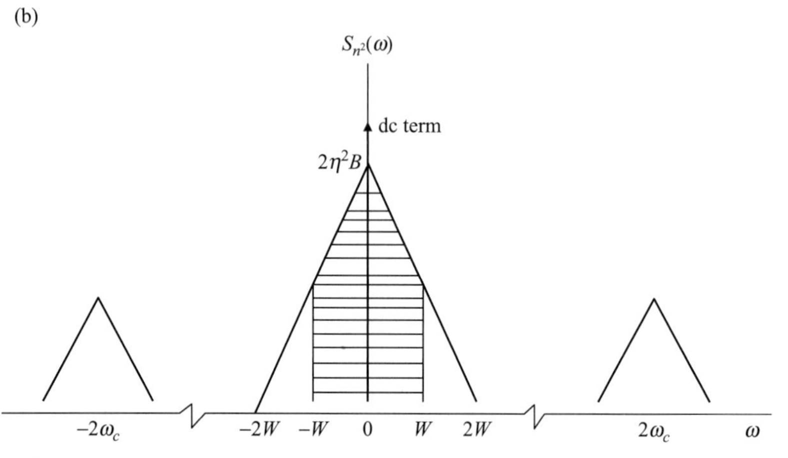

그림 7.17 잡음의 PSDs. (a) $S_n(\omega)$, (b) $S_{n^2}(\omega)$.

$$\boxed{\frac{S_o}{N_o} = \frac{A^4\mu^2 S_m}{2A^2\eta B + 3\eta^2 B^2}} \tag{7.71}$$

$|\mu m(t)| \ll 1$이라는 조건 하에서, 식 (7.42)에 주어진 입력 신호전력은

$$S_i = \frac{1}{2}A^2 \qquad \text{or} \qquad A^2 = 2S_i \tag{7.72}$$

와 같고, 이를 식 (7.71)에 대입하면

$$\frac{S_o}{N_o} = \frac{4\mu^2 S_i S_m}{4S_i + 3\eta B}\left(\frac{S_i}{\eta B}\right) = \frac{4\gamma\mu^2 S_m}{4\gamma + 3}\gamma = \frac{\mu^2 S_m}{1 + \dfrac{3}{4\gamma}}\gamma \tag{7.73}$$

을 얻는다. 입력 SNR의 양극단의 경우, 즉 $\gamma \gg 1$(high-input SNR)인 경우와 $\gamma \ll 1$(low-input SNR)인 경우에 대하여 출력 SNR은 다음과 같이 주어진다.

$$\frac{S_o}{N_o} = \begin{cases} \mu^2 S_m \gamma, & \gamma \gg 1 \\ \dfrac{4}{3}\mu^2 S_m \gamma^2, & \gamma \ll 1 \end{cases} \tag{7.74}$$

이 식은 제곱기를 이용한 검파기가 포락선 검파에서와 같은 '임계값 효과(threshold effect)'를 가짐을 보여 준다. 제곱법 검파기의 성능은 기준값(혹은 임계값) 이하에서 빠르게 저하된다.

예제 7.4

대역폭 12 kHz인 오디오신호 $m(t)$가 $\eta/2 = 10^{-8}$ W/Hz의 PSD를 갖는 백색잡음과 함께 전송된다. 이때, 출력 SNR은 최소한 50 dB 이상으로 유지되어야 한다. $S_m = 0.4$ W이고 30 dB의 전력 손실이 있다고 가정할 때, 다음과 같은 변조 방식에 요구되는 전송 대역폭 B_T와 요구되는 전송 전력 S_t를 구하라.

(a) DSB-SC

(b) SSB

(c) AM($\mu = 1$인 포락선 검파)

풀이

(a) DSB-SC 방식이므로 $B_T = 2B = 24$ kHz이다. 한편, 50 dB $= 10\log_{10}x \Rightarrow x = 10^5$이므로 출력 SNR은

$$\frac{S_o}{N_o} = \gamma = \frac{S_i}{\eta B} = \frac{S_i}{(2\times 10^{-8})(12\times 10^3)} = 10^5 \Rightarrow S_i = 24\text{ W}$$

로 계산된다. 또한, 30 dB(또는 10^3)의 전력손실이 있다고 하였으므로

$$S_t = S_i \times 10^3 = 24 \text{ kW}$$

와 같이 계산된다.

(b) SSB 방식이므로 $B_T = B = 12$ kHz이다. 또한, 출력 SNR은 DSB-SC의 경우와 동일하므로

$$S_t = S_i \times 10^3 = 24 \text{ kW}$$

로 주어진다.

(c) AM 포락선 검파에 있어서도 양측파대가 적용되므로 $B_T = 2B = 24$ kHz이다. 또한, 문제에 주어진 것은 소잡음(SNR $\gg$ 1)인 경우이므로 식 (7.52)를 이용하여

$$\frac{S_o}{N_o} = \frac{\mu^2 S_m}{1+\mu^2 S_m}\gamma = \frac{0.4}{1+0.4}\,\frac{S_i}{\left(2\times 10^{-8}\right)\left(12\times 10^3\right)} = 10^5 \Rightarrow S_i = 84 \text{ W}$$

와 같이 계산된다. 여기에 30 dB의 전력손실을 감안하면, 요구되는 전송전력은

$$S_t = S_i \times 10^3 = 84 \text{ kW}$$

가 된다.

실전문제 7.4

어떤 통신시스템이 대역폭 1 MHz의 메시지신호를 전송한다. 전송전력이 30 kW, 채널의 전력손실이 60 dB, 잡음의 PSD가 0.5 nW/Hz일 때, 다음과 같은 변조 방식에 대한 출력 SNR을 dB 단위로 구하라.

(a) DSB-SC

(b) SSB

(c) AM($\mu = 1, S_m = 0.2$인 포락선 검파)

정답:

(a) 14.77 dB (b) 14.77 dB (c) 6.99 dB

예제 7.5

진폭의 분포(amplitude distribution)가 $f_m(t) = e^{-|t|}/2$으로 주어지는 메시지신호 $m(t)$가 포락선 검파기에 의하여 복조된다. 변조지수가 $\mu = 1$이라 가정할 때, 임계값(threshold)에서의 γ_{TH}를 구하라. 단, 임계값은 0.99의 확률로 $E_n < A$일 때 발생한다. 여기서 E_n은 잡음의 포락선이며, 잡

음 $n(t)$는 평균이 0이고 분산이 σ_n^2인 가우스 랜덤과정이다.

풀이

먼저, 주어진 분포를 이용하여 메시지신호의 전력을 구하면

$$S_m = E\left[m^2(t)\right] = \int_{-\infty}^{\infty} t^2 f_m(t)dt = \frac{1}{2}\int_{-\infty}^{\infty} t^2 e^{-|t|}dt = \int_0^{\infty} t^2 e^{-t}dt = 2$$

가 된다. 또한, 임계값 조건에서

$$P(E_n < A) = 0.99 \ \Rightarrow \ P(E_n \geq A) = 0.01$$

이다. 식 (7.58)에서 잡음의 포락선(noise envelope) $E_n(t) = \sqrt{n_c^2(t) + n_s^2(t)}$ 임을 이용하자. $n_c(t)$와 $n_s(t)$가 분산 σ_n^2을 갖는 가우스 랜덤과정이면, $E_n(t)$는 레일리 랜덤과정이다. 따라서

$$0.01 = P(E_n \geq A) = \int_A^{\infty} \frac{E_n}{\sigma_n^2} e^{-E_n^2/2\sigma_n^2}\, dE_n = e^{-A^2/2\sigma_n^2}$$

$$\therefore \ \frac{A^2}{2\sigma_n^2} = -\ln(0.01) \simeq 4.6052$$

와 같이 계산된다. 잡음은 평균 0인 가우스 잡음으로 대역폭이 $2B$ Hz이므로

$$\sigma_n^2 = E[n^2(t)] = 2\left(\frac{\eta}{2}\right)2B = 2\eta B$$

로 주어진다. 따라서 $A^2 = 4.6052 \times 2\sigma_n^2 = 4.6052(4\eta B)$이다. 한편, 식 (7.42)로부터, $\mu = 1$인 AM 신호에 대하여 입력전력은 다음과 같이 계산된다.

$$S_i = E[x^2(t)] = \frac{1}{2}A^2\left(1 + \mu^2 S_m\right) = \frac{3}{2}A^2$$

그러므로 임계값(threshold)에서

$$\gamma_{\text{TH}} = \frac{S_i}{\eta B} = \frac{\frac{3}{2}(4.6052)(4\eta B)}{\eta B} \simeq 27.63 \text{ 또는 } 14.41 \text{ dB}$$

로 계산된다.

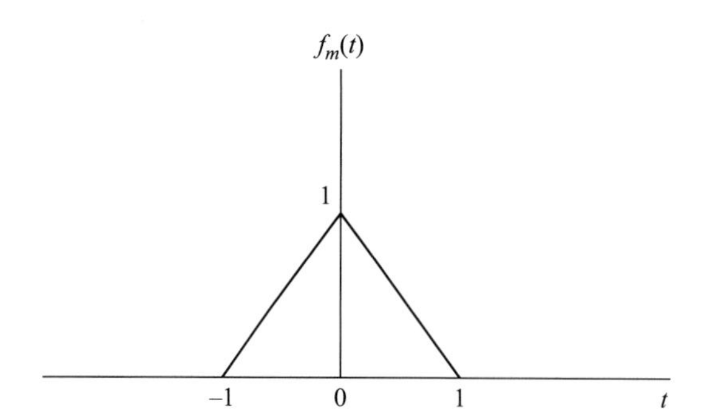

그림 7.18 실전문제 7.5를 위한 $m(t)$의 PDF.

실전문제 7.5

변조지수가 $\mu = 0.5$인 AM의 포락선 검파기에 있어서, 임계값은 0.005의 확률로 $E_n > A$이라고 가정할 때, 임계값(threshold)에서의 γ_{TH}를 구하라. 단, 메시지신호 $m(t)$는 그림 7.18과 같은 진폭의 분포(amplitude distribution)를 갖는다.

정답: 약 10.43 dB

7.5 각도변조 시스템

선형변조 시스템에서 검토한 잡음을 비선형 또는 각도 변조(FM 및 PM) 시스템에 대해서도 그 영향을 알아보고자 한다. 그림 7.19에 나타낸 각도변조 시스템(angle-modulation system)을 생각해 보자. 앞서와 같이, 우리는 사전검파 필터의 입력을 다음 식과 같은 변조된 반송파라 하고, $m(t)$는 정규화된 메시지신호, k_p는 위상 편이 상수, 그리고 k_f는 주파수 편이 상수라고 가정한다.

$$x(t) = A\cos\left[\omega_c t + \varphi(t)\right] \tag{7.75}$$

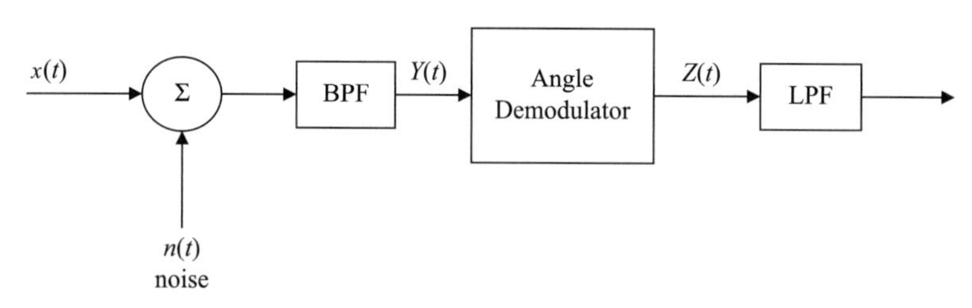

그림 7.19 각도변조 시스템.

여기서,

$$\varphi(t) = \begin{cases} k_p m(t) & \text{PM인 경우} \\ k_f \int_{-\infty}^{t} m(\lambda) d\lambda & \text{FM인 경우} \end{cases} \tag{7.76}$$

이때 입력신호의 전력은 다음과 같다.

$$S_i = E\left[x^2(t)\right] = \frac{A^2}{2} \tag{7.77}$$

주파수변조 및 위상변조의 경우를 분석하기 위한 일반적인 접근방식을 적용하고, 이후 적절한 $\varphi(t)$를 사용하여 결과를 신호 항과 잡음 항으로 분리한다. 잡음 $n(t)$는 다음과 같이 직교 형태로 주어진다.

$$n(t) = n_c(t)\cos\omega_c t + n_s(t)\sin\omega_c t = E_n(t)\cos\left[\omega_c t + \phi_n(t)\right] \tag{7.78}$$

복조기의 입력에서

$$\begin{aligned} Y(t) &= x(t) + n(t) \\ &= A\cos\left[\omega_c t + \varphi(t)\right] + E_n(t)\cos\left[\omega_c t + \phi_n(t)\right] \end{aligned} \tag{7.79}$$

여기서 $n(t)$는 다음과 같이 평균이 0인 백색잡음이다.

$$S_n(f) = \begin{cases} \eta/2, & |f - f_c| < B_T/2\text{인 경우} \\ 0, & \text{그 외} \end{cases} \tag{7.80}$$

그리고 $E_n(t)$와 ϕ_n은 $n(t)$의 포락선과 위상이다. 각도 변조된 신호의 전송 대역폭 B_T는 다음과 같다.

$$B_T = \begin{cases} 2\left(k_p + 1\right)B, & \text{PM인 경우} \\ 2(D+1)B, & \text{FM인 경우} \end{cases} \tag{7.81}$$

여기서, $D = \Delta f/B = k_f/(2\pi B)$는 FM 시스템의 편이율(deviation ratio)이다. (톤 변조된 FM에서는 편이율을 변조지수[modulation index]라고 부른다.) 식 (7.79)의 $Y(t)$를 다음과 같이 극좌표 형식으로 나타낼 수 있다.

$$Y(t) = R(t)\cos\left[\omega_c t + \psi(t)\right] \tag{7.82}$$

여기서

$$\psi(t) = \varphi(t) + \tan^{-1}\left(\frac{E_n(t)\sin(\phi_n - \varphi)}{A + E_n(t)\cos(\phi_n - \varphi)}\right) \tag{7.83}$$

신호 전력이 $E_n(t) \ll A$와 같이 잡음 전력보다 매우 크고 $\tan^{-1}x \simeq x$의 근사를 이용하면 식 (7.83)의 오른쪽 두 번째 항(잡음 항)은 다음과 같이 근사된다.

$$\psi(t) \simeq \underbrace{\varphi(t)}_{\text{신호 항}} + \underbrace{\frac{E_n(t)}{A}\sin[\phi_n(t) - \varphi(t)]}_{\text{잡음 항}} \tag{7.84}$$

잡음 항은 각도변조의 비선형 특성으로 인해 신호 항 $\varphi(t)$에 따라 달라진다. 복조기는 신호 $Y(t)$를 처리하며 그 출력은 시스템이 PM인지 FM인지에 따라 달라진다.

7.5.1 PM 시스템

위상변조 시스템의 경우, 복조기는 입력신호 $Y(t)$의 위상을 검출한다. 따라서 복조기 출력은 다음과 같다.

$$Z(t) = \psi(t) = \varphi(t) + \frac{E_n(t)}{A}\sin[\phi_n(t) - \varphi(t)] \tag{7.85}$$

SNR 계산에 있어, 결과에 영향을 주지 않고 $\phi_n(t) - \varphi(t)$를 $\phi_n(t)$로 바꿀 수 있다. 따라서

$$\begin{aligned} Z(t) &= \varphi(t) + \frac{E_n(t)}{A}\sin\phi_n(t) \\ &= k_p m(t) + \frac{n_s}{A} \end{aligned} \tag{7.86}$$

여기서 식 (7.76)과 (7.78)이 적용되었다. 신호 항의 전력은

$$S_o = E\left[k_p^2 m^2(t)\right] = k_p^2 E\left[m^2(t)\right] = k_p^2 S_m \tag{7.87}$$

이고, 잡음 항의 전력은

$$N_o = E\left[\frac{n_s^2}{A^2}\right] = \frac{1}{A^2}E\left[n_s^2\right] = \frac{2\eta B}{A^2} = \frac{\eta B}{S_i} \tag{7.88}$$

여기서 식 (7.77)의 A^2을 $2S_i$로 대치하였다. 따라서

$$\frac{S_o}{N_o} = \frac{k_p^2 S_i S_m}{\eta B} = k_p^2\left(\frac{S_i}{\eta B}\right)S_m$$

또는

$$\boxed{\frac{S_o}{N_o} = k_p^2 S_m \gamma} \tag{7.89}$$

7.5.2 FM 시스템

FM 변조에 있어 복조기의 출력은 다음과 같이 식 (7.76)과 (7.84)로부터 얻어진다.

$$Z(t) = \frac{d\psi}{dt} = k_f m(t) + \frac{n_s'}{A} \tag{7.90}$$

신호 항의 전력은 다음과 같다.

$$S_o = E\left[k_f^2 m^2(t)\right] = k_f^2 E\left[m^2(t)\right] = k_f^2 S_m \tag{7.91}$$

그림 7.20과 같이 전달함수가 $j\omega$인 이상적인 미분기를 통해 잡음이 전달되므로

$$Z(t) = \frac{dY(t)}{dt} \quad \overset{\text{Fourier Transform}}{\longrightarrow} \quad Z(\omega) = j\omega Y(\omega) \tag{7.92a}$$

또는

$$H(\omega) = \frac{Z(\omega)}{Y(\omega)} = j\omega \tag{7.92b}$$

따라서 n_s'의 PSD는

$$S_{n_s'} = |H(\omega)|^2 S_{n_s} = \begin{cases} \omega^2\eta, & |\omega| \leq 2\pi B = W \\ 0, & \text{그 외} \end{cases} \tag{7.93}$$

그리고

$$\begin{aligned} N_o &= E\left[\frac{n_s'(t)^2}{A^2}\right] = \frac{1}{A^2}E\left[n_s'(t)^2\right] \\ &= \frac{1}{A^2}\frac{1}{2\pi}\int_{-W}^{W} S_{n_s'}(\omega)d\omega = \frac{1}{2\pi A^2}\int_{-W}^{W}\omega^2\eta\, d\omega \\ &= \frac{\eta W^3}{3\pi A^2} = \frac{\eta W^3}{6\pi S_i} \end{aligned} \tag{7.94}$$

여기서 식 (7.77)의 A^2을 $2S_i$로 대치하면

$$\frac{S_o}{N_o} = \frac{6\pi k_f^2 S_m S_i}{\eta W^2(2\pi B)} = \frac{3k_f^2 S_m}{W^2}\left(\frac{S_i}{\eta B}\right) = \frac{3k_f^2 S_m}{W^2}\gamma \tag{7.95}$$

그러나 $|m(t)| \leq 1$이므로 $\Delta\omega = |k_f m(t)| = k_f$

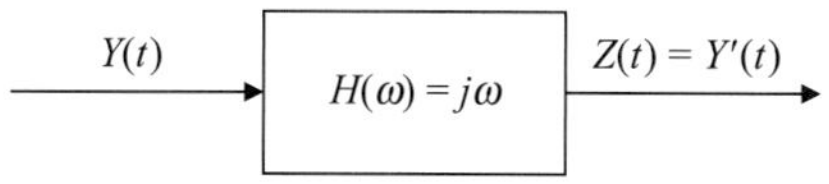

$Y(t)$ → [$H(\omega) = j\omega$] → $Z(t) = Y'(t)$

그림 7.20 미분기의 전달함수.

$$\frac{S_o}{N_o} = 3\left(\frac{\Delta\omega}{W}\right)^2 S_m \gamma$$

또는

$$\boxed{\frac{S_o}{N_o} = 3D^2 S_m \gamma} \tag{7.96}$$

여기서 D는 FM 시스템의 주파수 편이율이다.

우리는 다음 사항에 유의해야 한다.

(1) 일반적으로 FM은 $S_m(\omega)$가 높은 주파수에 집중될 때 PM보다 우수하고, PM은 $S_m(\omega)$가 낮은 주파수에 집중될 때 FM보다 우수하다. 대부분의 실제 신호 $m(t)$의 경우, $S_m(\omega)$가 낮은 주파수에 집중되어 PM이 FM보다 우수하게 된다.

(2) FM에서 잡음의 영향은 높은 주파수에서 두드러진다. 다시 말해, 높은 주파수의 신호 성분은 낮은 주파수 성분보다 잡음으로 인한 영향을 더 많이 받는다.

(3) PM의 경우와 같이 FM의 출력 SNR의 크기에는 제한이 없다. 그러나 단순히 주파수 편이율 D를 증가시키고 전송 대역폭을 증가시킴으로써 출력 SNR을 무한정 증가시킬 수는 없으므로 출력 SNR과 대역폭 간에 절충(trade-off)이 이루어져야 한다.

(4) PM과 FM을 AM과 비교하는 것이 중요하다. AM에서, 전송 전력을 증가시키는 것은 메시지가 신호의 진폭과 비례하기 때문에 수신기에서 출력신호의 전력을 직접 증가시킨다. 각도변조에서, 전송 전력을 증가시키는 것은 메시지가 위상에 있기 때문에 복조된 메시지 전력을 증가시키지 않는다. SNR을 높이기 위해서는 송신 전력을 증가시키지 않고 변조기 감도(PM의 경우 k_p, FM의 경우 k_f)를 증가시켜야 한다. 이러한 이유로 FM 시스템은 위성통신과 같은 대부분의 저전력을 사용하는 통신에 사용된다.

7.5.3 임계값 효과(Threshold Effect)

PM과 FM의 출력 SNR에 대한 표현은 신호 전력이 잡음 전력보다 훨씬 높다는 가정(즉, $E_n(t) \ll A$)을 기반으로 한 것이다. 반대의 경우, 수신기는 신호와 잡음을 구별할 수 없어 메시지를 복구할 수 없게 된다. 임계값 효과는 잡음과 신호의 레벨이 비슷할 때 발생한다. 이것은 포락선 검파를 하는 AM 시스템에서 관찰되는 효과이며 이는 FM에서도 마찬가지이다.

FM 검파기의 출력에서의 SNR은 잡음의 통계적 특성을 조사함으로써 얻을 수 있다. 잡음은 랜덤하므로 잡음의 평균값만 결정할 수 있다. γ의 임계값은 다음과 같다.

$$\gamma_{\text{Th}} = 20(D+1) \tag{7.97}$$

여기서 D는 FM 신호의 주파수 편이율이다. 식 (7.97)을 사용하여 시스템이 임계값을 초과하도록 하는 최소의 D값을 결정할 수 있다. 식 (7.96)을 식 (7.97)로 대치하면 다음과 같이 구해진다.

$$\boxed{\frac{S_o}{N_o} = 60D^2(D+1)S_m} \tag{7.98}$$

식 (7.98)은 출력 SNR과 가능한 최소의 주파수 편이율과의 관계를 나타낸다.

예제 7.6

$S_m = 1/2$인 메시지신호 $m(t)$는 $B = 20$ kHz의 채널과 $\eta/2 = 1$ nW/Hz의 부가 백색 잡음(additive white noise)을 통해 전송된다. 채널의 전력 손실이 40 dB이고 출력 SNR이 35 dB 이상인 경우,

(a) $k_p = 4$인 PM에 대한 전송 대역폭 및 필요한 평균 전송 전력을 구하라.
(b) $D = 4$인 FM에 대한 전송 대역폭 및 필요한 평균 전송 전력을 구하라.

풀이

(a) 식 (7.81)로부터

$$B_T = 2(k_p + 1)B = 2(4 + 1) \times 20 \text{ kHz} = 200 \text{ kHz}$$

여기서

$$35 \text{ dB} \rightarrow 10^{35/10} = 3162.3$$

$$40 \text{ dB} \rightarrow 10^{40/10} = 10^4$$

이므로 식 (7.89)로부터

$$\frac{S_o}{N_o} = k_p^2 S_m \gamma = k_p^2 S_m \frac{S_i}{\eta B} = (4)^2 \left(\frac{1}{2}\right) \frac{S_i}{2 \times 10^{-9} \times 20 \times 10^3} \geq 3162.3$$

또는

$$S_i \geq 0.0158$$

따라서

$$S_t = S_i\left(10^4\right) = 158 \text{ W}$$

(b) 이 경우에는

$$B_T = 2(D+1)B = 2(4 + 1) \times 20 \text{ kHz} = 200 \text{ kHz}$$

식 (7.96)으로부터

$$\frac{S_o}{N_o} = 3D^2 S_m \gamma = 3D^2 S_m \frac{S_i}{\eta B} = 3(4)^2 \left(\frac{1}{2}\right) \frac{S_i}{2 \times 10^{-9} \times 20 \times 10^3} \geq 3162.3$$

또는

$$S_i \geq 0.0053$$

따라서

$$S_t = S_i \left(10^4\right) = 53 \text{ W}$$

실전문제 7.6

$\Delta f = 80$ kHz이고 $B = 20$ kHz인 FM 시스템은 정현파 변조, 즉 $m(t) = \cos \omega_m t$를 사용한다.

(a) 출력 SNR을 계산하라.

(b) 기저대역 시스템에 비해 FM 시스템은 어느 정도 개선되는가? (dB 단위)

정답: (a) 24γ (b) 13.8 dB

7.6 프리엠퍼시스와 디엠퍼시스 필터

상용 FM 방송 및 수신에서 잡음 PSD는 신호 PSD가 가장 작은 주파수영역에서 가장 크다. 즉, 신호는 낮은 주파수보다 높은 주파수에서 잡음의 영향을 더 많이 받는다. 이러한 잡음의 성능을 개선하기 위해 프리엠퍼시스/디엠퍼시스 필터링 기능을 사용한다. 먼저 반송파를 변조하기 전에 높은 주파수의 진폭을 크게 한다. 그림 7.21과 같이, 프리엠퍼시스 필터링은 변조 전(잡음이 더해지기 전)에 수행한다. 필터링은 신호를 왜곡하므로 수신기에서 디엠퍼시스 필터링을 사용하여 역동작을 수행해야 한다. 이렇게 하면 원하는 신호는 원래 형태로 복원되지만, 프리엠퍼시스 이후에 추가된 잡음은 감소한다. 따라서

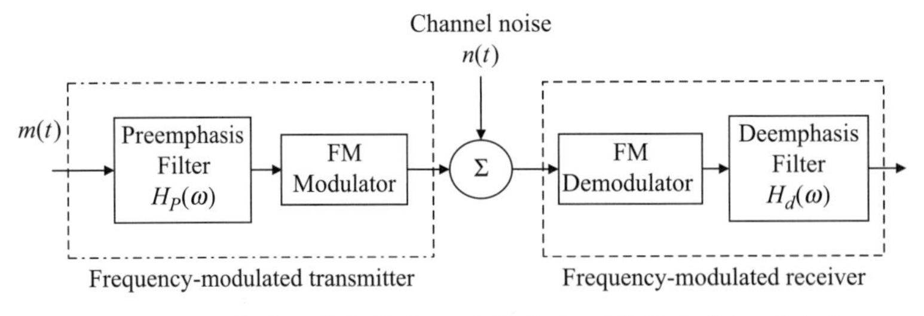

그림 7.21 FM 통신시스템에서의 프리엠퍼시스/디엠퍼시스 필터링.

프리엠퍼시스(preemphasis)는 전체 SNR을 향상시키기 위해 FM 방송에서 변조하기 전에 메시지신호 $m(t)$의 고주파수 성분을 증폭시키기 위해 사용되는 필터링 처리과정이다.

디엠퍼시스(deemphasis)는 프리엠퍼시스된 신호의 진폭-주파수 특성을 복원하기 위해 FM 수신의 검파 후에 사용되는 저역통과 필터링 처리과정이다.

프리엠퍼시스 및 디엠퍼시스 필터의 일반적인 RC 회로 구현과 그 주파수 진폭 성분의 표현이 그림 7.22에 나와 있다. 여기서 R_p는 R과 R_o의 병렬 조합이다. 프리엠퍼시스의 전달함수는 다음과 같다.

$$H_p(\omega) = K\frac{(1 + j\omega/\omega_1)}{(1 + j\omega/\omega_2)} \tag{7.99}$$

여기서 K는 상수이고, 반면에 디엠퍼시스의 전달함수는 다음과 같다.

$$H_d(\omega) = \frac{1}{1 + j\omega/\omega_1} \tag{7.100}$$

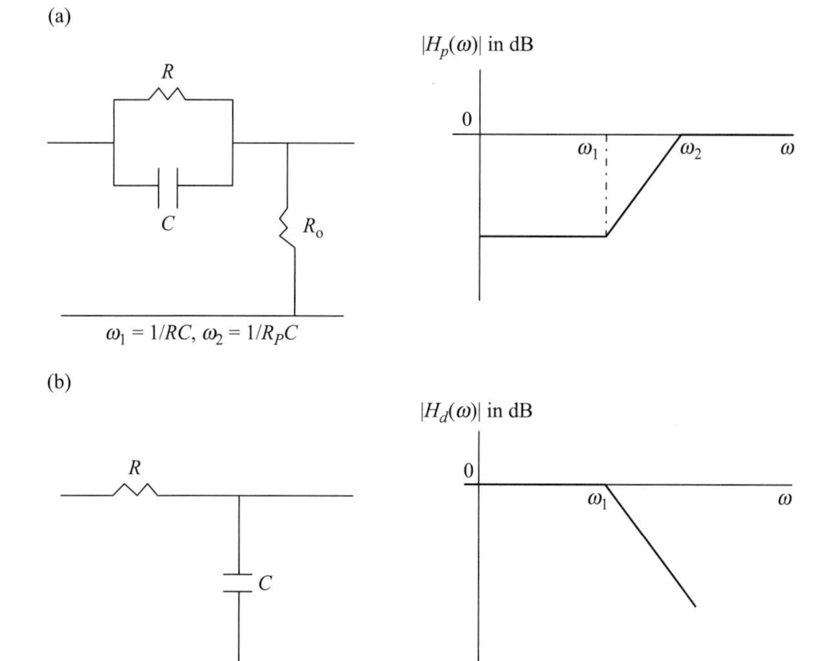

그림 7.22 (a) 프리엠퍼시스와 (b) 디엠퍼시스의 일반적인 구현.

소자 값은 ω_1 및 ω_2의 적절한 선택에 기초한다.

$$f_1 = \omega_1/2\pi = 1/2\pi RC \tag{7.101}$$

식 (7.101)의 선택은 미국의 경우, 신호 PSD가 3 dB 감소된 주파수로 표준화되어 있다. 이는 방송의 경우 2.1 kHz가 된다. 이 필터의 RC 시정수(time constant)가 75 μs이므로 75-μs 프리엠퍼시스라고 한다.

$$f_2 = \omega_2/2\pi = 1/2\pi R_p C, \qquad R_p = \frac{RR_o}{R+R_o} \tag{7.102}$$

식 (7.102)에서 $f_2 \geq 30$ kHz로서 오디오 범위보다 훨씬 높다.

잡음 전력의 감소를 계산함으로써 프리엠퍼시스/디엠퍼시스 필터링에 의한 출력 SNR의 개선 정도를 구할 수 있다. 디엠퍼시스 필터가 없는 경우, 출력 잡음 전력은 식 (7.94)로 주어진다. 즉

$$N_o = \frac{\eta W^3}{3\pi A^2} \tag{7.103}$$

디엠퍼시스 사용 시 출력 잡음 전력은

$$\begin{aligned} N_o' &= \frac{1}{2\pi}\int_{-W}^{W} S_{n_o}(\omega)|H_d(\omega)|^2 d\omega = \frac{1}{\pi}\int_0^W \frac{\omega^2\eta}{A^2}|H_d(\omega)|^2 d\omega \\ &= \frac{\eta}{A^2\pi}\int_0^W \frac{\omega^2 d\omega}{1+(\omega/\omega_1)^2} \\ &= \frac{\eta\omega_1^3}{A^2\pi}\left(\frac{W}{\omega_1} - \tan^{-1}\frac{W}{\omega_1}\right) \end{aligned} \tag{7.104}$$

따라서 잡음 개선 지수는 다음과 같이 얻어진다.

$$\boxed{\Gamma = \frac{N_o}{N_o'} = \frac{1}{3}\frac{(W/\omega_1)^3}{W/\omega_1 - \tan^{-1}(W/\omega_1)}} \tag{7.105}$$

프리엠퍼시스/디엠퍼시스의 사용으로 인한 개선은 잡음 환경에서 중요하다. 이 방식을 AM에도 사용할 수 있지만 AM에서는 변조신호의 스펙트럼에 대해 잡음의 영향이 균일하기 때문에 효과적이지 않다.

예제 7.7

상용 FM 방송 시스템에서 $B = 15$ kHz이고 $f_1 = 2.1$ kHz이다. 프리엠퍼시스/디엠퍼시스 필터링에 의한 출력 SNR의 개선 정도를 구하라.

풀이

$$W/\omega_1 = B/f_1 = 15/2.1 = 7.14$$

따라서

$$\begin{aligned}\Gamma &= \frac{1}{3}\frac{(W/\omega_1)^3}{W/\omega_1 - \tan^{-1}(W/\omega_1)} = \frac{1}{3}\frac{7.14^3}{7.14 - \tan^{-1}7.14} \\ &= 21.25 \text{ 또는 } 13.27 \text{ dB}\end{aligned}$$

일반적으로 출력 SNR이 40에서 50 dB까지 변하기 때문에 개선 효과가 크다.

실전문제 7.7

$R = 75$ kΩ이 되도록 RC 프리엠퍼시스 및 디엠퍼시스 필터를 설계하라.

정답: $C = 1$ nF, $R_o = 5.709$ kΩ

7.7 아날로그 변조 시스템 비교

이제 이 장에서 논의한 다양한 아날로그 연속파(CW) 시스템을 비교한다. 비교는 전송 대역폭 B_T, γ로 정규화된 출력 SNR, 해당되는 경우 임계값 γ_{Th}, dc 응답 또는 저주파 응답 그리고 시스템 복잡성을 기준으로 하여 표 7.1에 나타내었다.

다음 사항에 유의해야 한다.

1. 모든 선형 변조 방식(기저대역, AM, DSB-SC, SSB)은 기존의 AM에서 낭비되는 반송파 전력을 제외하고는 기저대역 시스템과 동일한 SNR 성능을 가진다.
2. 시스템 관점에서 AM이 복잡한 변조이지만, 반송파 억압 VSB가 가장 복잡하다.
3. 선형 변조 방식 중 반송파 억압 방식이 기존의 AM보다 우수하다. 즉 SNR이 더 좋으며 임계값 영향이 없다.
4. 대역폭을 중요시한다면 단측파대 및 잔류측파대 방식을 선택하여야 한다.

표 7.1 아날로그 변조 방식의 비교

변조 방식	B_T	$(S/N)_o/\gamma$	γ_{Th}	dc	복잡도	비고
기저대역	B	1	–	없음	낮음	무변조
AM	$2B$	$\frac{\mu^2 S_m}{1+\mu^2 S_m}$	20	없음	낮음	포락선 검파
DSB	$2B$	1	–	있음	높음	동기 검파
SSB	B	1	–	없음	보통	동기 검파
VSB	$B+$	1	–	있음	높음	동기 검파
PM	$2(k_p+1)B$	$k_p^2 S_m$	≥ 20	있음	보통	위상 검파
FM	$2(D+1)B$	$3D^2 S_m$	≥ 20	있음	보통	주파수 검파

B = 메시지 대역폭, $S_m =< m^2(t) >$, $\gamma = \frac{S_i}{\eta B}$

5. 입력신호가 임계값을 초과하는 경우 비선형/각도 변조 방식(PM 및 FM)은 잡음 성능이 매우 크게 개선된다.
6. 잡음성능 면에서 FM과 PM 중 어느 방식이 우수한지는 메시지신호 스펙트럼에 따라 달라진다. 대다수의 실제 신호에 대해서 PM의 잡음 성능이 FM보다 우수하다.
7. FM 시스템을 유사한 잡음 조건에서 동작하는 변조지수가 1인 AM 시스템과 비교했을 때, 표 7.1은 FM 신호의 신호대잡음비가 AM 시스템보다 $3D^2$만큼 더 좋다는 것을 보여 준다. 여기서 D는 FM 신호의 변조지수 또는 주파수 편이율이다.
8. FM이 다른 방식보다 소비전력이 작기 때문에 저전력을 사용하는 응용분야에 FM이 많이 사용된다.

사용하고자 하는 변조 방식의 선택은 몇 가지 요인에 따라 달라진다. 모든 통신 문제를 해결할 수 있는 만능의 해결책은 없으므로, 통신 엔지니어들은 열린 마음으로 가능한 모든 대안을 검토해야 한다.

7.8 MATLAB을 사용한 계산

MATLAB은 계산에 편리한 도구로서 이 장에서 다루는 다양한 통신시스템의 성능을 입증하는 데 사용할 수 있다. 여기서는 FM 검파기의 성능을 스파이크 또는 '클릭'이라고 하는 임펄스의

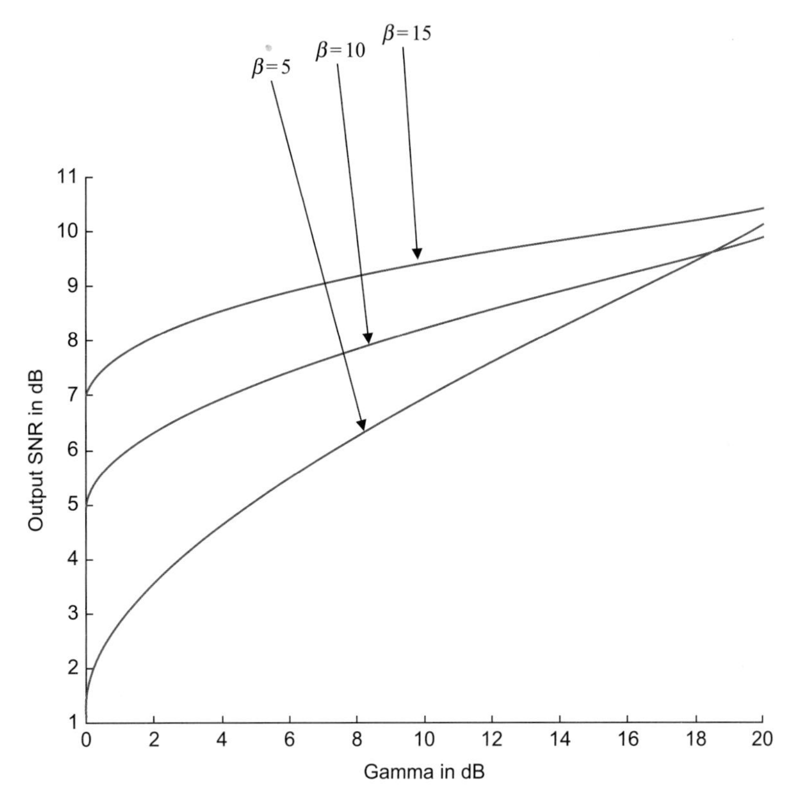

그림 7.23 $\beta=5, 10, 15$에 대한 γ대 출력 SNR.

통계적 특성을 이용하여 구한다. 이 분석은 복잡해서 단순히 결과만을 나타낸다. 정현파 메시지신호(즉, $m(t)=\cos\omega_c t$)의 경우 다음과 같이 출력 SNR이 구해진다.

$$\frac{S_o}{N_o}=\frac{\frac{3}{2}\beta^2\gamma}{1+\frac{12\beta\gamma}{\pi}\exp\left[-\frac{\gamma}{2(1+\beta)}\right]} \tag{7.106}$$

여기서 일반적으로 $\gamma=S_i/\eta B$이고, β는 변조지수 또는 주파수 편이율이다. 아래의 MATLAB 프로그램을 이용하여 식 (7.106)에서와 같이 출력 SNR을 $\beta=5$, 10, 15인 경우에 대해 그림 7.23에 나타내었다. 그림은 임계값 현상을 나타내며 γ가 임계값 이하로 떨어지면 FM 시스템이 빠르게 저하됨을 알 수 있다. 임계값은 변조지수 β에 의해 정해진다.

```
% MATLAB code to generate FM performance curves
beta = [5 10 15];
gammadB = 0:0.1:20;
hold on   % hold the current plot for other plots
for k=1:length(beta)
```

```
  for j=1:length(gammadB)
  num=1.5*beta(k)^2*gammadB(j);
  fac =exp(-0.5*gammadB(j)/(1+beta(k)));
  den=1 + 12*beta(k)*gammadB(j)*fac/pi;
  snr = num/den;
  snrdB(j)=10*log10(snr);
  end
  plot(gammadB,snrdB)
end
hold off   % release
xlabel('gamma in dB')
ylabel('Output SNR in dB')
```

장말 요약

1. 잡음은 통신시스템을 통한 정보의 송수신을 방해하는 불규칙 신호이다. 통신시스템에서는 잡음을 피할 수 없다. 낮은 잡음 레벨은 일반적으로 허용되지만, 높은 잡음 레벨은 시스템을 사용할 수 없게 만들 수 있다.
2. 열잡음은 내부에서 발생되는 잡음이며 온도에 선형적으로 의존한다. 저항 R의 양단 전압 $V_n(t)$의 제곱평균값은

$$V_n^2 = 4kTRB$$

여기서 k는 볼츠만상수, T는 켈빈 단위의 절대온도(K) 그리고 B는 관심 대역폭이다.
3. 산탄잡음은 다이오드 및 트랜지스터와 같은 전자 소자를 통해 흐르는 dc전류의 변동으로 인해 발생한다. 산탄잡음으로 인한 전류 $I_n(t)$의 제곱평균값은 다음과 같다.

$$I_n^2 = 2eI_{dc}B$$

여기서 e는 전자의 전하량, B는 관심 대역폭, I_{dc}는 소자를 통해 흐르는 직류전류이다. 열잡음 및 산탄잡음은 모두 백색 전력 스펙트럼을 갖는다(즉, 잡음 전력은 특정 주파수가 아닌 매우 넓은 범위의 주파수에 분포).
4. 단측 PSD가 η인 부가 백색 잡음이 존재하는 기저대역 통신시스템의 출력 SNR은 $\gamma = \dfrac{S_i}{\eta B}$이며, 여기서 B는 신호 대역폭이고 S_i는 신호 전력이다. DSB 및 SSB 시스템 모두 기저대역과 동일한 출력 SNR을 갖는다.
5. AM 동기식 복조와 포락선 복조(잡음이 적은 경우)는 다음과 같이 동일한 출력 SNR로 주어진다.

$$\frac{S_o}{N_o} = \frac{\mu^2 S_m}{1 + \mu^2 S_m}\gamma$$

여기서 μ는 변조지수이고, $S_m = \langle m^2(t) \rangle$이다.
6. 제곱법 검파기의 경우

$$\frac{S_o}{N_o} = \begin{cases} \mu^2 S_m \gamma, & \gamma \gg 1 \\ \dfrac{4}{3}\mu^2 S_m \gamma^2, & \gamma \ll 1 \end{cases}$$

제곱법 검파기는 비선형 시스템이므로 임계값 효과를 나타낸다.
7. PM 시스템의 경우

$$\frac{S_o}{N_o} = k_p^2 S_m \gamma$$

여기서 k_p는 위상 편이 상수이다.

8. FM 시스템의 경우

$$\frac{S_o}{N_o} = 3D^2 S_m \gamma$$

여기서 $D = k_f / W$는 주파수 편이율이고 $W = 2\pi B$이다.

9. 상용 방송 FM은 프리엠퍼시스/디엠퍼시스 필터링 기술을 사용하여 출력 SNR을 개선한다. 메시지는 변조 전에 강조되어서(preemphasized) 복조 후 메시지와 관련된 잡음/간섭을 억압할(deemphasize) 수 있다.

10. 이 장에서 논의한 다양한 아날로그 변조 방식의 성능 특성이 표 7.1에 요약되어 있다. 이 표에 제공된 출력 또는 검파 후 SNR은 이 장에서 가장 중요한 의미를 담고 있다.

11. MATLAB은 이 장에서 다루는 다양한 통신시스템의 성능을 평가하기 위한 도구로 사용한다.

복습문제

7.1 다음 중 잡음의 특성이 아닌 것은?

(a) 피할 수 없다.

(b) 메시지신호에 대한 영향은 SNR로 측정된다.

(c) 신호에 더해진다.

(d) 통신시스템에 심각한 영향을 줄 수 있다.

7.2 다음 중 인공잡음의 원인이 아닌 것은?

(a) 형광등 (b) 트랜지스터 (c) 점화시스템

(d) 라디오/레이더 송신기 (e) 컴퓨터

7.3 전류의 불규칙한 변동에 의해 어떤 종류의 잡음이 발생하는가?

(a) 백색잡음(white noise) (b) 대역 제한된 잡음(colored noise)

(c) 열잡음(thermal noise) (d) 산탄잡음(shot noise)

7.4 어떤 통신시스템이 변조/복조를 필요로 하지 않는가?

(a) 기저대역 (b) DSB (c) VSB (d) PM (e) FM

7.5 본질적으로 선형이 아닌 변조는 무엇인가?

(a) 기존의 AM (b) DSB (c) SSB (d) FM

7.6 각도변조 신호가 다음과 같이 주어졌다.

$$x(t) = 100\cos\left(2\pi \times 10^7 t + 0.002\cos 2\pi \times 10^4 t\right)$$

이것이 PM 신호라면 다음 중 k_p 값은 어떤 것인가?

(a) 1000 (b) 100 (c) 2π (d) 0.002

7.7 $\Delta f = 60$ kHz, $B = 20$ kHz인 FM 시스템은 톤변조를 사용한다. 이의 주파수 편이율은 얼마인가?

(a) 60 (b) 20 (c) 30 (d) 10 (e) 3

7.8 다음 중 임계값을 가지지 않는 변조 방식은 무엇인가?

(a) FM (b) 제곱법 검파기 (c) DSB (d) AM 포락선 검파기

7.9 다음 중 프리엠퍼시스 네트워크에 해당되지 않는 것은 무엇인가?

(a) 잡음의 양을 감소시킨다.

(b) 출력 SNR을 개선한다.

(c) $m(t)$의 고주파 성분을 크게 만든다.

(d) 저주파에 대해서는 전달함수가 일정하고 더 높은 주파수에서 미분기처럼 동작하는 필터이다.

(e) 기존의 AM에서도 성능 향상을 위해 사용할 수 있다.

7.10 저전력 응용에 적합한 변조 방식은 무엇인가?

(a) AM (b) FM

정답: 7.1 (c), 7.2 (b), 7.3 (d), 7.4 (a), 7.5 (d), 7.6 (d), 7.7 (e), 7.8 (c), 7.9 (a), 7.10 (b)

익힘문제

7.2절 잡음의 원천

7.1 열잡음과 산탄잡음의 차이는 무엇인가?

7.2 수신기에 사용되는 트랜지스터의 평균 입력 저항은 2 kΩ이다. 다음의 경우에 수신기의 열잡음을 계산하라: (a) 300 kHz의 대역폭과 37°C의 온도, (b) 5 MHz의 대역폭과 350 K의 온도.

7.3 TV 수신기가 27°C의 온도 환경에서 채널 2($54 < f < 60$ MHz)에서 동작한다. 입력 저항이 1 kΩ인 경우 입력에서 rms 잡음전압을 계산하라.

7.4 $T = 250$ K에서 두 개의 저항(40 Ω 및 60 Ω)이 다음과 같이 연결된 경우, 열잡음으로 인해 발생하는 rms 잡음전압을 결정하라: (a) 직렬, (b) 병렬. 대역폭은 2 MHz라고 가정한다.

7.5 $I_{dc} = 15$ mA, $B = 2$ MHz인 경우, 온도 제한 다이오드를 통해 흐르는 잡음전류의 rms 값을 결정하라.

7.6 다이오드는 주파수 범위 $f_c = 10^6 \pm 100$ kHz에서 동작한다. 직류전류가 0.1 A인 경우 다이오드를 통해 흐르는 rms 잡음전류를 구하라.

7.3절 기저대역 시스템

7.7 기저대역 통신시스템은 백색잡음의 전력스펙트럼밀도 $\eta/2$가 10^{-8} W/Hz인 채널을 통해 5 kHz의 전송 대역폭을 가지는 신호를 전송한다. 수신단에서 10 kHz의 3 dB 대역폭을 가지는 RC 저역통과 필터를 사용하여 잡음전력을 제한하는 경우 출력 잡음 전력을 결정하라.

7.4절 진폭변조 시스템

7.8 AM 시스템은 0.4의 변조지수로 임계값 이상에서 동작한다. 신호가 $10 \cos 10\pi t$이면 기저대역 성능 γ에 대한 출력 SNR을 dB 단위로 계산하라.

7.9 AM 시스템이 $\mu = 0.5$의 변조지수로 동작한다. 이때 변조신호는 정현파이다(즉, $m(t) = \cos \omega t$).

(a) 출력 SNR을 γ로 구하라.

(b) μ가 0.5에서 0.9로 증가하면 출력 SNR에서 dB의 개선 정도를 계산하라.

7.5절 각도변조 시스템

7.10 각도 변조된 신호가 다음과 같다.

$$x(t) = 20 \cos \left(2\pi \times 10^6 t + 50 \cos 100\pi t\right)$$

(a) $k_p = 5$인 PM일 때 $m(t)$를 구하라.

(b) 만약 $x(t)$가 FM 신호이고, $k_f = 5$일 때, $m(t)$를 구하라.

7.6절 프리엠퍼시스와 디엠퍼시스 필터

7.11 프리엠퍼시스와 디엠퍼시스란 무엇인가? 왜 AM에는 사용되지 않는가?

7.12 75 μs와 25 μs의 디엠퍼시스를 사용하는 두 FM 시스템이 있다. $B = 15$ kHz일 때 두 시스템의 성능을 비교하라.

7.8절 MATLAB을 사용한 계산

7.13 톤변조가 입력이고 임계값 이상에서 동작하는 포락선 검파기가 있다. $\mu = 0.4, 0.6, 0.8$인 경우에 대해 MATLAB을 이용하여 γ의 함수로서의 출력 SNR을 dB로 나타내라.

7.14 $0.1 \leq \alpha \leq 10$일 때, $\alpha = W/\omega_1$의 함수로 식 (7.105)에서의 잡음 개선 인자를 MATLAB을 이용하여 나타내라.

7.15 프리엠퍼시스 필터의 전달함수가 다음과 같이 주어진다.

$$H(\omega) = \frac{\left(\omega^2 + 56.8 \times 10^6\right)\omega^4}{\left(\omega^2 + 6.3 \times 10^6\right)\left(\omega^2 + 0.38 \times 10^9\right)\left(\omega^6 + 9.58 \times 10^{26}\right)}$$

$1 < \omega < 1000$ rad/s인 경우, MATLAB을 이용하여 $|H(\omega)|$를 dB 단위로 나타내라.

8 디지털 통신시스템의 잡음

세상을 감동시키려는 자, 먼저 자신부터 감동시켜야 한다.

소크라테스

기술 노트 – 위성항법장치

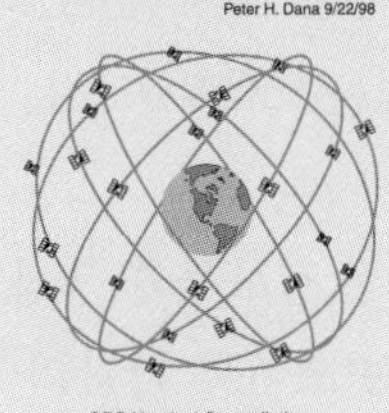

GPS Nominal Constellation
24 Satellites in 6 Orbital Planes
4 Satellites in each Plane
20,200 km Altitudes, 55 Degree Inclination

태고부터 인류는 자신이 있는 위치를 정확히 알고자 해 왔다. 위성항법장치(global positioning system, GPS)는 위성을 기반으로 하는 항법장치이다. 언제든, 어디에 있든, 어떤 날씨에서든 당신의 지구상 위치를 정확히 알려주는, 현존하는 거의 유일한 시스템이다. 역사상 가장 혁명적이고 감동적인 개발품이며 새로운 응용범위가 계속 늘어나고 있다.

위성항법장치의 운용은 세 부분, 즉 위성 부분, 통제소 부분, 사용자 부분으로 나누어 볼 수 있다. 위성 부분은 24개의 위성으로 구성되어 있다. 약 2만 km의 고도에서 12시간마다 지구를 한 바퀴씩 돌고 있다. 위성들은 GPS 수신기를 가진 그 누구에게도 신호가 검출될 수 있도록 항상 신호를 전송하고 있다. 통제소 부분에서는 위성들의 위치를 계속 추적하고, 필요한 경우 시간 보정과 궤도 수정을 한다. 미국 콜로라도주 스프링스에 주 통제기지가 있고 하와이, 콰절레인, 디에고가르시아, 그리고 콜로라도에 무인 통제소가 있다. 사용자 부분이란 항공기, 선박, 탱크, 잠수함, 차량 들에 탑재된 GPS 수신기나 휴대용 GPS 수신기를 의미한다. 수신기에서는 위성에서 전송된 신호를 수신하여 위치, 고도, 그리고 시간을 알아내기 위한 계산을 수행한다. 이 계산을 통해 정확한 자신의 위치를 알 수 있는 것이다.

GPS는 미국 국방성에 의해 자금 지원을 받고 통제된다. 현재는 전 세계에 걸쳐 수십억 명의 민간 사용자가 있지만 원래는 군용으로 개발되고 미군에 의해 운용되고 있다. (러시아에 실전 배치되고 운용되는 GLONASS 역시 미국의 GPS와 매우 유사하다.) GPS는 거의 모든 군사작전이나 무기시스템에서 중요하게 사용된다. 장거리 무기시스템에서는 정확하고 지속적인 위치정보가 필수적이다. 또한 GPS는 세계 경제의 기본 하부구조에서 핵심적인 요소로 자리 잡고 있으며 생산성의 극적인 증가를 가능케 한다. 최첨단의 디지털 통신과 결합된 GPS는 세계의 선박, 항공, 운송 산업의 생산성을 획기적으로 증가시킬 것이며, 더불어 경찰, 소방, 구급 시스템의 효율성 증대에도 큰 몫을 차지하게 될 것이다. 길 위의 모든 차량에 GPS 수신기가 부착될 날도 머지않을 것이다.

8.1 개요

7장에서는 부가 백색 가우스 잡음(additive white Gaussian noise, AWGN) 채널에서의 아날로그 통신시스템에 대해 알아보았고, 다양한 아날로그 시스템의 신호대잡음(전력)비(SNR)를 계산하였다. 이 장에서는 부가 백색 잡음 하에서의 디지털 통신시스템의 성능에 대해 공부하겠다. 실제로 많은 통신시스템의 채널은 부가 백색 잡음 채널에 해당하고, 또 이렇게 가정함으로써 시스템의 해석이 간단하게 된다. 디지털신호의 송수신이 아날로그신호의 송수신과 다른 점은 첫째, 아날로그 통신의 주목적이 전송된 파형을 충실히 복원한다는 것임에 반해 디지털의 경우 전송 펄스의 존재 유무를 결정하는 것에 주안점이 있다는 사실이고, 둘째 비록 진폭이나 펄스의 도착시간은 아니더라도 적어도 전송 펄스의 모양은 수신자가 미리 알 수 있다는 점이다. 이런 이유들로 인해 아날로그 시스템에서 사용되는 신호대잡음비라는 개념은 디지털 시스템에서는 적합한 성능 평가의 척도가 아니다. 대신에 디지털 통신시스템에서는 오류확률 또는 비트오류율(bit error rate, BER)을 성능 평가의 지표로 채택하고 있다.

디지털 통신시스템의 주요 구성요소는 그림 8.1과 같다. 정보원은 연속된 정보들을 생성한다. 생성된 정보들은 부호화기에 의해 심벌 c_k, $k = 1, 2, \cdots, M$로 바뀐다. 변조기는 각각의 심벌 c_k에 파형 $s_k(t)$를 대응시켜 발생시킨다. 채널에서는 평균이 0이고 분산이 상수인 부가 백색 잡음 $n(t)$가 전송신호에 더해진다. 복조기는 송신도의 출력에서 $s_k(t)$를 복원하고 마지막으로 복호화기에 의해 해당 심벌들이 추출된다.

정합필터 수신기의 작동원리부터 공부한 후, 바로 전송 가능한 기저대역 신호에 대해 알아본다. 기저대역 신호란 통과대역으로의 주파수 천이를 하지 않고도 전송 가능한, 디지털 변조를 마친 상태의 신호를 의미한다. 변조 방식의 비교를 위해 동기 검파와 비동기 검파 모두를 공부할 것이다. 이어 M-진 통신시스템과 확산대역 통신시스템에 대해 알아보겠다. 마지막으로 MATLAB을 사용하여 이 장에서 배운 다양한 변복조 방식의 성능을 비교 평가한다.

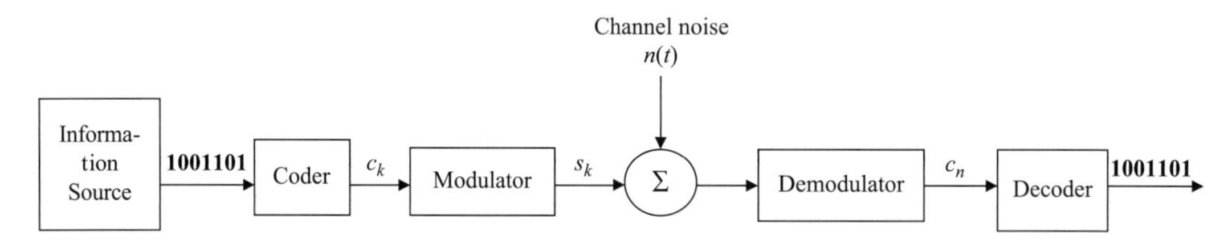

그림 8.1 전형적인 디지털 통신시스템.

8.2 정합필터 수신기

정합필터(matched filter)는 최적 검파기의 꽃이라고 할 수 있다. 정합필터는 백색 가우스 잡음에 오염된 입력신호로부터 출력신호대 잡음비(SNR)를 최대화하는 필터를 말한다.

> **정합필터**는 출력 SNR을 최대화하는 시스템이다.

그림 8.2의 시스템을 보자. 정의에 의하면 임의의 입력신호 $s(t)$에 정합된 필터란 다음의 충격반응을 갖는 필터를 의미한다.

$$h(t) = ks(t_0 - t) \tag{8.1}$$

위에서 k는 상수이고 t_0는 지연을 의미한다. 상수 k는 출력 SNR에 영향을 주지 않으므로 편의상 $k = 1$로 두자. 이 경우 필터의 충격반응은 다음과 같다.

$$h(t) = s(t_0 - t) \tag{8.2a}$$

즉, 정합필터의 충격반응은 입력신호 $s(t)$가 시간축에서 뒤집어진 후 시간이 지연된 것이다. 식 (8.2a)를 푸리에변환하면 다음의 식을 얻을 수 있고

$$H(\omega) = S(-\omega)e^{-j\omega t_o} = S^*(\omega)e^{-j\omega t_o} \tag{8.2b}$$

위에서 $S^*(\omega)$는 신호 $s(t)$의 푸리에변환의 공액복소수를 의미한다. 정합필터는 디지털 통신시스템이나 레이더 시스템에 응용된다. 필터의 출력은 입력과 충격반응의 컨볼루션이므로

$$y(t) = h(t) * s(t) \tag{8.3}$$

이 되고, 이제 $s(t)$가 $0 \le t \le T$인 구간에만 존재한다고 가정하면 식 (8.2a)를 다음처럼 쓸 수 있고

$$h(t) = \begin{cases} s(T-t), & 0 \le t \le T \\ 0, & \text{otherwise} \end{cases}$$

이를 식 (8.3)에 대입하면

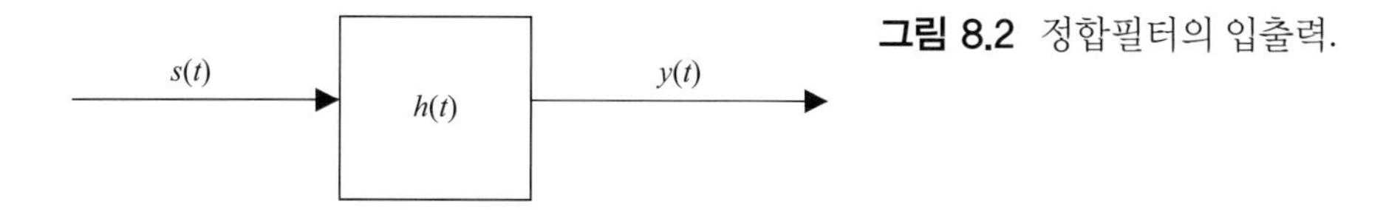

그림 8.2 정합필터의 입출력.

$$y(t) = \int_0^T s(\tau)s(T - t + \tau)\, d\tau$$

이며 $t = T$일 때

$$y(T) = \int_0^T s^2(\tau)d\tau$$

가 되어 $y(T)$는 $s(t)$의 에너지가 된다.

따라서 입력신호 $s(t)$가 부가 백색 가우스 잡음 $n(t)$에 오염된 경우, 정합필터 출력에서의 최대 신호대잡음비는 다음과 같다.

$$\left(\frac{S}{N}\right)_{\max} = \frac{\int_0^T s^2(t)dt}{\eta/2} = \frac{2E}{\eta} \tag{8.4}$$

위에서 E는 신호의 에너지, $\eta/2$는 백색 가우스 잡음의 전력스펙트럼밀도를 의미한다. 신호 $s(t)$가 $0 \leq t \leq T$에서만 존재한다고 가정한 것이다.

예제 8.1

그림 8.3의 두 신호에 대해 각각 정합필터의 충격반응을 구하라.

풀이

(a) 식 (8.2a)에 의해 정합필터의 충격반응 $h_1(t)$은 그림 8.4(a)처럼 $s_1(t)$를 시간축에서 뒤집고 t_0 만큼 이동시키면 되고 따라서 다음과 같다.

$$h_1(t) = s_1(t_0 - t)$$

(b) 마찬가지로 그림 8.4(b)에 보이는 것처럼

$$h_2(t) = s_2(t_0 - t)$$

이다.

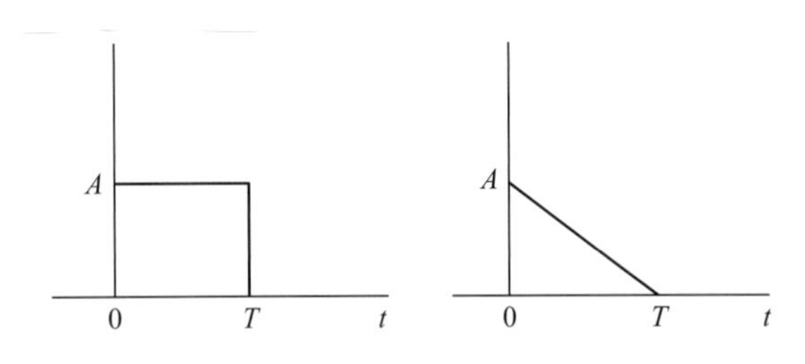

그림 8.3 예제 8.1 문제의 신호.

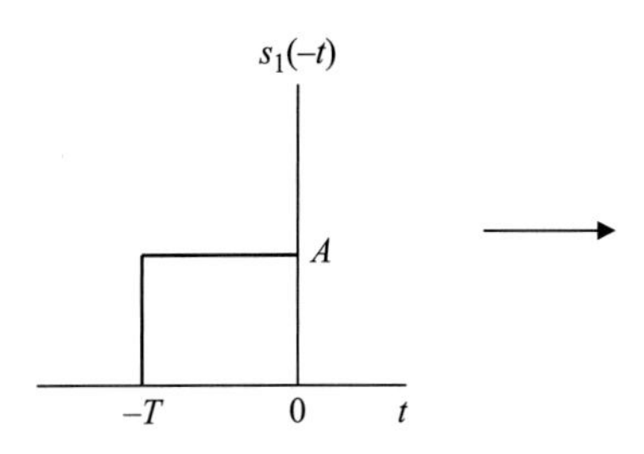

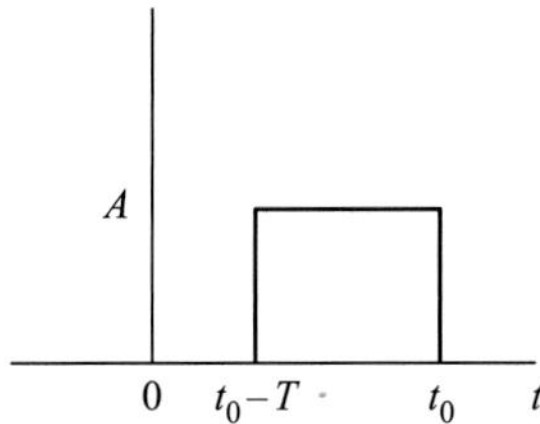

그림 8.4 예제 8.1 풀이의 신호.

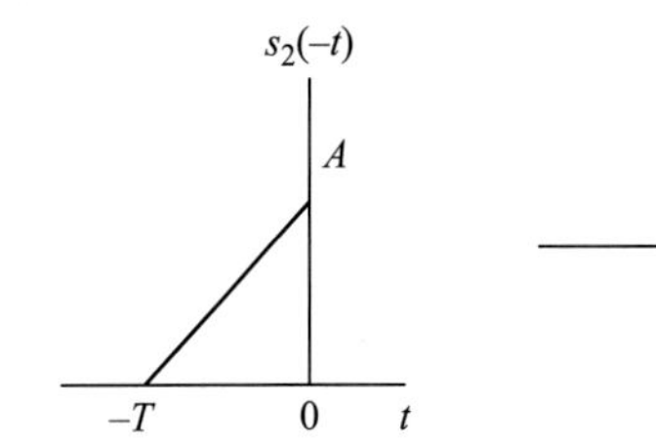

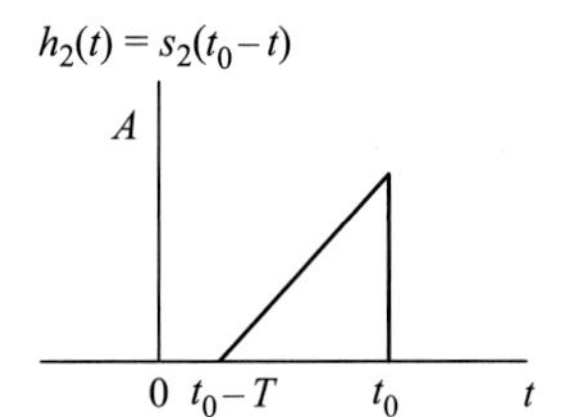

실전문제 8.1

그림 8.5의 신호에 대해 정합필터의 충격반응을 구하라.

정답: 그림 8.6을 보라.

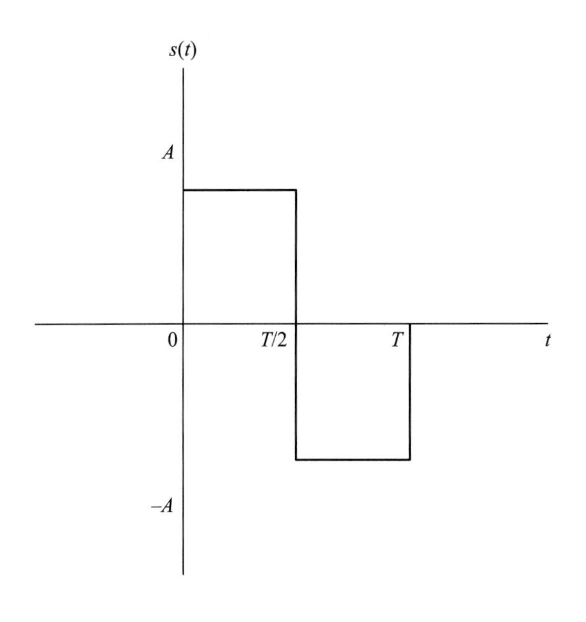

그림 8.5 실전문제 8.1 문제의 신호.

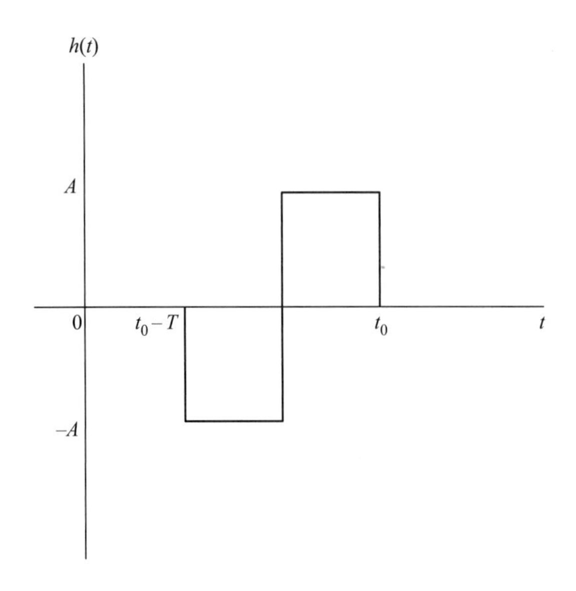

그림 8.6 실전문제 8.1 정답의 신호.

8.3 기저대역 이진시스템

변조하기 전 이진시스템에서 만일 한 비트의 데이터를 전송하는 데 T(sec)가 걸린다면 전송률(또는 비트율)은 그 단위가 bit/sec이고 다음 식에서 보듯이 1초에 전송되는 비트수를 의미한다.

$$R = \frac{1}{T} \tag{8.5}$$

$(0, T)$ 시간 동안 하나의 비트를 전송하기 위한 신호가 다음과 같다고 하자.

$$s(t) = \begin{cases} s_1(t), & \text{for binary 1} \\ s_2(t), & \text{for binary 0} \end{cases} \tag{8.6}$$

즉, 이진 심벌 1을 전송하기 위해서는 $s_1(t)$라는 파형을, 이진 심벌 0을 전송하기 위해서는 $s_2(t)$라는 파형을 사용한다고 하자. 수신기에 수신되는 신호 $r(t)$는 이진신호 $s(t)$와 잡음 $n(t)$의 합이 된다. 그림 8.7에 다양한 이진 신호방식에서의 $s(t)$와 $r(t)$의 예를 볼 수 있다. 이제 이 신호방식 각각에 대해 공부해 보자.

8.3.1 단극성 신호방식(Unipolar Signaling)

이 방식은 단속 신호방식(on-off signaling)으로도 불린다. 즉, 사용되는 신호가 다음과 같다.

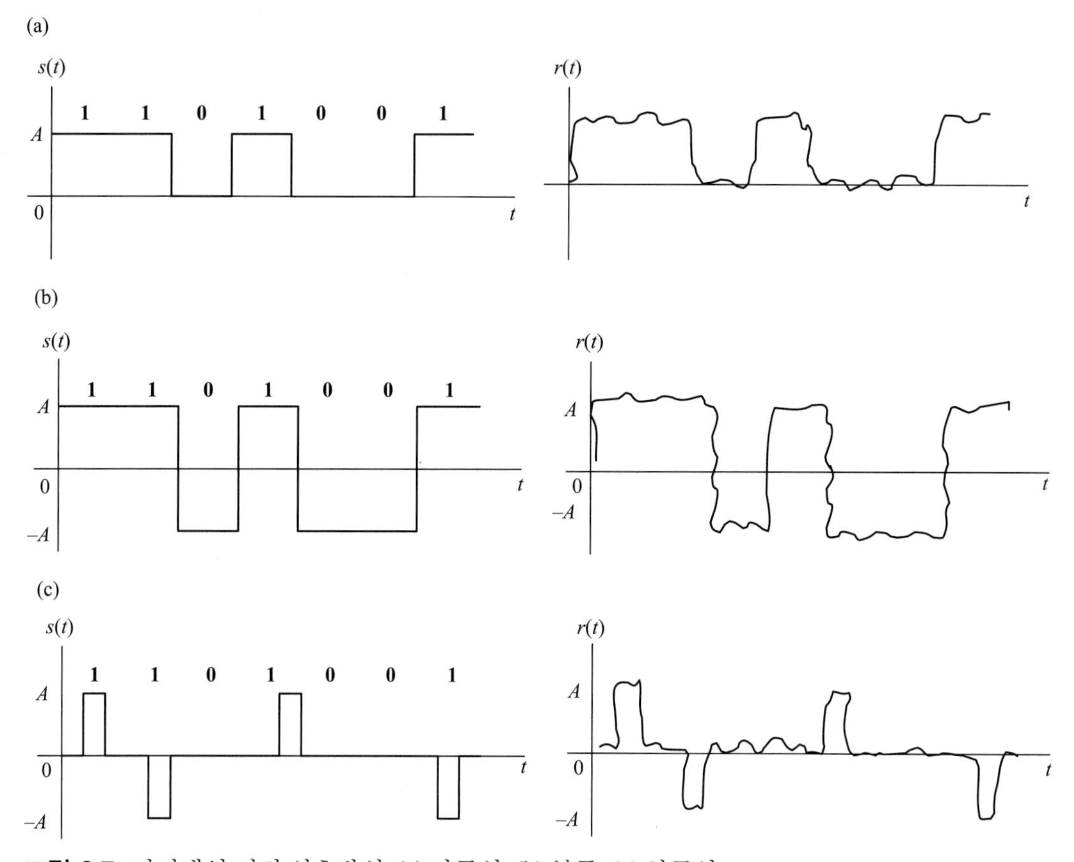

그림 8.7 기저대역 이진 신호방식. (a) 단극성, (b) 복류, (c) 양극성.

$$s(t) = \begin{cases} s_1(t) = A, & \text{for binary 1} \\ s_2(t) = 0, & \text{for binary 0} \end{cases} \tag{8.7}$$

여기서 전송시간은 $0 \le t \le T$이고 $A > 0$이다. 수신기에 입력되는 신호 $y(t)$는 전송신호와 잡음 $n(t)$의 합이 되어 다음과 같다.

$$y(t) = s(t) + n(t) \tag{8.8}$$

위에서 $n(t)$는 평균이 0이고 전력스펙트럼밀도가 $\eta/2$인 부가 백색 가우스 잡음이다.

이제 단극성 신호방식의 수신 성능을 계산해 보자. 수신기는 전달함수 $H(\omega)$를 갖는 저역통과 필터로 구성되며 전송신호를 온전히 통과시킬 만큼의 대역폭을 갖는다고 하자. 수신기를 통과한 신호를 $r(t)$라고 할 때, 시간 $t = t_0$에서의 수신값 $r(t_0)$는

$$\begin{aligned} &\text{전송신호가 } A\text{일 때: } r(t_0) = A + n_0(t_0) \\ &\text{전송신호가 } 0\text{일 때: } r(t_0) = n_0(t_0) \end{aligned} \tag{8.9}$$

가 된다. 여기서 $n_0(t)$는 백색잡음 $n(t)$가 수신기를 통과한 출력잡음을 의미한다. $n_0(t)$는 가우스 랜덤과정이므로 전송신호가 A인지 0인지를 판별하기 위해서는 판정과정이 필요하다. 수신값 $r(t_0)$와 임계값 μ를 비교하는 아래의 판정 규칙을 사용한다.

$$r(t_0) \geq \mu \text{이면 전송신호가 } A\text{라고 판정}$$
$$r(t_0) < \mu \text{이면 전송신호가 0이라고 판정} \tag{8.10}$$

직관적으로 임계값 μ는 0과 A 사이의 어떤 값이 될 것임을 예측할 수 있다.

$n_0(t)$의 평균은 0이다. $n_0(t)$의 분산을 σ^2이라고 하면 전송신호가 0일 때의 수신값 r의 확률밀도함수는 다음과 같고

$$p_0(r) = \frac{1}{\sqrt{2\pi}\sigma} e^{-r^2/2\sigma^2} \tag{8.11a}$$

전송신호가 A일 때의 r의 확률밀도함수는

$$p_1(r) = \frac{1}{\sqrt{2\pi}\sigma} e^{-(r-A)^2/2\sigma^2} \tag{8.11b}$$

와 같고 그림 8.8에 그려져 있다.

판정의 오류는 두 가지 종류가 있다: s_2가 전송되었는데 s_1이라고 판정하는 경우와 s_1이 전송되었는데 s_2라고 판정하는 경우이다. 각각의 해당 확률은 그림 8.8의 빗금 친 영역에 해당하

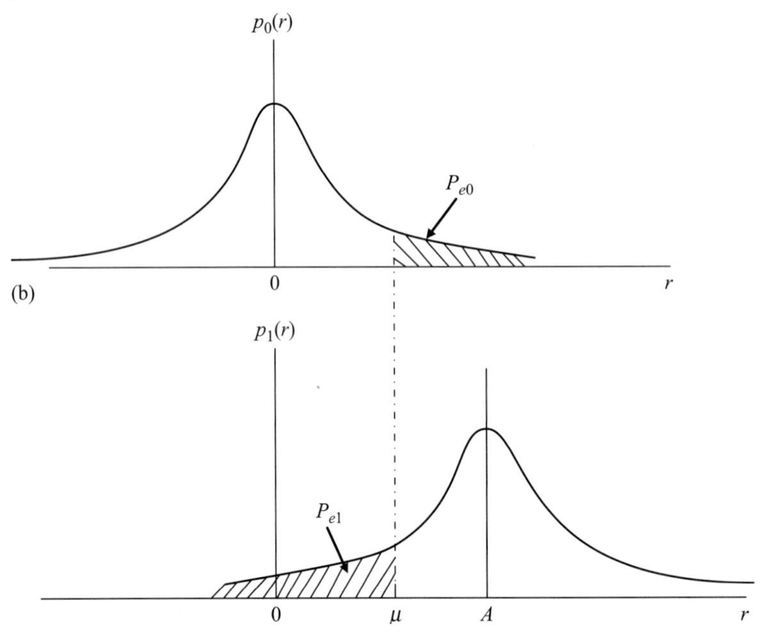

그림 8.8 판정 임계값과 오류 확률을 보여 주는 확률밀도함수.

며 다음과 같다.

$$P_{e0} = P(r > \mu | s_2 \text{ sent}) = \int_{\mu}^{\infty} \frac{1}{\sqrt{2\pi}\sigma} e^{-r^2/2\sigma^2} dr \tag{8.12a}$$

$$P_{e1} = P(r < \mu | s_1 \text{ sent}) = \int_{-\infty}^{\mu} \frac{1}{\sqrt{2\pi}\sigma} e^{-(r-A)^2/2\sigma^2} dr \tag{8.12b}$$

그림 8.8에서 볼 수 있듯이 임계값 μ를 증가시키면 P_{e0}은 줄어들지만 P_{e1}이 늘어나고, 반대로 μ를 감소시키면 반대현상이 발생함을 알 수 있다. 비트오류율(BER) 또는 오류확률 P_e은

$$P_e = P(r > \mu \mid s_2 \text{ 전송})\, P(s_2 \text{ 전송}) + P(r < \mu \mid s_1 \text{ 전송})\, P(s_1 \text{ 전송})$$

가 되어 다음 식으로 쓸 수 있다.

$$P_e = P_0 P_{e0} \ + \ P_1 P_{e1} \tag{8.13}$$

위에서 P_0은 비트 0이 전송될 확률이고 P_1은 비트 1이 전송될 확률을 의미한다. 특별한 이유가 없는 한, 긴 길이의 메시지에서는 $P_0 = P_1 = 1/2$로 보는 것이 타당하다. 이 경우, 그림 8.8로부터 빗금 친 영역의 면적의 합은 $\mu = A/2$일 때 최소가 됨을 알 수 있고, 이때 가우스분포의 대칭성에 의해 두 면적은 같게 된다. 즉,

$$P_e = \frac{1}{2}(P_{e0} \ + \ P_{e1}) = P_{e0} \ = P_{e1} \tag{8.14}$$

가 되어 BER은

$$P_e = \int_{\mu}^{\infty} \frac{1}{\sqrt{2\pi}\sigma} e^{-r^2/2\sigma^2} dr$$

이 된다. $z = r/\sigma$로 변수 변환하면 다음 식을 얻는다.

$$P_e = \int_{\mu/\sigma}^{\infty} \frac{1}{\sqrt{2\pi}} e^{-z^2/2} dz = Q\left(\frac{\mu}{\sigma}\right)$$

여기서 $Q(\cdot)$는 상보오차함수의 일종으로 다음과 같이 정의되어 있고

$$Q(x) = \frac{1}{\sqrt{2\pi}} \int_{x}^{\infty} e^{-y^2/2} dy$$

6장에서 배운 상보오차함수 erfc$(\cdot)$과는 다음의 관계를 갖는다.

$$Q(x) = \frac{1}{2}\operatorname{erfc}\left(\frac{x}{\sqrt{2}}\right) \tag{8.15}$$

x가 충분히 큰 값인 경우($x \gg 1$), $Q(x)$는 다음과 같이 근사된다.

$$Q(x) \simeq \frac{1}{x\sqrt{2\pi}} e^{-x^2/2}, \quad x \gg 1 \ (x > 4) \tag{8.16}$$

이제 $Q(\cdot)$를 이용하여 오류확률을 표현하면 식 (8.13)에 의해 다음과 같고

$$P_e = \frac{1}{2} Q\left(\frac{\mu}{\sigma}\right) + \frac{1}{2} Q\left(\frac{A-\mu}{\sigma}\right)$$

임계값 $\mu = A/2$인 경우, 오류확률은 다음과 같다.

$$P_e = Q\left(\frac{A}{2\sigma}\right) \tag{8.17}$$

위 식 (8.17)의 오류확률은 전송 비트가 1일 확률과 0일 확률이 같은 경우에 단극성 신호방식의 최소 오류확률이다. $Q(x)$의 정의에서 알 수 있듯이 x가 커질수록 $Q(x)$는 작아진다. 따라서 오류확률을 최소로 하려면 A/σ를 크게 해야 한다. σ는 $n_0(t_0)$의 표준편차이고 $n_0(t)$는 백색잡음 $n(t)$가 수신 필터를 통과한 출력잡음이므로

$$\sigma^2 = \frac{\eta}{4\pi} \int_{-\infty}^{\infty} |H(\omega)|^2 d\omega \tag{8.18}$$

가 된다. 만일 저역통과 필터의 대역폭을 $B = k/T$ Hz로 하고 대역폭 내에서 필터의 이득을 1이라고 하면 식 (8.18)은 다음과 같이 계산된다.

$$\sigma^2 = \frac{\eta}{4\pi} \int_{-\infty}^{\infty} |H(\omega)|^2 d\omega = \frac{\eta}{4\pi} \int_{-2\pi B}^{2\pi B} 1 \, d\omega = \eta B = \frac{k\eta}{T}$$

이제 식 (8.17)은 다음과 같다.

$$P_e = Q\left(\frac{A}{2\sigma}\right) = Q\left(\sqrt{\frac{A^2 T}{2k\eta}}\right) \text{(저역통과 필터)} \tag{8.19}$$

위에서 알 수 있듯이 저역통과 필터의 대역폭이 커지면(즉, k가 크면), 필터를 통과한 잡음의 전력 역시 비례적으로 커지므로 오류확률은 크게 된다.

이제 정합필터를 사용한 경우를 알아보자. 식 (8.19)에서 A^2T는 신호 $s_1(t)$의 에너지이지만 $s_2(t) = 0$인 점을 감안하면 이 값은 두 신호의 차의 에너지라고 볼 수 있다. 따라서 식 (8.17)은 다음과 같으며

$$P_e = Q\left(\frac{|a_1 - a_2|}{2\sigma}\right) \tag{8.20}$$

여기서 a_1과 a_2는 각각 신호 $s_1(t)$와 $s_2(t)$가 전송되었을 때의 수신신호 $r(t)$의 평균값이다. 오류확률을 최소화하기 위해서는 $|a_1 - a_2|/\sigma$ 또는 $|a_1 - a_2|^2/\sigma^2$을 최대로 하여야 하고, 이러한 필터는 출력 신호대잡음비를 최대로 하는 정합필터 즉 $[s_1(t) - s_2(t)]$에 정합된 필터가 최적의 수신기가 된다. 일반적으로 두 신호 $s_1(t)$와 $s_2(t)$ 간의 거리에 해당하는 $|a_1 - a_2|$의 제곱은 두 신호의 차인 $s_1(t) - s_2(t)$의 에너지 E_d, 즉

$$E_d = \int_0^T [s_1(t) - s_2(t)]^2 dt \tag{8.21}$$

로 정의되어 있다. 따라서 식 (8.4)에 의해 오류확률은 다음과 같다.

$$P_e = Q\left(\sqrt{\frac{E_d}{2\eta}}\right) \tag{8.22}$$

단극성 신호방식에서는

$$E_d = \int_0^T (A - 0)^2\, dt = A^2 T$$

이므로 오류확률은 다음과 같다.

$$P_e = Q\left(\sqrt{\frac{E_d}{2\eta}}\right) = Q\left(\sqrt{\frac{A^2 T}{2\eta}}\right) \tag{8.23}$$

평균 비트에너지(average energy per bit)를 E_b라고 정의하면 단극성 신호방식의 E_b는

$$E_b = \frac{1}{2}\left(A^2 T\right) + \frac{1}{2}(0) = \frac{A^2 T}{2}$$

가 되어 식 (8.23)을 E_b로 표현하면 다음과 같이 정리된다.

$$\boxed{\begin{aligned} P_e &= Q\left(\sqrt{\frac{E_b}{\eta}}\right) = Q\left(\sqrt{\gamma_b}\right) \\ &\simeq \frac{1}{\sqrt{2\pi\gamma_b}} e^{-\gamma_b/2}, \quad \gamma_b \gg 1 \quad (\gamma_b > 4) \quad (\text{정합필터}) \end{aligned}} \tag{8.24}$$

$\gamma_b = E_b/\eta$라는 파라미터는 백색잡음 채널에서 하나의 데이터 비트를 전송하는 데 필요한 평균 비트에너지이고 비트 신호대잡음비(비트 SNR)라고 부른다. 통상적으로 서로 다른 디지털 통

신시스템의 성능 비교를 위하여 비트오류 확률을 γ_b에 대해서 표현한다.

식 (8.24)에 대해 두 가지 점을 주목할 필요가 있다. 첫째, 비트오류 확률은 신호나 잡음의 그 어떤 파라미터도 아닌 단지 비트 SNR γ_b만의 함수라는 사실과, 둘째, 비트 SNR γ_b는 정합필터 복조기의 출력 신호대잡음비이기도 하다는 사실이다.

8.3.2 복류 신호방식(Polar Signaling)

이 신호방식은 가장 효율적인 방식으로 간주되며 이 방식에서는 $0 \le t \le T$에서

$$s(t) = \begin{cases} s_1(t) = A, & \text{for 비트 1} \\ s_2(t) = -A, & \text{for 비트 0} \end{cases} \tag{8.25}$$

로 둔다. 이 방식은 $s_1(t) = -s_2(t)$라는 이유로 대척점 신호방식(antipodal signaling)으로도 불린다. 단극성 신호방식 때와 마찬가지로 차 신호의 에너지를 구하면

$$E_d = \int_0^T [s_1(t) - s_2(t)]^2 dt = \int_0^T (2A)^2\, dt = 4A^2 T$$

가 되고 평균 비트에너지는

$$E_b = \frac{1}{2}\left(A^2 T\right) + \frac{1}{2}\left(A^2 T\right) = A^2 T$$

가 된다. 이를 식 (8.22)에 대입하면

$$P_e = Q\left(\sqrt{\frac{E_d}{2\eta}}\right) = Q\left(\sqrt{\frac{2E_b}{\eta}}\right)$$

또는

$$\boxed{\begin{aligned} P_e &= Q\left(\sqrt{\frac{2E_b}{\eta}}\right) = Q\left(\sqrt{2\gamma_b}\right) \\ &\simeq \frac{1}{\sqrt{4\pi\gamma_b}} e^{-\gamma_b}, \quad \gamma_b \gg 1 \quad (\gamma_b > 4) \quad (\text{정합필터}) \end{aligned}} \tag{8.26}$$

이 된다.

8.3.3 양극성 신호방식(Bipolar Signaling)

이 신호방식에서는 비트 0은 신호 0으로 나타내고, 반면에 비트 1은 번갈아 가면서 $\pm A$로 나타낸다. 즉, $0 \le t \le T$에서

$$s(t) = \begin{cases} s_1(t) = \pm A, & \text{for 비트 } 1 \\ s_2(t) = 0, & \text{for 비트 } 0 \end{cases} \tag{8.27}$$

이다. 양극성 신호방식의 판정 임계값은 $\pm\mu$의 두 가지 값이 나온다. 엄밀하게 계산하면 μ 값은 $A/2$는 아니지만 이를 $A/2$라고 근사한다면 오류확률은 다음과 같다. 아래 식에서 $E_b = A^2T/2$인 것은 단극성 신호방식 때와 마찬가지다.

$$\boxed{\begin{aligned} P_e &= 1.5Q\left(\sqrt{\frac{E_b}{\eta}}\right) = 1.5Q(\sqrt{\gamma_b}) \\ &\simeq \frac{1.5}{\sqrt{2\pi\gamma_b}} e^{-\gamma_b/2}, \quad \gamma_b \gg 1 \quad (\gamma_b > 4) \quad (\text{정합필터}) \end{aligned}} \tag{8.28}$$

식 (8.28)로부터 양극성 신호방식의 오류확률이 단극성 신호방식 때보다 50% 커짐을 알 수 있다. 8.8절에서 이 세 가지 신호방식의 성능을 MATLAB을 이용하여 알아볼 것이다.

예제 8.2

비트에너지 E_b는 4×10^{-5} J이고 수신로의 잡음은 전력스펙트럼밀도가 $\eta/2 = 0.5 \times 10^{-5}$ W/Hz인 백색 가우스 잡음이다. 정합필터 수신기를 썼을 때의 비트오류 확률을 다음의 각 신호방식에 대해 구하라.

(a) 단극성 신호방식 (b) 복류 신호방식

풀이

계산을 위한 $Q(x)$의 값은 식 (8.15)로부터 MATLAB를 이용하여 계산해도 되고 부록 C의 $Q(x)$ 표를 이용해도 좋다.

(a) 식 (8.24)에 의해

$$P_e = Q\left(\sqrt{\frac{E_b}{\eta}}\right) = Q(2) = 0.0228$$

이는 10,000 비트 중 대략 228 비트의 오류가 있다는 뜻이다.

(b) 식 (8.26)에 의해

$$P_e = Q\left(\sqrt{\frac{2E_b}{\eta}}\right) = Q\left(2\sqrt{2}\right) = 0.0023$$

이는 10,000 비트 중 대략 23 비트의 오류가 있다는 뜻이다. 복류 신호방식이 단극성 신호방식에 비해 훨씬 효율적이라는 것을 알 수 있다.

실전문제 8.2

양극성 신호방식에 대해 예제 8.2의 문제를 풀라.

정답: 0.0342

예제 8.3

(0, T) 구간에서 ± 5 V를 사용하는 이진 복류 신호방식이 있다. 수신로의 잡음은 전력밀도 $\eta/2 = 10^{-7}$ W/Hz인 부가 백색 가우스 잡음이다. 비트오류 확률이 10^{-7} 이하가 되려고 할 때 최대 비트율을 구하라.

풀이

$Q(x)$ 표에 의하면

$$Q(x) = 10^{-7} \quad \rightarrow \quad x = 5.2$$

이다. 복류 신호방식의 비트오류 확률은

$$P_e = Q\left(\sqrt{\frac{2E_b}{\eta}}\right)$$

이고 여기서 $E_b = A^2T$이다. 따라서

$$5.2 = \sqrt{\frac{2E_b}{\eta}} = \sqrt{\frac{2A^2T}{\eta}} \quad \rightarrow \quad T = (5.2)^2\frac{\eta}{2A^2}$$

또는

$$T = (5.2)^2\frac{\eta}{2A^2} = 27.04 \times \frac{2 \times 10^{-7}}{2 \times (5)^2} = 1.0816 \times 10^{-7}$$

따라서 최대 비트율은 다음과 같다.

$$R = \frac{1}{T} = 9.2456 \times 10^6 = 9.25 \text{ Mbps}$$

실전문제 8.3

이진 복류 신호방식 시스템의 전송률은 1.5 Mbps이고 비트오류율은 10^{-4}이다. 수신로의 잡음이 전력밀도 $\eta/2 = 10^{-8}$ W/Hz인 부가 백색 가우스 잡음일 때 신호의 크기 A 값을 구하라.

정답: 0.46 (V)

8.4 동기 검파

8.3절에서는 기저대역에서의 신호방식과 해당 방식의 오류확률을 알아보았다. 최적의 검파기의 오류확률 P_e은 사용되는 펄스의 모양과는 상관없이 오로지 펄스의 에너지에 의해서만 결정됨을 보았다.

일반적으로 통과대역에서의 신호의 전송은 기저대역 신호에 반송파를 곱해서 전송하는 것으로 볼 수 있다. 즉, 기저대역의 전송펄스가 $p(t)$라면 통과대역의 전송신호 $s(t)$는 $s(t) = p(t)\cos(2\pi f_c t)$라고 보면 된다. 따라서 반송파가 곱해진 변조방식, 즉 통과대역에서의 변조방식의 오류확률도 같은 에너지를 가진 기저대역 신호방식의 오류확률과 같다고 볼 수 있다. 다만 이러한 결론은 부가 백색 잡음 채널을 통과한 수신신호 $r(t)$가 전송신호와 잡음의 합인

$$r(t) = s(t) + n(t) = p(t)\cos(2\pi f_c t) + n(t)$$

라는 가정 하에서만 성립한다. 그러나 실제 통신에서의 수신신호는 이와는 달리

$$r(t) = p(t)\cos(2\pi f_c t + \theta) + n(t)$$

가 되고, 여기서 θ는 $(0, 2\pi)$에서 균등분포하는 랜덤변수로 볼 수 있다. 즉, 수신신호의 위상은 전송 당시의 위상이 아니라 무작위한 위상이라고 볼 수밖에 없다는 말이다. 따라서 최적의 검파기인 정합필터를 설계하기 위해서는 θ값을 알아야 하고 그를 위해 θ의 추정을 필요로 한다. 이처럼 수신신호의 랜덤위상 θ의 추정을 필요로 하는 검파를 동기 검파(coherent detection)라고 한다.

디지털 변조방식은 정현파 형태의 반송파의 진폭, 주파수, 위상 중 어느 것이 변조되었느냐에 따라 각각 진폭편이방식(ASK), 주파수편이방식(FSK), 위상편이방식(PSK)으로 나뉜다. 그림 8.9는 변조신호로 직사각형 형태의 기저대역 펄스를 사용했을 때의 위의 세 가지 방식의 파형을 그린 것이다. 이제 이 세 가지 방식을 하나씩 알아보겠다. 매 경우 수신로의 잡음은 백색 가우스 잡음이고 동기 검파를 통한 정합필터 수신기를 가정한다.

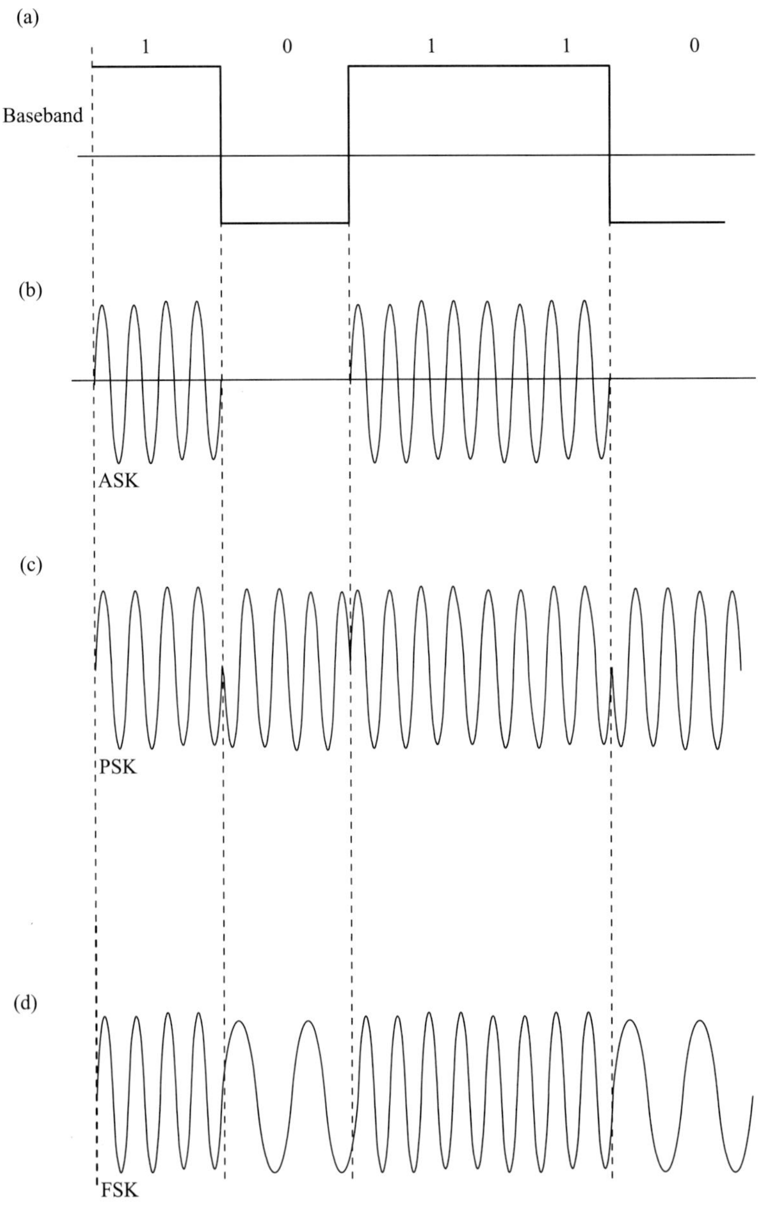

그림 8.9 디지털 변조방식.

8.4.1 이진 진폭편이방식

이 방식에 해당하는 기저대역 변조방식이 단극성 신호방식이므로, 기저대역 때와 마찬가지로 단속 신호방식(on-off keying, OOK)으로도 알려져 있다. 이 경우 전송신호 $s(t)$는 다음과 같다.

$$s(t) = \begin{cases} s_1(t) = A\cos\omega_c t, & 0 \le t \le T, \quad \text{for 비트 1} \\ s_2(t) = 0, & 0 \le t \le T, \quad \text{for 비트 0} \end{cases} \tag{8.29}$$

여기서 통상 T는 $1/f_c = 2\pi/\omega_c$의 정수배가 되도록 한다. 각 신호방식의 성능은 펄스에너지에 의해서만 좌우되므로 정합필터 수신기의 성능은 식 (8.22)와 같다.

두 신호의 차 신호의 에너지는

$$E_d = \int_0^T [A\cos\omega_c t - 0]^2 dt = \frac{A^2 T}{2}$$

이고 평균 비트에너지는

$$E_b = \frac{1}{2}\left(\frac{A^2 T}{2}\right) + \frac{1}{2}(0) = \frac{A^2 T}{4}$$

이다. 따라서 비트오류 확률은 다음과 같다.

$$P_e = Q\left(\sqrt{\frac{E_d}{2\eta}}\right) = Q\left(\sqrt{\frac{A^2 T}{4\eta}}\right)$$

$$\boxed{P_e = Q\left(\sqrt{\frac{E_b}{\eta}}\right)} \tag{8.30}$$

이 결과를 식 (8.24)와 비교해 보면 이진 진폭편이방식의 성능은 기저대역 단극성 신호방식의 성능과 같다는 것을 알 수 있다.

8.4.2 이진 위상편이방식

이 경우 전송신호 $s(t)$는 다음과 같다.

$$s(t) = \begin{cases} s_1(t) = A\cos(\omega_c t), & 0 \le t \le T, \quad \text{for 비트 1} \\ s_2(t) = A\cos(\omega_c t + \pi), & 0 \le t \le T, \quad \text{for 비트 0} \end{cases} \tag{8.31}$$

두 신호의 위상 차이가 π이므로 위상반전 편이방식(phase-reversal keying, PRK)으로도 알려져 있다. 정합필터 수신기의 성능은 역시 식 (8.22)로부터 얻을 수 있고, 이때 차신호의 에너지는 다음과 같다.

$$E_d = \int_0^T [A\cos(\omega_c t) - (-A\cos(\omega_c t))]^2 dt = 2A^2 T$$

또한 비트에너지는

$$E_b = \frac{1}{2}\left(\frac{A^2T}{2}\right) + \frac{1}{2}\left(\frac{A^2T}{2}\right) = \frac{A^2T}{2}$$

가 되어 비트오류율(BER)은

$$P_e = Q\left(\sqrt{\frac{E_d}{2\eta}}\right) = Q\left(\sqrt{\frac{A^2T}{\eta}}\right) = Q\left(\sqrt{\frac{2E_b}{\eta}}\right) \tag{8.32}$$

이 된다. 이는 기저대역 복류 신호방식의 비트오류율과 같다. 식 (8.32)와 식 (8.30)을 비교하면 OOK와 이진 PSK (BPSK)가 같은 성능을 갖기 위해서는 OOK의 평균 비트에너지가 BPSK 경우의 두 배가 되어야 함을 알 수 있다. 이는 OOK는 BPSK보다 3 dB만큼의 전력을 더 필요로 한다는 말이 되고, 결과적으로 동기 검파에서는 BPSK가 OOK보다 선호됨을 알 수 있다.

8.4.3 이진 주파수편이방식

이 경우 전송신호 $s(t)$는 다음과 같다.

$$s(t) = \begin{cases} s_1(t) = A\cos(\omega_1 t), & 0 \le t \le T, \quad \text{for 비트 } 1 \\ s_2(t) = A\cos(\omega_2 t), & 0 \le t \le T, \quad \text{for 비트 } 0 \end{cases} \tag{8.33}$$

정합필터 수신기의 성능은 역시 식 (8.22)를 적용한다. 차신호의 에너지는

$$\begin{aligned} E_d &= \int_0^T [A\cos\omega_1 t - A\cos\omega_2 t]^2 dt \\ &= A^2 \int_0^T \left[\cos^2\omega_1 t + \cos^2\omega_2 t - 2\cos\omega_1 t\cos\omega_2 t\right] dt \\ &= \frac{A^2T}{2} + \frac{A^2T}{2} - A^2\int_0^T \cos(\omega_1 - \omega_2)t\,dt \\ &= A^2T - A^2\frac{\sin(\omega_1 - \omega_2)T}{(\omega_1 - \omega_2)} \end{aligned} \tag{8.34}$$

가 된다. 이때 만일 $\omega_1 - \omega_2 = n\pi/T = n\pi R$, n은 정수라면 식 (8.34)의 마지막 줄의 두 번째 항은 0이 된다. 이 경우 $s_1(t)$와 $s_2(t)$가 서로 직교한다고 하며 차신호의 에너지는 $E_d = A^2T$ 가 된다. 평균 비트에너지는

$$E_b = \frac{1}{2}\left(\frac{A^2 T}{2}\right) + \frac{1}{2}\left(\frac{A^2 T}{2}\right) = \frac{A^2 T}{2}$$

가 되어 비트오류율(BER)은

$$P_e = Q\left(\sqrt{\frac{E_d}{2\eta}}\right) = Q\left(\sqrt{\frac{A^2 T}{2\eta}}\right) = Q\left(\sqrt{\frac{E_b}{\eta}}\right) \tag{8.35}$$

이다. 이진 FSK (BFSK)의 성능은 OOK의 성능과 같고 BPSK의 성능보다 3 dB 열악함에 주목하자.

예제 8.4

BPSK의 동기 검파 시 $P_e = 10^{-7}$이고 수신기 입력단의 백색잡음의 전력스펙트럼밀도는 $\eta/2 = 10^{-10}$ W/Hz라고 하자. 필요로 하는 평균 비트에너지를 구하라.

풀이

식 (8.32)로부터

$$P_e = 10^{-7} = Q\left(\sqrt{2\gamma_b}\right) \quad \rightarrow \quad \sqrt{2\gamma_b} = 5.2$$

즉,

$$2\gamma_b = 2\frac{E_b}{\eta} = 5.2^2 = 27.04$$

따라서

$$E_b = \frac{27.04}{2}\eta = 13.52 \times 2 \times 10^{-10} = 2.704 \text{ nJ}$$

실전문제 8.4

동기 검파 OOK 시스템에서 진폭 $A = 5$ V이고 수신로의 백색잡음의 전력스펙트럼밀도는 $\eta/2 = 10^{-7}$ W/Hz이다. 비트 전송률이 2 Mbps일 때 비트오류율(BER)을 구하라.

정답: 3.861×10^{-5}

8.5 비동기 검파

비동기 검파 수신기에서의 오류확률 또는 비트오류율을 유도하는 것은 계산상 무척 거추장스러운 적분을 수행해야 하기 때문에 동기 검파 수신기의 경우보다 훨씬 어렵다. 앞서 언급한 바와 같이 위상편이방식은 비동기 검파가 불가능하므로 이 절에서는 진폭편이방식, 주파수편이방식, 그리고 차동 위상편이방식(DPSK)만을 다루겠다.

8.5.1 진폭편이방식

그림 8.10은 이진 진폭편이방식(또는 OOK) 신호의 비동기 검파 수신기를 그린 것이다. 앞서와 마찬가지로 OOK 신호는 다음과 같고

$$s(t) = \begin{cases} s_1(t) = A\cos\omega_c t, & 0 \le t \le T, \quad \text{for 비트 1} \\ s_2(t) = 0, & 0 \le t \le T, \quad \text{for 비트 0} \end{cases} \tag{8.36}$$

포락선 검파기의 입력은 신호 $s(t)$와 전력스펙트럼밀도 $\eta/2$인 잡음 $n(t)$의 합이 된다. 즉,

$$r(t) = \begin{cases} s_1(t) + n(t), & \text{for 비트 1} \\ s_2(t) + n(t), & \text{for 비트 0} \end{cases} \tag{8.37}$$

신호가 0인 경우의 포락선 r은 레일리분포를 갖는 랜덤변수이다. 이때의 확률밀도함수는 다음과 같다.

$$p(r/s_2) = \frac{r}{\sigma^2} e^{-r^2/2\sigma^2} \tag{8.38}$$

신호가 $s_1(t)$일 때의 r의 분포는 라이시안분포(Rician distribution)이고 확률밀도함수는 다음과 같다.

$$p(r/s_1) = \frac{r}{\sigma^2} e^{-\left(r^2+A^2\right)/2\sigma^2} I_0\left(\frac{rA}{\sigma^2}\right) \tag{8.39}$$

식 (8.38)과 (8.39)에서 σ^2은 포락선 검파기 입력에서의 잡음의 분산이며 $I_0(\cdot)$은 제 일종 영차

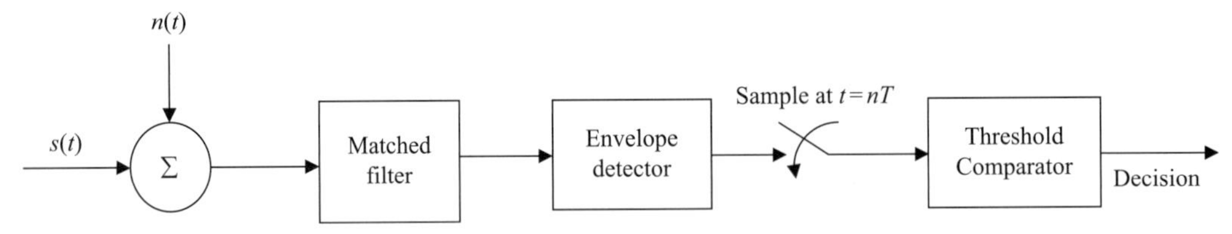

그림 8.10 이진 진폭편이방식의 비동기 검파 수신기.

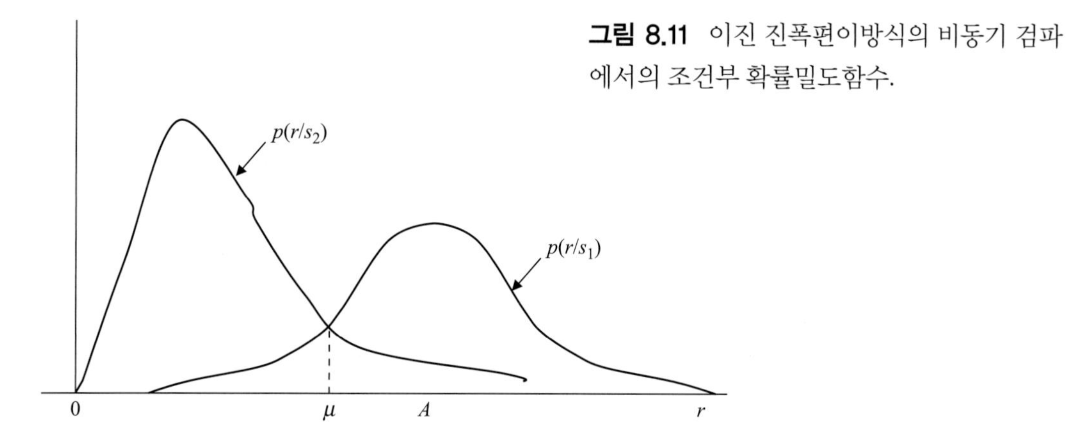

그림 8.11 이진 진폭편이방식의 비동기 검파에서의 조건부 확률밀도함수.

변형 베셀(modified Bessel) 함수로 다음과 같이 정의되어 있다.

$$I_0(x) = \frac{1}{2\pi}\int_0^{2\pi} e^{x\cos\theta} d\theta \tag{8.40}$$

최적의 임계값 $r=\mu$는 그림 8.11에서 보듯이 식 (8.38)과 (8.39)가 만나는 지점이다. 즉,

$$\frac{\mu}{\sigma^2}e^{-\left(\mu^2+A^2\right)/2\sigma^2} I_0\left(\frac{\mu A}{\sigma^2}\right) = \frac{\mu}{\sigma^2}e^{-\mu^2/2\sigma^2} \quad \rightarrow \quad \mu = \frac{A}{2}\sqrt{1+\frac{8\sigma^2}{A^2}} \tag{8.41}$$

이 임계값은 A와 σ^2에 따라 달라짐을 주목하자. 비동기 ASK 수신기의 비트오류율은 다음 식으로 쓸 수 있고

$$P_e = P(r<\mu \mid s_1 \text{ 전송})\, P(s_1 \text{ 전송}) + P(r>\mu \mid s_2 \text{ 전송})\, P(s_2 \text{ 전송}) \tag{8.42}$$

비트 1과 0의 확률이 1/2로 같다고 가정하면 식 (8.42)는 다음 식으로 표현된다.

$$P_e = \frac{1}{2}\int_0^{\mu} \frac{r}{\sigma^2}e^{-\left(r^2+A^2\right)/2\sigma^2} I_0\left(\frac{rA}{\sigma^2}\right)dr + \frac{1}{2}\int_{\mu}^{\infty} \frac{r}{\sigma^2}e^{-r^2/2\sigma^2}dr \tag{8.43}$$

변형 베셀 함수를 포함하는 적분의 정확한 계산은 불가능하다. 다만, 만일 $A/\sigma \gg 1$이라면 비트오류율은 아래와 같이 근사된다.

$$P_e \simeq \frac{1}{2}e^{-A^2/8\sigma^2} \tag{8.44}$$

평균 비트에너지는 $E_b = A^2T/4$이고 $\sigma^2 = \eta B = \eta/T$라고 두면

$$\frac{A^2}{8\sigma^2} = \frac{4E_b/T}{8\eta/T} = \frac{E_b}{2\eta}$$

이 되어 비동기 ASK 수신기의 비트오류율은 다음과 같다.

$$\boxed{P_e \simeq \frac{1}{2} e^{-E_b/2\eta}, \qquad \frac{E_b}{\eta} \gg 1} \tag{8.45}$$

이 식은 비트당 SNR인 $\gamma_b = E_b/\eta$이 증가하면 비트오류율은 지수적으로 감소함을 의미한다. 이 식과 동기 검파 경우의 식 (8.30)과를 비교하면(단, 식 8.16의 근사식을 적용한 경우) ASK의 비동기 검파 성능과 동기 검파 성능이 γ_b가 큰 경우에는 비슷함을 알 수 있다.

8.5.2 주파수편이방식

FSK 신호의 비동기 검파 수신기의 구조는 그림 8.12와 같다. (0, T) 구간에서 전송되는 FSK 신호는 아래와 같다.

$$s(t) = \begin{cases} s_1(t) = A\cos(\omega_1 t), & 0 \le t \le T, \quad \text{for 비트 1} \\ s_2(t) = A\cos(\omega_2 t), & 0 \le t \le T, \quad \text{for 비트 0} \end{cases} \tag{8.46}$$

그림에서 $H_1(\omega)$와 $H_2(\omega)$는 각각 중심주파수 ω_1과 ω_2인 대역통과 필터이고 각각의 대역폭은 서로 겹치지 않는다고 하자. 또한 그림에서처럼 포락선 검파기의 출력을 각각 r_1과 r_2라고 하자. 신호 s_2가 전송된 경우, $H_1(\omega)$ 필터의 출력은 필터를 통과한 가우스 랜덤변수만이고 따라서 포락선 r_1은 다음과 같은 레일리분포를 갖는다.

$$p(r_1 \mid s_1 \text{ 전송}) = \frac{r_1}{\sigma^2} e^{-r_1^2/2\sigma^2} \tag{8.47}$$

여기서 σ^2은 필터를 통과한 가우스 랜덤변수의 분산이다. 반면에 $H_2(\omega)$ 필터의 출력은 신호와 잡음의 합이 되므로 포락선 r_2는 다음과 같은 라이시안분포를 갖게 된다.

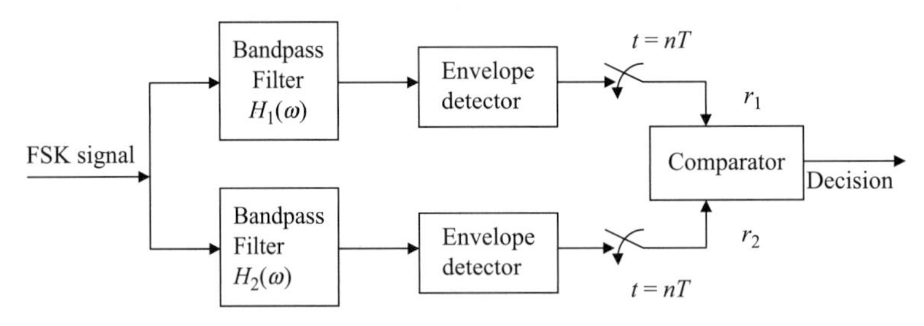

그림 8.12 FSK 신호의 비동기 검파.

$$p(r_2 \mid s_2 \text{ 전송}) = \frac{r_2}{\sigma^2} e^{-\left(r^2+A^2\right)/2\sigma^2} I_0\left(\frac{r_2 A}{\sigma^2}\right) \tag{8.48}$$

s_2를 전송했을 때의 오류확률 P_{e0}는 다음과 같이 쓸 수 있다.

$$P_{e0} = P(r_1 > r_2 \mid s_2 \text{ 전송}) \tag{8.49}$$

r_1과 r_2는 서로 독립이므로

$$P_{e0} = \int_0^\infty p(r_2 \mid s_2)\left[\int_{r_2}^\infty p(r_1 \mid s_1)\, dr_1\right] dr_2$$

$$= \int_0^\infty \frac{r_2}{\sigma^2} e^{-\left(r_2^2+A^2\right)/2\sigma^2} I_0\left(\frac{r_2 A}{\sigma^2}\right)\left[\int_{r_2}^\infty \frac{r_1}{\sigma^2} e^{-r_1^2/2\sigma^2} dr_1\right] dr_2$$

$$= \int_0^\infty \frac{r_2}{\sigma^2} e^{-\left(2r_2^2+A^2\right)/2\sigma^2} I_0\left(\frac{r_2 A}{\sigma^2}\right) dr_2 \tag{8.50}$$

여기서 $x = r_2\sqrt{2}$, $y = A/\sqrt{2}$ 로 치환하면

$$P_{e0} = \frac{1}{2} e^{-A^2/4\sigma^2} \int_0^\infty \frac{x}{\sigma^2} e^{-\left(x^2+y^2\right)/2\sigma^2} I_0\left(\frac{xy}{\sigma^2}\right) dx \tag{8.51}$$

이 되고 적분함수는 라이시안 확률밀도함수이므로 적분값이 1이 된다. 따라서,

$$P_{e0} = \frac{1}{2} e^{-A^2/4\sigma^2} \tag{8.52}$$

대칭성에 의해 P_{e1}도 같은 방법으로 구할 수 있다.

$$P_{e1} = \frac{1}{2} e^{-A^2/4\sigma^2} \tag{8.53}$$

비트 1과 0의 확률이 1/2로 같다고 가정하면, 오류확률은 다음과 같으므로

$$P_e = \frac{1}{2}(P_{e0} + P_{e1}) = P_{e0} = P_{e1}$$

$$P_e = \frac{1}{2} e^{-A^2/4\sigma^2} \tag{8.54}$$

이다. 또한 정합필터 수신기의 경우

$$E_b = A^2 T/2, \quad \sigma^2 = \eta B = \eta/T \quad \rightarrow \quad \frac{A^2}{4\sigma^2} = \frac{E_b}{2\eta}$$

이므로 결론적으로

$$P_e = \frac{1}{2}e^{-E_b/2\eta} \tag{8.55}$$

식 (8.55)는 비동기 ASK 검파기의 성능과 비슷하다. 비록 비동기 ASK나 비동기 FSK가 비슷한 성능을 보이지만, FSK의 경우, 임계값이 고정된 값인 데 반해 ASK에서는 임계값이 변할 수 있다는 현실적인 이유에서 FSK가 선호된다. 또한 동기식 FSK나 비동기 FSK의 성능이 $E_b/\eta \gg 1$인 경우에는 거의 비슷하다는 점을 알 수 있다. 비록 비동기 FSK의 성능 분석이 어렵고 복잡하기는 하지만 동기식 FSK 수신기에 비해 제작은 훨씬 용이하다.

8.5.3 차동 위상편이방식

앞서 언급한 바와 같이 PSK 신호는 포락선 검파기를 이용한 비동기 검파로 복조하는 것은 불가능하다. 하지만 차동 부호화된 BPSK를 이용한 차동 위상편이방식(DPSK)을 사용하면 수신단의 위상 예측장치가 없이도 PSK 신호의 복조가 가능하다. DPSK 복조기는 그림 8.13에 나타나 있다. 여기서 지연자와 곱셈기로 구성된 부분이 차동 부호화이다.

DPSK 수신기의 비트오류율 유도는 너무 복잡하여 생략하고 결과만을 제시하겠다.

$$P_e = \frac{1}{2}e^{-E_b/\eta} \tag{8.56}$$

수신신호의 위상 예측 등을 위한 반송파 동기장치가 필요 없다는 장점 때문에 실제 통신에서는 DPSK가 BPSK보다 많이 사용된다는 점을 알려 둔다.

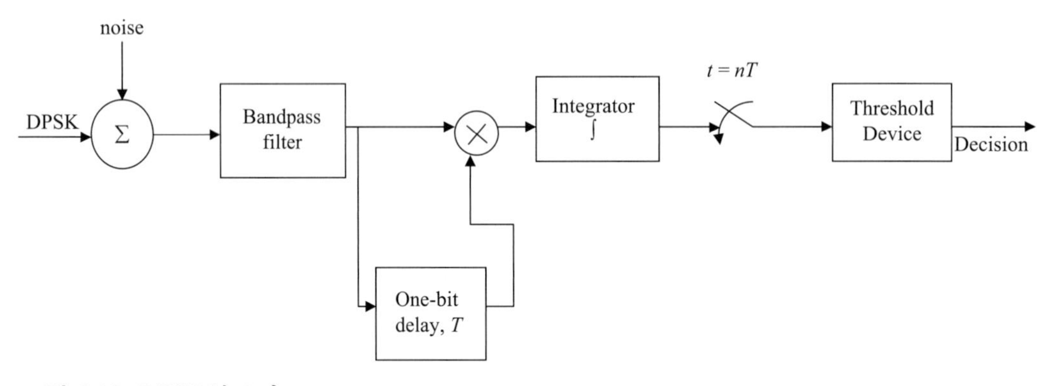

그림 8.13 DPSK 복조기.

예제 8.5

대부분의 통신시스템에서는 비트오류율 10^{-5} 이하를 요구한다. 비동기 검파 ASK 신호를 사용하였을 때 이 요구조건을 맞추기 위한 비트당 SNR γ_b의 최솟값을 구하라.

풀이

식 (8.45)로부터

$$P_e \simeq \frac{1}{2}e^{-E_b/2\eta} \quad \rightarrow \quad -\frac{E_b}{2\eta} = \ln 2P_e$$

즉,

$$\gamma_b = \frac{E_b}{\eta} = -2\ln 2P_e = -2\ln\left(2 \times 10^{-5}\right) = 21.64$$

이를 데시벨로 나타내면

$$\gamma_b = 10\log_{10}(21.64) = 13.35 \text{ dB}$$

실전문제 8.5

예제 8.5를 DPSK 신호방식에 대해 풀라.

정답: 10.34 (3 dB 차이가 나는 것을 확인할 것!)

8.6 디지털 변조시스템의 비교

아날로그 시스템의 경우처럼 이 장에서 우리가 다룬 디지털 변조방식들도 여러 가지 측면에서 서로 비교가 가능하다. 어떤 변조방식을 선택할 것인가를 결정하는 주요 요인에는 오류 성능(P_e 대 γ_b), 대역폭 효율(bps/Hz), 그리고 비용이 고려되는 장비의 복잡도 등이다. 대표적인 변조방식에서의 장비의 복잡도를 나타낸 그림이 그림 8.14이다. 앞 절에서도 언급한 것처럼 비트 오류 확률 P_e야말로 성능 평가의 가장 중요한 척도이다.

표 8.1에는 앞서 우리가 유도했던 다양한 신호방식에 대한 P_e가 비교되어 있다. (그래프로 나타낸 해당 성능곡선은 후에 MATLAB을 이용하여 제공될 것이다.) 모든 결과는 정합필터 수신기를 사용한 것을 가정한 것이다. 기저대역 전송의 경우, 비트오류율 P_e가 $P_e \leq 10^{-4}$인 구간에서는 복류 신호방식의 성능이 단극성 신호방식의 성능보다 2배(즉 3 dB) 우수하다.

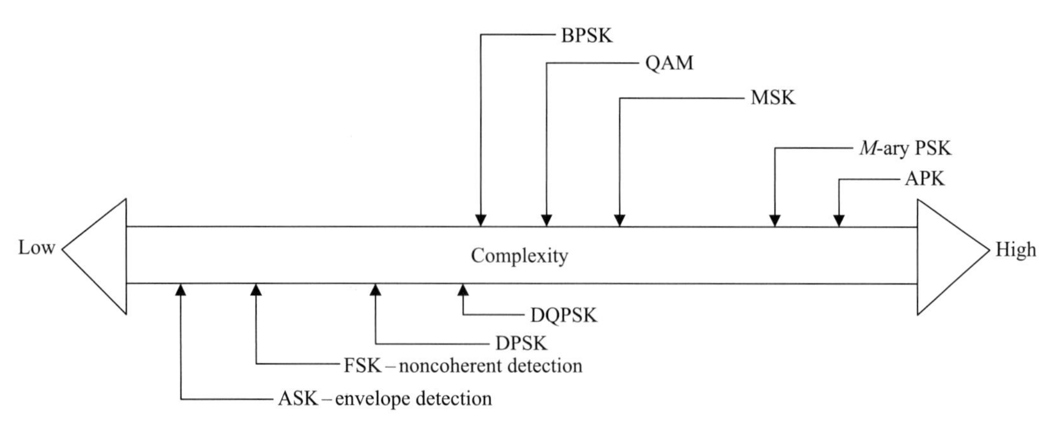

그림 8.14 디지털 변조방식의 상대적인 복잡도(IEEE Transactions on Communication Vol. 27, p. 1757, 12/1979에 게재된 J. D. Oetting의 논문 "A comparison of modulation techniques for digital radio"에서 발췌).

표 8.1 디지털 전송방식의 비교

종류	오류확률 P_e
기저대역 전송	
단극성 신호방식	$Q(\sqrt{\gamma_b})$
복류 신호방식	$Q(\sqrt{2\gamma_b})$
양극성 신호방식	$1.5Q(\sqrt{\gamma_b})$
통과대역 전송	
동기식 ASK	$Q(\sqrt{\gamma_b})$
동기식 PSK	$Q(\sqrt{2\gamma_b})$
동기식 FSK	$Q(\sqrt{\gamma_b})$
비동기식 ASK	$0.5e^{-\gamma_b/2}$
비동기식 FSK	$0.5e^{-\gamma_b/2}$
비동기식 DPSK	$0.5e^{-\gamma_b}$

8.7 *M*–진 통신

지금까지는 현재 통신시스템에서 가장 널리 쓰이고 있는 이진 신호만을 고려했었다. 이제 T라는 시간 구간 동안 M개의 가능한 신호 $s_1(t), s_2(t), ..., s_M(t)$ 중 하나를 전송하는 M-진 신호방식에 대해 알아보자. 통상 $M = 2^n$, n은 정수를 사용한다. 이 M개의 신호 역시 반송파의 진폭, 위상 그리고 주파수의 차이에 의해 생성하기 때문에 M-진 ASK, M-진 PSK, 그리고 M-진 FSK 변조방식으로 불린다. 부가 백색 가우스 잡음 채널에서 M-진 신호가 전송되었을 때의 오류확률에 대해 알아보자.

우선 모든 M-진 심벌이 동일한 확률을 갖는다고 가정한다. 그러면 오류확률은 다음 식과 같고

$$P_e = \frac{1}{M}(P_{e1} + P_{e2} + \cdots + P_{eM}) \tag{8.57}$$

위에서 P_{ei}란 i-번째 심벌에 해당하는 신호가 전송되었을 때의 오류확률을 의미한다.

이제 부가 백색 잡음 채널 상에서 4진 복류 신호방식에 대한 오류확률을 알아보자. 4-진 복류신호의 경우, 신호값을 $s_1 = -3/2A$, $s_2 = -1/2A$, $s_3 = 1/2A$, $s_4 = 3/2A$라고 한다면, 오류확률을 최소로 하는 3개의 임계값은 $r = -A, 0, +A$가 된다. 심벌 s_1과 s_4의 경우, 오류확률은 한쪽만의 $Q(\cdot)$로 표현할 수 있으나, s_2와 s_3의 경우 오류확률은 양쪽 $Q(\cdot)$로 표현된다. 따라서 각각의 P_{ei}는

$$P_{e1} = P_{e4} = Q\left(\frac{A}{2\sigma}\right)$$

이고

$$P_{e2} = P_{e3} = 2Q\left(\frac{A}{2\sigma}\right)$$

가 되어 최종적으로 오류확률은 다음과 같다.

$$P_e = \frac{1}{4}\left[2 \times Q\left(\frac{A}{2\sigma}\right) + 2 \times 2Q\left(\frac{A}{2\sigma}\right)\right] = 1.5Q\left(\frac{A}{2\sigma}\right) \tag{8.58}$$

이러한 분석은 M 심벌의 경우로도 확장할 수 있다. 그림 8.15에는 M 심벌 경우의 $(M-1)$개의 임계값이 잘 나타나 있다. 임계값은 다음과 같으며

$$r = 0, \pm A, \pm 2A, \ldots, \pm \frac{M-2}{2}A \tag{8.59}$$

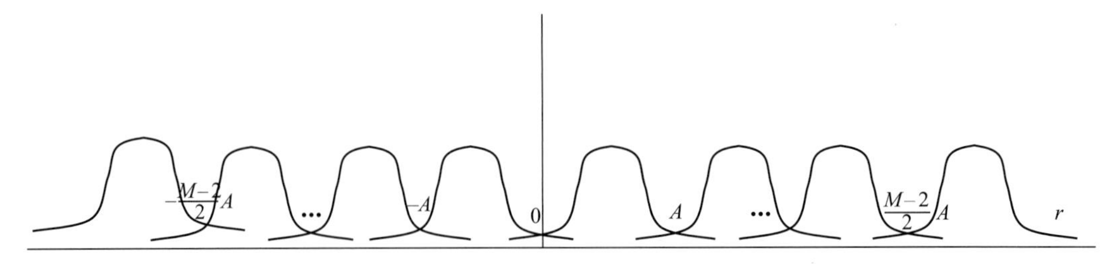

그림 8.15 부가 백색 잡음 하에서의 M-진 신호의 조건부 확률밀도함수.

역시 양 끝에 위치한 심벌의 경우

$$P_{e1} = P_{eM} = Q\left(\frac{A}{2\sigma}\right)$$

이고 나머지 심벌의 경우는

$$P_{e2} = \ldots = P_{e(M-1)} = 2Q\left(\frac{A}{2\sigma}\right)$$

가 된다. 따라서 최종 오류확률은 다음과 같다.

$$\begin{aligned} P_e &= \frac{1}{M}\left[2 \times Q\left(\frac{A}{2\sigma}\right) + (M-2) \times 2Q\left(\frac{A}{2\sigma}\right)\right] \\ &= \frac{2(M-1)}{M} Q\left(\frac{A}{2\sigma}\right) \end{aligned} \tag{8.60}$$

정합필터 수신기의 경우, E_p를 펄스 $p(t)$의 에너지라고 한다면 다음 식이 성립한다.

$$\frac{A^2}{\sigma^2} = \frac{2E_p}{\eta} \tag{8.61}$$

M개의 펄스를 $\pm p(t)$, $\pm 3p(t)$, $\pm 5p(t)$, $\cdots$, $\pm(M-1)p(t)$라고 하면 평균 신호에너지 E_{Mp}는 다음과 같다.

$$\begin{aligned} E_{Mp} &= \frac{1}{M}\left[E_p + 9E_p + 25E_p + \cdots + (M-1)^2 E_p\right] \times 2 \\ &= \frac{2E_p}{M}\sum_{k=0}^{\frac{M-1}{2}}(2k+1) \\ &= \frac{M^2-1}{3}E_p \end{aligned} \tag{8.62}$$

M개의 심벌은 $\log_2 M$ 비트의 정보를 전달하므로 평균 비트에너지 E_b는 다음과 같다.

$$E_b = \frac{E_{Mp}}{\log_2 M} = \frac{M^2 - 1}{3 \log_2 M} E_p \tag{8.63}$$

식 (8.61)과 (8.63)을 식 (8.60)에 대입하면, 오류확률은 다음과 같고

$$\boxed{P_e = \frac{2(M-1)}{M} Q\left[\sqrt{\frac{6 \log_2 M}{M^2 - 1} \gamma_b}\right]} \tag{8.64}$$

위에서 $\gamma_b = E_b/\eta$ 이다.

예제 8.6

기저대역 8-진 통신시스템에서 비트 SNR $\gamma_b = 25$이다. 오류확률을 계산하라.

풀이

식 (8.63)을 이용하면

$$\begin{aligned} P_e &= \frac{2(M-1)}{M} Q\left[\sqrt{\frac{6 \log_2 M}{M^2 - 1} \gamma_b}\right] \\ &= \frac{2 \times 7}{8} Q\left[\sqrt{\frac{6 \log_2 8}{63}(25)}\right] \\ &= 1.75Q(2.6726) = 6.6 \times 10^{-3} \end{aligned}$$

실전문제 8.6

전력스펙트럼밀도 $\eta/2 = 1.6 \times 10^{-8}$인 백색 가우스 잡음 하에서 16-진 기저대역 통신시스템이 있다. $E_b = 0.5 \times 10^{-5}$일 때 오류확률을 계산하라.

정답: 1.178×10^{-4}

8.8 확산대역 통신시스템

확산대역 통신시스템이란 신호전송을 위한 최소한의 대역폭보다 훨씬 큰 주파수대역을 통해 신호를 전송하는 시스템을 의미한다. 대역 확산을 하게 되면 전파가 전체 스펙트럼 대역에 걸쳐 분산되기 때문에 어느 한 사용자도 전체 대역을 독차지할 수 없고 전체적으로 본다면 모든

사용자의 신호들이 마치 잡음처럼 보이게 된다. 이처럼 대역 내의 모든 신호가 잡음처럼 보이게 되면 신호를 탐지하거나 방해하기가 어려워 허가받지 않은 도청으로부터의 안전성이 증대된다.

대역 확산의 방식에는 직접시퀀스방식과 주파수도약방식의 두 가지 종류가 있다. 이 절에서는 부가 백색 가우스 잡음 환경 하에서 확산대역 시스템의 성능을 알아보도록 하겠다.

8.8.1 직접시퀀스방식

직접시퀀스 확산대역(direct sequence spread spectrum, DSSS) 통신시스템에서는 원 신호의 중심주파수를 유지한 채로 대역폭을 N배 확장하게 된다. 대역폭 확장의 알고리즘은 슈도랜덤(pseudorandom) 시퀀스라는 길이 N의 ± 1 시퀀스에 의한다. 즉, 이미 변조된 메시지신호를 ± 1로 구성된 슈도랜덤 시퀀스에 의해 다시 한 번 변조하는 것이다. 슈도랜덤 시퀀스라는 말은 ± 1의 수열이 마치 무작위한 것처럼 보인다는(그러나 실제로는 그렇지 않은) 뜻이며 다른 말로는 PN 시퀀스라고도 한다. DSSS 시스템은 모든 종류의 동기 검파 디지털 변조방식에 다 적용할 수 있으나 주로 BPSK, QPSK 그리고 MSK가 주로 사용된다. 간략한 설명을 위해서 그림 8.16에서 보듯이 BPSK의 경우에 대해 설명하겠다.

DSSS 시스템에서의 오류확률 계산을 위해 디지털 변조방식이 BPSK라고 가정하자. $m(t)$를 메시지 데이터라고 하면 BPSK 신호는 다음과 같다.

$$s_m(t) = Am(t)\cos\omega_c t \tag{8.65}$$

위에서 $0 \le t \le T_b$이고, 이 구간에서는 $m(t)$는 $+1$이거나 -1이다. 전송신호는

$$s(t) = a_0 s_m(t) = a_0 Am(t)\cos\omega_c t \tag{8.66}$$

이 되고 이때 a_0는 ± 1로 구성된 길이 N의 이진 수열로서 확산신호라고 불리는 슈도랜덤 시퀀스이다. a_0를 구성하는 ± 1의 한 단위를 칩이라고 한다. 즉, 한 칩의 시간 T_c는 $T_c = T_b/N$이 된다. 따라서 식 (8.66)의 $s(t)$의 대역폭은 식 (8.65)의 $s_m(t)$의 대역폭에 비해 N배 확장되는 것이

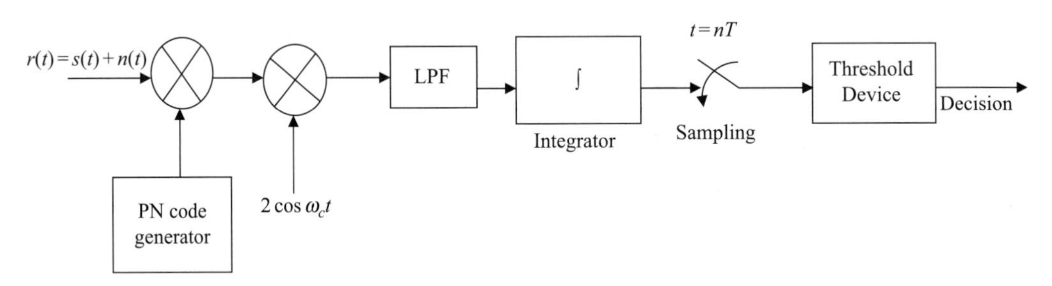

그림 8.16 BPSK 직접시퀀스방식 확산대역 통신시스템.

다. 수신신호는 잡음뿐만 아니라 방해신호에 의해서도 오염된다. 즉, 수신신호는 다음과 같고

$$r(t) = a_0 A m(t) \cos \omega_c t + n(t) + n_j(t) \tag{8.67}$$

여기서 $n_j(t)$는 전력스펙트럼밀도가 $\eta_J/2$인 방해(또는 재밍) 신호를 의미하며 $n(t)$는 전력스펙트럼밀도가 $\eta/2$인 백색잡음이다. a_0는 ± 1로 구성된 길이 N의 이진 수열로서 확산신호라고 불리는 슈도랜덤 시퀀스이다. a_0는 ± 1로 구성되어 있으므로 a_0를 곱한다는 것이 신호의 에너지에는 영향이 없고, 따라서 오류확률(또는 BER)은 대역확산 이전의 BPSK 수신기의 BER과 마찬가지이다. 따라서 정합필터를 이용한 동기 검파 수신기에서처럼 오류확률 P_e는 다음과 같다.

$$P_e = Q\left(\sqrt{\frac{2E_b}{\eta + \eta_J}}\right) \tag{8.68}$$

위에서 $E_b = A^2 T_b/2$이다. 만일 방해신호의 전력스펙트럼밀도 η_J가 η보다 훨씬 크다면($\eta_J \gg \eta$), 식 (8.68)은 다음처럼 근사되며

$$P_e \approx Q\left(\sqrt{\frac{2E_b}{\eta_J}}\right) \tag{8.69}$$

여기서 $E_b = P_s T_b = P_s/R$ 즉 P_s가 신호의 평균전력을 의미하고, $\eta_J = P_J/B$ 즉 P_J가 방해신호의 전력, B가 대역폭을 의미한다면 식 (8.69)는 다음과 같다.

$$\boxed{P_e \approx Q\left(\sqrt{\frac{2B/R}{P_J/P_s}}\right)} \tag{8.70}$$

위에서 $B/R = T_b/T_c = N$을 처리이득(processing gain)이라고 하며 P_J/P_s를 재밍 대 신호전력비(jammer-to-signal ratio, JSR)라고 한다.

8.8.2 주파수도약방식

주파수도약 확산대역(frequency-hopping spread spectrum, FHSS) 통신에서는 협대역 반송파의 중심주파수가 전송자와 수신자 모두에게 알려진 어떤 패턴(주파수도약 패턴)에 따라 이리저리 변하게 된다. 즉, 일정시간 동안 한 주파수대역에서 머물다가 다른 주파수대역으로 도약하게 되는 것이다. 중심주파수의 도약 패턴은 슈도랜덤한 특성을 갖는다. 즉, 길이가 아주 긴 코드 시퀀스에 의해 도약 패턴이 반복되는데, 그 주기가 아주 길기 때문에(예를 들어, 65,000 도약) 무작위하게 보이고, 따라서 다음번에 어떤 주파수대역으로 도약할지를 예측하는 것이 어

려워 접근권한이 없는 도청자의 눈에는 시스템이 잡음원(noise source)처럼 보이게 된다. 이런 점으로 인해 FHSS 시스템은 간섭이나 도청에 매우 강하다. FHSS 시스템은 저비용과 낮은 전력소비의 특성을 갖고 있으나 DSSS 시스템에 비해 도달거리가 짧기 때문에 상업적으로는 DSSS가 좀 더 중요하다.

그림 8.17은 FHSS 수신기를 나타낸 것이다. 그림에서 보듯이, 주파수 도약기와의 동기를 유지하는 것이 어렵기 때문에 주로 비동기 검파 방식이 사용된다. 재밍신호가 없는 경우, 비동기 FSK 수신기를 사용했을 때의 오류확률은 다음과 같다.

$$P_e = \frac{1}{2}\exp\left(-\frac{E_b}{2\eta}\right) \tag{8.71}$$

만일 재밍신호에 의해 전체 대역폭의 $\beta(0 \le \beta \le 1)$만큼이 오염되었고, 재밍신호의 전력스펙트럼밀도가 전체 대역 기준으로 η_J라고 한다면 오염된 대역에서의 재밍신호 전력스펙트럼밀도는 η_J/β가 되므로 오류확률은 다음과 같다.

$$P_e = \frac{1-\beta}{2}\exp\left(-\frac{E_b}{2\eta}\right) + \frac{\beta}{2}\exp\left(-\frac{E_b}{2(\eta + \eta_J/\beta)}\right) \tag{8.72}$$

재밍신호의 전력스펙트럼밀도가 잡음의 전력스펙트럼밀도를 압도하고, $E_b/\eta \gg 1$이라고 가정하면 식 (8.72)는 다음과 같이 근사된다.

$$\boxed{P_e \simeq \frac{\beta}{2}\exp\left(-\frac{\beta E_b}{2\eta_J}\right)} \tag{8.73}$$

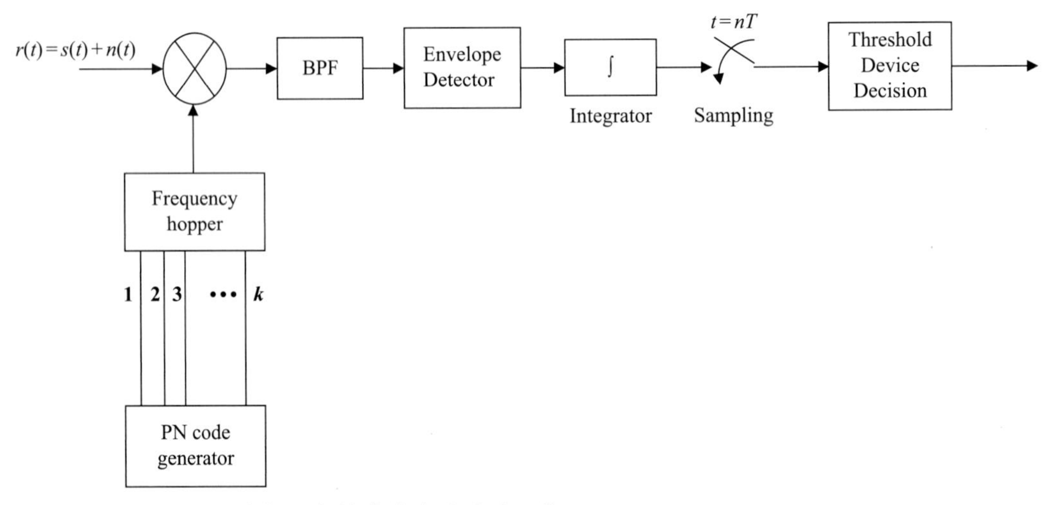

그림 8.17 BFSK 주파수도약 확산대역 통신시스템.

예제 8.7

처리이득 $B/R = 10$인 직접시퀀스 확산대역 통신시스템에서 재밍 대 신호전력비(JSR)에 따른 오류확률을 JSR = 1, 10, 100, 1000에 대해 구하라.

풀이

$$P_e = Q\left(\sqrt{\frac{2B/R}{P_J/P_b}}\right) = Q\left(\sqrt{\frac{20}{P_J/P_b}}\right)$$

JSR 값을 대입하면, 결과는 다음과 같고,

$$P_e = \begin{cases} Q\left(\sqrt{\frac{20}{1}}\right) = 3.872 \times 10^{-6}, & \frac{P_J}{P_b} = 1 \\ Q\left(\sqrt{\frac{20}{10}}\right) = 0.0786, & \frac{P_J}{P_b} = 10 \\ Q\left(\sqrt{\frac{20}{100}}\right) = 0.3274, & \frac{P_J}{P_b} = 100 \\ Q\left(\sqrt{\frac{20}{1000}}\right) = 0.4438, & \frac{P_J}{P_b} = 1000 \end{cases}$$

그 영향은 지수함수로 점근함을 알 수 있다.

실전문제 8.7

식 (8.73)을 β에 대해 미분하면 오류확률을 최대로 하는 β 값은 다음을 만족한다.

$$\beta_{\text{opt}} = \frac{2\eta_J}{E_b}$$

이때의 오류확률을 구하라.

정답: $\frac{\eta_J}{eE_b}$

8.9 MATLAB을 사용한 계산

MATLAB을 이용하여 오류확률을 계산하고 오류확률 P_e 대 비트 SNR γ_b의 그림을 그릴 수 있다. 이 장에서 공부한 다양한 변조 방식의 성능 비교를 MATLAB을 통해 할 것이다. 우선, 단극

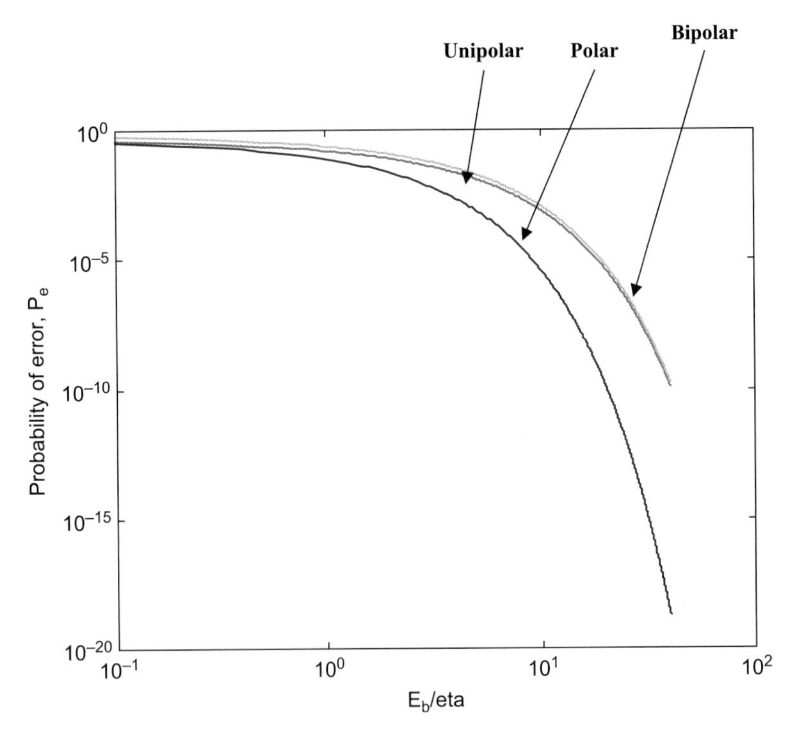

그림 8.18 기저대역 신호방식의 오류확률.

성, 복류, 그리고 양극성 기저대역 신호방식의 성능을 분석하자. 해당 MATLAB 코드는 아래와 같다. 프로그램은 표 8.1의 해당 공식을 사용한 것이다. MATLAB에는 $Q(\cdot)$ 함수 명령어가 없기 때문에 식 (8.15)의 근사식을 대신 사용하였다. **loglog** 명령어는 log(y)에 대한 log(x)의 그림을 그리도록 하는 명령어이다. 기저대역의 세 가지 신호방식의 성능곡선은 그림 8.18과 같다. 복류 신호방식의 성능이 가장 우수함을 알 수 있다.

```
% plot probability of error pe
x=0:0.1:40;
y1=sqrt(x);
pe1=0.5*erfc(y1/sqrt(2)); % unipolar case
y2=sqrt(2*x);
pe2=0.5*erfc(y2/sqrt(2)); % polar case
pe3=1.5*0.5*erfc(y1/sqrt(2)); % bipolar case
loglog(x,pe1,'r',x,pe2,'b',x,pe3,'g')
xlabel('E_b/eta')
ylabel('Probability of error, P_e')
```

통과대역의 변조방식에 대해서도 성능비교를 할 수 있다. MATLAB 코드는 아래와 같고, 동기식 ASK와 PSK, 비동기식 ASK와 DPSK의 오류확률 P_e의 곡선은 그림 8.19와 같다.

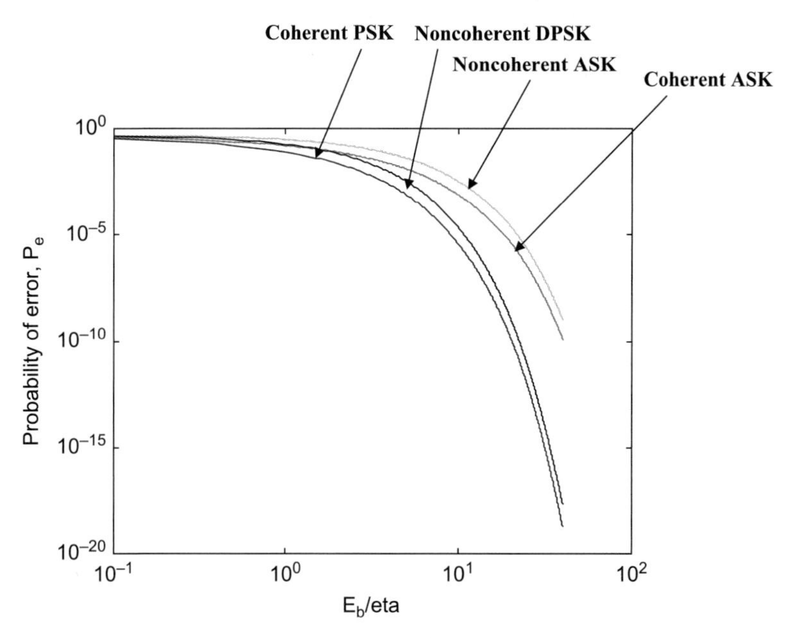

그림 8.19 통과대역 변조방식의 오류확률.

```
% plots probability of error
x=0:0.1:40;
y1=sqrt(x);
pe1=0.5*erfc(y1/sqrt(2)); % coherent ASK
y2=sqrt(2*x);
pe2=0.5*erfc(y2/sqrt(2)); % coherent PSK
pe3=0.5*exp(-x/2); % noncoherent ASK
pe4=0.5*exp(-x); % noncoherent DPSK
loglog(x,pe1,'r',x,pe2,'b',x,pe3,'g',x,pe4,'k')
xlabel('E_b/eta')
ylabel('Probability of error, P_e')
```

그림 8.19로부터 동기식 PSK와 비동기식 DPSK의 성능은 거의 차이가 없음을 알 수 있다. 또한 동기식 ASK와 비동기식 ASK 역시 성능 차이가 거의 없음을 알 수 있다. 그럼에도 불구하고 가장 우수한 성능을 보이는 것은 동기식 PSK이다.

장말 요약

1. 신호 $s(t)$가 부가 백색 가우스 잡음에 의해 오염된 경우, 충격반응이 $s(t)$에 정합된 필터, 즉$h(t) = s(t_0 - t)$인 필터가 출력 신호대잡음비(SNR)를 최대로 하는 필터이다. 최적의 검파기를 위한 필터는 두 신호의 차인 $s_1(t) - s_2(t)$에 정합된 필터이다.
2. 디지털 변조방식의 성능은 표 8.1에 요약되어 있다. 부가 백색 가우스 잡음 하에서 BPSK 확산대역 통신의 성능은 동기식 BPSK 시스템의 성능과 같다.
3. M-진 ASK 통신시스템의 오류확률은 다음과 같다.

$$P_e = \frac{2(M-1)}{M} Q\left[\sqrt{\frac{6 \log_2 M}{M^2 - 1}\gamma_b}\right], \qquad \gamma_b = \frac{E_b}{\eta}$$

4. 확산대역 통신은 기존의 협대역 스펙트럼을 슈도랜덤 코드를 이용하여 광대역으로 확산하는 변조방식이다. 확산대역 통신에는 직접시퀀스 확산대역(DSSS)과 주파수도약 확산대역(FHSS)의 두 가지 방식이 있다.
5. 직접시퀀스 확산대역 통신에서의 오류확률은

$$P_e = Q\left(\sqrt{\frac{2B/R}{P_J/P_s}}\right)$$

이고, 주파수도약 확산대역 통신에서는

$$P_e \simeq \frac{\beta}{2}\exp\left(-\frac{\beta E_b}{2\eta_J}\right), \quad E_b/\eta \gg 1 \tag{8.73}$$

이다.

6. MATLAB을 이용하여 이 장에서 공부한 다양한 변조기법의 성능비교가 가능하고 P_e 대 γ_b의 성능곡선 그래프도 그릴 수 있다.

복습문제

8.1 다음 중 $p(t) - q(t)$에 정합된 필터의 충격반응은?

(a) $h(t) = p(T - t) - q(T - t)$ (b) $H(\omega) = P(\omega) - Q(\omega)$
(c) $h(t) = kp(t - T) - kq(t - T)$ (d) $H(\omega) = P(\omega)e^{-j\omega T} - Q(\omega)e^{-j\omega T}$

8.2 다음 중 정합필터의 출력은?

(a) $h(t)s(t)$ (b) $s(t_0 - t)h(t)$ (c) $h(t)*s(t)$ (d) $h(t)*s(t_0 - t)$

8.3 다음 중 오류확률의 관점에서 가장 우수한 성능을 보이는 변조기법은?

(a) ASK (b) PSK (c) FSK (d) BPSK

8.4 다음 중 변화하는 임계값을 갖는 검파기는?

(a) ASK 동기 검파기 (b) PSK 동기 검파기 (c) FSK 동기 검파기
(d) ASK 비동기 검파기 (e) FSK 비동기 검파기

8.5 다음 중 비동기 검파가 현실적으로 불가능한 변조기법은?

(a) ASK (b) FSK (c) PSK (d) DPSK

8.6 부가 백색 가우스 잡음 하에서 BPSK 확산대역 통신의 성능은 동기식 BPSK 시스템의 성능과 같다.

(a) 참 (b) 거짓

8.7 8-진 통신시스템에서는 신호당 몇 비트의 정보가 전송되는가?

(a) 2 (b) 3 (c) 8 (d) 16 (e) 256

8.8 직접시퀀스 확산대역 통신에서는 부가 백색 가우스 잡음에 대한 성능 향상은 없다.

(a) 참 (b) 거짓

8.9 다음 중 x축과 y축 각각 log 스케일로 그림을 그리도록 하는 MATLAB 명령어는?

(a) **plot** (b) **semilog** (c) **log** (d) **loglog**

정답: 8.1 (a), 8.2 (c), 8.3 (b), 8.4 (d), 8.5 (c), 8.6 (a), 8.7 (b), 8.8 (a), 8.9 (d)

익힘문제

8.2절 정합필터 수신기

8.1 정합필터의 입력신호가 다음과 같다.

$$s(t) = \begin{cases} e^{-t}, & 0 < t < T \\ 0, & \text{otherwise} \end{cases}$$

이 정합필터의 전달함수를 구하라.

8.2 $(0, T)$의 시간에서 다음의 입력을 갖는 정합필터의 출력을 구하라.

$$s(t) = \begin{cases} t, & 0 < t < T \\ 0, & \text{otherwise} \end{cases}$$

8.3 그림 8.20의 신호에 대해,

(a) 이 신호에 정합된 필터의 충격반응을 구하고 그림을 그려라.

(b) 이 정합필터의 출력을 구하라.

8.4 그림 8.21의 신호에 대해 익힘문제 8.3을 반복하라.

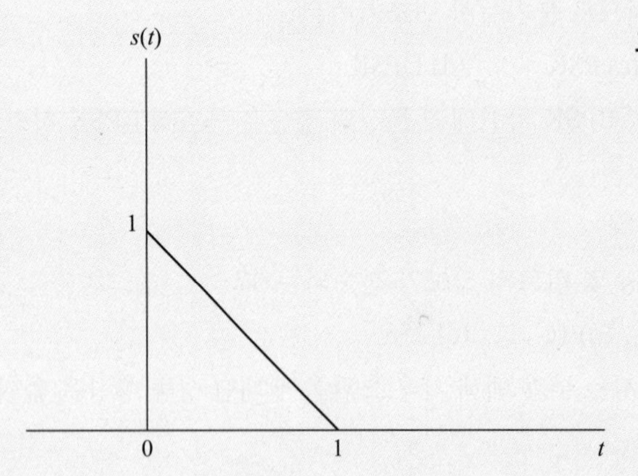

그림 8.20 익힘문제 8.3.

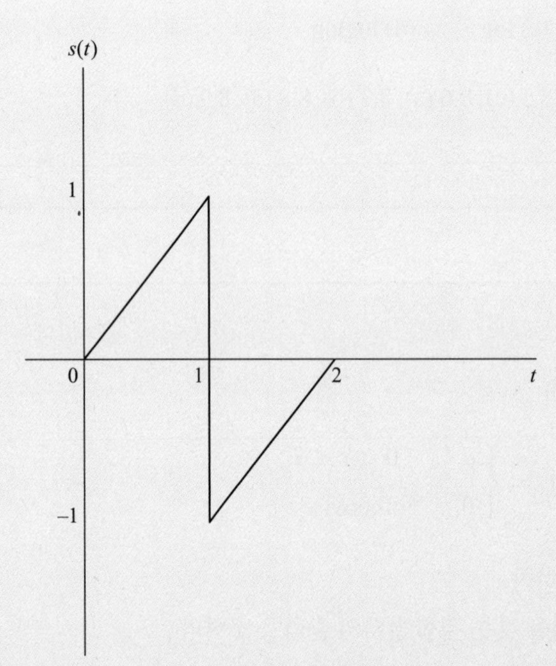

그림 8.21 익힘문제 8.4.

8.3절 기저대역 이진시스템

8.5 기저대역 직교 신호방식이란 다음과 같이 $(0, T)$에서 직교하는 두 신호 $s_1(t)$와 $s_2(t)$를 이용하는 신호방식이다.

$$\int_0^T s_1(t)s_2(t)\,dt = 0$$

이제 $s(t)$가 다음과 같을 때

$$s(t) = \begin{cases} s_1(t) = A\cos(\omega_c t), & 0 \le t \le T, \quad \text{for 비트 1} \\ s_2(t) = -A\cos(\omega_c t), & 0 \le t \le T, \quad \text{for 비트 0} \end{cases}$$

정합필터를 이용한 최적의 수신기의 오류확률이

$$P_e = Q\left(\sqrt{\frac{E_d}{\eta}}\right)$$

임을 증명하라.

8.6 정합필터 수신기를 이용하는 기저대역 단극성 신호방식에서 $E_b/\eta = 10$ dB일 때 오류확률을 구하라.

8.7 정합필터 수신기를 갖는 기저대역 복류 신호방식에서 BER은 최대 10^{-6}이 요구된다고 하자. 필요로 하는 최소 γ_b를 구하라.

8.8 전력스펙트럼밀도 $\eta/2 = 10^{-10}$ W/Hz인 부가 백색 가우스 잡음 채널에서 전송률 $R = 800$ Kbps의 단극성 신호방식의 오류확률이 $P_e = 10^{-8}$이 되기 위한 A 값을 구하라.

8.9 크기 ± 2 V의 복류신호를 분산값 0.1 V^2인 부가 가우스 잡음 하에서 수신하였다. 오류확률을 구하라.

8.4절 동기 검파

8.10 부가 백색 가우스 잡음 하에서 다음의 신호를 사용하는 ASK 시스템이 있다.

$$s(t) = \begin{cases} s_1(t) = A\cos\omega_c t, & 0 \le t \le T, \quad \text{for 비트 1} \\ s_2(t) = \beta A\cos\omega_c t, & 0 \le t \le T, \quad \text{for 비트 0} \end{cases}$$

여기서 $0 < \beta < 1$이다.

(a) 0과 1의 확률이 동일하다는 가정 아래 오류확률을 유도하라.

(b) $\beta = 0.4$일 때 오류확률 10^{-5}를 얻기 위한 SNR을 구하라.

8.11 동기 검파 PSK 시스템에서 신호의 진폭은 5 V이다. 비트 간격이 0.5 μs이고 $\eta/2 = 10^{-6}$ W/Hz일 때 P_e를 구하라.

8.5절 비동기 검파

8.12 비트 SNR이 10 dB인 ASK 시스템이 있다. 부가 백색 가우스 잡음 채널을 가정하고 (a) 동기 검파와 (b) 비동기 검파 각각에 대해 BER을 구하라.

8.13 $\gamma_b = 15$ dB인 경우, 다음 각각에 대해 오류확률을 구하라.

(a) 비동기 검파 ASK (b) 비동기 검파 FSK (c) 비동기 검파 DPSK

8.7절 M−진 통신

8.14 M-진 디지털 시스템에서 심벌 전송률은 초당 1500 심벌이다. 다음의 M 값에 대해 비트 전송률을 구하라.

(a) $M = 4$ (b) $M = 16$ (c) $M = 32$

8.15 데이터 시퀀스가 16-진 PSK로 변조되었다. 동기 검파의 경우, $E_b/\eta = 12$ dB이라면 오류확률은 얼마인가?

8.8절 확산대역 통신시스템

8.16 DSSS 시스템에서 처리이득이 오류확률에 미치는 영향을 알아보자. $P_J/P_s = 10$일 때 $B/R = 1, 10, 100, 1000$에 대해 오류확률 P_e를 구하라.

8.17 직접시퀀스 확산대역 통신시스템에서 오류확률이 10^{-8} 이하여야 한다고 가정하자. 처리이득 $B/R = 100$일 때 재밍 대 신호전력비(JSR)를 계산하라.

8.18 BPSK를 사용하는 DSSS 시스템의 처리이득이 500이다. 목표 오류확률이 10^{-6}이라면 재밍 대 신호전력비(JSR)는 얼마인가?

8.19 DSSS 시스템의 처리이득이 각각 다음과 같을 때, $P_e = 10^{-5}$을 얻기 위한 JSR을 결정하라. (a) 10 (b) 100 (c) 1000

8.20 방해신호 하에서 1 Kbps의 전송률을 갖는 직접시퀀스 확산대역 통신시스템이 있다. 재밍 전력이 신호 전력에 비해 24 dB 크다고 한다면, 오류확률 10^{-5}를 얻기 위해 필요한 신호 대역폭을 계산하라.

8.21 PSK를 사용하는 직접시퀀스 확산대역 통신시스템에서 처리이득이 250이라고 하자. 목표 오류확률이 $P_2 = 10^{-6}$일 때 연속적인 tone으로 구성된 방해신호에 대한 재밍 여분(jamming margin)을 구하라.

8.22 비동기 검파 FSK를 사용하는 주파수도약 확산대역 통신시스템이 있다. $E_b/\eta_J = 10$이고 $\beta = 0.5$라고 하자. 부가 백색 가우스 잡음 하에서 오류확률을 계산하라.

8.9절 MATLAB을 사용한 계산

8.23 동기 검파 ASK와 비동기 검파 ASK의 BER을 MATLAB을 이용하여 계산, 비교하고 그림을 그려라.

8.24 $M = 4, 8, 16, 32$인 각각의 M-진 ASK 통신시스템에서 P_e 대 γ_b의 그래프를 MATLAB을 이용하여 그려라.

부록 A
유용한 수학 공식들

이 부록은 완벽하지는 않지만 유용한 참고 자료를 제시한다. 수록된 공식들은 본 교재에서 다루는 문제들을 해결하는 데 필요한 모든 공식을 포함한다.

A.1 2차 방정식 근의 공식

The roots of the quadratic equation $ax^2 + bx + c = 0$

$$x_1, x_2 = \frac{-b \pm \sqrt{b^2 - 4ac}}{2a}$$

A.2 삼각함수 공식

$$\sin(-x) = -\sin x$$

$$\cos(-x) = \cos x$$

$$\sec x = \frac{1}{\cos x}, \qquad \csc x = \frac{1}{\sin x}$$

$$\tan x = \frac{\sin x}{\cos x}, \qquad \cot x = \frac{1}{\tan x}$$

$$\sin(x \pm 90^\circ) = \pm\cos x$$

$$\cos(x \pm 90^\circ) = \mp\sin x$$

$$\sin(x \pm 180^\circ) = -\sin x$$

$$\cos(x \pm 180^\circ) = -\cos x$$

$$\cos^2 x + \sin^2 x = 1$$

$$\frac{a}{\sin A} = \frac{b}{\sin B} = \frac{c}{\sin C} \qquad \text{(law of sines)}$$

$$a^2 = b^2 + c^2 - 2bc\cos A \qquad \text{(law of cosines)}$$

$$\frac{\tan\frac{1}{2}(A-B)}{\tan\frac{1}{2}(A+B)} = \frac{a-b}{a+b} \quad \text{(law of tangents)}$$

$$\sin(x \pm y) = \sin x \cos y \pm \cos x \sin y$$

$$\cos(x \pm y) = \cos x \cos y \mp \sin x \sin y$$

$$\tan(x \pm y) = \frac{\tan x \pm \tan y}{1 \mp \tan x \tan y}$$

$$2\sin x \sin y = \cos(x-y) - \cos(x+y)$$

$$2\sin x \cos y = \sin(x+y) - \sin(x-y)$$

$$2\cos x \cos y = \cos(x+y) - \cos(x-y)$$

$$\sin 2x = 2\sin x \cos x$$

$$\cos 2x = \cos^2 x - \sin^2 x = 2\cos^2 x - 1 = 1 - 2\sin^2 x$$

$$\tan 2x = \frac{2\tan x}{1 - \tan^2 x}$$

$$\sin^2 x = \frac{1}{2}(1 - \cos 2x)$$

$$\cos^2 x = \frac{1}{2}(1 + \cos 2x)$$

$$a\cos x + b\sin x = K\cos(x+\theta), \quad \text{where} \quad K = \sqrt{a^2+b^2} \quad \text{and} \quad \theta = \tan^{-1}\left(\frac{-b}{a}\right)$$

$$e^{\pm jx} = \cos x \pm j\sin x \quad \text{(Euler's formula)}$$

$$\cos x = \frac{e^{jx} + e^{-jx}}{2}$$

$$\sin x = \frac{e^{jx} - e^{-jx}}{2j}$$

$$1 \text{ rad} = 57.296^\circ$$

A.3 쌍곡선 함수

$$\sinh x = \frac{1}{2}(e^x - e^{-x})$$

$$\cosh x = \frac{1}{2}(e^x + e^{-x})$$

$$\tanh x = \frac{\sinh x}{\cosh x}$$

$$\coth x = \frac{1}{\tanh x}$$

$$\operatorname{csch} x = \frac{1}{\sinh x}$$

$$\operatorname{sech} x = \frac{1}{\cosh x}$$

$$\sinh(x \pm y) = \sinh x \cosh y \pm \cosh x \sinh y$$

$$\cosh(x \pm y) = \cosh x \cosh y \pm \sinh x \sinh y$$

$$\tan(x \pm y) = \frac{\tan x \pm \tan y}{1 \mp \tan x \tan y}$$

A.4 도함수

If $U = U(x)$, $V = V(x)$, and a = constant,

$$\frac{d}{dx}(aU) = a\frac{dU}{dx}$$

$$\frac{d}{dx}(UV) = U\frac{dV}{dx} + V\frac{dU}{dx}$$

$$\frac{d}{dx}\left(\frac{U}{V}\right) = \frac{V\frac{dU}{dx} - U\frac{dV}{dx}}{V^2}$$

$$\frac{d}{dx}(aU^n) = naU^{n-1}$$

$$\frac{d}{dx}\left(a^U\right) = a^U \ln a\frac{dU}{dx}$$

$$\frac{d}{dx}\left(e^U\right) = e^U\frac{dU}{dx}$$

$$\frac{d}{dx}(\sin U) = \cos U\frac{dU}{dx}$$

$$\frac{d}{dx}(\cos U) = -\sin U\frac{dU}{dx}$$

A.5 부정적분

If $U = U(x)$, $V = V(x)$, and a = constant,

$$\int a\,dx = ax + C$$

$$\int U\,dV = UV - \int V\,dU \quad \text{(integration by parts)}$$

$$\int U^n dU = \frac{U^{n+1}}{n+1} + C, \quad n \neq 1$$

$$\int \frac{dU}{U} = \ln U + C$$

$$\int a^U dU = \frac{a^U}{\ln a} + C, \quad a > 0, a \neq 1$$

$$\int e^{ax} dx = \frac{1}{a} e^{ax} + C$$

$$\int x e^{ax} dx = \frac{e^{ax}}{a^2}(ax - 1) + C$$

$$\int x^2 e^{ax} dx = \frac{e^{ax}}{a^3}\left(a^2x^2 - 2ax + 2\right) + C$$

$$\int \ln x\,dx = x \ln x - x + C$$

$$\int \sin ax\,dx = -\frac{1}{a}\cos ax + C$$

$$\int \cos ax\,dx = \frac{1}{a}\sin ax + C$$

$$\int \sin^2 ax\,dx = \frac{x}{2} - \frac{\sin 2ax}{4a} + C$$

$$\int \cos^2 ax\,dx = \frac{x}{2} + \frac{\sin 2ax}{4a} + C$$

$$\int x \sin ax\,dx = \frac{1}{a^2}(\sin ax - ax\cos ax) + C$$

$$\int x \cos ax\,dx = \frac{1}{a^2}(\cos ax + ax\sin ax) + C$$

$$\int x^2 \sin ax\, dx = \frac{1}{a^3}\left(2ax \sin ax + 2\cos ax - a^2x^2 \cos ax\right) + C$$

$$\int x^2 \cos ax\, dx = \frac{1}{a^3}\left(2ax \cos ax - 2\sin ax + a^2x^2 \sin ax\right) + C$$

$$\int e^{ax} \sin bx\, dx = \frac{e^{ax}}{a^2 + b^2}(a \sin bx - b \cos bx) + C$$

$$\int e^{ax} \cos bx\, dx = \frac{e^{ax}}{a^2 + b^2}(a \cos bx + b \sin bx) + C$$

$$\int \sin ax \sin bx\, dx = \frac{\sin (a-b)x}{2(a-b)} - \frac{\sin (a+b)x}{2(a+b)} + C, \quad a^2 \neq b^2$$

$$\int \sin ax \cos bx\, dx = -\frac{\cos (a-b)x}{2(a-b)} - \frac{\cos (a+b)x}{2(a+b)} + C, \quad a^2 \neq b^2$$

$$\int \cos ax \cos bx\, dx = \frac{\sin (a-b)x}{2(a-b)} + \frac{\sin (a+b)x}{2(a+b)} + C, \quad a^2 \neq b^2$$

$$\int \frac{dx}{a^2 + x^2} = \frac{1}{a} \tan^{-1}\frac{x}{a} + C$$

$$\int \frac{x^2 dx}{a^2 + x^2} = x - a \tan^{-1}\frac{x}{a} + C$$

$$\int \frac{dx}{(a^2 + x^2)^2} = \frac{1}{2a^2}\left(\frac{x}{x^2 + a^2} + \frac{1}{a}\tan^{-1}\frac{x}{a}\right) + C$$

A.6 정적분

If m and n are integers,

$$\int_0^{2\pi} \sin x\, dx = 0$$

$$\int_0^{2\pi} \cos x\, dx = 0$$

$$\int_0^{\pi} \sin^2 x\, dx = \int_0^{\pi} \cos^2 x\, dx = \frac{\pi}{2}$$

$$\int_0^{\pi} \sin mx \sin nx \, dx = \int_0^{\pi} \cos mx \cos nx \, dx = 0, \quad m \neq n$$

$$\int_0^{\pi} \sin mx \cos nx \, dx = \begin{cases} 0, & m+n = \text{even} \\ \dfrac{2m}{m^2 - n^2}, & m+n = \text{odd} \end{cases}$$

$$\int_0^{2\pi} \sin mx \sin nx \, dx = \int_{-\pi}^{\pi} \sin mx \sin nx \, dx = \begin{cases} 0, & m \neq n \\ \pi, & m = n \end{cases}$$

$$\int_0^{\infty} \frac{\sin ax}{x} dx = \begin{cases} \dfrac{\pi}{2}, & a > 0 \\ 0, & a = 0 \\ -\dfrac{\pi}{2}, & a < 0 \end{cases}$$

$$\int_0^{\infty} \frac{\cos bx}{x^2 + a^2} dx = \frac{\pi}{2a} e^{-ab}, \quad a > 0, b > 0$$

$$\int_0^{\infty} \frac{x \sin bx}{x^2 + a^2} dx = \frac{\pi}{2} e^{-ab}, \quad a > 0, b > 0$$

$$\int_0^{\infty} \sin cx \, dx = \int_0^{\infty} \sin c^2 x \, dx = \frac{1}{2}$$

$$\int_{-\infty}^{\infty} e^{\pm j2\pi tx} dx = \delta(t)$$

$$\int_0^{\infty} e^{-a^2 x^2} dx = \frac{\sqrt{\pi}}{2a}, \quad a > 0$$

$$\int_0^{\infty} x^{2n} e^{-ax^2} dx = \frac{1 \cdot 3 \cdot 5 \cdot \cdots \cdot (2n-1)}{2^{n+1} a^n} \sqrt{\frac{\pi}{a}}$$

$$\int_0^{\infty} x^{2n+1} e^{-ax^2} dx = \frac{n!}{2a^{n+1}}, \quad a > 0$$

A.7 로피탈의 정리

If $f(0) = 0 = h(0)$, then

$$\lim_{x\to 0}\frac{f(x)}{h(x)} = \lim_{x\to 0}\frac{f'(x)}{h'(x)}$$

where the prime indicates differentiation.

A.8 테일러와 매클로린 급수

$$f(x) = f(a) + \frac{(x-a)}{1!}f'(a) + \frac{(x-a)^2}{2!}f''(a) + \cdots$$

$$f(x) = f(0) + \frac{x}{1!}f'(0) + \frac{x^2}{2!}f''(0) + \cdots$$

where the prime indicates differentiation.

A.9 멱급수

$$e^x = 1 + x + \frac{x^2}{2!} + \frac{x^3}{3!} + \cdots + \frac{x^n}{n!} + \cdots$$

$$\sin x = x - \frac{x^3}{3!} + \frac{x^5}{5!} - \frac{x^7}{7!} + \cdots$$

$$\cos x = 1 - \frac{x^2}{2!} + \frac{x^4}{4!} - \frac{x^6}{6!} + \frac{x^8}{8!} - \cdots$$

$$\tan x = x + \frac{x^3}{3} + \frac{2x^5}{15} + \frac{17x^7}{315} + \cdots$$

$$(1+x)^n = 1 + nx + \frac{n(n+1)}{2!}x^2 + \frac{n(n-1)(n-2)}{3!}x^3 + \cdots + \binom{n}{k}x^k + \cdots + x^n$$

$$\approx 1 + nx, \quad |x| \ll 1$$

$$\frac{1}{1-x} = 1 + x + x^2 + x^3 + \cdots, \quad |x| < 1$$

$$Q(x) = \frac{e^{-x^2/2}}{x\sqrt{2\pi}}\left(1 - \frac{1}{x^2} + \frac{1\cdot 3}{x^4} - \frac{1\cdot 3\cdot 5}{x^6} + \cdots\right)$$

$$J_n(x) = \frac{1}{n!}\left(\frac{x}{2}\right)^n - \frac{1}{(n+1)!}\left(\frac{x}{2}\right)^{n+2} + \frac{1}{2!(n+2)!}\left(\frac{x}{2}\right)^{n+4} - \cdots$$

$$J_n(x) \approx \sqrt{\frac{2}{\pi x}} \cos\left(x - \frac{\pi}{4} - \frac{n\pi}{2}\right), \quad x \gg 1$$

$$I_0(x) \approx \begin{cases} e^{x^2/4}, & x^2 \ll 1 \\ \dfrac{e}{\sqrt{2\pi x}}, & x \gg 1 \end{cases}$$

A.10 유한합

$$\sum_{k=1}^{N} k = \frac{1}{2} N(N+1)$$

$$\sum_{k=1}^{N} k^2 = \frac{1}{6} N(N+1)(2N+1)$$

$$\sum_{k=1}^{N} k^3 = \frac{1}{4} N^2 (N+1)^2$$

$$\sum_{k=0}^{N} a^k = \frac{a^{N+1} - 1}{a - 1} \quad a \neq 1$$

$$\sum_{k=M}^{N} a^k = \frac{a^{N+1} - a^M}{a - 1} \quad a \neq 1$$

$$\sum_{k=0}^{N} \binom{N}{k} a^{N-k} b^k = (a+b)^N, \text{ where } \binom{N}{k} = \frac{N!}{(N-k)!k!}$$

A.11 복소수

$$e^{\pm j\pi/2} = \pm j$$

$$e^{\pm jn\pi} = \begin{cases} 1, & n \text{ even} \\ -1, & n \text{ odd} \end{cases}$$

$$e^{\pm j\theta} = \cos\theta \pm j \sin\theta$$

$$a + jb = re^{j\theta}, \quad r = \sqrt{a^2 + b^2}, \quad \theta = \tan^{-1}\left(\frac{b}{a}\right)$$

$$\left(re^{j\theta}\right)^k = r^k e^{jk\theta}$$

$$\left(r_1 e^{j\theta 1}\right)\left(r_2 e^{j\theta 2}\right) = r_1 r_2 e^{j(\theta_1 + \theta_2)}$$

부록 B
MATLAB

MATLAB은 세계적으로 많이 사용되는 강력한 전문가용 공학기술 도구이다. MATLAB은 MATrix LABoratory의 약어로, 수치 분석과 신호 처리 및 과학적 시각화 작업을 수행하기 위해 행렬과 벡터/배열을 사용하는 계산 도구이다. 행렬을 기본 구성요소로 사용하므로, 종이에 문제 풀듯이 쉽게 행렬과 관련된 수학식으로 표현할 수 있다. Macintosh, Unix 및 Windows 운영체제에서 사용할 수 있으며, PC에서 사용할 수 있는 학생용 버전은 다음에서 얻을 수 있다.

The Mathworks, Inc.
3 Apple Hill Drive
Natick, MA 01760–2098, USA
Phone:(508) 647–7000
Website: http://www.mathworks.com

부록에 수록된 MATLAB의 내용은 간략하지만, 이 책의 문제들을 해결하기에 충분하다. 이 책에 필요한 MATLAB에 대한 기타 정보는 필요에 따라 장별로 'MATLAB을 사용한 계산'절에 제공된다. 추가적인 정보는 MATLAB 서적이나 온라인 도움말에서 찾을 수 있다. MATLAB을 학습하는 가장 좋은 방법은 기본 사항을 배우고 나서 실제로 스스로 프로그램하는 것이다.

B.1 MATLAB 기본 사항

The Command window is the primary area where you interact with MATLAB. A little later, we will learn how to use the text editor to create M-files, which allow one to execute sequences of commands. For now, we focus on how to work in the Command window. We will first learn how to use MATLAB as a calculator. We do so by using the algebraic operators in Table B.1.

To begin to use MATLAB, we use these operators. Type commands at the MATLAB prompt ">>" in the Command window (correct any mistakes by backspacing) and press the <Enter> key. For example,

Table B.1. **Basic operations**

Operation	MATLAB formula	
Addition	a + b	
Division (right)	a/b	(means $a \div b$)
Division (left)	a\b	(means $b \div a$)
Multiplication	a*b	
Power	a^b	
Subtraction	a – b	

```
» a=2; b=4; c=-6;
» dat = b^2 - 4*a*c
dat =
64
» e=sqrt(dat)/10
e =
0.8000
```

The first command assigns the values 2, 4, and -6 to the variables a, b, and c respectively. MATLAB does not respond because this line ends with a semicolon. The second command sets *dat* to $b^2 - 4ac$ and MATLAB returns the answer as 64. Finally, the third line sets e equal to the square root of *dat* and divides by 10. MATLAB prints the answer as 0.8. The function *sqrt* is used here; other mathematical functions listed in Table B.2 can be used. Table B.2 provides just a small sample of MATLAB functions. Others can be obtained from the online help. To get help, type

```
>> help
```

[a long list of topics come up]

and for a specific topic, type the command name. For example, to get help on *log to base 2*, type

```
>> help log2
```

[a help message on the log function follows]

Note that MATLAB is case sensitive so that sin(a) is not the same as sin(A).

Try the following examples:

```
>> 3^(log10(25.6))
>> y=2* sin(pi/3)
>>exp(y+4-1)
```

In addition to operating on mathematical functions, MATLAB easily allows one to work with vectors and matrices. A vector (or array) is a special matrix with one row or one column. For example,

Table B.2. **Typical elementary mathematic functions**

Function	Remark
`abs(x)`	Absolute value or complex magnitude of x
`acos, acosh(x)`	Inverse cosine and inverse hyperbolic cosine of x in radians
`acot, acoth(x)`	Inverse cotangent and inverse hyperbolic cotangent of x in radians
`angle(x)`	Phase angle (in radians) of a complex number x
`asin, asinh(x)`	Inverse sine and inverse hyperbolic sine of x in radians
`atan, atanh(x)`	Inverse tangent and inverse hyperbolic tangent of x in radians
`conj(x)`	Complex conjugate of x
`cos, cosh(x)`	Cosine and hyperbolic cosine of x in radians
`cot, coth(x)`	Cotangent and hyperbolic cotangent of x in radians
`exp(x)`	Exponential of x
fix	Round toward zero
`imag(x)`	Imaginary part of a complex number x
`log(x)`	Natural logarithm of x
`log2(x)`	Logarithm of x to base 2
`log10(x)`	Common logarithms (base 10) of x
`real(x)`	Real part of a complex number x
`sin, sinh(x)`	Sine and hyperbolic sine of x in radians
`sqrt(x)`	Square root of x
`tan, tanh(x)`	Tangent and hyperbolic tangent of x in radians

```
>> a = [1 -3 6 10 -8 11 14 ];
```

is a row vector. Defining a matrix is similar to defining a vector. For example, a 3×3 matrix can be entered as

```
>> A = [1 2 3; 4 5 6; 7 8 9]
```

or as

```
>> A = [1 2 3
        4 5 6
        7 8 9]
```

Table B.3. **Matrix operations**

Operation	Remark
A′	Finds the transpose of matrix A
det(A)	Evaluates the determinant of matrix A
inv(A)	Calculates the inverse of matrix A
eig(A)	Determines the eigenvalues of matrix A
diag(A)	Finds the diagonal elements of matrix A
expm(A)	Exponential of matrix A

In addition to the arithmetic operations that can be performed on a matrix, the operations in Table B.3 can be implemented.

Using the operations in Table B.3, we can manipulate matrices as follows.

```
» B = A'
B =
1     4     7
2     5     8
3     6     9
» C = A + B
C =
2     6     10
6     10    14
10    14    18
» D = A^3 - B*C
D =
372   432   492
948   1131 1314
1524 1830 2136
» e= [1 2; 3 4]
e =
1 2
3 4
» f=det(e)
f =
-2
» g = inv(e)
g =
-2.0000    1.0000
 1.5000   -0.5000
» H = eig(g)
```

Table B.4. **Special matrices, variables, and constants**

Matrix/variable/constant	Remark
`eye`	Identity matrix
`ones`	An array of ones
`zeros`	An array of zeros
`i or j`	Imaginary unit or sqrt(−1)
`pi`	3.142
`NaN`	Not a number
`inf`	Infinity
`eps`	A very small number, 2.2e−16
`rand`	Random element

```
H =
-2.6861
 0.1861
```

Note that not all matrices can be inverted. A matrix can be inverted if and only if its determinant is non-zero. Special matrices, variables, and constants are listed in Table B.4. For example, type

```
>> eye(3)
ans=
    1 0 0
    0 1 0
    0 0 1
```

to get a 3×3 identity matrix.

B.2 MATLAB의 PLOT 함수

To plot using MATLAB is easy. For a two-dimensional plot, use the plot command with two arguments as

```
>> plot(xdata,ydata)
```

where `xdata` and `ydata` are vectors of the same length containing the data to be plotted.

For example, suppose we want to plot y = 10*sin(2*pi*x) from 0 to 5*pi, we will proceed with the following commands:

Table B.5 **Various color and line types**

y	yellow	.	point
m	magenta	o	circle
c	cyan	x	x-mark
r	red	+	plus
g	green	-	solid
b	blue	*	star
w	white	:	dotted
k	black	-.	dashdot
		--	dashed

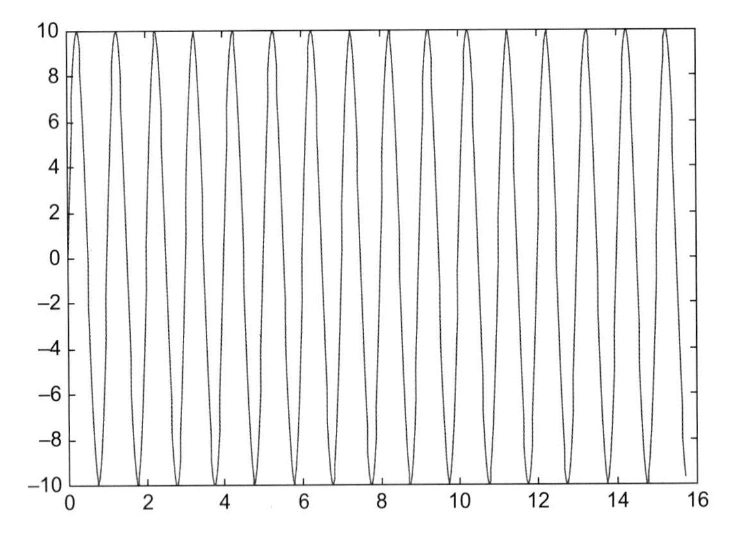

Figure B.1 MATLAB plot of y=10*sin(2*pi*x).

```
>> x = 0:pi/100:5*pi;      % x is a vector, 0 < x < 5*pi, increments of pi/100
>> y = 10*sin(2*pi*x);     % create a vector y
>> plot(x,y);              % create the plot
```

With this, MATLAB responds with the plot in Figure B.1

MATLAB will let you graph multiple plots together and distinguish with different colors.

This is obtained with the command `plot(xdata, ydata, 'color')`, where the color is indicated by using a character string from the options listed in Table B.5.

For example,

```
>> plot(x1, y1, 'r', x2,y2, 'b', x3,y3, '-');
```

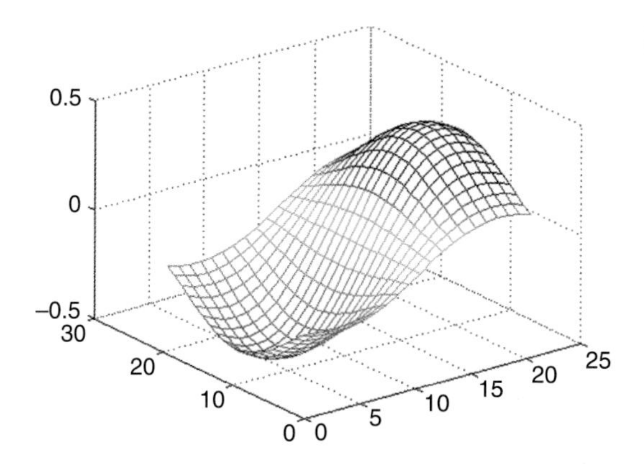

Figure B.2. A three-dimensional plot.

will graph data ($x1$,$y1$) in red, data ($x2$,$y2$) in blue, and data ($x3$,$y3$) in a dashed line all on the same plot.

MATLAB also allows for logarithm scaling. Rather than the `plot` command, we use:

`loglog`	log(y) versus log(x)
`semilogx`	y versus log(x)
`semilogy`	log(y) versus x

Three-dimensional plots are drawn using the functions `mesh` and `meshdom` (mesh domain). For example, draw the graph of $z = x*\exp(-x^2-y^2)$ over the domain $-1 < x, y < 1$, we type the following commands:

```
>> xx = -1:.1:1;
» yy = xx;
» [x,y] = meshgrid(xx,yy);
» z=x.*exp(-x.^2 -y.^2);
» mesh(z);
```

(The dot symbol used in `x.` and `y.` allows element-by-element multiplication.) The result is shown in Figure B.2.

Other plotting commands in MATLAB are listed in Table B.6. The `help` command can be used to find out how each of these is used.

B.3 MATLAB 프로그래밍

So far MATLAB has been used as a calculator; you can also use MATLAB to create your own program. The command-line editing in MATLAB can be inconvenient if one has several lines to execute. To avoid this problem, one creates a program which is a sequence of statements to be executed. If you are in the Command window, click `File/New/M-files` to open a new file in the MATLAB Editor/Debugger or simple text editor. Type the program and save the program in a file with an extension .m, say filename.m; it is for this reason it is called an M-file. Once the

Table B.6. **Other plotting commands**

Command	Comments
`bar(x,y)`	A bar graph
`contour(z)`	A contour plot
`errorbar (x,y,l,u)`	A plot with error bars
`hist(x)`	A histogram of the data
`plot3(x,y,z)`	A three-dimensional version of plot()
`polar(r, angle)`	A polar coordinate plot
`stairs(x,y)`	A stairstep plot
`stem(x)`	Plots the data sequence as stems
`subplot(m,n,p)`	Multiple (*m*-by-*n*) plots per window
`surf(x,y,x,c)`	A plot of three-dimensional colored surface

program is saved as an M-file, exit the Debugger window. You are now back in the Command window. Type the file without the extension `.m` to get results. For example, the plot that was made above can be improved by adding a title and labels and typed as an M-file called

```
example1.m
x = 0:pi/100:5*pi;              % x is a vector, 0 <= x <= 5*pi, increments of pi/100
y = 10*sin(2*pi*x);             % create a vector y
plot(x,y);                      % create the plot
xlabel('x (in radians)');       % label the x-axis
ylabel('10*sin(2*pi*x)');       % label the y-axis
title('A sine functions');      % title the plot
grid                            % add grid
```

Once it is saved as `example1.m` and we exit text editor, type

```
>> example1
```

in the Command window and hit <Enter> to obtain the result shown in Figure B.3.

To allow flow control in a program, certain relational and logical operators are necessary. They are shown in Table B.7. Perhaps the most commonly used flow control statements are `for` and `if`. The `for` statement is used to create a loop or a repetitive procedure and has the general form

```
for x = array
        [commands]
end
```

Table B.7. **Relational and logical operators**

Operator	Remark
<	less than
<=	less than or equal
>	greater than
>=	greater than or equal
= =	equal
~ =	not equal
&	and
|	or
~	not

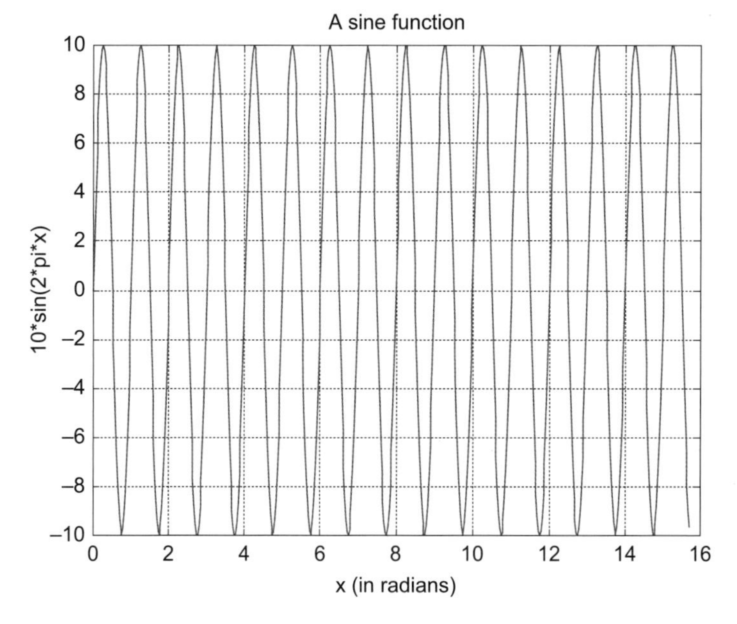

Figure B.3. MATLAB plot of y = 10*sin(2*pi*x) with title and labels.

The `if` statement is used when certain conditions need be met before an expression is executed. It has the general form

```
if expression
        [commands if expression is True]
else
```

```
        [commands if expression is False]
end
```

For example, suppose we have an array $y(x)$ and we want to determine the minimum value of y and its corresponding index x. This can be done by creating an M-file as shown below.

```
% example2.m
% This program finds the minimum y value and its corresponding x index
x = [1 2 3 4 5 6 7 8 9 10 ]; %the nth term in y
y = [3 9 15 8 1 0 -2 4 12 5 ];
min1 = y(1);
for k=1:10
   min2=y(k);
   if(min2 < min1)
      min1 = min2;
      xo = x(k);
   else
      min1 = min1;
   end
end
diary
min1, xo
diary off
```

Note the use of `for` and `if` statements. When this program is saved as `example2.m`, we execute it in the Command window and obtain the minimum value of y as -2 and the corresponding value of x as 7, as expected.

```
» example2
min1 =
-2
xo =
7
```

If we are not interested in the corresponding index, we could do the same thing using the command

```
>> min(y)
```

The following tips are helpful in working effectively with MATLAB:

- Comment your M-file by adding lines beginning with a % character.
- To suppress output, end each command with a semi-colon (;), you may remove the semi-colon when debugging the file.
- Press up and down arrow keys to retrieve previously executed commands.
- If your expression does not fit on one line, use an ellipse (...) at the end of the line and continue on the next line. For example, MATLAB considers

$$y = \sin(x + \log10(2x + 3)) + \cos(x + \cdots$$
$$\log10(2x + 3));$$

as one line of expression

- Keep in mind that variable and function names are case-sensitive.

B.4 방정식 해법

Consider the general system of n simultaneous equations as

$$a_{11}x_1 + a_{12}x_2 + \cdots + a_{1n}x_n = b_1$$
$$a_{21}x_1 + a_{22}x_2 + \cdots + a_{2n}x_n = b_2$$
$$a_{n1}x_1 + a_{n2}x_2 + \cdots + a_{nn}x_n = b_n$$
$$\cdots \quad \cdots \quad \cdots$$

or in matrix form

$$AX = B$$

where

$$A = \begin{bmatrix} a_{11} & a_{12} & \cdots & a_{1n} \\ a_{21} & a_{22} & \cdots & a_{2n} \\ \cdots & \cdots & \cdots & \cdots \\ a_{n1} & a_{n2} & a_{n3} & a_{nn} \end{bmatrix}, \quad X = \begin{bmatrix} x_1 \\ x_2 \\ \cdots \\ x_n \end{bmatrix}, \quad B = \begin{bmatrix} b_1 \\ b_2 \\ \cdots \\ b_n \end{bmatrix}$$

A is a square matrix and is known as the coefficient matrix, while X and B are vectors. X is the solution vector we are seeking to get. There are two ways to solve for X in MATLAB. First, we can use the backslash operator (\) so that

$$X = A\backslash B$$

Second, we can solve for X as

$$X = A^{-1}B$$

which in MATLAB is the same as

$$X = \mathrm{inv}(A)^{*}B$$

We can also solve equations using the command `solve`. For example, given the quadratic equation $x^2 + 2x - 3 = 0$, we obtain the solution using the following MATLAB command

```
>> [x ]=solve('x^2 + 2*x - 3 =0')
x =
   [-3 ]
   [1 ]
```

indicating that the solutions are $x = -3$ and $x = 1$. Of course, we can use the command `solve` for a case involving two or more variables. We will see that in the following example.

EXAMPLE B.1

Use MATLAB to solve the following simultaneous equations:

$$25x_1 - 5x_2 - 20x_3 = 50$$
$$-5x_1 + 10x_2 - 4x_3 = 0$$
$$-5x_1 - 4x_2 + 9x_3 = 0$$

Solution

We can use MATLAB to solve this in two ways:

Method 1

The given set of simultaneous equations could be written as

$$\begin{bmatrix} 25 & -5 & -20 \\ -5 & 10 & -4 \\ -5 & -4 & 9 \end{bmatrix} \begin{bmatrix} x_1 \\ x_2 \\ x_3 \end{bmatrix} = \begin{bmatrix} 50 \\ 0 \\ 0 \end{bmatrix} \quad \text{or} \quad AX = B$$

We obtain matrix A and vector B and enter them in MATLAB as follows.

```
» A = [25 -5 -20; -5 10 -4; -5 -4 9 ]
A =
 25 -5 -20
 -5 10 4
 -5 -4 9
» B = [50 0 0 ]'
B =
 50
 0
 0
» X = inv(A)*B
X =
 29.6000
 26.0000
 28.0000
» X=A\B
X =
 29.6000
 26.0000
 28.0000
```

Thus, $x_1 = 29.6$, $x_2 = 26$, and $x_3 = 28$.

Method 2

Since the equations are not many in this case, we can use the commond `solve` to obtain the solution of the simultaneous equations as follows:

```
[x1,x2,x3]=solve('25*x1 - 5*x2 - 20*x3=50', '-5*x1 + 10*x2 - 4*x3 =0', '-5*x1 - 4*x2 +
9*x3=0')
x1 =
 148/5
x2 =
 26
x3 =
 28
```

which is the same as before.

PRACTICE PROBLEM B.1

Solve the following simultaneous equations using MATLAB:

$$\begin{aligned} 3x_1 - x_2 - 2x_3 &= 1 \\ -x_1 + 6x_2 - 3x_3 &= 0 \\ -2x_1 - 3x_2 + 6x_3 &= 6 \end{aligned}$$

Answer: $x_1 = 3 = x_3$. $x_2 = 2$.

B.5 프로그래밍 힌트

A good program should be well documented, of reasonable size, and capable of performing some computation with reasonable accuracy within a reasonable amount of time. The following are some helpful hints that may make writing and running MATLAB programs easier.

- Use the minimum commands possible and avoid execution of extra commands. This is particularly true of loops.
- Use matrix operations directly as much as possible and avoid `for`, `do`, and/or `while` loops if possible.
- Make effective use of functions for executing a series of commands several times in a program.
- When unsure about a command, take advantage of the help capabilities of the software.
- It takes much less time running a program using files on the hard disk than on a memory stick.
- Start each file with comments to help you remember what it is all about later.
- When writing a long program, save frequently. If possible, avoid a long program; break it down into smaller subroutines.

B.6 다른 유용한 MATLAB 명령

Some common useful MATLAB commands which may be used in this book are provided in Table B.8.

Table B.8. **Other useful MATLAB commands**

Command	Explanation
`diary`	Save screen display output in text format
`mean`	Mean value of a vector
`min(max)`	Minimum (maximum) of a vector
`grid`	Add a grid mark to the graphic window
`poly`	Converts a collection of roots into a polynomial
`roots`	Finds the roots of a polynomial
`sort`	Sort the elements of a vector
`sound`	Play vector as sound
`std`	Standard deviation of a data collection
`sum`	Sum of elements of a vector

부록 C
상보 오차 함수 $Q(x)$

$$Q(x) = \frac{1}{\sqrt{2\pi}} \int_x^{\infty} e^{-\lambda^2/2} d\lambda = 0.5 - \mathrm{erf}(x)$$

Table of $Q(x)$

x	$Q(x)$	x	$Q(x)$	x	$Q(x)$
0.0	0.5000	1.55	0.0606	3.05	0.00114
0.05	0.4801	1.60	0.0548	3.10	0.00097
0.10	0.4602	1.65	0.0495	3.15	0.00082
0.15	0.4404	1.70	0.0446	3.20	0.00069
0.20	0.4207	1.75	0.0401	3.25	0.00058
0.25	0.4013	1.80	0.0359	3.30	0.00048
0.30	0.3821	1.85	0.0322	3.35	0.00040
0.35	0.3632	1.90	0.0287	3.40	0.00034
0.40	0.3446	1.95	0.0256	3.45	0.00028
0.45	0.3264	2.00	0.0228	3.50	0.00023
0.50	0.3085	2.05	0.0202	3.55	0.00019
0.55	0.2912	2.10	0.0179	3.60	0.00016
0.60	0.2743	2.15	0.0158	3.65	0.00013
0.65	0.2578	2.20	0.0139	3.70	0.00011
0.70	0.2420	2.25	0.0122	3.75	0.00009
0.75	0.2266	2.30	0.0107	3.80	0.00007
0.80	0.2169	2.35	0.0094	3.85	0.00006

(cont.)

x	$Q(x)$	x	$Q(x)$	x	$Q(x)$
0.85	0.1977	2.40	0.0082	3.90	0.00005
0.90	0.1841	2.45	0.0071	3.95	0.00004
0.95	0.1711	2.50	0.0062	4.00	0.00003
1.00	0.1587	2.55	0.0054	4.25	10^{-5}
1.05	0.1469	2.60	0.0047	4.75	10^{-6}
1.10	0.1357	2.65	0.0040	5.20	10^{-7}
1.15	0.1251	2.70	0.0035	5.60	10^{-8}
1.20	0.1151	2.75	0.0030		
1.25	0.1056	2.80	0.0026		
1.30	0.0968	2.85	0.0022		
1.35	0.0885	2.90	0.0019		
1.40	0.0808	2.95	0.0016		
1.45	0.0735	3.00	0.00135		
1.50	0.0668				

부록 D

홀수번호 익힘문제 해답

Chapter 1

1.1 See text.

1.3 (a) −14.43 dB. (b) 16.23 dB. (c) 27.06 dB. (d) 54.77 dB.

1.5 (a) 0.5 mW. (b) 0.063 W. (c) 3162.3 W. (d) 3162.3 W.

1.7 (a) 90 dBrn. 88.5 dBrn. 30 dBrn. (b) Proof.

1.9 (a) 11.26 Mbps. (b) 4.7 Mbps.

1.11 3.6118 kHz.

Chapter 2

2.1 (a) An analog signal is a continuous-time signal in which the variation with time is analogous to some physical phenomenon. (b) A digital signal is a discrete-time signal that can have a finite number of values (usually binary). (c) A continuous-time signal takes a value at every instant of time. (d) A discrete-time signal is defined only at particular instants of time.

2.3 See Figure D.1.

2.5 See Figure D.2.

2.7 It is not possible to generate a power signal in a lab because such a signal would have infinite duration and infinite energy. Signals generated in the lab have finite energy and are energy signals.

2.9 (a) A system is linear when its output is linearly related to its input. It is nonlinear otherwise. (b) A nonlinear system is one in which the output is not linearly related to its input. (c) A continuous-time system has input and output signals that are continuous-time. (d) A discrete-time system has input and output signals that are discrete-time.

2.11 (a) Linear. (b) Nonlinear. (c) Linear.

2.13 $a_0 = 3.75,\ a_n = \dfrac{-5}{n\pi}\sin\dfrac{n\pi}{2},\quad b_n = \dfrac{5}{n\pi}\left(3 - 2\cos n\pi + \cos\dfrac{n\pi}{2}\right).$

2.15 $f(t) = \sum_{n=1}^{\infty}\left[\dfrac{4}{n^2\pi^2}(\cos n\pi - 1)\cos\dfrac{n\pi}{2}t - \dfrac{2}{n\pi}(\cos n\pi - 1)\sin\dfrac{n\pi}{2}t\right].$

2.17 See Figure D.3.

2.19 $\mathrm{a}_1 = 40, a_2 = -10, a_3 = 10, \omega_1 = 5\pi, \omega_2 = 7\pi, \omega_3 = 3\pi, \theta_1 = 0, \theta_2 = -60^2, \theta_3 = -120^\circ.$

2.21 (a) $f(t) = \dfrac{2}{\pi}\sum_{n=1}^{\infty}\dfrac{(-1)^{n+1}}{n}\sin 2nt$. (b) 0.2839 W.

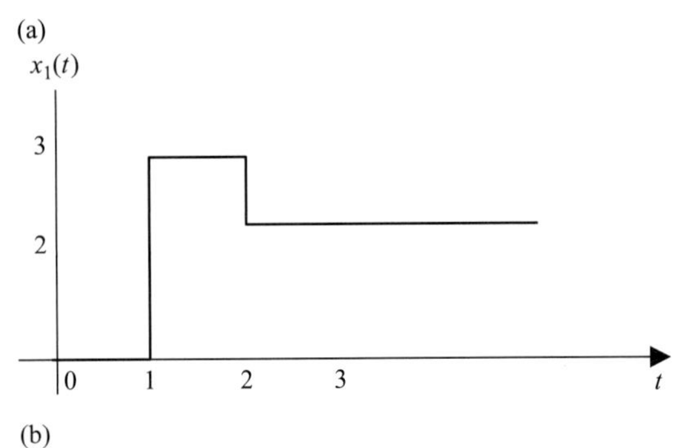

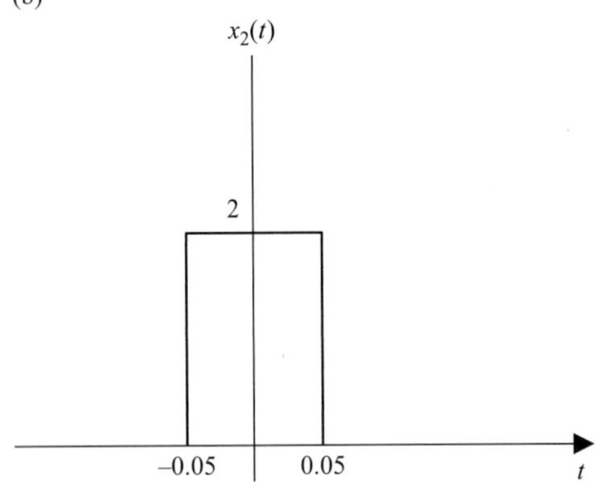

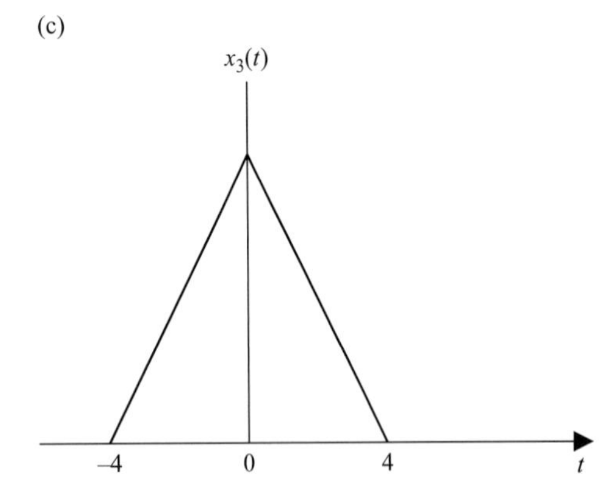

Figure D.1. For Problem 2.3.

2.23 $f(t) = \sum_{n=-\infty}^{\infty} \frac{1}{jn\pi}\left(e^{-j2n\pi\tau/T} - 1\right)e^{jn\pi t/T}$.

2.25 (a) $C_n' = C_n e^{-j2n\omega_0}$. (b) $C_n' = 2jn\omega_0 C_n$. (c) $C_n' = -C_n\left(n^2\omega_0^2 + jn\omega_0\right)$.

2.27 (a) $X(\omega) = 8\operatorname{sinc}\omega$. (b) $Y(\omega) = \frac{1}{j\omega}(2 - e^{-j\omega} - e^{-j2\omega})$. (c) $Z(\omega) = \operatorname{sinc}^2(\omega/2)$.

2.29 $H(\omega) = \frac{A}{\omega^2\tau}\left[1 - j\omega\tau - e^{-j\omega\tau}\right]$.

2.31 $\frac{2\tau}{\pi}\frac{\cos(\omega\tau/2)}{1 - \left(\frac{\omega\tau}{\pi}\right)^2}$.

(a)

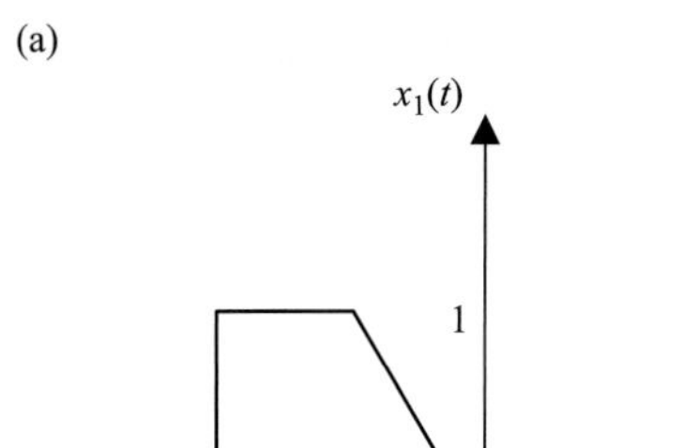
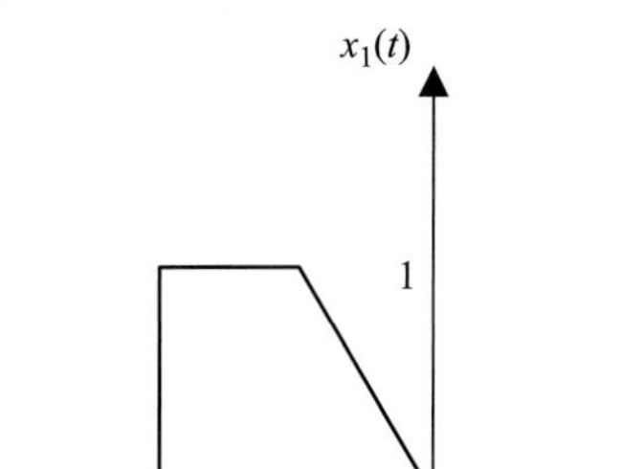

(b)

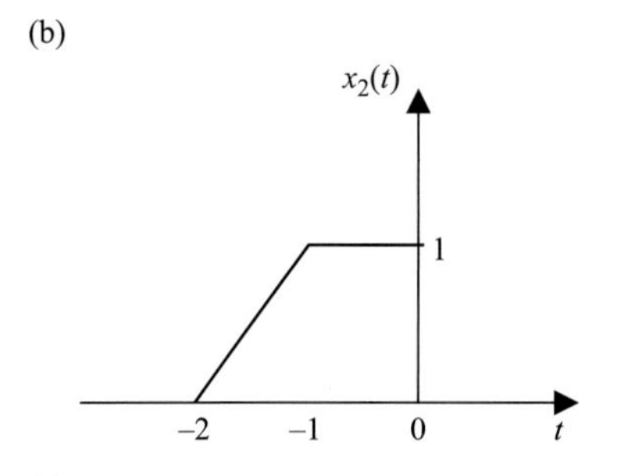

(c)

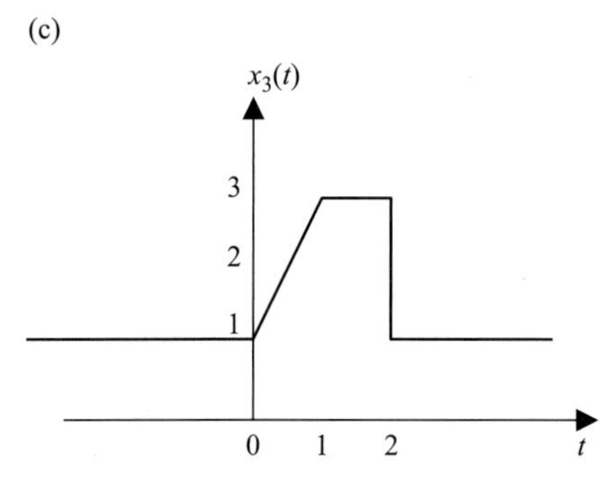

(d)

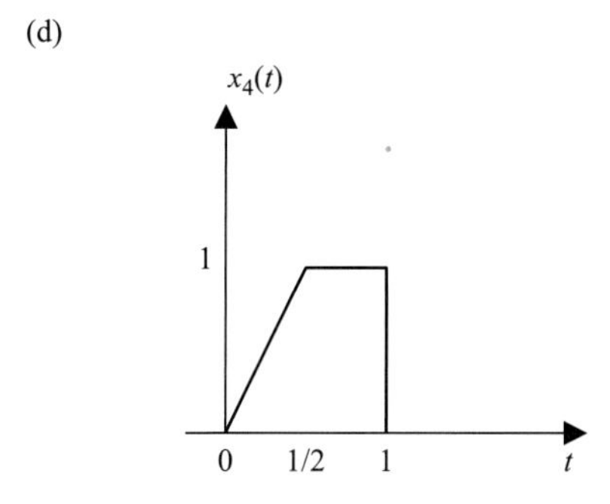

(e)

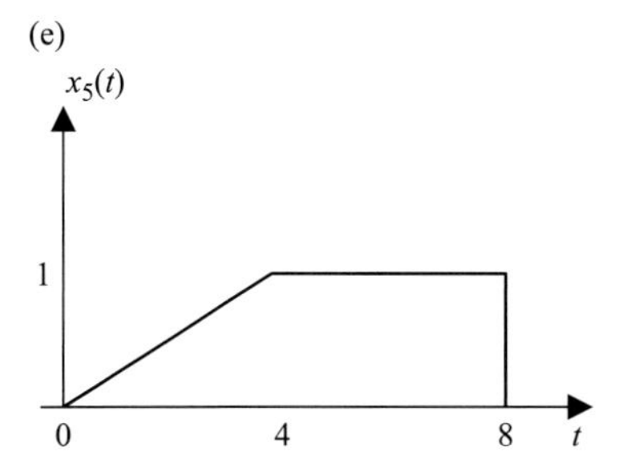

Figure D.2. For Problem 2.5.

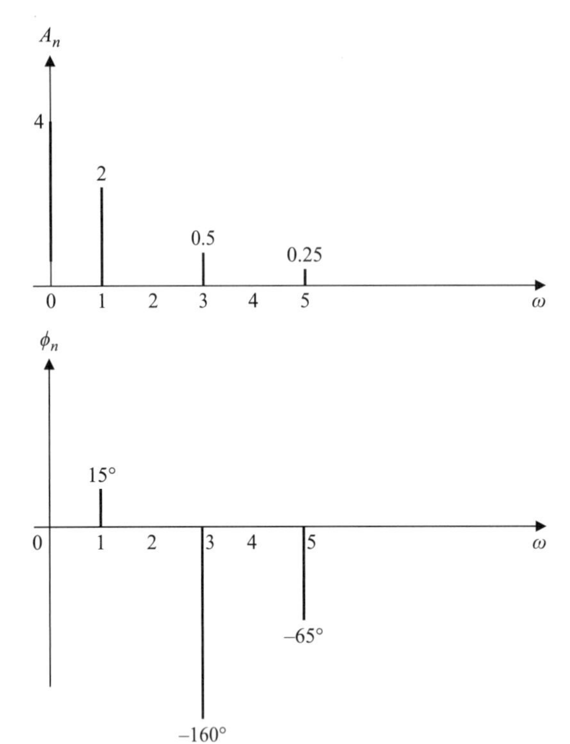

Figure D.3. For Problem 2.17.

2.33 (a) $f_1(\mathrm{t}) = \frac{1}{2}[\delta(t+\pi/4) + \delta(t-\pi/4)]$. (b) $f_2(t) = e^{-4(t-2)}u(t-2)$. (c) $f_3(t) = \frac{1}{2}e^{-|t|}$.

2.35 $f(t) = \dfrac{A\tau}{\pi}\sin(\tau t)[1 + \cos(\omega_o t)]$.

2.37 (a) $\dfrac{20}{2-j\omega}$. (b) $\dfrac{20e^{j\omega}}{(1+j\omega)^2}$. (c) $-\dfrac{20}{(1+j\omega)^2}$. (d) $\left[\dfrac{10}{1+j(\omega+\pi)} + \dfrac{10}{1+j(\omega-\pi)}\right]$.

2.39 (a) π. (b) $\dfrac{\pi}{16}$.

2.41 $G(\omega) = 20\cos(2\omega)\mathrm{sinc}\,\omega$.

2.43 $B = 5441.4$ rad/s.

2.45 $H(s) = \dfrac{1}{s^3 + 2s^2 + 2s + 1}$.

2.47 See Figure D.4.

2.49 See Figure D.5.

2.51 See Figure D.6.

2.53 Poles =

```
-0.3090 + 0.9510i
-0.3090 - 0.9510i
-1.0000 + 0.0000i
-0.8090 + 0.5879i
-0.8090 - 0.5879i
```

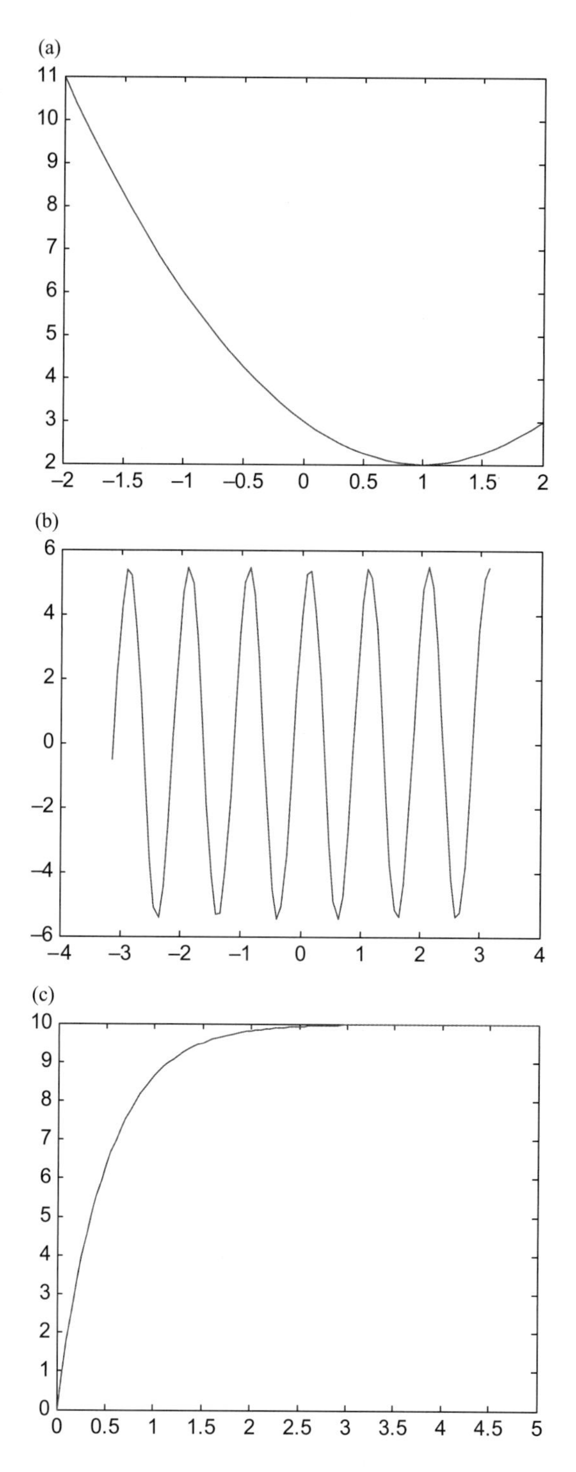

Figure D.4. For Problem 2.47.

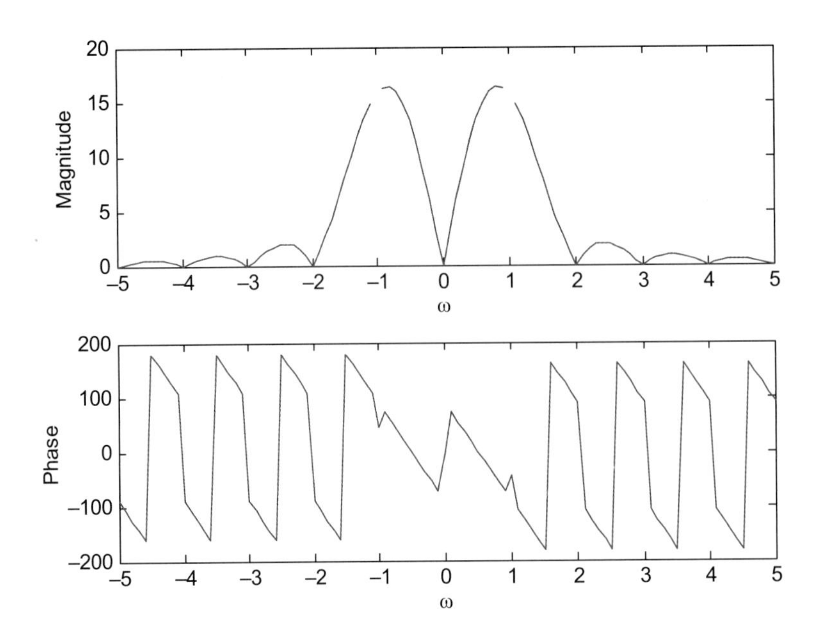

Figure D.5. For Problem 2.49.

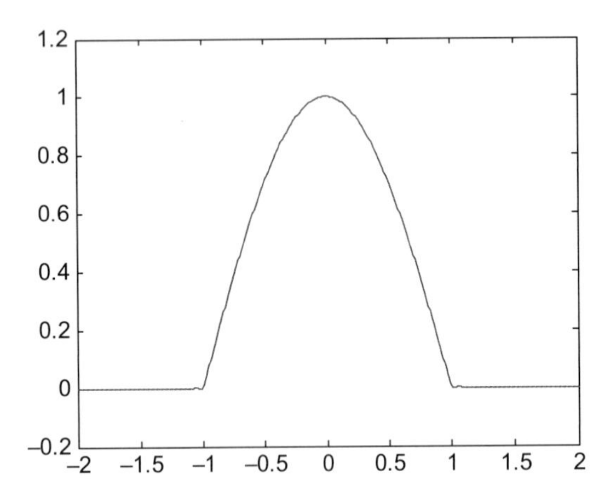

Figure D.6. For Problem 2.51.

Chapter 3

3.1 (a) $L_{\min} = 10^3$m or 1 km. (b) $L_{\min} = 10$ m.

3.3 $\mu = 0.4$; Sketch is similar to Figure 3.2(a) but $A_{\max} = 14$ and $A_{\min} = 6$. $\mu = 1.0$; Sketch is similar to Figure 3.2(b) but $A_{\max} = 20$ and $A_{\min} = 0$. $\mu = 2.0$; Sketch is similar to Figure 3.2(b) but $A_{\max} = 30$ and $A_{\min} = -10$.

3.5 (a) $\mu = 0.5$, $\eta = 7.7\%$.
(b) $\mu = 1$, $\eta = 25\%$.

3.7 $\mu = 0.6$ or 60%; $\eta = 0.107$ or 10.7%.

3.9 $\eta = 0.111$ or 11.1%.

3.11 $y(t) = [(2 + \alpha) + m(t)]2\beta A_c \cos \omega_c t$.

3.13 (a) $R = 1\ \text{k}\,\Omega$. (b) (i) $R_{\max} = 1.013\ \text{k}\Omega$. (ii) $R_{\max} = 523\ \text{k}\Omega$.

3.15 Envelope detector bandwidth is 100 kHz. The bandwidth of the rectifier detector low-pass filter is 10 kHz. The different bandwidth requirements show that the two methods are not identical.

3.17 (a) $\phi(t) = \frac{3A_c}{2}[\cos(\omega_c + \omega_m)t + \cos(\omega_c - \omega_m)t] + \frac{A_c}{2}[\cos(\omega_c + 2\omega_m)t + \cos(\omega_c - 2\omega_m)t]$.

$$\Phi(\omega) = \frac{3\pi A_c}{2}\{[\delta(\omega - \omega_c + \omega_m) + \delta(\omega + \omega_c - \omega_m)] + [\delta(\omega - \omega_c - \omega_m) + \delta(\omega + \omega_c + \omega_m)]\} + \frac{\pi A_c}{2}\{[\delta(\omega - \omega_c + 2\omega_m) + \delta(\omega + \omega_c - 2\omega_m)] + [\delta(\omega - \omega_c - 2\omega_m) + \delta(\omega + \omega_c + 2\omega_m)]\}$$

(b) $\phi(t) = \frac{3A_c}{8}[\cos(\omega_c - \omega_m)t + \cos(\omega_c + \omega_m)t] + \frac{A_c}{8}[\cos(\omega_c - 3\omega_m)t + \cos(\omega_c - 3\omega_m)t]$.

$$\Phi(\omega) = \frac{3\pi A_c}{8}\{[\delta(\omega - \omega_c + \omega_m) + \delta(\omega + \omega_c - \omega_m)] + [\delta(\omega - \omega_c - \omega_m) + \delta(\omega + \omega_c + \omega_m)]\}. + \frac{\pi A_c}{8}\{[\delta(\omega - \omega_c + 3\omega_m) + \delta(\omega + \omega_c - 3\omega_m)] + [\delta(\omega - \omega_c - 3\omega_m) + \delta(\omega + \omega_c + 3\omega_m)]\}.$$

The spectra are similar to the spectrum for Problem 3.10, but they do not contain carrier impulses and the amplitudes are different.

3.19 (a) $\Phi_{DSB}(\omega) = \frac{A_c}{2}\left[\text{sinc}\left(\frac{(\omega - \omega_c)\tau}{2}\right) + \text{sinc}\left(\frac{(\omega + \omega_c)\tau}{2}\right)\right]$

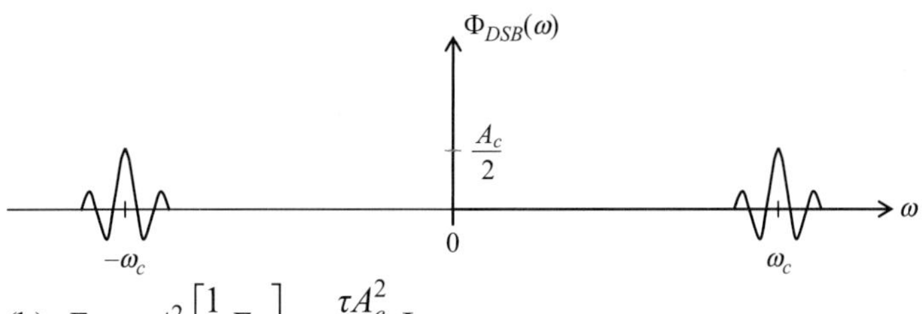

(b) $E_\phi = A_c^2\left[\frac{1}{2}E_m\right] = \frac{\tau A_c^2}{2}$ J.

3.21 (a) $\Phi_{DSB}(\omega) = 4\,\text{sinc}\,(\omega - \omega_c)\cos[5(\omega - \omega_c)] + 4\,\text{sinc}\,(\omega + \omega_c)\cos[5(\omega + \omega_c)]$.

(b) $\Phi_{DSB}(\omega) = \frac{2\pi}{W}\Pi\left(\frac{\omega - \omega_c}{W}\right) + \frac{2\pi}{W}\Pi\left(\frac{\omega + \omega_c}{W}\right)$.

3.23 (a) $\phi_{DSB}(t) = \frac{j\omega_0}{\pi}\,\text{sinc}\left(\frac{\omega_0 t}{2}\right)\sin\left(\frac{\omega_0 t}{2}\right)\cos\omega_c t$. (b) $\frac{A^2\omega_0}{2\pi}$.

3.25 $y(t) = \frac{4}{\pi} m(t) \cos \omega_c t.$

3.27 (a) $y_d(t) = \frac{1}{2} m(t)$. (b) $y_d(t) = \left(\frac{1}{2} e^{j\alpha}\right) m(t)$. (c) $y_d(t) = \left(\frac{1}{2} e^{j\alpha} \cos \alpha\right) m(t)$.
The demodulated signal is an undistorted replica of the message signal, save for a scaling in amplitude, for the three local oscillator carriers.

3.29 (a) $m(t) \cos 2\pi \Delta f t$. (b) $Y_d(f) = \frac{1}{2}[M(f - \Delta f) + M(f + \Delta f)]$.

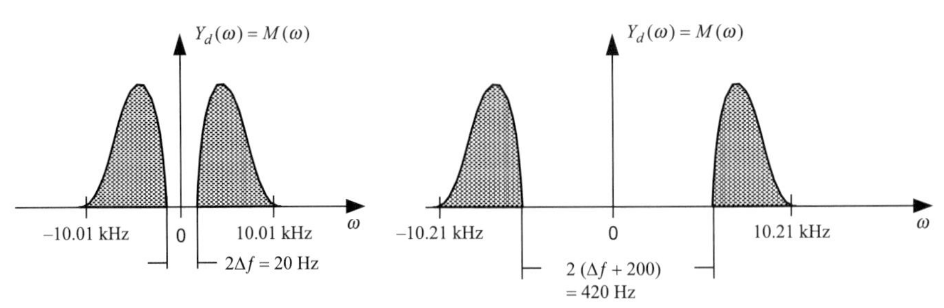

3.31 (a) $x(t) = 3m(t) \cos\left(0.8\pi \times 10^5 t\right) + m(t) \cos\left(3.2\pi \times 10^5 t\right) + 2m(t) \cos\left(4.8\pi \times 10^5 t\right)$.
(b) $3m(t) \cos\left(0.8\pi \times 10^5 t\right)$; $f_L = 30$ kHz; $f_H = 50$ kHz.

3.33 (a)
$$\phi_{QAM}(t) = A_1\left[\sin\left(2.08\pi \times 10^5 t\right) - \sin\left(1.92\pi \times 10^5 t\right)\right] - A_2\left[\cos\left(2.12\pi \times 10^5 t\right) + \cos\left(1.88\pi \times 10^5 t\right)\right]$$
(b) $y_1(t) = 2A_1 \sin\left(8\pi \times 10^3 t\right) \sin \alpha - 2A_2 \cos\left(12\pi \times 10^3 t\right) \sin \alpha$.

3.35 (a) $y_1(t) = \frac{1}{2}[m_1(t) + j m_2(t)]$; $y_2(t) = \frac{1}{2}[m_2(t) - j m_1(t)]$.
(b) $y_1(t) = \frac{m_1(t)}{2}[\cos \alpha + j \sin \alpha] + \frac{m_2(t)}{2}[j \cos \alpha - \sin \alpha]$.
$$y_2(t) = \frac{m_1(t)}{2}[\sin \alpha - j \cos \alpha] + \frac{m_2(t)}{2}[\cos \alpha + j \sin \alpha].$$

3.37 (a) $\phi_{USB}(t) = A_c A_m \cos(11\omega_m t)$. (b) $\phi_{USB}(t) = A_c A_2 \sin(13\omega_m t) + A_c A_1 \cos(11\omega_m t)$.

3.39 $\phi_{USB}(t) = 8 \sin(11\omega_m t) + 4 \cos(12\omega_m t)$. $\phi_{LSB}(t) = -8 \sin(9\omega_m t) + 4 \cos(8\omega_m t)$.

3.41 (a) $y(t) = m(t) \cos(\Delta\omega t + \alpha) - m_h(t) \sin(\Delta\omega t + \alpha)$.
(b) (i) $y(t) = m(t) \cos \alpha - m_h(t) \sin \alpha$. (ii) $y(t) = m(t) \cos \Delta\omega t - m_h(t) \sin \Delta\omega t$.

3.43 (a) $m(t) = 2 \cos \omega_m t$. (b) $A_c \geq 31.623$.

3.45 $\phi_{VSB}(t) = 0.6 \cos(\omega_c - \omega_m)t + 1.4 \cos(\omega_c + \omega_m)t$. Or
$\phi_{VSB}(t) = 2 \cos \omega_m t \cos \omega_c t - 0.8 \sin \omega_m t \sin \omega_c t$.

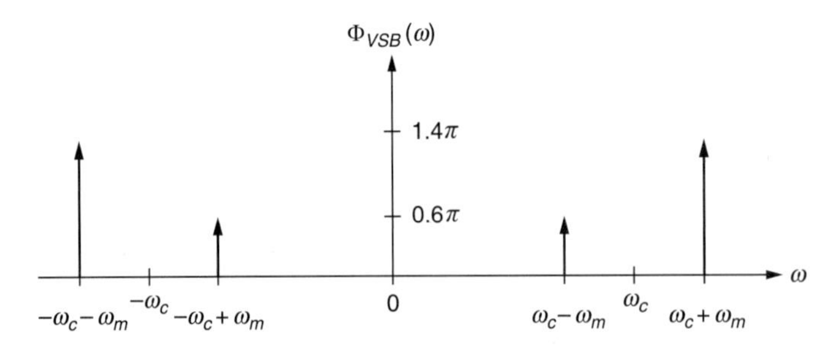

3.47 $\phi_{VSB}(t) = 0.7\cos(\omega_c - \omega_m)t + 0.3\cos(\omega_c + \omega_m)t$. Or
$\phi_{VSB}(t) = \cos\omega_m t\cos\omega_c t + 0.4\sin\omega_m t\sin\omega_c t$.

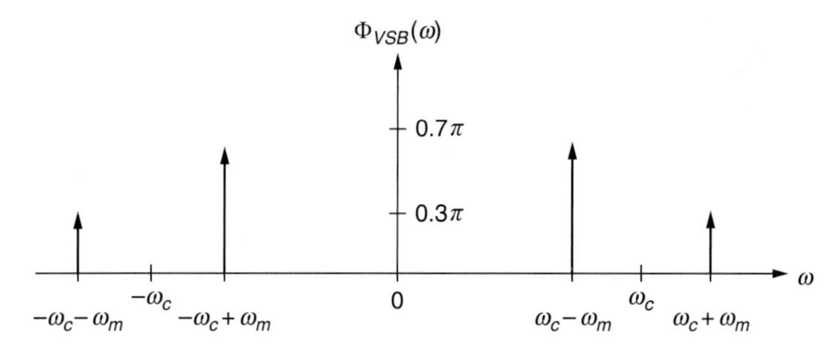

Chapter 4

4.1 (a) $f_{i,\max} = 5.25\,\text{MHz}, f_{i,\min} = 5.05\,\text{MHz}$; sketch is similar to Figure 4.2(d).
(b) $f_{i,\max} = 5.2\,\text{MHz}, f_{i,\min} = 4.8\,\text{MHz}$; sketch is similar to Figure 4.2(c).

4.3 $f_{i,\max} = 8.04\,\text{MHz}, f_{i,\min} = 7.96\,\text{MHz}$.

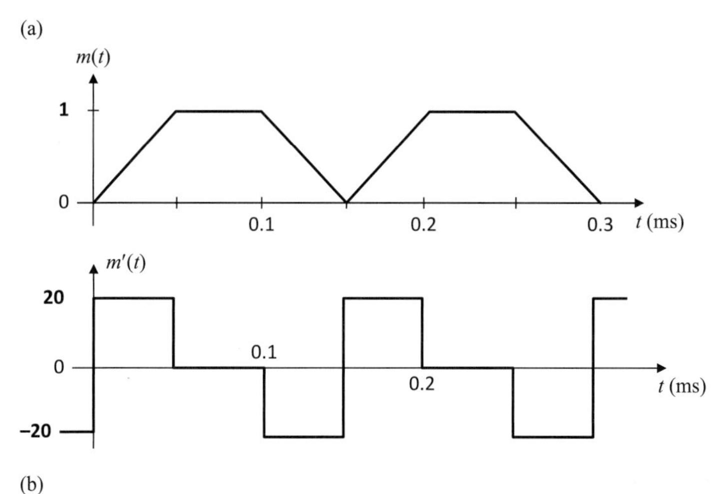

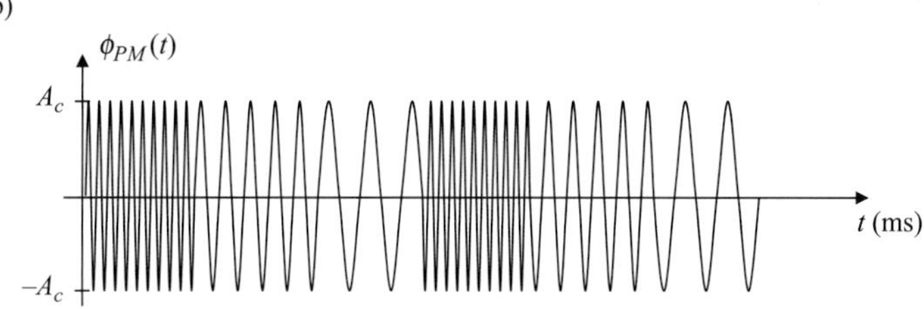

4.5 (a) $k_f \le 4.5\pi \times 10^3$. (b) $\Phi_{FM}(\omega) = 5\pi[\delta(\omega+\omega_c) + \delta(\omega-\omega_c)] + 0.25\pi[\delta(\omega+\omega_c + \omega_m) + \delta(\omega-\omega_c-\omega_m)] - 0.25\pi[\delta(\omega+\omega_c-\omega_m) + \delta(\omega-\omega_c+\omega_m)]$.
The spectrum is similar to that of Figure 4.6, except for the differences in sideband frequencies and amplitudes.

4.7 (a) $N = 3$. (b) $B_{FM} = 30$ kHz.

4.9 (a) (i) $P_o = 0.01134$ W. (ii) $P_o = 1.134$ W. (b) (i) $P_o = 0.02507$ W. (ii) $P_o = 2.507$ W.

4.11 (a) (i) $B_{FM} = 140$ kHz. (ii) $B_{PM} = 240$ kHz. (b) (i) $B_{FM} = 220$ kHz. (ii) $B_{PM} = 400$ kHz.

4.13 (a) $\Delta f = 100$ kHz. (b) $k_p = 2.5\pi$. (c) $B_{FM} = 260$ kHz. (d) $B_{FM} = 320$ kHz.

4.15 $C = 0.3166$ nF; $R = 2.513\ \Omega$.

4.17 (a) $\Delta f_1 = 100$ Hz; $\Delta f_2 = 3$ kHz; $f_{c2} = 6$ MHz; $f'_{c2} = 4$ MHz.
(b) $n_1 = 30 = 2 \times 3 \times 5$; $n_2 = 25 = 5^2$; $f_{LO} = 10$ MHz or 2 MHz.

4.19 (a) $n_1 = n_2 = 80 = 2^4 \times 5$; $f_{LO} = 5.25$ MHz or 2.75 MHz. (b) $n_1 = n_2 = 81 = 3^4$; $f_{LO} = 5.285$ MHz or 2.815 MHz. (c) $\Delta f_1 = 12.193$ Hz.

4.21 (a) $C_{vo} = 12.771$ pF. (b) $C_{v,\max} = 12.903$ pF; $C_{v,\min} = 12.639$ pF.

4.23 (a) Employing the scheme of Figure 4.11, $n = 3$; $f_{LO} = 210$ MHz or $f_{LO} = 30$ MHz.
(b) Employing a scheme similar to Figure 4.11 but with multiplication preceded by frequency translation, $n = 3$; $f_{LO} = 70$ MHz or $f_{LO} = 10$ MHz.

4.25 (a) $2.3148\,\text{ns} \le \tau_{\max} \le 2.8409\,\text{ns}$. (b) 0.0783%.

4.27 $C_1 = 61.468$ pF; $R_1 = 12.496$ kΩ; $C_2 = 65.269$ pF; $R_2 = 12.192$ kΩ.

4.29 (a) $G = 485.527$. (b) (i) $\psi_{eq} = 22.844°$ when $\Delta f = 30$ Hz; $\psi_{eq} = 31.174°$ when $\Delta f = 40$ Hz. (c) (i) $\psi_{eq} = 11.193°$ when $\Delta f = 30$ Hz; $\psi_{eq} = 15.0°$ when $\Delta f = 40$ Hz.

4.31 (a) $\omega_o = 200$ rad/s; $\xi = 0.5$. (b) $\omega_o = 282.84$ rad/s; $\xi = 0.3536$.
(c) $\omega_o = 282.84$ rad/s; $\xi = 0.7071$.

4.33 (a) Bypass the pulse-shaping circuit and set the VCO frequency to $f_v = f_c$.
(b) Include the pulse-shaping circuit and set the VCO frequency to $f_v = 2f_c/3$.

4.35 $R_1 = 26.302$ kΩ; $C = 2.854$ nF.

4.37 $f_1 = 2.368$ kHz; $f_2 = 28.894$ kHz; $H_p(j0) = 0.08197$; i.e. $H_p(j\infty) = 1.00015$.

4.39 (a) $109.4\,\text{MHz} \le f'_c \le 129.4\,\text{MHz}$. (b) $C_{\min} = 1.0836$ nF; $C_{\max} = 1.635$ nF; $R_{\max} = 4.605$ MΩ; $R_{\min} = 3.057$ MΩ.

Chapter 5

5.1 5.6 kHz.

5.3 1.

5.5 (a) Proof. (b) 50 dB.

5.7 0.009549.

5.9 See Figure D.7.

5.11 See Figure D.8.

5.13 (a) 0.5181%. (b) 2.155%. (c) 1.234%.

5.15 (a) 0.647 μs. (b) 1.544 Mbps. (c) 772 kHz.

5.17 8000 samples/s.

5.19 (a) Six lines. (b) 80.36 %.

Chapter 6

6.1 0.5177.

6.3 (a) 0.1. (b) 0.5. (c) 0.3. (d) 0.6.

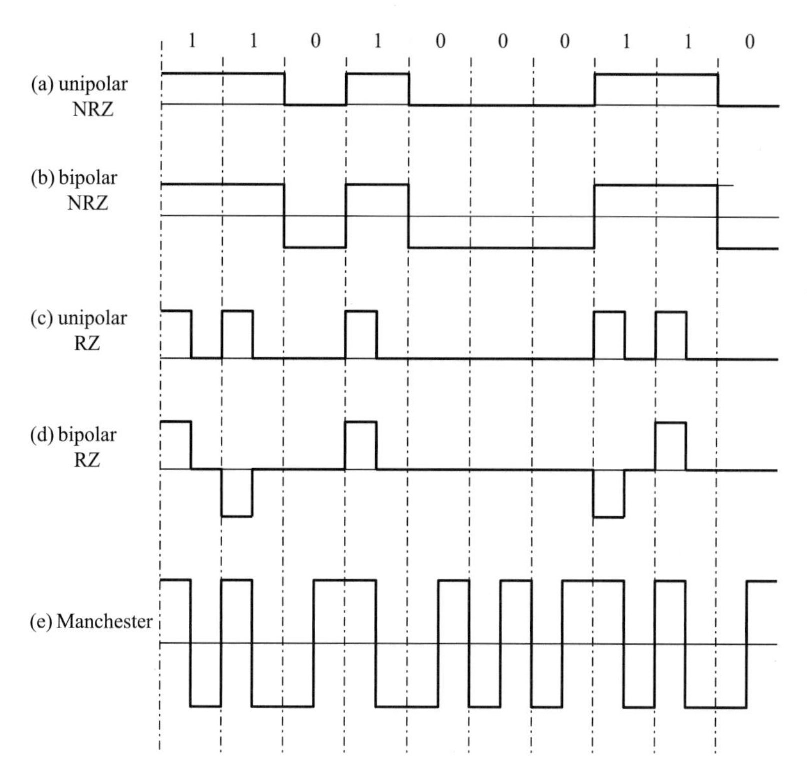

Figure D.7. For Problem 5.9

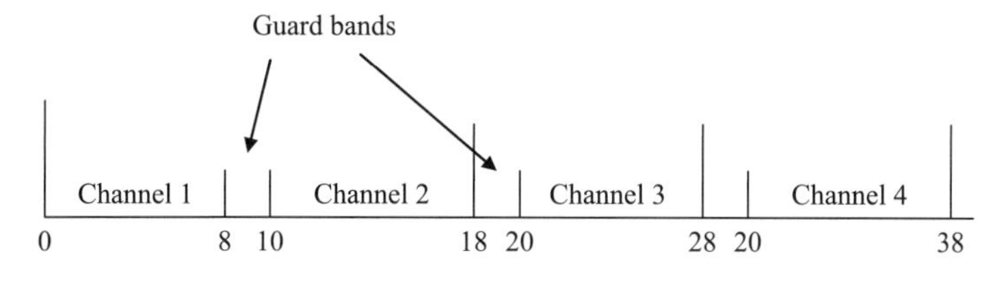

Figure D.8. For Problem 5.11.

6.5 (a) 0.19. (b) 0.41.

6.7 (a) 0.4. (b) 0.08. (c) 0.2.

6.9 $\frac{1}{4}$, $\frac{1}{19}$.

6.11 (a) $\frac{2}{15}$, (b) $\frac{1}{15}\left(x^2-1\right)$, (c) 0.35.

6.13 $F_X(x)=\begin{cases}\sqrt{x}, & 0<x<1\\ 0, & \text{otherwise}\end{cases}$, 0.1507.

6.15 $F_X(x)=\frac{1}{2}+\frac{1}{\pi}\tan^{-1}x$.

6.17 -7432.3.

6.19 0.2858.

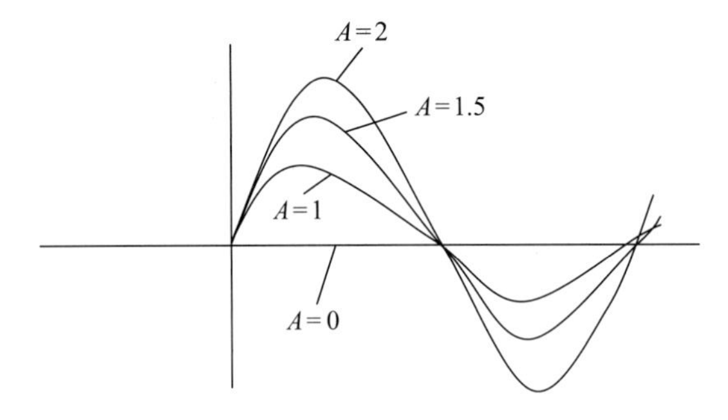

Figure D.9. For Problem 6.33(a).

6.21 2.5, 0.75.

6.23 (a) 0.2835, 0.6065. (b) 0.6694.

6.25 140.288.

6.27 0.1855.

6.29 (a) 9.837. (b) 0.1129.

6.31 $E(X) = \dfrac{a+b+c}{3}, \quad \mathrm{Var}(X) = \dfrac{(a^2+b^2+c^2) - ab - ac - bc}{18}.$

6.33 (a) See Figure D.9. (b) $\sin 4t, \quad \dfrac{4}{3}\sin^2 4t.$

6.35 (a) $2.5 + 4.5e^{-|\tau|} - 2.021e^{-\sqrt{3}\tau}$. (b) 4.9793.

6.37 (a) $R_X(\tau) = \dfrac{AB}{2\pi}\,\mathrm{sinc}^2(\tau B/2)$

(b) $R_Y(\tau) = \dfrac{1}{\pi}[A\omega_2 \,\mathrm{sinc}\, \omega_2\tau - A\omega_1 \,\mathrm{sinc}\, \omega_1\tau + B\omega_1 \,\mathrm{sinc}\, \omega_1\tau].$

6.39 (a) 5. (b) $\dfrac{2+j\omega}{(2+j\omega)^2 + \omega_o^2}$. (c) $2e^{-\omega^2/4}$. (d) $2\Pi\left(\dfrac{\omega}{4\pi}\right)$.

6.41 (a) $S_Z(\omega) = \dfrac{\omega^2}{\omega^2+4} + \dfrac{4}{\omega^2+4} - 4\pi\delta(\omega)m_X m_Y$. (b) $S_{XY} = 2\pi m_X m_Y \delta(\omega)$.

(c) $S_{YZ}(\omega) = 2\pi m_X m_Y \delta(\omega) - \dfrac{4}{\omega^2+4}.$

6.43 $R_X(\tau) = 1.047e^{-2|\tau|} + 0.481e^{-5|\tau|}.$

6.45 3.75.

6.47 $S_Y(\omega) = \dfrac{S_X(\omega)}{R^2 + \omega^2 L^2}.$

6.49 See Figure D.10.

6.51 See Figure D.11.

6.53 See Figure D.12.

Chapter 7

7.1 The difference between them is that thermal noise is present in metallic resistors, while shot noise is not.

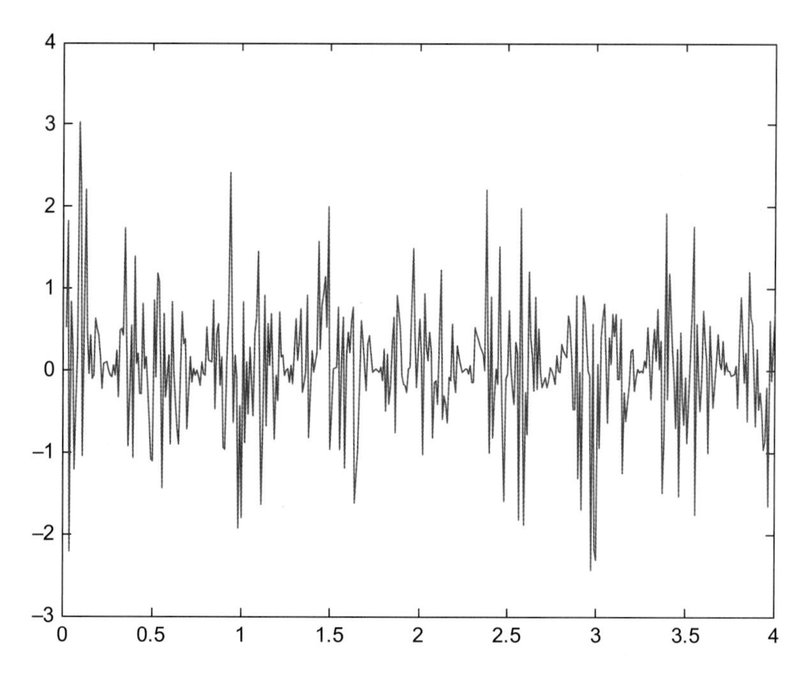

Figure D.10. For Problem 6.49.

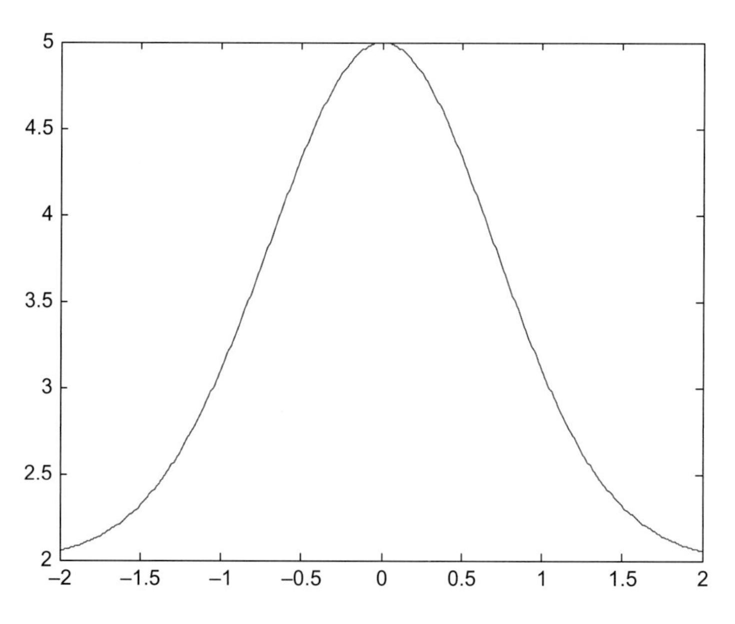

Figure D.11. For Problem 6.51.

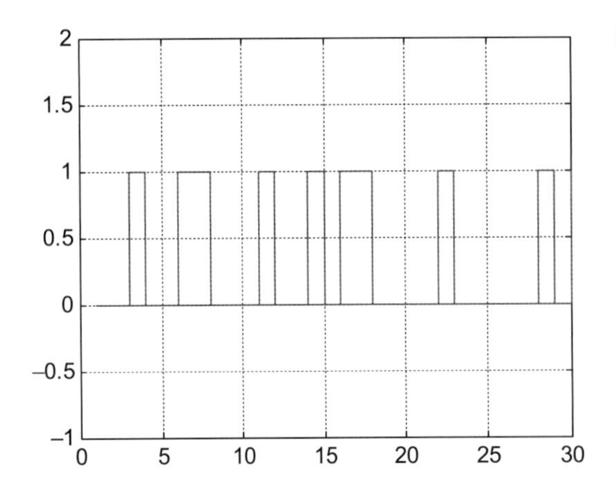

Figure D.12. For Problem 6.53.

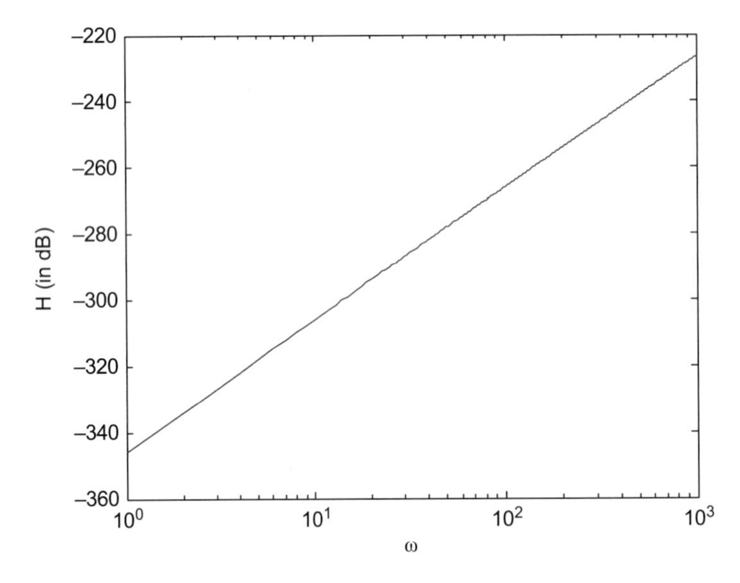

Figure D.13. For Problem 7.15.

7.3 9.968 μV.

7.5 97.98 nA.

7.7 628.3 μW.

7.9 (a) 0.1111γ. (b) 4.1414 dB.

7.11 Preemphasis is a filter used in FM broadcasting to improve SNR, while deemphasis is a filter used for FM reception to restore the preemphasized signal. They are not used in AM because the effect of noise is uniform across the spectrum of the modulating signal.

7.15 See Figure D.13.

Chapter 8

8.1 $H(\omega) = \frac{1}{1-j\omega}\left(1 - e^{-(1-j\omega)T}\right)e^{-j\omega t_o}$.

8.3 See Figure D.14.

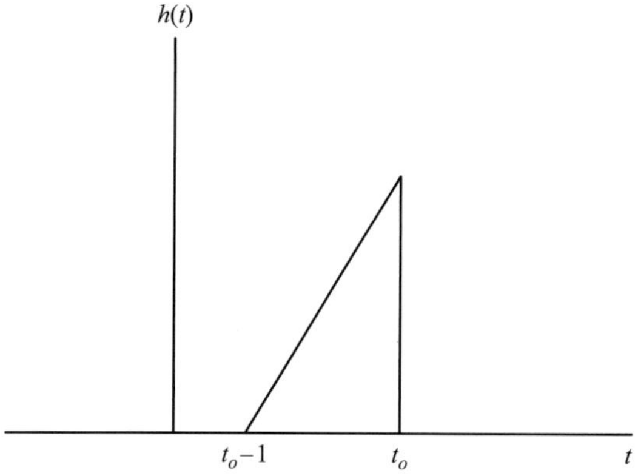

Figure D.14. For Problem 8.3.

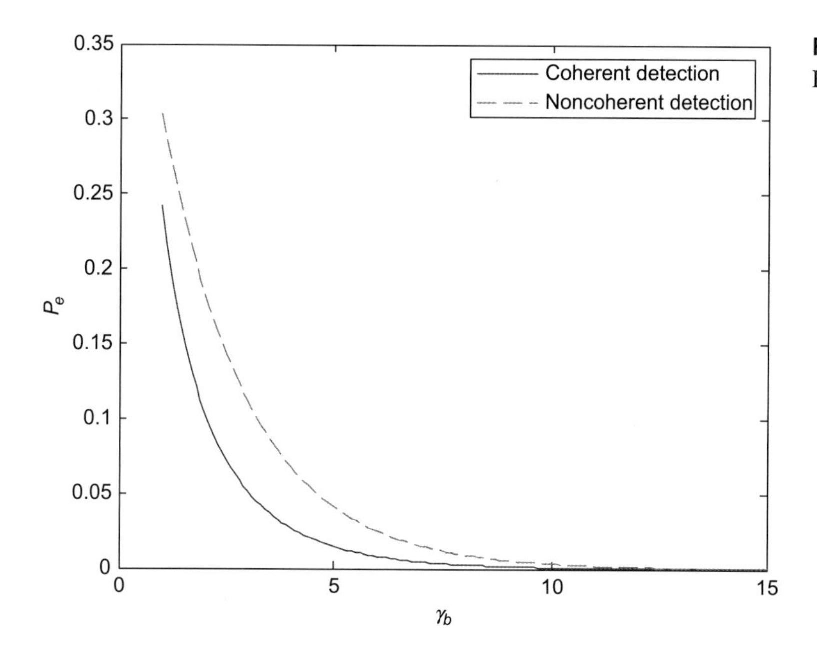

Figure D.15. For Problem 8.23.

8.5 Proof.

8.7 11.28.

8.9 1.27×10^{-10}.

8.11 0.0127.

8.13 (a) 6.795×10^{-8}. (b) 6.795×10^{-8}. (c) 8.876×10^{-15}.

8.15 0.2081.

8.17 6.3776.

8.19 (a) 1.1073. (b) 11.073. (c) 110.73.

8.21 22.16.

8.23 See Figure D.15.

8.25 See Figure D.16.

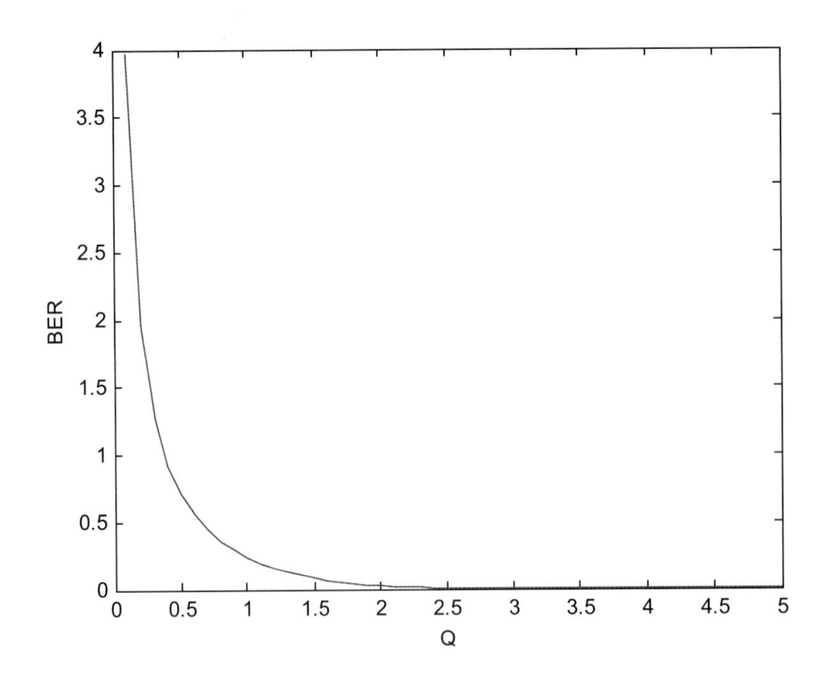

Figure D.16. For Problem 8.25.

찾아보기

국 문

ㅇ

ㅈ

ㅎ

기타

영 문

A

B

G

H

I

L

M

N

O

P